中国科学院科学出版基金资助出版

现代物理基础丛书·典藏版

量子非阿贝尔规范场论

（理论物理三卷集之二）

曹昌祺　著

科学出版社
北京

内 容 简 介

本书是作者在其为北京大学物理系理论物理专业研究生讲授量子非阿贝尔规范场论的讲稿的基础上加以整理写成的，全书比较系统地阐述了当代物理学基本理论的这一最新成就．全书共分 6 章，内容包括：海森伯图像中的格林函数、泛函积分量子化、经典非阿贝尔规范场、非阿贝尔规范场的量子化、非阿贝尔规范场的重正化理论、重正化群方程和顶角函数的大动量渐近行为．

本书可作为物理系研究生的教学用书，也可供高校教师和有关科研人员参考．

图书在版编目（CIP）数据

量子非阿贝尔规范场论/曹昌祺著．—北京：科学出版社，2008

(现代物理基础丛书·典藏版．理论物理三卷集；2)

ISBN 978-7-03-022546-7

Ⅰ.量…　Ⅱ.曹…　Ⅲ.场论-研究生-教材　Ⅳ.O412.3

中国版本图书馆 CIP 数据核字(2008)第 107370 号

责任编辑：胡　凯／责任校对：包志虹
责任印制：赵　博／封面设计：陈　敬

科学出版社 出版
北京东黄城根北街 16 号
邮政编码：100717
http://www.sciencep.com
北京天宇星印刷厂印刷

科学出版社发行　各地新华书店经销
*
2008 年 7 月第二版　开本：B5(720×1000)
2025 年 8 月印　刷　印张：26
字数：506 000

定价：158.00 元

(如有印装质量问题，我社负责调换)

序　言

本书是作者 20 世纪 80 年代将其在北京大学物理系讲授量子非阿贝尔规范场论的讲稿加以整理写成的. 当初由高等教育出版社于1990年以《量子规范场论》为名出版. 这次作为“理论物理三卷集”的第二卷重新出版时, 作者在叙述上作了少量增改, 更正了印刷上的一些错误并加写了一些附注. 但基本内容没有改变①, 至于书名则更准确地写成“量子非阿贝尔规范场论”.

这门课程是为理论物理专业的研究生开设的, 要求先修课程为高等量子力学、量子场论和群论. 学习者一般还需具有一些粒子物理的初步知识. 本课程只限于讲授量子非阿贝尔规范场论的基本内容, 一些比较专门的问题和发展得还不够成熟的内容皆未包括在内. 此外对粒子物理也涉及不多, 因为另外开设有粒子物理学的课程.

为了方便研究生的学习, 讲授时曾指定一些书籍或文集为参考书②, 讲稿中吸取了这些书中不少好的讲法, 在写成书时它们也被保留了下来. 一般文献在本书中皆不列出 (比较特殊的除外), 需要的读者可从上述参考书中找到.

本书的第一章和和二章为准备部分. 由于量子场论课程中主要讲作用图像, 而本书要采用海森伯图像. 因此, 我们用第一章补充有关海森伯图像中格林函数的内容. 第二章讲解泛函积分量子化方法, 为非阿贝尔规范场的量子化作准备. 从第三章开始才进入对非阿贝尔规范场的讨论.

与多数量子场论的书一样, 本书采用自然单位, 即取 $\hbar = c = 1$ 制. 洛伦兹指标 μ 取为 (1, 2, 3, 4), 度规张量为 $\delta_{\mu\nu}$. 四维矢量 A_μ 的第 4 分量 A_4 等于 $\mathrm{i}A_0$. 场论中常用的一些不变函数的定义, 各书不尽相同, 我们采用的定义除在书中有说明外, 还可在附录中查到.

量子非阿贝尔规范场论是比较专门的理论, 国内有关的书还很少. 作者恳切地希望听到批评意见, 对于书中错误和不当之处, 更盼读者在发现后予以指正.

曹昌祺

2005 年 9 月于北京大学燕园

---

① 由于某些原因, 本书初版后不久, 作者的研究方向就从粒子物理转到量子光学. 即使现在想改写此书(把阐述写得详尽些), 也已感到荒疏力不从心了. 另外, 三卷之间并无联系, 其顺序是按初版时间来排的.

② 主要有 L. D. Faddeev & A. A. Slavnov, Gauge Fields, Introduction to Quantum Theory, 1980; C. Itzykson & J. B. Zuber, Quantum Field Theory, 1980; J. C. Taylor, Gauge Theories of Weak Interactions, 1976; Les Houches, Session 28, Methods in Field Theory, 1975; Abers & B. W. Lee, Gauge Theories, Physics Reports, 1973.

引　言

非阿贝尔规范场理论是场论的最新发展. 量子非阿贝尔规范场论已成为现代粒子理论的主要基础.

在 20 世纪 30 年代人们就已认识到：所有微观客体都是某种量子场. 不仅电磁场是量子场 (它的量子为光子), 就是费米子(例如电子) 也是某种场的量子. 由于每种费米子都有它的反粒子 (它们可以成对地湮没或产生), 因而需要用量子费米子场来统一描写它们.

在量子场论中, 人们可以在拉格朗日函数中引入相互作用项以描述量子场之间的各种相互作用. 在 20 世纪 30 年代人们就已知道, 粒子间的基本相互作用除了引力作用以外, 还有电磁作用、弱作用和强作用. 后两者都是在核物理的研究中被发现的. 使质子和中子结合成核的作用就属于强作用, 而导致核的 β 衰变的作用则是弱作用. 通过强作用和弱作用, 粒子还可以互相转化.

电磁作用具有一种定域阿贝尔规范对称性, 因此电磁场属于阿贝尔规范场. 杨振宁和 Mills(1954 年) 以及 Shaw(1955 年) 把定域规范变换的概念推广到了具有内部对称性的理论中. 他们的研究表明, 同样要有相应的规范场与费米子场相耦合, 才能使内部自由度的对称性成为定域的规范对称性. 内部自由度的对称性是由非阿贝尔群描述的, 因此这种规范场就称为非阿贝尔规范场, 它所传递的作用称为非阿贝尔规范作用.

非阿贝尔规范理论被提出以后, 并没有立即在粒子物理中获得应用. 这是因为：① 定域规范对称性要求非阿贝尔规范场的量子像光子一样是质量为零的矢量玻色子, 它所传递的作用应为长程作用, 而实验上并未发现这种粒子和这种相互作用; ② 非阿贝尔规范场在量子化方面存在着困难, 如果简单地仿照电磁场的方式来进行量子化, 则所得出的 S 矩阵不满足幺正性的要求.

在 20 世纪 60 年代初, 固体物理中的对称性自发破坏的概念被 Nambu 等引入到粒子物理中. 但是在相对论理论中, 连续对称性的自发破坏带来一个问题, 即它不可避免地导致零质量粒子的出现. 这种零质量粒子被称作 Nambu-Goldstone 粒子. 几年以后 Higgs 等阐明, 如果发生自发破坏的是定域规范对称性, 则这种零质量的 Nambu-Goldstone 粒子将与规范场耦结在一起, 使规范场量子成为有质量的矢量玻色子, 而 Nambu-Goldstone 粒子本身不再作为物理粒子出现. 这一重要进展带来了将非阿贝尔规范理论应用到短程作用上的可能性.

1967 和 1968 年, Weinberg 和 Salam 在弱作用普适 V-A 相互作用理论的基础上, 提出了统一描述弱作用和电磁作用的定域规范理论. 在这个理论中, 定域规范对称性发生了自发破坏, 一部分规范玻色子获得了大的质量, 它们所传递的作用就是实际观测到的短程的弱作用. 而剩余对称性所相应的规范作用就是长程的电磁作用.

电弱统一理论已获得巨大成功, 它所预言的中性弱流作用已于 1973 年为中微子散射实验所证实, 传递弱作用的有质量的矢量玻色子 $W^{\pm}$ 和 Z^0 也于 1982~1983 年被发现, 而且它们的质量与理论所预言的相符合.

几乎在电弱统一理论发展的同时, 非阿贝尔规范场的量子化和重正化问题也得到了解决. 1967 年 Faddeev 和 Popov 找到了推导非阿贝尔规范场的费曼规则的系统方法. 1971 年 't Hooft 又证明了非阿贝尔规范场论是可重正化的. 这些工作使量子非阿贝尔规范场论得以建立和完善化.

通常从经典理论过渡到量子理论, 是将描述物理量的普通数 (c 数) 换成不可对易的量 (q 数). 这种不可对易量可以用算符来表示, 因此这种量子化方法称为算符量子化. 20 世纪 40 年代, 费曼发展了另外一种量子化方法, 称为泛函积分量子化 (或路径积分量子化), 并把它推广到场论中去. Faddeev 和 Popov 正是采用这种方法比较完整地解决了非阿贝尔规范场的量子化问题.

关于强作用, 1964 年 Gell-Mann 和 Zweig 提出了强子是由更小的夸克子所组成的理论模型. 从重子波函数的交换对称性, 人们又提出了夸克子可能还具有一个隐藏的自由度. 这个自由度称为色自由度, 夸克子具有色自由度的内部对称性. 色自由度的存在和色对称性后来在 e^+e^- 湮没实验和 π^0 衰变为 2γ 的实验中都得到了支持. 色对称性的定域规范化所得出的理论称为色动力学 (QCD), 其中将出现 8 个 (非阿贝尔) 规范玻色子 (称为色胶子), 它们是强作用的作用量子, 夸克子在吸收或放射色胶子时将在色自由度上发生跃迁.

轻子–核子深度非弹性散射的实验结果不仅有力地支持了核子是由更小的粒子构成的模型, 而且它所揭示出来的强作用渐近自由性, 使得 QCD 几乎成为强作用的唯一的候选理论. 因为理论研究表明, 只有非阿贝尔定域规范作用才可能具有渐近自由的性质, 其他所有可重正化的相互作用都是反渐近自由的. 至于零质量的自由色胶子未被发现, 人们则作为一个特殊问题试图用非阿贝尔规范理论的红外特性来解释.

这样, 粒子间的电磁作用、弱作用和强作用都是定域规范作用, 量子规范场论 (包括非阿贝尔的) 从而就成为现代粒子理论的主要基础.

目　　录

第一章　海森伯图像中的格林函数

在量子理论中作具体的微扰论计算时，采用作用图像是比较合适的，因为在作用图像中建立的协变微扰论确实是一个方便的计算工具. 但当我们对格林函数或 S 矩阵的性质作普遍性的讨论时，采用海森伯图像往往更加方便. 因此在正式讲授规范场本身的内容之前，作为准备，我们将在这一章中对海森伯图像中状态矢量和场算符等基本概念、格林函数和顶角函数以及它们的生成泛函的意义和重正化规格条件等进行必要的讨论. 如序言中所述，本书将用自然单位制，从而 $\hbar = c = 1$.

1.1　海森伯图像中的状态矢量和场算符

为了以后讨论的需要，在本节中我们将对海森伯图像中的状态矢量和场算符的表意作一个物理上的说明. 其中有些说法虽不一定是准确的，但具有表征性意义，对我们从物理上来理解一些量有帮助. 另外，入射场和出射场算符是海森伯图像中常用来标志状态矢量和 S 矩阵元的工具，因此也将在这一节中一并介绍.

1. 状态矢量和算符的基本概念

在海森伯图像中，状态矢量 (简称状态) 不随时间变化. 对于这一点在物理上应如何理解？是不是说所讨论的状态只限于定态？回答当然是否定的.

在物理学中，体系的一个变化过程既有其特殊性又有普遍性的内涵. 普遍性内涵体现在它服从的运动规律上，而其特殊性则反映为某个具体的初始条件. 在海森伯图像的量子理论里，体系演变的普遍性内容已归入到力学量的变化中 (这与薛定谔图像和作用图像不同)，而状态矢量只起初始条件的作用，即标定某个特殊过程. 因此，也可以说：在海森伯图像中，一个状态矢量代表体系的一个运动过程，而要标定一个过程，只要标出该体系任一时刻的情况即可. 这样，若体系在 t_1 时刻情况为 A_1，在 t_2 时刻情况为 A_2，则该状态矢量既可记作 $|A_1, t_1\rangle$，也可记作 $|A_2, t_2\rangle$，因为两者代表同一过程. 于是就有

$$\langle A_1, t_1 | A_2, t_2 \rangle = 1.$$

至于 $|A, t_1\rangle$ 和 $|A, t_2\rangle$，一般它们并不相等，因为 "t_1 时刻为 A" 和 "t_2 时刻为 A" 这两种初条件一般对应于不同的过程 (除了定态以外). 如果是定态，就不必标出时间，表成 $|A\rangle$ 即可.

已知体系在 t_1 时刻情况为 A, 问: 到 t_2 时刻情况为 B 的概率幅如何表示? 根据上面说明, 这一概率幅可以直接表示为 $\langle B, t_2|A, t_1\rangle$. 当然具体算它的值时, 还是需要知道该体系在 t_2 时刻的情况 A', 然后通过

$$\langle B, t_2|A, t_1\rangle = \langle B, t_2|A', t_2\rangle$$

来得出其值.

同样, 在计算 t_2 时刻的算符 $\hat{L}(t_2)$ 作用到状态矢量 $|A, t_1\rangle$ 上的结果时, 首先要通过算符的变化方程把 $\hat{L}(t_2)$ 用 t_1 时刻的算符表示出来, 然后再作用到 $|A, t_1\rangle$ 上面.

在场论中, 所有算符都由场算符构成. 特别是格林函数可表为场算符编时乘积的真空矩阵元. 因此, 重要的是场算符的物理意义. 下面分别对标量场和旋量场加以说明, 并对两者进行比较.

先看标量场. 设场局限于体积 $V = L^3$ 的立方腔内, 这时标量场算符 $\hat{\varphi}(x)$ 和它的正则共轭场 $\hat{\pi}(x)$ 可以展开为①

$$\hat{\varphi}(x) = \sum_{\boldsymbol{k}} \frac{1}{\sqrt{2\omega V}}[\hat{c}_{\boldsymbol{k}}(t)\mathrm{e}^{\mathrm{i}\boldsymbol{k}\cdot\boldsymbol{x}} + \hat{d}^{\dagger}_{\boldsymbol{k}}(t)\mathrm{e}^{-\mathrm{i}\boldsymbol{k}\cdot\boldsymbol{x}}], \tag{1.1.1}$$

$$\hat{\pi}(x) = -\mathrm{i}\sum_{\boldsymbol{k}} \sqrt{\frac{\omega}{2V}}[\hat{d}_{\boldsymbol{k}}(t)\mathrm{e}^{\mathrm{i}\boldsymbol{k}\cdot\boldsymbol{x}} - \hat{c}^{\dagger}{}_{\boldsymbol{k}}(t)\mathrm{e}^{-\mathrm{i}\boldsymbol{k}\cdot\boldsymbol{x}}],$$

其中, $x = (\boldsymbol{x}, t)$, 而

$$\boldsymbol{k} = \frac{2\pi}{L}(m_1\boldsymbol{e}_1 + m_2\boldsymbol{e}_2 + m_3\boldsymbol{e}_3), \tag{1.1.1a}$$

$\boldsymbol{e}_1, \boldsymbol{e}_2$ 和 $\boldsymbol{e}_3$ 为沿立方体三个边线的单位矢量; m_1, m_2 和 m_3 为整数; $\omega \equiv \sqrt{\boldsymbol{k}^2 + m^2}$. 式 (1.1.1) 可看作是场算符在 $\boldsymbol{x}$ 表象和 $\boldsymbol{k}$ 表象中的变换关系式.

通过三维傅里叶变换可从 $\hat{\varphi}(\boldsymbol{x}, t)$ 和 $\hat{\pi}^{\dagger}(\boldsymbol{x}, t)$ 解出 $\hat{c}_{\boldsymbol{k}}(t)$ 和 $\hat{d}^{\dagger}_{\boldsymbol{k}}(t)$, 注意, 仅从 $\hat{\varphi}(\boldsymbol{x}, t)$ 一式不可能分别确定 $\hat{c}_{\boldsymbol{k}}(t)$ 和 $\hat{d}^{\dagger}_{\boldsymbol{k}}(t)$, 而只能定出它们的组合 $\hat{c}_{\boldsymbol{k}}(t) + \hat{d}^{\dagger}_{-\boldsymbol{k}}(t)$.

利用 $\hat{\varphi}$ 和 $\hat{\pi}$ 以及 $\hat{\varphi}^{\dagger}$ 和 $\hat{\pi}^{\dagger}$ 的对易关系不难求出下列对易关系式

$$\begin{aligned} &[\hat{c}_{\boldsymbol{k}}(t), \hat{c}^{\dagger}_{\boldsymbol{k}'}(t)] = \delta_{\boldsymbol{k}\boldsymbol{k}'}, \\ &[\hat{d}_{\boldsymbol{k}}(t), \hat{d}^{\dagger}_{\boldsymbol{k}'}(t)] = \delta_{\boldsymbol{k}\boldsymbol{k}'}. \end{aligned} \tag{1.1.2}$$

其余对易子为零. 算符

$$\hat{n}^{(+)}_{\boldsymbol{k}}(t) \equiv \hat{c}^{\dagger}_{\boldsymbol{k}}(t)\hat{c}_{\boldsymbol{k}}(t) \tag{1.1.3}$$

①参见量子场论的书.

代表 t 时刻动量为 $\boldsymbol{k}$ 的正粒子数算符, 而

$$\hat{n}_{\boldsymbol{k}}^{(-)}(t) \equiv \hat{d}_{\boldsymbol{k}}^{\dagger}(t)\hat{d}_{\boldsymbol{k}}(t) \tag{1.1.4}$$

代表 t 时刻动量为 $\boldsymbol{k}$ 的反粒子数算符. 正、反粒子总数算符 $\hat{n}^{\pm}$ 则为 $\hat{n}_{\boldsymbol{k}}^{\pm}$ 对所有 $\boldsymbol{k}$ 的和

$$\hat{n}^{(\pm)}(t) = \sum_{\boldsymbol{k}} \hat{n}_{\boldsymbol{k}}^{(\pm)}(t). \tag{1.1.5}$$

当长度 L 取为极大的值时, 可把求和化为积分:

$$\sum_{\boldsymbol{k}} \to \int \frac{V}{(2\pi)^3}\mathrm{d}^3 k.$$

令

$$\begin{aligned} \hat{c}(\boldsymbol{k},t) &= \sqrt{\frac{2\omega V}{(2\pi)^3}}\ \hat{c}_{\boldsymbol{k}}(t), \\ \hat{d}^{\dagger}(\boldsymbol{k},t) &= \sqrt{\frac{2\omega V}{(2\pi)^3}}\ \hat{d}_{\boldsymbol{k}}^{\dagger}(t), \end{aligned} \tag{1.1.6}$$

则式 (1.1.1) 可以化成

$$\begin{aligned} \hat{\varphi}(x) &= \int \mathrm{d}\widetilde{k}\frac{1}{(2\pi)^{3/2}}[\hat{c}(\boldsymbol{k},t)\mathrm{e}^{\mathrm{i}\boldsymbol{k}\cdot\boldsymbol{x}} + \hat{d}^{\dagger}(\boldsymbol{k},t)\mathrm{e}^{-\mathrm{i}\boldsymbol{k}\cdot\boldsymbol{x}}], \\ \hat{\pi}(x) &= -\mathrm{i}\int \mathrm{d}\widetilde{k}\frac{1}{(2\pi)^{3/2}}[\hat{d}(\boldsymbol{k},t)\mathrm{e}^{\mathrm{i}\boldsymbol{k}\cdot\boldsymbol{x}} - \hat{c}^{\dagger}(\boldsymbol{k},t)\mathrm{e}^{-\mathrm{i}\boldsymbol{k}\cdot\boldsymbol{x}}], \end{aligned} \tag{1.1.7}$$

其中

$$\int \mathrm{d}\widetilde{k} \equiv \int \frac{\mathrm{d}^3 k}{2\omega} = \int \mathrm{d}^4 k\delta(k^2+m^2)\theta(k_0) \tag{1.1.8}$$

代表相对论不变的三维积分. 算符 $\hat{c}(\cdot\boldsymbol{k},t)$ 和 $\hat{c}^{\dagger}(\boldsymbol{k},t)$ 的对易关系为

$$[\hat{c}(\boldsymbol{k},t),\hat{c}^{\dagger}(\boldsymbol{k}',t)] = 2\omega\delta(\boldsymbol{k}-\boldsymbol{k}'), \tag{1.1.9}$$

因为按式 (1.1.6)

$$[\hat{c}(\boldsymbol{k},t),\hat{c}^{\dagger}(\boldsymbol{k}',t)] = \frac{2\omega V}{(2\pi)^3}[\hat{c}_{\boldsymbol{k}}(t),\hat{c}_{\boldsymbol{k}'}^{\dagger}(t)] = \frac{2\omega V}{(2\pi)^3}\delta_{\boldsymbol{k}\boldsymbol{k}'},$$

从而①

$$\int \mathrm{d}^3 k'[\hat{c}(\boldsymbol{k},t),\hat{c}^{\dagger}(\boldsymbol{k}',t)] \sim \frac{(2\pi)^3}{V}\sum_{\boldsymbol{k}'}\frac{2\omega V}{(2\pi)^3}\delta_{\boldsymbol{k}\boldsymbol{k}'} = 2\omega$$

---

① 从式 (1.1.1a) 可得出 $\boldsymbol{k}$ 的取值密度为 $\left(\frac{L}{2\pi}\right)^3 = \frac{V}{(2\pi)^3}$, 于是 $\sum_{\boldsymbol{k}'} \to \frac{V}{(2\pi)^3}\int \mathrm{d}^3 k'$.

与直接用式 (1.1.9) 代入后计算的结果一致.

同样, 对反粒子也有对易关系

$$[\hat{d}(\boldsymbol{k},t),\hat{d}^{\dagger}(\boldsymbol{k}',t)]=2\omega\delta(\boldsymbol{k}-\boldsymbol{k}'). \tag{1.1.10}$$

算符 $\hat{n}^{(+)}(\boldsymbol{k},t)\equiv\hat{c}^{\dagger}(\boldsymbol{k},t)\hat{c}(\boldsymbol{k},t)$ 代表不变 $\boldsymbol{k}$ 空间 (见式 (1.18)) 中的 t 时刻粒子数密度算符, 因为由以上诸式可得

$$\int \mathrm{d}\widetilde{k}\hat{c}^{\dagger}(\boldsymbol{k},t)\hat{c}(\boldsymbol{k},t)\sim\frac{(2\pi)^3}{V}\sum_{\boldsymbol{k}}\frac{1}{2\omega}\frac{2\omega V}{(2\pi)^3}\hat{c}_{\boldsymbol{k}}^{\dagger}(t)\hat{c}_{\boldsymbol{k}}(t)=\sum_{\boldsymbol{k}}\hat{n}_{\boldsymbol{k}}^{(+)}(t)=\hat{n}^{(+)}(t). \tag{1.1.11}$$

从式 (1.1.9) 和 (1.1.11) 不难得出, 若 $|n,t\rangle$ 为粒子数的本征态, 则 $\hat{c}^{\dagger}(\boldsymbol{k},t)$ 作用到 $|n,t\rangle$ 上面时, 所得的结果仍为粒子数的本征态, 但本征值增加 1. 在下文中我们有时简单地称 $\hat{c}^{\dagger}(\boldsymbol{k},t)$ 为在"在 t 时刻发射动量为 $\boldsymbol{k}$ 的正粒子的算符", 尽管这一名称原本属于 $\hat{c}_{\boldsymbol{k}}^{\dagger}(t)$(注意, $\hat{c}^{\dagger}(\boldsymbol{k},t)$ 与 $\hat{c}_{\boldsymbol{k}}^{\dagger}(t)$ 在量纲上就不相同).

在自由场情况下, $\hat{c}(\boldsymbol{k},t)$ 和 $\hat{d}^{\dagger}(\boldsymbol{k},t)$ 随时间的变化具有简单的形式

$$\begin{aligned}\hat{c}(\boldsymbol{k},t)&=\hat{c}(\boldsymbol{k})\mathrm{e}^{-\mathrm{i}\omega t},\\ \hat{d}^{\dagger}(\boldsymbol{k},t)&=\hat{d}^{\dagger}(\boldsymbol{k})\mathrm{e}^{\mathrm{i}\omega t}.\end{aligned} \tag{1.1.12}$$

于是 $\hat{\varphi}(x)$ 的展开式可写成

$$\hat{\varphi}(x)=\int\mathrm{d}\widetilde{k}\frac{1}{(2\pi)^{3/2}}[\hat{c}(\boldsymbol{k})\mathrm{e}^{\mathrm{i}kx}+\hat{d}^{\dagger}(\boldsymbol{k})\mathrm{e}^{-\mathrm{i}kx}], \tag{1.1.13}$$

其中, $kx=\boldsymbol{k}\cdot\boldsymbol{x}-\omega t$ 代表四维标积. 这时仅从 $\hat{\varphi}(x)$ 即可定出 $\hat{c}(\boldsymbol{k},t)$ 和 $\hat{d}^{\dagger}(\boldsymbol{k},t)$, 因为它们随时间的变化不同. 相应的公式为

$$\begin{aligned}\hat{c}(\boldsymbol{k})&=-\int\mathrm{d}^3x\frac{1}{(2\pi)^{3/2}}\mathrm{e}^{-\mathrm{i}kx}\overleftrightarrow{\partial}_4\hat{\varphi}(x),\\ \hat{d}^{\dagger}(\boldsymbol{k})&=\int\mathrm{d}^3x\frac{1}{(2\pi)^{3/2}}\mathrm{e}^{\mathrm{i}kx}\overleftrightarrow{\partial}_4\hat{\varphi}(x),\end{aligned} \tag{1.1.14}$$

其中, $f(x)\overleftrightarrow{\partial}_4\hat{\varphi}(x)$ 代表 $f(x)[\partial_4\hat{\varphi}(x)]-[\partial_4 f(x)]\hat{\varphi}(x)$.

$\hat{\varphi}(\boldsymbol{x},t)$ 是否代表 $\boldsymbol{x}$ 表象中粒子的吸收算符? 在非相对论的二次量子化理论中, 零自旋粒子的薛定谔波函数在量子化以后的算符 $\hat{\phi}_s(\boldsymbol{x},t)$ 可赋予这样的意义, 因为它满足下述对易关系

$$[\hat{\phi}_s(\boldsymbol{x},t),\hat{\phi}_s^{\dagger}(\boldsymbol{x}',t)]=\delta(\boldsymbol{x}-\boldsymbol{x}'), \tag{1.1.15}$$

而且

$$\int\mathrm{d}^3\boldsymbol{x}\hat{\phi}_s^{\dagger}(\boldsymbol{x},t)\hat{\phi}_s(\boldsymbol{x},t)=\hat{n}(t). \tag{1.1.16}$$

$\hat{n}(t)$ 为总粒子数算符. 我们可以简单地称 $\hat{\phi}_s(\boldsymbol{x},t)$ 为在 t 时刻吸收一个坐标为 $\boldsymbol{x}$ 的粒子的算符.

在相对论性场论中, 情况有所不同. 首先, 相对论性的标量场算符 $\hat{\varphi}(\boldsymbol{x},t)$ 包括两个部分, 它们分别涉及正、反粒子自由度, 需要分开. $\hat{\varphi}(\boldsymbol{x},t)$ 的分解式为

$$\hat{\varphi}(\boldsymbol{x},t)=\hat{\varphi}_{(+)}(\boldsymbol{x},t)+\hat{\varphi}_{(-)}(\boldsymbol{x},t), \tag{1.1.17}$$

其中

$$\begin{aligned}\hat{\varphi}_{(+)}(\boldsymbol{x},t)&=\sum_{\boldsymbol{k}}\frac{1}{\sqrt{2\omega V}}\hat{c}_{\boldsymbol{k}}(t)\mathrm{e}^{\mathrm{i}\boldsymbol{k}\cdot\boldsymbol{x}}=\frac{1}{(2\pi)^{3/2}}\int\mathrm{d}\widetilde{k}\hat{c}(\boldsymbol{k},t)\mathrm{e}^{\mathrm{i}\boldsymbol{k}\cdot\boldsymbol{x}},\\ \hat{\varphi}_{(-)}(\boldsymbol{x},t)&=\sum_{\boldsymbol{k}}\frac{1}{\sqrt{2\omega V}}\hat{d}^\dagger_{\boldsymbol{k}}(t)\mathrm{e}^{-\mathrm{i}\boldsymbol{k}\cdot\boldsymbol{x}}=\frac{1}{(2\pi)^{3/2}}\int\mathrm{d}\widetilde{k}\hat{d}^\dagger(\boldsymbol{k},t)\mathrm{e}^{-\mathrm{i}\boldsymbol{k}\cdot\boldsymbol{x}}.\end{aligned}\tag{1.1.18}$$

其次, 这样分出来的 $\hat{\varphi}_{(+)}(\boldsymbol{x},t)$ 和 $\hat{\varphi}_{(-)}(\boldsymbol{x},t)$ 也并不分别就是在 t 时刻吸收一个坐标为 $\boldsymbol{x}$ 的正粒子和发射一个坐标为 $\boldsymbol{x}$ 的反粒子的算符, 关于这一点, 我们将在下面进一步说明. 实际上, 在相对论性场论中, 标量粒子的确切含义是标量场的量子, 它并不完全相似于量子力学中的粒子. 只在粗略的意义上 (或者说在作非相对论近似后) 才可以把 $\hat{\varphi}_{(+)}(\boldsymbol{x},t)$ 称为 t 时刻吸收坐标为 $\boldsymbol{x}$ 的正粒子的算符①, 把 $\hat{\varphi}_{(-)}(\boldsymbol{x},t)$ 称为 t 时刻发射坐标为 $\boldsymbol{x}$ 的反粒子的算符. 这样, $\hat{\varphi}(\boldsymbol{x},t)$ 作为两者之和可以粗略地看成是 $\boldsymbol{x}$ 表象中粒子数减少算符, 因发射一个反粒子或吸收一个正粒子都使粒子数减少 1. 同理 $\hat{\varphi}^\dagger(\boldsymbol{x},t)$ 可粗略地称为 $\boldsymbol{x}$ 表象中粒子数增加算符. 当然, 也可把 $\hat{\varphi}(\boldsymbol{x},t)$ 称作 $\boldsymbol{x}$ 表象中反粒子数增加算符, 把 $\hat{\varphi}^\dagger(\boldsymbol{x},t)$ 称作反粒子数减少算符.

值得指出的是, 无论是否存在场之间的相互作用, 算符 $\hat{c}(\boldsymbol{k},t)$, $\hat{d}(\boldsymbol{k},t)$, $\hat{c}^\dagger(\boldsymbol{k},t)$, $\hat{d}^\dagger(\boldsymbol{k},t)$ 以及 $\hat{\varphi}(\boldsymbol{x},t)$ 和 $\hat{\varphi}^\dagger(\boldsymbol{x},t)$ 的意义都一样. 有或没有相互作用的差别, 只在于不同时刻的算符之间关系不同, 不影响算符本身的意义. 另外, 以上所说的吸收和发射的粒子都是指裸粒子. 那种认为在有相互作用时海森伯图像中的吸收和发射算符是指物理粒子的吸收和发射算符的看法, 是不正确的.

根据上面的讨论, $\hat{\varphi}^\dagger(\boldsymbol{x}_1,t_1)$ 作用到某个态 $|a\rangle$ 上所得的新态 $\hat{\varphi}^\dagger(\boldsymbol{x}_1,t_1)|a\rangle$, 与原态的差别在于：在 t_1 时刻, 后者比前者在 $\boldsymbol{x}_1$ 处 (裸) 粒子数增加 1 个 (在上述粗略意义上). 由此还可看出, $\hat{\varphi}^\dagger(\boldsymbol{x},t_1)|a\rangle$ 不等于 $\hat{\varphi}^\dagger(\boldsymbol{x},t_2)|a\rangle$.

对于旋量场可以类似地处理, $\hat{\psi}(x)$ 的展开式为

$$\hat{\psi}(\boldsymbol{x},t)=\sum_{r=\pm1}\sum_{\boldsymbol{p}}\frac{1}{\sqrt{2EV}}[\hat{a}_{r,\boldsymbol{p}}(t)u_{r,\boldsymbol{p}}(x)+\hat{b}^\dagger_{r,\boldsymbol{p}}(t)v_{r,\boldsymbol{p}}(x)], \tag{1.1.19}$$

① 注意, $\hat{\varphi}_{(+)}$ 与薛定谔波函数 ϕ_s 的量纲不同. 比较完全的说法是, 在非相对论近似下 $\sqrt{2m}\hat{\varphi}_{(+)}(\boldsymbol{x},t)$ 代表 t 时刻吸收坐标为 $\boldsymbol{x}$ 的正粒子的算符, 见下文.

其中, $E=\sqrt{\boldsymbol{p}^2+M^2}$, 而

$$u_{r,\boldsymbol{p}}(\boldsymbol{x})=u_r(\boldsymbol{p})\mathrm{e}^{\mathrm{i}\boldsymbol{p}\cdot\boldsymbol{x}},\qquad v_{r,\boldsymbol{p}}(\boldsymbol{x})=v_r(\boldsymbol{p})\mathrm{e}^{-\mathrm{i}\boldsymbol{p}\cdot\boldsymbol{x}},$$

$$u_r(\boldsymbol{p})=\begin{pmatrix}\sqrt{E+M}\chi_r(\boldsymbol{p})\\ \dfrac{\boldsymbol{\sigma}\cdot\boldsymbol{p}}{\sqrt{E+M}}\chi_r(\boldsymbol{p})\end{pmatrix},$$

$$v_r(\boldsymbol{p})=\begin{pmatrix}\dfrac{\boldsymbol{\sigma}\cdot\boldsymbol{p}}{\sqrt{E+M}}\chi_{-r}(\boldsymbol{p})\\ \sqrt{E+M}\chi_{-r}(\boldsymbol{p})\end{pmatrix}.\tag{1.1.20}$$

$\chi_r(\boldsymbol{p})$ 为泡利旋量①, 并且是 $\dfrac{\boldsymbol{\sigma}\cdot\boldsymbol{p}}{|\boldsymbol{p}|}$ 的本征态:

$$\frac{\boldsymbol{\sigma}\cdot\boldsymbol{p}}{|\boldsymbol{p}|}\chi_r(\boldsymbol{p})=r\chi_r(\boldsymbol{p}),\qquad r=\pm1.\tag{1.1.21}$$

$u_r(\boldsymbol{p})$ 和 $v_r(\boldsymbol{p})$ 的规格化条件为

$$\overline{u}_r(\boldsymbol{p})u_{r'}(\boldsymbol{p})=2M\delta_{rr'},$$

$$\overline{v}_r(\boldsymbol{p})v_{r'}(\boldsymbol{p})=-2M\delta_{rr'}.\tag{1.1.22}$$

$\hat{a}_{r,\boldsymbol{p}}$ 和 $\hat{b}_{r\cdot\boldsymbol{p}}$ 等满足下述反对易关系

$$\{\hat{a}_{r,\boldsymbol{p}}(t),\hat{a}^\dagger_{r',\boldsymbol{p}'}(t)\}=\delta_{rr'}\delta_{\boldsymbol{p}\boldsymbol{p}'},$$

$$\{\hat{b}_{r,\boldsymbol{p}}(t),\hat{b}^\dagger_{r',\boldsymbol{p}'}(t)\}=\delta_{rr'}\delta_{\boldsymbol{p}\boldsymbol{p}'}.\tag{1.1.23}$$

当 $V\to\infty$ 时, 同样可将求和化为积分, 这时

$$\hat{\psi}(\boldsymbol{x},t)=\sum_{r=\pm1}\int\mathrm{d}\widetilde{p}\frac{1}{(2\pi)^{3/2}}[\hat{a}_r(\boldsymbol{p},t)u_{r,\boldsymbol{p}}(\boldsymbol{x})+\hat{b}^\dagger_r(\boldsymbol{p},t)v_{r,\boldsymbol{p}}(\boldsymbol{x})].\tag{1.1.24}$$

算符 $\hat{a}_r(\boldsymbol{p},t)$ 和 $\hat{b}^\dagger_r(\boldsymbol{p},t)$ 的定义与标量场情况相似, 即

$$\hat{a}_r(\boldsymbol{p},t)=\sqrt{\frac{2EV}{(2\pi)^3}}\hat{a}_{r,\boldsymbol{p}}(t),$$

$$\hat{b}^\dagger_r(\boldsymbol{p},t)=\sqrt{\frac{2EV}{(2\pi)^3}}\hat{b}^\dagger_{r,\boldsymbol{p}}(t).$$

① $\chi_r(\boldsymbol{p})$ 的具体表达式可参见附录.

它们满足下述反对易关系

$$
\begin{aligned}
\{\hat{a}_r(\boldsymbol{p},t),\hat{a}^\dagger_{r'}(\boldsymbol{p}',t)\}&=2E\delta_{rr'}\delta(\boldsymbol{p}-\boldsymbol{p}'),\\
\{\hat{b}_{\mathrm{r}}(\boldsymbol{p},t),\hat{b}^\dagger_{r'}(\boldsymbol{p}',t)\}&=2E\delta_{rr'}\delta(\boldsymbol{p}-\boldsymbol{p}').
\end{aligned}
\tag{1.1.25}
$$

像标量场一样, $\hat{\psi}(\boldsymbol{x},t)$ 可分解为

$$
\hat{\psi}(\boldsymbol{x},t)=\hat{\psi}_{(+)}(\boldsymbol{x},t)+\hat{\psi}_{(-)}(\boldsymbol{x},t),\tag{1.1.26}
$$

其中

$$
\begin{aligned}
\hat{\psi}_{(+)}(\boldsymbol{x},t)&=\sum_{r=\pm1}\frac{1}{(2\pi)^{3/2}}\int \mathrm{d}\widetilde{p}\hat{a}_r(\boldsymbol{p},t)u_{r,\boldsymbol{p}}(\boldsymbol{x}),\\
\hat{\psi}_{(-)}(\boldsymbol{x},t)&=\sum_{r=\pm1}\frac{1}{(2\pi)^{3/2}}\int \mathrm{d}\widetilde{p}\hat{b}^\dagger_r(\boldsymbol{p},t)v_{r,\boldsymbol{p}}(\boldsymbol{x}).
\end{aligned}
\tag{1.1.27}
$$

粗略地说, 它们分别代表 $\boldsymbol{x}$ 表象中正粒子的吸收算符和反粒子的发射算符.

2. 关于 $\boldsymbol{x}$ 表象中吸收和发射算符问题的讨论

我们将说明, 在相对论理论的框架中, 要定义坐标表象中粒子的吸收和发射算符是有一定问题的. 先来考察标量场情况. 从 $\hat{c}(\boldsymbol{k},t)$ 和 $\hat{c}^\dagger(\boldsymbol{k},t)$ 所满足的对易关系不难得出

$$
\begin{aligned}
[\hat{\varphi}_{(+)}(\boldsymbol{x},t),\hat{\varphi}^\dagger_{(+)}(\boldsymbol{x}',t)]&=\frac{1}{(2\pi)^3}\int\frac{\mathrm{d}^3k}{2\omega}\mathrm{e}^{\mathrm{i}\boldsymbol{k}\cdot(\boldsymbol{x}'-\boldsymbol{x})}\\
&=\mathrm{i}\Delta_+(\boldsymbol{x}'-\boldsymbol{x},m)_{t'=t}.
\end{aligned}
\tag{1.1.28}
$$

它并不等于 $\delta(\boldsymbol{x}'-\boldsymbol{x})$. 这表明: $\hat{\varphi}_{(+)}(\boldsymbol{x},t)$ 和 $\hat{\varphi}^+_{(+)}(\boldsymbol{x},t)$ 所满足的对易关系与非相对论的 $\hat{\phi}_s(\boldsymbol{x},t)$ 和 $\hat{\phi}^+_s(\boldsymbol{x}',t)$ 所满足的对易关系式 (1.1.15) 不同. 从数学上看. 出现这种差异在于式 (1.1.28) 积分中多出来 $\dfrac{1}{2\omega}$ 因子. 这个因子同时使得

$$
\hat{n}_{(+)}(t)\equiv\int \mathrm{d}\widetilde{k}\hat{c}^\dagger(\boldsymbol{k},t)\hat{c}(\boldsymbol{k},t)\neq\int \mathrm{d}^3\boldsymbol{x}\hat{\varphi}^\dagger_{(+)}(\boldsymbol{x},t)\hat{\varphi}_{(+)}(\boldsymbol{x},t),
$$

即 $\hat{n}_+$ 并不能表为 $\hat{\varphi}^+\hat{\varphi}$ 的体积分. 在这一点与非相对论情况的式 (1.1.16) 不同.

实际上, "对易子等于 $\delta(\boldsymbol{x}'-\boldsymbol{x})$" 的一对算符是 $\hat{\varphi}_{(+)}(\boldsymbol{x},t)$ 和 $-2\mathrm{i}\hat{\pi}_{(+)}(\boldsymbol{x}',t)$, 即

$$
[\hat{\varphi}_{(+)}(\boldsymbol{x},t),-2\mathrm{i}\hat{\pi}_{(+)}(\boldsymbol{x}',t)]=\delta(\boldsymbol{x}'-\boldsymbol{x}),\tag{1.1.29}
$$

其中, $\hat{\pi}_{(+)}$ 为 $\hat{\pi}$ 中与正粒子有关的部分

$$
\hat{\pi}_{(+)}(\boldsymbol{x},t)=\mathrm{i}\int \mathrm{d}\widetilde{k}\omega\frac{1}{(2\pi)^{3/2}}\hat{c}^\dagger(\boldsymbol{k},t)\mathrm{e}^{-\mathrm{i}\boldsymbol{k}\cdot\boldsymbol{x}}.\tag{1.1.30}
$$

参见式 (1.1.30), $\hat{n}_{(+)}$ 亦可表为 $-2\mathrm{i}\hat{\pi}_{(+)}$ 与 $\hat{\varphi}_{(+)}$ 乘积的三维积分

$$\hat{n}_{(+)}(t) = -2\mathrm{i}\int \mathrm{d}^3\boldsymbol{x}\hat{\pi}_{(+)}(\boldsymbol{x},t)\hat{\varphi}_{(+)}(\boldsymbol{x},t). \tag{1.1.31}$$

场算符 $\hat{\varphi}$ 与非相对论的二次量子化理论中的 $\hat{\phi}_s$(见式 (1.1.15)) 间的这一差别与下述情况直接相关联, 即由克莱因–戈登方程导出的守恒流 J_μ 第 4 分量所对应的密度为

$$\rho = \mathrm{i}(\varphi^*\pi^* - \pi\varphi), \tag{1.1.32}$$

而在非相对论的量子力学中, 密度 ρ 却等于 $\phi_s^*\phi_s$.

如果根据量子力学中动量表象与坐标表象间的关系, 定义一个 $\boldsymbol{x}$ 表象中正粒子的吸收算符 $\hat{\phi}_{(+)}$:

$$\begin{aligned}\hat{\phi}_{(+)}(\boldsymbol{x},t) &= \sum_{\boldsymbol{k}}\frac{1}{\sqrt{V}}\hat{c}_{\boldsymbol{k}}(t)\mathrm{e}^{\mathrm{i}\boldsymbol{k}\cdot\boldsymbol{x}}\\ &= \frac{1}{(2\pi)^{3/2}}\int\frac{\mathrm{d}^3k}{(2\omega)^{1/2}}\hat{c}(\boldsymbol{k},t)\mathrm{e}^{\mathrm{i}\boldsymbol{k}\cdot\boldsymbol{x}},\end{aligned} \tag{1.1.33}$$

由于 (与式 (1.1.18) 相比) 少了因子 $\dfrac{1}{\sqrt{2\omega}}$, 自然会有

$$[\hat{\phi}_{(+)}(\boldsymbol{x},t),\hat{\phi}^\dagger_{(+)}(\boldsymbol{x}',t)] = \delta(\boldsymbol{x}-\boldsymbol{x}'), \tag{1.1.34}$$

$$\hat{n}_{(+)}(t) = \int \mathrm{d}\widetilde{k}\hat{c}^\dagger(\boldsymbol{k},t)\hat{c}(\boldsymbol{k},t) = \int \mathrm{d}^3x\hat{\phi}^\dagger_{(+)}(\boldsymbol{x},t)\hat{\phi}_{(+)}(\boldsymbol{x},t),$$

它们同 $\hat{\phi}_s$ 所满足的式 (1.1.15) 和 (1.1.16) 一样.

按照上面所述的 $\hat{\phi}^\dagger_{(+)}$ 的物理意义, 状态

$$|\boldsymbol{x}_0,t\rangle \equiv \hat{\phi}^\dagger_{(+)}(\boldsymbol{x}_0,t)|0\rangle \tag{1.1.35}$$

应代表 t 时刻在 $\boldsymbol{x}_0$ 点有一个正粒子的情况. 于是一个具有确定坐标 $\boldsymbol{x}_0$ 的粒子所对应的场函数可用 $\langle 0|\hat{\varphi}(\boldsymbol{x},t)|\boldsymbol{x}_0,t\rangle$ 来表示①其值为

$$\langle 0|\hat{\varphi}(\boldsymbol{x},t)|\boldsymbol{x}_0,t\rangle = \frac{1}{(2\pi)^3}\int\frac{\mathrm{d}^3k}{(2\omega)^{1/2}}\mathrm{e}^{\mathrm{i}\boldsymbol{k}\cdot(\boldsymbol{x}-\boldsymbol{x}_0)} = \text{常数}\left(\frac{m}{r}\right)^{5/4}\mathrm{H}^{(1)}_{5/4}(\mathrm{i}mr). \tag{1.1.36}$$

---

① 对于一个处于状态 $|S\rangle$ 的标量粒子 (自旋为零), 相对应的场函数应即为 $\langle 0|\hat{\varphi}(\boldsymbol{x})|S\rangle$: $|S\rangle$ 可一般地表示为 $\sum\limits_j \alpha_j\hat{c}_j^\dagger|0\rangle$, 这时将 $\hat{\varphi}(\boldsymbol{x})$ 用展式 (1.1.17) 代入即得出

$$\langle 0|\hat{\varphi}(\boldsymbol{x})|s\rangle = \langle 0|\left[\sum_{\boldsymbol{k}} 1/\sqrt{2\omega v}\hat{c}_{\boldsymbol{k}}\mathrm{e}^{\mathrm{i}\boldsymbol{k}\cdot\boldsymbol{x}}\right]\left[\sum_j \alpha_j\hat{c_j^\dagger}\right]|0\rangle = \sum_j\frac{1}{\sqrt{2\omega_j V}}\alpha_j\mathrm{e}^{\mathrm{i}\boldsymbol{k}_j\cdot x}.$$

在非相对论情况, $\sqrt{\omega_j}\approx\sqrt{m}$(注意 c 已取为 1), 于是 $\langle 0|\hat{\varphi}(\boldsymbol{x})|s\rangle \approx \dfrac{1}{\sqrt{2mV}}\sum\limits_j\alpha_j\mathrm{e}^{\mathrm{i}\boldsymbol{k}_j\cdot\boldsymbol{x}}$. 再补上随时间的变化因子 $\mathrm{e}^{-\mathrm{i}mt-\mathrm{i}E_jt}$, 即得 $\langle 0|\hat{\varphi}(\boldsymbol{x},t)|s\rangle = \dfrac{1}{\sqrt{2m}}\mathrm{e}^{-\mathrm{i}mt}\varphi_{NR}(\boldsymbol{x}t)$. 其中, $\varphi_{NR}(\boldsymbol{x},t)$ 为非相对论量子力学中零自旋粒子的波函数. 因子 $\dfrac{1}{\sqrt{2m}}\mathrm{e}^{-\mathrm{i}mt}$ 与具体状态无关. 在量子力学中可以将它除去.

上式中 $\mathrm{H}^{(1)}$ 代表第一类汉克尔函数, r 为 $\boldsymbol{x}-\boldsymbol{x}_0$ 的绝对值. 当 $r\gg\dfrac{1}{m}$ 时, 该函数 $\sim\dfrac{1}{m}\left(\dfrac{m}{r}\right)^{7/4}\mathrm{e}^{-mr}$. 按照此式, 具有确定坐标的粒子所对应的标量场不是定域在一点, 其扩展范围具有粒子康普顿波长 $\dfrac{1}{m}$ 的量级.

需要指出的是, 这样定义的 $|\boldsymbol{x},t\rangle$, 虽然对同一 t 不同 $\boldsymbol{x}$ 的态互相正交

$$\langle\boldsymbol{x}',t|\boldsymbol{x},t\rangle=0,(\text{当}\boldsymbol{x}\neq\boldsymbol{x}'\text{时})$$

但对 t 不相同的类空间隔的两点 $(\boldsymbol{x},t)$ 和 $(\boldsymbol{x}',t')$, 所相应的态并不正交, 即 (注意, 本书取自然单位制, $\hbar=c=1$)

$$\langle\boldsymbol{x}',t'|\boldsymbol{x},t\rangle\neq 0,\quad \text{其中}\ \ t\neq t',(\boldsymbol{x}-\boldsymbol{x}')^2-(t-t')^2>0$$

对于自由场, 通过直接计算就可以证明这一结果. 上式意味着粒子的运动速度可超过真空中的光速, 因而是不可接受的. 这表明了式 (1.1.35)下面关于 $|\boldsymbol{x}_0,t\rangle$ 状态意义的陈述并不正确.

以上讨论表明, 在相对论性场论中, 标量粒子确切的含意是指标量场的量子, 只在非相对论近似中才能定义具有确定坐标的粒子①. 这时, $\sqrt{2m}\hat{\varphi}_{(+)}(\boldsymbol{x},t)$ 和 $\sqrt{2m}\hat{\varphi}^\dagger_{(+)}(\boldsymbol{x},t)$ 分别代表这种粒子在 x 表象中的吸收和发射算符, 因为在非相对论近似中, $\sqrt{2m}\hat{\varphi}_{(+)}(\boldsymbol{x},t)$ 就等于式 (1.1.33) 所引入的 $\hat{\phi}_{(+)}(\boldsymbol{x},t)$.

对于旋量场, 虽然有

$$\begin{aligned}&\left\{\hat{\psi}_\alpha(\boldsymbol{x},t),\hat{\psi}^\dagger_\beta(\boldsymbol{x}',t)\right\}=\delta_{\alpha\beta}\delta(\boldsymbol{x}-\boldsymbol{x}'),\\&\int\mathrm{d}^3x\hat{\psi}^\dagger(\boldsymbol{x},t)\hat{\psi}(\boldsymbol{x},t)=\hat{n}(t),\end{aligned}\tag{1.1.37}$$

使得 $\hat{\psi}(\boldsymbol{x},t)$ 和 $\hat{\psi}^\dagger(\boldsymbol{x},t)$ 像是 $\boldsymbol{x}$ 表象中的吸收和发射算符, 但由于 $\hat{\psi}(\boldsymbol{x},t)$ 和 $\hat{\psi}^\dagger(\boldsymbol{x},t)$ 都包含有正反粒子的自由度而使以上解释发生问题. 像标量场一样, 我们要将正反粒子的部分分开 (如式 (1.1.26)). 与正粒子有关的部分由 (1.1.27) 第一式表示. 这时尽管仍有

$$\hat{n}_+(t)=\int\mathrm{d}^3x\hat{\psi}^\dagger_{(+)}(\boldsymbol{x},t)\hat{\psi}_{(+)}(\boldsymbol{x},t),\tag{1.1.38}$$

但 $\hat{\psi}_+$ 与 $\hat{\psi}^\dagger_+$ 间的反对易子不等于所需要的 δ 函数:

$$\left\{\hat{\psi}_{(+)}(\boldsymbol{x},t)_\alpha,\hat{\psi}^\dagger_{(+)}(\boldsymbol{x}',t)_\beta\right\}=\mathrm{i}\left[S_+(\boldsymbol{x}-\boldsymbol{x}',0)\gamma_4\right]_{\alpha\beta}\neq\delta_{\alpha\beta}\delta(\boldsymbol{x}-\boldsymbol{x}'),$$

① 因此在相对论性场论中, 传播子 $\langle 0|T\hat{\varphi}(\boldsymbol{x})\hat{\varphi}^\dagger(\boldsymbol{x}')|0\rangle$ 在类空间隔不为零并不就表示粒子速度可以超过光速.

因而 $\hat{\psi}_{(+)}(\boldsymbol{x},t)$ 也不就具有 $\boldsymbol{x}$ 表象中正粒子吸收算符的意义.

如果我们仿照标量场的讨论, 定义

$$\hat{\Psi}_{(+)}(\boldsymbol{x},t)=\sum_{r=\pm1}\sum_{\boldsymbol{p}}\frac{1}{\sqrt{V}}\hat{a}_{r,\boldsymbol{p}}(t)\chi_{r,\boldsymbol{p}}(\boldsymbol{x}),\tag{1.1.39}$$

其中

$$\begin{aligned}\chi_{1,\boldsymbol{p}}(\boldsymbol{x})&=\frac{1}{(2\pi)^{3/2}}\begin{pmatrix}1\\0\\0\\0\end{pmatrix}\mathrm{e}^{\mathrm{i}\boldsymbol{p}\cdot\boldsymbol{x}},\\ \chi_{2,\boldsymbol{p}}(\boldsymbol{x})&=\frac{1}{(2\pi)^{3/2}}\begin{pmatrix}0\\1\\0\\0\end{pmatrix}\mathrm{e}^{\mathrm{i}\boldsymbol{p}\cdot\boldsymbol{x}},\end{aligned}\tag{1.1.40}$$

那将有

$$\hat{n}_+(t)=\int\mathrm{d}^3x\,\hat{\Psi}^+_{(+)}(\boldsymbol{x},t)\,\hat{\Psi}_{(+)}(\boldsymbol{x},t),$$

$$\left\{\hat{\Psi}_{(+)}(\boldsymbol{x},t)_\alpha,\hat{\Psi}^+_{(+)}(\boldsymbol{x}',t)_\beta\right\}=\delta_{\alpha\beta}\delta(\boldsymbol{x}-\boldsymbol{x}').\tag{1.1.41}$$

于是上述 $\hat{\Psi}_{(+)}(\boldsymbol{x},t)$ 可称为 $\boldsymbol{x}$ 表象中的正粒子吸收算符. 但同样存在“类空间隔的两点 $(\boldsymbol{x},t)$ 和 $(\boldsymbol{x}',t')$(其中 $t\neq t'$) 上, 态 $|\boldsymbol{x},t\rangle$ 和 $|\boldsymbol{x}',t'\rangle$ 互不正交”的问题. 附带指出这样定义的 $\hat{\Psi}_{(+)}$ 实际上就是相对论性旋量粒子在 Foldy-Wouthysen 表象中的波函数.

3. 浸渐移引(adiabatic switching), 入射场和出射场

在量子力学的散射理论中, 为使散射过程有一个明确的描述, 避免 $t\to\pm\infty$ 时的初末条件不确定性, 通常在相互作用哈密顿量 $\hat{H}_{\text{int}}$ 上乘一个收敛因子 $\mathrm{e}^{-\varepsilon|t|}$, 即将总哈密顿量改换成 $\hat{H}=\hat{H}_0+\hat{H}_{\text{int}}\mathrm{e}^{-\varepsilon|t|}$. 衰减因子中的 ε 为一个正无穷小量, 在计算完毕后再令它趋于零. 因子 $\mathrm{e}^{-\varepsilon|t|}$ 的引入, 使得在遥远的过去和未来 (即 $t\to\pm\infty$), $\hat{H}$ 都趋于自由粒子的哈密顿量, 从而使散射前和散射后粒子皆成为自由粒子. 显然, 这是一种等效的数学处理. 实际的情况是, 在散射前和散射后, 粒子的波函数为互相远离的波包, 因而都作自由运动. 这种波包式的描述, 虽然符合物理实际, 但理论处理比较麻烦. 如果在 $\hat{H}_{\text{int}}$ 上乘一个因子 $\mathrm{e}^{-\varepsilon|t|}$ 使相互作用逐渐地引入和逐渐地移出, 初末态中的波包就可以用平面波来代替, 使理论处理得到简化. 这种无限缓

慢地引入和移出相互作用就称为浸渐移引. 有时为了书写简短, 因子 $e^{-\varepsilon|t|}$ 不明显写出, 只在具体计算时考虑它们.

在量子场论中, 情况有一些不同. 即使入射场是一些互相远离的 (描述单个入射粒子的) 波包, 也不等于 $\hat{H}_{\text{int}}$ 不起作用. 对于孤立的波包, $\hat{H}_{\text{int}}$ 的作用是使得裸粒子成为缀饰粒子即通常所说的物理粒子, 它具有与裸粒子质量不同的物理质量. 考虑到这种情况, 我们在自由哈密顿量中加上一个附加质量项, 也就是将原来的裸质量换成物理质量. 同时在 $\hat{H}_{\text{int}}$ 中减去这一附加质量项 (减去后的结果称为有效相互作用项) 以保持总哈密顿量不变. 然后对有效相互作用项作浸渐移引处理①.

在作用图像中, 当 ε 为无穷小量时, $t=-\infty$ 时的自由场状态演化到 $t=0$ 时, 将成为总哈密顿量 $\hat{H}$ 的本征态 (证明见下一小节). 如果 $t=-\infty$ 时状态为裸真空, 则到 $t=0$ 时将成为物理真空(裸真空中什么粒子也没有, 而物理真空则指 $\hat{H}$ 的基态, 其中含有一定的裸粒子 (真空涨落效应)). 到 $t=+\infty$ 时, 它又回到裸真空. 在海森伯图像中, 这一过程用一个状态矢量表示, 可记作 $|0\rangle$, 代表物理真空 (对于任何有限的 t 值), 它也等于 $|(0),-\infty\rangle$ 或 $|(0),+\infty\rangle$, 即 $t=\pm\infty$ 时的裸真空 ((0) 代表裸真空). 同样, 若 $t=-\infty$ 时为一个四动量为 p 的裸粒子, 则到 $t=0$ 时将成为四动量为 p 的物理粒子, 到 $t=+\infty$ 时又回到四动量为 p 的裸粒子. 在海森伯图像中, 这一过程将用一个状态矢量表示, 可记作 $|p\rangle$, 代表一个四动量为 p 的物理粒子 (对于任何有限 t 值), 它也等于 $|(p),-\infty\rangle$ 或 $|(p),+\infty\rangle$, 其中 (p) 代表四动量为 p 的裸粒子.

如果 $t=-\infty$ 时有两个裸粒子 (设其四动量为 p 和 k), 那情况就不同了. 到 $t=0$ 时并不就转变为四动量为 p 和 k 的两个物理粒子, 因这样的态并非总哈密顿量 $\hat{H}$ 的本征态, 应当还有相互作用 (包括散射和反应) 的产物, 这些产物为从作用点向外发散的波. 再进一步到 $t=+\infty$ 时, 虽然各物理粒子又还原为裸粒子, 但相互作用所产生的实跃迁效应并不被消除. 最后的情况为, 除了原来两个四动量为 p 和 k 的裸粒子外, 还有向外发散的描述作用产物的裸粒子波. 在海森伯图像中此状态矢量可记作 $|(p,k)^{\text{in}}\rangle$ 亦即 $|(p,k),-\infty\rangle$.

还有一种状态, 它在 $t=+\infty$ 时为两个四动量等于 p 和 k 的裸粒子. 如果返看它的过去则将得出在 $t=-\infty$ 时除了上述两个裸粒子外, 还应有一定的“裸粒子的”会聚波. 在海森伯图像中这一过程用态矢 $|(p,k)^{\text{out}}\rangle$ 表示, 也就是 $|(p,k),+\infty\rangle$.

以上讨论表明, 对真空 $|0\rangle$ 和单粒子态 $|p\rangle$ 不必加注 in 或 out, 但对多粒子态一定要加注 in 或 out 以作区分.

作用图像中的 S 矩阵元可直接用上述海森伯图像中的状态矢量的标积表示. 例如, 从四动量为 p 和 k 的两个粒子的初态到四动量为 p', k_1' 和 k_2' 的三个粒子的末

① 如果将有效作用项中的 δm 表作耦合常数 g 的函数, 那么作浸渐移引也可以是在 g 中引入因子 $e^{-\varepsilon|t|}$(物理质量在此移引中保持不变).

态的 S 矩阵元用海森伯状态来表示即等于 $\langle (p', k_1', k_2')^{\text{out}} | (p, k)^{\text{in}} \rangle$.

下面我们来阐明：状态 $|(p, k, \cdots)^{\text{in}}\rangle$ 可以表示为某些发射算符作用到物理真空 $|0\rangle$ 态上的结果. 以标量场 φ 与旋量场 ψ 相互作用的情况为例, 设场的运动方程可表为

$$\begin{aligned}(\Box - m^2)\hat{\varphi}(x) &= -\hat{J}(x),\\ (\gamma_\mu \partial_\mu + M)\hat{\psi}(x) &= \hat{F}(x),\end{aligned} \tag{1.1.42}$$

其中, $J(x)$ 和 $F(x)$ 分别代表标量场和旋量场的源,

$$J = \frac{\partial \mathscr{H}_{\text{int}}}{\partial \varphi^*}, \qquad F = -\frac{\partial \mathscr{H}_{\text{int}}}{\partial \overline{\psi}},$$

$\mathscr{H}_{\text{int}}$ 为有效相互作用哈密顿量密度 (关于有效相互作用哈密顿量. 参见 p.11 第一段), m 和 M 为相应粒子的物理质量.

方程 (1.1.42) 的解可利用推迟格林函数表示出来

$$\begin{aligned}\hat{\varphi}(x) &= \hat{\varphi}^{\text{in}}(x) + \int_{-\infty}^{+\infty} \mathrm{d}^4 \boldsymbol{x}' \Delta_R(\boldsymbol{x} - \boldsymbol{x}')\hat{J}(\boldsymbol{x}'),\\ \hat{\psi}(x) &= \hat{\psi}^{\text{in}}(x) + \int_{-\infty}^{+\infty} \mathrm{d}^4 \boldsymbol{x}' S_R(\boldsymbol{x} - \boldsymbol{x}')\hat{F}(\boldsymbol{x}'),\end{aligned} \tag{1.1.43}$$

其中, $\hat{\varphi}^{\text{in}}(x)$ 和 $\hat{\psi}^{\text{in}}(x)$ 为齐次方程的解, 它们分别满足

$$\begin{aligned}(\Box - m^2)\hat{\varphi}^{\text{in}} &= 0,\\ (\gamma_\mu \partial_\mu + M)\hat{\psi}^{\text{in}} &= 0.\end{aligned} \tag{1.1.44}$$

函数 Δ_R 和 S_R 可参见附录. 在 $\hat{J}$ 和 $\hat{F}$ 本身也由场算符 $\hat{\varphi}$ 和 $\hat{\psi}$ 构成的情况下式 (1.1.43) 实际上只是把原来的微分方程 (1.1.42) 换成了积分方程, 并非真正求出了方程 (1.1.42) 的解.

在作浸渐移引处理后, $\hat{J}(\boldsymbol{x})$ 和 $\hat{F}(\boldsymbol{x})$ 都含有移引因子, 故有渐近条件

$$\begin{aligned}\lim_{\varepsilon t \to -\infty} \hat{\varphi}(\boldsymbol{x}) &= \hat{\varphi}^{\text{in}}(\boldsymbol{x}),\\ \lim_{\varepsilon t \to -\infty} \hat{\psi}(\boldsymbol{x}) &= \hat{\psi}^{\text{in}}(\boldsymbol{x}).\end{aligned} \tag{1.1.45}$$

由此可得 $\hat{\varphi}^{\text{in}}(\boldsymbol{x})$ 和 $\hat{\psi}^{\text{in}}(\boldsymbol{x})$ 满足自由场的对易关系. 例如

$$[\hat{\varphi}^{\text{in}}(\boldsymbol{x}), \hat{\varphi}^{\text{in}^+}(\boldsymbol{x}')] = \mathrm{i}\Delta(\boldsymbol{x} - \boldsymbol{x}'). \tag{1.1.46}$$

我们将 $\hat{\varphi}^{\text{in}}(\boldsymbol{x})$ 和 $\hat{\psi}^{\text{in}}(\boldsymbol{x})$ 称为入射场. 值得注意的是, 它们虽然满足自由场方程, 却都是海森伯图像中的算符, 即满足

$$\begin{aligned}\hat{\varphi}^{\text{in}}(\boldsymbol{x}, t) &= \mathrm{e}^{\mathrm{i}\hat{H}t}\hat{\varphi}^{\text{in}}(\boldsymbol{x}, 0)\mathrm{e}^{-\mathrm{i}\hat{H}t},\\ \hat{\psi}^{\text{in}}(\boldsymbol{x}, t) &= \mathrm{e}^{\mathrm{i}\hat{H}t}\hat{\psi}^{\text{in}}(\boldsymbol{x}, 0)\mathrm{e}^{-\mathrm{i}\hat{H}t}.\end{aligned} \tag{1.1.47}$$

证明如下：首先 $\hat{\varphi}(\boldsymbol{x})$, $\hat{\psi}(\boldsymbol{x})$ 以及 $\hat{J}(\boldsymbol{x})$ 和 $\hat{F}(\boldsymbol{x})$ 都是海森伯算符. 将

$$\hat{\varphi}(\boldsymbol{x},t)=\mathrm{e}^{\mathrm{i}\hat{H}t}\hat{\varphi}(\boldsymbol{x},0)\mathrm{e}^{-\mathrm{i}\hat{H}t},$$
$$\hat{J}(\boldsymbol{x}',t')=\mathrm{e}^{\mathrm{i}\hat{H}t}\hat{J}(\boldsymbol{x}',t'')\mathrm{e}^{-\mathrm{i}\hat{H}t},$$

(其中 $t''=t'-t$) 代入式 (1.1.43), 第一式即可化出

$$\begin{aligned}\hat{\varphi}^{\mathrm{in}}(\boldsymbol{x},t)&=\mathrm{e}^{\mathrm{i}\hat{H}t}\hat{\varphi}(\boldsymbol{x},0)\mathrm{e}^{-\mathrm{i}\hat{H}t}-\int_{-\infty}^{+\infty}\mathrm{d}^3\boldsymbol{x}'\mathrm{d}t''\Delta_R(\boldsymbol{x}-\boldsymbol{x}',-t'')\mathrm{e}^{\mathrm{i}\hat{H}t}\hat{J}(\boldsymbol{x}',t'')\mathrm{e}^{-\mathrm{i}\hat{H}t}\\&=\mathrm{e}^{\mathrm{i}\hat{H}t}\left[\hat{\varphi}(\boldsymbol{x},0)-\int_{-\infty}^{+\infty}\mathrm{d}^4\boldsymbol{x}'\Delta_R(\boldsymbol{x}-\boldsymbol{x}',-t')\hat{J}(\boldsymbol{x}',t')\right]\mathrm{e}^{-\mathrm{i}\hat{H}t}\\&=\mathrm{e}^{\mathrm{i}\hat{H}t}\hat{\varphi}^{\mathrm{in}}(\boldsymbol{x},0)\mathrm{e}^{-\mathrm{i}\hat{H}t}.\end{aligned}$$

同样可证明 (1.1.47) 第二式.

式 (1.1.47) 似乎与入射场满足自由场方程 (1.1.44) 不相一致, 但这只是表观上的, 具体考察表明

$$\hat{H}=H_0(\hat{\varphi}^{\mathrm{in}},\hat{\pi}^{\mathrm{in}},\hat{\psi}^{\mathrm{in}},\hat{\psi}^{\mathrm{in}\dagger}),\tag{1.1.48}$$

其中, H_0 代表自由哈密顿量的函数形式, 而

$$\hat{\pi}^{\mathrm{in}}(\boldsymbol{x},t)\equiv\frac{\partial}{\partial t}\hat{\varphi}^{\mathrm{in}}(\boldsymbol{x},t)\tag{1.1.49}$$

(证明见下一小节). 这就是说, 当将总哈密顿量换用入射场算符$\hat{\varphi}^{\mathrm{in}}$, $\hat{\pi}^{\mathrm{in}}$, $\hat{\psi}^{\mathrm{in}}$ 和 $\hat{\psi}^{\mathrm{in}\dagger}$ 表示时, 总哈密顿是具有自由哈密顿量的函数形式. 这样 (1.1.47) 第一式就化为

$$\hat{\varphi}^{\mathrm{in}}(\boldsymbol{x},t)=\mathrm{e}^{\mathrm{i}H_0(\hat{\varphi}^{\mathrm{in}},\hat{\pi}^{\mathrm{in}},\cdots)t}\hat{\varphi}^{\mathrm{in}}(\boldsymbol{x},0)\mathrm{e}^{-\mathrm{i}H_0(\hat{\varphi}^{\mathrm{in}},\hat{\pi}^{\mathrm{in}},\cdots)t}.$$

于是可导出 $\hat{\varphi}^{\mathrm{in}}(\boldsymbol{x},t)$ 满足自由场的方程. 对于 $\hat{\psi}^{\mathrm{in}}$, 情况亦相同.

既然 $\hat{\varphi}^{\mathrm{in}}(x)$ 和 $\hat{\psi}^{\mathrm{in}}(x)$ 满足自由场方程, 那么就可按自由场的方式来作展开

$$\begin{aligned}\hat{\varphi}^{\mathrm{in}}(x)&=\int\mathrm{d}\widetilde{k}\frac{1}{(2\pi)^{3/2}}[\hat{c}^{\mathrm{in}}(\boldsymbol{k})\mathrm{e}^{\mathrm{i}kx}+\hat{d}^{\mathrm{in}\dagger}(\boldsymbol{k})\mathrm{e}^{-\mathrm{i}kx}],\\\hat{\psi}^{\mathrm{in}}(x)&=\sum_{r=\pm1}\int\mathrm{d}\widetilde{p}\frac{1}{(2\pi)^{3/2}}\left[\hat{a}_r^{\mathrm{in}}(\boldsymbol{p})u_r(\boldsymbol{p})\mathrm{e}^{\mathrm{i}px}+\hat{b}_r^{\mathrm{in}\dagger}(\boldsymbol{p})v_r(\boldsymbol{p})\mathrm{e}^{-\mathrm{i}px}\right],\end{aligned}\tag{1.1.50}$$

$\hat{c}^{\mathrm{in}}(\boldsymbol{k})$, $\hat{d}^{\mathrm{in}}(\boldsymbol{k})$, $\hat{a}_r^{\mathrm{in}}(\boldsymbol{p})$ 和 $\hat{b}_r^{\mathrm{in}}(\boldsymbol{p})$ 称为入射粒子的吸收算符, 它们的厄米共轭算符则为入射粒子的发射算符.

从渐近条件式 (1.1.45) 不难看出

$$|p\rangle=|(p),-\infty\rangle=\hat{a}^{\mathrm{in}\dagger}(\boldsymbol{p})|(0),-\infty\rangle=\hat{a}^{\mathrm{in}\dagger}(\boldsymbol{p})|0\rangle,$$

$$|(p,k)^{\text{in}}\rangle = |(p,k),-\infty\rangle = \hat{a}^{\text{in}^\dagger}(\boldsymbol{p})\hat{c}^{\text{in}^\dagger}(\boldsymbol{k})|(0),-\infty\rangle = \hat{a}^{\text{in}^\dagger}(\boldsymbol{p})\hat{c}^{\text{in}^\dagger}(\boldsymbol{k})|0\rangle, \tag{1.1.51}$$

$$\cdots\cdots$$

类似地, 利用超前格林函数可以定义出射场. 方程 (1.1.42) 的“解”也可以表作

$$\hat{\varphi}(x) = \hat{\varphi}^{\text{out}}(x) + \int_{-\infty}^{+\infty} \mathrm{d}^4\boldsymbol{x}' \Delta_A(x-x')\hat{J}(x'), \tag{1.1.52}$$

$$\hat{\psi}(x) = \hat{\psi}^{\text{out}}(x) + \int_{-\infty}^{+\infty} \mathrm{d}^4\boldsymbol{x}' S_A(x-x')\hat{F}(x'), \tag{1.1.53}$$

其中, $\hat{\varphi}^{\text{out}}(x)$ 和 $\hat{\psi}^{\text{out}}(x)$ 满足齐次方程, 同样也是海森伯算符. 显然它们与入射场 $\hat{\varphi}^{\text{in}}(x), \hat{\psi}^{\text{in}}(x)$ 不相等. 从式 (1.1.43), (1.1.52) 和 (1.1.53) 可得出两者之间的关系

$$\begin{aligned} \hat{\varphi}^{\text{out}}(x) &= \hat{\varphi}^{\text{in}}(x) - \int_{-\infty}^{+\infty} \mathrm{d}^4x' \Delta(x-x')J(x'), \\ \hat{\psi}^{\text{out}}(x) &= \hat{\psi}^{\text{in}}(x) - \int_{-\infty}^{+\infty} \mathrm{d}^4x' S(x-x')F(x'), \end{aligned} \tag{1.1.54}$$

因为

$$\begin{aligned} \Delta(x-x') &= \Delta_A(x-x') - \Delta_R(x-x'), \\ S(x-x') &= S_A(x-x') - S_R(x-x'). \end{aligned} \tag{1.1.55}$$

顺便指出, 在本书中各种 $S_{()}$ 函数与相应的 $\Delta_{()}$ 函数间的关系 (在 $m=M$ 的情况下) 是:

$$S_{()}(x-x') = (-\gamma_\mu \partial_\mu + M)\Delta_{()}(x-x'), \tag{1.1.56}$$

其中, $S_{()}$ 代表 S_F, S, S_+, S_-, S_A 和 S_R 中任一个, $\Delta_{()}$ 的意义相类似.

除相因子外, $|p\rangle$ 也可表为 $\hat{a}^{\text{out}^\dagger}(\boldsymbol{p})|0\rangle$, 而

$$\begin{aligned} |(p,k)^{\text{out}}\rangle &= \hat{a}^{\text{out}^\dagger}(\boldsymbol{p})\hat{c}^{\text{out}^\dagger}(\boldsymbol{k})|0\rangle. \\ &\cdots\cdots \end{aligned} \tag{1.1.57}$$

以上讨论表明状态 $|(p,k,\cdots)^{\text{in}}\rangle$ 等于入射场发射算符作用到物理真空态 $|0\rangle$ 上的结果, 而 $|(p,k,\cdots)^{\text{out}}\rangle$ 等于出射场发射算符作用到物理真空态上的结果.

4. 几点证明

我们来证明① 前面提出的两个命题. 首先, 证明下述命题: 若用 $|f)$ 表示作用图像中自由哈密顿量 $\hat{H}_0^{(1)}$ 的本征态 (相应的本征值为 E), 则

$$|F) \equiv \hat{U}(0,-\infty)|f) \tag{1.1.58}$$

① 形式上的证明.

将为 $t=0$ 时总哈密顿量 $\hat{H}^{(\mathrm{I})}(0)$ 的本征态, 而且本征值仍为 E, 其中 $\hat{U}(t,t_0)$ 代表从 t_0 到 t 的演化算符. $\hat{H}$ 的上标 (I) 表示作用图像中的算符.

$$\begin{aligned}\hat{U}(t,t_0)&=1+\sum_{n=1}^{\infty}(-\mathrm{i})^n\int_{t_0}^{t}\mathrm{d}t_1\int_{t_0}^{t_1}\mathrm{d}t_2\cdots\int_{t_0}^{t_{n-1}}\mathrm{d}t_n[\hat{H}_{\mathrm{int}}^{(\mathrm{I})}(t_1)\cdots\hat{H}_{\mathrm{int}}^{(\mathrm{I})}(t_n)]\\&=1+\sum_{n=1}^{\infty}\frac{(-\mathrm{i})^n}{n!}\int_{t_0}^{t}\mathrm{d}t_1\int_{t_0}^{t}\mathrm{d}t_2\cdots\int_{t_0}^{t}\mathrm{d}t_nT[\hat{H}_{\mathrm{int}}^{(\mathrm{I})}(t_1)\cdots\hat{H}_{\mathrm{int}}^{(\mathrm{I})}(t_n)],\end{aligned}\tag{1.1.59}$$

$\hat{H}_{\mathrm{int}}^{(\mathrm{I})}$ 代表作用图像中的有效 "相互作用哈密顿量" (见 p.11 第一段).

上述命题的意思是: 在浸渐移引的假设下, $t=-\infty$ 时的自由哈密顿量的本征态演化到 $t=0$ 时将变成总哈密顿量的本征态①, 而且本征值不变.

我们将在 $\hat{H}_{\mathrm{int}}^{(\mathrm{I})}(t)$ 上明显加上因子 $\mathrm{e}^{-\varepsilon|t|}$, 在计算完毕后再令 ε 趋于零. 这样式 (1.1.58) 可以写成

$$\begin{aligned}|F)=&|f)-\mathrm{i}\int_{-\infty}^{0}\mathrm{d}t_1\mathrm{e}^{\varepsilon t_1}\hat{H}_{\mathrm{int}}^{(\mathrm{I})}(t_1)|f)\\&+(-\mathrm{i})^2\int_{-\infty}^{0}\mathrm{d}t_1\int_{-\infty}^{t_1}\mathrm{d}t_2\mathrm{e}^{\varepsilon(t_1+t_2)}\hat{H}_{\mathrm{int}}^{(\mathrm{I})}(t_1)\hat{H}_{\mathrm{int}}^{(\mathrm{I})}(t_2)|f)+\cdots.\end{aligned}\tag{1.1.60}$$

$\hat{H}_{\mathrm{int}}^{(\mathrm{I})}(t)$ 随时间的变化由下式给出

$$\hat{H}_{\mathrm{int}}^{(\mathrm{I})}(t)=\mathrm{e}^{\mathrm{i}\hat{H}_0^{(\mathrm{S})}t}\hat{H}_{\mathrm{int}}^{(\mathrm{s})}\mathrm{e}^{-\mathrm{i}\hat{H}_0^{(\mathrm{S})}t}.\tag{1.1.61}$$

将它代到式 (1.1.60) 中并利用 $\hat{H}_0^{(\mathrm{S})}=\hat{H}_0^{(\mathrm{I})}$, 即将其中第二项化为

$$-\mathrm{i}\int_{-\infty}^{0}\mathrm{d}t_1\mathrm{e}^{-\mathrm{i}(E-\hat{H}_0^{(\mathrm{s})}+\mathrm{i}\varepsilon)t_1}\hat{H}_{\mathrm{int}}^{(\mathrm{s})}|f)=\frac{1}{E-\hat{H}_0^{(\mathrm{s})}+\mathrm{i}\varepsilon}\hat{H}_{\mathrm{int}}^{(\mathrm{S})}|f).$$

对于式 (1.1.60) 中第三项, 可先对 t_2 积分然后再对 t_1 积分, 结果为

$$\begin{aligned}&(-\mathrm{i})\int_{-\infty}^{0}\mathrm{d}t_1\mathrm{e}^{\varepsilon t_1}\hat{H}_{\mathrm{int}}^{(\mathrm{I})}(t_1)\mathrm{e}^{-\mathrm{i}(E-\hat{H}_0^{(\mathrm{s})}+\mathrm{i}\varepsilon)t_1}\frac{1}{E-\hat{H}_0^{(\mathrm{s})}+i\varepsilon}\hat{H}_{\mathrm{int}}^{(\mathrm{s})}|f)\\=&-\mathrm{i}\int_{-\infty}^{0}\mathrm{d}t_1\mathrm{e}^{\mathrm{i}(\hat{H}_0^{(\mathrm{s})}-\mathrm{i}\varepsilon)t_1}\hat{H}_{\mathrm{int}}^{(\mathrm{s})}\mathrm{e}^{-\mathrm{i}(E+\mathrm{i}\varepsilon)t_1}\frac{1}{E-\hat{H}_0^{(\mathrm{s})}+\mathrm{i}E}\hat{H}_{\mathrm{int}}^{(\mathrm{s})}|f)\\=&\frac{1}{E-\hat{H}_0^{(\mathrm{s})}+2\mathrm{i}\varepsilon}\hat{H}_{\mathrm{int}}^{(\mathrm{s})}\frac{1}{E-\hat{H}_0^{(\mathrm{s})}+\mathrm{i}\varepsilon}\hat{H}_{\mathrm{int}}^{(\mathrm{s})}|f).\end{aligned}$$

---

① 这里为简单计, 设相互作用不形成束缚态, 否则 $U(t,-\infty)$ 不能像式 (1.1.59) 那样展开. 在有束缚态的情况, 仍可证明式 (1.1.58) 成立. 参见 Schweber, An Introduction to Relativistic Quantum Field Theory, p.321.

仿此可得一般项的结果

$$(-\mathrm{i})^n\int_{-\infty}^{0}\mathrm{d}t_1\int_{-\infty}^{t_1}\mathrm{d}t_2\cdots\int_{-\infty}^{t_{n-1}}\mathrm{d}t_n\mathrm{e}^{\varepsilon(t_1+t_2+\cdots+t_n)}\hat{H}_{\mathrm{int}}^{(\mathrm{I})}(t_1)\cdots\hat{H}_{\mathrm{int}}^{(\mathrm{I})}(t_n)|f)$$
$$=\frac{1}{E-\hat{H}_0^{(\mathrm{s})}+\mathrm{i}n\varepsilon}\hat{H}_{\mathrm{int}}^{(\mathrm{s})}\frac{1}{E-\hat{H}_0^{(\mathrm{s})}+\mathrm{i}(n-1)\varepsilon}\hat{H}_{\mathrm{int}}^{(\mathrm{s})}\cdots\frac{1}{E-\hat{H}_0^{(\mathrm{s})}+\mathrm{i}\varepsilon}\hat{H}_{\mathrm{int}}^{(\mathrm{s})}|f).$$

在这里 ε 与 $m\varepsilon(m=2,3,\cdots)$ 的差别并不重要, 它们在分母中的作用只是说明运算时遇到奇点如何绕过. 将以上结果代回式 (1.1.60) 并将所有 $m\varepsilon$ 都换成 ε, 即得

$$|F)=|f)+\frac{1}{E-\hat{H}_0^{(\mathrm{S})}+\mathrm{i}\varepsilon}\hat{H}_{\mathrm{int}}^{(\mathrm{S})}\left[|f)+\frac{1}{E-\hat{H}_0^{(\mathrm{S})}+\mathrm{i}\varepsilon}\hat{H}_{\mathrm{int}}^{(\mathrm{S})}|f)+\cdots\right]$$
$$=|f)+\frac{1}{E-\hat{H}_0^{(\mathrm{S})}+\mathrm{i}\varepsilon}\hat{H}_{\mathrm{int}}^{(\mathrm{S})}|F).$$

此式相当于 $|F)$ 满足的积分方程. 该方程常称为 Lippmann-Schwinger方程, 分母中的 $\mathrm{i}\varepsilon$ 保证了该项为向外发散的波. 将两侧同乘以 $E-\hat{H}_0^{(\mathrm{S})}+\mathrm{i}\varepsilon$, 并对 ε 取极限, 即化出

$$(E-\hat{H}_0^{(\mathrm{S})})|F)=\hat{H}_{\mathrm{int}}^{(\mathrm{S})}|F),$$

也就是

$$\hat{H}^{(\mathrm{S})}|F)=E|F). \tag{1.1.62}$$

由于 $\hat{H}^{(\mathrm{S})}$ 也等于作用图像中 $t=0$ 时刻的总哈密顿量 $\hat{H}^{(\mathrm{I})}(0)$, 因而证明了前面的第一个命题 (见式 (1.1.58)).

同样可证 $\hat{U}(0,+\infty)|f)$ 亦为 $\hat{H}^{(\mathrm{I})}(0)$ 的本征态. 即 $t=+\infty$ 时的自由哈密顿量本征态返回到 $t=0$ 时亦为总哈密顿量的本征态. 但它一般与 $\hat{U}(0,-\infty)|f)$ 不相同 (除了 $|f)$ 为裸真空和单粒子态的情况以外). 两者的差别如前节所述, 一个带发散波, 另一个带会聚波.

其次, 我们来证明第二个命题, 即式 (1.1.48). 为书写简单, 我们只考虑标量场的自作用情况, 即

$$H_0(\hat{\varphi}^{\mathrm{in}},\hat{\pi}^{\mathrm{in}})=\hat{H}. \tag{1.1.63}$$

上式中 H_0 代表函数形式. 为此先证明 $\hat{U}(0,-\infty)$ 的两点性质：

i) $\hat{U}(0,-\infty)\hat{H}_0^{(\mathrm{S})}\hat{U}^{-1}(0,-\infty)=\hat{H}^{(\mathrm{S})}=\hat{H},$ (1.1.64)

ii) $\hat{U}(0,-\infty)\hat{\varphi}(\boldsymbol{x},0)\hat{U}^{-1}(0,-\infty)=\hat{\varphi}^{\mathrm{in}}(\boldsymbol{x},0),$

$\hat{U}(0,-\infty)\hat{\pi}(\boldsymbol{x},0)\hat{U}^{-1}(0,-\infty)=\hat{\pi}^{\mathrm{in}}(\boldsymbol{x},0).$ (1.1.65)

关于式 i), 先将 $\hat{U}(0,-\infty)\hat{H}_0^{(\mathrm{S})}\hat{U}^{-1}(0,-\infty)$ 写成 $\hat{H}_0^{(\mathrm{S})}+[U(0,-\infty),\hat{H}_0^{(\mathrm{S})}]U^{-1}(0,-\infty)$,

再约化上式中的对易子

$$[\hat{U}(0,-\infty),\hat{H}_0^{(\mathrm{S})}]=\sum_{n=1}^{\infty}\frac{(-\mathrm{i})^n}{(n-1)!}\int_{-\infty}^{0}\mathrm{d}t_1\cdots\int_{-\infty}^{0}\mathrm{d}t_n$$
$$T\left\{[\hat{H}_{\mathrm{int}}^{(\mathrm{I})}(t_1),\hat{H}_0^{(\mathrm{S})}]\hat{H}_{\mathrm{int}}^{(\mathrm{I})}(t_2)\cdots\hat{H}_{\mathrm{int}}^{(\mathrm{I})}(t_n)\right\}$$
$$=-\mathrm{i}\int_{-\infty}^{0}\mathrm{d}t_1T\left\{[\hat{H}_{\mathrm{int}}^{(\mathrm{I})}(t_1),\hat{H}_0^{(\mathrm{S})}]\hat{U}(0,-\infty)\right\}.$$

从式 (1.1.61), 可得

$$[\hat{H}_{\mathrm{int}}^{(\mathrm{I})}(t_1),\hat{H}_0^{(\mathrm{S})}]=\mathrm{i}\frac{\mathrm{d}}{\mathrm{d}t}\hat{H}_{\mathrm{int}}^{(\mathrm{I})}(t_1),\tag{1.1.66}$$

代入到前式并将编时乘积写开 (注意其中 $t_1\leqslant 0$) 即得

$$[\hat{U}(0,-\infty),\hat{H}_0^{(\mathrm{S})}]=\left[\int_{-\infty}^{0}\mathrm{d}t_1\hat{U}(0,t_1)\frac{\mathrm{d}\hat{H}_{\mathrm{int}}^{(\mathrm{I})}(t_1)}{\mathrm{d}t_1}\hat{U}(t_1,0)\right]U(0,-\infty).\tag{1.1.67}$$

再利用

$$\begin{aligned}&\frac{\mathrm{d}}{\mathrm{d}t}\hat{U}(t,t_0)=-\mathrm{i}\hat{H}_{\mathrm{int}}^{(\mathrm{I})}(t)\hat{U}(t,t_0),\\&\frac{\mathrm{d}}{\mathrm{d}t}\hat{U}(t_0,t)=\mathrm{i}\hat{U}(t_0,t)\hat{H}_{\mathrm{int}}^{(\mathrm{I})}(t),\end{aligned}\tag{1.1.68}$$

即可化出

$$\frac{\mathrm{d}}{\mathrm{d}t_1}\left\{\hat{U}(0,t_1)\hat{H}_{\mathrm{int}}^{(\mathrm{I})}(t_1)\hat{U}(t_1,0)\right\}=\hat{U}(0,t_1)\frac{\mathrm{d}\hat{H}_{\mathrm{int}}^{(\mathrm{I})}(t_1)}{\mathrm{d}t_1}U(t_1,0).$$

将上式代入式 (1.1.67) 后就得到

$$[\hat{U}(0,\infty),\hat{H}_0^{(\mathrm{S})}]=\hat{H}_{\mathrm{int}}^{(\mathrm{I})}(0)\hat{U}(0,-\infty)=\hat{H}_{\mathrm{int}}^{(\mathrm{S})}\hat{U}(0,-\infty).$$

于是有

$$\hat{U}(0,-\infty)\hat{H}_0^{(\mathrm{S})}\hat{U}^{-1}(0,-\infty)=\hat{H}_0^{(\mathrm{S})}+\hat{H}_{\mathrm{int}}^{(\mathrm{S})}=\hat{H}^{(\mathrm{S})}.$$

再证明第 ii) 点, 即式 (1.1.65). 这里 $\hat{\varphi}$ 和 $\hat{\pi}$ 皆为海森伯算符. 先对 (1.1.65) 第一式左方进行改写:

$$\hat{U}(0,-\infty)\hat{\varphi}(\boldsymbol{x},0)\hat{U}^{-1}(0,-\infty)=\hat{\varphi}(\boldsymbol{x},0)+[\hat{U}(0,-\infty),\hat{\varphi}(\boldsymbol{x},0)]\hat{U}^{-1}(0,-\infty),\tag{1.1.69}$$

然后来求上式中的对易子

$$
\begin{aligned}
[\hat{U}(0,-\infty),\hat{\varphi}(\boldsymbol{x},0)] &= [\hat{U}(0,-\infty),\hat{\varphi}^{(\mathrm{I})}(\boldsymbol{x},0)] \\
&= \sum_{n=1}^{\infty}\frac{(-\mathrm{i})^n}{(n-1)!}\int \mathrm{d}^3x_1\int_{-\infty}^{0}\mathrm{d}t_1\cdots \\
&\quad \int \mathrm{d}^3\boldsymbol{x}_n\int_{-\infty}^{0}\mathrm{d}t_n T\{[\hat{\mathscr{H}}_{\mathrm{int}}^{(\mathrm{I})}(x_1),\hat{\varphi}^{(\mathrm{I})}(\boldsymbol{x},0)]\hat{\mathscr{H}}_{\mathrm{int}}^{(\mathrm{I})}(x_2)\cdots\hat{\mathscr{H}}_{\mathrm{int}}^{(\mathrm{I})}(x_n),
\end{aligned}
$$

由 $\dfrac{\partial\hat{\mathscr{H}}_{\mathrm{int}}}{\partial\varphi^{+}}=-J$, 即有

$$
[\hat{\mathscr{H}}_{\mathrm{int}}^{(\mathrm{I})}(x_1),\hat{\varphi}^{(\mathrm{I})}(x,1)] = -\hat{J}^{(\mathrm{I})}(x_1)[\hat{\varphi}^{(\mathrm{I})^{\dagger}}(x_1)\hat{\varphi}^{(\mathrm{I})}(\boldsymbol{x},0)] = \hat{J}^{(\mathrm{I})}(x_1)\mathrm{i}\varDelta(\boldsymbol{x}-\boldsymbol{x}_1,-t_1).
$$

代入上式后得出

$$
\begin{aligned}
[\hat{U}(0,-\infty),\hat{\varphi}(\boldsymbol{x},0)] &= \sum_{n=1}^{\infty}\frac{(-\mathrm{i})^{n-1}}{(n-1)!}\int \mathrm{d}^3x_1\int_{-\infty}^{0}\mathrm{d}t_1\varDelta(\boldsymbol{x}-\boldsymbol{x}_1,-t_1)\int \mathrm{d}^3x_2\int_{-\infty}^{0}\mathrm{d}t_2\cdots \\
&\quad \times\int \mathrm{d}^3x_n\int_{-\infty}^{0}\mathrm{d}t_n T[\hat{J}^{(\mathrm{I})}(x_1)\hat{\mathscr{H}}_{\mathrm{int}}^{(\mathrm{I})}(x_2)\cdots\hat{\mathscr{H}}_{\mathrm{int}}^{(\mathrm{I})}(x_n)] \\
&= \int \mathrm{d}^3x_1\int_{-\infty}^{0}\mathrm{d}t_1\varDelta(\boldsymbol{x}-\boldsymbol{x}_1,-t_1)T[\hat{J}^{(\mathrm{I})}(x_1)\hat{U}(0,-\infty)].
\end{aligned}
$$

此式中的 t_1 总小于零, 因此

$$
\begin{aligned}
T[\hat{J}^{(\mathrm{I})}(x_1)\hat{U}(0,-\infty)] &= \hat{U}(0,t_1)\hat{J}^{(\mathrm{I})}(x_1)\hat{U}(t_1,-\infty) \\
&= \hat{U}^{-1}(t_1,0)\hat{J}^{(\mathrm{I})}(x_1)\hat{U}(t_1,0)\hat{U}(0,-\infty) \qquad (1.1.70)\\
&= \hat{J}(x_1)\hat{U}(0,-\infty),
\end{aligned}
$$

在最后一式中我们利用了作用图像算符与海森伯算符间的关系

$$
\hat{J}^{(\mathrm{I})}(x) = \hat{U}(t,0)\hat{J}(x)\hat{U}^{-1}(t,0). \qquad (1.1.71)
$$

这样就得到

$$
[\hat{U}(0,-\infty),\hat{\varphi}(\boldsymbol{x},0)] = \int \mathrm{d}^3x_1\int_{-\infty}^{0}\mathrm{d}t_1\varDelta(\boldsymbol{x}-\boldsymbol{x}_1,-t_1)\hat{J}(x_1)\hat{U}(0,-\infty). \qquad (1.1.72)
$$

再代到最初的式 (1.1.69), 即将它化为

$$
\begin{aligned}
\hat{U}(0,-\infty)\hat{\varphi}(\boldsymbol{x},0)\hat{U}^{-1}(0,-\infty) &= \hat{\varphi}(\boldsymbol{x},0)+\int \mathrm{d}^3x_1\int_{-\infty}^{0}\mathrm{d}t_1\varDelta(\boldsymbol{x}-\boldsymbol{x}_1,-t_1)\hat{J}(x_1) \\
&= \hat{\varphi}(\boldsymbol{x},0)-\int_{-\infty}^{+\infty}\mathrm{d}^4x_1\varDelta_R(\boldsymbol{x}-\boldsymbol{x}_1,-t_1)\hat{J}(x_1) \\
&= \hat{\varphi}^{\mathrm{in}}(\boldsymbol{x},0).
\end{aligned}
$$

这就证明了 (1.1.65) 的第一式. 再看 (1.1.65) 第二式. 按照定义,

$$\hat{\pi}^{\rm in}(x) = \frac{\partial}{\partial t}\hat{\varphi}^{\rm in}(x)^\dagger.$$

在前面我们已经证明 (见式 (1.1.47))

$$\hat{\pi}^{\rm in}(\boldsymbol{x},t) = {\rm e}^{{\rm i}\hat{H}t}\hat{\varphi}^{\rm in}(\boldsymbol{x},0){\rm e}^{-{\rm i}\hat{H}t},$$

于是

$$\hat{\pi}^{\rm in}(\boldsymbol{x},t) = {\rm i}{\rm e}^{{\rm i}\hat{H}t}[\hat{H},\hat{\pi}^{\rm in}(\boldsymbol{x},0)^\dagger]{\rm e}^{-{\rm i}\hat{H}t}. \tag{1.1.73}$$

取 $t=0$ 再利用 (1.1.65) 第一式即得

$$\hat{\pi}^{\rm in}(\boldsymbol{x},0) = {\rm i}[\hat{H},\hat{\varphi}^{\rm in}(\boldsymbol{x},0)^\dagger] = {\rm i}[\hat{H},\hat{U}(0,-\infty)\hat{\varphi}(\boldsymbol{x},0)^\dagger\hat{U}^{-1}(0,-\infty)].$$

而从式 (1.1.64), 又有

$$\hat{H}\hat{U}(0,-\infty) = \hat{U}(0,-\infty)\hat{H}_0^{(\rm S)} = \hat{U}(0,-\infty)\hat{H}_0^{(\rm I)},$$

$$\hat{U}^{-1}(0,-\infty)\hat{H} = \hat{H}_0^{(\rm S)}\hat{U}^{-1}(0,-\infty) = \hat{H}_0^{(\rm I)}\hat{U}^{-1}(0,-\infty).$$

代入上式后就得出

$$\begin{aligned}\hat{\pi}^{\rm in}(\boldsymbol{x},0) &= {\rm i}\hat{U}(0,-\infty)[\hat{H}_0^{(I)},\hat{\varphi}(\boldsymbol{x},0)^\dagger]\hat{U}^{-1}(0,-\infty)\\ &= {\rm i}\hat{U}(0,-\infty)[\hat{H}_0^{(\rm I)},\hat{\varphi}^{(\rm I)}(\boldsymbol{x},0)^\dagger]\hat{U}^{-1}(0,-\infty)\\ &= \hat{U}(0,-\infty)\hat{\pi}^{(I)}(\boldsymbol{x},0)\hat{U}^{-1}(0,-\infty) = \hat{U}(0,-\infty)\hat{\pi}(\boldsymbol{x},0)\hat{U}^{-1}(0,-\infty).\end{aligned}$$

这就证明了 (1.1.65) 第二式. 从式 (1.1.73) 还可证明 $\hat{\pi}^{\rm in}(x)$ 亦为海森伯算符, 因为令其中 $t=0$ 即有

$$\hat{\pi}^{\rm in}(\boldsymbol{x},0) = {\rm i}[\hat{H},\hat{\varphi}^{\rm in}(\boldsymbol{x},0)^\dagger],$$

代回式 (1.1.73) 就得出

$$\hat{\pi}^{\rm in}(\boldsymbol{x},t) = {\rm e}^{{\rm i}\hat{H}t}\hat{\pi}^{\rm in}(\boldsymbol{x},0){\rm e}^{-{\rm i}\hat{H}t}. \tag{1.1.74}$$

有了以上结果即可证明式 (1.1.63):

$$\begin{aligned}H_0(\hat{\varphi}^{\rm in}(t),\hat{\pi}^{\rm in}(t)) &= {\rm e}^{{\rm i}\hat{H}t}H_0(\hat{\varphi}^{\rm in}(0),\hat{\pi}^{\rm in}(0)){\rm e}^{-{\rm i}\hat{H}t}\\ &= {\rm e}^{{\rm i}\hat{H}t}\hat{U}(0,-\infty)H_0(\hat{\varphi}(0),\hat{\pi}(0))\hat{U}^{-1}(0,-\infty){\rm e}^{-{\rm i}\hat{H}t}\\ &= {\rm e}^{{\rm i}\hat{H}t}\hat{U}(0,-\infty)\hat{H}_0^{(\rm S)}U^{-1}(0,-\infty){\rm e}^{-{\rm i}\hat{H}t}\\ &= {\rm e}^{{\rm i}\hat{H}t}\hat{H}{\rm e}^{-{\rm i}\hat{H}t} = \hat{H}.\end{aligned}$$

在推导上式中倒数第二等式时, 应用了式 (1.1.64).

1.2 格林函数和顶角函数, 质壳重正化参量

在场论中, 需要计算的主要是带各种外线的格林函数 (指考虑了场之间相互作用的完全的格林函数[①]). 有了格林函数就不难得出相应过程的 S 矩阵元. 在本节中我们将给出海森伯图像中带多根外线的格林函数的表示式, 并对其中最简单的二线格林函数 (即完全的传播子) 作进一步讨论.

格林函数由基本传播子和顶角构成. 基本顶角就是哈密顿量中的作用顶角. 在有相互作用情况下与同样一组外线相耦合的所有顶角之和, 称为完全顶角. 它的表达式称为顶角函数. 顶角函数的研究, 对于讨论重正化问题特别重要.

通过二线格林函数和基本的顶角函数可以定义质壳重正化中的重正化参数.

1. 传播子和一般格林函数

在作用图像中, 复标量场的自由传播子为

$$\varDelta_F(x-x') = (0|T\hat{\varphi}^{(\mathrm{I})}(x)\hat{\varphi}^{(\mathrm{I})+}(x')|0). \tag{1.2.1}$$

这里的 $|0)$ 代表作用图像中的真空即裸真空, 而 $\hat{\varphi}^{(\mathrm{I})}$ 代表作用图像中的标量场算符. 同样, 旋量场的自由传播子为

$$S_F(x-x') = (0|T\hat{\psi}^{(\mathrm{I})}(x)\ \hat{\overline{\psi}}^{(\mathrm{I})}(x')|0). \tag{1.2.2}$$

如上节所述, 当 $\varDelta_F$ 中的 m 等于 M 时,

$$S_F(x-x') = (-\gamma_\mu\partial_\mu + M)\varDelta_F(x-x').$$

在海森伯图像中, 我们定义标量场的二线格林函数为

$$G_2(x-x') = \langle 0|T\hat{\varphi}(x)\hat{\varphi}^\dagger(x')|0\rangle. \tag{1.2.3}$$

旋量场的二线格林函数为

$$\widetilde{G}_2(x-x') = \langle 0|T\hat{\psi}(x)\hat{\overline{\psi}}(x')|0\rangle. \tag{1.2.4}$$

与式 (1.2.1) 和 (1.2.2) 不同的是, 在这里场算符为海森伯算符, $|0\rangle$ 为物理真空. 根据上一节的讨论, 它们的物理意义可 (粗略地) 表述如下.

当 $t>t'$ 时, 它们代表: 在物理真空中于 x' 点 "增加" 一裸粒子 (产生一个正裸粒子或吸收一个反裸粒子), 然后再在 x 点 "减少" 一裸粒子 (吸收一个正裸粒子或产生一个反裸粒子), 所得结果中正好回到物理真空的概率振幅.

① "完全" 的意思是指包括各阶微扰论结果的总和.

当 $t' > t$ 时, 则正反粒子地位对调, 即先在物理真空中于 x 点增加一个反裸粒子 (产生一个反裸粒子或吸收一个正裸子) 然后在 x' 点再减少一个反裸粒子 (吸收一个反裸粒子或产生一个正裸粒子), 所得结果正好回到物理真空的概率振幅. 对于旋量场, 后一情况还要加一个负号.

我们也可以简单地说, 在 $t > t'$ 时它代表一个正裸粒子在物理真空中从 x' 传到 x 的概率振幅; 而在 $t > t'$ 时, 代表一个反裸粒子在物理真空中由 x 传到 x' 的概率振幅. 从以上解释来看, 它们应当就是作用图像中的完全传播子. 我们将在下面证明这一点. 它们的图形表示如图 1.2.1 所示.

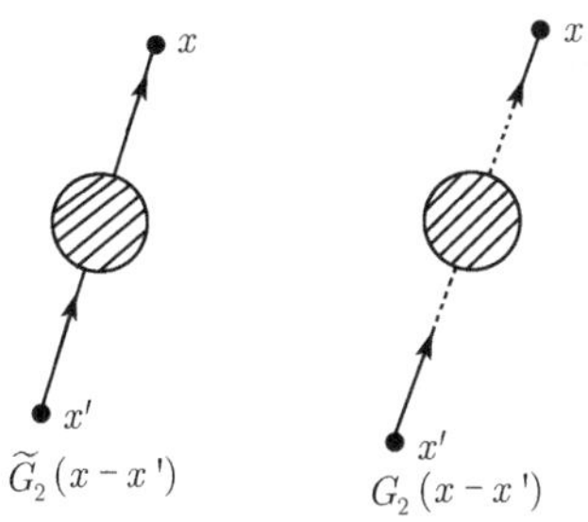

图 1.2.1

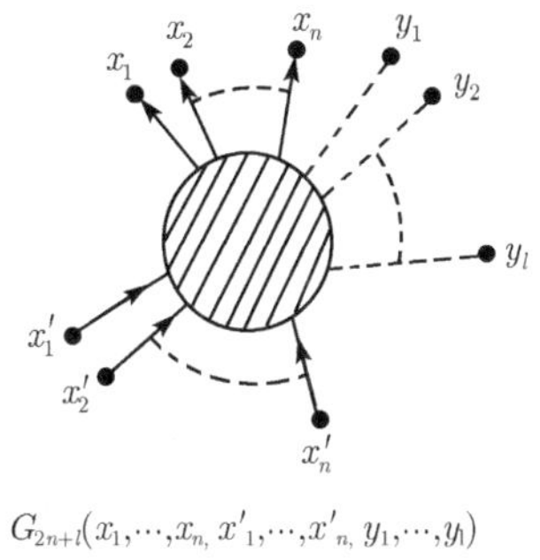

图 1.2.2

以上定义可推广到任意外线的情况. 例如, 对实标量场与旋量场的相互作用情况, 一般格林函数为

$$\begin{aligned}&G_{2n+l}(x_1,\cdots,x_n,x'_1,\cdots,x'_n,y_1,\cdots,y_l)\\&=\langle 0|T\hat{\psi}(x_1)\cdots\hat{\psi}(x_n)\hat{\bar{\psi}}(x'_1)\cdots\hat{\bar{\psi}}(x'_n)\hat{\varphi}(y_1)\cdots\hat{\varphi}(y_l)|0\rangle.\end{aligned}\tag{1.2.5}$$

同样可以证明, 它就是作用图像中如图 1.2.2 所示的完全格林函数, 具有 $2n$ 个旋量粒子外线, l 个标量粒子外线.

在量子场论中, 一般都采用费恩曼的说法：一个粒子不仅可以顺时间运动 (即运动过程中 t 是增长的), 也可以逆时间运动 (即运动过程中 t 是减少的), 以保持时空之间的对称地位.

如果把以上结果中的外线传播子换成相应的外线自由波函数, 并对这些外线波函数中的所有坐标积分, 即可求出 S 矩阵元.

图 1.2.2 实际为各种可能的费恩曼图的总和. 在这些费恩曼图中有一些是由互不连接的几个部分构成的, 如果舍去这些图的贡献, 其结果称为连接的格林函数 (它所对应的费恩曼图都是连接的图), 并将用 G^{c} 表示.

下面来证明式 (1.2.3) 代表作用图像中完全的传播子. 海森伯场算符与作用图像中场算符之间的关系是

$$\hat{\varphi}(\boldsymbol{x},t)=\hat{U}^{-1}(t,0)\hat{\varphi}^{(\mathrm{I})}(\boldsymbol{x},t)\hat{U}(t,0).\tag{1.2.6}$$

于是在 $t_1 > t_2$ 时

$$\begin{aligned}G_2(x_1 - x_2) &= \langle 0|\hat{\varphi}(x_1)\hat{\varphi}^{\dagger}(x_2)|0\rangle \\ &= (0|\hat{U}(0,\infty)^{\dagger}\hat{U}^{-1}(t_1 0)\hat{\varphi}^{(\mathrm{I})}(x_1)\hat{U}(t_1,0) \\ &\quad \hat{U}^{-1}(t_2,0)\hat{\varphi}^{(\mathrm{I})^{\dagger}}(x_2)\hat{U}(t_2,0)\hat{U}(0,-\infty)|0).\end{aligned}$$

再利用演化矩阵的性质以及

$$\hat{U}(\infty,-\infty) = \hat{S},$$

即可将上式化为

$$\begin{aligned}G_2(x_1 - x_2) &= (0|\hat{U}(\infty,t_1)\hat{\varphi}^{(\mathrm{I})}(x_1)\hat{U}(t_1,t_2)\hat{\varphi}^{(\mathrm{I})^{\dagger}}(x_2)\hat{U}(t_2,-\infty)|0) \\ &= (0|T\hat{\varphi}^{(\mathrm{I})}(x_1)\hat{\varphi}^{(\mathrm{I})^{+}}(x_2)\hat{S}|0),\end{aligned} \tag{1.2.7}$$

其中, 第二表达式的意义是: $t = -\infty$ 时的裸真空态 $|0)$ 演化到 t_2 后, 在 $\boldsymbol{x}_2$ 处增加一裸粒子再演化到 t_1, 并在 $\boldsymbol{x}_1$ 处减少一裸粒子, 最后演化到 $t = +\infty$ 时回到裸真空的概率振幅. 在 $t_2 > t_1$ 时, 类似地可推出

$$\begin{aligned}G_2(x_1 - x_2) &= (0|\hat{U}(\infty,t_2)\hat{\varphi}^{(\mathrm{I})^{\dagger}}(x_2)\hat{U}(t_2 t_1)\hat{\varphi}^{(\mathrm{I})}(x_1)\hat{U}(t_1,-\infty)|0) \\ &= (0|T\hat{\varphi}^{(\mathrm{I})}(x_1)\hat{\varphi}^{(\mathrm{I})^{\dagger}}(x_2)\hat{S}|0).\end{aligned} \tag{1.2.8}$$

将 $\hat{S}$ 的展开式代入式 (1.2.7) 和 (1.2.8) 后即得 (无论 $t_1 > t_2$ 还是 $t_2 > t_1$)

$$\begin{aligned}G_2(x_1 - x_2) &= \sum_{n=0}^{\infty}\frac{(-\mathrm{i})^n}{n!}\int \mathrm{d}^4 y_1 \cdots \int \mathrm{d}^4 y_n \\ &\quad (0|T\hat{\varphi}^{(\mathrm{I})}(x_1)\hat{\varphi}^{(\mathrm{I})^{\dagger}}(x_2)\hat{\mathscr{H}}^{(\mathrm{I})}_{\mathrm{int}}(y_1)\cdots\hat{\mathscr{H}}^{(\mathrm{I})}_{\mathrm{int}}(y_n)|0).\end{aligned} \tag{1.2.9}$$

其中, T 代表编时乘积. 通过将编时乘积化成为正规乘积的和, 即可看出上式各项代表各级微扰论中的传播子. 例如

$\hat{\mathscr{H}}^{(\mathrm{I})}_{\mathrm{int}} = g(\hat{\varphi}^{(\mathrm{I})^{\dagger}}\varphi^{(\mathrm{I})})^2$ 时, 上式可用图形表示为

图 1.2.3

由此可见 $G_2(x_1 - x_2)$ 等于完全的传播子.

对于带多根外线的格林函数可以采用类似的讨论来证明.

2. 传播子的谱表示

我们以后将完全的传播子简称为传播子，而把它的最低阶近似称为自由的传播子.

利用理论的相对论不变性 (以及某些分立变换的不变性) 和物理粒子的质量谱，可以得到传播子的一种谱表示. 从这个谱表示我们将看到，标量粒子的物理质量 (也就是质壳重正化方案中的重正化质量) 将决定动量表象中该粒子传播子 $G_2(k)$ 的极点位置 (较确切地说，$k^2=-m^2$ 为 $G_2(k^2)$ 的极点)，而其留数就等于 $-\mathrm{i}Z_\varphi$，Z_φ 为质壳重正化中的波函数重正化常数. 对于旋量粒子也有相应的结果. 我们在这里讨论传播子的谱表示，就是为了要从传播子来确定质壳重正化方案中的重正化质量和波函数重正化常数.

为简单计，我们来看实标量场 (复标量场可分解为两个实标量场) 的传播子. 相互作用可以是标量场的自作用也可以是与其他场之间的作用. 对于实标量场

$$G_2(x_1-x_2)=\langle 0|T\hat{\varphi}(x_1)\hat{\varphi}(x_2)|0\rangle. \tag{1.2.10}$$

当 $t_1>t_2$ 时，

$$G_2(x_1-x_2)=\langle 0|\hat{\varphi}(x_1)\hat{\varphi}(x_2)|0\rangle. \tag{1.2.11}$$

我们可在两个场算符中插入“由一组完备状态作成的”单位算符. 取此组完备态 $|\boldsymbol{p},\mu,a\rangle$ 为体系 (指相互作用的场) 的总动量 $\boldsymbol{p}$、总能量 $E(E=\sqrt{\boldsymbol{p}^2+\mu^2}$，其中，$\mu$ 代表体系的不变质量) 的本征态，并用 μ 代替 E 来对态作标志. a 为其他补充的量子数. 状态的规格化取得使单位算符可表为

$$\int_0^\infty \mathrm{d}\mu^2\int_{-\infty}^{+\infty}\frac{\mathrm{d}^3p}{2E}\sum_a|\boldsymbol{p},\mu^2,a\rangle\langle\boldsymbol{p},\mu^2,a|=1. \tag{1.2.12}$$

μ^2 可能含有分立谱，对这些分立谱的值 μ_j^2，积分应改为求和. 但我们仍统一地用积分表示. 量子数 a 如果包含连续谱，相应部分的求和可理解为积分.

将单位算符的展式 (1.2.12) 插入式 (1.2.11) 的两个场算符之间，得 ($t_1>t_2$ 时)

$$G_2(x_1-x_2)=\int_0^\infty \mathrm{d}\mu^2\int_{-\infty}^{+\infty}\frac{\mathrm{d}^3p}{2E}\sum_a\langle 0|\hat{\varphi}(x_1)|\boldsymbol{p},\mu^2,a\rangle\langle\boldsymbol{p},\mu^2,a|\hat{\varphi}(x_2)|0\rangle.$$

利用时空平移变换，并将 $\dfrac{\mathrm{d}^3p}{2E}$ 的三维积分换成 $\mathrm{d}^4p\theta(p_0)\delta(p^2+\mu^2)$ 的四维积分即可将上式化为

$$G_2(x_1-x_2)=\int_0^\infty \mathrm{d}\mu^2\int_{-\infty}^{+\infty}\mathrm{d}^4p\theta(p_0)\delta(p^2+\mu^2)\mathrm{e}^{\mathrm{i}p(x_1-x_2)}$$
$$\cdot\sum_a\langle 0|\hat{\varphi}(0)|\boldsymbol{p},\mu^2,a\rangle\langle\boldsymbol{p},\mu^2,a|\hat{\varphi}(0)|0\rangle.$$

不难看出, 上式被积函数中的

$$\sum_a \langle 0|\hat{\varphi}(0)|\boldsymbol{p},\mu^2,a\rangle\langle \boldsymbol{p},\mu^2,a|\hat{\varphi}(0)|0\rangle$$

为洛伦兹不变量, 因此它只能依赖于 p^2 和 μ^2. 但 p^2 又等于 $-\mu^2$, 于是可将它记作 $\frac{1}{(2\pi)^3}\rho(\mu^2)$. 这样 $t_1 > t_2$ 时有

$$\begin{aligned}G_2(x_1-x_2) &= \frac{1}{(2\pi)^3}\int_0^\infty \mathrm{d}\mu^2\int_{-\infty}^{+\infty}\mathrm{d}^4p\theta(p_0)\delta(p^2+\mu^2)\rho(\mu^2)\mathrm{e}^{\mathrm{i}p(x_1-x_2)}\\ &= \mathrm{i}\int_0^\infty \mathrm{d}\mu^2\rho(\mu^2)\Delta^+(x_1-x_2,\mu^2).\end{aligned}$$

同样, 在 $t_2 > t_1$ 时可得

$$\begin{aligned}G_2(x_1-x_2) &= \mathrm{i}\int_0^\infty \mathrm{d}\mu^2\rho(\mu^2)\Delta^+(x_2-x_1,\mu^2)\\ &= -\mathrm{i}\int_0^\infty \mathrm{d}\mu^2\rho(\mu^2)\Delta^-(x_1-x_2,\mu^2).\end{aligned}$$

将两式合起来, 就得出对任意 t_1 和 t_2,

$$G_2(x_1-x_2) = \int_0^\infty \mathrm{d}\mu^2\rho(\mu^2)\Delta_F(x_1-x_2,\mu^2), \tag{1.2.13}$$

其中, $\Delta_F(x_1-x_2,\mu^2)$ 是质量为 μ 的标量粒子的自由传播子.

从式 (1.2.13) 我们看到, 标量粒子的传播子可以表示为各种可能质量的自由传播子的叠加, 或者说, 在有相互作用时一个裸标量粒子可以通过不同的质量来进行传播. 导致这一结果的原因是, 在存在相互作用时 $\hat{\varphi}$ 作用到物理真空 $|0\rangle$ 所得的态, 可以分解为具有各种不变质量 μ 的状态的叠加 (它投影到 $|\boldsymbol{p},\mu^2,\alpha\rangle$ 上的振幅即为 $\langle\boldsymbol{p},\mu^2,a|\hat{\varphi}(x)|0\rangle$), 不像自由场中 $\hat{\varphi}(x)$ 作用到真空上只得到单粒子的态. 从 $\rho(\mu^2)$ 的定义

$$\rho(\mu^2) = (2\pi)^3\sum_a \langle 0|\hat{\varphi}(0)|\boldsymbol{p},\mu^2,a\rangle\langle \boldsymbol{p},\mu^2,a|\hat{\varphi}(0)|0\rangle \tag{1.2.14}$$

可知

$$\rho(\mu^2) \geqslant 0, \tag{1.2.15}$$

$\rho(\mu^2)$ 可理解为 $\hat{\varphi}(0)|0\rangle$ 中含有 "不变质量平方" 为 μ^2、动量为 $\boldsymbol{p}$ 的所有状态的概率密度.

我们来证明对于通常的场之间的相互作用, $\rho(\mu^2)$ 满足规格化条件

$$\int_0^\infty \rho(\mu^2)\mathrm{d}\mu^2 = 1. \tag{1.2.16}$$

为此我们来考察场算符的真空期望值 $\langle 0|[\hat{\varphi}(x_1),\hat{\varphi}(x_2)]|0\rangle$. 通过类似前面的作法, 可以得出

$$\langle 0|[\hat{\varphi}(x_1),\hat{\varphi}(x_2)]|0\rangle = \mathrm{i}\int \mathrm{d}\mu^2\rho(\mu^2)\Delta(x_1-x_2,\mu^2). \tag{1.2.17}$$

此式表明有相互作用时的 $\langle 0[\hat{\varphi}(x_1),\hat{\varphi}(x_2)]|0\rangle$ 可以表示为其自由值 $\mathrm{i}\Delta(x_1-x_2,\mu^2)$ 按权重因子 $\rho(\mu^2)$ 的叠加. 将式 (1.2.17) 两侧对 t_2 作微商, 并利用

$$-\partial_t\Delta(x,\mu^2)|_{t=0}=\delta(\boldsymbol{x}),$$

即得

$$\langle 0|[\hat{\varphi}(x_1),\dot{\hat{\varphi}}(x_2)]|0\rangle_{t_1=t_2}=\mathrm{i}\delta(\boldsymbol{x}_1-\boldsymbol{x}_2)\int\rho(\mu^2)\mathrm{d}\mu^2.$$

尽管在有些情况下, $\dot{\hat{\varphi}}$ 并不就等于 $\hat{\pi}$(例如, 标量场与规范场相互作用时, 两者就不相等), 但通常它们与 $\hat{\varphi}$ 的等时对易关系相等

$$[\hat{\varphi}(x_1),\dot{\hat{\varphi}}(x_2)]_{t_1=t_2}=[\hat{\varphi}(x_1),\hat{\pi}(x_2)]_{t_1=t_2}=\mathrm{i}\delta(\boldsymbol{x}_1-\boldsymbol{x}_2),$$

代入上式后即化出式 (1.2.16).

我们来考察 $\rho(\mu^2)$ 不为零的区域, 它也就是式 (1.2.13) 的实际积分域. 对于这个问题, 我们可从守恒律来研究.

状态 $\hat{\varphi}(0)|0\rangle$ 的量子数与一个标量粒子的量子数相同, 因而只有那些量子数与一个标量粒子相同的状态 $|\boldsymbol{p},\mu^2,a\rangle$, 才可能使

$$\langle\boldsymbol{p},\mu^2,a|\hat{\varphi}(0)|0\rangle\neq 0.$$

显然一个物理标量粒子的态 $|\boldsymbol{k},m^2\rangle$ 是这样的态. 令

$$\langle\boldsymbol{k},m^2|\hat{\varphi}(0|0\rangle=\frac{1}{(2\pi)^{3/2}}Z_\varphi^{1/2}, \tag{1.2.18}$$

由于洛伦兹不变性, Z_φ 对 $\boldsymbol{k}$ 的依赖只能通过 k^2 的形式, 而 $k^2=-m^2$, 因此 Z_φ 实际上为一常数. 为了说明 Z_φ 的意义, 我们将上式中的 $\hat{\varphi}(0)$ 恢复 $\hat{\varphi}(x)$, 则得

$$\langle\boldsymbol{k},m^2|\hat{\varphi}(x)|0\rangle=Z_\varphi^{1/2}\frac{1}{(2\pi)^{3/2}}\mathrm{e}^{-\mathrm{i}kx}, \tag{1.2.19}$$

即 $Z_\varphi^{1/2}\dfrac{1}{(2\pi)^{3/2}}\mathrm{e}^{-\mathrm{i}kx}$ 代表 "在物理真空态 $|0\rangle$ 上于 x 点增加一个裸粒子所得出的态" 到一个动量为 k 的物理粒子态上的投影. 这个投影不直接代表概率幅, 因为态没有规格化. 作为比较, 我们来看自由场情况下该投影的值. 该值为

$$(\boldsymbol{k},m^2|\hat{\varphi}(x)|0)_f=\frac{1}{(2\pi)^{3/2}}\mathrm{e}^{-\mathrm{i}kx}. \tag{1.2.20}$$

这表明 $\frac{1}{(2\pi)^{3/2}}\mathrm{e}^{-\mathrm{i}kx}$ 代表坐标为 x 的裸粒子态 $\hat{\varphi}(x)|0\rangle$ 到动量为 $\boldsymbol{k}$ 的裸粒子态上的投影, 坐标为 x 的物理粒子态到动量为 k 的物理粒子态上的投影也应由式 (1.2.20) 右方表示. 于是式 (1.2.19) 中的 $Z_\varphi^{1/2}$ 应代表物理真空中于 x 点增加一个裸粒子所得的态投影到一个坐标为 x 的物理粒子态的概率幅. 或者说, Z_φ 代表物理真空加上一个裸粒子的态含一个物理粒子的概率. 当然, 这里所谓的坐标为 x 的粒子只是一个粗略的说法, 我们在上节中已做过说明.

将式 (1.2.18) 代入到式 (1.2.14) 中, 就得出单个物理粒子的态对 $\rho(\mu^2)$ 的贡献为

$$Z_\varphi\delta(\mu^2-m^2).$$

因子 $\delta(\mu^2-m^2)$ 是由于 m^2 为 μ^2 谱分布中的一个分立值而加上去的.

$\hat{\varphi}(0)|0\rangle$ 中除含单物理粒子态以外, 还将含两个或多个相互作用着的物理粒子态. 就两个物理粒子态而言, 它们可以是一对正反旋量粒子, 也有可能是两个标量粒子, 这要根据量子数情况而定. 对于两个旋量粒子, 由于它们之间可能有相对运动, 因而它们的不变质量并不就是 $2M$, 而形成从 $2M\to\infty$ 的连续谱. 二个标量粒子的不变质量谱则是从 $2m\to\infty$. 这两种态对 $G_2(x_1-x_2)$ 的贡献将分别是 (如果有的话)

$$\int_{4M^2}^{\infty}\rho_2(\mu^2)\varDelta_F(x_1-x_2,\mu^2)\mathrm{d}\mu^2,$$

$$\int_{4m^2}^{\infty}\rho_2(\mu^2)\varDelta_F(x_1-x_2,\mu^2)\mathrm{d}\mu^2.$$

这样总起来就有

$$G_2(x_1-x_2)=Z_\varphi\varDelta_F(x_1-x_2,m^2)+\int_{\mu_0^2}^{\infty}\rho(\mu^2)\varDelta_F(x_1-x_2,\mu^2)\mathrm{d}\mu^2. \tag{1.2.21}$$

μ_0 为所有实际有贡献的多粒子 (包括两粒子) 物理态的不变质量的最下限.

转到动量表象中, 即有

$$\begin{aligned}G_2(k)&\equiv\int\mathrm{d}^4\boldsymbol{x}\mathrm{e}^{-\mathrm{i}k(x_1-x_2)}G_2(x_1-x_2)\\&=-\mathrm{i}\frac{Z_\varphi}{k^2+m^2-\mathrm{i}\varepsilon}-\mathrm{i}\int_{\mu_0^2}^{\infty}\frac{\rho(\mu^2)}{k^2+\mu^2-\mathrm{i}\varepsilon}\mathrm{d}\mu^2.\end{aligned} \tag{1.2.22}$$

从上式我们看到, $G_2(k)$ 只是 k^2 的函数 (记作 $G_2(-k^2)$), 并且可以延拓到整个复平面.

延拓的函数为

$$G_2(z)=\frac{\mathrm{i}Z_\varphi}{z-m^2}+\mathrm{i}\int_{\mu_0^2}^{\infty}\frac{\rho(\mu^2)}{z-\mu^2}\mathrm{d}\mu^2. \tag{1.2.23}$$

它在

$$z = m^2 \tag{1.2.24}$$

即物理质量平方处有一极点, 其留数为 $\mathrm{i}Z_\varphi$, 同时在 $\mu_0^2 \to \infty$ 实轴上有一割线. 而格林函数 $G_2(-k^2)$ 即为该函数在 $z = -k^2 + \mathrm{i}\varepsilon$ 点的值, 或者说是 z 从实轴上方趋于 $-k^2$ 时的极限值 (参见图 1.2.4).

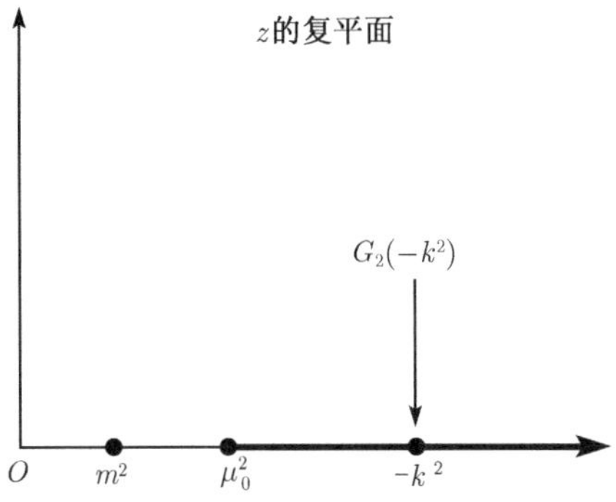

图 1.2.4　$G_2(z)$ 的极点和割线

常数 Z_φ 称为标量粒子在质壳重正化方案中的波函数重正化常数. 这种方案中的重正化质量也就是物理质量. 关于重正化问题我们将在下节作必要的说明.

式 (1.2.16) 可以改写为

$$Z_\varphi + \int_{\mu_0^2}^{\infty} \rho(\mu^2)\mathrm{d}\mu^2 = 1. \tag{1.2.25}$$

由于式 (1.2.15), 即得

$$0 \leqslant Z_\varphi < 1. \tag{1.2.26}$$

这同上面关于 Z_φ 的概率解释是一致的. 场论的 "发散困难" 实际上对应于

$$Z_\varphi = 0. \tag{1.2.27}$$

至于微扰论计算的 Z_φ 发散, 那是因为它将 Z_φ 表示为耦合常数幂级数展开式的缘故.

在作浸渐移引的处理时, 式 (1.2.19) 将引起一些问题. 在上节中我们曾给出

$$\hat{\varphi}(x) = \hat{\varphi}^{\mathrm{in}}(x) + \int_{-\infty}^{+\infty} \mathrm{d}^4x' \varDelta_R(x - x')\hat{J}(x') \tag{1.2.28}$$

以及

$$\lim_{\varepsilon t \to -\infty} \hat{\varphi}(x) = \hat{\varphi}^{\mathrm{in}}(x).$$

将上式在 $|0\rangle$ 和 $|\boldsymbol{k},m^2\rangle$ 态之间取矩阵元, 即得

$$\lim_{\varepsilon t\to-\infty}\langle\boldsymbol{k},m^2|\hat{\varphi}(x)|0\rangle=\langle\boldsymbol{k},m^2|\hat{\varphi}^{\text{in}}(x)|0\rangle. \tag{1.2.29}$$

上式右方根据入射场的性质将等于 $\dfrac{1}{(2\pi)^{3/2}}\mathrm{e}^{-\mathrm{i}kx}$, 而左方按式 (1.2.19) 却等于 $Z_\varphi^{1/2}\dfrac{1}{(2\pi)^{3/2}}\mathrm{e}^{-\mathrm{i}kx}$, 多了一个常数 $Z_\varphi^{1/2}$. 另外, 若对式 (1.2.28) 取上述态之间的矩阵元, 则矛盾更加突出:

$$\langle\boldsymbol{k},m^2|\hat{\varphi}(x)|0\rangle=\langle\boldsymbol{k},m^2|\hat{\varphi}^{\text{in}}(x)|0\rangle+\int_{-\infty}^{+\infty}\mathrm{d}^4x'\Delta_R(x-x')\langle\boldsymbol{k},m^2|\hat{J}(x')|0\rangle, \tag{1.2.30}$$

而根据式 (1.1.42), $\hat{J}(x)=(-\Box+m^2)\hat{\varphi}(x)$, 于是

$$\begin{aligned}\langle\boldsymbol{k},m^2|\hat{J}(x')|0\rangle&=(-\Box'+m^2)\langle\boldsymbol{k},m^2|\hat{\varphi}(x')|0\rangle\\&=(-\Box'+m^2)Z_\varphi\frac{1}{(2\pi)^{3/2}}\mathrm{e}^{-\mathrm{i}kx'}=0.\end{aligned}$$

这样式 (1.2.30) 就化为

$$\langle\boldsymbol{k},m^2|\hat{\varphi}(x)|0\rangle=\langle\boldsymbol{k},m^2|\hat{\varphi}^{\text{in}}(x)|0\rangle.$$

当把式 (1.2.19) 及 $\langle\boldsymbol{k},m|\hat{\varphi}^{\text{in}}(x)|0\rangle$ 的值代入后, 同样可得出左方比右方多因子 $Z_\varphi^{1/2}$ 的矛盾, 而这次却是对任意的 x.

在我们看来, 这个矛盾的一个简单解决办法是, 在作浸渐移引时, 应将 Z_φ 看作是一个时间的缓变函数. 即 $Z_\varphi(t)$ 在 $\varepsilon|t|\ll 1$ 的区间为一常数 $Z_\varphi^{(0)}$, 而当 $\varepsilon|t|\to\infty$ 时趋于 1. 这一结果在物理上是容易理解的, 因当 $\varepsilon|t|\to\infty$ 时, 已无相互作用, $\langle\boldsymbol{k},m|\hat{\varphi}(x)|0\rangle$ 的值应与自由场的值相同. 有了 $\lim\limits_{\varepsilon|t|\to\infty}Z_\varphi=1$, 式 (1.2.29) 的矛盾就不再存在.

下面再来研究式 (1.2.30) 中的矛盾. 为此我们将 $Z_\varphi^{1/2}(t)$ 具体取为

$$Z_\varphi^{1/2}(t)=1+(Z_\varphi^{(0)1/2}-1)\mathrm{e}^{-\varepsilon|t|}, \tag{1.2.31}$$

于是 (1.2.30) 右方第二式即化为

$$\begin{aligned}&-\int_{-\infty}^{+\infty}\mathrm{d}^4x'\Delta_R(x-x')(\Box'-m^2)\langle\boldsymbol{k},m^2|\hat{\varphi}(x')|0\rangle\\&=\int_{-\infty}^{+\infty}\mathrm{d}^4x'\Delta_R(x-x')(\Box'-m^2)\left[Z_\varphi^{1/2}(t')\frac{1}{(2\pi)^{3/2}}\mathrm{e}^{-\mathrm{i}kx'}\right].\end{aligned} \tag{1.2.32}$$

在略去 ε^2 的项后,

$$\begin{aligned}(\Box'-m^2)(Z_\varphi^{1/2}(t')\mathrm{e}^{-\mathrm{i}kx'})&=-2(\partial_{t'}Z_\varphi^{1/2}(t'))(\partial_{t'}\mathrm{e}^{-\mathrm{i}kx'})\\&=\begin{cases}-2\mathrm{i}\omega\varepsilon\mathrm{e}^{-\mathrm{i}kx'}(Z_\varphi^{(0)1/2}-1)\mathrm{e}^{\varepsilon t'}, & t'<0\\ 2\mathrm{i}\omega\varepsilon\mathrm{e}^{-\mathrm{i}kx'}(Z_\varphi^{(0)1/2}-1)\mathrm{e}^{-\varepsilon t'}, & t'>0.\end{cases}\end{aligned}$$

将此式和 $\varDelta_R(x-x')$ 的表达式代入式 (1.2.32), 积分后得出

$$-\int_{-\infty}^{+\infty}\mathrm{d}^4x'\varDelta_R(x-x')(\square'-m^2)\langle\boldsymbol{k},m|\hat{\varphi}(x')|0\rangle=(Z_\varphi^{(0)1/2}-1)\mathrm{e}^{-\varepsilon|t|}\frac{1}{(2\pi)^{3/2}}\mathrm{e}^{-\mathrm{i}kx}.$$

这样式 (1.2.30) 右方化为

$$\frac{1}{(2\pi)^{3/2}}\mathrm{e}^{-\mathrm{i}kx}+(Z_\varphi^{(0)1/2}-1)\mathrm{e}^{-\varepsilon|t|}\frac{1}{(2\pi)^{3/2}}\mathrm{e}^{-\mathrm{i}kx}=Z_\varphi^{1/2}(t)\frac{1}{(2\pi)^{3/2}}\mathrm{e}^{-\mathrm{i}kx},$$

与式 (1.2.30) 左方一致, 于是矛盾也不再存在.

对于旋量粒子, 可类似地处理. 只是它的传播子 $\widetilde{G}_2(x_1-x_2)$ 为旋量空间中的 4×4 矩阵, 结构比较复杂.

当 $t_1>t_2$ 时, 同前一样有

$$\begin{aligned}\widetilde{G}_2(x_1-x_2)_{\alpha\beta}=&\int_0^\infty\mathrm{d}\mu^2\int_{-\infty}^{+\infty}\mathrm{d}^4p\theta(p_0)\delta(p^2+\mu^2)\mathrm{e}^{\mathrm{i}p(x_1-x_2)}\\&\times\sum_a\langle0|\hat{\psi}_\alpha(0)|\boldsymbol{p},\mu_1^2,a\rangle\langle\boldsymbol{p},u^2,a|\hat{\bar{\psi}}_\beta(0)|0\rangle.\end{aligned}\tag{1.2.33}$$

在宇称守恒的情况下, 以 $\sum\limits_a\langle0|\hat{\psi}_\alpha(0)|\boldsymbol{p},\mu^2,a\rangle\langle\boldsymbol{p},\mu^2,a|\hat{\bar{\psi}}_\beta(0)|0\rangle$ 为矩阵元所构成的旋量矩阵只有 $\gamma\cdot p$ 和 1 两项 (若宇称不守恒, 则还可能有 $\gamma_5(\gamma\cdot p)$ 和 γ_5 两项), 因而该项可写成

$$\sum_a\langle0|\hat{\psi}_\alpha(0)|\boldsymbol{p},\mu^2,a\rangle\langle\boldsymbol{p},u^2,a|\hat{\bar{\psi}}_\beta(0)|0\rangle=\frac{1}{(2\pi)^3}[(-\mathrm{i}\gamma\cdot p+\mu)_{\alpha\beta}\rho_1(\mu^2)-\delta_{\alpha\beta}\rho_2(\mu^2)]\tag{1.2.34}$$

的形式.

我们来证明 ρ_1 和 ρ_2 都是正定的. 将上式乘以 $(\gamma_4)_{\beta\alpha}$ 并对 α 和 β 求和, 即得

$$\sum_\alpha\sum_a|\langle0|\hat{\psi}_\alpha(0)|\boldsymbol{p},\mu^2,a\rangle|^2=\frac{E}{2\pi^3}\rho_1(\mu^2).$$

由此得出 $\rho_1(\mu^2)$ 为实数而且

$$\rho_1(\mu^2)\geqslant0.\tag{1.2.35}$$

类似地, 若将 $(\mathrm{i}\gamma\cdot p+\mu)_{\delta\alpha}$ 和 $((\mathrm{i}\gamma\cdot p+\mu)\gamma_4)_{\beta\delta}$ 乘在式 (1.2.34) 两侧应对 α,β,δ 求和, 则得

$$\sum_\delta\sum_a|\langle0|[(\mathrm{i}\gamma\cdot p+\mu)\hat{\psi}]_\delta|\boldsymbol{p},\mu^2,a\rangle|^2=\frac{1}{\pi^3}E\mu\rho_2(\mu^2).$$

在推导此结果时我们利用了 $p^2+\mu^2=0$. 由上式, $\rho_2(\mu^2)$ 亦为实数而且

$$\rho_2(\mu^2)\geqslant0.\tag{1.2.36}$$

将式 (1.2.34) 代回到式 (1.2.33) 即将它化为

$$\begin{aligned}\widetilde{G}_2(x_1-x_2)=&\frac{1}{(2\pi)^3}\int_0^{\infty}\mathrm{d}\mu^2\int_{-\infty}^{+\infty}\mathrm{d}^4p\theta(p_0)\delta(p^2+\mu^2)\\&\times[\rho_1(\mu^2)(-\gamma\cdot\partial_1+\mu)-\rho_2(\mu^2)]\mathrm{e}^{\mathrm{i}p(x_1-x_2)}\\=&\mathrm{i}\int_0^{\infty}\mathrm{d}\mu^2\rho_1(\mu^2)S_+(x_1-x_2,\mu)-\mathrm{i}\int_0^{\infty}\mathrm{d}\mu^2\rho_2(\mu^2)\Delta_+(x_1-x_2,\mu^2).\end{aligned}$$

以上是 $t_1>t_2$ 情况, 当 $t_1<t_2$ 时, 利用 CPT 不变性, 可得

$$\widetilde{G}_2(x_1-x_2)=-\mathrm{i}\int_0^{\infty}\mathrm{d}\mu^2\rho_1(\mu^2)S_-(x_1-x_2,\mu)+\mathrm{i}\int_0^{\infty}\mathrm{d}\mu^2\rho_2(\mu^2)\Delta_-(x_1-x_2,\mu^2).$$

这样, 合起来就有

$$\widetilde{G}_2(x_1-x_2)=\int_0^{\infty}\mathrm{d}\mu^2[\rho_1(\mu^2)S_F(x_1-x_2,\mu)-\rho_2(\mu^2)\Delta_F(x_1-x_2,\mu^2)].\quad(1.2.37)$$

由此可见 $\widetilde{G}_2(x_1-x_2)$ 并不简单就是 $S_F(x_1-x_2,\mu)$ 的叠加, 它还包含 $\Delta_F(x_1-x_2,\mu^2)$ 的叠加项.

下面我们来求单粒子态 (一个物理的旋量粒子) 对谱函数的贡献. 在宇称守恒的情况下, $\langle\boldsymbol{p},M^2,r|\hat{\overline{\psi}}(0)|0\rangle$ 的一般形式为

$$\langle\boldsymbol{p},M^2,r|\hat{\overline{\psi}}(0)|0\rangle=Z_\psi^{1/2}\frac{1}{(2\pi)^{3/2}}\overline{u}_{r,\boldsymbol{p}}(0),\quad(1.2.38)$$

其中, Z_ψ 为一常数, 代表物理真空中增加一裸粒子后所得的态包含一个物理粒子的概率. 由式 (1.2.38) 可得

$$\sum_{r=1,2}\langle 0|\hat{\psi}_\alpha(0)|\boldsymbol{p},M^2,r\rangle\langle\boldsymbol{p},M^2,r|\hat{\overline{\psi}}_\beta(0)|0\rangle=\frac{1}{(2\pi)^3}Z_\psi(-\mathrm{i}\gamma\cdot p+M)_{\alpha\beta}.\quad(1.2.39)$$

此结果表明, 单个物理粒子态只对 $\rho_1(\mu^2)$ 有贡献, 其贡献值为

$$Z_\psi\delta(\mu^2-M^2).$$

将单粒子项单列出来后, 式 (1.2.37) 化成

$$\begin{aligned}\widetilde{G}_2(x_1-x_2)=&Z_\psi S_F(x_1-x_2,M)+\int_{\mu_0^2}^{\infty}\rho_1(\mu^2)S_F(x_1-x_2,\mu)\mathrm{d}\mu^2\\&-\int_{\mu_0^2}^{\infty}\rho_2(\mu^2)\Delta_F(x_1-x_2,\mu^2)\mathrm{d}\mu^2.\end{aligned}$$

转到动量表象中即有

$$\widetilde{G}_2(p) \equiv \int \mathrm{d}^4 x \mathrm{e}^{-\mathrm{i}p(x_1-x_2)} G_2(x_1-x_2)$$
$$= \mathrm{i}Z_\psi \frac{\mathrm{i}p\cdot\gamma - M}{p^2+M^2-\mathrm{i}\varepsilon} + \mathrm{i}\int_{\mu_0^2}^{\infty} \rho_1(\mu^2)\frac{\mathrm{i}p\cdot\gamma-\mu}{p^2+\mu^2-\mathrm{i}\varepsilon}\mathrm{d}\mu^2 + \mathrm{i}\int \frac{\rho_2(\mu^2)}{p^2+\mu^2-\mathrm{i}\varepsilon}\mathrm{d}\mu^2. \tag{1.2.40}$$

如果我们按旋量结构把 $\widetilde{G}_2(p)$ 分成下述两项

$$\widetilde{G}_2(p) = f_1(-p^2)p\cdot\gamma + \mathrm{i}f_2(-p^2), \tag{1.2.41}$$

则 $f_1(-p^2)$ 和 $f_2(-p^2)$ 都可延拓到复平面.

$$\begin{aligned} f_1(z) &= \frac{Z_\psi}{z-M^2} + \int_{\mu_0^2}^{\infty} \frac{\rho_1(\mu^2)}{z-\mu^2}\mathrm{d}\mu^2, \\ f_2(z) &= \frac{Z_\psi M}{z-M^2} + \int_{\mu_0^2}^{\infty} \frac{\mu\rho_1(\mu^2)-\rho_2(\mu^2)}{z-\mu^2}\mathrm{d}\mu^2. \end{aligned} \tag{1.2.42}$$

此式表明 $f_1(z)$ 和 $f_2(z)$ 在

$$z = M^2$$

即物理质量平方处有一极点, 留数分别为 Z_ψ 和 $Z_\psi M$, 在 μ_0^2 到 ∞ 之间有一割线, 而 $f_1(-p^2)$ 和 $f_2(-p^2)$ 分别为 z 从实轴上方趋于 $-p^2$ 时 $f_1(z)$ 和 $f_2(z)$ 的极限值.

在质壳重正化方案中, 费米子的波函数重正化常数就是 Z_ψ, 重正化质量, 同玻色子的情况一样, 就是物理质量 M.

通过对 $\{\hat{\psi}_\alpha(x_1), \hat{\psi}^\dagger_\beta(x_2)\}$ 真空平均值的讨论, 同样可证

$$\int_0^\infty \rho_1(\mu^2)\mathrm{d}\mu^2 = 1, \tag{1.2.43}$$

即

$$Z_\psi + \int_{\mu_0^2}^{\infty} \rho_1(\mu^2)\mathrm{d}\mu^2 = 1. \tag{1.2.44}$$

于是同样有

$$0 \leqslant Z_\psi < 1.$$

微扰论中出现的 “发散困难” 对应于理论计算的 Z_ψ 值为零.

3. 顶角函数

费恩曼规则中的顶角是由拉格朗日函数 $\mathscr{L}$ 中的互作用项 $\mathscr{L}_{\text{int}}$ 确定的. 这种顶角我们称为基本顶角. 例如, 赝标量场与旋量场的相互作用, $\mathscr{L}_{\text{int}}$ 为 $-\mathrm{i}g_0\overline{\psi}\gamma_5\psi\varphi$, 其

本顶角就是 $(-\mathrm{i}g_0\gamma_5)$. 又如, 实标量场的自作用, $\mathscr{L}_{\mathrm{int}} = -\dfrac{\lambda_0}{4!}\varphi^4$, 那么基本顶角就是 $(-\lambda_0)$. 一般来说基本顶角等于将 $\mathscr{L}_{\mathrm{int}}$ 对其中所有的场量作微商所得出的结果.

在费恩曼规则中, 费恩曼图中的每个顶点应等于

$$\mathrm{i}(2\pi)^4\delta(\Sigma p_i)\times(\text{基本顶角}).$$

现在来考虑包括高阶修正的完全顶角. 这种顶角不再是定域的, 也就是说不是一个点. 因此通常称为顶角函数 (参见图 1.2.5).

我们先来看赝标量场与旋量场的相互作用. 完全的三线 (两旋量线、一赝标量线) 格林函数 $G_3(x_1,x_2,y)$ 如图 1.2.5 所示, 从其中分出三个外线传播子 (完全的) 以及因子 i 以后, 所剩下的部分即称为三点顶角函数 $\varGamma_3(x_1',x_2',y')$, 用数学式表示出来即为

$$\begin{aligned} G_3(x_1x_2y) \equiv & \langle 0|T\hat{\psi}(x_1)\overline{\hat{\psi}}(x_2)\hat{\varphi}(y)|0\rangle \\ = & \mathrm{i}\int \mathrm{d}^4x_1'\mathrm{d}^4x_2'\mathrm{d}^4y'\widetilde{G}_2(x_1-x_1')\varGamma_3(x_1',x_2',y')\widetilde{G}_2(x_2'-x_2)G_2(y'-y). \end{aligned} \tag{1.2.45}$$

显然, $\varGamma_3(x_1',x_2',y')$ 所对应的图形是正规图形, 即单粒子不可约的连接图.

$\varGamma_3(x_1',x_2',y')$ 的零阶近似为

$$\varGamma_3^{(0)}(x_1',x_2',y') = -\mathrm{i}g_0\gamma_5\delta(x_1'-x_2')\delta(x_1'-y), \tag{1.2.46}$$

也就是前面定义的基本顶角.

再来看实标量场自作用的情况. 设 $\mathscr{L}_{\mathrm{int}} = -\dfrac{\kappa_0}{3!}\varphi^3 - \dfrac{\lambda_0}{4!}\varphi^4$, 于是三点基本顶角为 $(-\kappa_0)$, 四点基本顶角为 $(-\lambda_0)$. 我们先看四点顶角函数. 设考虑了所有高阶修正后的四线连接格林函数为 $G_4^{(\mathrm{c})}(x_1,x_2,x_3,x_4) = \langle 0|T\hat{\varphi}(x_1)\hat{\varphi}(x_2)\hat{\varphi}(x_3)\hat{\varphi}(x_4)|0\rangle_{\mathrm{c}}$, 其中角标 c 表示只计算连接的费恩曼图的贡献. 是否像上面一样, 从 $G_4^{(\mathrm{c})}$ 中分出 i 和四个传播子之后的部分就是四点顶角函数 $\varGamma_4(x_1',x_2',x_3',x_4')$ 呢? 不是. 像图 1.2.6 中所画的部分就不应包括在四点顶角之内. 而应看作是两个三点顶角的结合. 对此下面还将说明.

总的说, 顶角函数 (不论是几点) 所对应的图形不仅是连接的还必须是单粒子不可约的, 即为正规图形 (图 1.2.6 所示的就是单粒子可约的图形. 只要断开中间的单粒子内线, 就约化成两个三点顶角图).

以上讨论的顶角函数可称为基本顶角函数, 因为它们是由基本顶角及其高阶修正构成的. 我们可把顶角函数推广到有任意 n 个 "外线连接点" 的图形. n 点顶角函数 $\mathrm{i}\varGamma_n$ 的定义是: 为去掉 n 个外线传播子后的正规图形的贡献总和.

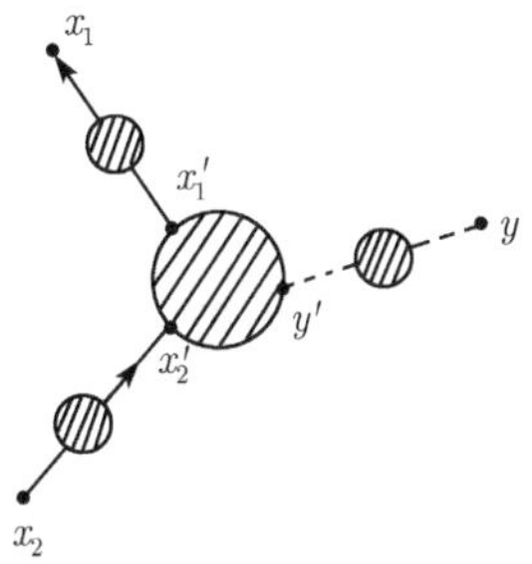

图 1.2.5　中心圆为点顶角

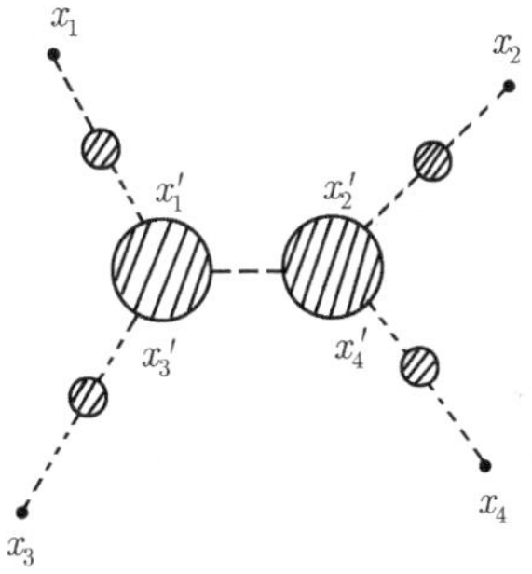

图 1.2.6　单粒子可约图形

利用顶角函数 (指所有可能的顶角函数) 来构造格林函数时, 只要通过传播子把它们连成树图即可. 在这种构造过程中, 不出现新的圈积分. 因此, 只要传播子和各顶角函数都消除了发散, 整个格林函数中也就不含发散了. 另外, 各个顶角函数所含的发散互相不关联, 于是消除发散可对各个顶角函数分别进行. 这就使得顶角函数在重正化问题的研究中占有重要地位.

既然格林函数是由顶角函数和传播子的各种"树图组合"所构成。我们就不难理解, 为何四点顶角函数中不能包括图 1.2.6 的贡献. 因为该图已经包括在三点顶角函数和传播子构造出来的格林函数中, 若四点顶角函数中再包括它, 那就会出现计算重复. 根据同样的理由, 所有 (带任意个"外线连接点"数的) 顶角函数所对应的图形都必须是单粒子不可约的.

以上讨论的格林函数和顶角函数都是在坐标表象中表示的. 对它们作傅里叶变换, 并分出一个四维 δ 函数即可得出动量表象中的表示. 如果所有外线上的动量都按 '入射动量' 来取值 (一个动量为 q 的出射粒子, 其对应的入射动量即为 $p=-q$), 那么 n 点顶角 $\varGamma_n(x_1,x_2,\cdots,x_n)$ 在动量表象中的表示 $\varGamma_n(p_1,p_2,\cdots,p_n)$ 即由下式定义:

$$(2\pi)^4\delta^4(\Sigma_{p_j})\varGamma_n(p_1,p_2,\cdots,p_n)=\int \mathrm{d}^4x_1\cdots\mathrm{d}^4x_n\mathrm{e}^{-\mathrm{i}p_j,x_j}\varGamma_n(x_1,x_2,\cdots,x_n). \quad (1.2.47)$$

4. 顶角重正化常数

我们将对理论中的每个基本顶角定义一个重正化常数. 为此我们来考虑基本顶角函数, 它们的结构和所依赖的独立宗量可通过对称性分析而定出. 例如, 前面所说的旋量粒子和赝标量粒子的相互作用, $\mathscr{L}_{\text{int}}=-\mathrm{i}g_0\psi\gamma_5\psi$, 字称是守恒的, 因此图 1.2.5 所示的三点顶角函数的一般结构为①

①$\varGamma_3(p_1,p_2,k)$ 为 4×4 矩阵, 因而总可按 $I,\gamma_\mu,\sigma_{\mu\nu},\gamma_5,\gamma_\mu,\gamma_5$ 来展开. 由于两个独立矢量 p_1,p_2 不可能做成赝标量和赝矢量, 因而展开式中实际只能含 $\gamma_5,\gamma_5\gamma_\mu$ 和 $\gamma_5\sigma_{\mu\nu}$ 三类项.

$$\Gamma_3(p_1,p_2,k)=-\mathrm{i}g_0\gamma_5 f(\mathrm{i}p_1\gamma,\mathrm{i}p_2\gamma,k^2), \tag{1.2.48}$$

其中

$$\begin{aligned}f(\mathrm{i}p_{\mathrm{i}}\gamma,\mathrm{i}p_2\gamma,k^2)=&f_1(p_1^2,p_2^2,k^2)\mathrm{i}p_1\gamma+f_2(p_1^2,p_2^2,k^2)\mathrm{i}p_2\gamma\\&+f_3(p_1^2,p_2^2,k^2)(\mathrm{i}\rho_1\gamma)(\mathrm{i}\rho_2\gamma)+f_4(p_1^2,p_2^2,k^2).\end{aligned}$$

在这里 p_2 取为入射旋量粒子动量, 而 p_1 为出射旋量粒子动量, $k=p_2-p_1$ 为赝标量粒子动量. 由于实际上只有二个独立的四维动量, 故最多只能作成三个独立的标量, 它们可取为 p_1^2, p_2^2 和 k^2 · (1.2.48) 第二式中的 f_j 都是相对论不变的函数, 因此只能依赖这三个标量.

在零阶近似中

$$f=1,$$

Γ_3 即化为基本顶角 $\Gamma_3^{(0)}$.

我们来定义顶角重正化常数. 令

$$\begin{aligned}\frac{1}{Z_v}&=f(\mathrm{i}p_1\cdot\gamma,\mathrm{i}p_2\cdot\gamma,k^2)|_{\mathrm{i}p_1\cdot\gamma=-\mathrm{i}p_2\cdot\gamma=M,p_1^2=p_2^2=-M^2,k^2=-m^2}\\&=f_1(-M^2,-M^2,-m^2)M-f_2(-M^2,-M^2-m^2)M\\&\quad-f_3(-M^2,-M^2,-m^2)M^2+f_4(-M^2,-M^2-m^2).\end{aligned} \tag{1.2.49}$$

由于 $\mathrm{i}p_1\cdot\gamma=-\mathrm{i}p_2\cdot\gamma=M, p_1^2=p_2^2=-M^2$ 和 $k^2=-m^2$ 对应于所有外线都在质壳上, 故这样定义的 Z_v 称为质壳重正化方案中的顶角重正化常数. 这样, 在质壳上就有:

$$\Gamma_3=-\mathrm{i}\frac{1}{Z_v}g_0\gamma_5. \tag{1.2.50}$$

再看实标量场自作用情况. 设 $\mathscr{L}_{\mathrm{int}}=-\dfrac{\lambda_0}{4!}\varphi^4$, 则四点顶角函数可表为

$$\Gamma_4(k_1,k_2,k_3,k_4)=-\lambda_0 f(k_1^2,k_2^2,k_3^2,k_4^2,s,t), \tag{1.2.51}$$

其中, s,t 由式 (1.2.52) 表示. 这是因为 $k_1+k_2+k_3+k_4=0$, 实际的独立矢量只有三个, 由它们只能做出六个独立标量, 其中四个可选为 k_1^2,k_2^2,k_3^2 和 k_4^2, 另外还需补充两个. 通常令

$$s=-(k_1+k_2)^2,\quad t=-(k_1+k_3)^2,\quad u=-(k_1+k_4)^2, \tag{1.2.52}$$

如果实际入射粒子是 (1, 2) 而出射粒子为 (3, 4), 那么 s 就代表质心系中总能量的平方, 而 t 和 u 分别代表质心系中三维动量转移平方的负值 (在这里所有 k 都是按入射动量取值的). 而若实际入射粒子是 (1,3), 则 t 就是质心系中总能量的平方, 如此等等.

不难证明 s, t, u 与所有 k_j^2 之间有下列关系

$$s+t+u=-(k_1^2+k_2^2+k_3^2+k_4^2), \tag{1.2.53}$$

因此这七个变量中只有六个是独立的. 在式 (1.2.51) 中, 取了 $k_j^2(j=1,2,3,4)$ 加上 s 和 t.

我们定义

$$\frac{1}{Z_v}=f(k_1^2,k_2^2,k_3^2,k_4^2,s,t)|_{k_1^2=k_2^2=k_3^2=k_4^2=-m^2,s=t=\frac{4}{3}m^2}, \tag{1.2.54}$$

为质壳重正化方案中的四点顶角重正化常数. 其中, s 和 t 的取值是这样定的：在质壳上, 由式 (1.2.53), $s+t+u$ 等于 $4m^2$, 我们取对称点 $(s=t=u)$ 的值, 于是得

$$s=t=u=\frac{4}{3}m^2. \tag{1.2.55}$$

同前类似, 在质壳对称点上有

$$\Gamma_4=-\frac{1}{Z_v}\lambda_0. \tag{1.2.56}$$

前已指出, 只需对基本顶角定义顶角重正化常数, 而基本顶角是指拉格朗日函数中所包含的顶角. 在可重正化理论中, 每个含原始发散的顶角函数都须有一个与之相应的基本顶角. 例如, 对赝标量场与旋量场相互作用的情况, 图 1.2.7 是一个原始发散图. 这样拉格朗日函数中还必须有 $-\dfrac{\lambda_0}{4!}\varphi^4$ 的项, 这样该理论才可能经过重正化得出有意义的结果, 仅有 $\mathrm{i}g\hat{\psi}\gamma_5\psi\varphi$ 型的作用项是“不可重正化的”.

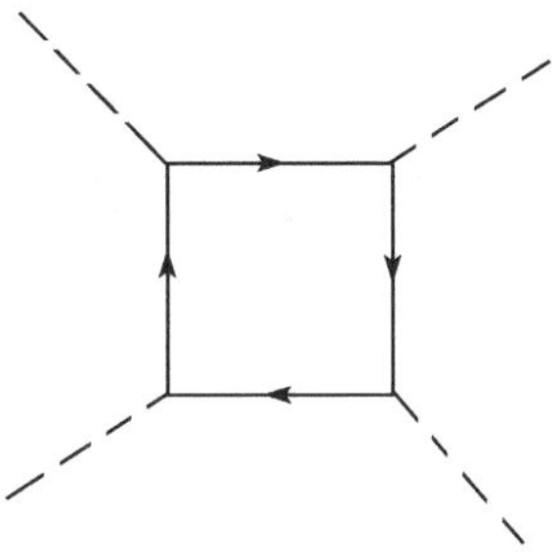

图 1.2.7

1.3　格林函数和顶角函数的生成泛函, 重正化规格条件

在讨论规范场的量子化和重正化时, 我们将经常用到格林函数和顶角函数的生成泛函. 因此在这里先对它作一个简单的介绍. 另外, 我们还将对重正化的意义作概括性的说明并给出重正化的规格条件.

1. 格林函数和顶角函数的生成泛函

我们以实标量场的相互作用为例来说明格林函数和顶角函数两者的生成泛函的定义, 以及它们之间的关系. 设 n 线格林函数为 $G_n(x_1,\cdots,x_n)$, 格林函数生成泛函的定义是

$$Z[j(x)] = 1 + \sum_{1}^{\infty} \frac{\mathrm{i}^n}{n!} \int \mathrm{d}^4 x_1 \mathrm{d}^4 x_2 \cdots \mathrm{d}^4 x_n G_n(x_1, x_2, \cdots, x_n) j(x_1,) \cdots j(x_n), \tag{1.3.1}$$

图 1.3.1

其中, $j(x)$ 为任意的实函数, $G_1(x) = \langle 0|\hat{\varphi}(x)|0\rangle$ 代表场算符的真空平均值, 相应的图形如图 1.3.1 所示 (此图称蝌蚪图). 通常 $G_1(x) = 0$, 除非真空中有标量场的凝聚.

对于任意一个 $j(x)$, 由式 (1.3.1) 可以确定 $Z[j(x)]$ 的一个值. 故 $Z[j(x)]$ 为 $j(x)$ 的泛函.

定义泛函微商

$$\frac{\delta j(x)}{\delta j(x')} = \delta(x - x'). \tag{1.3.2}$$

于是有 (用 $j \equiv 0$ 表示 $j(x)$ 处处为零)

$$\frac{1}{\mathrm{i}^n} \frac{\delta^n Z[j]}{\delta j(x_1) \cdots \delta j(x_n)}\bigg|_{j\equiv 0} = G_n(x_1, x_2, \cdots, x_n). \tag{1.3.3}$$

即通过对 $Z[j]$ 的泛函微商可得出各个格林函数. 因此 $Z[j]$ 称为格林函数的生成泛函. $Z[j]$ 用海森伯算符表示出来为

$$Z[j] = \langle 0|T\mathrm{e}^{\mathrm{i}\int \mathrm{d}^4 x \hat{\varphi}(x) j(x)}|0\rangle. \tag{1.3.4}$$

在下一章中, 我们将给出它的泛函积分表达式.

以上写出的 $G_n(x_1, \cdots, x_n)$ 为完全的格林函数, 包括连接的和非连接的. 下面将把连接的格林函数加上标记 (c), 如 $G_n^{(\mathrm{c})}(x_1, \cdots x_n)$. 完全的 $G_n(x_1, \cdots x_n)$ 可以表示为若干个连接格林函数乘积的和, 例如

$$\begin{aligned} G_3(x_1, x_2, x_3) =& G_3^{(\mathrm{c})}(x_1, x_2, x_3) + [G_2^{(\mathrm{c})}(x_1, x_2) G_1^{(\mathrm{c})}(x_3) + G_2^{(\mathrm{c})}(x_2, x_3) G_1^{(\mathrm{c})}(x_1) \\ &+ G_2^{(\mathrm{c})}(x_3, x_1) G^{(\mathrm{c})}(x_2)] + G_1^{(\mathrm{c})}(x_1) G_1^{(\mathrm{c})}(x_2) G_1^{(\mathrm{c})}(x_3). \end{aligned}$$

当 $G_1^{(\mathrm{c})}(x) = 0$ 时, G_3 就等于 $G_3^{(\mathrm{c})}$. 对一般的 n, 此关系可表示为

$$G_n(x_1, \cdots, x_n) = \sum_{\substack{\text{各种结构及} \\ \{x_n\}\text{的各种分配}}} G_{n_1}^{(\mathrm{c})} G_{n_2}^{(\mathrm{c})} \cdots, \qquad (n_1 + n_2 + \cdots = n).$$

如果用带双层圈的图 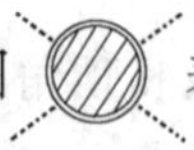 表示连接的格林函数, 那么上式可如图 1.3.2 所示 (各个外线端点上都带有坐标):

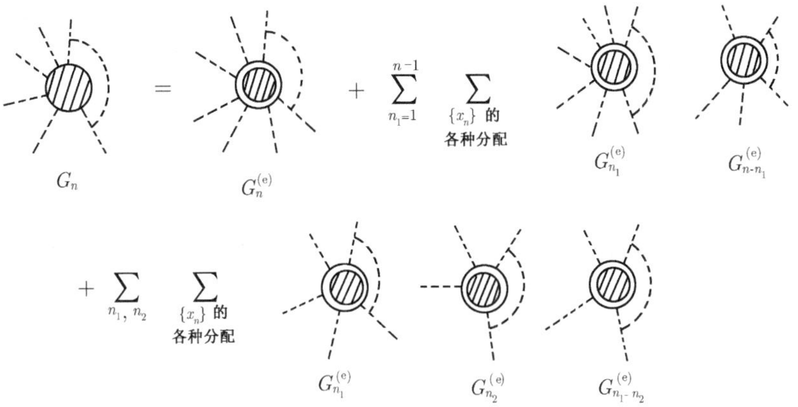

图 1.3.2

对于连接格林函数同样可以定义它的生成泛函 $Z_{\rm c}[j]$,

$$Z_{\rm c}[j]=\sum_{n=1}^{\infty}\frac{{\rm i}^n}{n!}\int {\rm d}^4x_1\cdots {\rm d}^4x_n G_n^{({\rm c})}(x_1\cdots x_n)j(x_1)\cdots j(x_n). \tag{1.3.5}$$

$Z_{\rm c}[j]$ 与 $Z[j]$ 的关系为

$$Z[j]={\rm e}^{Z_{\rm c}[j]}, \tag{1.3.6}$$

将上式右方展开, 再对两边作泛函微商, 即可得出 G 与 $G^{({\rm c})}$ 之间的关系.

我们还可以通过 $Z_{\rm c}[j]$ 建造出顶角函数的生成泛函 $\Gamma[\phi(x)]$, 这里 $\phi(x)$ 是任意的实函数. 顶角函数生成泛函的意义是, 对它作 n 次泛函微商即可得出顶角函数 Γ_n. 在标量场无真空凝聚情况 (即 $G_1^{({\rm c})}(x)=\langle 0|\hat{\varphi}(x)|0\rangle=0$) 下, 公式为

$$\left.\frac{\delta^n\Gamma[\phi]}{\delta\phi(x_1)\delta\phi(x_2)\cdots\delta\phi(x_n)}\right|_{\phi\equiv 0}=\Gamma_n(x_1,x_2,\cdots,x_n). \tag{1.3.7}$$

有真空凝聚的情况将留到 2.6 节中再讨论.

Jona-Lasinio 证明了 $\frac{1}{\rm i}Z_{\rm c}[j]$ 的勒让德变换就能满足上述对 $\Gamma[\phi]$ 的要求. 我们先来说明 $Z_{\rm c}[j]$ 的勒让德变换的意义. 令

$$\phi(x)=\frac{1}{\rm i}\frac{\delta Z_{\rm c}[j]}{\delta j(x)}, \tag{1.3.8}$$

将式 (1.3.5) 代入, 并利用所作的假定 “$G_1^{({\rm c})}(x)=0$,” 即化出

$$\phi(x)=\sum_{n=2}^{\infty}\frac{{\rm i}^{n-1}}{(n-1)!}\int {\rm d}^4x_1\cdots {\rm d}^4x_{n-1}G_n^{({\rm c})}(x_1,\cdots,x_{n-1},x)j(x_1)\cdots j(x_{n-1}). \tag{1.3.9}$$

由此可见, $\phi(x)$ 既是 $\boldsymbol{x}$ 的函数又是 $j(x')$ 的泛函. 反过来, $j(x')$ 也可看作是 x' 的函数和 $\phi(x)$ 的泛函①.

$Z_c[j]$ 的勒让德变换的定义是

$$Z_c[j] - \mathrm{i}\int \mathrm{d}^4 x j(x)\phi(x),$$

将 j 看作是 ϕ 的泛函, 上式即为 $\mathrm{i}\Gamma[\phi]$(这里带上因子 i 是由于当初定义顶角函数时分出了一个 i), 于是有

$$\Gamma[\phi] = \frac{1}{\mathrm{i}} Z_c[j] - \int \mathrm{d}^4 x j(x)\phi(x). \tag{1.3.10}$$

对上述定义的 $\Gamma[\phi]$ 作泛函微商, 即可得到顶角函数. 但在这里我们不拟作这项数学证明, 而将在下一章中给出一个比较直观的论证.

前节定义的顶角函数, 是从 $n=3$ 开始的, 没有给出 $n=1,2$ 时顶角函数的定义. 现在我们可以把式 (1.3.7) 推广到 $n=1,2$ 的情况, 并由此给出 $\Gamma_1(x)$ 和 $\Gamma_2(x_1,x_2)$ 的定义.

先来求 $\dfrac{\delta\Gamma[\phi]}{\delta\phi(x)}$. 由式 (1.3.10)

$$\frac{\delta\Gamma[\phi]}{\delta\phi(x)} = -\mathrm{i}\int \mathrm{d}^4 y \frac{\delta Z_c[j]}{\delta j(y)}\frac{\delta j(y)}{\delta\phi(x)} - j(x) - \int \mathrm{d}^4 y \frac{\delta j(y)}{\delta\phi(x)}\phi(y)$$

由式 (1.3.8), $\phi(y)$ 等于 $-\mathrm{i}\dfrac{\delta Z_c[j]}{\delta j(y)}$, 代入上式即知第一、三项互相消去, 于是有

$$\frac{\delta\Gamma[\phi]}{\delta\phi(x)} = -j(x). \tag{1.3.11}$$

此式可看成式 (1.3.8) 的逆关系式, 它给出 $j(x)$ 作为 ϕ 的泛函的表达式 (此式亦可看作 ϕ 所满足的泛函方程).

按照式 (1.3.7), 定义

$$\Gamma_1(x) = \left.\frac{\delta\Gamma[\phi]}{\delta\phi(x)}\right|_{\phi\equiv 0} = -j(x)\Big|_{\phi\equiv 0}.$$

在写式 (1.3.7) 时, 我们已假定标量场无真空凝聚, 在这种情况下, 当 $j\equiv 0$ 时有 $\phi\equiv 0$(参见式 (1.3.9)). 由于 ϕ 和 j 的关系是一一对应关系, $j(x)|_{\phi\equiv 0}$ 将等于零, 于是

$$\Gamma_1(x) = 0.$$

① 在 $G_2^{(c)}(x,x')$ 的逆存在的情况下, 从式 (1.3.9) 可以求出 $j(x')$ 的一个级数解.

再来看 Γ_2. 将式 (1.3.11) 两侧对 $j(y)$ 作泛函微商, 结果为

$$\int \mathrm{d}^4x' \frac{\delta^2\Gamma[\phi]}{\delta\phi(x)\delta\phi(x')}\frac{\delta\phi(x')}{\delta j(y)} = -\delta^4(x-y).$$

而由式 (1.3.8),

$$\frac{\delta\phi(x')}{\delta j(y)} = -\mathrm{i}\frac{\delta^2 Z_{\mathrm{c}}[j]}{\delta j(x')\delta j(y)},$$

代入上式得

$$\int \mathrm{d}^4x' \frac{\delta^2\Gamma[\phi]}{\delta\phi(x)\delta\phi(x')}\mathrm{i}\frac{\delta^2 Z_{\mathrm{c}}[j]}{\delta j(x')\delta j(y)} = \delta^4(x-y). \tag{1.3.12}$$

这表明 $\dfrac{\delta^2\Gamma[\phi]}{\delta\phi(x_1)\delta\phi(x_2)}$ 为 $\mathrm{i}\dfrac{\delta^2 Z_{\mathrm{c}}[j]}{\delta j(x_1)\delta j(x_2)}$ 的逆. 再加上 $\phi\equiv 0$ 对应于 $j\equiv 0$, 于是得 $\left.\dfrac{\delta^2\Gamma[\phi]}{\delta\phi(x_1)\delta\phi(x_2)}\right|_{\phi\equiv 0}$ 为 $\mathrm{i}\left.\dfrac{\delta^2 Z_{\mathrm{c}}[j]}{\delta j(x_1)\delta j(x_2)}\right|_{j\equiv 0}$ 的逆, 也就是

$$\Gamma_2(x_1,x_2) = \mathrm{i}G_2^{-1}(x_1,x_2). \tag{1.3.13}$$

在这里略去了 $G_2^{(\mathrm{c})}$ 中的标号 (c), 因在 $G_1^{(\mathrm{c})}=0$ 时, $G_2^{(\mathrm{c})}=G_2$.

这一结果表明, 按照式 (1.3.7), 二点顶角即等于二线格林函数的逆乘上因子 i.

有了以上关于 Γ_1 和 Γ_2 的定义, 我们就可把顶角函数的生成泛函 $\Gamma[\phi]$ 写成

$$\Gamma[\phi] = \sum_{n=1}^{\infty}\frac{1}{n!}\int \mathrm{d}^4x_1\cdots\mathrm{d}^4x_n\phi(x_1)\cdots\phi(x_n)\Gamma_n(x_1,x_2,\cdots,x_n). \tag{1.3.14}$$

下面我们再来对 (标量场的) 二点顶角函数作进一步的讨论, 在动量表象中,

$$\Gamma_2(p) = -[p^2+m^2+\Sigma(p)]. \tag{1.3.15}$$

其中, $\Sigma(p)$ 为正规自能函数. 零阶的二点顶角为

$$\Gamma_2^{(0)}(p) = -(p^2+m^2), \tag{1.3.16}$$

在坐标表象中它化为

$$\Gamma_2^{(0)}(x,x') = (\Box - m^2)\delta(x-x'). \tag{1.3.17}$$

这样, 作用量 I 中的自由场项可以表为①

$$\begin{aligned} I_0 &= \frac{1}{2}\int \varphi(x)(\Box - m^2)\varphi(x)\mathrm{d}^4x \\ &= \frac{1}{2}\int \varphi(x)\Gamma_2^{(0)}(x,x')\varphi(x')\mathrm{d}^4x\mathrm{d}^4x'. \end{aligned} \tag{1.3.18}$$

① 对作变分或泛函微商来说, $\int \varphi(x)\Box\varphi(x)\mathrm{d}^4x$ 与 $\int \dfrac{\partial\varphi(x)}{\partial x_\mu}\int\dfrac{\partial\varphi(x)}{\partial x_\mu}\mathrm{d}^4x$ 是等价的.

反过来 $\Gamma_2^{(0)}$ 也可以表成 $I_0[\phi]$ 的泛函微商

$$\frac{\delta^2 I_0[\phi]}{\delta\phi(x_1)\delta\phi(x_2)} = \Gamma_2^{(0)}(x_1, x_2). \tag{1.3.19}$$

另外, 根据前面的讨论, 基本顶角也可表为作用量中的相互作用项 $I_{\text{int}} = \int \mathscr{L}_{\text{int}} \mathrm{d}^4 x$ 对场量的泛函微商 (参见式 (1.2.46)). 而基本顶角也是 "基本顶角函数" 的零阶近似. 将此与式 (1.3.18) 综合起来, 就得出一个重要的结果:

$\Gamma[\phi]$ 的零阶近似 $\Gamma^{(0)}[\phi]$ 就等于作用量 $I[\phi]$.

在本节中, $j(x)$ 和 $\phi(x)$ 是作为定义生成泛函的工具引入的 (见式 (1.3.1) 下和式 (1.3.7) 上文), 我们没有讨论它们的物理意义. 下一章我们将说明, $j(x)$ 代表在原来的相互作用之外另引入的标量场附加经典源, 而 $\phi(x)$ 就是在此附加经典源的作用下标量场的真空凝聚值 (即有 j 存在时场算符的真空期望值).

2. 质壳重正化

在量子场论中, 由微扰论计算出来的各个格林函数都包含紫外发散(在本书中我们不讨论红外发散, 因而紫外发散也简称发散). 经过许多人的研究, 已经证明, 对于满足一定条件的拉格朗日函数, 这个问题可以通过重正化来 "解决" , 即通过质量、耦合常数以及场算符的重正化把发散吸收掉. 符合这一要求的场论通常称为可垂直化的场论①. 但要指出的是, 并不是计算结果出了发散才需要进行重正化, 只要场之间有相互作用就要进行重正化 (即使没有出现发散). 下面以赝标量场与旋量场相互作用为例来作一说明. 设

$$\mathscr{L} = -\overline{\psi}\gamma_\mu\partial_\mu\psi - M_0\overline{\psi}\psi - \frac{1}{2}(\partial_\mu\varphi)^2 - \frac{1}{2}m_0^2\varphi^2 - \mathrm{i}g_0\overline{\psi}\gamma_5\psi\varphi - \frac{\lambda_0}{4!}\varphi^4,$$

此式中的参量 M_0 和 m_0 只在无相互作用时才代表旋量粒子和赝标量粒子的质量. 当存在相互作用时, 由于自能效应, 真正的物理质量并不就是 M_0 和 m_0, 而要附加上相应的 δM 和 δm. 我们将称 M_0 和 m_0 为 $\mathscr{L}$ 中的质量参数或称为粒子的裸质量. 求出物理质量 M 和 m 与裸质量 M_0 和 m_0 之间的关系, 并将诸如散射截面、跃迁概率等物理量换用物理质量 M 和 m 表示出来, 就叫做质量重正化 (这是就质壳重正化方案而言). 物理质量也就是质壳重正化方案中的重正化质量. 另外, 由于真空涨落, 真空中将出现各种虚粒子. 这种效应使真空类似于某种介质, 从而影响粒子间相互作用的强度. 在经典电动力学中, 我们知道, 当一个电荷 q 处于介质中时, 由于介质的极化效应, 它的有效值将降为 q/ε, 此处 ε 为介质的介电常数. 而所谓电荷也就是电磁作用的耦合常数. 在量子场论中, 还有其他效应影响实际的耦合强度,

① 更确切地说法应当是: 可通过重正化把发散吸收掉的场论.

它们合起来使 $\mathscr{L}$ 中的参量 g_0 和 λ_0 并不就是物理的耦合常数, 我们将称 g_0 和 λ_0 为裸耦合常数. 找出物理的耦合常数 g 和 λ 与裸耦合常数 g_0 和 λ_0 间的关系, 并将计算出的诸如散射截面、跃迁概率等物理量换用 g 和 λ 表示, 就叫做耦合常数的重正化. 关于场算符的重正化将在下面说明.

发散困难表现在：从有限的 M_0, m_0, g_0 及 λ_0 出发, 用微扰论计算出的 M, m, g, λ 和所有 S 矩阵元都含发散. 用重正化来克服发散困难的做法其精神是：将经过波函数重正化处理的 S 矩阵元和格林函数, 换用物理质量 (M, m) 和物理耦合常数 (g, λ) 表示出来, 如果这种表示式中已不再显含发散, 那么困难就被避开了, 因为我们可把 M, m, g 和 λ 用实测的物理值代入, 而不去管对应的裸质量和裸耦合常数的值. 这样计算出来的散射截面或跃迁概率等就都是有限值, 从而可与实验相比较.

为了将裸质量和裸耦合常数换用重正化的质量和耦合常数表示, 首先就要从理论上确定它们之间的关系. 在质壳重正化中, 重正化质量就是粒子实际的物理质量, 它的理论值可从传播子定出. 上节已经指出, 标量或赝标量粒子的传播子 $G_2(-k^2)$, 作为 $-k^2$ 的函数, 极点位置即等于物理质量 m 的平方, 因而 m 的理论值可由下式确定

$$G_2^{-1}(-k^2)|_{-k^2=m^2} = 0. \tag{1.3.20}$$

同样旋量粒子的物理质量可由其传播子中的不变函数 $f_1(-p^2)$ 和 $f_2(-p^2)$ 的极点确定 (参见式 (1.2.41) 和 (1.2.42)), 亦即

$$f_1^{-1}(-p^2)|_{-p^2=M^2} = f_2^{-1}(-p^2)|_{-p^2=M^2} = 0. \tag{1.3.21}$$

在质壳重正化方案中, 波函数重正化常数为上节定义的 Z_φ 和 Z_ψ, 它们可通过传播子极点上的留数来确定. 如以 z 代替 $-k^2$ 或 $-p^2$, 则有

$$\mathrm{i}\frac{\mathrm{d}}{\mathrm{d}z}G_2^{-1}(z)|_{z=m^2} = \frac{1}{Z_\varphi}, \quad \frac{\mathrm{d}}{\mathrm{d}z}f_1^{-1}(z)|_{z=M^2} = M\frac{\mathrm{d}}{\mathrm{d}z}f_2^{-1}(z)|_{z=M^2} = \frac{1}{Z_\psi}, \tag{1.3.22}$$

上式中的 $f_1(z)$ 和 $f_2(z)$ 由式 (1.2.42) 表示.

质壳重正化名称的由来就在于 $-k^2$ 或 $-p^2$ 取为物理质量平方, 即所谓质壳值的缘故.

从式 (1.3.20) 和 (1.3.22) 第一式得出, 在 $-k^2 \approx m^2$ 附近, $G_2^{-1} \approx \dfrac{-\mathrm{i}}{Z_\varphi}(-k^2 - m^2)$, 于是在质壳附近

$$G_2(-k^2) \approx \frac{-\mathrm{i}Z_\varphi}{k^2 + m^2 - \mathrm{i}\varepsilon}.$$

同样, 在质壳附近旋量粒子传播子的近似式为

$$\widetilde{G}_2(p) \approx \mathrm{i}Z_\psi \frac{\mathrm{i}p\cdot\gamma - M}{p^2 + M^2 - \mathrm{i}\varepsilon}.$$

它们与自由传播子的差别只在多出因子 Z_φ 和 Z_ψ.

波函数的重正化可通过场算符的重正化表示出来. 定义重正化的场算符为

$$\begin{aligned}&\hat{\varphi}_{\mathrm{R}}(x)=Z_\varphi^{-1/2}\hat{\varphi}(x),\quad \hat{\pi}_{\mathrm{R}}(x)=Z_\varphi^{-1/2}\hat{\pi}(x),\\&\hat{\psi}_{\mathrm{R}}(x)=Z_\psi^{-1/2}\hat{\psi}(x),\quad \hat{\overline{\psi}}_{\mathrm{R}}(x)=Z_\psi^{-1/2}\hat{\overline{\psi}}(x).\end{aligned}\tag{1.3.23}$$

用重正化场算符定义的格林函数就是经过波函数重正化的格林函数 (简称重正化的格林函数, 因为剩下的问题就是换宗量, 将原来的 $m_0, g_0, \cdots$ 换成 $m, g\cdots$), 并加上标 (R) 来表示, 例如对实标量场,

$$G_n^{(\mathrm{R})}(x_1,x_2,\cdots,x_n)=\langle 0|T\hat{\varphi}_{\mathrm{R}}(x_1)\hat{\varphi}_{\mathrm{R}}(x_2)\cdots\hat{\varphi}_{\mathrm{R}}(x_n)|0\rangle.\tag{1.3.24}$$

这样 $G_2^{(\mathrm{R})}$ 和 $\widetilde{G}_2^{(\mathrm{R})}$ 在质壳附近就化为

$$\begin{aligned}&G_2^{(\mathrm{R})}(k^2)\approx\frac{-\mathrm{i}}{k^2+m^2-\mathrm{i}\varepsilon},\\&\widetilde{G}_2^{(\mathrm{R})}(p)\approx\mathrm{i}\frac{\mathrm{i}p\cdot\gamma-M}{p^2+M^2-\mathrm{i}\varepsilon}.\end{aligned}\tag{1.3.25}$$

与自由传播子表达式相一致.

值得注意的是, 对易关系在用重正化场算符表示时要带有因子 Z_φ^{-1} 和 Z_ψ^{-1},

$$\begin{aligned}&[\hat{\varphi}_{\mathrm{R}}(\boldsymbol{x},t),\hat{\pi}_{\mathrm{R}}(\boldsymbol{x}',t)]=\mathrm{i}Z_\varphi^{-1}\delta(\boldsymbol{x}-\boldsymbol{x}'),\\&\{\hat{\psi}_{\mathrm{R}}(\boldsymbol{x},t)_\alpha,\hat{\psi}_{\mathrm{R}}^\dagger(\boldsymbol{x}',t)_\beta\}=Z_\psi^{-1}\delta_{\alpha\beta}\delta(\boldsymbol{x}-\boldsymbol{x}').\end{aligned}\tag{1.3.26}$$

下面再来讨论耦合常数的重正化. 在上节中我们曾给出了顶角重正化常数. 例如, 在旋量场与赝标场耦合情况下, 在质壳上 $\varGamma_3$ 可约化成 $-\mathrm{i}\dfrac{g_0}{Z_v}\gamma_5$. 亦即

$$\bar{u}(p_1)\varGamma_3u(p_2)=-\mathrm{i}\frac{g_0}{Z_v}\bar{u}(p_1)\gamma_5u(p_2),\tag{1.3.27}$$

g_0/Z_v 就代表重正化耦合常数? 还不是. 原因在于 $\varGamma_3$ 是取$\langle 0|T\hat{\psi}(x_1)\hat{\overline{\psi}}(x_2)\ \hat{\varphi}(y)|0\rangle$ 中单粒子不可约部分得出的, 这里场算符未重正化. 如果我们取经过波函数重正化的三线格林函数 $G_3^{(\mathrm{R})}=\langle 0|T\hat{\psi}_{\mathrm{R}}(x_1)\overline{\psi}_{\mathrm{R}}(x_2)\hat{\varphi}_{\mathrm{R}}(y|0)\rangle$, 并在其动量表示 $G_3^{(\mathrm{R})}(p_1,p_2,k)$ 中分出因子 i 和三个重正化的传播子 $\widetilde{G}_2^{(\mathrm{R})}(p_1)$, $\widetilde{G}_2^{(\mathrm{R})}(p_2)$ 和 $G_2^{(\mathrm{R})}(k)$, 则结果就称为经过波函数重正化的三点顶角函数 $\varGamma_3^{(\mathrm{R})}$(简称重正化的三点顶角函数). 动量表象中的 $G_3^{(\mathrm{R})}(p_1,p_2,k)$ 与坐标表象中的 $G_3^{(\mathrm{R})}(x_1,x_2,y)$ 间的关系仍与前相同, 即

$$\begin{aligned}&(2\pi)^4\delta^4(p_1+p_2+k)G_3^{(\mathrm{R})}(p_1,p_2,k)\\&=\int\mathrm{d}^4x_1\mathrm{d}^4x_2\mathrm{d}^4y\mathrm{e}^{-\mathrm{i}(p_1x_1+p_2x_2+ky)}G_3^{(\mathrm{R})}(x_1,x_2,y).\end{aligned}\tag{1.3.28}$$

同前一样, $\Gamma_3^{(\mathrm{R})}(p_1,p_2,k)$ 可表示为

$$\begin{aligned}&\Gamma_3^{(\mathrm{R})}(p_1,p_2,k)=-\mathrm{i}g_0\gamma_5 f_{\mathrm{R}}(\mathrm{i}p_1\gamma,\mathrm{i}p_2\gamma,k^2),\\&f_{\mathrm{R}}(\mathrm{i}p_1\gamma,\mathrm{i}p_2\gamma,k^2)=f_1^{(\mathrm{R})}(p_1^2,p_2^2,k^2)\mathrm{i}p_1\gamma+f_2^{(\mathrm{R})}(p_1^2,p_2^2,k^2)\mathrm{i}p_2\gamma\\&\qquad+f_3^{(\mathrm{R})}(p_1^2,p_2^2,k^2)(\mathrm{i}p_1\gamma)(\mathrm{i}p_2\gamma)+f_4^{(\mathrm{R})}(p_1^2,p_2^2,k^2).\end{aligned}\tag{1.3.29}$$

不难求出, f_{R} 在质壳上的值为 $\dfrac{1}{Z_v}Z_\psi Z_\varphi^{1/2}$, 如果定义

$$g=g_0/Z_g,\quad Z_g=Z_vZ^{-1}Z_\varphi^{-1/2},\tag{1.3.30}$$

那么在质壳上 $\Gamma_3^{(\mathrm{R})}$ 就等于 $-\mathrm{i}g\gamma_5$, 即

$$\bar{u}(p_1)\Gamma_3^{(\mathrm{R})}u(p_2)^2=-\mathrm{i}g\bar{u}(p_1)\gamma_5u(p_2).\tag{1.3.31}$$

上式右方与基本顶角的结果相同, 只是 g_0 换成了 g. 这样定义的 g 称为重正化耦合常数, Z_g 称为耦合常数的重正化常数. 由于上述 Z_v, Z_φ 和 Z_ψ 都是在质壳上定义的, 因而相应的 g 和 Z_g 皆为质壳重正化方案中的参数.

从式 (1.3.31) 和 (1.3.30) 我们看到, 重正化耦合常数 g 等于质壳上的重正化顶角函数 $\Gamma_3^{(\mathrm{R})}$ 分出 $-\mathrm{i}\gamma_5$ 后的值, 因而它的大小不仅与顶角重正化常数有关, 还同波函数重正化常数有关.

一般说来, 重正化顶角函数 $\Gamma_n^{(\mathrm{R})}$ 的定义是: $\mathrm{i}\Gamma_n^{(\mathrm{R})}$ 等于从连接的 $G_n^{(\mathrm{R})}$ 中去掉 n 个重正化的传播子后的正规图形的贡献总和.

下面再对一般格林函数的重正化问题作一些补充说明.

用微扰论计算 S 矩阵元或格林函数 (包括传播子) 时, 由于要出现紫外发散, 因此在动量积分中需引入一个上限来进行截断, 否则表达式将不存在. 这种处理称为规制化. 我们用 Λ 来表示这个截断动量, 于是 n 线格林函数 (其中旋量粒子外线数为 n_1, 标量粒子外线数为 $n_2, n_1+n_2=n$) 可写成

$$G_n(p_1,p_2,\cdots,p_{n_1};k_1,k_2,\cdots,k_{n_2};M_0,m_0,g_0,\cdots,\Lambda),$$

当 $\Lambda\to\infty$ 时, G_n 将出现发散.

一般说来, 规制化就是通过某种方法来抑制或规束 G_n 中的发散, 以得到一个有限的表达式并使 G_n 可以看作是此表达式的某种极限. 我们并可用规制参数 (如上述 G_n 中的 Λ) 来表示被规制的发散, 规制化不限于作动量截断, 在规范场论中最常用的是维数规制化, 我们将在第 6 章中介绍.

从前面的讨论还可看出, 在 $M, m, g, \cdots$ 和 $M_0, m_0, g_0, \cdots$ 的关系式中, 将含有被规制的发散 Λ.

一个场论是否可重正化就看最后得出的 S 矩阵元中的发散是否可吸收到 M, m, g, $\cdots$ 中去. 对于 G_n, 相应的要求就是, 在将裸参数换用重正化参数表示后, 剩下的发散只出现在外乘的与动量无关的因子 $Z_\psi^{\frac{1}{2}n}Z_\varphi^{\frac{1}{2}n_2}$ 中, 因而可通过波函数重正化消去. 换句话说, 就是 $G_n^{(\mathrm{R})}$ 中的发散可以完全吸收到 M, m, g, $\cdots$ 中去. 这一性质用公式来表示即为

$$\begin{aligned}&\lim_{\Lambda\to\infty} Z_\psi^{-\frac{1}{2}n_1}Z_\varphi^{-\frac{1}{2}n_2}G_n(p_1,p_2,\cdots,p_{n_1};k_1,k_2,\cdots,k_{n_2};M_0,m_0,g_0,\cdots,\Lambda)\\&=G_n^{(\mathrm{R})}(p_1,p_2,\cdots,p_{n_1};k_1,k_2,\cdots,k_{n_2};M,m,g,\cdots),\end{aligned}\tag{1.3.32}$$

右方的 $G_n^{(\mathrm{R})}$ 在用重正化参量表示时已不再显含 Λ.

如前所述, 所有的重正化参量 M, m, g, $\cdots$ 的值将通过实验来确定.

根据重正化顶角的定义, 不难得出它与未重正化的顶角函数之间的关系是

$$\begin{aligned}&\lim_{\Lambda\to\infty} Z_\psi^{\frac{1}{2}n_1}Z_\varphi^{\frac{1}{2}n_2}\Gamma_n(p_1,p_2,\cdots;k_1,k_2,\cdots;M_0,m_0,g_0,\cdots,\Lambda)\\&=\Gamma_n^{(\mathrm{R})}(p_1,p_2,\cdots;k_1,k_2,\cdots;M,m,g,\cdots)\end{aligned}\tag{1.3.33}$$

注意, 上式左方乘上的是 Z_ψ 和 Z_φ 的正幂次, 而式 (1.3.32) 左方是 Z_ψ 和 Z_φ 的负幂次. 这是因为在定义 $\Gamma_n^{(\mathrm{R})}$ 时, 分出的是重正化的传播子.

3. 重正化规格条件

前面我们已经给出确定重正化参量的公式, 例如式 (1.3.20), (1.3.21), (1.3.22) 和 (1.3.27) 等. 这些公式也可通过重正化的顶角函数 (或重正化的格林函数) 表示出来, 其结果称为重正化的顶角函数 (或格林函数) 的规格化条件. 例如, 实标量场的自作用情况, 设 $\mathscr{L}_{\mathrm{int}}=-\dfrac{1}{4!}\lambda_0\varphi^4$, 则重正化顶角将满足下述条件

$$\begin{aligned}&\Gamma_2^{(\mathrm{R})}(z)|_{z=m^2}=0,\\&\frac{\mathrm{d}}{\mathrm{d}z}\Gamma_2^{(\mathrm{R})}(z)|_{z=m^2}=1,\\&\Gamma_4^{(\mathrm{R})}(z)|_{\text{质壳对称点}}=-\lambda,\end{aligned}\tag{1.3.34}$$

其中, 质壳对称点即为 “$k_1^2=k_2^2=k_3^2=k_4^2=-m^2, s=t=\dfrac{4}{3}m^2$” 的点, $\lambda=\dfrac{1}{Z_v}Z_\varphi^2\lambda_0$. 式 (1.3.34) 实际为式 (1.3.20), (1.3.22) 第一式和式 (1.2.56) 的改写. 它就是质壳重正化方案中的重正化规格条件①.

①对于旋量场的 QED, 相应的公式参见 Itzykson and Zuber, Quantam Field Theory p.413, 式 (8-96).

当理论中含有物理质量为零的粒子时, 顶角函数在质壳上会出现红外发散. 因此质壳重正化方案变得不适宜, 需要换用其他重正化方案. 仍以上述实标量场为例, 若物理质量等于零, 我们可以选取 k^2 的某个类空值 μ^2 作为重正化点①, 并定义波函数重正化常数 Z_φ 和重正化耦合常数 λ 为

$$\begin{aligned}&\Gamma_2(k^2)|_{k^2=\mu^2}=-\frac{1}{Z_\varphi}\mu^2,\\&\Gamma_4|_{(-\mu^2)\text{对称点}}=-\frac{1}{Z_\varphi^2}\lambda,\end{aligned}\tag{1.3.35}$$

其中, $(-\mu^2)$ 对称点代表 $k_1^2=k_2^2=k_3^2=k_4^2=\mu^2, s=t=-\frac{4}{3}\mu^2$ 的点. 相应的重正化顶角函数满足下述规格化条件

$$\begin{aligned}&\Gamma_2^{(\mathrm{R})}(k^2)|_{k^2=\mu^2}=-\mu^2,\\&\Gamma_4^{(\mathrm{R})}|_{(-\mu^2)\text{对称点}}=-\lambda.\end{aligned}\tag{1.3.36}$$

物理质量为零的条件由下式表述

$$\Gamma_2^{(\mathrm{R})}(k^2)|_{k^2=0}=0.\tag{1.3.37}$$

式 (1.3.36) 与 (1.3.37) 合起来仍为三个条件. 与式 (1.3.34) 一样.

在物理质量不为零的情况下, 我们也可以把重正化点选在非质壳处, 并用下式来定义重正化质量 m, Z_φ 和重正化耦合常数② λ

$$\begin{aligned}&\Gamma_2(k^2)|_{k^2=\mu^2}=-\frac{1}{Z_\varphi}(\mu^2+m^2),\\&\left.\frac{\mathrm{d}\Gamma_2(k^2)}{\mathrm{d}k^2}\right|_{k^2=\mu^2}=-\frac{1}{Z_\varphi},\\&\Gamma_4|_{(-\mu^2)\text{对称点}}=-\frac{1}{Z_\varphi^2}\lambda,\end{aligned}\tag{1.3.38}$$

---

① 重正化点取为动量的类空点 (或欧几里得点), 是为了避开传播子和顶角函数作为 J^2(或 k_j^2 有 s,t) 的函数的极点和割线.

② 也可以将重正化质量仍取为物理质量, 只将 Z_φ 和 λ 定义改为 $\Gamma_2(k^2)|_{k^2=\mu^2}=-\frac{1}{Z_\varphi}(\mu^2+m^2)$, $\Gamma_4|_{(-\mu^2)\text{对称点}}=-\frac{1}{Z_\varphi^2}\lambda$.

于是重正化顶角函数满足下述规格化条件

$$\begin{aligned}&\Gamma_2^{(\mathrm{R})}(k^2)|_{k^2=\mu^2}=-(\mu^2+m^2),\\&\left.\frac{\mathrm{d}\Gamma_2^{(\mathrm{R})}(k^2)}{\mathrm{d}k^2}\right|_{k^2=\mu^2}=-1,\\&\Gamma_4^{(\mathrm{R})}|_{(-\mu^2)\text{对称点}}=-\lambda.\end{aligned}\tag{1.3.39}$$

显然这里的重正化质量 m 已不是粒子的物理质量. 它和 λ 都只是理论中所含的参量, 它们的值可以通过理论与实验的拟合来确定.

选用不同的重正化点 (即不同的 μ 值) 得出的重正化参量 m, Z_φ 和 λ 的值将不同, 同一物理量 (如跃迁概率) 的理论表达式也不相同. 前一因素造成的差异通过后一因素得到补偿, 使最后的结果仍然一致.

从 (1.3.39) 前两式可得出, 在重正化点 $k^2=\mu^2$ 附近

$$\Gamma_2^{(\mathrm{R})}(k^2)\approx-(k^2+m^2),$$

于是当 $k^2\approx\mu^2$ 时, 有

$$G_2^{(\mathrm{R})}(k^2)\approx\frac{-\mathrm{i}}{k^2+m^2}.\tag{1.3.40}$$

此式形式上与 (1.3.25) 第一式一致, 不过现在 $k^2=-m^2$ 并非 $G_2^{(\mathrm{R})}(k^2)$ 的极点, 因式 (1.3.40) 只在 $k^2\approx\mu^2$ 范围成立, 不适用于 $k^2\approx-m^2$ 的区域. 在采用非质壳重正化点时. $G_n^{(R)}$ 与 G_n 之间以及 $\Gamma_n^{(R)}$ 与 Γ_n 之间的关系. 仍由式 (1.3.32) 和 (1.3.33) 表示.

关于采用非质壳重正化点的好处, 我们将在第 6 章讨论.

4. 重正化顶角函数的生成泛函

对于重正化顶角函数, 同样可以引入它的生成泛函. 仍以实标量场为例, 它的定义为

$$\Gamma_{\mathrm{R}}[\phi_{\mathrm{R}}]=\sum_{n=1}^{\infty}\frac{1}{n!}\int\mathrm{d}^4x_1\cdots\mathrm{d}^4x_n\phi_{\mathrm{R}}(x_1)\cdots\phi_{\mathrm{R}}(x_n)\Gamma_n^{(\mathrm{R})}(x_1,x_2,\cdots,x_n).\tag{1.3.41}$$

通过对 $\Gamma_{\mathrm{R}}[\phi_{\mathrm{R}}]$ 的泛函微商即可得出重正化顶角函数. 如果约定

$$\phi_{\mathrm{R}}(x)=Z_\varphi^{-1/2}\phi(x)\tag{1.3.42}$$

(这种约定与 $\hat{\varphi}_{\mathrm{R}}$ 和 $\hat{\varphi}$ 的关系一致), 则由于 $\Gamma_n^{(\mathrm{R})}=Z_\varphi^{n/2}\Gamma_n$, 从式 (1.3.41) 即得出

$$\Gamma_{\mathrm{R}}[\phi_{\mathrm{R}}]=\sum_{n=1}^{\infty}\frac{1}{n!}\int\mathrm{d}^4x_1\cdots\mathrm{d}^4x_n\phi(x_1)\cdots\phi(x_n)\Gamma_n(x_1,x_2,\cdots,x_n)=\Gamma[\phi].\tag{1.3.43}$$

在这种约定下, $\mathit{\Gamma}_{\mathrm{R}}$ 与 $\mathit{\Gamma}$ 相等, 因而下标 R 可以去掉. $\mathit{\Gamma}$ 对 ϕ 作泛函微商得出结果为 $\mathit{\Gamma}_n$, 而对 ϕ_{R} 作泛函微商得出结果即为 $\mathit{\Gamma}_n^{(\mathrm{R})}$.

我们再定义重正化附加源 j_{R} 为

$$j_{\mathrm{R}}(x) = -\frac{\delta \mathit{\Gamma}_{\mathrm{R}}}{\delta \phi_{\mathrm{R}}(x)}, \tag{1.3.44}$$

然后作出

$$Z_{\mathrm{c}}^{(\mathrm{R})}[j_{\mathrm{R}}] = \mathrm{i}\mathit{\Gamma}_{\mathrm{R}} + \mathrm{i}\int \mathrm{d}^4 x j_{\mathrm{R}}(x)\phi_{\mathrm{R}}(x). \tag{1.3.45}$$

在式 (1.3.42) 约定下, 上述 $Z_{\mathrm{c}}^{(\mathrm{R})}$ 亦将等于 Z_{c}. 这是因为从 $\mathit{\Gamma}_{\mathrm{R}} = \mathit{\Gamma}$ 和式 (1.3.42) 可得

$$j_{\mathrm{R}}(x) = Z_{\varphi}^{1/2} j(x). \tag{1.3.46}$$

将这些结果代入式 (1.3.45) 右方, 即将它化为

$$\mathrm{i}\mathit{\Gamma} + \mathrm{i}\int \mathrm{d}^4 x j(x)\phi(x),$$

也就是 Z_{c}.

这样, $Z_{\mathrm{c}}^{(\mathrm{R})}$ 的上标 (R) 亦可除去. Z_{c} 对 j 作泛函微商就得未重正化的连接格林函数, 而对 j_{R} 作泛函微商就得重正化的连接格林函数.

完全的格林函数的生成泛函 Z 等于 $\mathrm{e}^{Z_{\mathrm{c}}}$, 因而也将有同样的性质. 以上结果也可表示为

$$Z_{\mathrm{c}}^{(\mathrm{R})}[j_{\mathrm{R}}] = Z_{\mathrm{c}}[j], \quad Z^{(\mathrm{R})}[j_{\mathrm{R}}] = Z[j]. \tag{1.3.47}$$

第二章　泛函积分量子化

泛函积分量子化通常又称为路径积分量子化. 后一名称用于量子力学是合适的, 用于量子场论则前一名称较为确切. 这种量子化方式与通常的算符量子化相比, 更能显示出量子理论与经典理论间的关系. 此外, 对于带约束条件的体系, 采用这种方式来量子化常常更为有效. 规范场就是一种带约束的体系, 其中的非阿贝尔规范场更是一种复杂的带约束的体系, 适宜于采用这种方式来推导它的格林函数生成泛函和微扰论的费恩曼规则. 这就是我们在这一章中专门讨论泛函积分量子化的原因.

2.1　量子力学振幅的路径积分表示

在本节中, 我们先通过量子力学来说明路径积分量子化的基本思想, 给出跃迁振幅的路径积分表达式, 并说明它和算符量子化方法之间的联系.

路径积分的想法是狄拉克的 1933 年首先提出来的, 20 世纪 40 年代费恩曼将它发展为系统的理论, 并将它的应用从量子力学扩展到量子电动力学①. 尽管从今天看来, 算符量子化是量子理论的一种更基本和更全面的表述形式 (路径积分的表示式可从它推导出来), 但费恩曼所提出的路径积分基本思想, 仍使我们对量子理论特别是它的动力学有更深刻的认识.

1. 路径积分量子化的基本思想

在经典力学中, 当我们要确定一个粒子的运动路径时, 除了应用运动方程以外, 还可以应用变分原理来达到这一目的. 这里所谓的运动路径, 不仅是指它在空间的轨迹, 还包括它通过轨迹上各点的时间. 如果将粒子的三维坐标统一地用 q 来表示, 那么运动路径就与函数 $q(t)$ 相对应.

---

① 较近的总结性文章有 Khandekar & Lawande, Phys. Rept. 137, 115, 1986.

讨论路径积分的数学基础的文章有

Truman, J. Math. Phys. 17, 1852, 1976; 18, 2308, 1977; 19, 1742, 1978.

Dewitt-Morette, Comm. Math. Phys, 28, 47, 1972.

Mizrahi, J. Math. Phys. 17, 556, 1976.

另见

Dewitt-Morette, etc., Phys. Rept. 50, 255, 1979.

设粒子在给定的势场中运动, 并已知在 $t = t_0$ 时, 粒子坐标为 q_0, 而 $t = t_f$ 时粒子坐标为 q_f. 我们要确定粒子如何在 t_0 到 t_f 时段内从 q_0 运动到 q_f 的, 也就是要确定现实的运动路径 $q_s(t)$.

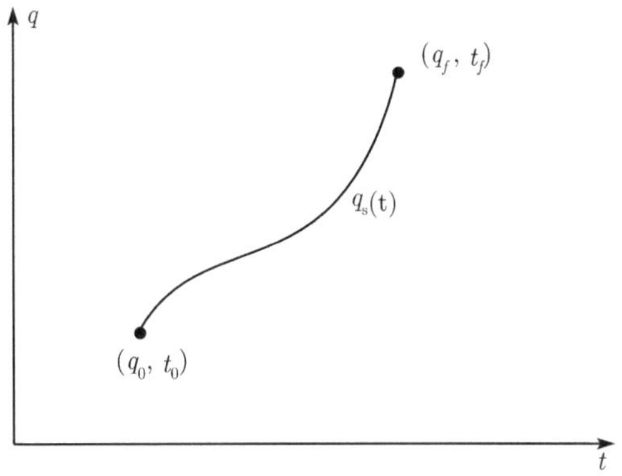

图 2.1.1

令 $q(t)$ 为满足上述端条件 $(q(t_0) = q_0, q(t_f) = q_f)$ 的任一函数, 作用量

$$I = \int_{t_0}^{t_j} \mathscr{L}(q(t)\dot{q}(t))\mathrm{d}t \tag{2.1.1}$$

即为上述 $q(t)$ 的泛函. 经典力学的变分原理说：现实的路径 $q_s(t)$ 将使上述作用量取极值, 即

$$\delta I|_{q(t)=q_s(t)} = 0, \tag{2.1.2}$$

并通过这一要求来确定 $q_s(t)$.

路径积分量子化对上述经典规律作了修改. 它的基本思想是：在量子理论中, 仍可认为粒子 (在 t_0 到 t_f 时间内) 从 q_0 到 q_f 是通过路径运动过去的, 但不是按照某个确定的路径 $q_s(t)$. 粒子的运动具有随机性. 任何一个满足条件的路径 $q(t)$, 都有它出现的概率幅, 这些概率幅的幅值相等, 只是相位不同, 其相位等于该 $q(t)$ 所对应的作用量的值 I. 求粒子在 t_0 到 t_f 时间内从 q_0 到 q_f 的总概率幅 $G(q_f, t_f; q_0, t_0)$ 时, 要把各种可能的路径的贡献都加起来, 也就是说将概率幅对所有可能的路径 $q(t)$ 进行泛函积分.

值得注意的是, 这里说的不是各种可能路径实现的概率, 而是它的概率幅. 因而可以出现干涉效应：两条路径的概率幅可能互相抵消. 这是量子理论同经典统计理论不同之处. 在经典统计理论中, 由于随机作用, 粒子也可能通过各种不同的路径从 q_0 运动到 q_f, 每个路径有一定的出现概率, 但不同路径的概率不会出现抵消现象.

以上结果可用公式表达如下

$$
\begin{aligned}
G(q_f,t_f;q_0,t_0) &= N\int_{(q_0,t_0)}^{(q_f,t_f)} \mathrm{d}q(t)\mathrm{e}^{\mathrm{i}I(q(t))} \\
&= \int_{(q_0,t_0)}^{(q_f,t_f)} Dq(t)\mathrm{e}^{\mathrm{i}\int_{t_0}^{t_f} L(q(t),\dot{q}(t))\mathrm{d}t},
\end{aligned}
\tag{2.1.3}
$$

其中, $\mathrm{d}q(t)$ 代表对 $q(t)$ 的泛函积分, 它的具体含意将在下一小节说明. N 为规格化常数, 积分限标志路径的初末端, $Dq(t)$ 代表 $N\mathrm{d}q(t)$.

上述表达式还可用来比较从 q_0 到不同 $q_f(t_0$ 与 t_f 不变) 的概率幅 (规格化常数 N 就是按照 $\int |G(q_f,t_f;q_0,t_0)^2\mathrm{d}q_f = 1$ 来确定的). 从经典理论看来, 这意味着在粒子的初始状态 (坐标具有确定值 q_0) 中, 动量具有确定的概率分布, 因为在经典理论里, 在同一时刻 t_f 到达不同的 q_f 点, 对应于不同的初始动量. 式 (2.1.3) 的这一性质就暗含着量子理论中测不准关系的内容.

当把 q_f 看作变量时, 上述 $G(q_f,t_f;q_0,t_0)$ 实际上就是量子力学中 $t=t_0$ 时坐标具有确定值 q_0 的态演化到 t_f 时的状态波函数 $\psi(q_f)$.

我们进一步考虑从 t_f 到 t'_f 的演化. 对 "从 (q_0,t_0) 到 (q'_f,t'_f) 的各种可能的路径" 求和时, 可分两步计算: 先对 "t_f 时通过某个 q_f 的" 所有路径求和, 然后再对各种可能的 q_f 值求和, 这样就得出

$$
\begin{aligned}
G(q'_f,t'_f;q_0,t_0) &= \int \mathrm{d}q_f\left[\int_{(q_f,t_f)}^{(q'_f,t'_f)} Dq(t)\mathrm{e}^{\mathrm{i}\int_{t_f}^{t'_f} L\mathrm{d}t}\right]\left[\int_{(q_0,t_0)}^{(q_f,t_f)} Dq(t)\mathrm{e}^{\mathrm{i}\int_{t_0}^{t_f} L\mathrm{d}t}\right] \\
&= \int \mathrm{d}q_f G(q'_f,t'_f;q_f,t_f)G(q_f,t_f;q_0,t_0).
\end{aligned}
\tag{2.1.4}
$$

前已指出, $G(q_f,t_f;q_0,t_0)$ 代表从初始态演化到 t_f 时的波函数, $G(q'_f,t'_f;q_0,t_0)$ 代表从同一初始态演化到 t'_f 时的波函数. 如果一般性地将它们分别表示为 $\psi(q_f,t_f)$ 和 $\psi(q'_f,t'_f)$, 那么上式就化为

$$
\psi(q'_f,t'_f) = \int G(q'_f,t'_f;q_f,t_f)\psi(q_f,t_f)\mathrm{d}q_f. \tag{2.1.5}
$$

利用量子理论中的状态叠加性, 此式可推广到任意的波函数 $\psi(q,t)$ 上.

式 (2.1.5) 还表明, $G(q'_f,t'_f;q_f,t_f)$ 相当于波函数的演化算符. 已经波函数的初始值时, 通过它即可确定任何时刻波函数的值.

从式 (2.1.5) 还可求出波函数所满足的微分方程, 所得出的结果实际上就是薛定谔方程.

2. 跃迁振幅的路径积分表达式的推导

在通常的量子理论中, 上述 $G(q_f,t_f;q_0,t_0)$ 应等于 $\langle q_f,t_f|q_0,t_0\rangle$, 因而可称为跃迁振辐, 其中 $|q_f,t_f\rangle$ 和 $|q_0,t_0\rangle$ 都是海森伯图像中的态矢量. $|q_l,t_l\rangle$ 代表 t_1 时刻具有确定坐标 q_l 的状态, 即

$$\hat{q}(t_l)|q_l,t_l\rangle = q_l|q_l,t_l\rangle. \tag{2.1.6}$$

在这一小节中, 我们要从通常的量子理论出发, 导出 $G(q_f,t_f;q_0,t_0)$ 的路径积分表达式.

为此我们将时间间隔 (t_0,t_f) 分成为 $n+1$ 个小间隔, 为简单起见, 假定它们是等分的 (并不必须如此), 于是有

$$t_l = t_0 + l\Delta t, \qquad t_f = t_{n+1}.$$

"同一时刻各种 q 值" 的态构成完备集合. 在适当的规格化条件下, 这一性质可以表为

$$\int \mathrm{d}^3q_l|q_l,t_l\rangle\langle q_l,t_l| = 1. \tag{2.1.7}$$

对所有的 t_l 时刻都写出上述公式, 并将这些单位算符的展式插入到 $\langle q_f,t_f|q_0,t_0\rangle$ 之中, 即得出

$$\begin{aligned} G(q_f,t_f;q_0,t_0) = \langle q_f,t_f|q_0,t_0\rangle = \int_{-\infty}^{+\infty} \mathrm{d}^3q_1\mathrm{d}^3q_2 \\ \cdots \mathrm{d}^3q_n\langle q_f,t_f|q_n,t_n\rangle\langle q_n,t_n|q_{n-1},t_{n-1}\rangle\cdots\langle q_1,t_1|q_0,t_0\rangle. \end{aligned} \tag{2.1.8}$$

为了求 $\langle q_{l+1},t_{l+1}|q_l,t_l\rangle$, 我们要找出 $|q,t+\Delta t\rangle$ 与 $|q,t\rangle$ 之间的关系. 根据上面所说的 $|q,t\rangle$ 态的定义, 有

$$\begin{aligned} &\hat{q}(t)|q,t\rangle = q|q,t\rangle, \\ &\hat{q}(t+\Delta t)|q,t+\Delta t\rangle = q|q,t+\Delta t\rangle. \end{aligned} \tag{2.1.9}$$

我们知道海森伯算符 $\hat{q}(t+\Delta t)$ 可通过时间平移算符与 $\hat{q}(t)$ 相联系, 结果为

$$\hat{q}(t+\Delta t) = \mathrm{e}^{\mathrm{i}\hat{H}\Delta t}\hat{q}(t)\mathrm{e}^{-\mathrm{i}\hat{H}\Delta t}, \tag{2.1.10}$$

于是得 (通过将 $\mathrm{e}^{\mathrm{i}\hat{H}\Delta t}$ 右乘上式两侧, 再作用到 $|q,t\rangle$ 上)

$$\begin{aligned} \hat{q}(t+\Delta t)\mathrm{e}^{\mathrm{i}\hat{H}\Delta t}|q,t\rangle &= \mathrm{e}^{\mathrm{i}\hat{H}\Delta t}\hat{q}(t)|q,t\rangle \\ &= q\mathrm{e}^{\mathrm{i}\hat{H}\Delta t}|q,t\rangle. \end{aligned}$$

这表明状态 $\mathrm{e}^{\mathrm{i}\hat{H}\Delta t}|q,t\rangle$ 满足 (2.1.9) 第二式, 因此有

$$|q,t+\Delta t\rangle = \mathrm{e}^{\mathrm{i}\hat{H}\Delta t}|q,t\rangle. \tag{2.1.11}$$

利用这一结果即可得出

$$\begin{aligned}\langle q_{l+1},t_{l+1}|q_l,t_l\rangle &= \langle q_{l+1},t_l|\mathrm{e}^{-\mathrm{i}\hat{H}\Delta t}|q_l,t_l\rangle \\ &\approx \langle q_{l+1},t_l|(1-\mathrm{i}\hat{H}\Delta t)|q_l,t_l\rangle \\ &= \delta(q_{l+1}-q_l) - \mathrm{i}\langle q_{l+1},t_l|\hat{H}|q_l,t_l\rangle\Delta t.\end{aligned} \tag{2.1.12}$$

通过对易, 我们总可将 $\hat{H}$ 表成按 $p-q$ 编序的形式, 即在 $\hat{H}$ 的每一项内 $\hat{p}$ 都在 $\hat{q}$ 的左方. 另外, 由于 $\hat{H}$ 与时间无关, 故 $\hat{H}$ 中的 $\hat{p},\hat{q}$ 可取作 $\hat{p}(t_l)$ 和 $\hat{q}(t_l)$. 将这样的 $\hat{H}$ 记作 $H(\hat{p},\hat{q})$, 则有

$$\begin{aligned}\langle q_{l+1},t_l|\hat{H}|q_l,t_l\rangle &= \int_{-\infty}^{+\infty}\mathrm{d}^3p_l\langle q_{l+1},t_l|p_l,t_l\rangle\langle p_l,t_l|\hat{H}|q_l,t_l\rangle \\ &= \int_{-\infty}^{+\infty}\frac{1}{(2\pi)^3}\mathrm{d}^3p_l\mathrm{e}^{\mathrm{i}p_l\cdot q_{l+1}}H(p_l,q_l)\mathrm{e}^{-\mathrm{i}p_l\cdot q_l}.\end{aligned} \tag{2.1.13}$$

在推导上式时, 我们插入了一个“单位算符的展式”

$$\int\mathrm{d}^3p_l|p_l,t_l\rangle\langle p_l,t_l| = 1,$$

并利用上面所说的 $H(\hat{p}(t_l),\hat{q}(t_l))$ 中 $\hat{p}(t_l)$ 和 $\hat{q}(t_l)$ 的编序将它们分别作用到左边和右边的态上, 从而得出 $H(p_l,q_l)$ ①. 此外还应用了同一时刻的坐标本征态和动量本征态之间的投影公式

$$\langle q_l,t_l|p_l,t_l\rangle = \frac{1}{(2\pi)^{3/2}}\mathrm{e}^{\mathrm{i}p_lq_l}.$$

将式 (2.1.13) 代回到式 (2.1.12) 即可化出

$$\langle q_{l+1},t_{l+1}|q_l,t_l\rangle \approx \int_{-\infty}^{+\infty}\frac{1}{(2\pi)^3}\mathrm{d}^3p_l\mathrm{e}^{\mathrm{i}p_l\cdot(q_{l+1}-q_l)-\mathrm{i}H(p_l,q_l)\Delta t} \tag{2.1.14}$$

于是式 (2.1.8) 在 $n\to\infty$ 后化为

$$\begin{aligned}G(q_f,t_f;q_0,t_0) = \lim_{n\to\infty}&\int_{-\infty}^{+\infty}\mathrm{d}^3q_1\cdots\mathrm{d}^3q_n\int_{-\infty}^{+\infty}\frac{\mathrm{d}^3p_0}{(2\pi)^3} \\ &\cdots\frac{\mathrm{d}^3p_n}{(2\pi)^3}\mathrm{e}^{\mathrm{i}\sum\limits_{l=0}^{n}[p_l(q_{l+1}-q_l)-H(p_l,q_l)\Delta t]}\end{aligned} \tag{2.1.15}$$

① 从下面关于量子理论的经典极限的讨论来看, $H(p,q)$ 应该就等于经典的哈密顿量, 这就反过来对哈密顿算符 $\hat{H}$ 中 $\hat{p}$ 和 $\hat{q}$ 的排列次序提出了要求.

我们可将 q_l 写成 $q(t_l)$, 将 p_l 写成 $p(t_l)$. 在 $n\to\infty$ 时, $[q(t_1),q(t_2),\cdots,q(t_n)]$ 的一组取值, 连同端点 $q(t_0)=q_0,q(t_{n+1})=q_f$, 代表函数 $q(t)$ 的一种取值, 它们满足同样的端条件并且是 t 的单值函数. 当我们对 $q(t_1),q(t_2),\cdots,q(t_n)$ 积分时 $[q(t_1),q(t_2),\cdots,q(t_n)]$ 出现各种组合值, 因而代表函数 $q(t)$ 的各种取值. 这样, 对 $q(t_1),q(t_2),\cdots,q(t_n)$ 的积分就相当于对 "变函数"$q(t)$ 的积分. 对 "变函数"$p(t)$ 的积分情况类似. 于是上式可以写成

$$G(q_f,t_f;q_0,t_0)=\int_{(q_0,t_0)}^{(q_f,t_f)}\mathrm{d}q(t)\int\left[\mathrm{d}\frac{p(t)}{(2\pi)^3}\right]\mathrm{e}^{\mathrm{i}\int_{t_0}^{t_f}[p(t)\dot{q}(t)-H]\mathrm{d}t}, \tag{2.1.16}$$

其中, $q(t)$ 满足端条件

$$q(t_0)=q_0,\qquad q(t_f)=q_f, \tag{2.1.17}$$

对 $p(t)$ 则没有端条件的限制.

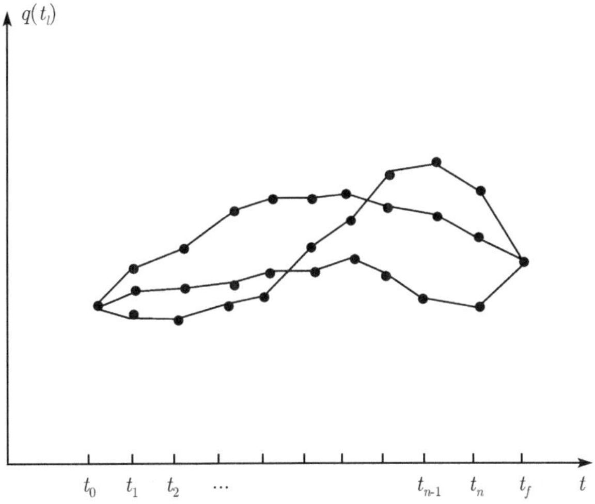

图 2.1.2　函数 $q(t)$ 的取值的个例

如上所述, 式 (2.1.16) 中的积分变量不是变数, 而是 "变函数"(而每个函数对应于一个 "无穷多个数" 的集合), 因而这种积分称为泛函积分. 式 (2.1.15) 可作为泛函积分式 (2.1.16) 的定义.

式 (2.1.16) 指数中的 $(p\dot{q}-H)$ 像是拉格朗日量 L, 但这只是形式上的相似. 因为在此式中, $p(t)$ 和 $q(t)$ 是互相独立的积分变量.

在哈密顿量具有下述形式

$$H(p,q)=\frac{1}{2m}p^2+V(q) \tag{2.1.18}$$

的情况下, 式 (2.1.16) 中对 $p(t)$ 的积分立即可以积出. 利用高斯积分公式

$$\begin{aligned}\int \frac{\mathrm{d}^3 p_l}{(2\pi)^3}\mathrm{e}^{\mathrm{i}(p_l\dot{q}_l-\frac{1}{2m}p_l^2)\Delta t} &= \int \frac{\mathrm{d}^3 p_l}{(2\pi)^3}\mathrm{e}^{-\frac{\mathrm{i}}{2m}(p_l-m\dot{q}_l)^2\Delta t+\frac{\mathrm{i}}{2}m\dot{q}_l^2\Delta t} \\ &= \left(\frac{m}{2\pi\mathrm{i}\Delta t}\right)^{3/2}\mathrm{e}^{\frac{\mathrm{i}}{2}m\dot{q}_l^2\Delta t},\end{aligned} \tag{2.1.19}$$

并将其中的 $\dot{q}_l$ 表示为 $\frac{1}{\Delta t}(q_{l+1}-q_l)$ 再代入式 (2.1.15) 中. 即将它化为

$$G(q_f,t_f;q_0,t_0)=\lim_{n\to\infty} N\int_{-\infty}^{+\infty}\mathrm{d}^3 q_1\cdots\mathrm{d}^3 q_n \mathrm{e}^{\mathrm{i}\sum\limits_{n=0}^{n}[\frac{1}{2}m\dot{q}_l^2-V(q_l)]\Delta t}, \tag{2.1.20}$$

其中

$$N=\left(\frac{m}{2\pi\mathrm{i}\Delta t}\right)^{\frac{3}{2}(n+1)}$$

代表规格化常数. 再按照泛函积分的定义, 即将上式化成

$$G(q_f,t_f;q_0,t_0)=N\int_{(q_0,t_0)}^{(q_f,t_f)}\mathrm{d}q(t)\mathrm{e}^{-\mathrm{i}\int_{t_0}^{t_f}L(q,\dot{q})\mathrm{d}t}, \tag{2.1.21}$$

L 为拉格朗日量, 其表达式为

$$L=\frac{m}{2}\dot{q}^2(t)-V(q(t)). \tag{2.1.22}$$

规格化常数亦可表作

$$N=\int\left[\frac{\mathrm{d}p(t)}{(2\pi)^3}\right]\mathrm{e}^{-\mathrm{i}\int_{t_0}^{t_f}\frac{1}{2m}p^2(t)\mathrm{d}t},$$

这样就导出了 (2.1.3) 第一式.

我们看到, N 不仅与 q_f 无关, 还同 q_0 无关, 故可将它包括在泛函积分的测度内, 在用 $\mathrm{D}(q(t))$ 代替 $N\mathrm{d}q(t)$ 后即得出 (2.1.3) 第二式

$$G(q_f,t_f;q_0,t_0)=\int_{(q_0,t_0)}^{(q_f,t_f)}\mathrm{D}q\mathrm{e}^{\mathrm{i}\int_{t_0}^{t_f}L(q_1\dot{q})\mathrm{d}t}. \tag{2.1.23}$$

应注意, $G(q_f,t_f;q_0,t_0)$ 的 (2.1.21) 表达式是在式 (2.1.18) 的条件下导出的. 而表达式 (2.1.16) 则不受任何限制, 具有更广的适用范围.

$G(q_f,t_f;q_0,t_0)$ 的路径积分表达式能清楚而又直观地显示出量子理论的动力学如何过渡到经典的动力学. 这里的 I 是以 $\hbar$ 为单位的, 对于一个宏观体系, I 是一个极大的数. 当路径从 $q(t)$ 变到 $q(t)+\delta q(t)$ 时, 尽管所取的 $\delta q(t)$ 从宏观尺度看来已经很小, 但 δI 仍可以是 2π 的一个很大的倍数. 这样在与 $q(t)$ 邻近、宏观上几乎

与 $q(t)$ 难以区分的许多路径之间, 因子 $\mathrm{e}^{\mathrm{i}I}$ 的值急剧地振荡, 使得它们的贡献互相消去. 只有使 I 取极值的路径 $q_s(t)$ 除外, 在它附近的路径具有几乎共同的相位 (因极值条件要求 $\delta I=0$). 这样只有 $q_s(t)$ 以及邻近的路径才对概率幅有重要贡献, 使得体系看起来是按照确定的路径 $q_s(t)$ 运动. 这一路径正好就是变分原理所给出的经典路径.

对于准宏观体系, 量子效应可归结为路径在经典路径附近有一涨落. 而对微观体系, 各种路径的贡献都重要, 粒子按确定路径运动的概念已失去意义.

3. 坐标算符编时乘积的矩阵元

为了以后在场论中用泛函积分来表示格林函数作准备, 我们来讨论粒子坐标算符编时乘积的矩阵元. 先来求 $\langle q_f,t_f|\hat{q}(t')|q_0,t_0\rangle$, 其中 t' 位于 t_0 和 t_f 之间. 我们可取分割点之一的 t_l 等于 t', 按照时序插入单位算符按 $|q_j\cdot t_j\rangle\langle q_j\cdot t_j|$ 的展式后即得

$$\begin{aligned}\langle q_f,t_f|\hat{q}(t')|q_0,t_0\rangle=&\int \mathrm{d}^3q_1\cdots\mathrm{d}^3q_n\langle q_f,t_f|q_n,t_n\rangle\cdots\\&\langle q_l,t_l|\hat{q}(t_l)|q_{l-1},t_{l-1}\rangle\cdots\langle q_l,t_l|q_0,t_0\rangle\\=&\int\left[\frac{\mathrm{d}q(t)\mathrm{d}p(t)}{(2\pi)^3}\right]q(t')\mathrm{e}^{\mathrm{i}\int_{t_0}^{t_f}(p\dot{q}-H)\mathrm{d}t},\end{aligned}\tag{2.1.24}$$

参见式 (2.1.8) 和 (2.1.16). 在哈密顿量具有式 (2.1.18) 所表叙形式的情况下, 上式可化为

$$\langle q_f,t_f|\hat{q}(t')|q_0,t_0\rangle=\int_{(q_0,t_0)}^{(q_f,t_f)}\mathrm{D}q\,q(t')\mathrm{e}^{\mathrm{i}\int_{t_0}^{t_f}L(q,\dot{q})\mathrm{d}t}.\tag{2.1.25}$$

与式 (2.1.23) 相比, 右方被积函数中多了一个 $q(t')$.

再来看 $\langle q_f,t_f|T\hat{q}(t')\hat{q}(t'')|q_0,t_0\rangle$, 其中 t' 和 t'' 都位于 t_0 和 t_f 之间. 同前相似, 我们取分割点 t_l 等于 “t' 和 t'' 中” 的较早者, 取 t_m 等于其中的较晚者. 于是有

$$\begin{aligned}\langle q_f,t_f|T\hat{q}(t')\hat{q}(t'')|q_0,t_0\rangle=&\int\mathrm{d}^3q_l\cdots\mathrm{d}^3q_n\langle q_f,t_f|q_n,t_n\rangle\cdots\langle q_m,t_m|\hat{q}(t_m)|q_{m-1},t_{m-1}\rangle\\&\cdots\langle q_1,t_l|\hat{q}(t_l)|q_{l-1},t_{l-1}\rangle\cdots\langle q_1,t_1,|q_0,t_0\rangle\\=&\int\left[\frac{\mathrm{d}q(t)\mathrm{d}p(t)}{(2\pi)^3}\right]q(t')q(t'')\mathrm{e}^{\mathrm{i}\int_{t_0}^{t_f}(p\dot{q}-H)\mathrm{d}t},\end{aligned}\tag{2.1.26}$$

在式 (2.1.18) 所示的条件下. 上式可化为

$$\langle q_f,t_f|T\hat{q}(t')\hat{q}(t'')|q_0,t_0\rangle=\int_{(q_0,t_0)}^{(q_f,t_f)}\mathrm{D}q\,q(t')q(t'')\mathrm{e}^{\mathrm{i}\int_{t_0}^{t_f}L(q,q)\mathrm{d}t}.\tag{2.1.27}$$

与式 (2.1.23) 相比, 右方被积函数中多了 $q(t')q(t'')$.

以上结果不难推广到多个 $\hat{q}$ 算符的编时乘积的矩阵元,

$$\langle q_f, t_f|T\hat{q}(t_1)\cdots\hat{q}(t_n)|q_0, t_0\rangle = \int_{(q_0,t_0)}^{(q_f,t_f)} \mathrm{D}q q(t_1)\cdots q(t_n)\mathrm{e}^{\mathrm{i}\int_{t_0}^{t_f} L(q,\dot{q})\mathrm{d}t}. \tag{2.1.28}$$

值得注意的是, 上式左方中的 $\hat{q}$ 算符必须是编时乘积, 否则上述公式不适用. 这一点也可从下述事实看出：右方积分中 $q(t_1)$, $q(t_2)$, $\cdots$, $q(t_n)$ 的次序可以随意交换, 因它们都是普通的 c 数, 而左方的 $\hat{q}(t_1)$, $\hat{q}(t_2)$, $\cdots$ 是算符, 只在编时符号下才能随意交换.

在做式 (2.1.19) 中的对 p_l 的积分时, 我们应用了积分公式

$$\int_{-\infty}^{+\infty} \mathrm{e}^{\mathrm{i}x^2}\mathrm{d}x = \sqrt{\frac{\pi}{\mathrm{i}}}. \tag{2.1.29}$$

但上式中的被积函数在 $x \to \pm\infty$ 时是振荡的, 严格说积分值不确定. 在式 (2.1.16) 进一步对 q 积分时还可能遇到类似的情况. 对于式 (2.1.29), 这个问题可通过下面的处理来解决：先将 $\mathrm{i} \to \mathrm{i}+\varepsilon$, 其中 ε 为一正无穷小. 于是左方积分成为有意义的积分, 其值等于 $\sqrt{\dfrac{\pi}{\mathrm{i}+\varepsilon}}$. 然后再令 $\varepsilon \to 0$. 在这种理解下, 式 (2.1.29) 才成立. 至于其他情况, 这种处理是否都有效并不清楚 (Gel'fand & Yeglom, 1960). Klander(1960) 指出, 若不在坐标表象而是在相干态全纯表象中来作路径积分, 这一麻烦就不出现.

改用相干态全纯表象还有另一好处, 即便于过渡到场论中去. 在场论中通常并不采用坐标表象. 对于实标量场①, 场的“坐标”是场量 φ, $\boldsymbol{x}$ 是 φ 的脚标. 采用坐标表象就要将场的状态用 $\hat{\varphi}(\boldsymbol{x})$ 的本征态表示出来. 在粒子物理中, 体系的初态和末态通常是粒子数本征态, 用坐标表象来表示它们是不方便的.

在下一节我们将结合量子场论和量子力学中的谐振子来介绍相干态的物理意义, 并在此基础上建立全纯表象. 在 2.3 节中再来讨论全纯表象中的路径积分.

2.2 相干态和相干态全纯表象

在量子场论中通常用的是粒子数表象. 在此表象中, 作为基底的态矢量是各个模粒子数算符的本征态②. 这种表象能清楚地显示出场的粒子性. 用它来表示量子场之间的作用也是合适的, 例如在量子电动力学中, $\hat{H}_{\mathrm{int}}$ 的作用就是增加或减少一个光子, 费米子数不变或增加 (减少) 一对正反费米子. 但用这种表象来进行泛函积

① 复标量场可分解为两个实标量场.

② 因而也是自由场的能量和动量的本征态.

分量子化却是不方便的, 因为光子数确定的量子态并不具有经典场对应. 这一点可从

$$\langle n|\hat{A}_\mu(x)|n\rangle = 0$$

看出.

前已提到, 在对场作泛函积分量子化时, 我们将采用另一组态矢量的集合来作基底. 这一组态矢量就是量子场的相干态, 它对应于经典的相干场.

在下文中我们将看到, 全体相干态的集合是超完备的. 因此用它来作表象基底所得出的状态表示函数并不唯一. 我们将证明存在一种相干态表象, 其中的表示函数为全纯函数. 这就是相干态全纯表象. 如在上节末尾处所述, 采用这种全纯表象来作泛函积分, 不仅可以避免振荡的无穷积分, 使路径积分 (或泛函积分) 具有明确的意义, 而且可以方便地表示场论中的端条件, 在求出 $\hat{S}$ 算符的全纯表示以后, 并能够立即得出 $\hat{S}$ 算符本身.

1. 量子场相干态的定义

我们来观察最简单的实标量场情况.

相干态是作为场算符吸收部分的本征态来定义的. 如第一章所述, 场算符 $\hat{\varphi}(x)$ 可表示为

$$\hat{\varphi}(x) = \hat{\varphi}_{(+)}(x) + \hat{\varphi}^\dagger_{(+)}(x). \tag{2.2.1}$$

其中

$$\hat{\varphi}_{(+)}(x) = \sum_k \frac{1}{\sqrt{2\omega V}}\hat{c}_{\boldsymbol{k}}(t)\mathrm{e}^{\mathrm{i}\boldsymbol{kx}}. \tag{2.2.2}$$

代表 $\hat{\varphi}(x)$ 的吸收部分. 状态 $|\phi_{(+)}(x),t\rangle$ 称为 (t 时刻的) 相干态①, 如果对所有的 $\boldsymbol{x}$(在 t 时刻).

$$\hat{\varphi}_{(+)}(\boldsymbol{x},t)|\phi_{(+)}(\boldsymbol{x}),t\rangle = \phi_{(+)}(\boldsymbol{x})|\phi_{(+)}(\boldsymbol{x}),t\rangle. \tag{2.2.3}$$

上式中的 $\phi(\boldsymbol{x})$ 为本征值, 由于 $\hat{\varphi}_{(+)}(\boldsymbol{x},t)$ 为非厄米算符, 故 $\phi_{(+)}(\boldsymbol{x})$ 一般为复数. 我们亦将它展开为

$$\phi_{(+)}(\boldsymbol{x}) = \sum_{\boldsymbol{k}} \frac{1}{\sqrt{2\omega V}}\alpha_{\boldsymbol{k}}\mathrm{e}^{\mathrm{i}\boldsymbol{k}\cdot\boldsymbol{x}}. \tag{2.2.4}$$

α_k 一般也为复数.

注意, 这里采用的是海森伯图像, 一个状态代表一个过程, 我们只能 (也只需) 给定它在某个时刻的情况. 为简便起见, 在下文中将取此时刻为零, 并略去不明写出.

① 对于自由场, t 时刻的相干态也是其他任何时刻的相干态.

由于展式中的 $\mathrm{e}^{\mathrm{i}\boldsymbol{k}\cdot\boldsymbol{x}}$ 为一组正交函数, 故 $\hat{\varphi}_{(+)}(\boldsymbol{x})$ 的本征态也就是各个模的吸收算符 $\hat{c}_{\boldsymbol{k}}$ 的本征态, $\hat{c}_{\boldsymbol{k}}$ 亦为非厄米算符, 其本征值即为式 (2.2.4) 中的 $\alpha_{\boldsymbol{k}}$,

$$\hat{c}_{\boldsymbol{k}}|\phi_{(+)}(\boldsymbol{x})\rangle = \alpha_{\boldsymbol{k}}|\phi_{(+)}(\boldsymbol{x})\rangle. \tag{2.2.5}$$

式 (2.2.5) 对所有的模 $\boldsymbol{k}$ 都成立. 每个模代表场的一个独立的自由度, 故 $|\phi_{(+)}(\boldsymbol{x})\rangle$ 可表为各个单模相干态 $|\alpha_{\boldsymbol{k}}\rangle$ 的外乘积, 即

$$\begin{aligned} |\phi_{(+)}(\boldsymbol{x})\rangle &= \prod_{\boldsymbol{k}} |\alpha_{\boldsymbol{k}}\rangle, \\ \hat{c}_{\boldsymbol{k}}|\alpha_{\boldsymbol{k}}\rangle &= \alpha_{\boldsymbol{k}}|\alpha_{\boldsymbol{k}}\rangle. \end{aligned} \tag{2.2.6}$$

(2.2.6) 第二式表明, $|\alpha_{\boldsymbol{k}}\rangle$ 态具有这样的性质, 即从它吸收一个粒子后仍得出它自己. 显然粒子数的本征态不具有此性质, 它的有限项叠加也不具有此性质. 这样的态如果存在, 一定是粒子数本征态的无限项的叠加.

我们来研究某个模 ($\boldsymbol{k}$). 为简便起见指标 $\boldsymbol{k}$ 亦略去. 粒子数 (n 个裸粒子) 的本征态可表示为

$$|n\rangle = \frac{(\hat{c}^{\dagger})^n}{\sqrt{n!}}|0\rangle. \tag{2.2.7}$$

如前所述, 这里都是对 $t=0$ 时刻的情况而言, $|0\rangle$ 代表 $t=0$ 时刻为裸真空的状态.

如果"满足 $\hat{c}|\alpha\rangle = \alpha|\alpha\rangle$ 的态"确实存在, 那将有 (利用 $|n\rangle = \dfrac{\hat{c}^{\dagger n}}{\sqrt{n!}}|0\rangle$)

$$\langle n|\alpha\rangle = \left\langle 0 \left| \frac{\hat{c}^n}{\sqrt{n!}} \right| \alpha \right\rangle = \frac{\alpha^n}{\sqrt{n!}}\langle 0|\alpha\rangle. \tag{2.2.8}$$

上式中的 $\langle 0|\alpha\rangle$ 为一个与 n 无关的常数, 可通过归一化条件

$$\langle\alpha|\alpha\rangle = \sum_{n=0}^{\infty}\langle\alpha|n\rangle\langle n|\alpha\rangle = 1 \tag{2.2.9}$$

定出 (准到一个相因子), 结果即为

$$\langle 0|\alpha\rangle = \mathrm{e}^{-\frac{1}{2}|\alpha|^2}.$$

代入式 (2.2.8) 得

$$\langle n|\alpha\rangle = \frac{\alpha^n}{\sqrt{n!}}\mathrm{e}^{-\frac{1}{2}|\alpha|^2}. \tag{2.2.10}$$

于是有

$$|\alpha\rangle = \sum_{n=0}^{\infty}|n\rangle\langle n|\alpha\rangle = \mathrm{e}^{-\frac{1}{2}|\alpha|^2}\sum_{n=0}^{\infty}\frac{\alpha^n}{\sqrt{n!}}|n\rangle. \tag{2.2.11}$$

式 (2.2.11) 也可表示为

$$|\alpha\rangle = \mathrm{e}^{-\frac{1}{2}|\alpha|^2+\alpha\hat{c}^\dagger}|0\rangle. \tag{2.2.12}$$

不难证明上述 $|\alpha\rangle$ 确实满足 $\hat{c}|\alpha\rangle = \alpha|\alpha\rangle$. 也就是说相干态确实存在. 从式 (2.2.11) 我们看到, $|\alpha\rangle$ 果然是粒子数本征态的无穷项的叠加, 只是 $\alpha = 0$ 的相干态除外. $\alpha = 0$ 的相干态与 $n = 0$ 的态相重合, 即为裸真空态.

应指出, $|\alpha\rangle$ 并非发射算符 $\hat{c}^\dagger$ 的本征态. 实际上也不存在这样的本征态.

在 $|\alpha\rangle$ 态中测出 n 个粒子的概率为

$$W(n) = |\langle n|\alpha\rangle|^2 = \frac{|\alpha|^{2n}}{n!}\mathrm{e}^{-|\alpha|^2}, \tag{2.2.13}$$

它是一个泊松分布, 当 $|\alpha|^2$ 大时, $W(n)$ 可用图 2.2.1 表示.

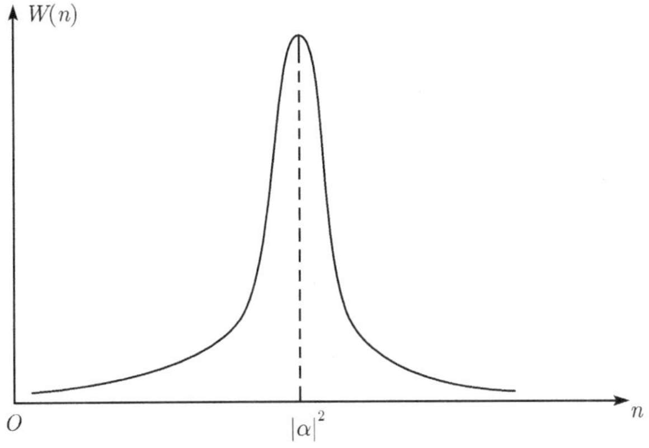

图 2.2.1

利用 $\langle\alpha|\hat{c}^\dagger = \langle\alpha|\alpha^*$ 不难得出相干态的下列几点性质：

i) $\hat{n}$ 的平均值为

$$\langle n\rangle = \langle\alpha|\hat{c}^+\hat{c}|\alpha\rangle = |\alpha|^2, \tag{2.2.14}$$

$W(n)$ 的最大值也出现在 $n \approx |\alpha|^2$ 处. 更准确地说是在 $|\alpha|^2 - 1$ 与 $|\alpha|^2$ 之间. 因为

$$W(n+1) = \frac{|\alpha|^2}{n+1}W(n) \tag{2.2.15}$$

当 $n < |\alpha|^2 - 1$ 时, n 增加 1 将使 W 增大, 而当 $n \geqslant |\alpha|^2$ 时, n 增加 1 将使 W 减小.

ii) 当 $|\alpha|^2$ 增加时 $W(n)$ 的变化行为是：对于 $n > |\alpha|^2$ 的值, $W(n)$ 增加; 而对 $n < |\alpha|^2$ 的值, $W(n)$ 减小. 因为

$$\frac{\mathrm{d}}{\mathrm{d}|\alpha|^2}W(n) = (n - |\alpha|^2)\frac{|\alpha|^{2n-2}}{n!}\mathrm{e}^{-|\alpha|^2}. \tag{2.2.16}$$

iii) 粒子数的方均根差为

$$\delta n = |\alpha|. \tag{2.2.17}$$

这一结果不难从式 (2.2.14) 以及下式推出：

$$\begin{aligned}\langle n^2\rangle &= \langle\alpha|\hat{c}^\dagger\hat{c}\hat{c}^\dagger\hat{c}|\alpha\rangle = \langle\alpha|\hat{c}^\dagger(\hat{c}^\dagger\hat{c}+1)\hat{c}|\alpha\rangle\\ &= |\alpha|^4+|\alpha|^2.\end{aligned}$$

从式 (2.2.17) 得知, $|\alpha|$ 愈大, 方均根差 δn 愈大, 但它与 $\langle n\rangle$ 的比值却愈小：

$$\frac{\delta n}{\langle n\rangle} = \frac{1}{|\alpha|}. \tag{2.2.18}$$

2. 相干态的物理性质

我们先通过量子力学中的谐振子来说明相干态的物理性质. 我们将看到, 当 $|\alpha|$ 大时, 相干态的行为十分接近于一个经典振子.

设振子质量为 m. 哈密顿量可写作

$$\hat{H} = \frac{1}{2m}\hat{p}^2 + \frac{1}{2}m\omega^2\hat{q}^2. \tag{2.2.19}$$

$\hat{q}$ 和 $\hat{p}$ 满足对易关系

$$[\hat{q}(t),\hat{p}(t)] = \mathrm{i}.$$

引入一对共轭的算符 $\hat{c}(t)$ 和 $\hat{c}^\dagger(t)$ 来代替 $\hat{p}(t)$ 和 $\hat{q}(t)$,

$$\begin{aligned}\hat{c}(t) &= \frac{1}{\sqrt{2m\omega}}[m\omega\hat{q}(t)+\mathrm{i}\hat{p}(t)],\\ \hat{c}^\dagger(t) &= \frac{1}{\sqrt{2m\omega}}[m\omega\hat{q}(t)-\mathrm{i}\hat{p}(t)].\end{aligned} \tag{2.2.20}$$

从 $\hat{p}(t)$ 和 $\hat{q}(t)$ 的对易关系不难推出：

$$[\hat{c}(t),\hat{c}^\dagger(t)] = 1. \tag{2.2.21}$$

此关系同场论中吸收算符和发射算符之间的对易关系完全一样. $\hat{q}(t)$ 和 $\hat{p}(t)$ 也可通过 $\hat{c}(t)$ 和 $\hat{c}^\dagger(t)$ 表示出来, 结果为

$$\begin{aligned}\hat{q}(t) &= \frac{1}{\sqrt{2m\omega}}[\hat{c}(t)+\hat{c}^\dagger(t)],\\ \hat{p}(t) &= -\mathrm{i}\sqrt{\frac{m\omega}{2}}[\hat{c}(t)-\hat{c}^\dagger(t)].\end{aligned} \tag{2.2.22}$$

代入式 (2.2.19) 中可得出

$$\hat{H} = \omega\left[\hat{c}^\dagger(t)\hat{c}(t)+\frac{1}{2}\right], \tag{2.2.23}$$

它与标量场一个模的哈密顿量相同.

利用上述哈密顿量和对易关系式 (2.2.21) 可以解出 $\hat{c}(t)$ 和 $\hat{c}^\dagger(t)$,

$$\begin{aligned}\hat{c}(t) &= \hat{c}\mathrm{e}^{-\mathrm{i}\omega t},\\ \hat{c}^\dagger(t) &= \hat{c}^\dagger\mathrm{e}^{\mathrm{i}\omega t}.\end{aligned} \tag{2.2.24}$$

代入式 (2.2.22) 得

$$\begin{aligned}\hat{q}(t) &= \frac{1}{\sqrt{2m\omega}}(\hat{c}\mathrm{e}^{-\mathrm{i}\omega t} + \hat{c}^\dagger\mathrm{e}^{\mathrm{i}\omega t}).\\ \hat{p}(t) &= -\mathrm{i}\sqrt{\frac{m\omega}{2}}(\hat{c}\mathrm{e}^{-\mathrm{i}\omega t} - \hat{c}^\dagger\mathrm{e}^{\mathrm{i}\omega t})\end{aligned} \tag{2.2.25}$$

我们可像以前一样定义相干态 $|\alpha\rangle$,

$$\hat{c}|\alpha\rangle = \alpha|\alpha\rangle. \tag{2.2.26}$$

从式 (2.2.25) 可以看出, 除常数因子 $\sqrt{\dfrac{2}{m\omega}}$ 外, $\hat{c}$ 等于振子的复振幅 (带初相位的) 算符 (因而相干态也就是复振幅算符的本征态). 如将它的本征值 α 写作 $|\alpha|\mathrm{e}^{-\mathrm{i}\theta}$, 则在相干态中, $\hat{q}(t)$ 和 $\hat{p}(t)$ 的平均值为

$$\begin{aligned}\overline{q}(t) &= \langle\alpha|\hat{q}(t)|\alpha\rangle = \sqrt{\frac{2}{m\omega}}|\alpha|\cos(\omega t+\theta),\\ \overline{p}(t) &= \langle\alpha|\hat{p}(t)|\alpha\rangle = -\sqrt{2m\omega}|\alpha|\mathrm{sim}(\omega t+\theta).\end{aligned} \tag{2.2.27}$$

它们随时间的变化, 同一个振幅幅值为 $\sqrt{\dfrac{2}{m\omega}}|\alpha|$、初相位为 θ 的经典振子的坐标和动量一致. $\overline{p}(t)$ 与 $\hat{q}(t)$ 之间的关系为

$$\overline{p}(t) = m\frac{\mathrm{d}\overline{q}(t)}{\mathrm{d}t}. \tag{2.2.28}$$

不仅如此, 坐标和动量还具有低限的方均根差. 我们不难求出

$$\begin{aligned}\langle\alpha|\hat{q}^2(t)|\alpha\rangle &= \frac{1}{2m\omega}[4|\alpha|^2\cos^2(\omega t+\theta)+1]\\ \langle\alpha|\hat{p}^2(t)|\alpha\rangle &= \frac{m\omega}{2}[4|\alpha|^2\sin^2(\omega t+\theta)+1].\end{aligned}$$

于是得它们的方均根差为

$$\begin{aligned}\delta q(t) &= \frac{1}{\sqrt{2m\omega}},\\ \delta p(t) &= \sqrt{\frac{m\omega}{2}}.\end{aligned} \tag{2.2.29}$$

上式表明, $\delta q(t)$ 和 $\delta p(t)$ 都不随时间改变, 而且其值与 $|\alpha|$ 无关, 因而就等于零点振动中的坐标和动量的不确定值. 从式 (2.2.29) 还得出

$$\delta q(t)\delta p(t)=\frac{1}{2}, \tag{2.2.30}$$

即两者的乘积等于测不准关系所允许的最低限.

下面我们进一步考察此相干态在坐标表象中的薛定谔波函数 $f_\alpha(q,t)$. 令 $|q,t\rangle$ 为 $\hat{q}(t)$ 的 "本征值为 q" 的本征态, 则 $f_\alpha(q,t)$ 可表示为

$$f_\alpha(q,t)=\langle q,t|\alpha\rangle. \tag{2.2.31}$$

利用式 (2.2.20) 和 (2.2.24) 可以得出下述关系

$$\begin{aligned}\frac{1}{\sqrt{2m\omega}}\langle q,t|[m\omega\hat{q}(t)+\mathrm{i}\hat{p}(t)]|\alpha\rangle&=\langle q,t|\hat{c}(t)|\alpha|\rangle\\&=\alpha\mathrm{e}^{-\mathrm{i}\omega t}\langle q,t|\alpha\rangle=\alpha\mathrm{e}^{-\mathrm{i}\omega t}f_\alpha(q,t).\end{aligned} \tag{2.2.32}$$

上式左方 $\hat{q}$ 和 $\hat{p}$ 的矩阵元又可化为

$$\begin{aligned}\langle q,t|\hat{q}(t)|\alpha\rangle&=q\langle q,t|\alpha\rangle=qf_\alpha(q,t),\\ \langle q,t|\hat{p}(t)|\alpha\rangle&=\sum_p\langle q,t|\hat{p}(t)|p,t\rangle\langle p,t|\alpha\rangle\\&=\sum_p p\langle q,t|p,t\rangle\langle p,t|\alpha\rangle\\&=-\mathrm{i}\frac{\partial}{\partial q}\sum_p\langle q,t|p,t\rangle\langle p,t|\alpha\rangle\\&=-\mathrm{i}\frac{\partial}{\partial q}\langle q,t|\alpha\rangle=-\mathrm{i}\frac{\partial f_\alpha(q,t)}{\partial q}.\end{aligned} \tag{2.2.33}$$

将它们代入式 (2.2.32) 式后就得到 $f_\alpha(q,t)$ 所满足的方程

$$\frac{\partial f_\alpha(q,t)}{\partial q}+m\omega qf_\alpha(q,t)-\sqrt{2m\omega}\alpha\mathrm{e}^{-\mathrm{i}\omega t}f_\alpha(q,t)=0. \tag{2.2.34}$$

此方程的解不难求出, 归一化后的结果为①

$$f_\alpha(q,t)=\left(\frac{m\omega}{\pi}\right)^{\frac{1}{4}}\mathrm{e}^{\mathrm{i}\overline{p}(t)\cdot q}\mathrm{e}^{-\frac{m\omega}{2}(q-\overline{q}(t))^2}. \tag{2.2.35}$$

从上式可求出粒子的坐标概率分布

$$W(q,t)=|f_\alpha(q,t)|^2=\sqrt{\frac{m\omega}{\pi}}\mathrm{e}^{-m\omega(q-\overline{q}(t))^2}. \tag{2.2.36}$$

① 此解也可以通过式 (2.2.11), 利用振子的定态波函数求出.

这是一个中心位于 $\overline{q}(t)$ 的波包, 波包形状与 α 无关, 并且不随时间弥散变形. W 实际上是以 $\overline{q}(t)$ 为原点的基态量子振子 (即作零点振动的振子) 的坐标分布函数.

这样, 相干态所对应的空间图像是：一个像经典振子一样往返振动的稳定波包, 波包中心位置为 $\sqrt{\frac{2}{m\omega}}|\alpha|\cos(\omega t+\theta)$, 波包的大小相当于振子零点振动的范围.

当 $|\alpha|$ 大时, 波包的尺度与振幅幅值相比为一小量. 这时相干态就对应于一个"坐标具有零点振动不确定度"的经典振子.

波函数 $f_\alpha(q,t)$ 还含有相位因子 $\mathrm{e}^{\mathrm{i}\overline{p}(t)\cdot q}$, 这表明载波的波矢量即为振子的平均动量 $\overline{p}(t)$. 当时间变化时, 不仅波包位置来回振动, 其载波波矢量也作周期性变化. $f_\alpha(q,t)$ 的示意图如图 2.2.2.

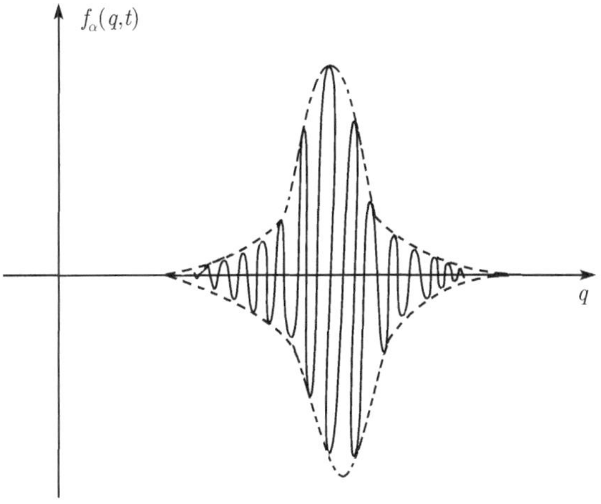

图 2.2.2　波函数 $f_\alpha(q,t)$ 的示意图

通过作傅里叶变换, 可从式 (2.2.35) 求出振子动量的分布概率. 结果为

$$W(p,t)=\frac{1}{\sqrt{\pi m\omega}}\mathrm{e}^{\frac{1}{m\omega}[p-\overline{p}(t)]^2}. \tag{2.2.37}$$

这表明动量分布也是一个高斯分布. 其中心值 $\overline{p}(t)$ 也随时间周期性地变化. 分布宽度可用相应的方均根差表示, 其数值为 $\sqrt{\frac{n\omega}{2}}$. 当 $|\alpha|$ 大时, 它与 $\overline{p}(t)$ 的振幅幅值相比亦为一小数即 $\sim\frac{1}{|\alpha|}$.

以上我们用了相当大的篇幅讨论了谐振子的情况, 目的是要说明：在图像上经典振子的量子对应是上述相干态而不是通常所求的定态 (能量的本征态). 这是因为能量只与振幅幅值相联系, 完全不包含初相位的因素.

对于场, 情况也与此相似. 例如, 经典的电磁波, 不仅其强度 (或者说振幅幅值)

有客观意义，其相位也具有客观意义. 两个源发出的电磁波可以相干. 经典的平面波既具有确定的幅值也具有确定的相位. 在量子电动力学中虽然也可以定义各个模 $\boldsymbol{k}$ 的幅值算符和 (初) 相位因子 ($\mathrm{e}^{\mathrm{j}\theta}$) 算符. 但两者不可能具有共同的本征态. 与振子情况相似，光子数的本征态 $|n\rangle$ 也就是幅值算符的本征态，但它的初相位是完全不确定的. 上述相干态 $|\alpha\rangle$ 虽然既不是幅值算符也不是相位因子算符的本征态，但在 $|\alpha|$ 大时，这两者各自的方均根差与相应的平均值的比都是小值. 这一性质使得大 $|\alpha|$ 的相干态成为是经典平面波的量子对应.

对单模自由电磁场的相干态，不难求出电场强度的平均值为

$$\langle\alpha|\hat{E}(\boldsymbol{x},t)|\alpha\rangle = -\sqrt{\frac{2\omega}{V}}|\alpha|\sin(\boldsymbol{k}\cdot\boldsymbol{x}-\omega t-\theta), \tag{2.2.38}$$

$\hat{E}^2(\boldsymbol{x},t)$ 的平均值为

$$\langle\alpha|\hat{E}^2(\boldsymbol{x},t)|\alpha\rangle = \frac{2\omega}{V}\left[|\alpha|^2\sin^2(\boldsymbol{k}\cdot\boldsymbol{x}-\omega t-\theta)+\frac{1}{4}\right].$$

由以上两式即得出 E 的方均根差为

$$\delta E(\boldsymbol{x},t) = \sqrt{\frac{\omega}{2V}}. \tag{2.2.39}$$

此值与 $\boldsymbol{x},t$ 无关，并相当于零点振动所对应的场强值. 当 $|\alpha|$ 大时，

$$\frac{\delta E}{\langle E\rangle} \sim \frac{1}{|\alpha|}, \tag{2.2.40}$$

为一小量，这时相干态就接近于经典的电磁波.

Glauber(Phys. Rev. 131, 2766, 1963) 曾证明，经典的电流 $\boldsymbol{j}(\boldsymbol{x})$(它是给定的 c 数函数) 所产生的量子电磁场就是相干态. 该态可表为

$$\begin{aligned}
&|\ \rangle = \prod_{\boldsymbol{k},s}|\alpha^s_{\boldsymbol{k}}(t)\rangle,\\
&\alpha^s_{\boldsymbol{k}}(t) = \frac{\mathrm{i}}{\sqrt{2\omega \mathrm{V}}}\int_{-\infty}^{t}\mathrm{d}t'\int \mathrm{d}^3x\boldsymbol{e}^s(k)\cdot\boldsymbol{j}(\boldsymbol{x},t')\mathrm{e}^{-\mathrm{i}(\boldsymbol{k}\cdot\boldsymbol{x}-\omega t')}
\end{aligned} \tag{2.2.41}$$

其中，s 为偏振指标，$e^s(\boldsymbol{k})$ 为偏振基矢. 场强在此态的平均值为

$$\langle\hat{\boldsymbol{E}}(\boldsymbol{x},t)\rangle = \mathrm{i}\sum_{\boldsymbol{k},s}\sqrt{\frac{\omega}{2V}}\boldsymbol{e}^s(\boldsymbol{k})[\alpha^s_{\boldsymbol{k}}(t)\mathrm{e}^{\mathrm{i}\boldsymbol{k}\cdot\boldsymbol{x}-\mathrm{i}\omega t}-\alpha^s_{\boldsymbol{k}}(t)^*\mathrm{e}^{-\mathrm{i}\boldsymbol{k}\cdot\boldsymbol{x}+\mathrm{i}\omega t}]. \tag{2.2.42}$$

这样，若存在两个发射源 (不一定在同一区域)，则总的电流密度为

$$\boldsymbol{j}(\boldsymbol{x},t) = \boldsymbol{j}_1(\boldsymbol{x},t)+\boldsymbol{j}_2(\boldsymbol{x},t),$$

上式中 $\boldsymbol{j}_1(\boldsymbol{x},t)$ 和 $\boldsymbol{j}_2(\boldsymbol{x},t)$ 分别为两个源的电流密度的空间分布函数. 从 $\alpha_{\boldsymbol{k}}^s$ 与 $\boldsymbol{j}$ 的线性关系, 即可得出

$$\langle\hat{\boldsymbol{E}}(\boldsymbol{x},t)\rangle=\langle 1|\hat{\boldsymbol{E}}(\boldsymbol{x},t)|1\rangle+\langle 2|\hat{\boldsymbol{E}}(\boldsymbol{x},t)|2\rangle. \tag{2.2.43}$$

其中, $|1\rangle$ 和 $|2\rangle$ 代表两个源单独存在时的电磁场状态. 式 (2.2.43) 表明两个源同时存在时, 场强 $\hat{\boldsymbol{E}}(\boldsymbol{x},t)$ 的平均值就等于该两个源分别存在时 $\hat{\boldsymbol{E}}(\boldsymbol{x},t)$ 的平均值的叠加, 从而导致两个经典源的辐射场的干涉效应.

3. 任意态用相干态来展开, 全纯表象

相干态与通常的厄米算符的本征态不同: 不同本征值的相干态互不正交. 利用式 (2.2.12) 即可求出

$$\langle\alpha|\beta\rangle=\mathrm{e}^{\beta\alpha^*-\frac{1}{2}(\alpha^*\alpha+\beta^*\beta)}. \tag{2.2.44}$$

其绝对值平方可写作

$$|\langle\alpha|\beta\rangle|^2=\mathrm{e}^{-|\alpha-\beta|^2}. \tag{2.2.45}$$

它随着两个本征值间的距离 $|\alpha-\beta|$ 的平方而指数下降. 只当 $|\alpha-\beta|$ 大时, 态 $|\alpha\rangle$ 和态 $|\beta\rangle$ 才近似正交.

相干态互相不正交的性质, 使得它很长时间内未被用来作表象的基底. 然而正交性并非一组态能作为基底的必要条件. 必要条件是完备性. 要证明相干态的全体集合是完备的, 只要证明单位算符可用相干态的投影算符 $|\alpha\rangle\langle\alpha|$ 来展开即可. 定义 $\mathrm{d}^2\alpha$ 为本征值复平面中的面积元为

$$\mathrm{d}^2\alpha=\mathrm{d}(\mathrm{Re}\alpha)\mathrm{d}(\mathrm{Im}\alpha), \tag{2.2.46}$$

再令 $\alpha=|\alpha|\mathrm{e}^{-\mathrm{i}\theta}$, 不难求得

$$\begin{aligned}\int(\alpha^*)^n\alpha^m\mathrm{e}^{-|\alpha|^2}\mathrm{d}^2\alpha&=\int|\alpha|^{m+n}\mathrm{e}^{\mathrm{i}(n-m)\theta}\mathrm{e}^{-|\alpha|^2}|\alpha|\mathrm{d}\theta\mathrm{d}|\alpha|\\&=\pi n!\delta_{mn}.\end{aligned} \tag{2.2.47}$$

由此并利用式 (2.2.11) 即可求出

$$\begin{aligned}\int|\alpha\rangle\langle\alpha|\frac{\mathrm{d}^2\alpha}{\pi}&=\sum_{m,n}\int|n\rangle\langle m|\mathrm{e}^{-|\alpha|^2}\frac{\alpha^n(\alpha^*)^m}{\sqrt{n!m!}}\frac{\mathrm{d}^2\alpha}{\pi}\\&=\sum_n|n\rangle\langle n|=1.\end{aligned} \tag{2.2.48}$$

这表明单位算符可表为 $|\alpha\rangle\langle\alpha|$ 的积分, 于是任意状态 $|f\rangle$ 都可用 $|\alpha\rangle$ 态来展开. 设

$$|f\rangle=\sum_n a_n|n\rangle,$$

利用式 (2.2.48) 和 (2.2.11) 得

$$
\begin{aligned}
|f\rangle &= \int |\alpha\rangle\langle\alpha|f\rangle \frac{\mathrm{d}^2\alpha}{\pi} = \sum_n a_n \int |\alpha\rangle\langle\alpha|n\rangle \frac{\mathrm{d}^2\alpha}{\pi} \\
&= \int \mathrm{e}^{-\frac{1}{2}|\alpha|^2} f(\alpha^*)|\alpha\rangle \frac{\mathrm{d}^2\alpha}{\pi},
\end{aligned}
\tag{2.2.49}
$$

其中

$$
f(\alpha^*) = \sum_n a_n \frac{(\alpha^*)^n}{\sqrt{n!}}. \tag{2.2.50}
$$

如果 $|f\rangle$ 是粒子数确定的态 $|m\rangle$, 则相应的 $f(\alpha^*)$ 即为 $\dfrac{(\alpha^*)^m}{\sqrt{m!}}$.

根据 $|f\rangle$ 的归一化条件

$$
\sum_n |a_n|^2 = 1,
$$

可得出：由式 (2.2.50) 定义的 $f(\alpha^*)$ 作为 α^* 的复变函数为全纯函数.

对于任意全纯函数 $g(\alpha^*)$, 存在下述公式：

$$
\int \mathrm{e}^{(\beta^*-\alpha^*)\alpha} g(\alpha^*) \frac{\mathrm{d}^2\alpha}{\pi} = g(\beta^*). \tag{2.2.51}
$$

将 $g(\alpha^*)$ 作幂级数展开 (此幂级数在全复平面上收敛) 并利用式 (2.2.47), 即可证明上式.

从状态 $|f\rangle$ 的展式 (2.2.49), 利用式 (2.2.44) 和 (2.2.51) 可以反求出 $f(\alpha^*)$, 结果为

$$
f(\alpha^*) = \mathrm{e}^{\frac{1}{2}|\alpha|^2} \langle\alpha|f\rangle. \tag{2.2.52}
$$

于是每个状态 $|f\rangle$ 将对应一个唯一的 $f(\alpha^*)$. 由于 $f(\alpha^*)$ 与 $|f\rangle$ 的上述一一对应关系, 我们可用 $f(\alpha^*)$ 来表示 $|f\rangle$. 这一表象称为相干态全纯表象, 因表示函数 $f(\alpha^*)$ 为 α^* 的全纯函数. 但要注意, 任意 $|f\rangle$ 投影到 $|\alpha\rangle$ 上的概率 $|\langle\alpha|f\rangle|^2$ 并不就是 $|f(\alpha^*)|^2$, 而是 $|f(\alpha^*)|^2\mathrm{e}^{-|\alpha|^2}$.

既然相干态彼此不是线性无关的, 任意态用它来展开时, 展形系数应该不唯一, 为何这里又能唯一地确定 $f(\alpha^*)$? 原因在于我们限制了 $f(\alpha^*)$ 为 α^* 的全纯函数, 否则不能利用式 (2.2.51), 自然也就得不出式 (2.2.52).

两个状态的标积在全纯表象中为

$$
\begin{aligned}
\langle 2|1\rangle &= \int \langle 2|\alpha\rangle\langle\alpha|1\rangle \frac{\mathrm{d}^2\alpha}{\pi} \\
&= \int f_2^*(\alpha^*) f_1(\alpha^*) \mathrm{e}^{-|\alpha|^2} \frac{\mathrm{d}^2\alpha}{\pi}.
\end{aligned}
\tag{2.2.53}
$$

由此可得状态的归一化条件为

$$\int |f(\alpha^*)|^2 \mathrm{e}^{-|\alpha|^2} \frac{\mathrm{d}^2\alpha}{\pi} = 1. \tag{2.2.54}$$

既然相干态彼此不是线性无关的, 某个相干态也可表示为其他相干态的叠加,

$$\begin{aligned} |\beta\rangle &= \int |\alpha\rangle\langle\alpha|\beta\rangle \frac{\mathrm{d}^2\alpha}{\pi} \\ &= \int \mathrm{e}^{\beta\alpha^* - \frac{1}{2}|\alpha|^2 - \frac{1}{2}|\beta|^2} |\alpha\rangle \frac{\mathrm{d}^2\alpha}{\pi}. \end{aligned} \tag{2.2.55}$$

上式右方也可写成

$$\int |\alpha\rangle \mathrm{e}^{-\frac{1}{2}|\alpha-\beta|^2 + \mathrm{i}\ \mathrm{Im}(\beta\alpha^*)} \frac{\mathrm{d}^2\alpha}{\pi},$$

因此实际对积分有重要贡献的范围只是 β 的近域.

4. 全纯表象中的算符

我们考虑任一算符 $\hat{T}$ 的全纯表示. 设它在粒子数表象中的表示为 T_{mn}, 即

$$\hat{T} = \sum_{m,n} T_{mn} |m\rangle\langle n|,$$

则有

$$\begin{aligned} \hat{T} &= \int |\alpha\rangle\langle\alpha|\hat{T}|\beta\rangle\langle\beta| \frac{\mathrm{d}^2\alpha}{\pi}\frac{\mathrm{d}^2\beta}{\pi} \\ &= \sum_{m,n} T_{mn} \int |\alpha\rangle\langle\alpha|m\rangle\langle n|\beta\rangle\langle\beta| \frac{\mathrm{d}^2\alpha}{\pi}\frac{\mathrm{d}^2\beta}{\pi}. \end{aligned}$$

将 $\langle\alpha|m\rangle$ 和 $\langle n|\beta\rangle$ 的表达式代入即得

$$\hat{T} = \int T(\alpha^*, \beta) \mathrm{e}^{-\frac{1}{2}|\alpha|^2 - \frac{1}{2}|\beta|^2} |\alpha\rangle\langle\beta| \frac{\mathrm{d}^2\alpha}{\pi}\frac{\mathrm{d}^2\beta}{\pi}, \tag{2.2.56}$$

其中, 系数 $T(\alpha^*, \beta)$ 由下式定义:

$$T(\alpha^*, \beta) = \sum_{m,n} \frac{(\alpha^*)^m \beta^n}{\sqrt{m!n!}} T_{mn}. \tag{2.2.57}$$

对于场论中常用的算符, $T(\alpha^*, \beta)$ 对 α^* 和 β 两个变量来说都是全纯函数 (参见下面的式 (2.2.64)). 在这种情况下, 同样可求出展开系数 $T(\alpha^*, \beta)$ 与矩阵元 $\langle\alpha|\hat{T}|\beta\rangle$ 之间的关系, 结果为

$$T(\alpha^*, \beta) = \langle\alpha|\hat{T}|\beta\rangle \mathrm{e}^{\frac{1}{2}|\alpha|^2 + \frac{1}{2}|\beta|^2}. \tag{2.2.58}$$

于是 $T(\alpha^*,\beta)$ 与 $\hat{T}$ 也一一对应, 我们可用 $T(\alpha^*,\beta)$ 来表示 $\hat{T}$, 并称它为该算符在相干态全纯表象中的表示.

算符 $\hat{T}^\dagger$ 的全纯表示与算符 $\hat{T}$ 的全纯表示之间存在着简单的关系. 将式 (2.2.57) 右方 T_{mn} 换成 T^*_{nm} 即得出 $\hat{T}^\dagger$ 的表示, 其结果即为 $T(\beta^*,\alpha)^*$.

两个算符乘积的全纯表示亦不难求出. 令

$$\hat{T}=\hat{T}_1\hat{T}_2, \tag{2.2.59}$$

则有

$$\langle\alpha|\hat{T}|\beta\rangle=\langle\alpha|\hat{T}_1\hat{T}_2|\beta\rangle=\int\langle\alpha|\hat{T}_1|\gamma\rangle\langle\gamma|\hat{T}_2|\beta\rangle\frac{\mathrm{d}^2\gamma}{\pi}.$$

将算符的矩阵元与全纯表示间的关系代入, 即得

$$T(\alpha^*,\beta)=\int T_1(\alpha^*,\gamma)T_2(\gamma^*,\beta)\mathrm{e}^{-|\gamma|^2}\frac{\mathrm{d}^2\gamma}{\pi}. \tag{2.2.60}$$

在场论中所有的算符都可表示为吸收和发射算符正规乘积的代数和, 而且一般只有有限项, 即

$$\hat{T}=\sum_{m,n}^{\text{有限项}}\tau_{mn}(\hat{c}^\dagger)^m(\hat{c})^n. \tag{2.2.61}$$

这时, 由式 (2.2.44) 可得

$$\langle\alpha|\hat{T}|\beta\rangle=\tau(\alpha^*,\beta)\mathrm{e}^{\alpha^*\beta-\frac{1}{2}|\alpha|^2-\frac{1}{2}|\beta|^2}, \tag{2.2.62}$$

其中

$$\tau(\alpha^*,\beta)=\sum_{m,n}^{\text{有限项}}\tau_{mn}(\alpha^*)^m\beta^n, \tag{2.2.63}$$

称为算符 $\hat{T}$ 的正规核. 显然它是 α^* 和 β 的全纯函数, 从式 (2.2.62) 还可得出 $\hat{T}$ 的全纯表示为

$$T(\alpha^*,\beta)=\tau(\alpha^*,\beta)\mathrm{e}^{\alpha^*\beta}. \tag{2.2.64}$$

它与正规核只差因子 $\mathrm{e}^{\alpha^*\beta}$, 因而亦是 α^* 和 β 的全纯函数.

知道了一个算符的正规核 $\tau(\alpha^*,\beta)$, 立即可以写出该算符本身. 如用 $\hat{T}$ 表示此算符, 则结果为

$$\hat{T}=:\tau(\hat{c}^+,\hat{c}):, \tag{2.2.65}$$

符号 :: 代正规编序. 再由全纯表示和正规核之间的关系, 知道了一个算符的全纯表示亦可通过下述方式得出该算符

$$\hat{T}=:T(\hat{c}^\dagger,\hat{c})\mathrm{e}^{-\hat{c}^\dagger\hat{c}}:. \tag{2.2.66}$$

最后我们来考察算符对态的作用. 设算符 $\hat{T}$ 作用到 $|f\rangle$ 上得出的态为 $|g\rangle$, 即

$$|g\rangle = \hat{T}|f\rangle. \tag{2.2.67}$$

我们要找 $|g\rangle$ 的全纯表示与 $|f\rangle$ 的全纯表示之间的关系. 以 $\langle\alpha|$ 乘上式并在 $\hat{T}$ 的右方插入一个“单位算符的相干态展开式”, 得

$$\langle\alpha|g\rangle = \int \langle\alpha|\hat{T}|\beta\rangle\langle\beta|f\rangle \frac{\mathrm{d}^2\beta}{\pi},$$

再将上式中的各量与其全纯表示的关系式代入后即得出

$$g(\alpha^*) = \int T(\alpha^*, \beta) f(\beta^*) \mathrm{e}^{-|\beta|^2} \frac{\mathrm{d}^2\beta}{\pi}, \tag{2.2.68}$$

这就是所要的结果.

我们来看两个特殊情况. 一是 $\hat{T} = \hat{c}^\dagger$, 这时

$$g(\alpha^*) = \int \alpha^* \mathrm{e}^{\alpha^*\beta} f(\beta^*) \mathrm{e}^{-|\beta|^2} \frac{\mathrm{d}^2\beta}{\pi} = \alpha^* f(\alpha^*). \tag{2.2.69}$$

在后一等式中我们利用了式 (2.2.51). 通过

$$\langle\alpha|g\rangle = \langle\alpha|\hat{c}^\dagger|f\rangle = \alpha^*\langle\alpha|f\rangle,$$

也可直接得出式 (2.2.69).

另一个例子是 $\hat{T} = \hat{c}$, 这时

$$\begin{aligned} g(\alpha^*) &= \int \beta \mathrm{e}^{\alpha^*\beta} f(\beta^*) \mathrm{e}^{-|\beta|^2} \frac{\mathrm{d}^2\beta}{\pi} \\ &= \frac{\mathrm{d}}{\mathrm{d}\alpha^*} \int \mathrm{e}^{\alpha^*\beta} f(\beta^*) \mathrm{e}^{-|\beta|^2} \frac{\mathrm{d}^2\beta}{\pi} \\ &= \frac{\mathrm{d}}{\mathrm{d}\alpha^*} f(\alpha^*). \end{aligned} \tag{2.2.70}$$

以上两式的结果可以这样来概括：对全纯表示函数来说, 算符 $\hat{c}^\dagger$ 的作用表现为乘上 α^*, 而算符 $\hat{c}$ 的作用表现为取微商, 其情况与算符 $\hat{q}$ 和算符 $\hat{p}$ 在坐标表象中的作用相似.

2.3　全纯表象中的路径积分, 标量场的泛函积分量子化

本章第一节中的路径积分是在坐标表象中作的. 场是一个无穷多自由度体系, 以实标量场来说①, 场的广义坐标即为 $\varphi(\boldsymbol{x})$, 这里 $\boldsymbol{x}$ 代表自由度指标, 如同 q_j 中的

① 复标量标可以分解为两个实标量场.

j. 场的坐标表象就是用 $\hat{\varphi}(\boldsymbol{x})$ 的本征态为基底的表象. 但这一表象在场论中通常并不适用.

前面已指出, 相对论性的场算符包括吸收和发射两个部分, 对于实标量场,

$$\hat{\varphi}(x)=\hat{\varphi}_{(+)}(x)+\hat{\varphi}^{\dagger}_{(+)}(x).$$

而相干态是吸收算符部分 $\hat{\varphi}_{(+)}(\boldsymbol{x},t)$ 的本征态. 于是我们看到：相干态表象与"坐标表象"的差别, 就在于前者不是取整个场算符 $\hat{\varphi}$ 的本征态作为基底, 而是取其中吸收算符部分的本征态作为基底. 对于复标量场

$$\hat{\varphi}(x)=\hat{\varphi}_{(+)}(x)+\hat{\varphi}_{(-)}(x).$$

这时正粒子的相干态是 $\hat{\varphi}_{(+)}(\boldsymbol{x})$ 的本征态, 而反粒子的相干态则是 $\hat{\varphi}^{\dagger}_{(-)}(x)$ 的本征态 (参见式 (1.1.18)).

在这一节中, 我们先把量子力学振幅的路径积分表示从坐标表象转到相干态全纯表象, 然后再考虑从量子力学到量子场论的过渡.

采用相干态全纯表象的好处是：求出了演化算符的全纯表示, 即可得出该算符的"正规乘积形式". 这种形式特别适合于场论中的应用.

1. 全纯表象中的路径积分

为简单起见, 我们考虑一维量子力学体系 (但不限于谐振子). 定义算符 $\hat{c}(t)$ 和 $\hat{c}^{\dagger}(t)$ 如前 (参见式 (2.2.20)), 对易关系仍为

$$[\hat{c}(t),\hat{c}^{\dagger}(t)]=1, \tag{2.3.1}$$

只是哈密顿量不再是式 (2.2.23), 我们一般性地将它表示为

$$\hat{H}=H(\hat{c}^{\dagger},\hat{c}), \tag{2.3.2}$$

并假定其中的 $\hat{c}^{\dagger}$ 和 $\hat{c}$ 已按正规编序排列.

我们用 $|\alpha,t\rangle$ 表示海森伯图像中 $\hat{c}(t)$ 的本征态 (本征值为 α),

$$\hat{c}(t)|\alpha,t\rangle=\alpha|\alpha,t\rangle, \tag{2.3.3}$$

则体系在 t_0 到 t_f 期间从 α_0 跃迁到 α_f 的概率幅为

$$G(\alpha_f,t_f;\alpha_0,t_0)=\langle\alpha_f,t_f|\alpha_0,t_0\rangle. \tag{2.3.4}$$

可以仿前将 t_0 到 t_f 分成为许多小的间隔, 并在上式右方插入一系列的单位算符

$$\int|\alpha_l,t_l\rangle\langle\alpha_l,t_l|\frac{\mathrm{d}^2\alpha_l}{\pi},$$

从而将它化成

$$G(\alpha_f,t_f;\alpha_0,t_0)=\int\frac{\mathrm{d}^2\alpha_1}{\pi}\cdots\frac{\mathrm{d}^2\alpha_n}{\pi}\langle\alpha_f,t_f|\alpha_n,t_n\rangle\cdots\langle\alpha_1,t_1|\alpha_0,t_0\rangle. \tag{2.3.5}$$

然后利用

$$|\alpha,t+\Delta t\rangle=\mathrm{e}^{\mathrm{i}\hat{H}\Delta t}|\alpha,t\rangle \tag{2.3.6}$$

即可像前面一样来推导出 G 的泛函积分表示.

另一个更方便、更直接的方法是利用上节给出的全纯表象中算符乘积的公式. 我们将采取这一方法. 为此取一个基准时间 t_s(其值可以任意取定, 例如可取为 0). 根据海森伯状态之间的关系 (参见式 (2.1.10). 注意, 式 (2.1.9) 和 (2.1.10) 中的 Δt 可取任何有限值), 有

$$\begin{aligned}|\alpha_f,t_f\rangle&=\mathrm{e}^{\mathrm{i}\hat{H}(t_f-t_s)}|\alpha_f,t_s\rangle,\\|\alpha_0,t_0\rangle&=\mathrm{e}^{\mathrm{i}\hat{H}(t_0-t_s)}|\alpha_0,t_s\rangle.\end{aligned} \tag{2.3.7}$$

于是

$$\langle\alpha_f,t_f|\alpha_0,t_0\rangle=\langle\alpha_f,t_s,|\mathrm{e}^{-\mathrm{i}\hat{H}(t_f-t_s)}|\alpha_0,t_s\rangle, \tag{2.3.8}$$

即 $G(\alpha_f,t_f;\alpha_0,t_0)$ 等于算符 $\mathrm{e}^{-\mathrm{i}\hat{H}(t_f-t_0)}$ 在 $|\alpha_f,t_s\rangle$ 与 $|\alpha_0,t_s\rangle$ 之间的矩阵元. 由于 $\hat{H}$ 与 t 无关, 故可取为

$$\hat{H}=\hat{H}(t_s)=H(\hat{c}^\dagger(t_s),\hat{c}(t_s)), \tag{2.3.9}$$

代入式 (2.3.8) 并令 $T=t_f-t_0$, 即得

$$\begin{aligned}G(\alpha_f,t_f;\alpha_0,t_0)&=\langle\alpha_f,t_f|\alpha_0,t_0\rangle\\&=\langle\alpha_f,t_s|\mathrm{e}^{-\mathrm{i}H(\hat{c}^\dagger(t_s),\hat{c}(t_s))T}|\alpha_0,t_s\rangle.\end{aligned} \tag{2.3.10}$$

在上式右方, 两个状态都是 t_s 时刻的相干态, 而中间的算符也是 t_s 时刻的吸收和发射算符, 因此可以直接进行运算. 其中的 t_s 可以略去不写.

设算符 $\mathrm{e}^{-\mathrm{i}\hat{H}T}$ 的全纯表示为 $U(\alpha_f^*,\alpha_0,T)$, 则式 (2.3.10) 可表为

$$G(\alpha_f,t_f;\alpha_0,t_0)=U(\alpha_f^*,\alpha_0,T)\mathrm{e}^{-\frac{1}{2}|\alpha_f|^2-\frac{1}{2}|\alpha_0|^2}. \tag{2.3.11}$$

需要进一步求的就是 $U(\alpha_f^*,\alpha_0,T)$.

算符 $\mathrm{e}^{-\mathrm{i}\hat{H}T}$ 可以写成 $n+1$ 个算符 $\mathrm{e}^{-\mathrm{i}\hat{H}\Delta t}$ 的连乘积, 因而 $\mathrm{e}^{-\mathrm{i}\hat{H}T}$ 的全纯表示 $U(\alpha_f^*,\alpha_0,T)$ 可用 $\mathrm{e}^{-\mathrm{i}\hat{H}\Delta t}$ 的全纯表示 $U(\alpha_{l+1}^*,\alpha_l,\Delta t)$ 合成得出. 在 n 取得足够大使 Δt 很小的情况下,

$$\mathrm{e}^{-\mathrm{i}\hat{H}\Delta t}\approx1-\mathrm{i}\hat{H}\Delta t=1-\mathrm{i}H(\hat{c}^\dagger,\hat{c})\Delta t, \tag{2.3.12}$$

于是

$$\begin{aligned}U(\alpha_{l+1}^*,\alpha_l,\Delta t)&=\langle\alpha_{l+1}|\mathrm{e}^{-\mathrm{i}\hat{H}\Delta t}|\alpha_l\rangle\mathrm{e}^{\frac{1}{2}|\alpha_l|^2+\frac{1}{2}|\alpha_{l+1}|^2}\\&\approx\langle\alpha_{l+1}|[1-\mathrm{i}H(\hat{c}^\dagger,\hat{c})\Delta t]|\alpha_l\rangle\mathrm{e}^{\frac{1}{2}|\alpha_l|^2+\frac{1}{2}|\alpha_{l+1}|^2}\\&=\mathrm{e}^{\alpha_{l+1}^*\alpha_t}[1-\mathrm{i}H(\alpha_{l+1}^*,\alpha_l)\Delta t]\\&\approx\mathrm{e}^{\alpha_{l+1}^*\alpha_l-\mathrm{i}H(\alpha_{l+1}^*,\alpha_l)\Delta t}.\end{aligned}\tag{2.3.13}$$

在推导第三等式时, 我们利用了 $H(\hat{c}^\dagger,\hat{c})$ 中的 $\hat{c}^\dagger$ 和 $\hat{c}$ 已按正规编序排列的假设 (见式 (2.3.2) 下). 这样, 利用乘积公式就可得到

$$\begin{aligned}U(\alpha_f^*,\alpha_0,T)=\lim_{\Delta t\to0}\int\prod_{l=1}^n\frac{\mathrm{d}^2\alpha_l}{\pi}\exp\{&\alpha_1^*\alpha_0-\mathrm{i}H(\alpha_1^*,\alpha_0)\Delta t\\&+\sum_{j=1}^n[(\alpha_{j+1}^*-\alpha_j^*)\alpha_j-\mathrm{i}H(\alpha_{j+1}^*,\alpha_j)\Delta t]\}.\end{aligned}\tag{2.3.14}$$

如将 α_j 写成 $\alpha(t_j)$, 则在 $\Delta t\to0$ 时, 上式指数中对 j 的求和可化成对 t 的积分, $\prod\limits_{l=1}^n\dfrac{\mathrm{d}^2\alpha_l}{\pi}$ 也可写成泛函积分符号 $\left[\dfrac{\mathrm{d}^2\alpha(t)}{\pi}\right]$, 于是式 (2.3.14) 化为

$$U(\alpha_f^*,\alpha_0,T)=\int\left[\frac{\mathrm{d}^2\alpha(t)}{\pi}\right]\mathrm{e}^{\alpha^*(t_0)\alpha_0+\int_{t_0}^{t_f}[\dot{\alpha}^*(t)\alpha(t)-\mathrm{i}H(\alpha^*(t),\alpha(t))]\mathrm{d}t}.\tag{2.3.15}$$

上式指数中第一项所含的 $\alpha^*(t_0)$ 实际为 $\alpha^*(t_0+\Delta t)$ 的极限, 它是积分变量, 并非端点值 α_0 的共轭. 同样, H 中的 $\alpha^*(t)$ 与 $\alpha(t)$ 亦非互共轭, $\alpha^*(t)$ 实际为 $\alpha(t+\Delta t)$ 的共轭, 由于 $\Delta t\to0$ 而写成了 $\alpha^*(t)$.

式 (2.3.14) 也可改写成另一形式

$$\begin{aligned}U(\alpha_f^*,\alpha_0,T)=\lim_{\Delta t\to0}\int\prod_{l=1}^n\frac{\mathrm{d}^2\alpha_l}{\pi}\exp\{&\alpha_f^*\alpha_n-\mathrm{i}H(\alpha_f^*,\alpha_n)\Delta t\\&+\sum_{j=1}^n[-\alpha_j^*(\alpha_j-\alpha_{j-1})-\mathrm{i}H(\alpha_j^*,\alpha_{j-1})\Delta t]\},\end{aligned}\tag{2.3.16}$$

在 $\Delta t\to0$ 时它化为

$$U(\alpha_f^*,\alpha_0,T)=\int\left[\frac{\mathrm{d}^2\alpha(t)}{\pi}\right]\mathrm{e}^{\alpha_f^*\alpha(t_f)+\int_{t_0}^{t_f}[-\alpha^*(t)\dot{\alpha}(t)-\mathrm{i}H(\alpha^*(t),\alpha(t))]\mathrm{d}t},\tag{2.3.17}$$

其中, $\alpha(t_f)$ 为 $\alpha(t_f-\Delta t)$ 的极限, 它也是积分变量, 并非端点值 α_f^* 的共轭.

我们还可以将被积函数中的指数写成对称的形式, 即取为式 (2.3.15) 和 (2.3.17) 中的指数的和的一半. 在这种取法下,

$$\begin{aligned}U(\alpha_f^*,\alpha_0,T)=\int\left[\frac{\mathrm{d}^2\alpha(t)}{\pi}\right]\exp\Big\{&\frac{1}{2}[\alpha_f^*\alpha(t_f)+\alpha^*(t_0)\alpha_0]\\&+\mathrm{i}\int_{t_0}^{t_f}L(\alpha^*(t),\alpha(t),\dot{\alpha}^*(t),\dot{\alpha}(t))\mathrm{d}t\Big\},\end{aligned}\tag{2.3.18}$$

指数中的 $L(\alpha^*(t),\alpha(t),\dot{\alpha}^*(t),\dot{\alpha}(t))$ 由下式定义：

$$L(\alpha^*(t),\alpha(t),\dot{\alpha}^*(t),\dot{\alpha}(t))=\frac{1}{2\mathrm{i}}[\dot{\alpha}^*(t)\alpha(t)-\alpha^*(t)\dot{\alpha}(t)]-H(\alpha^*(t),\alpha(t)),\tag{2.3.19}$$

称为全纯表象中的拉格朗日量. 我们看到, 式(2.3.18)的被积函数不仅是$\exp\Big(\mathrm{i}\int_{t_0}^{t_f}L\mathrm{d}t\Big)$. 还有一个含端点值的指数因子. 这是全纯表示中路径积分的表达式与过去的其他表达式不同之处.

积分路径 $\alpha(t)$ 和 $\alpha^*(t)$ 的端条件是

$$\alpha(t_0)=\alpha_0,\qquad \alpha^*(t_f)=\alpha_f^*.\tag{2.3.20}$$

注意, $\alpha(t)$ 和 $\alpha^*(t)$ 有不同的端条件, 一个给定初值, 一个给定终值.

有了 $U(\alpha_f^*,\alpha_0,T)$ 从式 (2.3.11) 式即可得出跃迁振幅 $G(\alpha_f,t_f;\alpha_0,t_0)$. 如果初态和跃迁的末态并非相干态, 则可将它们按相干态展开, 求出结果后再通过叠加求出相应的跃迁振幅.

坐标表象中的路径积分表达式实际上也可利用这种方法来推导. 跃迁振幅可写成

$$G(q_f,t_f;q_0,t_0)=\langle q_f,t_f|q_0,t_0\rangle=\langle q_f,t_s|\mathrm{e}^{-\mathrm{i}\hat{H}T}|\langle q_0,t_s\rangle.\tag{2.3.21}$$

对一维体系, 利用 $\frac{1}{\sqrt{2\pi}}\mathrm{e}^{\mathrm{i}p_lq_l}=\langle q_l,t_s|p_l,t_s\rangle$($l$ 非求和指标) 可得

$$\begin{aligned}&\int\frac{\mathrm{d}q_l\mathrm{d}p_l}{\sqrt{2\pi}}|q_l,t_s\rangle\langle p_l,t_s|\mathrm{e}^{\mathrm{i}p_lq_l}\\&=\int\mathrm{d}q_l\int\mathrm{d}p_l|q_l,t_s\rangle\langle q_l,t_s|p_l,t_s\rangle\langle p_l,t_s|=1.\end{aligned}\tag{2.3.22}$$

同样将 $\mathrm{e}^{-\mathrm{i}\hat{H}T}$ 分成为 $n+1$ 个 $\mathrm{e}^{-\mathrm{i}\hat{H}\Delta t}$ 的连乘积, 并在其中插入一系列上式所给出的单位算符的展式 (l 取 $1,2,\cdots,n+1$). 在 $\hat{H}$ 表成 $H(\hat{p},\hat{q})$ 的形式其中所有 $\hat{p}$ 都在所有 $\hat{q}$ 的左方的情况下, 有

$$\begin{aligned}\langle p_l,t_s|\mathrm{e}^{-\mathrm{i}\hat{H}\Delta t}|q_{l-1},t_s\rangle&\approx\langle p_l,t_s|[1-\mathrm{i}H(\hat{p}(t_s),\hat{q}(t_s))\Delta t]|q_{l-1},t_s\rangle\\&=[1-\mathrm{i}H(p_l,q_{l-1})\Delta t]\langle p_l,t_s|q_{l-1},t_s\rangle\\&\Rightarrow\frac{1}{\sqrt{2\pi}}\mathrm{e}^{-\mathrm{i}p_lq_{l-1}-\mathrm{i}H(p_l,q_{l-1})\Delta t}.\end{aligned}\tag{2.3.23}$$

于是即将式 (2.3.21) 右方化为

$$\langle q_f, t_s|\mathrm{e}^{-\mathrm{i}\hat{H}T}|q_0, t_s\rangle = \lim_{n\to\infty}\int_{-\infty}^{+\infty}\mathrm{d}q_1\cdots\mathrm{d}q_n\int_{-\infty}^{+\infty}\frac{\mathrm{d}p_1}{2\pi}\cdots\frac{\mathrm{d}p_{n+1}}{2\pi}\mathrm{e}^{\mathrm{i}\sum\limits_{j=1}^{n+1}[p_j(q_j-q_{j-1})-H(p_j,q_{j-1})\Delta t]}.$$

此式同样可写成式 (2.1.16) 的形式.

下面通过谐振子的实例, 说明上述路径积分如何计算. 对于谐振子, 在全纯表象中哈密顿量取为①

$$\hat{H} = \omega\hat{c}^\dagger\hat{c}, \tag{2.3.24}$$

我们可以从定义式 (2.3.14) 或 (2.3.16), 对 α_l 逐个积分. 首先对 $\mathrm{d}^2\alpha_1$ 积分. 式 (2.3.14) 中含 α_1 和 α_1^* 的因子为

$$\mathrm{e}^{-\alpha^*\alpha_1+(1-\mathrm{i}\omega\Delta t)\alpha_1^*\alpha_0+(1-\mathrm{i}\omega\Delta t)\alpha_2^*\alpha_1},$$

如令

$$\alpha_1 = x+\mathrm{i}y. \quad \alpha_1^* = x-\mathrm{i}y,$$

则此项积分化为

$$\int\exp\{-[x^2+y^2-(\alpha_0+\alpha_2^*)(1-\mathrm{i}\omega\Delta t)x-\mathrm{i}(\alpha_0-\alpha_2^*)(1-\mathrm{i}\omega\Delta t)y]\}\frac{\mathrm{d}x\mathrm{d}y}{\pi}. \tag{2.3.25}$$

这是高斯型积分, 利用公式

$$\int_{-\infty}^{+\infty}\mathrm{e}^{-Kx^2+ax}\mathrm{d}x = \sqrt{\frac{\pi}{K}}\mathrm{e}^M, \qquad \mathrm{Re}K>0, \tag{2.3.26}$$

其中, M 等于指数 $-Kx^2+ax$ 的极值, 即可将式 (2.3.25) 积出. 从极值条件

$$-2Kx+a=0 \tag{2.3.27}$$

解出 x, 求得

$$M = \frac{a^2}{4K}. \tag{2.3.28}$$

式 (2.3.25) 的积分值为 $\mathrm{e}^{\alpha_2^*\alpha_0(1-\mathrm{i}\omega\Delta t)^2}$. 代回式 (2.3.14) 再对 $\dfrac{\mathrm{d}^2\alpha_2}{\pi}$ 积分, 通过求极值同样可得出结果为 $\mathrm{e}^{\alpha_3^*\alpha_0(1-\mathrm{i}\omega\Delta t)^3}$. 如此类推, 最后得出

$$U(\alpha_f^*, \alpha_0, T) = \mathrm{e}^{\alpha_f^*\alpha_0\mathrm{e}^{-\mathrm{i}\omega T}}. \tag{2.3.29}$$

① 当 $\hat{H}$ 这样取时, 相应的 $H(\alpha^*(t),\alpha(t)) = \omega\alpha^*(t)\alpha(t) = \dfrac{1}{2m\omega}[m\omega q(t)-\mathrm{i}p(t)][m\omega q(t)+\mathrm{i}p(t)] = \dfrac{1}{2m}p^2(t)+\dfrac{1}{2}m\omega^2q^2(t)$, 与经典值相同. 作为量子算符, 它并不等于 $\dfrac{1}{2m}\hat{p}^2(t)+\dfrac{1}{2}m\omega^2\hat{q}^2(t)$, 而等于 $\dfrac{1}{2m}p^2(t)+\dfrac{1}{2}m\omega^2\hat{q}^2(t)-\dfrac{1}{2}\omega$, 即略去了零点振动能. 这一变动只是使 $G(\alpha_f t_f, \alpha_0 t_0)$ 多一个相因子 $\mathrm{e}^{\frac{1}{2}\mathrm{i}\omega T}$.

我们看到, 以上所作的无穷积分都具有良好的收敛性, 结果中不出现振荡型的不确定行为.

在泛函积分中, 常常要利用高斯积分公式. 下面列出多变量的高斯积分公式. 对于 n 个实变量情况, 若 K 为实对称正定矩阵, 则有

$$\int_{-\infty}^{+\infty} \mathrm{e}^{-x_j K_{jl} x_l + a_j x_j} \mathrm{d}x_1 \cdots dx_n = \sqrt{\frac{\pi^n}{\det K}} \mathrm{e}^M, \tag{2.3.30}$$

其中, M 等于 $-x_j K_{jl} x_l + a_j x_j$ 的极值, 求出的结果为

$$M = \frac{1}{4} a_j (K^{-1})_{jl} a_l. \tag{2.3.31}$$

当 K 不是对称矩阵时, 可将它分解成对称部分和反对称部分, 后者对 $(-x_j K_{jl} x_j)$ 的贡献为零, 故可抛去. 然后再按式 (2.3.30) 处理 (对求极值 M 来说, 是否去掉反对称部分, 并不影响结果).

对于 n 个复变量的积分, 可将它化为 $2n$ 个实变量的积分来处理. 在 K 为正定的厄米矩阵情况下, 可直接用下述公式:

$$\int \prod_{j=1}^{n} \left(\frac{\mathrm{d}^2 \alpha_j}{\pi} \right) \mathrm{e}^{-\alpha_j^* K_{jl} \alpha_l + a_j^* \alpha_j + \alpha_j^* a_j} = \frac{1}{\det K} \mathrm{e}^{a_j^* (K^{-1})_{jl} a_l}, \tag{2.3.32}$$

其中, $a_j^* (K^{-1})_{jl} a_l$ 仍然是 $-\alpha_j^* K_{jl} \alpha_l + a_j^* \alpha_j + \alpha_j^* a_j$ 的极值①.

谐振子的 $U(\alpha_f^*, \alpha_0, T)$ 亦可从它的泛函积分表达式直接算出. 将式 (2.3.24) 代入式 (2.3.15) 后, 其指数中的函数为

$$\alpha^*(t_0)\alpha_0 + \int_{t_0}^{t_f} [\dot{\alpha}^*(t)\alpha(t) - \mathrm{i}\omega\alpha^*(t)\alpha(t)] \mathrm{d}t, \tag{2.3.33}$$

因而所待积的泛函积分为高斯型积分. 通过变分可求出其指数函数的极值, 变分时将 $\alpha^*(t)$ 和 $\alpha(t)$ 作为独立变量, 并取端条件

$$\alpha^*(t_f) = \alpha_f^*, \qquad \alpha(t_0) = \alpha_0. \tag{2.3.34}$$

① 如用 F 表示 $-\alpha_j^* k_{jl} \alpha_l + a_j^* \alpha_j + \alpha_j^* b_j$, 并用 x_j 和 y_j 表示 α_j 的实部和虚部, 则极值方程为 $\dfrac{\partial F(x,y)}{\partial x_j} = 0, \dfrac{\partial F(x,y)}{\partial y_j} = 0$. 由于 $\dfrac{\partial F(x,y)}{\partial x_j} = \dfrac{\partial F(\alpha^*,\alpha)}{\partial \alpha_j} + \dfrac{\partial F(\alpha^*,\alpha)}{\partial \alpha_j^*}, \dfrac{\partial F(x,y)}{\partial y_j} = \mathrm{i}\dfrac{\partial F(\alpha^*,\alpha)}{\partial \alpha_j} - \mathrm{i}\dfrac{\partial F(\alpha^*,\alpha)}{\partial \alpha_j^*}$, 故极值方程组亦可化为 $\dfrac{\partial F(\alpha^*,\alpha)}{\partial \alpha_j} = 0, \dfrac{\partial F(\alpha^*,\alpha)}{\partial \alpha_j^*} = 0$. 这就是说, 我们可将 α 和 α^* 作为独立变量, 通过 F 对它们的微商来得出极值方程.

变分的结果：

$$\begin{aligned}&\delta\left\{\alpha^*(t_0)\alpha_0+\int_{t_0}^{t_f}[\dot{\alpha}^*(t)\alpha(t)-\mathrm{i}\omega\alpha^*(t)\alpha(t)]\mathrm{d}t\right\}\\&=\alpha_0\delta\alpha^*(t_0)+\int_{t_0}^{t_f}\Big\{[\dot{\alpha}^*(t)-\mathrm{i}\omega\alpha^*(t)]\delta\alpha(t)\\&\quad-[\dot{\alpha}(t)+\mathrm{i}\omega\alpha(t)]\delta\alpha^*(t)+\frac{\mathrm{d}}{\mathrm{d}t}[\alpha(t)\delta\alpha^*(t)]\Big\}\mathrm{d}t\\&=\int_{t_0}^{t_f}\{[\dot{\alpha}^*(t)-\mathrm{i}\omega\alpha^*(t)]\delta\alpha(t)-[\dot{\alpha}(t)+\mathrm{i}\omega\alpha(t)]\delta\alpha^*(t)\}\mathrm{d}t.\end{aligned}$$

由此得出极值条件为

$$\begin{aligned}&\dot{\alpha}^*(t)-\mathrm{i}\omega\alpha^*(t)=0,\\&\dot{\alpha}(t)+\mathrm{i}\omega\alpha^*(t)=0.\end{aligned}\tag{2.3.35}$$

此方程实际上就是经典的振子运动方程. 因将

$$\begin{aligned}\alpha&=\frac{1}{\sqrt{2m\omega}}(m\omega q+\mathrm{i}p),\\\alpha^*&=\frac{1}{\sqrt{2m\omega}}(m\omega q-\mathrm{i}p),\end{aligned}$$

代入式 (2.3.35) 后即得出通常的结果

$$\begin{aligned}&m\dot{q}(t)-p(t)=0,\\&\dot{p}(t)+m\omega^2q(t)=0.\end{aligned}\tag{2.3.36}$$

利用端条件式 (2.3.34) 可求出方程 (2.3.35) 的解 α_s 和 α_s^*,

$$\begin{aligned}&\alpha_s(t)=\alpha_0\mathrm{e}^{-\mathrm{i}\omega(t-t_0)},\\&\alpha_s^*(t)=\alpha_f^*\mathrm{e}^{\mathrm{i}\omega(t-t_f)}.\end{aligned}\tag{2.3.37}$$ ①

将它代入式 (2.3.15) 被积函数中得出的值为

$$\mathrm{e}^{\alpha_f^*\alpha_0\mathrm{e}^{-\mathrm{i}\omega T}}.$$

$U(\alpha_f^*,\alpha_0,T)$ 应等于此值除以一个泛函行列式. 我们以后将说明泛函行列式如何计算. 这里只须指出, 在本例情况下, 此行列式与 α_0 和 α_f^* 无关, 是一个不重要的常数. 实际上它是一个相因子, 可以取为 1. 这样就得出与式 (2.3.29) 相同的结果 (如

① 如果要求两式的右方互为复共轭, 对应有 $\alpha_f=\alpha_0\mathrm{e}^{-\mathrm{i}\omega(t-t_0)}$, 这正是经典运动方程所得出的结果. 在经典理论中, α_f 与 α_0 互相独立取值是不容许的. 因 α_0 取定后, 其实部和虚部就确定了 $t=0$ 时的 q 和 p 的值, 因而运动的路径就完全确定. 换句话说, 在经典理论中, 端条件式 (2.3.34) 是过量的.

采用对称形式的式 (2.3.17), 求出的结果亦相同). 以后我们碰到高斯型泛函积分, 都可采用这种方法来计算.

利用式 (2.3.29), 我们还可求出

$$|\alpha_0, t_0\rangle = |\alpha_0 \mathrm{e}^{-\mathrm{i}\omega T}, t_f\rangle, \tag{2.3.38}$$

即状态 $|\alpha_0, t_0\rangle$ 在 t_f 时刻仍为一相干态, 只是其本征值改变了一个相位因子 $\mathrm{e}^{-\mathrm{i}\omega T}$. 式 (2.3.38) 的推导如下,

$$\begin{aligned}|\alpha_0, t_0\rangle &= \int \frac{\mathrm{d}^2\alpha_f}{\pi}|\alpha_f, t_f\rangle\langle\alpha_f, t_f|\alpha_0, t_0\rangle \\ &= \int \frac{\mathrm{d}^2\alpha_f}{\pi}U(\alpha_f^*, \alpha_0, T)\mathrm{e}^{-\frac{1}{2}|\alpha_f|^2-\frac{1}{2}|\alpha_0|^2}|\alpha_f, t_f\rangle \\ &= \int \frac{\mathrm{d}^2\alpha_f}{\pi}\mathrm{e}^{\alpha_f^*\alpha_0\mathrm{e}^{-\mathrm{i}\omega T}-\frac{1}{2}|\alpha_f|^2-\frac{1}{2}|\alpha_0|^2}|\alpha_f, t_f\rangle \\ &= |\alpha_0\mathrm{e}^{-\mathrm{i}\omega T}, t_f\rangle.\end{aligned}$$

在推导最后一等式时, 我们利用了式 (2.2.55).

2. 标量场的泛函积分量子化

上面关于谐振子的结果不难过渡到标量场的情况. 标量场可表为无穷多个单模态的外积. 当各个模都在相干态时, 场的总体状态就为相干态. 对实标量场, 可用集合 $\{\alpha\}$ 表示这样的状态, 记作 $|\{\alpha\}\rangle$, 它满足

$$\hat{c}_{\boldsymbol{k}}|\{\alpha\}\rangle = \alpha_{\boldsymbol{k}}|\{\alpha\}\rangle, \tag{2.3.39}$$

或

$$\hat{\varphi}_{(+)}(\boldsymbol{x})|\{\alpha\}\rangle = \phi_{(+)}(\boldsymbol{x})|\{\alpha\}\rangle, \tag{2.3.40}$$

其中, $\hat{\varphi}_{(+)}(\boldsymbol{x})$ 如前所述为 $\hat{\varphi}(\boldsymbol{x})$ 中的吸收算符部分, 而

$$\phi_{(+)}(\boldsymbol{x}) = \sum_{\boldsymbol{k}} \frac{1}{\sqrt{2\omega V}}\alpha_{\boldsymbol{k}}\mathrm{e}^{\mathrm{i}\boldsymbol{k}\cdot\boldsymbol{x}}. \tag{2.3.41}$$

状态 $|\{\alpha\}\rangle$ 也就是 2.2 节中所说的 $|\phi_{(+)}(\boldsymbol{x})\rangle$, 它们的集合构成完备的基底, 标量场的任意状态可用它们来展开.

上一小节的结果可直接用到场的各个模上, 外乘起来即得总的结果. 由此得出算符 $\mathrm{e}^{-\mathrm{i}\hat{H}T}$ 的全纯表示为

$$U(\{\alpha_f^*\}, \{\alpha_0\}, T) = \int \prod_{\boldsymbol{k}} \frac{\mathrm{d}^2\alpha_{\boldsymbol{k}}(t)}{\pi}\mathrm{e}^{\frac{1}{2}\sum\limits_{\boldsymbol{k}}[\alpha_{f\boldsymbol{k}}^*\alpha_{\boldsymbol{k}}(t_f)+\alpha_{\boldsymbol{k}}^*(t_0)\alpha_{0\boldsymbol{k}}]+\mathrm{i}\int_{t_0}^{t_f}L\mathrm{d}t}. \tag{2.3.42}$$

其中

$$
\begin{aligned}
L &= \frac{1}{2\mathrm{i}}\sum_{\boldsymbol{k}}[\dot{\alpha}^*_{\boldsymbol{k}}(t)\alpha_{\boldsymbol{k}}(t) - \alpha^*_{\boldsymbol{k}}(t)\dot{\alpha}_k(t)] - H,\\
H &= \sum_{\boldsymbol{k}}\omega\alpha^*_{\boldsymbol{k}}(t)\alpha_{\boldsymbol{k}}(t) + H_{\mathrm{int}}(\alpha^*,\alpha).
\end{aligned}
\tag{2.3.43}
$$

仿前可将对 $\boldsymbol{k}$ 的求和化为积分:

$$
\sum_{\boldsymbol{k}} \to \int \frac{V}{(2\pi)^3}\mathrm{d}^3k,
$$

再令

$$
\begin{aligned}
\alpha_0(\boldsymbol{k}) &= \sqrt{\frac{2\omega V}{(2\pi)^3}}\alpha_{0\boldsymbol{k}},\\
\alpha^*_f(\boldsymbol{k}) &= \sqrt{\frac{2\omega V}{(2\pi)^3}}\alpha^*_{f\boldsymbol{k}},\\
\alpha(\boldsymbol{k},t) &= \sqrt{\frac{2\omega V}{(2\pi)^3}}\alpha_{\boldsymbol{k}}(t),
\end{aligned}
\tag{2.3.44}
$$

即得

$$
\sum_{\boldsymbol{k}}\alpha^*_{\boldsymbol{k}}(t)\alpha_{\boldsymbol{k}}(t) \to \int \mathrm{d}\widetilde{k}\alpha^*(\boldsymbol{k},t)\alpha(\boldsymbol{k},t),
$$

其中, $\mathrm{d}\widetilde{k}$ 定义见式 (1.1.8). $\alpha(\boldsymbol{k},t)$ 代表算符 $\hat{c}(\boldsymbol{k},t)$ 的本征值. 再将 $\prod_{\boldsymbol{k}}\left[\frac{\mathrm{d}^2\alpha_k(t)}{\pi}\right]$ 写成四变量函数 $\alpha(\boldsymbol{k},t)$ 的泛函积分 $\mathrm{D}^2\alpha(\boldsymbol{k},t)$, 就可将式 (2.3.42) 和 (2.3.43) 改写成

$$
U(\alpha^*_f(\boldsymbol{k}),\alpha_0(\boldsymbol{k}),T) = \int \mathrm{D}^2\alpha(\boldsymbol{k},t)\mathrm{e}^{\frac{1}{2}\int \mathrm{d}\widetilde{k}[\alpha^*_f(\boldsymbol{k})\alpha(\boldsymbol{k},t_f)+\alpha^*(\boldsymbol{k},t_0)\alpha_0(\boldsymbol{k})]+\mathrm{i}\int_{t_0}^{t_f}L\mathrm{d}t} \tag{2.3.45}
$$

和

$$
\begin{aligned}
L &= \frac{1}{2\mathrm{i}}\int \mathrm{d}\widetilde{k}[\dot{\alpha}^*(\boldsymbol{k},t)\alpha(\boldsymbol{k},t) - \alpha^*(\boldsymbol{k},t)\dot{\alpha}(\boldsymbol{k},t)] - H(\alpha^*(\boldsymbol{k},t),\alpha(\boldsymbol{k},t)),\\
H &= \int \mathrm{d}\widetilde{k}\omega\alpha^*(\boldsymbol{k},t)\alpha(\boldsymbol{k},t) + H_{\mathrm{int}}(\alpha^*(\boldsymbol{k},t),\alpha(\boldsymbol{k},t)).
\end{aligned}
\tag{2.3.46}
$$

应取泛函积分变量 $\alpha(\boldsymbol{k},t)$ 和 $\alpha^*(\boldsymbol{k},t)$ 满足下述端条件

$$
\alpha^*(\boldsymbol{k},t_f) = \alpha^*_f(\boldsymbol{k}),\quad \alpha(\boldsymbol{k},t_0) = \alpha_0(\boldsymbol{k}).
$$

以上给出的 $U(\alpha^*_f(\boldsymbol{k}),\alpha_0(\boldsymbol{k}),T)$ 为算符 $\mathrm{e}^{-\mathrm{i}H(t_f-t_0)}$ 的全纯表示. 在场论中更为重要的是 $\hat{S}$ 算符 (S 矩阵) 和格林函数的生成泛函. 这将在下一节讨论.

2.4　用泛函积分表示的 S 算符和格林函数生成泛函

在本节中我们将导出 S 算符和格林函数生成泛函的泛函积分表达式. 我们将在全纯表象中给出这种表达式, 然后在一定的约定下, 将泛函积分变量化为 $\varphi(x)$ 和 $\pi(x)$. 这相当于化到场的坐标表象, 不同的是这里引入的 φ 和 π 并非实函数, 端条件也仍然是用全纯表象来表示.

利用所得到的泛函积分表达式, 我们还可以导出微扰论中的费恩曼规则. 这种推导费恩曼规则的新的方法, 将在第 4 章中用到非阿贝尔规范场中.

1. S 算符 (矩阵) 的泛函积分表达式

S 算符或 S 矩阵是在作用图像中定义的. 通常取 $t=0$ 时作用图像与海森伯图像中的算符一致, 这样 $\hat{S}$ 亦可通过 $t=0$ 时海森伯算符表示出来, 结果为

$$\hat{S}=\lim_{\substack{t_0\to-\infty\\ t_f\to+\infty}}\mathrm{e}^{\mathrm{i}\hat{H}_0(0)t_f}\mathrm{e}^{-\mathrm{i}\hat{H}(t_f-t_0)}\mathrm{e}^{-\mathrm{i}\hat{H}_0(0)t_0},\tag{2.4.1}$$

其中, $H_0(0)$ 为 $t=0$ 时的自由场哈密顿量.

我们注意到, $\hat{S}$ 并不简单就是算符 $\mathrm{e}^{-\mathrm{i}\hat{H}(t_f-t_0)}$ 在 $t_0\to-\infty$, $t_f\to+\infty$ 时的值 (此值不具有确定的极限), 还要再乘上因子 $\mathrm{e}^{\mathrm{i}\hat{H}_0(0)t_f}$ 和 $\mathrm{e}^{-\mathrm{i}\hat{H}_0(0)t_0}$. 实际上 $\mathrm{e}^{-\mathrm{i}\hat{H}(t_f-t_0)}$ 是薛定谔图像中的状态演化算符, 因子 $\mathrm{e}^{-\mathrm{i}\hat{H}_0(0)t_0}$ 和 $\mathrm{e}^{\mathrm{i}\hat{H}_0(0)t_f}$ 的作用分别是把初态转到薛定谔图像以及把末态从薛定谔图像转回到作用图像.

我们先就一个模来考察 $\mathrm{e}^{\mathrm{i}\hat{H}_0(0)t_f}\hat{K}\mathrm{e}^{-\mathrm{i}\hat{H}_0(0)t_0}$ 的全纯表示与 $\hat{K}$ 的全纯表示之间的关系. 其中 $\hat{K}$ 为一个不随时间变化的算符.

单模的自由哈密顿量 $\hat{H}_0(0)$ 具有形式

$$\hat{H}_0(0)=\omega\hat{c}^{\dagger}\hat{c},\tag{2.4.2}$$

其中, $\omega=\sqrt{\boldsymbol{k}^2+m^2}$; $\hat{c}^{\dagger}$ 和 $\hat{c}$ 代表 $t=0$ 时的发射和吸收算符. 式 (2.4.2) 与上节讨论的谐振子的哈密顿量相同, 因此只要令式 (2.3.29) 中的 $T=t_0$, 即可得出 $\mathrm{e}^{-\mathrm{i}\hat{H}_0(0)t_0}$ 的全纯表示

$$U_0(\alpha^*,\beta,t_0)=\mathrm{e}^{\alpha^*\beta\mathrm{e}^{-\mathrm{i}\omega t_0}}.\tag{2.4.3}$$

同样令 $T=-t_f$ 可得出 $\mathrm{e}^{\mathrm{i}\hat{H}_0(0)t_f}$ 的全纯表示

$$U_0'(\alpha^*,\beta,t_f)=\mathrm{e}^{\alpha^*\beta\mathrm{e}^{\mathrm{i}\omega t_f}}.\tag{2.4.4}$$

算符 K 既然与 t 无关, 可用 $t=0$ 时的吸收、发射算符 $\hat{c}$ 和 $\hat{c}^{\dagger}$ 表示出来. 设它的全纯表示为 $K(\alpha^*,\beta)$, 则根据算符乘积的全纯表示的公式, $\mathrm{e}^{\mathrm{i}\hat{H}_0(0)t_f}\hat{K}\mathrm{e}^{-\mathrm{i}\hat{H}_0(0)t_0}$ 的全纯

表示 $\widetilde{K}(\alpha^*,\beta)$ 即为

$$\begin{aligned}\widetilde{K}(\alpha^*,\beta)&=\int\frac{\mathrm{d}^2\alpha'}{\pi}\frac{\mathrm{d}^2\beta'}{\pi}\mathrm{e}^{\alpha^*\alpha'\mathrm{e}^{\mathrm{i}\omega t_f}-\alpha'\alpha'^*}K(\alpha'^*,\beta')\mathrm{e}^{-\beta'\beta'^*+\beta'^*\beta\mathrm{e}^{-\mathrm{i}\omega t_0}}\\&=K(\alpha^*\mathrm{e}^{\mathrm{i}\omega t_f},\beta\mathrm{e}^{-\mathrm{i}\omega t_0}).\end{aligned}\tag{2.4.5}$$

在推导最后一个等式中, 我们利用了式 (2.2.51) 以及它按 $\alpha^*\leftrightarrow\alpha$, $\beta^*\leftrightarrow\beta$ 的置换式.

式 (2.4.5) 表明, 只须作替换 $\alpha^*\to\alpha^*\mathrm{e}^{\mathrm{i}\omega t_f},\beta\to\beta\mathrm{e}^{-\mathrm{i}\omega t_0}$, 即可从 $\hat{K}$ 的全纯表示得到 $\mathrm{e}^{\mathrm{i}\hat{H}_0(0)t_f}\hat{K}\mathrm{e}^{-\mathrm{i}\hat{H}_0(0)t_0}$ 的全纯表示.

对各个模应用以上结果, 就可从式 (2.3.45) 得出实标量场 $\hat{S}$ 算符的全纯表示,

$$\begin{aligned}&S(\alpha_f^*(\boldsymbol{k}),\alpha_0(\boldsymbol{k}))=\lim_{\substack{t_0\to-\infty\\t_f\to+\infty}}U(\alpha_f^*(\boldsymbol{k})\mathrm{e}^{\mathrm{i}\omega t_f},\alpha_0(\boldsymbol{k})\mathrm{e}^{-\mathrm{i}\omega t_0},T)\\&=\lim_{\substack{t_0\to-\infty\\t_f\to+\infty}}\int\mathrm{D}^2\alpha(\boldsymbol{k},t)\mathrm{e}^{\frac{1}{2}\int\mathrm{d}\widetilde{k}[\alpha_f^*(\boldsymbol{k})\mathrm{e}^{\mathrm{i}\omega t_f}\alpha(\boldsymbol{k},t_f)+\alpha^*(\boldsymbol{k},t_0)\alpha_0(\boldsymbol{k})\mathrm{e}^{-\mathrm{i}\omega t_0}]+\mathrm{i}\int_{t_0}^{t_f}L\mathrm{d}t}.\end{aligned}\tag{2.4.6}$$

端条件相应地换为,

$$\begin{aligned}\alpha^*(\boldsymbol{k},t_f)&=\alpha_f^*(\boldsymbol{k})\mathrm{e}^{\mathrm{i}\omega t_f},\\\alpha(\boldsymbol{k},t_0)&=\alpha_0(\boldsymbol{k})\mathrm{e}^{-\mathrm{i}\omega t_0},\end{aligned}\tag{2.4.7}$$

式(2.4.6)中的L仍由式(2.3.46)表示. 我们看到, $S(\alpha_f^*(\boldsymbol{k}),\alpha_0(\boldsymbol{k}))$与$U(\alpha_f^*(\boldsymbol{k}),\alpha_0(\boldsymbol{k}),T)$的差别, 除了 t_f 和 t_0 取极限外, 就是端值上分别多了因子 $\mathrm{e}^{\mathrm{i}\omega t_f}$ 和 $\mathrm{e}^{-\mathrm{i}\omega t_0}$. 如果不增加此因子, 当 $t_f\to+\infty$, $t_0\to-\infty$ 时极限将不存在. 一个明显的例子就是自由场情况, 这时对于每个单模, $U(\alpha_f^*,\alpha_0,T)=\mathrm{e}^{\alpha_f^*\alpha_0\mathrm{e}^{-\mathrm{i}\omega(t_f-t_0)}}$, 当 $t_f\to+\infty$ 和 $t_0\to-\infty$ 时, 它作周期性的振荡, 不趋于确定的极限. 将端值 α_f^* 和 α_0 分别换成 $\alpha_f^*\mathrm{e}^{\mathrm{i}\omega t_f}$ 和 $\alpha_0\mathrm{e}^{-\mathrm{i}\omega t_0}$ 后, $U(\alpha_f^*,\alpha_0,T)$ 变成为 $U(\alpha_f^*\mathrm{e}^{\mathrm{i}\omega t_f},\alpha_0\mathrm{e}^{-\mathrm{i}\omega t_0},T)=\mathrm{e}^{\alpha_f^*\alpha_0}$, 就与 t_0 和 t_f 无关. 取极限时自然不会出现振荡.

在一定的约定条件下, 我们可将泛函积分变量 $\alpha(\boldsymbol{k},t)$ 和 $\alpha^*(\boldsymbol{k},t)$ 换成 $\varphi(\boldsymbol{x},t)$ 和 $\pi(\boldsymbol{x},t)$, 但端条件仍采用全纯表象来表示. 这个约定条件是: 对式 (2.4.6) 中的指数函数, 约定

$$\mathrm{e}^{\pm\mathrm{i}\infty}=0.\tag{2.4.8}$$

为进行这一转换, 我们定义

$$\phi(\boldsymbol{x},t)=\int\frac{\mathrm{d}\widetilde{k}}{(2\pi)^{3/2}}[\alpha_f^*(\boldsymbol{k})\mathrm{e}^{-\mathrm{i}kx}+\alpha_0(\boldsymbol{k})\mathrm{e}^{\mathrm{i}kx}],\tag{2.4.9}$$

其中, $\alpha_f^*(\boldsymbol{k})$ 和 $\alpha_0(\boldsymbol{k})$ 为 S 全纯表示的宗量 (参见式 (2.4.6)). 再定义泛函积分变量 $\varphi(\boldsymbol{x},t)$ 和 $\pi(\boldsymbol{x},t)$ 以代替原来的积分变量 $\alpha(\boldsymbol{k},t)$ 和 $\alpha^*(\boldsymbol{k},t)$,

$$
\begin{aligned}
\varphi(\boldsymbol{x},t) &= \int \mathrm{d}\widetilde{k}\frac{1}{(2\pi)^{3/2}}[\alpha(\boldsymbol{k},t)\mathrm{e}^{\mathrm{i}\boldsymbol{k}\cdot\boldsymbol{x}} + \alpha^*(\boldsymbol{k},t)\mathrm{e}^{-\mathrm{i}\boldsymbol{k}\cdot\boldsymbol{x}}],\\
\pi(\boldsymbol{x},t) &= -\int \mathrm{d}\widetilde{k}\frac{\mathrm{i}\omega}{(2\pi)^{3/2}}[\alpha(\boldsymbol{k},t)\mathrm{e}^{\mathrm{i}\boldsymbol{k}\cdot\boldsymbol{x}} - \alpha^*(\boldsymbol{k},t)\mathrm{e}^{-\mathrm{i}\boldsymbol{k}\cdot\boldsymbol{x}}],
\end{aligned}
\tag{2.4.10a}
$$

式 (2.4.6) 中的 $\mathrm{D}^2\alpha(\boldsymbol{k},t)$ 即可换成 $\mathrm{D}\varphi(\boldsymbol{x},t)\mathrm{D}\pi(x,t)$, 所出现的雅可比行列式为一常数 (对 S 的宗量 $\alpha_f^*(\boldsymbol{k})$ 和 $\alpha_0(\boldsymbol{k})$ 而言), 可吸收到积分测度的定义中去. 端条件仍为

$$
\begin{aligned}
&t\to-\infty\ \text{时},\quad \alpha(\boldsymbol{k},t)\to\alpha_0(\boldsymbol{k})\mathrm{e}^{-\mathrm{i}\omega t},\\
&t\to+\infty\ \text{时},\quad \alpha_f^*(\boldsymbol{k},t)\to\alpha_f^*(\boldsymbol{k})\mathrm{e}^{\mathrm{i}\omega t}.
\end{aligned}
\tag{2.4.10b}
$$

式 (2.3.46) 所表示的拉格朗日量可以化为

$$
\begin{aligned}
L &= \int \mathrm{d}^3x\left[\frac{1}{2}(\pi\dot{\varphi}-\dot{\pi}\varphi) - \mathscr{H}(\pi,\varphi)\right],\\
\mathscr{H} &= \frac{1}{2}\pi^2 + \frac{1}{2}(\partial_j\varphi)^2 + \frac{1}{2}m^2\varphi^2 + \mathscr{H}_{\text{int}}.
\end{aligned}
\tag{2.4.11}
$$

我们看到, $\mathscr{H}$ 在形式上与通常的一样, 但 L 的形式却不完全相同, 其中第一项与通常形式差一个 $(\Pi\varphi)$ 对 t 的全微商.

在式 (2.4.8) 的约定下, 式 (2.4.6) 右方指数中的端点项可以改写成下述形式:

$$
\begin{aligned}
&\frac{1}{2}\int \mathrm{d}\widetilde{\boldsymbol{k}}[\alpha_f^*(\boldsymbol{k})\mathrm{e}^{\mathrm{i}\omega t_f}\alpha(\boldsymbol{k},t_f) + \alpha^*(\boldsymbol{k},t_0)\alpha_0(\boldsymbol{k})\mathrm{e}^{-\mathrm{i}\omega t_0}]\\
&= \int \mathrm{d}\widetilde{\boldsymbol{k}}\alpha_f^*(\boldsymbol{k})\alpha_0(\boldsymbol{k}) - \mathrm{i}\int \mathrm{d}^3x\dot{\varPhi}\ (\boldsymbol{x},t)\varphi(\boldsymbol{x},t)|_{t_0}^{t_f},
\end{aligned}
\tag{2.4.12}
$$

这是因为

$$
\begin{aligned}
\mathrm{i}\int \mathrm{d}^3x\dot{\varPhi}\ (\boldsymbol{x},t)\varphi(\boldsymbol{x},t)|_{t_0}^{t_f} = &\int \mathrm{d}\widetilde{\boldsymbol{k}}\alpha_f^*(\boldsymbol{k})\alpha_0(\boldsymbol{k}) - \frac{1}{2}\int \mathrm{d}\widetilde{\boldsymbol{k}}[\alpha_f^*(\boldsymbol{k})\mathrm{e}^{\mathrm{i}\omega t_f}\alpha(\boldsymbol{k},t_f)\\
&+\alpha^*(\boldsymbol{k},t_0)\alpha_0(\boldsymbol{k})\mathrm{e}^{-\mathrm{i}\omega t_0}] + \frac{1}{2}\int \mathrm{d}\widetilde{\boldsymbol{k}}[\alpha_0(\boldsymbol{k})\alpha(-\boldsymbol{k},t_f)\mathrm{e}^{-\mathrm{i}\omega t_f}\\
&-\alpha_f^*(\boldsymbol{k})\alpha_f^*(-\boldsymbol{k})\mathrm{e}^{2\mathrm{i}\omega t_f} + \alpha_f^*(\boldsymbol{k})\alpha^*(-\boldsymbol{k},t_0)\mathrm{e}^{\mathrm{i}\omega t_0}\\
&-\alpha_0(\boldsymbol{k})\alpha_0(-\boldsymbol{k})\mathrm{e}^{-2\mathrm{i}\omega t_0}],
\end{aligned}
$$

而对泛函积分实际有贡献的 $\alpha(\boldsymbol{k},t)$ 和 $\alpha^*(\boldsymbol{k},t)$ 具有下述渐近行为: 当 $t\to\pm\infty$ 时, $\alpha(\boldsymbol{k},t)$ 和 $\alpha^*(\boldsymbol{k},t)$ 都像自由场一样变化 (参见式 (2.4.22)). 于是上式最后一项积分中的被积函数在 $t_0\to-\infty, t_f\to+\infty$ 时都带有因子 $\mathrm{e}^{\pm\mathrm{i}\infty}$, 按照约定将等于零.

将以上结果总起来就得出

$$\mathcal{S}(\alpha_f^*(\boldsymbol{k}),\alpha_0(\boldsymbol{k}))=\int \mathrm{D}\varphi(x)\mathrm{D}\pi(x)\mathrm{e}^{\int \mathrm{d}\widetilde{k}\alpha_f^*(\boldsymbol{k})\alpha_0(k)-\mathrm{i}\int \mathrm{d}^3x\dot{\varPhi}\ \varphi|_{-\infty}^{\infty}+\mathrm{i}\int_{-\infty}^{+\infty}Ldt}. \tag{2.4.13}$$

其中, $\varPhi$ 和 L 分别由式 (2.4.9) 和 (2.4.11) 定义.

从式 (2.4.13) 立即得出 $\hat{S}$ 的正规核为

$$\mathcal{S}(\alpha_f^*(\boldsymbol{d}),\alpha_0(\boldsymbol{k}))=\int \mathrm{D}\varphi(\boldsymbol{x})\mathrm{D}\pi(\boldsymbol{x})\mathrm{e}^{-\mathrm{i}\int \mathrm{d}^3x\dot{\varPhi}\ \varphi|_{-\infty}^{\infty}+\mathrm{i}\int_{-\infty}^{+\infty}L\mathrm{d}t}. \tag{2.4.14}$$

根据 2.2 节的说明, 有了正规核即可得出正规编序的算符 $\hat{S}$.

2. 对 $\pi(x)$ 的泛函积分, 费恩曼端条件

在 $\mathscr{H}_{\text{int}}$ 与 π 无关的条件下, 对 $\pi(x)$ 的积分可以积出. 为此我们作变量变换 $\pi(x)\to\pi'(x)$. $\pi'(x)$ 与 $\pi(x)$ 的关系为

$$\pi'(x)=\pi(x)-\dot{\varphi}(x). \tag{2.4.15}$$

注意, 现在 $\pi(x)$ 与 $\varphi(x)$ 为独立的积分变量, 故 $\pi(x)-\dot{\varphi}(x)$ 并不为零. 当将变量 $\pi(x)$ 换用 $\pi'(x)$ 表示后, 可以化出

$$\begin{aligned}\int_{-\infty}^{+\infty}L\mathrm{d}t=&\int \mathrm{d}^3x\left[\dot{\varPhi}\ \varphi-\frac{1}{2}\dot{\varPhi}\ \varPhi-\frac{1}{2}\pi\varphi\right]_{-\infty}^{+\infty}\\&+\int \mathrm{d}^4x\left[-\frac{1}{2}\pi'^2-\frac{1}{2}(\partial_\mu\widetilde{\varphi})(\partial_\mu\widetilde{\varphi})-\frac{1}{2}m^2\widetilde{\varphi}^2-\mathscr{H}_{\text{int}}(\varphi)\right],\end{aligned} \tag{2.4.16}$$

其中, $\varPhi$ 由式 (2.4.9) 表示, 它满足方程 $(\Box-m^2)\Phi=0$, 而

$$\widetilde{\varphi}(x)=\varphi(x)-\varPhi(x). \tag{2.4.17}$$

式 (2.4.16) 可以进一步化简. 利用 $\pi(x)$, $\varphi(x)$ 和 $\varPhi(x)$ 的展式可得

$$\begin{aligned}\frac{1}{2}\int \mathrm{d}^3x(\dot{\varPhi}\varPhi+\pi\varphi)|_{-\infty}^{+\infty}=&\frac{\mathrm{i}}{4}\int \mathrm{d}\widetilde{\boldsymbol{k}}[\alpha_f^*(\boldsymbol{k})\alpha_f^*(-\boldsymbol{k})\mathrm{e}^{2\mathrm{i}\omega t}-\alpha_0(\boldsymbol{k})\alpha_0(-\boldsymbol{k})\mathrm{e}^{-2\mathrm{i}\omega t}\\&+\alpha^*(\boldsymbol{k},t)\alpha^*(-\boldsymbol{k},t)-\alpha(\boldsymbol{k},t)\alpha(-\boldsymbol{k},t)]|_{-\infty}^{-\infty}.\end{aligned} \tag{2.4.18}$$

上式右方各项都带有因子 $\mathrm{e}^{\pm\mathrm{i}\infty}$(对于后两项参见式 (2.4.22)), 按约定为零. 这样式 (2.4.16) 右方第一项中剩下的就是 $\int \mathrm{d}^3x(\dot{\varPhi}\ \varphi)|_{-\infty}^{+\infty}$. 此项正好与式 (2.4.14) 中的端点项消去. 于是式 (2.4.14) 中的被积函数化为

$$\exp\left\{-\mathrm{i}\int_{-\infty}^{+\infty}\mathrm{d}^4x\left[\frac{1}{2}\pi'^2+\frac{1}{2}(\partial_\mu\widetilde{\varphi})^2+\frac{1}{2}m^2\widetilde{\varphi}^2+\mathscr{H}_{\text{int}}(\varphi)\right]\right\}.$$

我们看到 $\pi'(x)$ 已与 $\varphi(x)$ 完全分离, 故对 π' 的积分可以积出, 其值为一个与 $\mathcal{S}$ 宗量无关的常数 (从式 (2.4.10b) 不难看出 $\pi'(x)$ 的端条件中不含 $\alpha_0(\boldsymbol{k})$ 和 $\alpha_f^*(\boldsymbol{k})$), 可以吸收到积分测度中去. 最后得出

$$\mathcal{S} = \int \mathrm{D}\varphi(\boldsymbol{x})\mathrm{e}^{-\mathrm{i}\int_{-\infty}^{+\infty}\mathrm{d}^4x[\frac{1}{2}(\partial_\mu\widetilde{\varphi})^2+\frac{1}{2}m^2\widetilde{\varphi}^2-\mathscr{L}_{\mathrm{int}}(\varphi)]}, \tag{2.4.19}$$

$$\mathscr{L}_{\mathrm{int}}(\varphi) = -\mathscr{H}_{\mathrm{int}}(\varphi).$$

$\mathcal{S}$ 的宗量包含在 $\widetilde{\varphi}$ 以及 $\varphi(\boldsymbol{x})$ 的端条件中.

式 (2.4.19) 具有协变的形式, 其中所含的不确定性将按式 (2.4.8) 的约定除去.

可以证明, 对式 (2.4.19) 的泛函积分实际有贡献的 $\varphi(x)$ 须满足下列端条件

$$\begin{aligned}\varphi(\boldsymbol{x}) &\to \int \mathrm{d}\widetilde{\boldsymbol{k}}\frac{1}{(2\pi)^{3/2}}[\alpha_0(\boldsymbol{k})\mathrm{e}^{\mathrm{i}kx} + \alpha_{\mathrm{in}}^*(\boldsymbol{k})\mathrm{e}^{-\mathrm{i}kx}],\ t\to-\infty,\\ \varphi(\boldsymbol{x}) &\to \int \mathrm{d}\widetilde{\boldsymbol{k}}\frac{1}{(2\pi)^{3/2}}[\alpha_{\mathrm{out}}(\boldsymbol{k})\mathrm{e}^{\mathrm{i}kx} + \alpha_f^*(\boldsymbol{k})\mathrm{e}^{-\mathrm{i}kx}],\ t\to+\infty.\end{aligned} \tag{2.4.20}$$

即 $\varphi(x)$ 在 $|t|\to\infty$ 时满足自由场方程, 而且其中 $\alpha_0(\boldsymbol{k})$ 和 $\alpha_f(\boldsymbol{k})$ 为给定的端值 ($\mathcal{S}$ 的宗量), $\alpha_{\mathrm{in}}^*(\boldsymbol{k})$ 与 $\alpha_{\mathrm{out}}(\boldsymbol{k})$ 的值没有限定.

证明简述如下：在式 (2.4.14) 对 $\pi'(x)$ 积分时, 实际有贡献的 $\pi'(x)$ 应使得 $\int_{-\infty}^{+\infty}\mathrm{d}t\int \mathrm{d}\boldsymbol{x}\pi'^2(x)$ 为有限值 (不是无穷大). 于是, 在 $|t|\to\infty$ 时, $\pi'(x)$ 应足够快地趋于零. 按照定义, $\pi'(x)$ 可表为

$$\pi'(x) = \int \mathrm{d}\widetilde{\boldsymbol{k}}\frac{1}{(2\pi)^{3/2}}\cdot[(\mathrm{i}\omega\alpha^*(\boldsymbol{k},t) - \dot{\alpha}^*(\boldsymbol{k},t))\mathrm{e}^{-\mathrm{i}\boldsymbol{k}\cdot\boldsymbol{x}} - (\mathrm{i}\omega\alpha(\boldsymbol{k},t) + \dot{\alpha}(\boldsymbol{k},t))\mathrm{e}^{\mathrm{i}\boldsymbol{k}\cdot\boldsymbol{x}}]. \tag{2.4.21}$$

要求 $\pi'(x)$ 在 $|t|\to\infty$ 时趋于零, $\alpha(\boldsymbol{k},t)$ 和 $\alpha^*(\boldsymbol{k},t)$ 就必须满足下述渐近条件

$$\left.\begin{aligned}\dot{\alpha}(\boldsymbol{k},t) + \mathrm{i}\omega\alpha(\boldsymbol{k},t) &\to 0,\\ \dot{\alpha}^*(\boldsymbol{k},t) - \mathrm{i}\omega\alpha^*(\boldsymbol{k},t) &\to 0,\end{aligned}\right. \quad \text{当 } |t|\to\infty \text{ 时}. \tag{2.4.22}$$

即 $\alpha(\boldsymbol{k},t)$ 和 $\alpha^*(\boldsymbol{k},t)$ 在 $|t|\to\infty$ 时都像自由场一样变化. 再加上原来的端条件式 (2.4.7) 即得出式 (2.4.20).

端条件式 (2.4.20) 也可用 $\widetilde{\varphi}(x)$ 的渐近行为来表述,

$$\widetilde{\varphi}(x) \to \begin{cases}\displaystyle\int \mathrm{d}\widetilde{\boldsymbol{k}}\frac{1}{(2\pi)^{3/2}}\beta_0^*(\boldsymbol{k})\mathrm{e}^{-\mathrm{i}kx}, t\to-\infty\\ \displaystyle\int \mathrm{d}\widetilde{\boldsymbol{k}}\frac{1}{(2\pi)^{3/2}}\beta_f(\boldsymbol{k})\mathrm{e}^{\mathrm{i}kx}, t\to+\infty\end{cases} \tag{2.4.23}$$

这种端条件, 即 $|t| \to \infty$ 时满足自由场方程而且 $t \to -\infty$ 时只有负频率 $(\mathrm{e}^{\mathrm{i}\omega t})$ 部分, $t \to +\infty$ 时只有正频率部分 $(\mathrm{e}^{-\mathrm{i}\omega t})$, 称为费恩曼端条件. 满足费恩曼端条件的函数 $\widetilde{\varphi}(x)$, 具有下列性质:

i)

$$\int (\partial_\mu \widetilde{\varphi} \partial_\mu \widetilde{\varphi} + m^2 \widetilde{\varphi}^2) \mathrm{d}^4 x = -\int \widetilde{\varphi}(\Box - m^2) \widetilde{\varphi} \mathrm{d}^4 x. \tag{2.4.24}$$

这是因为

$$\int \partial_\mu \widetilde{\varphi} \partial_\mu \widetilde{\varphi} \mathrm{d}^4 x = \int \partial_\mu (\widetilde{\varphi} \partial_\mu \widetilde{\varphi}) \mathrm{d}^4 x - \int \widetilde{\varphi} \Box \widetilde{\varphi} \mathrm{d}^4 x,$$

而第一项通过三维空间中的高斯定理可化为

$$\begin{aligned} -\int \partial_0 (\widetilde{\varphi} \partial_0 \widetilde{\varphi}) \mathrm{d}^4 x &= -\int \mathrm{d}^3 x \widetilde{\varphi} \partial_0 \widetilde{\varphi} \Big|_{t=-\infty}^{t=+\infty} \\ &= \frac{\mathrm{i}}{2} \int \mathrm{d}\widetilde{\boldsymbol{k}} [\beta_0^*(\boldsymbol{k}) \beta_0^*(-\boldsymbol{k}) \mathrm{e}^{2\mathrm{i}\omega t_0} - \beta_f(\boldsymbol{k}) \beta_f(-\boldsymbol{k}) \mathrm{e}^{-2\mathrm{i}\omega t_f}]_{t_f=+\infty, t_0=-\infty}. \end{aligned}$$

按照约定它等于零.

ii) 若 $\widetilde{\varphi}$ 满足方程

$$(\Box - m^2) \widetilde{\varphi} = -j \tag{2.4.25}$$

及费恩曼端条件, 则解唯一确定:

$$\widetilde{\varphi}(x) = \mathrm{i} \int \Delta_F (x - x') j(x') \mathrm{d}^4 x', \tag{2.4.26}$$

其中, $\Delta_F(x)$ 由下式表示

$$\Delta_F(x) = \frac{-\mathrm{i}}{(2\pi)^4} \int \mathrm{d}^4 k \frac{\mathrm{e}^{\mathrm{i}kx}}{k^2 + m^2 - \mathrm{i}\varepsilon}. \tag{2.4.27}$$

这是因为 $\mathrm{i}\Delta_F(x)$ 为 $(-\Box + m^2)$ 的逆而且满足费恩曼端条件. 后一性质通过积出"上式右方对 k_0"的积分即可证明. 我们知道 $(-\Box + m^2)$ 的逆 (即克莱因–戈登方程的格林函数) 并不唯一, 需要加端条件才有确切意义. 从费恩曼端条件所确定的格林函数即为 $\mathrm{i}\Delta_F(x)$.

从式 (2.4.26) 还可得出, 满足齐次方程

$$(\Box - m^2) \widetilde{\varphi} = 0 \tag{2.4.28}$$

及费恩曼端条件的解为

$$\widetilde{\varphi} \equiv 0. \tag{2.4.29}$$

利用式 (2.4.24), $\hat{S}$ 的正规核又可表为

$$\mathcal{S}=\int \mathrm{D}\widetilde{\varphi}(x)\mathrm{e}^{\mathrm{i}\int_{-\infty}^{\infty}\mathrm{d}^4x[\frac{1}{2}\widetilde{\varphi}(\Box-m^2)\widetilde{\varphi}+\mathscr{L}_{\mathrm{int}}(\varphi)]}. \tag{2.4.30}$$

这就是我们所要推导的结果. 将上式中所含的 φ 化成算符 $(\alpha_f^*(\boldsymbol{k})\to\hat{c}^+(\boldsymbol{k}),\alpha_0(k)\to\hat{c}(\boldsymbol{k}))$, 并加上正规编序符号, 即化出 $\hat{S}$ 算符. 这样得出的 $\hat{S}$ 已经正规编序, 故它在初终态之间的矩阵元容易得出.

3. 实标量场与经典外源的作用

作为讨论"微扰展开"的准备, 我们先来考察实标量场与经典外源相互作用的情况.

在算符量子化中, 经典外源 $j(x)$ 为给定的 c 函数, 不是算符. 于是实标量场与经典外源的相互作用哈密顿算符为

$$\hat{H}_{\mathrm{int}}=-\int j(x)\hat{\varphi}(x)\mathrm{d}^3x. \tag{2.4.31}$$

对于实标量场, $j(x)$ 为实函数. 在浸渐移引假定下,

$$j(x)\to 0,\ \text{当}|t|\to\infty\ \text{时}. \tag{2.4.32}$$

在泛函积分量子化中, H_{int} 已不是算符,

$$H_{\mathrm{int}}=-\int j(x)\varphi(x)\mathrm{d}^3x, \tag{2.4.33}$$

$j(x)$ 的经典性表现在：不对它作泛函积分.

将式 (2.4.33) 中的 $\varphi(x)$ 用展式 (2.4.10) 第一式代入, 对 x 积分后得

$$H_{\mathrm{int}}=\int \mathrm{d}\widetilde{\boldsymbol{k}}[\gamma^*(\boldsymbol{k},t)\alpha(\boldsymbol{k},t)+\gamma(\boldsymbol{k},t)\alpha^*(\boldsymbol{k},t)], \tag{2.4.34}$$

其中①

$$\gamma(\boldsymbol{k},t)=-\frac{1}{(2\pi)^{3/2}}\int j(\boldsymbol{x},t)\cdot\mathrm{e}^{-\mathrm{i}\boldsymbol{k}\cdot\boldsymbol{x}}\mathrm{d}^3\boldsymbol{x}. \tag{2.4.35}$$

于是 $\hat{S}$ 的全纯表示为

$$\begin{aligned}S(\alpha_f^*(\boldsymbol{k}),\alpha_0(\boldsymbol{k}))=\lim_{\substack{t_0\to-\infty\\ t_f\to+\infty}}&\int \mathrm{D}^2\alpha(\boldsymbol{k},t)\exp\Big\{\frac{1}{2}\int \mathrm{d}\widetilde{\boldsymbol{k}}\Big[\alpha_f^*(\boldsymbol{k})\mathrm{e}^{\mathrm{i}\omega t_f}\alpha(\boldsymbol{k},t_f)\\&+\alpha^*(\boldsymbol{k},t_0)\alpha_0(\boldsymbol{k})\mathrm{e}^{-\mathrm{i}\omega t_0}\Big]\\&+\int_{t_0}^{t_f}\mathrm{d}t\int \mathrm{d}\widetilde{\boldsymbol{k}}\left[\frac{1}{2}(\dot{\alpha}^*\alpha-\alpha^*\dot{\alpha})-\mathrm{i}\omega\alpha^*\alpha-\mathrm{i}\gamma\alpha^*-\mathrm{i}\gamma^*\alpha\right]\Big\}\end{aligned} \tag{2.4.36}$$

① $j(\boldsymbol{x},t)$ 也可用 $\gamma(\boldsymbol{k},t)$ 表示出来, 结果为 $j(\boldsymbol{x},t)=-\frac{1}{(2\pi)^{3/2}}\int\gamma(\boldsymbol{k},t)\mathrm{e}^{\mathrm{i}\boldsymbol{k}\cdot\boldsymbol{x}}\mathrm{d}^3k$.

这里的对 α 和 α^* 的泛函积分仍为高斯型积分, 其中二次项的形式与自由场相同. 通过对指数中的函数作变分以确定其极值, 即可算出此泛函积分. 结果为

$$S(\alpha_f^*(\boldsymbol{k}),\alpha_0(\boldsymbol{k}))=\mathrm{e}^{\int \mathrm{d}\widetilde{\boldsymbol{k}}\alpha_f^*(\boldsymbol{k})\alpha_0(\boldsymbol{k})+\mathrm{i}\int j(x)\Phi(x)\mathrm{d}^4x-\frac{1}{2}\int j(x)\Delta_F(x-x')j(x')\mathrm{d}^4x\mathrm{d}^4x'}. \tag{2.4.37}$$

式 (2.4.37) 的推导如下. 从变分得出的极值条件为

$$\begin{aligned}&\dot{\alpha}+\mathrm{i}\omega\alpha+\mathrm{i}\gamma=0,\\&\dot{\alpha}^*-\mathrm{i}\omega\alpha^*-\mathrm{i}\gamma^*=0.\end{aligned} \tag{2.4.38}$$

此方程也就是所考虑情况的经典运动方程. 从上式和端条件

$$\begin{aligned}&\alpha_f^*(\boldsymbol{k},t_f)=\alpha_f^*(\boldsymbol{k})\mathrm{e}^{\mathrm{i}\omega t_f},\quad t_f\to+\infty\\&\alpha_0(\boldsymbol{k},t_0)=\alpha_0(\boldsymbol{k})\mathrm{e}^{-\mathrm{i}\omega t_0},\quad t_0\to-\infty\end{aligned} \tag{2.4.39}$$

解出极值函数 α 和 α^* 为

$$\begin{aligned}&\alpha_s(\boldsymbol{k},t)=\alpha_0(\boldsymbol{k})\mathrm{e}^{-\mathrm{i}\omega t}-\mathrm{i}\int_{-\infty}^{t}\mathrm{e}^{-\mathrm{i}\omega(t-t')}\gamma(\boldsymbol{k},t')\mathrm{d}t',\\&\alpha_s^*(\boldsymbol{k},t)=\alpha_f^*(\boldsymbol{k})\mathrm{e}^{\mathrm{i}\omega t}-\mathrm{i}\int_{t}^{\infty_f}\mathrm{e}^{\mathrm{i}\omega(t-t')}\gamma^*(\boldsymbol{k},t')\mathrm{d}t'.\end{aligned} \tag{2.4.40}$$

于是式 (2.4.36) 指数中第一个积分 (端点项) 在极值处等于

$$\int \mathrm{d}\widetilde{\boldsymbol{k}}\alpha_f^*(\boldsymbol{k})\alpha_0(\boldsymbol{k})+\frac{\mathrm{i}}{2}\int j(x)\Phi(x)\mathrm{d}^4x. \tag{2.4.41}$$

指数中第二个积分 (作用量项) 在极值处可化为 (利用式 (2.4.38))

$$-\frac{\mathrm{i}}{2}\int \mathrm{d}t\int \mathrm{d}\widetilde{\boldsymbol{k}}(\gamma\alpha_s^*+\gamma^*\alpha_s)=\frac{\mathrm{i}}{2}\int j(x)\varphi_s(x)\mathrm{d}^4x, \tag{2.4.42}$$

其中

$$\begin{aligned}\varphi_s(x)&=\int \mathrm{d}\widetilde{\boldsymbol{k}}\frac{1}{(2\pi)^{3/2}}[\alpha_s(\boldsymbol{k},t)\mathrm{e}^{\mathrm{i}\boldsymbol{k}\cdot\boldsymbol{x}}+\alpha_s^*(\boldsymbol{k},t)\mathrm{e}^{-\mathrm{i}\boldsymbol{k}\cdot\boldsymbol{x}}].\\&=\Phi(x)-\frac{\mathrm{i}}{(2\pi)^{3/2}}\int \mathrm{d}\widetilde{\boldsymbol{k}}\bigg[\int_{-\infty}^{t}\mathrm{d}t'\cdot\mathrm{e}^{-\mathrm{i}\omega(t-t')}\gamma(\boldsymbol{k},t')\mathrm{e}^{\mathrm{i}\boldsymbol{k}\cdot\boldsymbol{x}}\\&\quad+\int_{t}^{\infty}\mathrm{d}t'\mathrm{e}^{\mathrm{i}\omega(t-t')}\gamma^*(\boldsymbol{k},t)\mathrm{e}^{-\mathrm{i}\boldsymbol{k}\cdot\boldsymbol{x}}\bigg]\\&=\Phi(x)+\mathrm{i}\int \Delta_F(x-x')j(x')\mathrm{d}^4x'.\end{aligned} \tag{2.4.43}$$

最后一等式可证明如下:

$$\begin{aligned}\mathrm{i}\int \Delta_F(x-x')j(x')\mathrm{d}^4x'&=-\frac{1}{(2\pi)^{11/2}}\int \mathrm{d}^4k\int \mathrm{d}^4x'\int \mathrm{d}^3k'\frac{\mathrm{e}^{\mathrm{i}k(x-x')}}{k^2+m^2-\mathrm{i}\varepsilon}\gamma(\boldsymbol{k}',t')\mathrm{e}^{\mathrm{i}\boldsymbol{k}'\cdot\boldsymbol{x}'}\\&=-\frac{1}{(2\pi)^{5/2}}\int \mathrm{d}t'\int \mathrm{d}^4k\mathrm{e}^{\mathrm{i}\boldsymbol{k}\cdot\boldsymbol{x}-\mathrm{i}k_0(t-t')}\frac{1}{k^2+m^2-\mathrm{i}\varepsilon}\gamma(\boldsymbol{k},t'),\end{aligned}$$

应用回路积分方法对 k_0 积分, 当 $t-t'>0$ 时回路可补以下半圆, $t-t'<0$ 时补以上半圆, 由此即得出

$$-\frac{\mathrm{i}}{(2\pi)^{3/2}}\left[\int_{-\infty}^{t}\mathrm{d}t'\int \mathrm{d}\widetilde{\boldsymbol{k}}\mathrm{e}^{\mathrm{i}\boldsymbol{k}\cdot\boldsymbol{x}-\mathrm{i}\omega(t-t')}\gamma(\boldsymbol{k},t')+\int_{t}^{\infty}\mathrm{d}t'\int \mathrm{d}\widetilde{\boldsymbol{k}}\mathrm{e}^{\mathrm{i}\boldsymbol{k}\cdot\boldsymbol{x}+\mathrm{i}\omega(t-t')}\gamma(\boldsymbol{k},t')\right]$$

利用 $j(\boldsymbol{x},t)$ 为实函数, 后项中的 $\int \mathrm{d}\widetilde{\boldsymbol{k}}\mathrm{e}^{\mathrm{i}\boldsymbol{k}\cdot\boldsymbol{x}}\gamma(\boldsymbol{k},t')$ 可化为 $\int \mathrm{d}\widetilde{\boldsymbol{k}}\mathrm{e}^{-\mathrm{i}\boldsymbol{k}\cdot\boldsymbol{x}}\gamma^*(\boldsymbol{k},t')$. 这就完成了式 (2.4.43) 的证明.

将式 (2.4.41), (2.4.42) 和 (2.4.43) 综合起来就得出指数的极值为

$$\int \mathrm{d}\widetilde{\boldsymbol{k}}\alpha_f^*(\boldsymbol{k})\alpha_0(\boldsymbol{k})+\mathrm{i}\int j(x)\varPhi(x)\mathrm{d}^4x-\frac{1}{2}\int j(x)\varDelta_F(x-x')j(x')\mathrm{d}^4x\mathrm{d}^4x'.$$

泛函行列式与 j 无关, 因而仍等于 1. 这样就得出式 (2.4.37).

我们还看到, 端条件式 (2.4.39) 自动导致在式 (2.4.43) 和 (2.4.37) 中出现的格林函数为费恩曼格林函数 $\mathrm{i}\varDelta_F$.

从式 (2.4.37) 立即可得 $\hat{S}$ 的正规核为

$$\mathcal{S}(\alpha_f^*,\alpha_0)=\exp\left(\mathrm{i}\int j(x)\varPhi(x)\mathrm{d}^4x-\frac{1}{2}\int j(x)\cdot\varDelta_F(x-x')j(x')\mathrm{d}^4x\mathrm{d}^4x'\right)\quad(2.4.44)$$

以上结果是从全纯表象来计算的, 下面来说明, 直接从式 (2.4.30) 出发通过变分定极值来计算, 也可得出相同的结果.

将式 (2.4.30) 中的 $\mathscr{L}_{\mathrm{int}}$ 用下式

$$\mathscr{L}_{\mathrm{int}}(\varphi)=j(x)\varphi(x)\quad(2.4.45)$$

代入, 得

$$\begin{aligned}\mathcal{S}&=\int \mathrm{D}\varphi(x)\mathrm{e}^{\mathrm{i}\int \mathrm{d}^4x[\frac{1}{2}\widetilde{\varphi}(\Box-m^2)\widetilde{\varphi}+j\varphi]}\\&=\mathrm{e}^{\mathrm{i}\int j(x)\varPhi(x)\mathrm{d}^4x}\int \mathrm{D}\widetilde{\varphi}(x)\mathrm{e}^{\mathrm{i}\int \mathrm{d}^4x[\frac{1}{2}\widetilde{\varphi}(\Box-m^2)\widetilde{\varphi}+j\widetilde{\varphi}]}.\end{aligned}\quad(2.4.46)$$

在后等式中, 利用了式 (2.4.17). 对指数函数变分后即得出极值方程为

$$(\Box-m^2)\widetilde{\varphi}=-j.\quad(2.4.47)$$

$\widetilde{\varphi}$ 满足费恩曼端条件, 于是解出

$$\widetilde{\varphi}_s(x)=\mathrm{i}\int \varDelta_F(x-x')j(x')\mathrm{d}^4x'.\quad(2.4.48)$$

利用式 (2.4.47) 和 (2.4.48) 即得式 (2.4.46) 被积函数中指数的极值为

$$\mathrm{i}\int \mathrm{d}^4x\frac{1}{2}j\widetilde{\varphi}_s=-\frac{1}{2}\int \mathrm{d}^4x\mathrm{d}^4x'j(x)\varDelta_F(x-x')j(x').$$

于是亦得出式 (2.4.44), 即与“从全纯表象原始公式 (2.4.36) 求出的结果”一致. 这样我们以后可以直接从式 (2.4.30) 来处理.

4. S 算符的微扰展开

有了以上准备, 我们就可进行 S 算符微扰展开的讨论.

考虑实标量场自作用的情况. 设相互作用哈密顿量密度为$\mathscr{H}_{\text{int}}(\varphi)$, 按式(2.4.30)$S$ 算符的正规核为

$$\mathcal{S}=\int \mathrm{D}\varphi(x)\mathrm{e}^{\mathrm{i}\int \mathrm{d}^4x[\frac{1}{2}\widetilde{\varphi}(\Box-m^2)\widetilde{\varphi}-\mathscr{H}_{\text{int}}(\varphi)]}. \tag{2.4.49}$$

由于指数中有 $\mathscr{H}_{\text{int}}(\varphi)$ 项, 这一泛函积分不能直接积出. 我们要设法从泛函积分号内把这一项提出去. 为此引入附加的外源 $j(x)$,利用 $\dfrac{\delta}{\mathrm{i}\delta j(y)}\mathrm{e}^{\mathrm{i}\int \mathrm{d}^4xj(x)\varphi(x)}=\varphi(y)\mathrm{e}^{\mathrm{i}\int \mathrm{d}^4xj(x)\varphi(x)}$ 即可将上式表为

$$\mathcal{S}=\mathrm{e}^{-\mathrm{i}\int \mathscr{H}_{\text{int}}(\frac{\delta}{\mathrm{i}\delta j(y)})\mathrm{d}^4y}\int \mathrm{D}\varphi(x)\mathrm{e}^{\mathrm{i}\int \mathrm{d}^4x[\frac{1}{2}\widetilde{\varphi}(\Box-m^2)\widetilde{\varphi}+j\varphi]}\Big|_{j=0.} \tag{2.4.50}$$

这里的 $j(x)$ 只是中间工具, 因此在作完泛函微商后应取为零.

式 (2.4.50) 中的泛函积分已经化成高斯型积分, 此积分在前面实际上已求出, 即式 (2.4.44). 将它代入式 (2.4.50) 后得

$$\mathcal{S}=\mathrm{e}^{-\mathrm{i}\int \mathscr{H}_{\text{int}}(\frac{\delta}{\mathrm{i}\delta j(y)})\mathrm{d}^4y}\mathrm{e}^{\mathrm{i}\int j(x)\varPhi(x)\mathrm{d}^4x-\frac{1}{2}\int j(x)\varDelta_F(x-x')j(x')\mathrm{d}^4x\mathrm{d}^4x'}\Big|_{j=0,} \tag{2.4.51}$$

其中, $\varPhi(x)$ 的表达式见式 (2.4.9). 前已指出, 有了正规核就可写出 $\hat{S}$ 算符本身,

$$\hat{S}=:\mathrm{e}^{-\mathrm{i}\int \mathscr{H}_{\text{int}}(\frac{\delta}{\mathrm{i}\delta j(y)})\mathrm{d}^4y}W[j,\hat{\varphi}]\Big|_{j\equiv 0}:, \tag{2.4.52}$$

其中

$$\begin{aligned}W[j,\hat{\varphi}]&=\mathrm{e}^{\mathrm{i}\int j(x)\hat{\varphi}(x)\mathrm{d}^4x-\frac{1}{2}\int j(x)\Delta_F(x-x')j(x')\mathrm{d}^4x\mathrm{d}^4x'},\\ \hat{\varphi}(x)&=\int \mathrm{d}\hat{k}\frac{1}{(2\pi)^{3/2}}[\hat{c}(\boldsymbol{k})\mathrm{e}^{\mathrm{i}kx}+\hat{c}^{+}(\boldsymbol{k}\mathrm{e}^{-\mathrm{i}kx})].\end{aligned} \tag{2.4.53}$$

式 (2.4.52) 就是我们所要推求的 $\hat{S}$ 表达式. 它已不含泛函积分, 但却带有泛函微商的算符 $\mathrm{e}^{-\mathrm{i}\int \mathscr{H}_{\text{int}}(\frac{\delta}{\mathrm{i}\delta j(y)})\mathrm{d}^4y}$. 从这一表达式可以立即得出通常的微扰论展开.

式 (2.4.52) 右方已经是算符的正规乘积, 因此我们只需将 $\mathrm{e}^{-\mathrm{i}\int \mathscr{H}_{\text{int}}(\frac{\delta}{\mathrm{i}\delta j(y)})\mathrm{d}^4y}$ 按 $\mathscr{H}_{\text{int}}$ 的幂次展开就得出微扰论的结果,

$$\hat{S}=\sum_n \hat{S}^{(n)},$$

$$\hat{S}^{(n)}=:\frac{1}{n!}(-\mathrm{i})^n\left[\int \mathscr{H}_{\text{int}}\cdot\left(\frac{\delta}{\mathrm{i}\delta j(y)}\right)\mathrm{d}^4y\right]^n W[j,\hat{\varphi}]\Big|_{j=0}:. \tag{2.4.54}$$

具体计算 $\hat{S}^{(n)}$ 时, 可以先将 $W[j,\hat{\varphi}]$ 展开成级数,

$$W[j,\hat{\varphi}]=\sum_m \frac{1}{m!}\left[\mathrm{i}\int j(x)\hat{\varphi}(x)\mathrm{d}^4x-\frac{1}{2}\int j(x)\Delta_F(x-x')j(x')\mathrm{d}^4x\mathrm{d}^4x'\right]^m. \quad (2.4.55)$$

当 $\left[\int \mathscr{H}_{\mathrm{int}}\left(\frac{\delta}{\mathrm{i}\delta j(y)}\right)\mathrm{d}^4y\right]^n$ 作用到此无穷级数上后, 再令 $j(x)=0$, 则只有有限的项不为零. 例如, $\mathscr{H}_{\mathrm{int}}=\frac{1}{3!}g\varphi^3$ 的情况①, 这时在式 (2.4.55) 的无穷级数中只是那些含 j^{3n} 次幂的项才有贡献. 因当 j 的幂次小于 $3n$ 时, 微商为零, 而当 j 的幂次大于 $3n$ 时, 微商后仍剩有 j, 取 j 为零时亦化为零.

我们将微扰论计算的过程图解如下. 首先式 (2.4.55) 可图示为 (图 2.4.1).

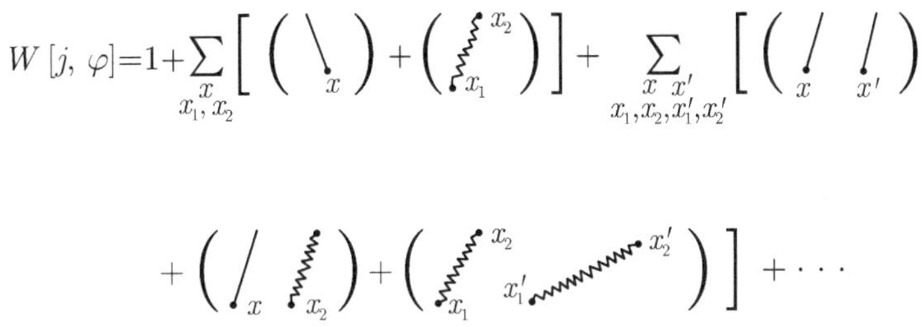

图 2.4.1

图 2.4.1 所示为 $m=0,\ 1,\ 2$ 的项, 其中小圆点 • 代表源 j, 波纹线代表 Δ_F, 直线代表 $\hat{\varphi}$; ╲• 表示场 $\hat{\varphi}$ 与源 j 的作用; x_1 ∿∿∿ x_2 表示 x_1 处的源产生的场传到 x_2, 又被源所吸收.

当 $(-\mathrm{i})^n\mathscr{H}_{\mathrm{int}}\left(\frac{\delta}{\mathrm{i}\delta j(y_1)}\right)\mathscr{H}_{\mathrm{int}}\left(\frac{\delta}{\mathrm{i}\delta j(y_2)}\right)\cdots\mathscr{H}_{\mathrm{int}}\left(\frac{\delta}{\mathrm{i}\delta j(y_n)}\right)$ 作用到 $W[j,\hat{\varphi}]$ 上后, 就从上图线元集合中构造出一些图形. 例如 $n=1$ 的情形, $-\mathrm{i}\mathscr{H}_{\mathrm{int}}\left(\frac{\delta}{\mathrm{i}\delta j(y)}\right)=-\mathrm{i}\frac{g}{3!}\left[\frac{\delta}{\mathrm{i}\delta j(y)}\right]^3$ 的作用就是把三个源 $j(y)$ 消掉而结成一个顶点, 其结果可图示为图 2.4.2

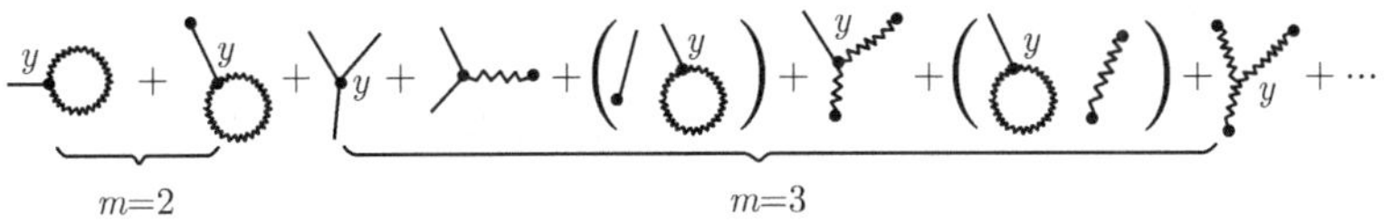

图 2.4.2

---

① 这不是一个物理上稳定的理论, 纯粹是为了简化图形而以它为例.

又如 $(-\mathrm{i})^2\mathscr{H}_{\mathrm{int}}\left(\dfrac{\delta}{\mathrm{i}\delta j(y_1)}\right)\mathscr{H}_{\mathrm{int}}\left(\dfrac{\delta}{\mathrm{i}\delta j(y_2)}\right)$ 将构造出如图 2.4.3 所示图形.

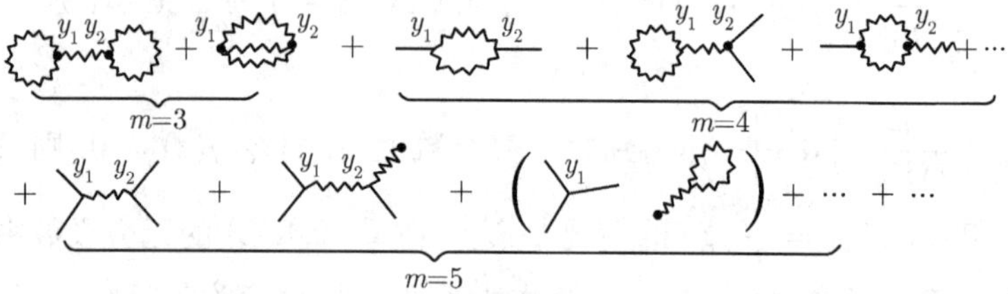

图 2.4.3

在令 $j=0$ 后, 凡带有“源 ·”的图都将为零. 于是图 2.4.2 中就只剩下如图 2.4.4 所示形状.

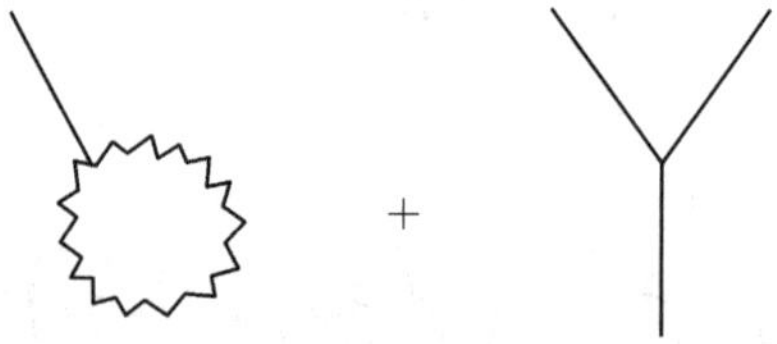

图 2.4.4

而图 2.4.3 中只剩如图 2.4.5 所示形状.

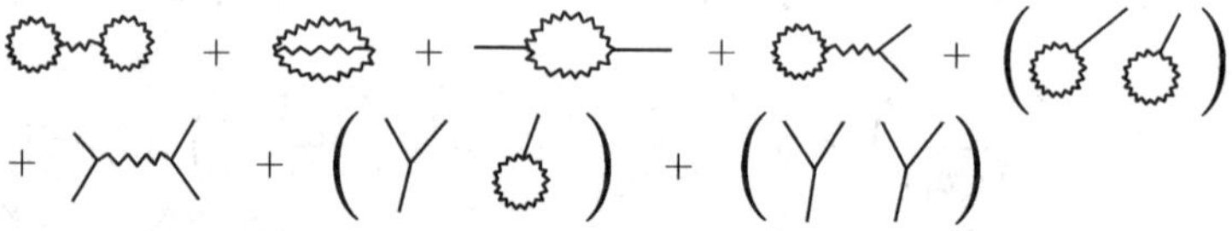

图 2.4.5

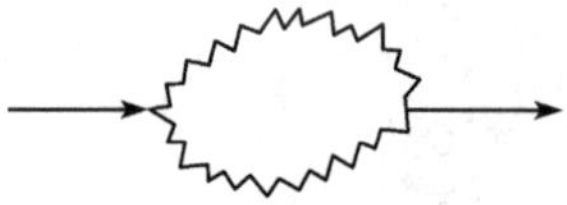

图 2.4.6

(2.4.54) 第二式右方已是正规乘积, 吸收算符都排在发射算符的右边, 于是在取矩阵元后, 图中所有的直线 (它本代表 $\hat{\varphi}$) 都将成为外线. 图中弯线代表自由传播子, 而每个 $(-\mathrm{i}\mathscr{H}_{\mathrm{int}})$ 构造出一个顶点. 这些结果与过去微扰论中的费恩曼规则完全一致. 在以上图解中, 我们没有标出每项的系数. 如果标出这些系数, 则算出的 S 矩阵之中, 还将自动包含对称性因子.

例如, 看图 2.4.6, 它带有四条线, 故由 $W[j,\hat{\varphi}]$ 中 $m=4$ 的项所贡献. 从式

(2.4.55) 不难得出, $m=4$ 的项中含两个 $\hat{\varphi}$ 两个 Δ_F 的子项所带的系数为 $\frac{1}{4!}C_2^4\left(\frac{1}{2}\right)^2$. 图 2.4.6 含两个顶点, 它由 $\hat{S}^{(2)}$ 所贡献. $\frac{1}{2!}\mathscr{H}_{\rm int}(y_1)\mathscr{H}_{\rm int}(y_2)$ 带数值因子 $\frac{1}{2!}\left(\frac{1}{3!}\right)^2$. 对 y_1 和 y_2 作泛函微商时, 先要将 6 个 j 分在两组, 与图 2.4.6 相应的分法共 2^3 个, 微商时又将出现 $(3!)^2$. 最后将 $\hat{\varphi}$ 分成 $\hat{\varphi}^{(+)}$ 和 $\hat{\varphi}^{(-)}$ 并展开时, 共有四项. 由于已正规编序对我们所考虑的矩阵元 (初末态各有一个粒子) 有贡献的为两项. 故又出现因子 2. 总起来得数值系数为 $\frac{1}{2}$. 这就是该 S 矩阵元的对称性因子.

5. 格林函数的生成泛函

我们来考察同时有 $\mathscr{H}_{\rm int}$ 和附加外源 $j(x)$(当 $|t|\to\infty$ 时, $j(x)\to 0$) 情况下, 从真空到真空态的 S 矩阵元 $(0|S|0)_{j(x)}$. 这里 $|0)$ 代表作用图像中的真空态, 脚标 $j(x)$ 表示存在附加经典源. 不难看出, 此矩阵元就等于 $\mathcal{S}(\varPhi=0,j)$. 下面我们用 $Z[j]$ 来表示它. 由式 (2.4.30)

$$Z[j]=\int \mathrm{D}\varphi \mathrm{e}^{\mathrm{i}\int \mathrm{d}^4x[\frac{1}{2}\varphi(\Box-m^2)\varphi-\mathscr{H}_{\rm int}(\varphi)+\mathrm{j}\varphi]}, \tag{2.4.56}$$

其中, $\varphi(x)$ 满足费恩曼端条件, $Z[j]$ 也等于 $\varPhi$ 取零但最后不将 j 取零时的式 (2.4.51). 即

$$Z[j]=\mathrm{e}^{-\mathrm{i}\int \mathscr{H}_{\rm int}\left(\frac{\delta}{\mathrm{i}\delta j(y)}\right)\mathrm{d}^4y}\mathrm{e}^{-\frac{1}{2}\int j(x)\Delta_F(x-x')j(x')\mathrm{d}^4x\mathrm{d}^4x'}. \tag{2.4.57}$$

我们将按照条件

$$Z[0]=1 \tag{2.4.58}$$

来规格化 $Z[j]$, 所需的规格常数将包含在积分的测度之内, 不另行写出.

下面来指出 $Z[j]$ 即为第 1 章所定义的格林函数生成泛函. 由式 (2.4.56)

$$\frac{1}{\mathrm{i}^n}\frac{\delta^n Z[j]}{\delta j(x_1)\cdots\delta j(x_n)}\bigg|_{j=0}=\int \mathrm{D}\varphi\varphi(x_1)\cdots\varphi(x_n)$$

$$\mathrm{e}^{\mathrm{i}\int \mathrm{d}^4x[\frac{1}{2}\varphi(\Box-m^2)\varphi-\mathscr{H}_{\rm int}(\varphi)]}=\langle 0|T\hat{\varphi}(x_1)\cdots\hat{\varphi}(x_n)|0\rangle. \tag{2.4.59}$$

在最后一个等式中, 我们应用了场算符编时乘积真空矩阵元的泛函积分表达式, 它是 2.1 节讨论的坐标算符的路径积分表达式的直接推广. 这就论证了 $Z[j]$ 为格林函数的生成泛函.

从式 (2.4.57) 可得出 $Z(j)$ 的微扰论图示, 结果与 $\mathcal{S}(\varPhi,j)$ 相似, 只是无外线 $\varPhi$.

以上讨论不仅给出了格林函数生成泛函 $Z[j]$ 的泛函积分表达式, 而且阐明了 Z 以及它的宗量函数 $j(x)$ 的物理意义: $j(x)$ 代表附加的经典外源, 这种外源产生出

场; 由不同点产生的场传播到一起时可通过 $\mathscr{H}_{\rm int}(\varphi)$ 相互作用; 最后所有场又被外源所吸收. $Z[j]$ 就是这种有附加外源时从真空到真空态的 S 矩阵元.

我们还可得出顶角函数生成泛函中的宗量 $\phi(x)$ 的物理意义. 根据式 (1.3.8)

$$\phi(y)=\frac{1}{\rm i}\frac{\delta Z_c[j]}{\delta j(y)}=\frac{1}{{\rm i}Z[j]}\frac{\delta Z[j]}{\delta j(y)}. \tag{2.4.60a}$$

将式 (2.4.56) 代入后即得

$$\begin{aligned}\phi(y)&=\frac{1}{Z[j]}\int{\rm D}\varphi\varphi(y){\rm e}^{{\rm i}\int{\rm d}^4x[\frac{1}{2}\varphi(\Box-m^2)\varphi-\mathscr{H}_{\rm int}(\varphi)+j\varphi]}\\&=\langle 0|\hat{\varphi}(y)|0\rangle_{j(x)}.\end{aligned} \tag{2.4.60b}$$

上式右方附加脚标 $j(x)$ 表示在附加外源存在的情况下, $\varphi(y)$ 在 '物理真空' 中的平均值. 当 $j(x)$ 存在时, 此平均值将不为零并由 $j(x)$ 决定 (因而是 j 的泛函). 当 $j(x)=0$ 时, $\phi(y)$ 一般为零, 但在特定条件下, $\phi(y)$ 也可能不为零, 对此我们将在以后讨论.

最后, 我们指出, $\hat{S}$ 算符也可以通过格林函数生成泛函 $Z[j]$ 表示出来. 为此, 我们将式 (2.4.52) 改写为①

$$\hat{S}=:{\rm e}^{-{\rm i}\int\mathscr{H}_{\rm int}(\frac{\delta}{{\rm i}\delta j(y)}){\rm d}^4y}{\rm e}^{-\int{\rm d}^4x\hat{\varphi}(x)(\Box-m^2)\frac{\delta}{\delta j(x)}}{\rm e}^{-\frac{1}{2}\int j(x_1)\Delta_F(x_1-x_2)j(x_2){\rm d}^4x_1{\rm d}^4x_2}\Big|_{j=0}: \tag{2.4.61a}$$

然后通过交换微商次序, 即得

$$\begin{aligned}\hat{S}&=:{\rm e}^{-\int{\rm d}^4x\hat{\varphi}(x)(\Box-m^2)\frac{\delta}{\delta j(x)}}{\rm e}^{-{\rm i}\int\mathscr{H}_{\rm int}(\frac{\delta}{{\rm i}\delta j(y)}){\rm d}^4y}{\rm e}^{-\frac{1}{2}\int j(x_1)\Delta_F(x_1-x_2)j(x_2){\rm d}^4x_1{\rm d}^4x_2}|_{=0}:\\&=:{\rm e}^{-\int{\rm d}^4x\hat{\varphi}(x)(\Box-m^2)\frac{\delta}{\delta j(x)}}Z[j]|_{j=0}:\end{aligned} \tag{2.4.61b}$$

在推导最后一等式中我们利用了式 (2.4.57). 这样, 从 $Z[j]$ 即可导出算符 $\hat{S}$.

从图解上看, $-\hat{\varphi}(x)(\Box-m^2)\dfrac{\delta}{\delta j(x)}$ 的作用光是通过 $\dfrac{\delta}{{\rm i}\delta j(x)}$ 消去一个外源点 ${\rm i}j(x)$, 然后通过 $-{\rm i}(\Box-m^2)$ 消去 Δ_F, 最后乘上 $\hat{\varphi}(x)$, 从而使一条 "端点上带 • 的波折形线" 变成了一条直外线.

关于重正化问题已在 1.3 节中讨论, 此处不再叙述.

---

① 利用

$$\begin{aligned}&\hat{\varphi}(x)(\Box-m^2)\frac{\delta}{\delta j(x)}{\rm e}^{-\frac{1}{2}\int^x j(x_1)\Delta_F(x_1-x_2)j(x_2){\rm d}^4x_1{\rm d}^4x_2}\\&=\hat{\varphi}(x)j(x){\rm e}^{-\frac{1}{2}\int j(x_1)\Delta_F(x_1-x_2)j(x_2){\rm d}^4x_1{\rm d}^4x_2},\end{aligned}$$

即得

$$\begin{aligned}&{\rm e}^{{\rm i}\int\hat{\varphi}(x)(\Box-m^2)\frac{\delta}{\delta j(x)}}{\rm e}^{-\frac{1}{2}\int j(x_1)\Delta_F(x_1-x_2)j(x_2){\rm d}^4x_1{\rm d}^4x_2}\\&={\rm e}^{{\rm i}\int\hat{\varphi}(x)j(x){\rm d}^4x-\frac{1}{2}\int j(x_1)\Delta_F(x_1-x_2)j(x_2){\rm d}^4x_1{\rm d}^4x_2}.\end{aligned}$$

上式右方亦即式 (2.4.52) 中的 $W[j.\hat{\varphi}]$.

2.5　稳相法和按圈数的展开, 单圈图的顶角函数生成泛函

稳相法是一种计算泛函积分的近似方法. 在有些文献和书中也称为最陡下降法. 用这种方法直接作泛函积分, 所算出的 $Z_{\mathrm{c}}[j]$(连接的格林函数生成泛函) 包括全部树图和一圈图的贡献. 在本节中我们还将证明, 顶角函数生成泛函按圈数的展开也就是按 "(外)$\hbar$" 的展开.

1. 稳相法

在 $Z[j]$ 的泛函积分表达式

$$Z[j]=\int \mathrm{D}\varphi(x)\mathrm{e}^{\mathrm{i}\Theta[\varphi,j]}$$

中, 被积函数是一个位相因子, 其中位相 Θ 是 $\varphi(x)$ 和 $j(x)$ 的泛函. 前已指出, 在使位相取极值的场函数 $\varphi_s(x)$ 处, 当 $\varphi(x)$ 有一微小变化即从 $\varphi_s(x)\to\varphi_s(x)+\delta\varphi(x)$ 时, 位相的一级变化量 $\delta\Theta=0$, 从而这些场函数对泛函积分的贡献是累加的. 而在其他场函数 $\varphi(x)$ 处, $\dfrac{\delta\Theta}{\delta\varphi}$ 不为零, 故邻近的场函数 $\varphi+\delta\varphi$ 所对应的相位与 φ 所对应的相位相比有一差值 $\delta\Theta$. 求和时将出现抵消. 这样, 选择 $\varphi_s(x)$ 作为展开 "点" 来作近似计算是有利的. 由于 $\mathscr{H}_{\mathrm{int}}(\varphi)$ 为 φ 的多项式, 所以这种展开只有有限的几项. 如果我们只取展开的前三项, 也就是说用一个二次式来逼近 Θ. 那么约化出的泛函积分就是高斯型积分, 可以直接积出. 这种处理方法, 由于是在稳相 "点" 附近作展开, 因此称为稳相法. $Z[j]$ 中的 Θ 可表为

$$\Theta[\varphi,j]=I[\varphi]+\int j(x)\varphi(x)\mathrm{d}^4x\equiv I[\varphi,j], \tag{2.5.1}$$

其中, $I[\varphi]$ 代表作用量. 极值函数 $\varphi_s(x)$ 满足下述经典场方程

$$\frac{\delta I(\varphi)}{\delta\varphi(x)}+j(x)=(\Box-m^2)\varphi(x)-\mathscr{H}'_{\mathrm{int}}(\varphi)+j(x)=0 \tag{2.5.2}$$

和费恩曼端条件. 上式中的 $\mathscr{H}'_{\mathrm{int}}(\varphi)$ 代表 $\mathscr{H}_{\mathrm{int}}(\varphi)$ 对 φ 的微商.

我们将泛函积分变量 $\varphi(x)$ 写成

$$\varphi(x)=\varphi_s(x)+\varphi'(x),$$

其中, $\varphi_s(x)$ 代表极值处的函数; $\varphi'(x)$ 代表 $\varphi(x)$ 对 $\varphi_s(x)$ 的偏离. 然后将 Θ 对 φ'

作展开. 利用 φ_s 满足式 (2.5.2) 即得

$$
\begin{aligned}
\Theta = & \int \left[\frac{1}{2}\varphi_s(\Box - m^2)\varphi_s - \mathscr{H}_{\text{int}}(\varphi_s) + j\varphi_s\right] \mathrm{d}^4x \\
& + \int \left[\frac{1}{2}\varphi'(\Box - m^2)\varphi' - \frac{1}{2}\mathscr{H}_{\text{int}}(\varphi_s)\varphi'^2\right] \mathrm{d}^4x \\
& - \int \left[\mathscr{H}_{\text{int}}(\varphi_s + \varphi') - \mathscr{H}_{\text{int}}(\varphi_s) - \mathscr{H}'_{\text{int}}(\varphi_s)\varphi' - \frac{1}{2}\mathscr{H}''_{\text{int}}(\varphi_s)\varphi'^2\right] \mathrm{d}^4x.
\end{aligned} \tag{2.5.3}
$$

注意, 到此为止我们没有作任何近似. 在

$$
\mathscr{H}_{\text{int}}(\varphi) = \frac{1}{3!}g\varphi^3 + \frac{1}{4!}\lambda\varphi^4
$$

的情况下, 式 (2.5.3) 最后一个积分等于

$$
-\int \left[\frac{1}{3!}(g + \lambda\varphi_s)\varphi'^3 + \frac{\lambda}{4!}\varphi'^4\right] \mathrm{d}^4x.
$$

也就是说, 式 (2.5.3) 的展开实际只到 $o(\varphi'^4)$ 项就终止, 总共只有 5 项.

如果我们在式 (2.5.3) 中略去最后一项积分, 那么 $Z[j]$ 就化为

$$
Z[j] = \mathrm{e}^{\mathrm{i}I[\varphi_s, j]} \int \mathrm{D}\varphi'(x) \mathrm{e}^{\mathrm{i}\int \frac{1}{2}\varphi'(\Box - m^2 - \mathscr{H}''_{\text{int}}(\varphi_s))\varphi' \mathrm{d}^4x}. \tag{2.5.4}
$$

这是一个高斯型积分, 可以积出. 与上述 $Z[j]$ 相应的 $Z_{\text{c}}[j]$ 为两项之和,

$$
Z_{\text{c}}[j] = Z_{\text{c}}^{(0)}[j] + Z_{\text{c}}^{(1)}[j], \tag{2.5.5}
$$

其中

$$
\begin{aligned}
Z_{\text{c}}^{[0]}[j] &= \mathrm{i}I[\varphi_s, j] = \mathrm{i}\int \mathrm{d}^4x \left[\frac{1}{2}\varphi_s(\Box - m^2)\varphi_s - \mathscr{H}_{\text{int}}(\varphi_s) + j\varphi_s\right], \\
Z_{\text{c}}^{(1)}[j] &= \ln \int \mathrm{D}\varphi'(x) \mathrm{e}^{\mathrm{i}\int \frac{1}{2}\varphi'(\Box - m^2 - \mathscr{H}''_{\text{int}}(\varphi_s))\varphi' \mathrm{d}^4x}
\end{aligned} \tag{2.5.6}
$$

我们先来考察 $Z_{\text{c}}^{(0)}[j]$. $Z_{\text{c}}^{(0)}[j]$ 中已不含泛函积分. 除因子 i 外, 它就等于带外源的作用量 I 用经典解 φ_s 代入后的值. 因此 $Z_{\text{c}}^{(0)}$ 称为 Z_{c} 的经典场函数近似 (或经典“路径”近似). 在

$$
\mathscr{H}_{\text{int}}(\varphi) = \frac{\lambda}{4!}\varphi^4
$$

的情况下, φ_s 满足的方程 (2.5.2), 即为

$$
(\Box - m^2)\varphi_s(x) - \frac{\lambda}{3!}\varphi_s^3(x) = -j(x). \tag{2.5.7}
$$

这是一个非线性方程, φ_s 的解可用微扰论求出. 求解时先将 $\varphi_s(x)$ 表成按耦合常数 λ 展开的展开式,

$$\varphi_s(x) = \varphi_s^{(0)}(x) + \lambda\varphi_s^{(1)}(x) + \lambda^2\varphi_s^{(2)}(x) + \cdots. \tag{2.5.8}$$

代入式 (2.5.7) 得

$$\begin{aligned}
&(\Box - m^2)\varphi_s^{(0)}(x) = -j(x),\\
&(\Box - m^2)\varphi_s^{(1)}(x) = \frac{1}{3!}\varphi_s^{(0)}(x)^3,\\
&(\Box - m^2)\varphi_s^{(2)}(x) = \frac{1}{2}\varphi_s^{(0)}(x)^2\varphi_s^{(1)}(x),\\
&\cdots
\end{aligned} \tag{2.5.9}$$

于是解出

$$\begin{aligned}
&\varphi_s^{(0)}(x) = \mathrm{i}\int \mathrm{d}^4x' \Delta_F(x-x')j(x'),\\
&\varphi_s^{(1)}(x) = -\frac{1}{6}\int \mathrm{d}^4x' \Delta_F(x-x')\left[\int \mathrm{d}^4y \Delta_F(x'-y)j(y)\right]^3,\\
&\varphi_s^{(2)}(x) = -\frac{\mathrm{i}}{12}\int \mathrm{d}^4x' \Delta_F(x-x')\left[\int \mathrm{d}^4y \Delta_F(x'-y)j(y)\right]^2\\
&\times\left[\int \mathrm{d}^4y \Delta_F(x'-y)\left(\int \mathrm{d}^4y' \Delta_F(y-y')j(y')\right)^3\right],
\end{aligned} \tag{2.5.10}$$

$\varphi_s^{(0)}(x)$, $\varphi_s^{(1)}(x)$, $\varphi_s^{(2)}(x)$ 与 j 的泛函关系如图 2.5.1.

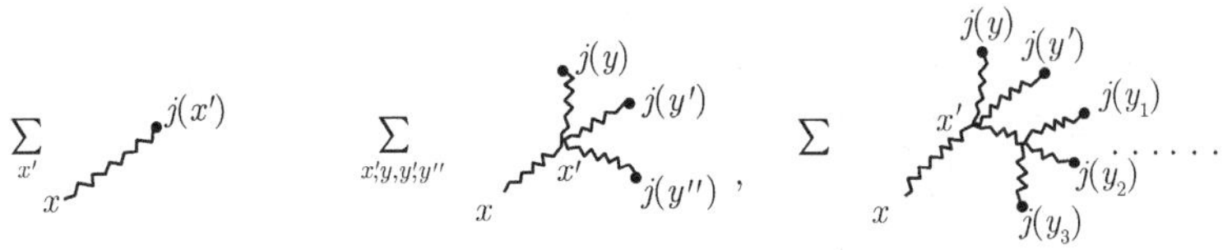

图 2.5.1

在将以上求出的 φ_s 代入 $Z_{\mathrm{c}}^{(0)}$ 之前, 可先利用方程 (2.5.7) 将 $Z_{\mathrm{c}}^{(0)}$ 化简, 结果为

$$Z_{\mathrm{c}}^{(0)}[j] = \mathrm{i}\int \mathrm{d}^4x\left[\frac{1}{2}\varphi_s j + \frac{1}{4!}\lambda\varphi_s^4\right].$$

将式 (2.5.8) 和 (2.5.10) 代入上式, 得出

$$Z_{\mathrm{c}}^{(0)}[j]=-\int \mathrm{d}^4x\mathrm{d}^4x'\frac{1}{2}j(x)\varDelta_F(x-x')j(x')-\mathrm{i}\frac{1}{4!}\lambda\int \mathrm{d}^4x\left[\int \mathrm{d}^4x'\varDelta_F(x-x')j(x')\right]^4$$
$$+\frac{1}{72}\lambda^2\int \mathrm{d}^4x\mathrm{d}^4x'\left[\int \mathrm{d}^4y\varDelta_F(x-y)j(y)\right]^3\varDelta_F(x-x')\left[\int \mathrm{d}^4y'\varDelta_F(x'-y')j(y')\right]^3+\cdots \tag{2.5.11}$$

显然此结果满足规格化条件①

$$Z_{\mathrm{c}}^{(0)}[j=0]=0. \tag{2.5.12}$$

$Z_{\mathrm{c}}^{(0)}[j]$ 如图 2.5.2.

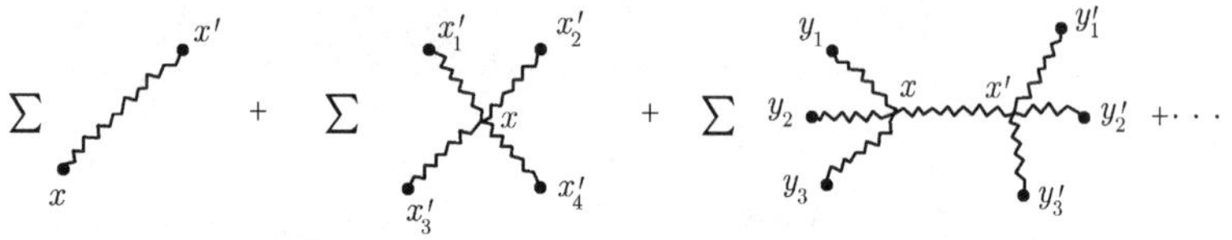

图 2.5.2

从上图可以看出, $Z_{\mathrm{c}}^{(0)}$ 代表树图连接格林函数的生成泛函, 由它生成的格林函数即为连接的树图格林函数.

下面再来计算 $Z_{\mathrm{c}}^{(1)}[j]$. 为此先求高斯型泛函积分

$$\int \mathrm{D}\varphi'\mathrm{e}^{\frac{\mathrm{i}}{2}\int \varphi'(\Box-m^2-\mathscr{H}''_{\mathrm{int}}(\varphi_s))\varphi'\mathrm{d}^4x}$$

由于 $\varphi_s(x)$ 及原泛函积分变量 $\varphi(x)$ 都满足费恩曼端条件, 上式中的泛函积分变量 $\varphi'(x)$ 作为 $\varphi(x)$ 与 $\varphi_s(x)$ 之差亦将满足费恩曼端条件.

在过去我们所处理的高斯型泛函积分中, 二次项的系数都是常数 (对泛函的宗量而言), 因此所积出的行列式因子无关紧要, 只影响规格化常数. 但上式的情况不同, 二次项系数 $[\Box-m^2-\mathscr{H}''_{\mathrm{int}}(\varphi_s)]$ 通过 φ_s 而依赖于 j, 后者为 Z 的泛函宗量. 这就需要我们具体地把行列式计算出来.

定义

$$K(x,y)=-\frac{1}{2}\mathrm{i}\left[\Box_x-m^2-\mathscr{H}''_{\mathrm{int}}(\varphi_s(x))\right]\delta^4(x-y). \tag{2.5.13}$$

则上述泛函积分可写成

$$\int \mathrm{D}\varphi'\mathrm{e}^{-\int \varphi'(x)K(x,y)\varphi'(y)\mathrm{d}^4x\mathrm{d}^4y},$$

① 从 $Z[j=0]=1$ 可得 Z_{c} 的规格化条件为 $Z_{\mathrm{c}}[j=0]=0$.

$K(x,y)$ 可看作是函数空间中矩阵 $\boldsymbol{K}$ 的矩阵元. 由于被积函数的指数中只有单纯的二次项, 因此这一泛函积分就等于

$$[\mathrm{Det}\boldsymbol{K}]^{-1/2}.$$

Det 代表函数空间中的行列式, 它是按下述方式推广 n 维空间的结果来定义的:

对于 n 维矩阵 $\boldsymbol{I}+A$, 可以证明

$$\det(\boldsymbol{I}+\boldsymbol{A})=\mathrm{e}^{\mathrm{tr}\ln(\mathbf{1}+\boldsymbol{A})}. \tag{2.5.14}$$

对于泛函空间中的矩阵, 我们亦首先将它写成 $\boldsymbol{I}+\boldsymbol{A}$ 的形式, 然后推广式 (2.5.14), 定义其行列式为

$$\mathrm{Det}(\boldsymbol{I}+\boldsymbol{A})=\mathrm{e}^{\mathrm{Tr}\ \ln(\boldsymbol{I}+\boldsymbol{A})}, \tag{2.5.15}$$

其中, Tr 代表函数空间中的求迹.

有了以上结果就可以计算 $Z_{\mathrm{c}}^{(1)}[j]$. 首先将式 (2.5.13) 定义的 $\boldsymbol{K}$ 表示为两个矩阵的乘积

$$\boldsymbol{K}=\boldsymbol{M}_0\boldsymbol{M},$$

$\boldsymbol{M}_0$ 和 $\boldsymbol{M}$ 由下述矩阵元表达式定义:

$$\begin{aligned}\boldsymbol{M}_0(x,y)&=-\frac{\mathrm{i}}{2}(\Box_x-m^2)\delta^4(x-y),\\ \boldsymbol{M}(x,y)&=\delta^4(x-y)-\frac{1}{\Box_x-m^2-\mathrm{i}\varepsilon}[V_s''(y)\delta^4(x-y)],\end{aligned} \tag{2.5.16}$$

其中

$$V_s''(y)\equiv\mathscr{H}_{\mathrm{int}}''(\varphi_s(y)). \tag{2.5.17}$$

$\boldsymbol{K}$ 的行列式可表为

$$\mathrm{Det}\boldsymbol{K}=\mathrm{Det}\boldsymbol{M}_0\mathrm{Det}\boldsymbol{M}.$$

我们只需计算 Det$\boldsymbol{M}$, 因 Det$\boldsymbol{M}_0$ 与 j 无关, 它的贡献可并入规格化常数. 根据 (2.5.16) 第二式,

$$\boldsymbol{M}=\mathrm{I}+\mathrm{i}\boldsymbol{B}, \tag{2.5.18}$$

$\boldsymbol{B}$ 由下述矩阵元定义

$$B(x,y)=\varDelta_F(x-y)V_s''(y), \tag{2.5.19}$$

于是

$$\mathrm{Det}\boldsymbol{M}=\mathrm{Det}(\mathrm{I}+\mathrm{i}\boldsymbol{B})=\mathrm{e}^{\mathrm{Tr}\ \ln(\mathrm{I}+\mathrm{i}\boldsymbol{B})} \tag{2.5.20}$$

它对 Z_c 的贡献即为

$$Z_{\mathrm{c}}^{(1)}[j] = -\frac{1}{2}\mathrm{Trln}(\mathrm{I} + \mathrm{i}\boldsymbol{B}). \tag{2.5.21}$$

由于 $j \equiv 0$ 时, $\varphi_s(x) \equiv 0$, 故

$$V_s''(y) = \frac{1}{2}\lambda\varphi_s^2(y) \equiv 0,$$

按照式 (2.5.19), $\boldsymbol{B}$ 将为零, 于是式 (2.5.21) 右方为零. 这表明由式 (2.5.21) 给出的 $Z_{\mathrm{c}}^{(1)}[j]$ 也满足规格化条件 (见式 (2.5.12)), 不需要再引入规格化常数.

式 (2.5.21) 右方的具体意义如下：

$$\begin{aligned}-\frac{1}{2}\mathrm{Trln}(\mathrm{I} + \mathrm{i}\boldsymbol{B}) &= \frac{1}{2}\mathrm{Tr}\left[\sum_{n=1}^{\infty}\frac{(-)^n}{n}\boldsymbol{B}^n\right]\\ &= \sum_{n=1}^{\infty}\frac{(-\mathrm{i})^n}{2n}\int \mathrm{d}^4x_1\mathrm{d}^4x_2\cdots\mathrm{d}^4x_n\end{aligned}$$

$$\times\Delta_F(x_1-x_2)V_s''(x_2)\Delta_F(x_2-x_3)V_s''(x_3)\cdots\Delta_F(x_n-x_1)V_s''(x_1). \tag{2.5.22}$$

其中, $V_s'' = \dfrac{1}{2}\lambda\varphi_s^2$. $Z_{\mathrm{c}}^{(1)}$ 即通过 φ_s 而成为 j 的泛函. 上式可以图示图 2.5.3.

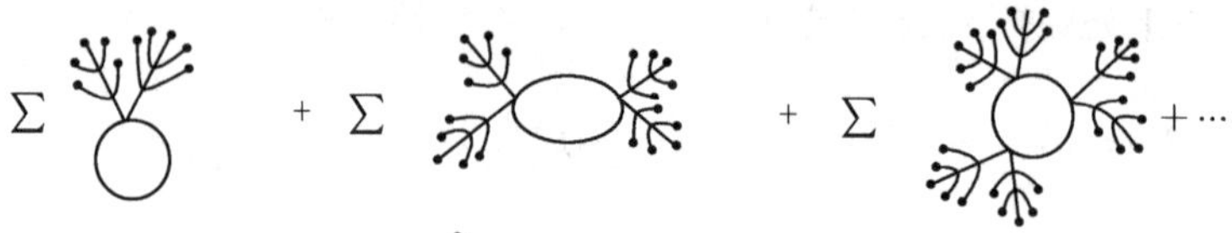

图 2.5.3 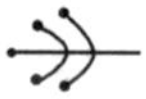 x 象征性地代表作为j的泛函的$\varphi_s(x)$

2. 树图顶角函数生成泛函

树图顶角函数生成泛函 $\varGamma^{(0)}$ 可通过式 (2.5.6) 式所给出的 $Z_{\mathrm{c}}^{(0)}$ 求出. 这时

$$\begin{aligned}\phi(x) &= \frac{1}{\mathrm{i}}\frac{\delta Z_{\mathrm{c}}^{(0)}}{\delta j(x)} = \int \mathrm{d}^4y\left[(\Box_y - m^2)\varphi_s(y) - \mathscr{H}_{\mathrm{int}}'(\varphi_s(y)) + j(y)\right]\frac{\delta\varphi_s(y)}{\delta j(x)} + \varphi_s(x)\\ &= \varphi_s(x).\end{aligned} \tag{2.5.23}$$

在推导后一等式时, 我们利用了 φ_s 满足的方程 (2.5.2).

以上结果表明, 在树图近似中, ϕ 就等于外源 j 所产生的经典场. 于是

$$\begin{aligned}\varGamma^{(0)}[\phi] &= -\mathrm{i}Z_{\mathrm{c}}^{(0)} - \int j(x)\phi(x)\mathrm{d}^4x = \int \mathrm{d}^4x\left[\frac{1}{2}\phi(\Box - m^2)\phi - \mathscr{H}_{\mathrm{int}}(\phi)\right]\\ &= \int \mathrm{d}^4x\mathscr{L}(\phi),\end{aligned} \tag{2.5.24}$$

即树图的顶角函数生成泛函就是以 ϕ 为宗量的作用量 $I[\phi]$(无附加外源 j).

通过对 ϕ 的泛函微商可知 $\Gamma^{(0)}(\phi)$ 中包含的顶角函数就只两个：$(\Box-m^2)\delta(x-y)$ 和基本作用顶角. 前者也就是 i 乘上自由传播子 $G_2^{(0)}\equiv\Delta_F$ 的逆. 在 1.3 节中我们已对此作过说明.

利用本节得出的两点结果, 可以对第 1 章提出的 $\Gamma[\phi]$ 与 $Z[j]$ 之间的关系进行论证. 这两点结果如下：

i) $Z[j]$ 的经典场函数近似 (经典“路径”近似) 是指 $\mathrm{e}^{\mathrm{i}I(\varphi_s)+\mathrm{i}\int j(x)\varphi_s(x)\mathrm{d}^4x}$, 即不对 $\varphi(x)$ 作泛函积分而将有附加外源时场函数的经典解 φ_s(经典“路径”) 代入其指数上的 $\Theta(\varphi\cdot j)$ 中所得出的值. φ_s 满足

$$\left.\frac{\delta I[\varphi]}{\delta\varphi(x)}\right|_{\varphi=\varphi_s}=\frac{\delta I[\varphi_s]}{\delta\varphi_s(x)}=-j(x)$$

及费恩曼端条件.

ii) 上述 $\mathrm{e}^{\mathrm{i}I[\varphi_s]+\mathrm{i}\int^{j(x)}\varphi_s(x)\mathrm{d}^4x}$ 代表树图格林函数生成泛函.

从以上两点结果即可得出：若用某种有效作用量 $I_{\mathrm{eff}}[\phi]$ 代替 $I[\phi]$ 来作树图格林函数时, 其生成泛函即为

$$Z_{\mathrm{eff}}^{[0]}[j]=\mathrm{e}^{\mathrm{i}I_{\mathrm{eff}}[\phi]+\mathrm{i}\int j(x)\phi(x)\mathrm{d}^4x},\tag{2.5.25}$$

其中, ϕ 与 j 的关系由下述方程

$$\frac{\delta I_{\mathrm{eff}}[\phi]}{\delta\phi(x)}=-j(x),\tag{2.5.26}$$

及费恩曼端条件确定.

按照顶角生成泛函的定义, 用 $\Gamma[\phi]$ 作为有效作用量来作树图格林函数, 也就是用“完全的顶角函数”作为有效顶角来作树图格林函数, 而这样得出的结果即为通过原来的作用量 $I[\phi]$ 所求出的全部格林函数 $Z[j]$. 于是我们得到

$$Z[j]=\mathrm{e}^{\mathrm{i}\Gamma[\phi]+\mathrm{i}\int j(x)\phi(x)\mathrm{d}^4x}\tag{2.5.27}$$

其中, ϕ 满足

$$\frac{\delta\Gamma[\phi]}{\delta\phi(x)}=-j(x),\tag{2.5.28}$$

及费恩曼端条件.

从式 (2.5.27) 即得

$$Z_{\mathrm{c}}[j]=\mathrm{i}\Gamma[\phi]+\mathrm{i}\int\phi(x)j(x)\mathrm{d}^4x,\tag{2.5.29}$$

将式 (2.5.29) 对 j 作泛函微商然后将式 (2.5.28) 代入, 就得出

$$\frac{\delta Z_{\mathrm{c}}[j]}{\mathrm{i}\delta j(x)}=\int\frac{\delta\Gamma[\phi]}{\delta\phi(x')}\frac{\delta\phi(x')}{\delta j(x)}\mathrm{d}^4x'+\phi(x)+\int\frac{\delta\phi(x')}{\delta j(x)}j(x')\mathrm{d}^4x'=\phi(x). \tag{2.5.30}$$

这些正是第一章中所给出的 $\Gamma[\phi]$ 与 $Z_{\mathrm{c}}[j]$ 之间的勒让德变换关系式.

3. 按外 $\hbar$ 展开和按圈数展开间的关系

在求单圈图的顶角函数生成泛函之前, 我们需要先讨论按圈数展开与按 $\hbar$ 展开之间的关系.

在本书中我们采用的是自然单位制, $\hbar=c=1$. 这就是说我们的作用量 (量纲为 1) 实际上是以 $\hbar$ 为单位所表示的数值. 若把作用量的单位明写出来 (即将 $I[\varphi]$ 换成 $\frac{1}{\hbar}I[\phi]$), 则有

$$Z[j]=\int\mathrm{D}\varphi(x)\mathrm{e}^{\frac{\mathrm{i}}{\hbar}\int[\mathscr{L}(\varphi)+j\varphi]\mathrm{d}^4x}=\int\mathrm{D}\varphi(x)\mathrm{e}^{\frac{\mathrm{i}}{\hbar}I[\varphi,j]}. \tag{2.5.31}$$

格林函数与 $Z[j]$ 的关系同时改换为

$$G_n(x_1,\cdots,x_n)=\left(\frac{\hbar}{\mathrm{i}}\right)^n\frac{\delta^nZ[j]}{\delta j(x_1)\cdots\delta j(x_n)} \tag{2.5.32}$$

我们来考虑 Z_{c} 按 $\hbar$ 的展开. 需要指出的是, 这里按 $\hbar$ 的展开, 是对作为 I 的单位的 $\hbar$ 而言, 至于 $\mathscr{Y}$ 内部所含的 $\hbar$(如 $\frac{1}{2}\varphi\left(\Box-\frac{m^2c^2}{\hbar^2}\right)\varphi$ 项中的 $\hbar$) 则不包括在展开之列 (为避免混淆可以将上述项改写成 $\frac{1}{2}\varphi(\Box-\kappa^2)\varphi,\kappa$ 代表康普顿波长的倒数, 因此上述对 $\hbar$ 的展开可称为对 “外 $\hbar$” 的展开①.

这种展开与微扰论展开不同. 微扰论展开是把 $\mathscr{L}$ 分成两部分 $\mathscr{S}_0$ 和 $\mathscr{L}_{\mathrm{int}}$, 并对其中的 $\mathscr{L}_{\mathrm{int}}$ 作展开; 而上述的 $\hbar$ 是除整个 $\mathscr{L}$ 的, 展开时 $\mathscr{L}$ 未被分裂, 故对 $\hbar$ 的展开的每一阶, $\mathscr{L}$ 的对称性都会被保留下来.

下面我们来说明这种按 “外 $\hbar$” 的展开与按圈数展开之间的关系. 这里的圈数是指格林函数或顶角函数中独立的 “积分四动量” 的个数. 根据上一节的讨论, 式 (2.5.31) 可以写成

$$Z[j]=\mathrm{e}^{-\frac{\mathrm{i}}{\hbar}\int\mathscr{H}_{\mathrm{int}}\left(\frac{\hbar}{\mathrm{i}}\frac{\delta}{\delta j(y)}\right)\mathrm{d}^4y}\mathrm{e}^{-\frac{1}{2\hbar}\int j(x)\Delta_F(x-x')j(x')\mathrm{d}^4x\mathrm{d}^4x'} \tag{2.5.33}$$

---

① 若整个理论中, 只将 c 取为 1(而不是取 $\hbar=c=1$), 则有两个独立量纲, 可取为 L(长度) 和 A(作用量). φ 的量纲可通过自由拉格朗日量确定, 结果为 $\mathrm{A}^{1/2}\mathrm{L}^{-1}$. 耦合常数 λ 的量纲可通过 $\mathscr{L}_{\mathrm{int}}$ 的量纲确定, 结果为 A^{-1}. 源 j 的量纲由附加作用项确定, 结果为 $\mathrm{A}^{1/2}\mathrm{L}^{-3}$. G_n 的量纲为 $\mathrm{A}^{n/2}\mathrm{L}^{-n}$. $Z[j]$ 量纲为 1. Γ_n 的量纲为 $\mathrm{A}^{-n/2}\mathrm{L}^{-3n}$. (更简单的办法是, 仍只取一个独立量纲, 即作用量仍是量纲为 1 的, 但 $\hbar$ 不等于 1 而是一个小数. 展开同样只对此 $\hbar$ 展开).

注意, 现在 $\mathscr{H}_{\rm int}$ 的宗量 $\varphi(y)$ 已对应成 $\dfrac{\hbar}{\rm i}\dfrac{\delta}{\delta j(y)}$, 因此我们将上式第二项指数相应地写为 $\dfrac{1}{2}\displaystyle\int\left(\frac{\rm i}{\hbar}j(x)\right)(\hbar\varDelta_F(x-x'))\left(\frac{\rm i}{\hbar}j(x')\right){\rm d}'x{\rm d}^4x'$. 这样, 自由传播子将换成 $\hbar\varDelta_F$. 于是在作微扰计算时, 每个传播子 (指自由传播子, 下同) 将贡献一个 $\hbar$. 另外, 由于 $\mathscr{H}_{\rm int}$ 变成了 $\dfrac{1}{\hbar}\mathscr{H}_{\rm int}$, 每个基本顶角要贡献一个 $\dfrac{1}{\hbar}$. 如果一个格林函数所对应的费恩曼图中含内线传播子数目为 I(此处的讨论不限于标量场情况, 可以同时有矢量场和旋量场. 结论不变), 外线传播子数目为 E, 顶点数为 V 则它们共贡献为 $\hbar^{E+I-V}$. 于是此格林函数含 $\hbar$ 的幂次为

$$N=E+I-V. \tag{2.5.34}$$

我们再来看连接的格林函数中 "独立的积分四动量" 的数目L(即所谓的圈数)①. 每个内线传播子贡献一个四动量积分, 而每个顶点贡献一个 δ 函数 (从而消去一个四动量积分). 最后还要分出一个只含外线动量的 δ 函数 $\delta\left(\sum p_i\sum p_f\right)$, 故剩下的 "积分四动量" (即独立的积分四动量) 的数目为

$$L=I-V+1. \tag{2.5.35}$$

注意, 对于非连接图, 上式不能应用, 因它最后分出若干个只含外线动量的 δ 函数.

根据以上讨论, 连接的格林函数的 L 和 $\hbar$ 的幂次 N 之间有下述关系:

$$L=N-E+1. \tag{2.5.36}$$

对于顶角函数可以类似地讨论. 注意到顶角函数的图形不带外线 ($E=0$), 即可得出

$$L=N+1. \tag{2.5.37}$$

由此可见, 对于顶角函数, 按圈数的展开就相当于按 $\hbar$ 的幂次的展开. 而对于连接的格林函数, 则只在外线数 E 一定时 L 与 N 才是一一对应的.

下面再来看生成泛函按 $\hbar$ 展开和按圈数展开间的关系. 当从 $G_{\rm c}$ 构成 $Z_{\rm c}[j]$ 时, 由于 j 已换成了 $\dfrac{1}{\hbar}j$, 每个外线将带上因子 $\dfrac{\rm i}{\hbar}j$, 即

$$Z_{\rm c}[j]=\sum_m\frac{{\rm i}^m}{\hbar^m}\frac{1}{m!}\int{\rm d}^4x_1\cdots{\rm d}^4x_mG_{\rm c}(x_1,x_2,\cdots,x_m)j(x_1)\cdots j(x_m). \tag{2.5.38}$$

故 $Z_{\rm c}$ 作为 j 的泛函, 按圈数的展开亦相当于按 $\hbar$ 的幂次②的展开, 两者关系为

$$L=N+1. \tag{2.5.39}$$

---

① L 并不总等于图形中闭合环路的个数 (虽然圈数的原意是如此), 例如对四面体图形按式 (2.5.35), $L=3$, 而闭合环路共有四个.

② $Z_{\rm c}$ 各展开项含 $\hbar$ 的幂次是按式 (2.5.38) 从 $G_{\rm c}$ 展开项含 $\hbar$ 的幂次来确定的.

对于顶角函数生成泛函, 为使它的量纲与作用量相同 (从而最低阶的顶角函数生成泛函就等于作用量), 定义应为:

$$\Gamma[\phi]=\hbar\sum\frac{1}{n!}\int \mathrm{d}^4x_1\cdots\mathrm{d}^4x_n\Gamma_n(x_1,x_2,\cdots,x_n)\phi(x_1)\cdots\phi(x_n). \tag{2.5.40}$$

这样, $\Gamma[\phi]$ 作为 ϕ 的泛函, 按圈数展开就正好等于按 $\hbar$ 的幂次展开, 即

$$L=N. \tag{2.5.41}$$

这时, $\Gamma[\phi]$ 与 $Z_{\mathrm{c}}[j]$ 之间的关系是

$$Z_{\mathrm{c}}[j]=\frac{\mathrm{i}}{\hbar}\left(\Gamma[\phi]+\int\phi(x)j(x)\mathrm{d}^4x\right).$$

最后我们顺便指出, 在单一顶角情况下, 按 $\hbar$ 展开的幂次与按耦合常数展开的幂次之间有一简单关系. 对于单一顶角, 只有一个耦合常数. 耦合常数出现的幂次就等于顶点数 V.

设 $\mathscr{H}_{\mathrm{int}}$ 中含 k 个场量 (不限于标量场). 于是 V 个顶角共带 kV 个场量, 每根外线占去一个场量, 而每个内线要占去两个场量, 因此有

$$kV=E+2I, \tag{2.5.42}$$

代入式 (2.5.34) 中以消去 I, 即得

$$N=\left(\frac{k}{2}-1\right)V+\frac{1}{2}E. \tag{2.5.43}$$

上式表明, 在外线数一定时, N 与 V(所含耦合常数幂次) 呈线性关系.

对于非单一顶角, 可以根据具体情况进行讨论.

4. 含单圈图修正的顶角函数生成泛函

从稳相法求出的 $Z_{\mathrm{c}}^{(0)}+Z_{\mathrm{c}}^{(1)}$ 可以得到含单圈图修正的顶角函数生成泛函. 先看此 Z_{c} 所对应的 ϕ,

$$\phi(x)=\frac{\hbar}{\mathrm{i}}\frac{\delta Z_{\mathrm{c}}}{\delta j(x)}=\frac{\hbar}{\mathrm{i}}\frac{\delta Z_{\mathrm{c}}^{(0)}}{\delta j(x)}+\frac{\hbar}{\mathrm{i}}\frac{\delta Z_{\mathrm{c}}^{(1)}}{\delta j(x)}=\varphi_s(x)+\phi^{(1)}(x). \tag{2.5.44}$$

φ_s 作为 j 的泛函前已得出, 在引入 $\hbar$ 后其表达式没有改变. $\phi^{(1)}(x)$ 代有单圈图的修正. 从 $Z_{\mathrm{c}}^{(1)}$ 的表达式 (2.5.22) 可得出 $\phi^{(1)}(x)$ 的表达式为

$$\begin{aligned}\phi^{(1)}(x)=&\frac{\hbar}{2}\sum_{n=1}^{\infty}(-\mathrm{i})^{n+1}\int\mathrm{d}^4x_1\cdots\mathrm{d}^4x_n\Delta_F(x_1-x_2)\lambda\varphi_s(x_2)\\&\times\frac{\delta\varphi_s(x_2)}{\delta j(x)}\Delta_F(x_2-x_3)\frac{\lambda}{2}\varphi_s^2(x_3)\cdots\Delta_F(x_n-x_1)\frac{\lambda}{2}\varphi_s^2(x_1),\end{aligned} \tag{2.5.45}$$

它通过 φ_s 而成为 j 的泛函, 并可图示如图 2.5.4.

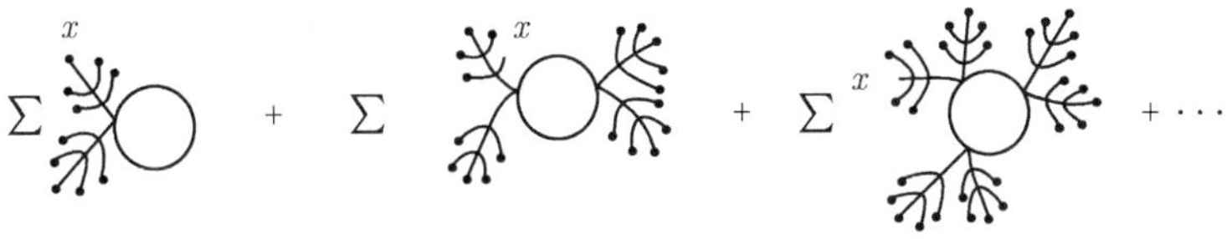

图 2.5.4

上图与图 2.5.3 间的差别在于：每个图上有一根外线的顶端少一个黑点, 该顶端位置即为 x

与 $Z_c = Z_c^{(0)} + Z_c^{(1)}$ 所对应的顶角函数生成泛函为

$$\begin{aligned}\Gamma[\phi] &= -\mathrm{i}\hbar Z_c[j] - \int j(x)\phi(x)\mathrm{d}^4x \\ &= I[\varphi_s, j] + \frac{\mathrm{i}}{2}\hbar \mathrm{Tr}\ln[\,\mathrm{I}\, + \mathrm{i}\boldsymbol{B}(\varphi_s)] - \int j(x)\phi(x)\mathrm{d}^4x.\end{aligned} \tag{2.5.46}$$

我们要计算的是准确到 $\hbar$ 一次幂的近似值, 而上式第二项前面已带有因子 $\hbar$, 故 $\boldsymbol{B}$ 中的 φ_s 可直接换成 ϕ. (这样做所引起的误差 $\sim o(\hbar^2)$). 上式第一项 $I[\varphi_s, j]$ 在准确到 $\hbar$ 一次幂时就等于 $I[\phi, j]$, 因将 $I[\phi, j]$ 在 $\phi = \varphi_s$ 处展开, 即得

$$\begin{aligned}I[\phi, j] &= \int \mathrm{d}^4x \left[\frac{1}{2}\varphi_s(\Box - m^2)\varphi_s - \mathscr{H}_{\mathrm{int}}(\varphi_s) + j(x)\varphi_s(x)\right] + o(\phi^{(1)})^2 \\ &= I[\varphi_s, j] + o(\hbar^2).\end{aligned} \tag{2.5.47}$$

在推导上式时, 我们利用了 φ_s 满足方程 (2.5.2) 从而展开一次项为零.

综合以上结果, 在准确到 $\hbar$ 的一次幂时, 式 (2.5.46) 化为

$$\begin{aligned}\Gamma[\phi] &= I[\phi, j] + \frac{\mathrm{i}}{2}\hbar\mathrm{Tr}\ln[1 + \mathrm{i}\boldsymbol{B}(\phi)] - \int j(x)\phi(x)\mathrm{d}^4x = I[\phi] + \frac{\mathrm{i}}{2}\hbar\mathrm{Tr}\ln[\,\mathrm{I}\, + \mathrm{i}\boldsymbol{B}(\phi)] \\ &= \int \mathrm{d}^4x\left[\frac{1}{2}\phi(\Box - m^2)\phi - \frac{\lambda}{4!}\phi^4\right] - \hbar\sum_{n=1}^{\infty}\frac{(-\mathrm{i})^{n-1}}{2n}\int \mathrm{d}^4x_1\cdots\mathrm{d}^4x_n \Delta_F(x_1 - x_2) \\ &\quad \times\frac{\lambda}{2}\phi^2(x_2)\Delta_F(x_2 - x_3)\frac{\lambda}{2}\phi^2(x_3)\cdots\Delta_F(x_n - x_1)\frac{\lambda}{2}\phi^2(x_1).\end{aligned} \tag{2.5.48}$$

因此它可以图示为图 2.5.5.

图 2.5.5

我们看到, 这样求出的 $\Gamma[\phi]$ 确实代表含单圈图修正的顶角函数生成泛函.

式 (2.5.48) 中的 $\dfrac{1}{2n}$ 代表 $\Gamma_n[\phi]$ 中的对称性因子 (因子 n 来自顶角图形的转动对称, 因子 2 来自反转对称). 我们也可以利用费恩曼规则计算各个单圈图的顶角函数, 然后构成 $\Gamma^{[1]}$, 但这样做时要注意正确补上对称性因子.

关于展开中的多圈图部分, 参见下节中的讨论.

在本节中我们引入 $\hbar$ 是为了说明按圈数展开与按 '外 $\hbar$' 展开间的关系. 在下文中我们仍将令 $\hbar=1$, 即回到自然单位制.

2.6 有效势和场的真空期望值

最近二十年来粒子物理的发展, 使人们认识到, 真空的状态在物理上具有十分重要的意义. 如果真空中有某种场的凝聚 (即该场算符的真空期望值不为零), 那将对物理世界的图景产生重大影响. 例如, 导致某些对称性的表观破坏, 以及使一些零质量的粒子获得质量等等 (参见 3.3 节).

在本节中我们将引入的有效势的概念, 目的就是通过它来确定场的真空期望值 (场在 "真空" 态中的平均值).

1. 标量场的有效势和场的非零真空期望值

标量场的有效势 $U_{\rm eff}(\phi)$ 的定义是 ϕ 为常数时的 $-\Gamma[\phi]$ 的密度, 即

$$\Gamma[\phi]=-\int {\rm d}^4x U_{\rm eff}(\phi), \qquad (\phi \text{ 为常数时}) \tag{2.6.1}$$

由于 ϕ 为常数, 故 $U_{\rm eff}$ 就是 ϕ 的普通函数 (不是泛函). 这样定义的 $U_{\rm eff}$ 之所以称为有效势, 是因为它的树图近似就等于拉格朗日函数中的势 (包括质量项和作用项), 而且它同 "有效作用量" $\Gamma[\phi]$ 间的关系就如同上述势同作用量之间的关系.

有效势的一个主要用途就是确定场的真空期望值.

在 2.4 节中曾经得出: 当存在附加经典外源 $j(x)$ 时, 真空中场的期望值可通过下述泛函方程来确定,

$$\frac{\delta\Gamma[\phi]}{\delta\phi(x)}=-j(x). \tag{2.6.2}$$

若取 $j(x)=0$, 则得出的即为原来情况下 (未附加经典外源) 场的真空期望值. 这就是说, 场的真空期望值满足方程

$$\frac{\delta\Gamma[\phi]}{\delta\phi(x)}=0. \tag{2.6.3}$$

泛函方程的求解显然是困难的. 但我们注意到, 当 $j(x)\equiv 0$ 时, 由于拉格朗日函数的平移不变性, 式 (2.6.3) 的解 ϕ 应为与 x 无关的常数. 这样就可利用式 (2.6.1) 将式 (2.6.3) 转化为有效势的方程, 结果就是

$$\frac{\mathrm{d}U_{\text{eff}}(\phi)}{\mathrm{d}\phi}=0 \tag{2.6.4}$$

这是一个代数方程, 求解当然容易得多.

通常情况下, 式 (2.6.4) 的解为 $\phi=0$. 但在某些情况下, 可以出现非零解, 而且不止一个. 这些解代表 U_{eff} 的极值出现的所在, 其中使 $U_{\text{eff}}(\phi)$ 取最小值的 ϕ_0 将代表物理真空中场的期望值. $\phi_0\neq 0$ 的情况就称为真空中有标量场凝聚[①].

当 $\mathscr{L}$ 具有对称性时, 上述 "使 $U_{\text{eff}}(\phi)$ 取最小值" 的非零解 ϕ_0 将不是唯一的, 于是真空态出现了简并. 当然, 现实的真空只能是这些简并态中的某一个. 设现实真空中场的期望值为 v, 则我们观测的场应是 $\varphi'\equiv\varphi-v$ 而不是 φ 本身, $\mathscr{L}(\varphi)$ 原来的对称性在 φ' 的运动方程中将不显示出来, 这种情况称为对称性的自发破坏. 关于这个问题我们将在下一章作详细的讨论, 这里只举一个最简单的例子来说明.

我们看实标量场的树图近似. 当 ϕ 取为常数时,

$$\Gamma^{(0)}[\phi]\to-\int\left(\frac{1}{2}m^2\phi^2+\mathscr{H}_{\text{int}}(\phi)\right)\mathrm{d}^4x,$$

于是即得树图近似的有效势为

$$U_{\text{eff}}^{(0)}=\frac{1}{2}m^2\phi^2+\mathscr{H}_{\text{int}}(\phi), \tag{2.6.5}$$

它实际上代表经典场论中当 φ 为常数 ϕ 时, 场的能量密度.

如果 $\mathscr{H}_{\text{int}}(\phi)=\frac{1}{4!}\lambda\phi^4$, 则树图近似下的方程 (2.6.4) 为

$$m^2\phi+\frac{1}{3!}\lambda\phi^3=0. \tag{2.6.6}$$

系数 λ 必须大于零, 否则当 $\phi\to\pm\infty$ 时, $\mathscr{H}_{\text{int}}\to-\infty$. 从而当 $|\phi|$ 大于某个值以后, 场的能量密度随着 $|\phi|$ 的增加而愈来愈低, 使稳定解不存在. 在通常的理论中式 (2.6.5) 右方 $\frac{1}{2}\phi^2$ 的系数 (用 A 代表) 等于质量 (指裸质量, 下同) 的平方, 也为正 (故通常写作 m^2). 这样, 式 (2.6.6) 的解就只一个, 即

$$\phi_0=0.$$

① 旋量场和矢量场都不会有真空凝聚. 否则角动量守恒将发生自发破坏.

粒子的质量平方虽然肯定为正，但系数 A 并不一定要为正. 实际上的因果关系是：当系数 A 为正时，式 (2.6.6) 的解为 $\phi_0=0$，系数 A 才等于质量平方；当系数 A 为负时，真空态将发生变动，A 不再代表粒子质量的平方 (见下)，因而不能根据 "质量平方为正" 来要求系数 A 必须为正. 下面就来考察 A 为负的情况，将 A 写作 $-\mu^2$，于是有

$$\mathscr{L}=-\frac{1}{2}(\partial_\nu\varphi)^2+\frac{1}{2}\mu^2\varphi^2-\frac{\lambda}{4!}\varphi^4. \tag{2.6.7}$$

这时式 (2.6.6) 化为

$$-\mu^2\phi+\frac{1}{3!}\lambda\phi^3=0. \tag{2.6.8}$$

式 (2.6.8) 的解共有三个：

$$\phi=0,\qquad \phi=\pm\sqrt{\frac{6\mu^2}{\lambda}}, \tag{2.6.9}$$

如图 2.6.1 所示. 在上述三个解中，$\phi=0$ 对应于 $U_{\text{eff}}^{(0)}$ 的极大值，而 $\phi=\pm\sqrt{\frac{6\mu^2}{\lambda}}$ 对应于 $U_{\text{eff}}^{(0)}$ 的极小值. 后者实际上还是 $U_{\text{eff}}^{(0)}$ 的最小值. 这样就有两个可能的真空状态 (对应于场能密度的最小值). 场量 φ 在这两个态的期望值 (零阶) 分别为 $\sqrt{\frac{6\mu^2}{\lambda}}$ 和 $-\sqrt{\frac{6\mu^2}{\lambda}}$. 这种情况就是前面所说的真空简并.

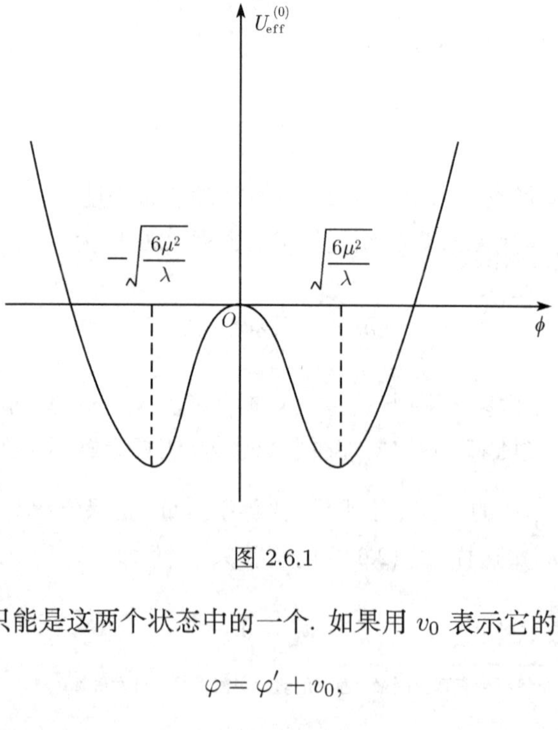

图 2.6.1

现实的真空只能是这两个状态中的一个. 如果用 v_0 表示它的期望值，并令

$$\varphi=\varphi'+v_0, \tag{2.6.10}$$

则 $\mathscr{L}$ 用 φ' 表示即为

$$\mathscr{L}=-\frac{1}{2}(\partial_\nu\varphi')(\partial_\nu\varphi')-\mu^2\varphi'^2-\frac{\lambda v_0}{3!}\varphi'^3-\frac{\lambda}{4!}\varphi'^4+\mathscr{L}_0, \tag{2.6.11}$$

其中, $\mathscr{L}_0=\mathscr{L}(v_0)$ 为一常数. φ' 代表在真空场 v_0 的基底上所激发的场, 也就是实际上所观测的场.

从式 (2.6.11) 可以看出, φ' 场的量子具有质量 m',

$$m'^2=2\mu^2, \tag{2.6.12}$$

为一正值. 这一结果从图 2.6.1 中也可看出. 场量子质量的二次方应为 $\dfrac{\mathrm{d}^2U_{\mathrm{eff}}^{(0)}}{\mathrm{d}\varphi^2}$ 在真空点 $\varphi=v_0$ 处的值. $\varphi=v_0$ 的点既为 $U_{\mathrm{eff}}^{(0)}$ 的极小点, 该值一定大于零.

我们还可以通过这一简单例子来对对称性自发破坏的概念作一初步介绍.

原来的拉格朗日密度式 (2.6.7), 具有一种反射对称性, 即 $\mathscr{L}$ 在

$$\varphi\to-\varphi \tag{2.6.13}$$

的变换下保持不变. 但是对实际观测的场 φ' 而言, 拉格朗日密度并不存在这种对称性, 因为式 (2.6.11) 的拉格朗日密度中含有 φ'^3 的项.

反射对称性的这种破坏, 是理论本身的特性造成的 (出现简并的基态), 而不是由外界因素引起的, 因此被称作对称性的自发破坏. 在下一章中, 我们还将对它作进一步的讨论.

以上 v_0 只是零阶的真空期望值. 真正的期望值 v 应为式 (2.6.4) 的解. 平移时应令

$$\varphi=\varphi'+v, \tag{2.6.14}$$

于是拉格朗日函数化为

$$\begin{aligned}\mathscr{L}=&-\frac{1}{2}(\partial_\nu\varphi')(\partial_\nu\varphi')+\left(\mu^2-\frac{\lambda v^2}{6}\right)v\varphi'\\&-\left(\frac{\lambda v^2}{4}-\frac{1}{2}\mu^2\right)\varphi'^2-\frac{\lambda v}{3!}\varphi'^3-\frac{\lambda}{4!}\varphi'^4+\mathscr{L}(v)\end{aligned} \tag{2.6.15}$$

其中, v 应作为一待定参量, 它将通过

$$\left.\frac{\mathrm{d}U_{\mathrm{eff}}(\phi)}{\mathrm{d}\phi}\right|_{\phi=v}=0 \tag{2.6.16}$$

来确定.

当对场量进行量子化时, 应只将 φ' 变成算符 $\hat{\varphi}'$, v 保持为 c 数, 通常的微扰展开也是对 $\hat{\varphi}'$ 的作用项而言. 与此相应, 在泛函积分中, v 要看作是一常数, 积分变量为 $\varphi'(x)$. 我们可将 $\mathscr{L}'=\mathscr{L}-\mathscr{L}(v)$ 称作表观的拉格朗日函数.

2. 场的真空期望值不为零时的顶角函数生成泛函

在 $v \neq 0$ 的情况, 既然是对场量 φ' 进行量子化. 我们应引进 φ' 场格林函数的生成泛函,

$$\widetilde{Z}[j] = \int \mathrm{D}\varphi'(x)\mathrm{e}^{\mathrm{i}\int \mathrm{d}^4x(\mathscr{L}'+\varphi' j)}, \tag{2.6.17}$$

其中, 附加经典源只与 φ' 场相耦合.

如果与此同时再定义

$$Z[j] \equiv \int \mathrm{D}\varphi'(x)\mathrm{e}^{\mathrm{i}\int \mathrm{d}^4x(\mathscr{L}'+\varphi j)}, \tag{2.6.18}$$

那就有

$$\widetilde{Z}[j] = Z[j]\mathrm{e}^{-\mathrm{i}\int \mathrm{d}^4x vj(x)},$$

从而

$$\widetilde{Z}_\mathrm{c}[j] = \mathrm{Z}_\mathrm{c}[j] - \mathrm{i}\int \mathrm{d}^4x vj(x), \tag{2.6.19}$$

其中

$$\begin{aligned} Z_\mathrm{c}[j] &= \ln Z[j], \\ \widetilde{Z}_\mathrm{c}[j] &= \ln\widetilde{Z}[j]. \end{aligned} \tag{2.6.20}$$

同样, 在过渡到顶角函数生成泛函时, 我们定义

$$\phi'(x) = \frac{\delta\widetilde{Z}_\mathrm{c}[j]}{\mathrm{i}\delta j(x)}, \tag{2.6.21}$$

它代表有附加外源 j 时, $\hat{\varphi}'$ 的真空期望值. 相应的顶角函数生成泛函为

$$\widetilde{\Gamma}[\phi'] = \frac{1}{\mathrm{i}}\widetilde{Z}_\mathrm{c}[j] - \int j(x)\phi'(x)\mathrm{d}^4x. \tag{2.6.22}$$

注意到 $j(x) = 0$ 对应于 $\phi'(x) = 0$ 即得

$$\widetilde{\Gamma}_n(x_1, \cdots, x_n) = \frac{\delta^n\widetilde{\Gamma}[\phi']}{\delta\phi'(x_1)\cdots\delta\phi'(x_n)}\bigg|_{\phi'=0}, \tag{2.6.23}$$

它代表 φ' 场的顶角函数.

如果在定义 ϕ' 的同时再定义

$$\phi(x) = \frac{\delta Z_\mathrm{c}[j]}{\mathrm{i}\delta j(x)}, \tag{2.6.24}$$

则从式 (2.6.19) 得出

$$\phi(x) = \phi'(x) + v, \tag{2.6.25}$$

从而 $\phi(x)$ 代表外源 j 存在时 $\hat{\varphi}(x)$ 的真空期望值.

将式 (2.6.19) 代入到式 (2.6.22), 并利用上式可将 $\widetilde{\varGamma}[\phi']$ 用 $Z_{\mathrm{c}}[j]$ 和 $\phi(x)$ 表示出来.

$$\begin{aligned}\widetilde{\varGamma}[\phi'] &= \frac{1}{\mathrm{i}}Z_{\mathrm{c}}[j] - \int \mathrm{d}^4 x j(x)\phi(x)\\ &= \varGamma[\phi]\end{aligned} \tag{2.6.26}$$

其中, $\varGamma[\phi]$ 即为 $-\mathrm{i}Z_{\mathrm{c}}[j]$ 的勒让德变换式.

利用式 (2.6.26) 即得

$$\begin{aligned}\widetilde{\varGamma}_n(x_1,x_2,\cdots,x_n) &= \frac{\delta^n \widetilde{\varGamma}[\phi']}{\delta\phi'(x_1)\cdots\delta\phi'(x_n)}\Big|_{\phi'=v}\\ &= \frac{\delta^n \varGamma[\phi]}{\delta\phi(x_1)\cdots\delta\phi(x_n)}\Big|_{\phi=v.}\end{aligned} \tag{2.6.27}$$

这样 $\varGamma[\phi]$ 亦可通过 $\widetilde{\varGamma}_n(x_1,x_2,\cdots,x_n)$ 表示出来:

$$\begin{aligned}\varGamma[\phi] =& \sum_{n=2}^{\infty}\frac{1}{n!}\int \mathrm{d}^4x_1\cdots\mathrm{d}^4x_n(\phi(x_1)-v)\\ &\times(\phi(x_2)-v)\cdots(\phi(x_n-v))\widetilde{\varGamma}_n(x_1,x_2,\cdots,x_n).\end{aligned} \tag{2.6.28}$$

这就是 φ 场真空期望值不为零时, $\varGamma[\phi]$ 用实测场顶角函数 $\widetilde{\varGamma}_n$ 表示的公式. 所采用的规格化条件为 $\varGamma[v]=0$.

从 $\widetilde{Z}_{\mathrm{c}}[j]$ 与 $Z_{\mathrm{c}}[j]$ 的关系式 (2.6.19) 还可得出, 当 $n\geqslant 2$ 时,

$$\frac{1}{\mathrm{i}^n}\frac{\delta^n Z_{\mathrm{c}}[j]}{\delta j(x_1)\cdots\delta j(x_n)} = \frac{1}{\mathrm{i}^n}\frac{\delta^n \widetilde{Z}_{\mathrm{c}}[j]}{\delta j(x_1)\cdots\delta j(x_n)},\qquad n\geqslant 2. \tag{2.6.29}$$

于是 φ' 场的连接格林函数 $\widetilde{G}_{\mathrm{c}}(x_1,x_2,\cdots,x_n)$ 亦可通过 $\widetilde{Z}_{\mathrm{c}}[j]$ 的泛函微商表示出来, 即对于 $n\geqslant 2$,

$$\begin{aligned}\widetilde{G}_{\mathrm{c}}(x_1,x_2,\cdots,x_n) &= \frac{1}{\mathrm{i}^n}\frac{\delta^n \widetilde{Z}_{\mathrm{c}}[j]}{\delta j(x_1)\cdots\delta j(x_n)}\Big|_{j=0}\\ &= \frac{1}{\mathrm{i}^n}\frac{\delta^n Z_{\mathrm{c}}[j]}{\delta j(x_1)\cdots\delta j(x_n)}\Big|_{j=0.}\end{aligned} \tag{2.6.30}$$

真空期望值 v 亦可通过 Z_{c} 或 $\varGamma$ 确定. 根据 φ' 的真空期望值为零, 有

$$\frac{\delta \widetilde{Z}_{\mathrm{c}}[j]}{\mathrm{i}\delta j(x)}\Big|_{j=0} = 0. \tag{2.6.31}$$

再由式 (2.6.19) 即得

$$\frac{\delta Z_{\mathrm{c}}[j]}{\mathrm{i}\delta j(x)}\Big|_{j=0} = v. \tag{2.6.32}$$

类似地, 从式 (2.6.22), (2.6.25) 和 (2.6.26) 可以求出

$$\frac{\delta\Gamma[\phi]}{\delta\phi(x)}\Big|_{\phi(x)=v}=0. \tag{2.6.33}$$

式 (2.6.32) 和 (2.6.33) 就是从 Z_c 和 Γ 来确定 v 的公式.

3. 单圈图的有效势

我们回到 $v=0$ 的情况, 并来求 "准到单圈图修正的" 有效势. 当 ϕ 为常数时, 式 (2.5.22) 中的 $V_s''(\phi)$ 为常数, 从而可以提到积分号外面来, 于是有

$$\frac{\mathrm{i}}{2}\mathrm{Trln}(\mathbf{1}+\mathrm{i}\boldsymbol{B})=\sum_{n=1}^{\infty}\frac{(-\mathrm{i})^{n+1}}{2n}[V''(\phi)]^n\int \mathrm{d}^4x_1\cdots\mathrm{d}^4x_n\Delta_F(x_1-x_2)\cdots\Delta_F(x_n-x_1).$$

再将

$$\Delta_F(x)=\frac{-\mathrm{i}}{(2\pi)^4}\int\mathrm{d}^4k\frac{\mathrm{e}^{\mathrm{i}kx}}{k^2+m^2-\mathrm{i}\varepsilon}$$

代入, 并对 $x_2, x_3, \cdots, x_n$ 积分. 结果得出 $n-1$ 个四维 δ 函数

$$\delta^4(k_1-k_2)\delta^4(k_2-k_3)\cdots\delta^4(k_{n-1}-k_n).$$

由此可进一步将 $k_2, k_3, \cdots, k_n$ 的积分积出来. 剩下的积分变量就只是 x_1 和 k_1, 可把它们换写成 x 和 k. 最后得出

$$\begin{aligned}\frac{\mathrm{i}}{2}\mathrm{Trln}(\mathbf{1}+\mathrm{i}\boldsymbol{B})&=-\mathrm{i}\int\mathrm{d}^4x\int\frac{\mathrm{d}^4k}{(2\pi)^4}\sum_{n=1}^{\infty}\frac{(-1)^n}{2n}\left[\frac{\lambda\phi^2}{2(k^2+m^2-\mathrm{i}\varepsilon)}\right]^n\\&=\frac{\mathrm{i}}{2}\int\mathrm{d}^4x\int\frac{\mathrm{d}^4k}{(2k)^4}\ln\left[1+\frac{\lambda\phi^2}{2(k^2+m^2-\mathrm{i}\varepsilon)}\right].\end{aligned}\tag{2.6.34}$$

在上式中, 我们已将 $V''(\phi)$ 表示成 $\frac{1}{2}\lambda\phi^2$.

将上述结果代入单圈图的 $\Gamma[\phi]$ 表达式中, 再根据式 (2.6.1) 就定出相应的有效势为

$$U_{\mathrm{eff}}^{(1)}=-\frac{\mathrm{i}}{2}\int\frac{\mathrm{d}^4k}{(2\pi)^4}\ln\left[1+\frac{\lambda\phi^2}{2(k^2+m^2-\mathrm{i}\varepsilon)}\right].$$

加上 $U_{\mathrm{eff}}^{(0)}$ 即得准到单圈图修正的有效势为

$$U_{\mathrm{eff}}=\frac{1}{2}m^2\phi^2+\frac{\lambda}{4!}\phi^4-\frac{\mathrm{i}}{2}\int\frac{\mathrm{d}^4k}{(2\pi)^4}\ln\left[1+\frac{\lambda\phi^2}{2(k^2+m^2-\mathrm{i}\varepsilon)}\right]. \tag{2.6.35}$$

但应指出, 上式只有形式上的意义, 因为其中的积分项是发散的. 将对数函数作幂级数展开, 即可看出, 发散出现在 $n=1$ 和 $n=2$ 的两项中. 我们需要对它进行重正化处理.

如第一章所述, 最常用的重正化方案是质壳重正化. 此方案是通过顶角函数或其微商在 $k^2=-m_{\rm p}^2$ 处的值来定义重正化参量. 这里的 $m_{\rm p}$ 代表标量粒子的物理质量. 但对有效势来说, 采用这种重正化方案是不方便的, 因为在有效势中 ϕ 为常数, 对应于外动量等于零, 所以比较方便的是采用零动量重正化. 其规格化条件为 (参见式 (1.3.39). 在本节中我们对重正化量用附标 R 表示)

$$
\begin{aligned}
&\Gamma_2^{(\rm R)}(k^2)|_{k^2=0}=-m_{\rm R}^2,\\
&\frac{{\rm d}\Gamma_2^{(R)}(k^2)}{{\rm d}k^2}|_{k^2=0}=-1,\\
&\Gamma_4^{(\rm R)}|_{k^2_{k_i=s=t=0}}=-\lambda_{\rm R}.
\end{aligned}
\tag{2.6.36}
$$

如第一章所指出的, 这里的 $m_{\rm R}$ 并非标量粒子的物理质量, 它和 $\lambda_{\rm R}$ 都不过是 $\Gamma^{(\rm R)}$ 或 $U_{\rm eff}^{(\rm R)}$ 中的参量.

(2.6.36) 第一、三两式也可通过 $U_{\rm eff}^{(\rm R)}$ 表示出来, 结果为

$$
\begin{aligned}
&\frac{{\rm d}^2U_{\rm eff}^{(\rm R)}}{{\rm d}\phi_{\rm R}^2}\bigg|_{\phi_{\rm R}=0}=m_{\rm R}^2,\\
&\frac{{\rm d}^4U_{\rm eff}^{(\rm R)}}{{\rm d}\phi_{\rm R}^4}\bigg|_{\phi_{\rm R}=0}=\lambda_{\rm R}.
\end{aligned}
\tag{2.6.37}
$$

零动量的要求已由于 $\phi_{\rm R}$ 为常数而自动满足 (上式左方取 $\phi_{\rm R}=0$ 是因为 $\Gamma_n^{(\rm R)}$ 等于 $\Gamma^{(\rm R)}[\phi_{\rm R}]$ 在对 $\phi_{\rm R}$ 作泛函微商后, 要取 $\phi_{\rm R}=0$).

我们将采用抵消项的方式来进行重正化①. 为此将拉格朗日函数$\mathscr{L}=-\dfrac{1}{2}(\partial_\mu\varphi)^2-\dfrac{1}{2}m^2\varphi^2-\dfrac{\lambda}{4!}\varphi^4$ 重新表示为

$$
\mathscr{L}=\mathscr{L}_{基}+\mathscr{L}_{抵},
\tag{2.6.38}
$$

其中

$$
\begin{aligned}
&\mathscr{L}_{基}=-\frac{1}{2}(\partial_\mu\varphi_{\rm R})^2-\frac{1}{2}m_{\rm R}^2\varphi_{\rm R}^2-\frac{\lambda_{\rm R}}{4!}\varphi_{\rm R}^4,\\
&\mathscr{L}_{抵}=-\frac{1}{2}(Z_\varphi-1)(\partial_\mu\varphi_{\rm R})^2-\frac{1}{2}[(Z_\varphi-1)m_{\rm R}^2-\delta m^2Z_\varphi]\varphi_{\rm R}^2-\frac{\lambda_{\rm R}}{4!}(Z_\varphi^2Z_g-1)\varphi_{\rm R}^4,
\end{aligned}
\tag{2.6.39}
$$

φ, m, λ 与 $\varphi_{\rm R}$, $m_{\rm R}$, $\lambda_{\rm R}$ 之间的关系是

$$
\begin{aligned}
&\varphi=Z_\varphi^{1/2}\varphi_{\rm R},\\
&\lambda=Z_g\lambda_{\rm R},\\
&m^2=m_{\rm R}^2-\delta m^2.
\end{aligned}
$$

① 关于采用抵消项方式来进行重正化的问题, 我们将在 5.1 节作较详细的说明.

由此得出一阶近似中的重正化有效势为

$$U_{\rm eff}^{\rm (R)}(\phi_{\rm R})=\frac{1}{2}m_{\rm R}^2\phi_{\rm R}^2+\frac{\lambda_{\rm R}}{4!}\phi_{\rm R}^4-\frac{\rm i}{2}\int\frac{{\rm d}^4k}{(2\pi)^4}\ln\left[1+\frac{\lambda_{\rm R}\phi_{\rm R}^2}{2k^2+m_{\rm R}^2-{\rm i}\varepsilon}\right]+A\phi_{\rm R}^2+B\phi_{\rm R}^4,\tag{2.6.40}$$

式 (2.6.40) 前三项是用 $\mathscr{L}_{基}$ 计算的树图和单圈图的结果, 后两项为一阶的抵消项的贡献. 从式 (2.6.39) 第二式有

$$\begin{aligned}A&=-\frac{1}{2}[Z_\varphi^{(1)}m_{\rm R}^2-(\delta m^2)^{(1)}],\\B&=-\frac{\lambda_{\rm R}}{4!}(2Z_\varphi^{(1)}+Z_g^{(1)}).\end{aligned}\tag{2.6.41}$$

其中, $Z_\varphi^{(1)}$, $Z_g^{(1)}$, $(\delta m^2)^{(1)}$ 为 Z_φ, Z_g 和 δm^2 的一阶近似值, 它们 (或者说 A 和 B 的值) 要取得使式 (2.6.37) 成立①, 因而 $A\phi_{\rm R}^2+B\phi_{\rm R}^4$ 应正好消去式 (2.6.35) 中对数函数展开的 $n=1$ 和 $n=2$ 的项. 由此得出 $U_{\rm eff}^{\rm (R)}$ 为

$$\begin{aligned}U_{\rm eff}^{\rm (R)}(\phi_{\rm R})=&\frac{1}{2}m_{\rm R}^2\phi_{\rm R}^2+\frac{\lambda_{\rm R}}{4!}\phi_{\rm R}^4-\frac{\rm i}{2}\int\frac{{\rm d}^4k}{(2\pi)^4}\left[\ln\left(1+\frac{\lambda_{\rm R}\phi_{\rm R}^2}{2(k^2+m_{\rm R}^2-{\rm i}\varepsilon)}\right)\right.\\&\left.-\frac{\lambda_{\rm R}\phi_{\rm R}^2}{2(k^2+m_{\rm R}^2-{\rm i}\varepsilon)}+\frac{\lambda_{\rm R}^2\phi_{\rm R}^4}{8(k^2+m_{\rm R}^2-{\rm i}\varepsilon)^2}\right].\end{aligned}$$

通过 Wick 转动, 可将对 k 的积分求出来, 最后得出

$$\begin{aligned}U_{\rm eff}^{\rm (R)}(\phi_{\rm R})=&\frac{1}{2}m_{\rm R}^2\phi_{\rm R}^2+\frac{\lambda_{\rm R}}{4!}\phi_{\rm R}^4+\frac{1}{(8\pi)^2}\left[\left(\frac{1}{2}\lambda_{\rm R}\phi_{\rm R}^2+m_{\rm R}^2\right)^2\ln\left(1+\frac{\lambda_{\rm R}\phi_{\rm R}^2}{2m_{\rm R}^2}\right)\right.\\&\left.-\frac{1}{2}\lambda_{\rm R}\phi_{\rm R}^2\left(\frac{3}{4}\lambda_{\rm R}\phi_{\rm R}^2+m_{\rm R}^2\right)\right].\end{aligned}\tag{2.6.42}$$

上式第三项代表重正化有效势中的单圈图修正项. 当 $\dfrac{\lambda_{\rm R}\phi_{\rm R}^2}{2m_{\rm R}^2}$ 足够大时, 它将变得重要. 从上式可以求出 $\langle 0|\hat\varphi_{\rm R}|0\rangle$ 的一阶修正.

Coleman 等 (Phys. Rev. D**7**, 1888; 1973) 曾考虑过通过辐射修正(即圈图修正) 产生对称性自发破坏的可能. 意思是说, 在树图水平并不出现场的真空凝聚, 即 $U_{\rm eff}^{(0)}$ 的极小点为 $\phi_{\rm R}=0$. 但在考虑圈图修正后, 极小点移到了 $\phi_{\rm R}\neq 0$ 的地方. 他们研究了零质量 $(m_{\rm R}=0)$ 的情形. 不过当在式 (2.6.42) 中取 $m_{\rm R}=0$ 时, 其中的对数项将失去意义. 这表明重正化规格条件式 (2.6.37) 不能直接应用到零质量的情况. 他们在取 $m_{\rm R}=0$ 的同时, 把重正化规格条件改为

$$\begin{aligned}\left.\frac{{\rm d}^2U_{\rm eff}^{\rm (R)}}{{\rm d}\phi_{\rm R}^2}\right|_{\phi_{\rm R}=0}&=0,\\\left.\frac{{\rm d}^4U_{\rm eff}^{\rm (R)}}{{\rm d}\phi_{\rm R}^4}\right|_{\phi_{\rm R}=M}&=\lambda_{\rm M}.\end{aligned}\tag{2.6.43}$$

① 式 (2.6.37) 比 (2.6.36) 少一个式子, 因此不能完全确定 $Z_\varphi^{(1)}$, $Z_g^{(1)}$, $(\delta m^2)^{(1)}$, 但可以确定 A 和 B.

M 为任一取定的具有质量量纲的参数. 由此得出一阶的重正化有效势为

$$U_{\text{eff}}^{(\mathrm{R})}(\phi_{\mathrm{R}})=\frac{1}{4!}\lambda_M\phi_{\mathrm{R}}^4+\frac{\lambda_M^2}{256\pi^2}\phi_{\mathrm{R}}^4\left(\ln\frac{\phi_{\mathrm{R}}^2}{M^2}-\frac{25}{6}\right). \tag{2.6.44}$$

我们看到, 在换用 λ_M 表示后, 对数项已不再发散.

通过直接微商不难求出, 在 $\phi_{\mathrm{R}}=0$ 点, $U_{\text{eff}}^{(\mathrm{R})}$ 对 ϕ_{R}^2 的一次微商为零而二次微商为负, 即单圈图修正果然已将原点从极小点变成极大点.

4. 多圈图的修正问题

Jackiw 曾对多圈图修正进行了讨论 (Phys. Rev. D**9**, 1686; 1974), 他指出单圈图修正并不具有典型性, 有些效应要计算两圈图或两圈以上的图才会出现. 下面我们对多圈图的修正问题作一简单介绍.

利用上节的结果, 完全的格林函数 $Z[j]$ 可以写作

$$Z[j]=\mathrm{e}^{\mathrm{i}I[\varphi_s,j]-\frac{1}{2}\mathrm{Trln}(\mathbf{1}+\mathrm{i}\boldsymbol{B})}\widetilde{Z}[j], \tag{2.6.45}$$

其中, $\mathrm{i}I[\varphi_s,j]-\dfrac{1}{2}\mathrm{Trln}(\mathbf{1}+\mathrm{i}\boldsymbol{B})$ 代表已经求出的树图和单圈图的 $Z_c^{(0)}+Z_c^{(1)}$, $\widetilde{Z}[j]$ 由下式表示,

$$\widetilde{Z}[j]=\frac{\displaystyle\int \mathrm{D}\varphi(x)\mathrm{e}^{\mathrm{i}\int \mathrm{d}^4x[\frac{1}{2}\varphi(\Box-m^2-\frac{\lambda}{2}\varphi_s^2)\varphi-\widetilde{\mathscr{H}}_{\text{int}}(\varphi)]}}{\displaystyle\int \mathrm{D}\varphi(x)\mathrm{e}^{\mathrm{i}\int \mathrm{d}^4x[\frac{1}{2}\varphi(\Box-m^2-\frac{\lambda}{2}\varphi_s^2)\varphi]}}. \tag{2.6.46}$$

在上式中, 泛函积分变量 φ' 已改写成 φ, $\widetilde{\mathscr{H}}_{\text{int}}$ 的表示式为

$$\widetilde{\mathscr{H}}_{\text{int}}(\varphi)=\frac{1}{3!}\lambda\varphi_s\varphi^3+\frac{1}{4!}\lambda\varphi^4. \tag{2.6.47}$$

$\ln\widetilde{Z}[j]$ 就代表两圈以及两圈以上的 $Z_{\mathrm{c}}[j]$.

$\widetilde{Z}[j]$ 对 j 的依赖是通过 φ_s 实现的, 在分子指数中, 已没有 $\mathrm{i}\displaystyle\int \mathrm{d}^4xj(x)\varphi(x)$ 的项. 因此 $\widetilde{Z}[j]$ 可看作是以 $\mathscr{D}(x,y,\varphi_s)$(定义见下) 为自由传播子, 以 $\widetilde{\mathscr{H}}_{\text{int}}$ 为作用项的真空涨落图的振幅. 式 (2.6.46) 中的分母保证了 $\widetilde{Z}[j]$ 的适当的规格化, 即当 $\widetilde{\mathscr{H}}_{\text{int}}$ 等于零时, $\widetilde{Z}[j]$ 等于 1. $\mathscr{D}(x,y,\varphi_s)$ 由下式定义

$$\mathscr{D}(x,y,\varphi_s)=\frac{\mathrm{i}}{\Box-m^2-\dfrac{\lambda}{2}\varphi_s^2(x)+\mathrm{i}\varepsilon}\delta^4(x-y), \tag{2.6.48}$$

它不是平移不变的. 作用项 $\widetilde{\mathscr{H}}_{\text{int}}$ 也由于含 φ_s 而使 “耦合常数” 依赖于 x.

式 (2.6.46) 的泛函积分无法直接积出来, 我们只能通过费恩曼图的方法讨论它.

当圈数一定时, 连接的真空涨落图形只有有限的几个. 例如, 对双圈图的修正项, 所需计算的图形只有三个, 如图 2.6.2 所示.

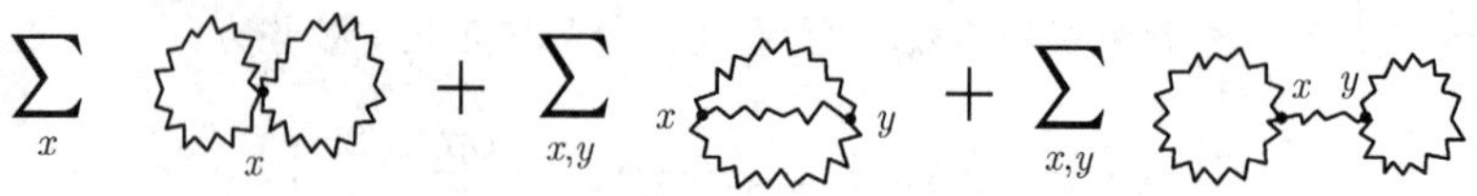

图 2.6.2　曲线〰代表 $\mathscr{D}(x,y,\varphi_s)$

Jackiw 还指出，在计算双圈图的 $\Gamma^{(2)}[\phi]$ 时，只需用传播子 $\mathscr{D}(x,y,\phi(x))$ 代替 $\mathscr{D}(x,y,\varphi_s(x))$ 并以 $\dfrac{\lambda}{3!}\phi(x)\varphi^3(x)+\dfrac{\lambda}{4!}\varphi^4(x)$ 为作用项来求两个"单粒子不可约"的图形即可.

当然，对于任意的 $\phi(x)$，这种计算是困难的. 但在求有效势时，ϕ 将取为常数，这时计算就不难完成. 得出 $\Gamma[\phi]$ 以后，再根据式 (2.6.1) 即可分出 $U_{\text{eff}}(\phi)$.

以上结果可推广到二圈以上的有效势修正. 方法同样，即以

$$\begin{aligned}\mathscr{D}(x-y,\phi)&=\frac{\mathrm{i}}{\Box-m^2-\dfrac{\lambda}{2}\phi^2+\mathrm{i}\varepsilon}\delta^4(x-y)\\&=\int\frac{\mathrm{d}^4k}{(2\pi)^4}\frac{-\mathrm{i}}{k^2+m^2+\dfrac{\lambda}{2}\phi^2-\mathrm{i}\varepsilon}\mathrm{e}^{\mathrm{i}k(x-y)},\end{aligned}\tag{2.6.49}$$

$$\widetilde{\mathscr{H}}_{\text{int}}=\frac{1}{3!}\lambda\phi\varphi^3+\frac{\lambda}{4!}\varphi^4,\quad(\phi\text{ 为常数})\tag{2.6.50}$$

来计算"单粒子不可约的"真空涨落图到所需的圈数，所得结果即为相应的 $\Gamma[\phi]$. $U_{\text{eff}}(\phi)$ 再按式 (2.6.1) 定出.

2.7　格拉斯曼代数和旋量场的泛函积分量子化

前面我们讲了标量场的泛函积分量子化. 这种方法可以推广到其他玻色场如矢量场. 玻色场有一共同特点，即在算符量子化方案中，对于一对正则变量引入的是对易关系，

$$[\hat{\varphi}_\alpha(\boldsymbol{x},t),\hat{\pi}_\beta(\boldsymbol{x}',t)]=\mathrm{i}\hbar\delta(\boldsymbol{x}-\boldsymbol{x}')\delta_{\alpha\beta}.$$

当 $\hbar\to0$ 时 (即取经典极限时)，它们成为可对易量，即普通的 c 数. 可是旋量场就不同了，为了得到费米统计性质，在算符量子化方案中，需要采用反对易关系. 因此即使在经典极限下，它们也不转化为普通 c 数.

很显然我们不能把上节所讲的泛函积分量子化方法直接用到旋量场，如果这样做，就无从区别费米统计和玻色统计. 这一情况使得泛函积分量子化对旋量场的推广延迟了多年. 1966 年 Berezin 通过引入格拉斯曼代数生成元来作为旋量场的泛函积分变量，才使问题得到解决.

本节将先介绍格拉斯曼代数及旋量场的全纯表象，然后再讨论旋量场的泛函积分量子化.

1. 格拉斯曼代数与旋量场的全纯表象

格拉斯曼代数的生成元为可反对易的量. 对于 n 维格拉斯曼代数, 共有 n 个生成元 $\eta_1, \eta_2, \cdots, \eta_n$, 它们满足关系

$$\eta_i\eta_j + \eta_j\eta_i = 0, \tag{2.7.1}$$

因此该代数的任意元素可以表为

$$C^{(0)} + C_i^{(1)}\eta_i + C_{ij}^{(2)}\eta_i\eta_j + \cdots + C^{(n)}\eta_1\eta_2\cdots\eta_n \tag{2.7.2}$$

其中, 系数对于其脚标是全反对称的.

对于旋是场的每一个模, 有一对算符 $\hat{a}$ 和 $a^\dagger$(吸收和发射算符), 它们互为厄米共轭并满足反对易关系

$$\begin{aligned}&\hat{a}\hat{a}^\dagger + \hat{a}^\dagger\hat{a} = 1,\\&\hat{a}^2 = (\hat{a}^\dagger)^2 = 0.\end{aligned} \tag{2.7.3}$$

相应地, 我们引入一对共轭的可反对易的量 η 和 η^*. 它们是不同的"格拉斯曼代数生成元", 因而满足①

$$\begin{aligned}&\eta\eta^* + \eta^*\eta = 0,\\&\eta^2 = (\eta^*)^2 = 0.\end{aligned} \tag{2.7.4}$$

标量场每个模的量子状态 $|f\rangle$, 可用 α^* 的一个全纯函数

$$f(\alpha^*) = f_0 + f_1\alpha^* + f_2\alpha^{*2} + \cdots. \tag{2.7.5}$$

来表示. 与此相应, 对旋量场每个模的量子状态 $|g\rangle$, 我们也用 η^* 的一个"全纯"函数 $g(\eta^*)$ 来表示. 由于 $(\eta^*)^2 = 0, g(\eta^*)$ 的最一般形式即为

$$g(\eta^*) = g_0 + g_1\eta^*. \tag{2.7.6}$$

其中, 系数 (普通 c 数)g_0 和 g_1 由下式确定

$$\begin{aligned}&\langle 0|g\rangle = g_0,\\&\langle 1|g\rangle = g_1.\end{aligned} \tag{2.7.7}$$

这与式 (2.7.5) 中系数 f_n 的定义式

$$\langle n|f\rangle = \sqrt{n!}f_n$$

---

① 如果把 η 和 η^* 分别表成 $\eta_R + \mathrm{i}\eta_I$ 和 $\eta_R - \mathrm{i}\eta_I$, 也可证明式 (2.7.4).

相应. 显然 $g(\eta^*)$ 与 $|g\rangle$ 是一一对应的关系.

我们再来定义算符的全纯表示. 单模旋量场的任一个算符 $\hat{K}$ 可以表示为

$$\hat{K} = K_{00}|0\rangle\langle 0| + K_{01}|0\rangle\langle 1| + K_{10}|1\rangle\langle 0| + K_{11}|1\rangle\langle 1|, \tag{2.7.8}$$

其中

$$K_{mn} = \langle m|\hat{K}|n\rangle.$$

正如在标量场情况定义算符 $\hat{T} = \sum_{mn} T_{mn}|m\rangle\langle n|$ 的全纯表示为 $T(\alpha^*, \alpha') = \sum_{mn} \frac{(\alpha^*)^m \alpha'^n}{\sqrt{m!n!}} T_{mn}$ 一样, 我们定义旋量场算符 $\hat{K}$ 的全纯表示为

$$K(\eta^*, \eta') = K_{00} + K_{01}\eta' + K_{10}\eta^* + K_{11}\eta^*\eta'. \tag{2.7.9}$$

$K(\eta^*, \eta')$ 与 $\hat{K}$ 也是一一对应关系.

同样可以仿照标量场情况定义旋量场算符的正规核. 如果

$$\hat{K} = \kappa_{00} + \kappa_{01}\hat{a} + \kappa_{10}\hat{a}^\dagger + \kappa_{11}\hat{a}^\dagger\hat{a}, \tag{2.7.10}$$

则它的正规核就是

$$\kappa(\eta^*, \eta') = \kappa_{00} + \kappa_{01}\eta' + \kappa_{10}\eta^* + \kappa_{11}\eta^*\eta'. \tag{2.7.11}$$

反过来, 知道了一个旋量场算符 $\hat{K}$ 的正规核 $\kappa(\eta^*, \eta')$, 该算符也就可以直接写出. 结果为

$$\hat{K} =: K(\hat{a}^\dagger, \hat{a}) : . \tag{2.7.12}$$

通过对式 (2.7.10) 求矩阵元 $\langle m|\hat{K}|n\rangle$, 不难得出

$$\begin{aligned} K_{00} &= \kappa_{00}, \quad K_{01} = \kappa_{01}, \\ K_{10} &= \kappa_{10}, \quad K_{11} = \kappa_{00} + \kappa_{11}. \end{aligned} \tag{2.7.13}$$

从上式以及

$$e^{\eta^*\eta'} = 1 + \eta^*\eta',$$

不难得出

$$K(\eta^*, \eta') = \kappa(\eta^*, \eta')e^{\eta^*\eta'}. \tag{2.7.14}$$

此关系式亦与标量场情况的相应关系式一样.

为了表示两个态的标量积、算符对态的作用以及算符的乘积，我们将定义反对易变量的积分运算如下

$$\begin{aligned}&\int \mathrm{d}\eta = 0,\ \int \eta \mathrm{d}\eta = 1,\\&\int \mathrm{d}\eta^* = 0,\ \int \eta^* \mathrm{d}\eta^* = 1.\end{aligned} \tag{2.7.15}$$

由于 $f(\eta)$ 的最一般形式为 $c_0 + c_1\eta, f(\eta^*)$ 情况也类似，故对一维积分，上述定义是完全的.

在二维积分中，η^* 和 η 可当作独立变量，因而 $\mathrm{d}\eta$ 与 $\mathrm{d}\eta^*$ 也是反对易的. 双变量函数 $f(\eta^*, \eta)$ 的最一般形式为

$$f(\eta^*, \eta) = f_{00} + f_{01}\eta + f_{10}\eta^* + f_{11}\eta^*\eta, \tag{2.7.16}$$

于是得

$$\int \mathrm{d}\eta^* \mathrm{d}\eta f(\eta^*, \eta) = -f_{11}. \tag{2.7.17}$$

实际上我们下面用到的只是二维积分，因此也可以只引入式 (2.7.17) 作为它的定义.

对于标量场的全纯表示，我们曾得到公式

$$\int \frac{\mathrm{d}^2\alpha}{\pi} \mathrm{e}^{(\beta^* - \alpha^*)\alpha} f(\alpha^*) = f(\beta^*).$$

在这里我们不难证明类似的结果，

$$\int \mathrm{d}^2\eta \mathrm{e}^{(\zeta^* - \eta^*)\eta} g(\eta^*) = g(\zeta^*), \tag{2.7.18}$$

其中，$\mathrm{d}^2\eta \equiv \mathrm{d}\eta^* \mathrm{d}\eta$; ζ^* 为另一个反对易变量.

在上述积分定义下，两个态的标量积可以表示为

$$\langle g | g' \rangle = \int \mathrm{d}^2\eta g^*(\eta^*) g'(\eta^*) \mathrm{e}^{-\eta^*\eta}, \tag{2.7.19}$$

这是因为式 (2.7.19) 右方可化为

$$\int \mathrm{d}^2\eta (g_0^* + g_1^*\eta)(g_0' + g_1'\eta^*)(1 - \eta^*\eta),$$

积分以后即得出 $g_0^* g_0' + g_1^* g_1'$.

算符对态的作用亦可在全纯表象中表示出来. 设

$$|f\rangle = \hat{K} |g\rangle, \tag{2.7.20}$$

则在粒子数表象中有

$$\begin{pmatrix} f_0 \\ f_1 \end{pmatrix} = \begin{pmatrix} K_{00} & K_{01} \\ K_{10} & K_{11} \end{pmatrix} \begin{pmatrix} g_0 \\ g_1 \end{pmatrix}.$$

根据这一关系可以得出

$$f(\eta^*) = \int \mathrm{d}^2\eta' K(\eta^*, \eta') g(\eta'^*) \mathrm{e}^{-\eta'^*\eta'}. \tag{2.7.21}$$

此结果形式上亦与标量场的公式相似.

两个算符的乘积也可类似处理. 设

$$\hat{L} = \hat{K}\hat{M},$$

在粒子数表象中

$$\begin{pmatrix} L_{00} & L_{01} \\ L_{10} & L_{11} \end{pmatrix} = \begin{pmatrix} K_{00} & K_{01} \\ K_{10} & K_{11} \end{pmatrix} \begin{pmatrix} M_{00} & M_{01} \\ M_{10} & M_{11} \end{pmatrix},$$

由此可得

$$L(\eta^*, \eta') = \int K(\eta^* \eta'') M(\eta''^*, \eta') \mathrm{e}^{-\eta''^*\eta''} \mathrm{d}^2\eta''. \tag{2.7.22}$$

这里所有公式与标量场公式的差别只是用 $\mathrm{d}^2\eta$ 替换了 $\dfrac{\mathrm{d}^2\alpha}{\pi}$(如果修改反对易变量积分运算的定义, 还可以做到两者的完全对应).

我们可以定义一种特殊的状态

$$|\eta\rangle = \frac{1}{\sqrt{1+\eta^*\eta}}(|0\rangle + |1\rangle\eta) = \mathrm{e}^{-\frac{1}{2}\eta^*\eta}(|0\rangle + |1\rangle\eta), \tag{2.7.23}$$

作为上述全纯表象的基底, 其中 η 为反对易变量 (并假定它与算符 $\hat{a}$ 和 $\hat{a}^\dagger$ 也反对易). 这种态最早是 Schwinger 引入的 (见 Quantum Kinematics and Dynamics, 1970). 不难证明

$$\hat{a}|\eta\rangle = \eta|\eta\rangle, \tag{2.7.24}$$

即 $|\eta\rangle$ 为 $\hat{a}$ 的本征态, 本征值为 η①, 因此 $|\eta\rangle$ 可称为旋量场的相干态.

式 (2.7.23) 与标量场相干态的展式相类似, 只是这里 n 从 0 到 1 求和.

对式 (2.7.24) 取共轭, 得

$$\langle\eta|\hat{a}^\dagger = \langle\eta|\eta^*, \tag{2.7.25}$$

① 过去没有出现本征值为反对易量的情况, 那是因为过去所讨论的都是旋量场的物理量. 旋量场的物理量为 $\hat{\bar{\psi}}$ 和 $\hat{\psi}$ 乘积的函数, 故其本征值为普通 c 数. 又式 (2.7.24) 两侧都等于 $\mathrm{e}^{-\frac{1}{2}\eta^*\eta}\eta|0\rangle$. 推导这一结果时可利用 $\eta^*\eta$ 与 η 对易与 $\hat{a}$ 也对易.

于是粒子数算符 $\hat{n}$ 在 $|\eta\rangle$ 态的平均值为

$$\langle\eta|\hat{n}|\eta\rangle = \langle\eta|\hat{a}^\dagger\hat{a}|n\rangle = \eta^*\eta. \tag{2.7.26}$$

以上讨论进一步确立了 η 与标量场情况中的 α 的等同地位.

同标量场的情况一样, 不同本征值的相干态并不正交. 由式样 (2.7.23) 可得

$$\begin{aligned}\langle\eta'|\eta\rangle &= \mathrm{e}^{-\frac{1}{2}(\eta'^*\eta'+\eta^*\eta)}(1+\eta'^*\eta)\\ &= \mathrm{e}^{-\frac{1}{2}(\eta'^*\eta'+\eta^*\eta-2\eta'^*\eta)}.\end{aligned} \tag{2.7.27}$$

但全部相干态构成完备集, 因按照积分公式 (2.7.27)

$$\begin{aligned}\int \mathrm{d}^2\eta|\eta\rangle\langle\eta| &= \int \mathrm{d}^2\eta(1-\eta^*\eta)(|0\rangle+|1\rangle\eta)(\langle 0|+\eta^*\langle 1|)\\ &= |0\rangle\langle 0| + |1\rangle\langle 1| = 1.\end{aligned} \tag{2.7.28}$$

任意态 $|g\rangle = g_0 + g_1|1\rangle$ 在 $|\eta\rangle$ 态上的投影为

$$\langle\eta|g\rangle = g_0\langle\eta|0\rangle + g_1\langle\eta|1\rangle = \mathrm{e}^{-\frac{1}{2}\eta^*\eta}g(\eta^*), \tag{2.7.29}$$

其中, $g(\eta^*) = g_0 + g_1\eta^*$, 就是我们前面定义的“态 $|g\rangle$ 的全纯表示”.

我们可以 $|\eta\rangle$ 态作为基底来对任意态 $|g\rangle$ 作展开. 利用完备性条件式 (2.7.28) 和投影式 (2.7.29) 有

$$|g\rangle = \int \mathrm{d}^2\eta|\eta\rangle\langle\eta|g\rangle = \int \mathrm{d}^2\eta \mathrm{e}^{-\frac{1}{2}\eta^*\eta}g(\eta^*)|\eta\rangle. \tag{2.7.30}$$

对算符按 $|\eta\rangle\langle\eta'|$ 的展开, 以及其矩阵元 K_{mn} 与其全纯表示 $K(\eta^*,\eta')$ 之间的关系亦可类似地讨论. 有关两个态的标量积、算符对态的作用以及两个算符的乘积等公式, 都可利用完备性条件式 (2.7.28) 推导出来, 就像标量场的情况一样.

在表述高斯积分公式时, 需要引入微分运算. 为此我们定义, 当 c_0 和 c_1 为普通数时

$$\begin{aligned}&\frac{\mathrm{d}}{\mathrm{d}\eta^*}(c_0+c_1\eta^*) = c_1,\\ &\frac{\mathrm{d}}{\mathrm{d}\eta}(c_0+c_1\eta) = c_1.\end{aligned} \tag{2.7.31}$$

如果 c_0 和 c_1 也是反对易量, 则要区分是左微分还是右微分. 对于右微分, 上式右方要加负号.

应指出, 这里的微分运算并非积分运算的逆运算. 它们具有各自的定义.

利用上述微分运算的定义, 可以得出, 在全纯表象中, $\hat{a}$ 对应于微分算符. 因若令式 (2.7.20) 中的 $\hat{K}$ 等于 $\hat{a}$, 则将 $|g\rangle = g_0|0\rangle + g_1|1\rangle$ 代入后得

$$|f\rangle = g_1|0\rangle,$$

即

$$f_0 = g_1, \quad f_1 = 0.$$

按照微分运算的定义, 以上结果可表为

$$f(\eta^*) = \frac{\mathrm{d}}{\mathrm{d}\eta^*} g(\eta^*). \tag{2.7.32}$$

另外, 若 $\hat{K} = \hat{a}^\dagger$, 则有

$$f_0 = 0, \quad f_1 = g_0,$$

因此

$$f(\eta^*) = \eta^* g(\eta^*). \tag{2.7.33}$$

即就全纯表示而言, $\hat{a}^\dagger$ 的作用等于乘上 η^*.

2. 积分变换和高斯型积分

为了以后的应用, 我们来考察积分变量的变换问题. 先看平移变换, 设

$$I = \int \mathrm{d}^2\eta f(\eta^*, \eta). \tag{2.7.34}$$

如前所述, $f(\eta^*, \eta)$ 的一般形式为 $f_{00} + f_{01}\eta + f_{10}\eta^* + f_{11}\eta^*\eta$, 它的二维积分等于最高项的系数的负值, 即

$$I = -f_{11}. \tag{2.7.35}$$

当我们作变量平移变换 (下式中 ζ 亦为格拉斯曼代数生成元)

$$\eta = \eta' + \zeta, \qquad \eta^* = \eta'^* + \zeta'^* \tag{2.7.36}$$

时, $f(\eta^*, \eta)$ 化为

$$\begin{aligned} f(\eta'^* + \zeta^*, \eta' + \zeta) = &(f_{00} + f_{01}\zeta^* + f_{10}\zeta + f_{11}\zeta^*\zeta) \\ &+ f_{01}\eta'^* + f_{10}\eta' + f_{11}\zeta^*\eta' - f_{11}\zeta\eta'^* + f_{11}\eta'^*\eta'. \end{aligned}$$

我们看到, 它作为 η' 和 η'^* 的函数其最高项的系数未变, 于是有

$$\int \mathrm{d}^2\eta f(\eta^*, \eta) = \int \mathrm{d}^2\eta' f(\eta'^* + \zeta^*, \quad \eta + \zeta). \tag{2.7.37}$$

这表明通常的平移变换公式在这里仍然成立.

再看变换

$$\begin{pmatrix} \eta^* \\ \eta \end{pmatrix} = \begin{pmatrix} A_{00} & A_{01} \\ A_{10} & A_{11} \end{pmatrix} \begin{pmatrix} \eta'^* \\ \eta' \end{pmatrix}, \det A \neq 0. \tag{2.7.38}$$

由此式定义的 η'^* 和 η' 亦满足像式 (2.7.4) 那样的关系式. 将 $\eta^* = A_{00}\eta'^* + A_{01}\eta'$ 和 $\eta = A_{10}\eta'^* + A_{11}\eta'$ 代入 $f(\eta^*, \eta)$ 后, 得出它作为 η'^* 和 η' 的函数, 其最高项的系数为 $(\det A)f_{11}$, 于是得

$$\int \mathrm{d}^2\eta f(\eta^*, \eta) = \frac{1}{\det A}\int \mathrm{d}^2\eta' f(A_{00}\eta'^* + A_{01}\eta', \quad A_{10}\eta'^* + A_{11}\eta') \tag{2.7.39}$$

此结果与通常的变换公式不同, 这里的雅可比行列式 $\det A$ 出现在分母上而不像通常公式中那样出现在分子上.

以上讨论不难推广到多自由度的情况.

对于 n 个自由度, 引入 $2n$ 个互相反对易的积分变量

$$\eta_1, \eta_2, \cdots, \eta_n; \eta_1^*, \eta_2^*, \cdots, \eta_n^*.$$

体系的状态用全纯函数 $g(\eta_1^*, \eta_2^*, \cdots, \eta_n^*)$ 表示, 它的最一般形式为

$$g(\eta_1^*, \eta_2^*, \cdots, \eta_n^*) = g^{(0)} + g_j^{(0)}\eta_j^* + g_{jl}^{(2)}\eta_j^*\eta_l^* + \cdots + g^{(n)}\eta_1^*\eta_2^*\cdots\eta_n^*, \tag{2.7.40}$$

(按本书惯例. 对其中重复脚标要求和). 两个态的标积为

$$\langle g|f\rangle = \int\prod_j \mathrm{d}^2\eta_j g^*(\eta_1^*, \eta_2^*, \cdots, \eta_n^*) f(\eta_1^*, \eta_2^*, \cdots, \eta_n^*)\mathrm{e}^{-\eta_j^*\eta_j}. \tag{2.7.41}$$

仿前可以证明, 对于任一个 $2n$ 元的函数

$$F(\eta_1^*, \eta_2^*, \cdots, \eta_n^*; \eta_1, \eta_2, \cdots, \eta_n),$$

其 $2n$ 维积分值为

$$\int\prod_j \mathrm{d}^2\eta_j F(\eta_1^*, \eta_2^*, \cdots, \eta_n^*; \eta_1, \eta_2, \cdots, \eta_n) = (-1)^n F^{(2n)}. \tag{2.7.42}$$

其中, $F^{(2n)}$ 为 $F(\eta_1^*, \eta_2^*, \cdots; \eta_1, \eta_2, \cdots)$ 中最高项 $\eta_1^*\eta_2^*\cdots\eta_n^*\eta_n\eta_{n-1}\cdots\eta_1$ 的系数.

$2n$ 维的高斯型积分

$$I = \int\prod_l \mathrm{d}^2\eta_l \mathrm{e}^{-\eta_i^* A_{ij}\eta_j + \eta_j^*\zeta_j + \zeta_j^*\eta_j}$$

(其中, A_{ij} 为普通 c 数, η 和 ζ 为格拉斯曼代数生成元) 可以通过平移来计算, 因为指数函数可以展成多项式, 其最高项的系数在平移后保持不变. 平移后积分化为

$$I = \mathrm{e}^{\zeta_i^*(A^{-1})_{ij}\zeta_j}\int\prod_l \mathrm{d}^2\eta_l \mathrm{e}^{-\eta_j^* A_{ij}\eta_j}.$$

此积分不难积出：将被积函数展成多项式后，其最高项系数为 $(-1)^n\mathrm{det}A$. 于是得出

$$\int\prod_l \mathrm{d}^2\eta_l \mathrm{e}^{-\eta_i^* A_{ij}\eta_j+\eta_j^*\zeta_j+\zeta_j^*\eta_j} = (\mathrm{det}A)\mathrm{e}^{\zeta_i^*(A^{-1})_{ij}\zeta_j}. \tag{2.7.43}$$

式 (2.7.43) 与普通的复变量高斯积分公式

$$\int\prod_l\left(\frac{\mathrm{d}^2\alpha_l}{\pi}\right)\mathrm{e}^{-\alpha_i^* A_{ij}\alpha_j+\alpha_j^*\beta_j+\beta_j^*\alpha_j} = \frac{1}{\mathrm{det}A}\mathrm{e}^{\beta_j^*(A^{-1})_{ij}\beta_j}$$

相比，除出 π 因子外，差别就在于：右方的行列式 $\mathrm{det}A$ 一个出现在分母中，一个出现在分子中.

我们将证明：式 (2.7.43) 右方指数 $\zeta_i^*(A^{-1})_{ij}\zeta_j$ 也同过去一样，等于被积函数中的指数 $-\eta_i^* A_{ij}\eta_j+\eta_j^*\zeta_j+\zeta_j^*\eta_j$ 的极值.

极值方程定义为

$$\left(\frac{\mathrm{d}}{\mathrm{d}\eta_l^*}\right)_L(-\eta_i^* A_{ij}\eta_j+\eta_j^*\zeta_j+\zeta_j^*\eta_j)=0,$$

$$\left(\frac{\mathrm{d}}{\mathrm{d}\eta_l}\right)_R(-\eta_i^* A_{ij}\eta_j+\eta_j^*\zeta_j+\zeta_j^*\eta_j)=0. \tag{2.7.44}$$

按照微分运算的定义，上式化成

$$\begin{aligned}A_{lj}\eta_j&=\zeta_l,\\ \eta_i^* A_{il}&=\zeta_l^*.\end{aligned}$$

其解为

$$\begin{aligned}\eta_j&=(A^{-1})_{jl}\zeta_l,\\ \eta_i^*&=\zeta_l^*(A^{-1})_{li}.\end{aligned} \tag{2.7.45}$$

代入 $-\eta_i^* A_{ij}\eta_j+\eta_j^*\zeta_j+\zeta_j^*\eta_j$ 中即得其极值为 $\zeta_i^*(A^{-1})_{ij}\zeta_j$.

其他如算符对态的作用、算符与算符的乘积等，均可从单自由度的结果直接推广得出.

3. 旋量场的泛函积分量子化

在考虑旋量场的泛函积分量子化时，我们先将场算符按平面波展开，如第一章所述，$\hat{\psi}(\boldsymbol{x},t)$ 的展式可表为

$$\hat{\psi}(\boldsymbol{x},t)=\sum_{r=1,2}\int\mathrm{d}\widetilde{p}\frac{1}{(2\pi)^{3/2}}[\hat{a}_r(\boldsymbol{p},t)u_r(\boldsymbol{p})\mathrm{e}^{\mathrm{i}\boldsymbol{p}\cdot\boldsymbol{x}}+\hat{b}_r^\dagger(\boldsymbol{p},t)v_r(\boldsymbol{p})\mathrm{e}^{-\mathrm{i}\boldsymbol{p}\cdot\boldsymbol{x}}]. \tag{2.7.46}$$

然后对正粒子每个模的吸收和发射算符 $\hat{a}_r(\boldsymbol{p},t)$ 和 $\hat{a}_r^\dagger(\boldsymbol{p},t)$ 引入一对反对易变量 $\eta_r(\boldsymbol{p},t)$ 和 $\eta_r^*(\boldsymbol{p},t)$, 对反粒子每个模的吸收算符和发射算符 $\hat{b}_r(\boldsymbol{p},t)$ 和 $\hat{b}_r^\dagger(\boldsymbol{p},t)$ 引入另一对反对易变量 $\zeta_r(\boldsymbol{p},t)$ 和 $\zeta_r^*(\boldsymbol{p},t)$. 旋量场的量子化将通过这些反对易变量的泛函积分来表述.

为了得出 S 算符或格林函数生成泛函的泛函积分表达式, 我们像过去一样先推导算符 $\mathrm{e}^{-\mathrm{i}\hat{H}(t_f-t_0)}\equiv\mathrm{e}^{-\mathrm{i}\hat{H}T}$ 的全纯表示 U. U 可通过算符乘积公式从 $\mathrm{e}^{-\mathrm{i}\hat{H}\Delta t}$ 的全纯表示构造出来. 当 Δt 足够小时, $\mathrm{e}^{-\mathrm{i}\hat{H}\Delta t}$ 又可近似化为 $1-\mathrm{i}\hat{H}\Delta t$. 于是从旋量场公式与标量场公式间的对应关系, 即可求出 U 的表达式. 在 $\hat{H}=H(\hat{a}_r^\dagger(\boldsymbol{p},t),\hat{a}_r(\boldsymbol{p},t),\hat{b}_r^\dagger(\boldsymbol{p},t),\hat{b}_r(\boldsymbol{p},t))$, 其中算符已正规编序的情况下, 结果为

$$
\begin{aligned}
&U(\eta_r^*(\boldsymbol{p})_f,\eta_r(\boldsymbol{p})_0,\zeta_r^*(\boldsymbol{p})_f,\zeta_r(\boldsymbol{p})_0,T)=\int\prod_r \mathrm{D}^2\eta_r(\boldsymbol{p},t)\mathrm{D}^2\zeta_r(\boldsymbol{p},t)\\
&\exp\left\{\frac{1}{2}\int \mathrm{d}\widetilde{p}[\eta_r^*(\boldsymbol{p})_f\eta_r(\boldsymbol{p},t_f)+\eta_f^*(\boldsymbol{p},t_0)\eta_r(\boldsymbol{p})_0]\right.\\
&+\int_{t_0}^{t_f}\mathrm{d}t\int \mathrm{d}\widetilde{p}\left[\frac{1}{2}\dot{\eta}_f^*(\boldsymbol{p},t)\eta_r(\boldsymbol{p},t)-\frac{1}{2}\eta_r^*(\boldsymbol{p},t)\dot{\eta}_r(\boldsymbol{p},t)+(\eta\to\zeta)\right.\\
&\left.\left.-\mathrm{i}H(\eta_r^*(\boldsymbol{p},t),\eta_r(\boldsymbol{p},t),\zeta_r^*(\boldsymbol{p},t),\zeta_r(\boldsymbol{p},t))\right]\right\}.
\end{aligned}
\tag{2.7.47}
$$

从 U 过渡到 $\hat{S}$ 算符的全纯表示 S 时, 只需在上式中作以下代换:

$$
\begin{aligned}
&\eta_r^*(\boldsymbol{p})_f\to\eta_r^*(\boldsymbol{p})_f\mathrm{e}^{\mathrm{i}Et_f},\\
&\eta_r(\boldsymbol{p})_0\to\eta_r(\boldsymbol{p})_0\mathrm{e}^{-\mathrm{i}Et_0},\\
&\zeta_r^*(\boldsymbol{p})_f\to\zeta_r^*(\boldsymbol{p})_f\mathrm{e}^{\mathrm{i}Et_f},\\
&\zeta_r(\boldsymbol{p})_0\to\zeta_r(\boldsymbol{p})_0\mathrm{e}^{-\mathrm{i}Et_0},
\end{aligned}
\tag{2.7.48}
$$

然后令 $t_f\to+\infty,t_0\to-\infty$. 情况和标量场一样.

从 $\hat{S}$ 算符的全纯表示可以得出它的正规核 $\mathcal{S}$, 再按式 (2.7.12) 即可得出 $\hat{S}$ 算符本身.

下面我们来考察旋量场与 "经典外源" $\overline{\xi}(x)$ 和 $\xi(x)$ 作用的情况. $\overline{\xi}(x)$ 和 $\xi(x)$ 亦为反对易旋量, 称它们为 "经典外源" 是因为不对它们作泛函积分. 这时哈密顿算符为

$$
\hat{H}=\int \mathrm{d}^3x:[\hat{\overline{\psi}}(x)\gamma_k\partial_k\hat{\psi}(x)+M\hat{\overline{\psi}}(x)\hat{\psi}(x)-\hat{\overline{\psi}}(x)\xi(x)-\overline{\xi}(x)\hat{\psi}(x)]:,
\tag{2.7.49}
$$

$\overline{\xi}(x)$, $\xi(x)$ 与 $\hat{\psi}(x)$, $\hat{\overline{\psi}}(x)$ 之间也是反对易的. 令

$$
\xi(\boldsymbol{p},t)=\frac{1}{(2\pi)^{3/2}}\int\xi(\boldsymbol{x},t)\mathrm{e}^{-\mathrm{i}\boldsymbol{p}\cdot\boldsymbol{x}}\mathrm{d}^3x,
$$

$$\overline{\xi}(\boldsymbol{p},t)=\frac{1}{(2\pi)^{3/2}}\int\overline{\xi}(\boldsymbol{x},t)\mathrm{e}^{\mathrm{i}\boldsymbol{p}\cdot\boldsymbol{x}}\mathrm{d}^3x, \tag{2.7.50}$$

并定义

$$\begin{aligned}\overline{u}_r(\boldsymbol{p})\xi(\boldsymbol{p},t)&=\alpha_r(\boldsymbol{p},t),\\ \overline{\xi}(\boldsymbol{p},t)u_r(\boldsymbol{p})&=\alpha_r^*(\boldsymbol{p},t),\\ \overline{v}_r(\boldsymbol{p})\xi(-\boldsymbol{p},t)&=-\beta_r^*(\boldsymbol{p},t),\\ \overline{\xi}(-\boldsymbol{p},t)v_r(\boldsymbol{p})&=-\beta_r(\boldsymbol{p},t),\end{aligned} \tag{2.7.51}$$

利用

$$\begin{aligned}(\mathrm{i}\gamma\cdot\boldsymbol{p}+M)u(\boldsymbol{p})&=E\gamma_4u(\boldsymbol{p}),\\ (-\mathrm{i}\gamma\cdot\boldsymbol{p}+M)v(\boldsymbol{p})&=-E\gamma_4v(\boldsymbol{p}),\end{aligned}$$

可将 $\hat{H}$ 用 $\hat{a}^\dagger$, $\hat{a}$ 及 $\hat{b}^\dagger$, $\hat{b}$ 表示出来,

$$\begin{aligned}\hat{H}&=H(\hat{a}_r^\dagger(\boldsymbol{p},t),\hat{a}_r(\boldsymbol{p},t),\hat{b}_r^\dagger(\boldsymbol{p},t),\hat{b}_r(\boldsymbol{p},t))\\ &=\sum_r\int\mathrm{d}\widetilde{p}[E\hat{a}_r^\dagger(\boldsymbol{p},t)\hat{a}_r(\boldsymbol{p},t)+E\hat{b}_r^\dagger(\boldsymbol{p},t)\hat{b}_r(\boldsymbol{p},t)-\hat{a}_r^\dagger(\boldsymbol{p},t)\alpha_r(\boldsymbol{p},t)\\ &\quad-\alpha_r^*(\boldsymbol{p},t)\hat{a}_r(\boldsymbol{p},t)-\hat{b}_r^\dagger(\boldsymbol{p},t)\beta_r(\boldsymbol{p},t)-\beta_r^*(\boldsymbol{p},t)\hat{b}_r(\boldsymbol{p},t)].\end{aligned} \tag{2.7.52}$$

在此式右方算符已经正规编序, 其中前两项代表自由哈密顿量, 后四项代表经典源发射和吸收旋量粒子所相应的哈密顿量.

从式 (2.7.47), (2.7.48) 和 (2.7.52) 不难看出, 这里 S 中出现的泛函积分是高斯型积分, 可以通过求指数极值的方法求出. 极值处的 $\eta_r(\boldsymbol{p},t)$ 和 $\eta_r^*(\boldsymbol{p},t)$ 满足方程

$$\begin{aligned}\dot{\eta}_r(\boldsymbol{p},t)+\mathrm{i}E\eta_r(\boldsymbol{p},t)-\mathrm{i}\alpha_r(\boldsymbol{p},t)&=0,\\ \dot{\eta}_r^*(\boldsymbol{p},t)-\mathrm{i}E\eta_r^*(\boldsymbol{p},t)+\mathrm{i}\alpha_r^*(\boldsymbol{p},t)&=0.\end{aligned} \tag{2.7.53}$$

端条件是

$$\begin{aligned}\eta_r^*(\boldsymbol{p},t_f)&=\eta_r^*(\boldsymbol{p})_f\mathrm{e}^{\mathrm{i}Et_f},\\ \eta_r(\boldsymbol{p},t_0)&=\eta_r(\boldsymbol{p})_0\mathrm{e}^{-\mathrm{i}Et_0}.\end{aligned} \tag{2.7.54}$$

由此解出

$$\begin{aligned}\eta_r(\boldsymbol{p},t)&=\eta_r(\boldsymbol{p})_0\mathrm{e}^{-\mathrm{i}Et}+\mathrm{i}\int_{t_0}^{t}\mathrm{e}^{-\mathrm{i}E(t-t')}\alpha_r(\boldsymbol{p},t')\mathrm{d}t',\\ \eta_r^*(\boldsymbol{p},t)&=\eta_r^*(\boldsymbol{p})_f\mathrm{e}^{\mathrm{i}Et}+\mathrm{i}\int_{t}^{t_f}\mathrm{e}^{\mathrm{i}E(t-t')}\alpha_r^*(\boldsymbol{p},t')\mathrm{d}t'.\end{aligned} \tag{2.7.55}$$

对 $\zeta_r(\boldsymbol{p},t)$ 和 $\zeta_r^*(\boldsymbol{p},t)$ 可同样处理. 于是我们求得

$$
\begin{aligned}
S = & \exp\Big\{ \int \mathrm{d}\widetilde{p}\eta_r^*(\boldsymbol{p})_f \eta_r(\boldsymbol{p})_0 + \frac{\mathrm{i}}{2}\int \mathrm{d}\widetilde{p}\int_{-\infty}^{+\infty} \mathrm{d}t[\eta_r^*(\boldsymbol{p})_f \mathrm{e}^{\mathrm{i}Et}\alpha_r(\boldsymbol{p},t) \\
& +\alpha_r^*(\boldsymbol{p},t)\eta_r(\boldsymbol{p})_0 \mathrm{e}^{-\mathrm{i}Et}] + \frac{\mathrm{i}}{2}\mathrm{d}\widetilde{p}\int_{-\infty}^{+\infty}\mathrm{d}\widetilde{p}\int_{-\infty}^{+\infty}\mathrm{d}t\Big[\alpha_r^*(\boldsymbol{p},t)\Big(\eta_r(\boldsymbol{p})_0\mathrm{e}^{-\mathrm{i}Et} \\
& +\mathrm{i}\int_{-\infty}^{t}\mathrm{e}^{-\mathrm{i}E(t-t')}\alpha_r(\boldsymbol{p},t')\mathrm{d}t'\Big) + \Big(\eta_r^*(\boldsymbol{p})_f\mathrm{e}^{\mathrm{i}Et} \\
& +\mathrm{i}\int_{l}^{+\infty}\mathrm{e}^{\mathrm{i}E(t-t')}\alpha_r^*(\boldsymbol{p},t')\mathrm{d}t'\Big)\alpha_r(\boldsymbol{p},t)\Big]\Big\} + (\eta\to\zeta,\alpha\to\beta).
\end{aligned}
\tag{2.7.56}
$$

从全纯表示 S 立即可以得出正规核 $\mathcal{S}$, 再仿照标量场的情况可将它化成下述形式

$$
\mathcal{S} = \exp\Big\{-\int \xi(x)S_F(x-x')\xi(x)\mathrm{d}^4x\mathrm{d}^4x' + \mathrm{i}\int[\overline{\xi}(x)\Psi(x) + \overline{\Psi}(x)\xi(x)]\mathrm{d}^4x\Big\}, \tag{2.7.57}
$$

其中

$$
S_F(x-x') = \frac{\mathrm{i}}{(2\pi)^4}\int \mathrm{d}^4p\frac{\mathrm{i}\gamma\cdot p - M}{p^2+M^2-\mathrm{i}\varepsilon}\mathrm{e}^{\mathrm{i}p\cdot(x-x')} \tag{2.7.58}
$$

为旋量粒子的自由传播子, 而

$$
\begin{aligned}
\Psi(x) &= \int \mathrm{d}\widetilde{p}\frac{1}{(2\pi)^{3/2}}[\eta_r(\boldsymbol{p})_0 u_r(\boldsymbol{p})\mathrm{e}^{\mathrm{i}px} + \zeta_r^*(\boldsymbol{p})_f v_r(\boldsymbol{p})\mathrm{e}^{-\mathrm{i}px}], \\
\overline{\Psi}(x) &= \int \mathrm{d}\widetilde{p}\frac{1}{(2\pi)^{3/2}}[\eta_r^*(\boldsymbol{p})_f \overline{u}_r(\boldsymbol{p})\mathrm{e}^{-\mathrm{i}px} + \zeta_r(\boldsymbol{p})_0\overline{v}_r(\boldsymbol{p})\mathrm{e}^{\mathrm{i}px}].
\end{aligned}
\tag{2.7.59}
$$

注意, $\bar{\Psi}$ 和 Ψ 并不满足通常的关系 $\bar{\Psi} = \Psi^\dagger\gamma_4$.

有了正规核, 同样可以得出 $\hat{S}$ 算符本身. 不过我们在这里不拟写出它的具体表达式, 因为我们进行以上推导的主要目的是为下面讨论旋量场和标量场相互作用的微扰论作准备.

现在我们就来考察旋量场和 (实) 标量场同时存在、并有相互作用的情况. 设拉格朗日算符为

$$
\hat{\mathscr{L}}(x) =: -\Big[\hat{\overline{\psi}}\gamma_\mu\partial_\mu\hat{\psi} + M\hat{\overline{\psi}}\hat{\psi} + \frac{1}{2}(\partial_\mu\hat{\varphi})(\partial_\mu\hat{\varphi}) + \frac{1}{2}m^2\hat{\varphi}^2 + \mathrm{i}g\hat{\overline{\psi}}\gamma_5\hat{\psi}\hat{\varphi}\Big]: \tag{2.7.60}
$$

为了推导微扰论的费恩曼规则, 我们引入旋量场的附加经典外源 $\overline{\xi}(x)$ 和 $\xi(x)$ 以及标量场的附加经典外源 $j(x)$, 格林函数生成泛函可以表述成下述协变的形式

$$
Z[\overline{\xi},\xi,j] = \int \mathrm{D}\overline{\psi}(x)\mathrm{D}\psi(x)\mathrm{D}\varphi(x)\mathrm{e}^{\mathrm{i}\int[\mathscr{L}(x)+\overline{\xi}(x)\psi(x)+\overline{\psi}(x)\xi(x)+j(x)\varphi(x)]\mathrm{d}^4x} \tag{2.7.61}
$$

其中, $\psi(x)$, $\overline{\psi}(x)$ 和 $\varphi(x)$ 为满足费恩曼条件的函数, 拉格朗日函数为①

$$\mathscr{L}(x)=-\left[\overline{\psi}\gamma_\mu\partial_\mu\psi+M\overline{\psi}\psi+\frac{1}{2}(\partial_\mu\varphi)(\partial_\mu\varphi)+\frac{1}{2}m^2\varphi^2+\mathrm{i}g\overline{\psi}\gamma_5\psi\varphi\right] \tag{2.7.62}$$

从式 (2.7.61) 可以得出微扰展开中的费恩曼规则②. 为了从泛函积分号内移掉 $\mathrm{e}^{\mathrm{i}\int\mathscr{L}_{\rm int}(x)\mathrm{d}^4x}$, 像 2.4 节一样, 利用

$$\begin{aligned}&\left(\frac{1}{\mathrm{i}}\frac{\delta}{\delta\overline{\xi}(x)}\right)_{\rm L}\mathrm{e}^{\mathrm{i}\int[\overline{\xi}(x')\psi(x')+\overline{\psi}(x')\xi(x')]\mathrm{d}^4x'}\\&=\psi(x)\mathrm{e}^{\mathrm{i}\int[\overline{\xi}(x')\psi(x')+\overline{\psi}(x')\xi(x')]\mathrm{d}^4x'},\\&\left(\frac{1}{\mathrm{i}}\frac{\delta}{\delta\xi(x)}\right)_{\rm R}\mathrm{e}^{\mathrm{i}\int[\overline{\xi}(x')\psi(x')+\overline{\psi}(x')\xi(x')]\mathrm{d}^4x'}\\&=\mathrm{e}^{\mathrm{i}\int[\overline{\xi}(x')\psi(x')+\overline{\psi}(x')\xi(x')]\mathrm{d}^4x'}\overline{\psi}(x)\\&=\overline{\psi}(x)\mathrm{e}^{\mathrm{i}\int[\overline{\xi}(x')\psi(x')+\overline{\psi}(x')\xi(x')]\mathrm{d}^4x'},\end{aligned} \tag{2.7.63}$$

将式 (2.7.61) 写作

$$\begin{aligned}Z[\overline{\xi},\xi,j]=&\exp\left[-g\int\left(\frac{\delta}{\mathrm{i}\delta\overline{\xi}_\beta(x)}\right)_L\left(\frac{\delta}{\mathrm{i}\delta\xi_\alpha(x)}\right)_R(\gamma_5)_{\alpha\beta}\left(\frac{\delta}{\mathrm{i}\delta j(x)}\right)\mathrm{d}^4x\right]\\&\times\int\mathrm{D}\overline{\psi}(x')\mathrm{D}\psi(x')\mathrm{D}\varphi(x')\exp\Big\{\mathrm{i}\int[\mathscr{L}_0(x')\\&+\overline{\xi}(x')\psi(x')+\overline{\psi}(x')\xi(x')+j(x')\varphi(x')]\mathrm{d}^4x'\Big\},\end{aligned} \tag{2.7.64}$$

其中, $\mathscr{L}_0$ 代表自由拉格朗日函数

$$\mathscr{L}_0(x)=-\left[\overline{\psi}\gamma_\mu\partial_\mu\psi+M\overline{\psi}\psi+\frac{1}{2}(\partial_\mu\varphi)(\partial_\mu\varphi)+\frac{1}{2}m^2\varphi^2\right]. \tag{2.7.65}$$

式 (2.7.64) 中的泛函积分前已积出, 因为它就是旋量场和标量场与它们的经典外源作用时的泛函积分. 将以前的结果代入即得

$$\begin{aligned}Z[\overline{\xi},\xi,j]=&\mathrm{e}^{-g\int\left(\frac{\delta}{\mathrm{i}\delta\overline{\xi}_\beta(x)}\right)_L\left(\frac{\delta}{\mathrm{i}\delta\xi_\alpha(x)}\right)_R(\gamma_5)_{\alpha\beta}\left(\frac{\delta}{\mathrm{i}\delta j(x)}\right)\mathrm{d}^4x}\\&\mathrm{e}^{-\int[\overline{\xi}(x')S_F(x'-y')\xi(y')+\frac{1}{2}j(x')\Delta_F(x'-y')j(y')]\mathrm{d}^4x'\mathrm{d}^4y'}.\end{aligned} \tag{2.7.66}$$

同样将上式对耦合常数 g 作展开就可得出 $Z[\overline{\xi},\xi,j]$ 的微扰论展式. 所给出的费恩曼规则与算符量子化中的结果相同：旋量粒子的自由传播子为 $S_F(x'-y')$, 标量粒

① 对于可反对易的量, 加不加正规编序符号, 其结果是一样的.

② 像标量场情况 (参见式 (2.4.61)) 一样, 从格林函数生成泛函也可以得出 $\hat{S}$ 算符.

子的自由传播子为 $\Delta_F(x'-y')$, 基本顶角为 $-\mathrm{i}g(\gamma_5)_{\alpha\beta}$, 每个顶点上还有因子 i. 另外, 还可得出：当旋量粒子内线构成一闭合圈时, 将有一附加的负号①.

顶角函数的生成泛函可以像单纯标量场情况一样定义. 为此我们要引入有附加外源存在时的 $\hat{\psi}(x)$ 和 $\hat{\bar{\psi}}(x)$ 的真空期望值 $\psi(x)$ 和 $\overline{\psi}(x)$. 如果都采用左微商, 则有

$$\psi_\alpha(x)=\frac{\delta Z_\mathrm{c}}{\mathrm{i}\delta\overline{\xi}_\alpha(x)}$$

$$\overline{\psi}_\alpha(x)=-\frac{\delta Z_\mathrm{c}}{\mathrm{i}\delta\xi_\alpha(x)}. \tag{2.7.67}$$

顶角函数的定义式即为

$$\Gamma(\psi,\overline{\psi},\phi)=-\mathrm{i}Z_\mathrm{c}[\overline{\xi},\xi,j]-\int[\overline{\xi}\psi+\overline{\psi}\xi+j\phi]\mathrm{d}^4x. \tag{2.7.68}$$

由上式可以推出有外源时 Γ 对 ψ 的泛函微商表达式,

$$\frac{\delta\Gamma}{\delta\psi(x)}=-\mathrm{i}\int\mathrm{d}^4y\left[\frac{\delta\overline{\xi}(y)}{\delta\psi(x)}\frac{\delta Z_\mathrm{c}}{\delta\overline{\xi}(y)}+\frac{\delta\xi(y)}{\delta\psi(x)}\frac{\delta Z_\mathrm{c}}{\delta\xi(y)}+\frac{\delta j(y)}{\delta\psi(x)}\frac{\delta Z_\mathrm{c}}{\delta j(y)}\right]$$
$$-\int\mathrm{d}^4y\left[\frac{\delta\overline{\xi}(y)}{\delta\psi(x)}\psi(y)-\frac{\delta\xi(y)}{\delta\psi(x)}\overline{\psi}(y)+\frac{\delta j(y)}{\delta\psi(x)}\phi(y)\right]+\overline{\xi}(x).$$

将式 (2.7.67) 代入后即得

$$\frac{\delta\Gamma}{\delta\psi(x)}=\overline{\xi}(x). \tag{2.7.69}$$

同样可求出

$$\frac{\delta\Gamma}{\delta\overline{\psi}(x)}=-\xi(x). \tag{2.7.70}$$

ϕ 同 j 的关系式同前.

当所有附加外源都等于零时, 应当有 (即物理上要求)

$$\psi(x)=\overline{\psi}(x)=0$$

即旋量粒子没有真空凝聚. 这是因为实际物理中费米子数守恒律并没有发生自发破坏.

附带指出, "费米子对" 可以在真空中凝聚, 通常所说的对称性的动力学自发破坏就是这种凝聚所造成的. 在进行这种理论的研究时, 需要引入与一对费米子相耦

① 这是因为, 当我们通过微商 $\left(\frac{\delta}{\mathrm{i}\delta\overline{\xi}}\right)_L\left(\frac{\delta}{\mathrm{i}\delta\xi}\right)_R$ 将两根旋量粒子内线连成一根时, 所需进行的反对易量对换次数为奇数, 而当通过上述微商将旋量粒子内线首尾连接时, 所需进行的反对易量对换次数为零 (偶数).

合的源 $K(x, y)$, 并考察 (费米子对的) 复合场量的真空期望值. 有关这方面的讨论可参见 Cornwall、Jackiw & Tomboulis 的论文 (Phys. Rev. D**10**, 2428, 1974).

泛函积分量子化的一个重要应用是解决非阿贝尔规范的量子化问题. 从下一章起我们即转到有关非阿贝尔规范场的讨论.

第三章　经典非阿贝尔规范场

我们知道电磁场是一种规范场，电磁作用的运动方程具有一种定域规范变换下的不变性. 这里的定域规范变换，是指带电粒子的场函数 $\phi(x)$ 和电磁势 $A_\mu(x)$ 的下述联合变换：

$$\phi(x) \to \mathrm{e}^{-\mathrm{i}q\theta(x)}\phi(x),$$

$$A_\mu(x) \to A_\mu(x) - \frac{1}{e}\partial_\mu\theta(x),$$

其中，q 为粒子的电荷量子数；e 为电子电荷的绝对值 (粒子电荷即为 qe). "定域"指的是 ϕ 的相位改变值 $q\theta(x)$ 随着 x 不同而不同.

不难看出上述变换构成一个变换群. 此变换群的群元互相是对易的，因而称为阿贝尔规范变换群. 相应地，电磁场也被称为阿贝尔规范场.

1954 年杨振宁和 Mills 以及 1955 年 Shaw 把这种定域对称性推广到内部自由度的变换上. 由于这种内部自由度的变换构成非阿贝尔群 (群元之间不可对易)，因此相应的定域变换称为非阿贝尔定域变换，而运动规律在此变换下保持不变即称为非阿贝尔定域规范对称性. 下面将指明：非阿贝尔定域对称性的成立，要求存在一种具有特定性质的矢量场与上述具有内部自由度的粒子相互作用. 这种特定的矢量场就叫做非阿贝尔规范场，它的量子称为非阿贝尔规范玻色子，其质量同光子一样必须等于零.

非阿贝尔定域规范理论提出后，一方面由于量子化方面存在着困难，一方面由于规范玻色子质量必须为零 (和弱作用及强子间作用的短程性不一致)，在相当长时期内未在粒子物理中获得应用. 直到对称性自发破坏的概念被引入到粒子物理中来以及色量子数的被发现，才在非阿贝尔规范场理论的框架上建立了弱作用与电磁作用的统一理论以及强作用的色动力学(QCD). 从此，非阿贝尔定域规范理论就在基本粒子理论中占据了最重要的地位.

在本章中我们将只介绍经典非阿贝尔规范场理论，下一章再讨论非阿贝尔规范场的量子化问题.

3.1　非阿贝尔定域规范变换

如上面所述，非阿贝尔定域规范对称性是内部自由度的"整体变换对称性"定域化以后得出的. 因此在本节中我们将先介绍内部自由度的整体变换对称性和相应的守恒律, 然后再讨论将变换定域化的问题.

1. 内部自由度的整体变换对称性和守恒律

内部自由度的概念最初是在核物理中发展起来的. 质子和中子的质量基本相同, 并且可以通过交换 π 介子而互相转化, 因此它们被看作是同一种粒子的两种不同的内部状态 (由于粒子间互作用而产生了质量差). 这种粒子被称作核子, 按照上面所述, 它除了具有空间自由度和自旋自由度以外, 还被赋予一种内部自由度 (同位旋自由度). 质子和中子合起来构成同位旋的二重态, 可分别用 $\begin{pmatrix} 1 \\ 0 \end{pmatrix}$ 和 $\begin{pmatrix} 0 \\ 1 \end{pmatrix}$ 来表示. 与此相仿, π^+, π^0 和 π^- 被看作是同一种粒子的三种不同的内部状态, 或者说它们构成同位旋的三重态.

当然如果仅止于此, 那不过是换了一种说法, 并不带来实质性的结果. 但人们发现在相同的情况 (指自旋和空间的状态相同) 下, "一对质子间的强作用"、"一对中子间的强作用" 以及 "一个质子和一个中子间的强作用" 都是相同的. 类似地, 质子 $-\pi^+$ 间的强作用与中子 $-\pi^-$ 间的强作用亦相同. 这就导致了一种新概念 —— 强作用具有同位旋变换下的对称性. 并仿照自旋的变换, 把同位旋变换定为连续的变换①, 使其构成 $SU(2)$ 群的表示. 同位旋对称性可表述为拉格朗日函数 $\mathscr{L}(x)$ 在同位旋变换下保持不变

在作进一步阐述之前, 我们先对变换的意义和对称的概念作一些说明.

对于变换可以有两种理解. 一种是, 所考察对象的物理状态不变, 但是标架改变了 (例如, 质子改用 $\begin{pmatrix} 0 \\ 1 \end{pmatrix}$ 表示, 中子改用 $\begin{pmatrix} 1 \\ 0 \end{pmatrix}$ 表示), 因此该状态在新标架中的表示与在原标架中的表示相比, 发生了改变; 另一种是, 标架未变, 而对象的物理状态变了 (例如, 最简单的情况两个质子变成了两个中子). 用这两种意义的变换来描述物理规律的对称性是等价的, 在下文中将作具体说明.

关于对称的概念, 有两点应说明. 仍以强作用同位旋对称性为例. ①我们说中子与质子对称并不意味着两者无差别显然两者是有差别的, 否则它们就是同一种粒子 (或者用新的语言说, 是核子的同一种内部状态), 没有必要加以区分了. ②两者的差别又具有相对性. 就强作用而言, 我们不能定出一个物理标准来判定一个核子究竟是质子还是中子, 我们只能指定某个核子为质子而其他核子的状态将通过与它比较而确定. "中子能吸收 π^+ 而质子不能", 是否可以用此作为判定标准? 回答是否定的, 因为该情况存在一个对偶情况: "质子能吸收 π^- 而中子不能". 这样, 上述

①这里包含了新的物理内容, 即中子态与质子态可以相干叠加为新的状态.

办法并不能构成判定标准, 除非我们能事先判定一个 π 介子究竟是 π^+ 还是 π^-. 就强作用而言, 后者同样需要某种指定.

以上情况有些类似于狭义相对论中两个惯性参考系中的时计, 两者的运转速率不同, 但究竟谁快谁慢又是相对的.

当然, 在现实中, 我们能根据某种物理标准来直接判定一个核子是质子还是中子, 例如通过电磁场的作用或通过较准确的质量测量. 出现这种情况是因为电磁作用和质量差破坏了同位旋对称性. 如果一种对称性未受到任何破坏, 如夸克子的色对称性, 那么前面的论断就是严格的. 我们无法根据任何一个物理标准来判定夸克子的色量子数.

在作了以上的说明以后, 我们即可转到对称性的具体表述. 在下文中, 对称性将不限于同位旋对称性, 因而变换群可以是一般的李群.

先采用第一种观点, 即把变换看作是标架的变换. 当标架变换后, 体系的一个状态的表示由 $\chi(x)$ 变成了 $\chi'(x)$,

$$\chi_i'(x) = U_{ij}\chi_j(x)$$

或

$$\chi'(x) = U\chi(x), \tag{3.1.1}$$

其中, U 为某变换群的幺正表示. 拉格朗日函数 $\mathscr{L}(x)$ 在此变换下的不变性是指: 当 $\mathscr{L}(x)$ 用 χ' 表示时, 其函数形式与原来它作为 χ 的函数形式完全一样:

$$\begin{aligned}\mathscr{L}(\chi, \partial_\mu\chi) &= \mathscr{L}(U^{-1}\chi', U^{-1}\partial_\mu\chi') \\ &= \mathscr{L}(\chi', \partial_\mu\chi')\end{aligned} \tag{3.1.2}$$

(3.1.2) 的第一等式只是将 $\mathscr{L}$ 换用 χ' 表示, 第二等式代表不变性的要求, 在上式中 $\mathscr{L}$ 代表一定的函数形式.

当不变性要求成立时, 在新标架中 $\mathscr{L}$ 的函数形式没有变, 故从它推导出来的运动方程自然就与原标架中完全一样. 在这种表述中, 对称性表现为不同标架间的对称地位.

将式 (3.1.1) 代入式 (3.1.2) 右方, 即得

$$\mathscr{L}(\chi, \partial_\mu\chi) = \mathscr{L}(U\chi, U\partial_\mu\chi), \tag{3.1.3}$$

这就是对称性对 $\mathscr{L}$ 的要求.

按照变换的第二种理解, 标架不变, 对象的物理状态从 $\chi(x)$ 变成了 $\chi'(x) = U\chi(x)$. 不变性是说, 这两个状态所对应的 $\mathscr{L}$ 值相等, 因而它直接由式 (3.1.3) 所表述. 这里对称性表现为不同的物理状态之间 (或不同的物理过程之间) 的对称关系. 从变分原理不难看出, 若 $\chi(x)$ 为一个满足运动规律要求的物理解, 则 $U\chi(x)$ 也将是一个物理解①.

以上讨论表明, 用所述的两种意义的变换来描述对称性是等价的. 对拉格朗日函数的要求都表现为式 (3.1.3).

对称性在物理学中有着十分重要的意义, 物理学中的守恒律就是同对称性相联系的. 下面将结合讨论内部自由度上的连续变换群, 对这两者间的联系作具体说明.

连续变换群的每一个群元, 可用一组实参数 $\lambda^\alpha(\alpha = 1, 2, \cdots, n. n$ 为群的维数) 来标志, $\chi(x)$ 的变换矩阵 U 可以表示为

$$U = \mathrm{e}^{-\mathrm{i}\lambda^\alpha \tau^\alpha}, \tag{3.1.4}$$

其中, α 为求和指标, τ^α 为厄米矩阵 (这就保证了 U 为幺正矩阵), 它们构成变换群生成元的某个表示 (有时就简称为群的生成元).

我们来考察无穷小变换时 $\mathscr{L}$ 的改变. 对于无穷小变换, 参数 λ^α 为无穷小量, 记作 $\delta\lambda^\alpha$,

$$U \simeq 1 - \mathrm{i}\tau^\alpha \delta\lambda^\alpha.$$

于是

$$\delta\chi = -\mathrm{i}\tau^\alpha \chi \delta\lambda^\alpha,$$

$$\delta(\partial_\mu \chi) = -\mathrm{i}\tau^\alpha (\partial_\mu \chi)\delta\lambda^\alpha.$$

由此即得

$$\delta\mathscr{L} = -\frac{\partial\mathscr{L}}{\partial\chi_j}(\mathrm{i}\tau^\alpha_{jk}\chi_k)\delta\lambda^\alpha - \frac{\partial\mathscr{L}}{\partial(\partial_\mu\chi_j)}\mathrm{i}\tau^\alpha_{jk}(\partial_\mu\chi_k)\delta\lambda^\alpha.$$

---

① 在量子理论中, 这一结果可表述为:

若 $\quad |i'\rangle = \hat{\boldsymbol{u}}|i\rangle, \quad |f'\rangle = \hat{\boldsymbol{u}}|f\rangle,$

则

$$\langle f'|\hat{S}|i'\rangle = \langle f|\hat{\boldsymbol{u}}^+ \hat{S}\hat{\boldsymbol{u}}|i\rangle = \langle f|\hat{S}|i\rangle.$$

即从 $|i'\rangle \to |f'\rangle$ 的 S 矩阵元, 与 $|i\rangle \to |f\rangle$ 之间的 S 矩阵元相等. 其中 $\hat{\boldsymbol{u}}$ 为希尔伯特空间中的算符, 它满足 $^+\hat{\chi}(x)\hat{\boldsymbol{u}} = U\hat{\chi}(x)$. 对称性要求仍由式 (3.1.3) 表述, 只是其中 χ 要换为算符 χ. 从式 (3.1.3) 及上式有

$$\hat{\boldsymbol{u}}^\dagger \hat{\mathscr{L}} \hat{\boldsymbol{u}} \equiv \hat{\boldsymbol{u}}\hat{\mathscr{L}}(\hat{\chi}, \partial_\mu\hat{\chi})\hat{\boldsymbol{u}} = \mathscr{L}(U\hat{\chi}, U\partial_\mu\hat{\chi}) = \mathscr{L}(\chi, \hat{\partial}_\mu\hat{\chi}) \equiv \hat{\mathscr{L}},$$

由此即可得出上述命题证明中所需要的公式:

$$\hat{\boldsymbol{u}}^\dagger \hat{S}\hat{\boldsymbol{u}} = \hat{S}.$$

由不变性, $\delta\mathscr{L}$ 应为零, 考虑到 $\delta\lambda^\alpha$ 可以任意取值, 即得出

$$-\mathrm{i}\frac{\partial\mathscr{L}}{\partial\chi_j}\tau_{jk}^\alpha\chi_k-\mathrm{i}\frac{\partial\mathscr{L}}{\partial(\partial_\mu\chi_j)}\tau_{jk}^\alpha(\partial_\mu\chi_k)=0,\quad \alpha=1,2,\cdots,n.$$

到此为止, 并未对 $\chi(x)$ 是怎样的时空函数作任何限制 (上式只是 $\mathscr{L}$ 的不变性的表现). 实际物理过程所对应的 $\chi(x)$, 应当满足运动方程, 即

$$\frac{\partial\mathscr{L}}{\partial\chi_j}=\partial_\mu\left(\frac{\partial\mathscr{L}}{\partial(\partial_\mu\chi_j)}\right),$$

将它代入前式中, 即得出守恒定律

$$\partial_\mu j_\mu^\alpha=0,\qquad \alpha=1,2,\cdots,n, \tag{3.1.5}$$

其中

$$j_\mu^\alpha=-\mathrm{i}\frac{\partial\mathscr{L}}{\partial(\partial_\mu\chi_j)}\tau_{jk}^\alpha\chi_k, \tag{3.1.6}$$

称为守恒流的密度. 相应的守恒的物理量 (荷) 为 (取上式中的 $\mu=4$, 再作体积分)

$$Q^\alpha=-\mathrm{i}\int\frac{\partial\mathscr{L}}{\partial(\partial_t\chi_j)}\tau_{jk}^\alpha\chi_k\mathrm{d}^3x=-\mathrm{i}\int\pi_j\tau_{jk}^\alpha\chi_k\mathrm{d}^3x,\quad \alpha=1,2,\cdots,n. \tag{3.1.7}$$

我们看到, 对应于每个生成元 τ^α, 有一个守恒量 (荷)Q^α. Q^α 可叫做 α 荷, 在下文中, 我们有时也将 τ^α 称为荷矩阵.

不难求出 Q^α 与 χ_j,π_j 之间的经典泊松括号为

$$[Q^\alpha,\chi_j]_{\text{P.B.}}=\mathrm{i}\tau_{jk}^\alpha\chi_k,$$

$$[Q^\alpha,\pi_j]_{\text{P.B.}}=-\mathrm{i}\pi_k\tau_{kj}^\alpha. \tag{3.1.8}$$

在上面从对称性推导守恒律时, 应用了运动方程. 这是容易理解的, 守恒律说的是在实际的运动过程中某个物理量守恒, 因此 $\chi(x)$ 不能是任意的 x 函数, 它必须是运动方程的解.

对称性在物理学中还有许多其他的应用, 特别是在量子场论中. 例如, 对拉格朗日函数 (当我们相信它应具有某种对称性时) 和 S 矩阵的构成形式给出一定限制, 给出质谱的多重结构, 导出格林函数之间的一些关系式, 给出对应过程之间相同的 S 矩阵元, 从守恒律导出选择规则等.

2. 定域变换和协变微商

前面已经指出, 在同位旋对称性成立的情况下, 我们无法提出一个物理标准来判定某个核子是质子还是中子, 我们只能规定某个核子为质子来作为标准 (更全面地说, 规定的一个标架). 标准的规定带有任意性, 但如杨振宁和 Mills 所指出的, 这种任意性受到一个严重的限制, 即只要在某个时空点 s_0 把标准规定好了, 任何其他时空点 (包括与 s_0 为类空间隔的时空点) 的标准也就随之确定, 因为标准对所有的时空点都是一样的.

杨振宁和 Mills 认为, 这种情况与场的定域性质 (似乎) 不一致, 他们试图解除这种对标准 (或标架) 选择的限制, 即允许各个时空点有不同的标架, 从而当各个时空点作不同的标架变换 (定域非阿贝尔规范变换) 时, 运动规律仍保持不变. 运动规律的这种对称性就称为定域的非阿贝尔规范对称性.

在定域变换下, 变换矩阵可表为

$$U(x) = \mathrm{e}^{-\mathrm{i}\lambda^\alpha(x)\tau^\alpha}. \tag{3.1.9}$$

如前面所指出的, $\lambda^\alpha(x)$ 为实数, τ^α 为厄米矩阵. τ^α 构成变换群李代数的某个表示, 满足对易关系

$$[\tau^\alpha, \tau^\beta] = \mathrm{i}c_{\alpha\beta\gamma}\tau^\gamma, \tag{3.1.10}$$

其中, $c_{\alpha\beta\gamma}$ 为实数, 通常称作群的结构常数.

在下面的研究中, 我们将限定变换群为单纯紧致群. 更一般的情况将在后文中提及.

对于单纯紧致群(实际上只需要条件半单纯紧致), 总可通过对生成元的重新组合 (线性组合), 使得群的度规张量①正比于单位张量, 这时结构常数 $c_{\alpha\beta\gamma}$ 将是完全反对称的, 而且 $\tau^\alpha\tau^\beta$ 的迹正比于单位矩阵元 $\delta_{\alpha\beta}$:

$$\mathrm{tr}(\tau^\alpha\tau^\beta) = c(\tau)\delta_{\alpha\beta}, \tag{3.1.11}$$

其中, 比例常数与 τ 所属的表示有关, 故记作 $c(\tau)$.

定域规范对称性就是指在上述定域变换 (式 (3.1.9)) 下, 运动规律保持不变. 下面来指明, 这种定域对称性的成立要求存在一种规范场, 它与 χ 以一种特定的方式相耦合.

先考察自由场的情况. 在通常的理论中, χ 随 x 的变化由其四维运动动量 $\mathscr{P}_\mu$ 决定, 即 $\partial_\mu\chi$ 对应于 $\mathrm{i}\hat{\mathscr{P}}_\mu\chi$. 对于标量场, 根据运动动量与质量间的关系, χ 应满足

$$(\hat{\mathscr{P}}_\mu^2 + m^2)\chi = 0. \tag{3.1.12}$$

① 群的度规张量 $g_{\alpha\beta}$ 由结构常数定义: $g_{\alpha\beta} \equiv c_{\alpha\gamma\delta}c_{\beta\delta\gamma}$.

将 $\hat{\mathscr{P}}_\mu$ 用 $-\mathrm{i}\partial_\mu$ 代入后即得出 K-G 方程

$$(\partial_\mu^2 - m^2)\chi = 0. \tag{3.1.13}$$

设想我们对上述 χ 作了一个定域变换，显然变换后的 χ' 随 x 的变化将不完全由运动动量来决定，它还依赖于标架随 x 变化的改变. 从 χ' 与 χ 间的关系

$$\chi'(x) = U(x)\chi(x),$$

可得 (利用 $(\partial_\mu U^{-1})U + U^{-1}(\partial_\mu U) = \partial_\mu(U^{-1}U) = 0$)

$$\partial_\mu^2\chi = \partial_\mu^2[U^{-1}\chi'] = U^{-1}[\partial_\mu + U(\partial_\mu U^{-1})]^2\chi'.$$

其中的 $U(x)\partial_\mu U^{-1}(x)$ 可用 τ^α 展开①，设展开系数为 $-\beta_\mu^\alpha(x)$，即得 χ' 所满足的方程为

$$[\partial_\mu - \beta_\mu^\alpha(x)\tau^\alpha]^2\chi' - m^2\chi' = 0. \tag{3.1.14}$$

从上式可以看出，对于变换后的 χ'，算符 $\mathrm{i}\hat{\mathscr{P}}_\mu$ 对应于 $(\partial_\mu - \beta_\mu^\alpha(x)\tau^\alpha)$ 而不是 ∂_μ.

χ' 所满足的方程 (3.1.14) 与 χ 所满足的方程 (3.1.13) 不同. 这表明自由标量场的运动方程不具有定域规范对称性 (如果我们坚持自由标量场的运动方程就应是式 (3.1.13)). 旋量场的情况也类似.

得出这一结果并不出人意料，因为在电磁作用的量子理论中已得出过同样的结果.

为了使运动方程具有定域不变性，必须假定存在 n 个矢量场 $A_\mu^\alpha(x)$，它与标量场以特定形式相互作用，使标量场的运动方程为

$$[\partial_\mu - \mathrm{i}gA_\mu^\alpha(x)\tau^\alpha]^2\chi - m^2\chi = 0. \tag{3.1.15}$$

这种矢量场就称为非阿贝尔规范场. 当作定域规范变换时，只要 $A_\mu^\alpha(x)$ 作适当的变换即可保持运动方程形式不变.

我们来论证这一点，并根据这一要求导出 $A_\mu^\alpha(x)$ 的变换关系.

设变换后的矢量场为 $A_\mu'^\alpha(x)$. 不难看出，若

$$(\partial_\mu - \mathrm{i}gA_\mu'^\alpha\tau^\alpha)\chi' = U(\partial_\mu - \mathrm{i}gA_\mu^\alpha\tau^\alpha)\chi \tag{3.1.16}$$

---

① 令 $U(x) = \mathrm{e}^{-T(x)}$，则 $U^{-1}(x) = \mathrm{e}^{T(x)} = \sum \frac{1}{n!}T^n(x)$. 通过对易可得 $\partial_\mu U^{-1} = \mathrm{e}^T\left(A_1 + \frac{1}{2!}A_2 + \frac{1}{3!}A_3 + \frac{1}{4!}A_4 + \cdots\right)$，其中 $A_1 = \partial_\mu T$，$A_2 = [A_1, T]$，$A_3 = [A_2, T]$，$A_4 = [A_3, T], \cdots$ 于是 $U\partial_\mu U^{-1} = A_1 + \frac{1}{2!}A_2 + \frac{1}{3!}A_3 + \frac{1}{4!}A_4 + \cdots$ 而从式 (3.1.9) 和 (3.1.10) 可知，所有 A_j 都是 τ^α 的线性组合.

成立, 也就是说定域变换时

$$(\partial_\mu - \mathrm{i}gA_\mu^\alpha\tau^\alpha)\chi \to U(\partial_\mu - \mathrm{i}gA_\mu^\alpha\tau^\alpha)\chi, \tag{3.1.17}$$

那么运动方程将不变. 因为从上式不难推出

$$(\partial_\mu - \mathrm{i}gA_\mu^\alpha\tau^\alpha)^2\chi \to U(\partial_\mu - \mathrm{i}gA_\mu^\alpha\tau^\alpha)^2\chi.$$

从而式 (3.1.15) 第一项的变换与第二项的变换 ($m^2\chi \to Um^2\chi$) 一致.

从式 (3.1.16) 可以得出 A_μ^α 的变换公式. 引入符号

$$\boldsymbol{A}_\mu = A_\mu^\alpha\tau^\alpha, \tag{3.1.18}$$

并将此式及 $\chi' = U\chi$ 代入式 (3.1.16), 就可将它化为

$$(\partial_\mu U - \mathrm{i}g\boldsymbol{A}'_\mu U)\chi = -\mathrm{i}gU\boldsymbol{A}_\mu\chi,$$

再由 χ 为任意函数, 即得 $\partial_\mu U - \mathrm{i}g\boldsymbol{A}'_\mu U$ 应等于 $-\mathrm{i}gU\boldsymbol{A}_\mu$. 由此得出

$$\begin{aligned}\boldsymbol{A}'_\mu(x) &= U(x)\boldsymbol{A}_\mu(x)U^{-1}(x) - \frac{\mathrm{i}}{g}(\partial_\mu U)U^{-1} \\ &= U(x)\boldsymbol{A}_\mu(x)U^{-1}(x) + \frac{\mathrm{i}}{g}U\partial_\mu U^{-1}.\end{aligned} \tag{3.1.19}$$

这就是 $\boldsymbol{A}_\mu$ 的变换公式. 我们注意到, 它是一种非齐次变换.

$\boldsymbol{A}_\mu$ 的变换虽然是非齐次的, 但也构成群. 从式 (3.1.19) 可得出

$$\boldsymbol{A}_\mu = U^{-1}\boldsymbol{A}'_\mu U + \frac{\mathrm{i}}{g}U^{-1}(\partial_\mu U),$$

这表明逆元的存在, 而且若

$$\boldsymbol{A}'_\mu = U\boldsymbol{A}_\mu U^{-1} - \frac{\mathrm{i}}{g}(\partial_\mu U)U^{-1},$$

$$\boldsymbol{A}''_\mu = U'\boldsymbol{A}'_\mu U'^{-1} - \frac{\mathrm{i}}{g}(\partial_\mu U')U'^{-1},$$

则有

$$\begin{aligned}\boldsymbol{A}''_\mu &= U'U\boldsymbol{A}_\mu(U'U)^{-1} - \frac{\mathrm{i}}{g}U'(\partial_\mu U)U^{-1}U'^{-1} - \frac{\mathrm{i}}{g}(\partial_\mu U')U'^{-1} \\ &= U''\boldsymbol{A}_\mu U''^{-1} - \frac{\mathrm{i}}{g}(\partial_\mu U'')U''^{-1},\end{aligned}$$

其中

$$U'' = U'U.$$

这表明结合律也成立.

式 (3.1.19) 右方由两项构成. 第一项 $U\boldsymbol{A}_\mu U^{-1}$ 可看作是 $\boldsymbol{A}_\mu$ 在新标架中的表示. 通常我们称 A_μ^α 为规范势, 以区别于下文将要引入的规范场强. 这样, 第一项也就是"变换了表示的"原势 (熟悉群论的读者立即可以看出, 原来的势 A_μ^α 按伴随表示进行了变换. 下面我们还将通过无穷小变换证明这一点). 第二项则是标架作定域变换的额外效果, 我们在前面 (参见式 (3.1.14)) 已经得到过它 ($-\beta_\mu^\alpha(x)\tau^\alpha$ 即 $U(x)\partial_\mu U^{-1}(x)$). 把这两项合起来作为 $\boldsymbol{A}'_\mu$, 就相当于采取了这样的观点: 标架定域变换的效果使规范势产生了一个附加项.

在这种观点下, 各种定域标架系统都是平权的, 运动方程具有相同的形式, 只是在不同的定域标架系统中, 规范势的取值不同.

这种观点的成立, 要求 A_μ^α 的变换直接由群变换决定而与 χ 所属的表示无关. 下面来说明, 这一要求是可以满足的. 为此我们只需考察无穷小变换就够了, 因有限变换可通过无穷小变换的无穷连乘积来合成. 在无穷小变换下,

$$U(x) = 1 - \mathrm{i}\delta\lambda^\alpha(x)\tau^\alpha,$$

再将 A'^α_μ 写作 $A_\mu^\alpha + \delta A_\mu^\alpha$, 代入式 (3.1.19) 即得

$$(A_\mu^\alpha + \delta A_\mu^\alpha)\tau^\alpha = A_\mu^\alpha\tau^\alpha - c_{\alpha\beta\gamma}A_\mu^\alpha\delta\lambda^\beta\tau^\gamma - \frac{1}{g}(\partial_\mu\delta\lambda^\alpha)\tau^\alpha.$$

利用式 (3.1.11) 及 $c_{\alpha\beta\gamma}$ 的全反对称性即可求出

$$\delta A_\mu^\alpha = c_{\alpha\beta\gamma}\delta\lambda^\beta A_\mu^\gamma - \frac{1}{g}\partial_\mu\delta\lambda^\alpha. \tag{3.1.20}$$

此式表明, δA_μ^α 只与群的结构常数及变换参量 $\delta\lambda^\alpha$ 有关, 而与 χ 所属的表示无关. 式 (3.1.20) 还显示了另一特点, 即耦合常数 g 在 A_μ^α 的变换中出现. 这意味着所有场 χ 与规范场的耦合常数都必须是同一个 g.

当 $\delta\lambda^\alpha$ 与 x 无关, 即 χ 作整体变换时, 式 (3.1.20) 右方第二项为零, 这时 A_μ^α 即和普通的伴随表示一样地变换. 因生成元的伴随表示为

$$(L^\alpha)_{\beta\gamma} = -\mathrm{i}c_{\alpha\beta\gamma}, \tag{3.1.21}$$

$c_{\alpha\beta\gamma}\delta\lambda^\beta A_\mu^\gamma$ 可写成 $-\mathrm{i}(L^\beta\delta\lambda^\beta)_{\alpha\gamma}A_\mu^\gamma$.

当变换为定域变换时, δA_μ^α 中的第一项即为普通的伴随表示基底的定域变换. 附加的非齐次项的无穷小变换具有简单的形式, 即 $-\dfrac{1}{g}\partial_\mu\delta\lambda^\alpha(x)$. 此项与电磁势变换中的 $-\dfrac{1}{e}\partial_\mu\theta(x)$ 相似, 它是规范势变换中所特有的. 我们看到, 在无穷小变换中, 此附加项为一个四维纵场.

通常把

$$\mathscr{D}_\mu \equiv \partial_\mu - jg\boldsymbol{A}_\mu \tag{3.1.22}$$

称作协变微商, 因为它具有性质：当 χ 变成 $U\chi$ 时, $(\mathscr{D}_\mu\chi)$ 也同样变成 $U(\mathscr{D}_\mu\chi)$. 利用此符号式 (3.1.15) 可以写作

$$(\mathscr{D}_\mu^2 - m^2)\chi = 0. \tag{3.1.23}$$

由此可见, 在此情况下, 算符 $-\mathrm{i}\mathscr{D}_\mu$ 与运动动量相对应. 利用协变微商符号还可将式 (3.1.20) 写成

$$\begin{aligned}\delta A_\mu^\alpha &= -\frac{1}{g}[\delta_{\alpha\beta}\partial_\mu - gc_{\alpha\beta\gamma}A_\mu^\gamma(x)]\delta\lambda^\beta(x)\\&= -\frac{1}{g}\mathscr{D}_\mu^{\alpha\beta}\delta\lambda^\beta(x).\end{aligned} \tag{3.1.24}$$

上式中的 $\mathscr{D}_\mu$ 为伴随表示中的协变微商,

$$\mathscr{D}_\mu = \partial_\mu - \mathrm{i}gA_\mu^\gamma L^\gamma. \tag{3.1.25}$$

也就是说, 当把 $-\dfrac{1}{g}\delta\lambda^\beta(x)$ 当作伴随表示的基底来对它作协变微商时, 所得的结果即为 δA_μ^α. 这样, 在无穷小变换中, 非阿贝尔规范势增量与阿贝尔规范势增量的差别就在于从普通微商转换成协变微商.

以上讨论的是标量场. 旋量场的情况相似, 具有定域规范不变的旋量场方程为

$$\gamma_\mu(\partial_\mu - \mathrm{i}gA_\mu^\gamma\tau^\gamma)\psi + m\psi = \gamma_\mu\mathscr{D}_\mu\psi + m\psi = 0. \tag{3.1.26}$$

这些结果表明, 无论标量场还是旋量场同规范场的耦合方程, 都可通过转换

$$\partial_\mu \to \mathscr{D}_\mu, \tag{3.1.27}$$

从自由运动方程而得到.

3.2 规范场的场强张量和定域规范不变的拉格朗日函数

对于非阿贝尔规范场, 也像电磁场一样, 除了规范势以外还可以引进另一个描述它性质的量, 即规范场强. 此量将用 $F_{\mu\nu}^\alpha$ 来表示. 在本节中, 我们将阐述规范场强的定义和它的物理意义, 以及构造规范不变的拉格朗日函数的一般规则. 此外还将介绍非阿贝尔规范场的一种纯几何解释, 并对规范条件问题作必要的讨论.

1. 规范场的场强张量

如果规范场是一种物理场, 它就应当有自己的动力学方程. 根据现有的物理学原理, 这个动力学方程应根据场的拉格朗日函数来确定. 我们将从这个角度来引进规范场的场强张量, 然后再阐明它的物理意义.

在电动力学中, 电磁场的拉格朗日函数 (拉格朗日量密度) 为

$$\mathscr{L}_{\mathrm{e.m.}} = -\frac{1}{4}F_{\mu\nu}F_{\mu\nu}, \tag{3.2.1}$$

其中

$$F_{\mu\nu} = \partial_\mu A_\nu - \partial_\nu A_\mu \tag{3.2.2}$$

为电磁场 (阿贝尔规范场) 的场强张量. $F_{\mu\nu}$ 是规范不变的, 于是 $\mathscr{L}_{\mathrm{e.m.}}$ 亦将是规范不变的. 通过变分原理从上述拉格朗日函数得出的电磁场运动方程就是 (自由的) 麦克斯韦方程.

非阿贝尔规范场如果是物理场, 那么 $\mathscr{L}$ 中应当包含场的动能项, 此项应为 $\partial_\mu A_\nu^\alpha$ 的二次式. 但我们不能简单地把电磁场场强的定义式 (3.2.2) 直接推广到非阿贝尔规范场, 因为 $-\frac{1}{4}(\partial_\mu A_\nu^\alpha - \partial_\nu A_\mu^\alpha)(\partial_\mu A_\nu^\alpha - \partial_\nu A_\mu^\alpha)$ 并非定域非阿贝尔规范变换的不变量. 这一结论不难从规范势 A_μ^α 的变换性质直接得出.

规范场强的正确推广是

$$\boldsymbol{F}_{\mu\nu} = \mathscr{D}_\mu \boldsymbol{A}_\nu - \mathscr{D}_\nu \boldsymbol{A}_\mu = \partial_\mu \boldsymbol{A}_\nu - \partial_\nu \boldsymbol{A}_\mu - \mathrm{i}g[\boldsymbol{A}_\mu, \boldsymbol{A}_\nu] \tag{3.2.3}$$

其中, $\boldsymbol{A}_\nu$ 如式 (3.1.18) 所定义, 即 $A_\nu^\alpha \tau^\alpha$, 而

$$\boldsymbol{F}_{\mu\nu} = F_{\mu\nu}^\alpha \tau^\alpha. \tag{3.2.4}$$

利用式 (3.1.10) 和 (3.1.11), 可从式 (3.2.3) 求出 $F_{\mu\nu}^\alpha$ 的表达式

$$F_{\mu\nu}^\alpha = \partial_\mu A_\nu^\alpha - \partial_\nu A_\mu^\alpha + g c_{\alpha\beta\gamma} A_\mu^\beta A_\nu^\gamma. \tag{3.2.5}$$

我们来推导按式 (3.2.3) 定义的 $\boldsymbol{F}_{\mu\nu}$ 的变换性质. 根据 $\boldsymbol{A}_\mu$ 的变换公式即得

$$\begin{aligned}
\boldsymbol{F}'_{\mu\nu} &= \partial_\mu \boldsymbol{A}'_\nu - \partial_\nu \boldsymbol{A}'_\mu - \mathrm{i}g[\boldsymbol{A}'_\mu, \boldsymbol{A}'_\nu] \\
&= \partial_\mu(U\boldsymbol{A}_\nu U^{-1}) - \frac{\mathrm{i}}{g}\partial_\mu[(\partial_\nu U)U^{-1}] - \partial_\nu(U\boldsymbol{A}_\mu U^{-1}) \\
&\quad + \frac{\mathrm{i}}{g}\partial_\nu[(\partial_\mu U)U^{-1}] - \mathrm{i}g[U\boldsymbol{A}_\mu U^{-1}, U\boldsymbol{A}_\nu U^{-1}] - [U\boldsymbol{A}_\mu U^{-1}, (\partial_\nu U)U^{-1}] \\
&\quad - [(\partial_\nu U)U^{-1}, U\boldsymbol{A}_\nu U^{-1}] + \frac{\mathrm{i}}{g}[(\partial_\mu U)U^{-1}, (\partial_\nu U)U^{-1}].
\end{aligned}$$

展开后再利用 $\partial_\mu U^{-1}=-U^{-1}(\partial_\mu U)U^{-1}$ 就可得出

$$\boldsymbol{F}'_{\mu\nu}=U\boldsymbol{F}_{\mu\nu}U^{-1}. \tag{3.2.6}$$

与 $\boldsymbol{A}_\mu$ 的变换式 (3.1.19) 相比, 差别在于 $\boldsymbol{F}_{\mu\nu}$ 的变换中不出现非齐次项. 这一结果意味着 $F^\alpha_{\mu\nu}$ 将按普通的伴随表示来变换. 我们也可从 A^α_μ 的无穷小变换直接求出 $\delta F^\alpha_{\mu\nu}$ 来证实这一结论：由式 (3.1.20)

$$\delta F^\alpha_{\mu\nu}=c_{\alpha\beta\gamma}\delta\lambda^\beta(\partial_\mu A^\gamma_\nu-\partial_\nu A^\gamma_\mu)+g(c_{\alpha\beta\gamma}c_{\gamma\delta\sigma}+c_{\alpha\gamma\sigma}c_{\gamma\delta\beta})\delta\lambda^\delta A^\beta_\mu A^\sigma_\nu.$$

利用结构常数所满足的雅可比恒等式

$$c_{\alpha\beta\gamma}c_{\delta\gamma\sigma}-c_{\delta\beta\gamma}c_{\alpha\gamma\sigma}=-c_{\alpha\delta\gamma}c_{\gamma\beta\sigma}, \tag{3.2.7}$$

即可得出

$$\begin{aligned}\delta F^\alpha_{\mu\nu}&=c_{\alpha\beta\gamma}\delta\lambda^\beta(\partial_\mu A^\gamma_\nu-\partial_\nu A^\gamma_\mu+c_{\gamma\delta\sigma}A^\delta_\mu A^\sigma_\nu)\\&=-\mathrm{i}(L^\beta)_{\alpha\gamma}\delta\lambda^\beta F^\gamma_{\mu\nu},\end{aligned} \tag{3.2.8}$$

其中, L^β 为式 (3.1.21) 所定义的伴随表示中的生成元. 此式明显给出 $F^\alpha_{\mu\nu}$ 像普通的伴随表示的基底一样变换. 它还表明：不可能通过定域标架的选取. 使原来场强为零的地方出现非零的场强.

利用群结构常数的全反对称性 (我们取的群度规矩阵使这一条件满足), 即可证明

$$\mathscr{L}_G=-\frac{1}{4}F^\alpha_{\mu\nu}F^\alpha_{\mu\nu} \tag{3.2.9}$$

为规范不变量, 故可将它认作非阿贝尔规范场的拉格朗日函数①.

$\boldsymbol{F}_{\mu\nu}$ 也可通过协变微商算符的对易子表示出来, 结果为

$$\boldsymbol{F}_{\mu\nu}=\frac{\mathrm{i}}{g}[\mathscr{D}_\mu,\mathscr{D}_\nu]. \tag{3.2.10}$$

将式 (3.2.10) 代入雅可比恒等式

$$[\mathscr{D}_\mu,[\mathscr{D}_\nu,\mathscr{D}_\sigma]]+[\mathscr{D}_\nu,[\mathscr{D}_\sigma,\mathscr{D}_\mu]]+[\mathscr{D}_\sigma,[\mathscr{D}_\mu,\mathscr{D}_\nu]]=0, \tag{3.2.11}$$

① 一般来说, 式 (3.2.9) 右方可乘一个常数 a, 但我们总可重新标度 A^α_μ, 即令 $A^\alpha_\mu\to\frac{1}{\sqrt{a}}A^\alpha_\mu$ 来把此常数因子 a 吸收掉. 这就是说, 我们是按下述要求来确定 A^α_μ 的标度：$\mathscr{L}$ 中含 A^α_μ 的二次项等于 $-\frac{1}{4}(\partial_\mu A^\alpha_\nu-\partial_\nu A^\alpha_\mu)^2$. 另外, 当群的结构常数都增加 a 倍时, 所有表示 τ^α 都要增加 a 倍, 以使式 (3.1.10) 满足. 这时 g 应减少到原来的 $\frac{1}{a}$ 倍, 以保持协变微商 $\mathscr{D}_\mu$ 不变. 从式 (3.2.5) 可以看出 $F^\alpha_{\mu\nu}$ 不受这一变动的影响.

即化出

$$[\mathscr{D}_\mu, \boldsymbol{F}_{\nu\sigma}] + [\mathscr{D}_\nu, \boldsymbol{F}_{\sigma\mu}] + [\mathscr{D}_\sigma, \boldsymbol{F}_{\mu\nu}] = 0. \tag{3.2.12}$$

此式亦可改写成

$$\mathscr{D}_\mu^{\alpha\beta} F_{\nu\sigma}^\beta + \mathscr{D}_\nu^{\alpha\beta} F_{\sigma\mu}^\beta + \mathscr{D}_\sigma^{\alpha\beta} F_{\mu\nu}^\beta = 0. \tag{3.2.13}$$

它是电动力学中的公式

$$\partial_\mu F_{\nu\sigma} + \partial_\nu F_{\sigma\mu} + \partial_\sigma F_{\mu\nu} = 0$$

在非阿贝尔规范场论中的推广.

从上面的讨论我们看到, 非阿贝尔规范场的场强与阿贝尔规范场的场强有两点不同：

i) 阿贝尔规范场强是规范不变量, 而非阿贝尔规范场强则不是, 它按伴随表示来变换.

ii) 由于非阿贝尔规范场强 $F_{\mu\nu}^\sigma$ 中存在非线性项 $gc_{\alpha\beta\gamma}A_\mu^\beta A_\nu^\gamma$, 纯规范场的拉格朗日函数式 (3.2.9) 并不代表自由情况的拉格朗日函数. 亦即非阿贝尔规范场之间存在着直接相互作用 (阿贝尔规范场之间是无直接作用的). 用量子场论的语言来说, 非阿贝尔规范场的量子本身就带有荷.

以上结果还表明, 定域非阿贝尔规范不变性与自由运动是完全排斥的, 不仅具有此种不变性的 χ 场不能是自由的, 就连规范场自身也不是自由的.

下面我们来研究场强张量的物理意义. 在电动力学中, 某一电磁势 A_μ 能否通过定域规范变换而消去, 就在于它所对应的场强张量 $F_{\mu\nu}$ 是否处处为零. 在非阿贝尔规范场中亦有类似的结果. 我们先来证明：若 A_μ^α 可以通过定域变换而消去, 则相应的 $F_{\mu\nu}^\alpha$ 一定处处为零.

"A_μ^α 可通过定域变换而消去" 意味着存在 U 使

$$\boldsymbol{A}'_\mu = U\boldsymbol{A}_\mu U^{-1} - \frac{\mathrm{i}}{g}(\partial_\mu U)U^{-1} = 0.$$

于是 $\boldsymbol{A}_\mu$ 可表为

$$\boldsymbol{A}_\mu = \frac{\mathrm{i}}{g}U^{-1}(\partial_\mu U). \tag{3.2.14}$$

这时相应的场强张量等于

$$\boldsymbol{F}_{\mu\nu} = \frac{\mathrm{i}}{g}\{\partial_\mu(U^{-1}\partial_\nu U) - \partial_\nu(U^{-1}\partial_\mu U) + [U^{-1}\partial_\mu U, U^{-1}\partial_\nu U]\},$$

再利用 $\partial_\mu U^{-1} = -U^{-1}(\partial_\mu U)U^{-1}$, 即可得出

$$\boldsymbol{F}_{\mu\nu} \equiv 0.$$

反过来, 若 $F_{\mu\nu}^{\alpha}$ 处处为零, 则总能找到一个定域规范变换, 使变换后的规范势处处为零. 我们将在下一小节给出此项证明. 在那里, 利用矢量平行位移算符可以具体求出所需要的变换.

以上讨论是对全空间而言的. 对于 单连通 的局部空间, 上述结论也成立.

2. 规范场的纯几何解释

在以上讨论中, 我们是把非阿贝尔规范场认作一种物理场, 具有自己的动力学. 任何 χ 场, 如果它的运动规律有非阿贝尔定域规范对称性, 就必定与规范场相耦合. 规范场能够通过这种耦合 (相互作用) 来改变 χ 场的运动状态. 对于只和规范场耦合的 χ 场, 其随时间和空间的变化将由其运动动量 $\hat{\mathscr{P}}_\mu$ 和它与规范场的作用共同决定 (标架的定域变化已归结为产生一附加的规范场).

当坐标从 x_μ 变到 $x_\mu+\mathrm{d}x_\mu$ 时, χ 的改变为

$$\mathrm{d}\chi=\mathrm{i}(\hat{\mathscr{P}}\mu+gA_\mu^\alpha\tau^\alpha)\chi\mathrm{d}x_\mu, \tag{3.2.15}$$

其中, $\mathrm{i}gA_\mu^\alpha\tau^\alpha\chi\mathrm{d}x_\mu$ 即为规范场所引起的改变 (由于含有 τ^α, 故它包括 χ 的内部状态的改变, 例如从纯质子态变为“质子态与中子态的某种叠加”).

人们也可以采用另外一种观点, 即并不存在什么物理的规范场, 所谓的规范势 A_μ^α 和规范场强 $F_{\mu\nu}^\alpha$ 只不过是描述纤维空间几何特征的参量. 纤维空间是指“在普通四维时空的每一点上黏接一个内部自由度的空间”所构造成的复合空间. 当 $F_{\mu\nu}^\alpha$ 不为零时, 此纤维空间将是弯曲的. 这种用弯曲空间的效应来代替“物理的规范场作用”的观点就对应于规范场的纯几何解释. 在这种观点下. χ 场的变化由其运动动量 $\hat{\mathscr{P}}_\mu$ 和标架随 x 的变化所共同决定, 式 (3.2.15) 仍然成立, 但 $\mathrm{i}gA_\mu^\alpha\tau^\alpha\chi\mathrm{d}x_\mu$ 代表的却是标架随 x 的变化对 $\mathrm{d}\chi$ 的贡献. 其中的 $\mathrm{i}gA_\mu^\alpha$ 就好像式 (3.1.14) 中的 β_μ^α, 在微分几何中被称为联络系数 (或简称联络).

联络系数的意义是同态矢量的平行移动相联系的. 在标架定域化的情况下, $\partial_\mu\chi$ 已经没有实质性的意义, 因为不同点的标架取得不同. 我们要比较 x 与 $x+\mathrm{d}x$ 两点上 χ 值的实质性差异, 首先要把 $\chi(x)$ 平行地移到 $x+\mathrm{d}x$ 点①, 并将它用 $x+\mathrm{d}x$ 点的标架表示出来 (其结果记作 $\chi(x\to x+\mathrm{d}x)$), 然后再与 $\chi(x+\mathrm{d}x)$ 相比较. $\chi(x\to x+\mathrm{d}x)$ 与 $\chi(x)$ 的差应与 $\chi(x)$ 和 $\mathrm{d}x_\mu$ 成正比, 我们将它写作 $\mathrm{i}gA_\mu^\alpha(x)\chi(x)\mathrm{d}x_\mu$, 其中的系数 $\mathrm{i}gA_\mu^\alpha(x)$ 就称为联络. 从变换的要求可知, A_μ^α 的前三个分量应为实数而 A_4^α 为虚数.

联络 $\mathrm{i}gA_\mu^\alpha$ 的大小, 将由标架随 x 变化的具体情况来确定. 我们可把它的数值看作是 x 点标架变化情况的一种度量.

①这里的矢量是指内部自由度空间中的矢量, 因而“平行”亦是对内部自由度空间而言.

根据以上讨论,

$$\chi(x \to x+\mathrm{d}x) = [1+\mathrm{i}gA_\mu^\alpha(x)\tau^\alpha \mathrm{d}x_\mu]\chi(x) = [1+\mathrm{i}g\boldsymbol{A}'_\mu(x)\mathrm{d}x_\mu]\chi(x), \tag{3.2.16}$$

从而 $x+\mathrm{d}x$ 点与 x 点 χ 值的实质性改变即为

$$\chi(x+\mathrm{d}x) - \chi(x \to x+\mathrm{d}x) = [\partial_\mu - \mathrm{i}gA_\mu^\alpha(x)\tau^\alpha]\chi(x)\mathrm{d}x_\mu = (\mathscr{D}_\mu\chi)\mathrm{d}x_\mu,$$

也就是 χ 的协变微商乘上 $\mathrm{d}x_\mu$.

在这种理论中, 由于已没有规范相互作用 (我们亦没有考虑 χ 场之间其他作用), 上述 χ 的实质性改变应与它的运动动量相联系, 并等于 $\mathrm{i}\hat{\mathscr{P}}_\mu\chi\mathrm{d}x_\mu$. 于是 $\hat{\mathscr{P}}_\mu$ 仍与 $-\mathrm{i}\mathscr{D}_\mu$ 相对应.

$\chi(x)$ 按 x 点的变换矩阵 $U(x)$ 来变换, 而平移到 $x+\mathrm{d}x$ 点后的 $\chi(x\to x+\mathrm{d}x)$ 是用 $x+\mathrm{d}x$ 点的标架表示的 (按照定义), 它应当按 $x+\mathrm{d}x$ 点的变换矩阵 $U(x+\mathrm{d}x)$ 来变换, 根据这一要求可以确定 "作为两者联络" 的 $\boldsymbol{A}_\mu$ 的变换性质.

根据 $\boldsymbol{A}'_\mu$ 的定义, $\chi'(x\to x+\mathrm{d}x)$ 可表为 $[1+\mathrm{i}g\boldsymbol{A}'_\mu(x)\mathrm{d}x_\mu]\chi'(x)$, 于是上述要求即为

$$[1+\mathrm{i}g\boldsymbol{A}'_\mu(x)\mathrm{d}x_\mu]\chi'(x) = U(x+\mathrm{d}x)[1+\mathrm{i}g\boldsymbol{A}_\mu(x)\mathrm{d}x_\mu]\chi(x). \tag{3.2.17}$$

将 $U(x+\mathrm{d}x)$ 写作 $U(x)+[\partial_\mu U(x)]\mathrm{d}x_\mu$, $\chi'(x)$ 用 $U(x)\chi(x)$ 代入, 并注意到上式对任意 χ 和 $\mathrm{d}x_\mu$ 都成立, 即得出

$$\boldsymbol{A}'\mu = U\boldsymbol{A}_\mu U^{-1} - \frac{\mathrm{i}}{g}(\partial_\mu U)U^{-1}.$$

此式是 "式 (3.2.17) 对任意 $\mathrm{d}x_\mu$ 和 χ 都成立" 的必要条件也是它的充要条件. 我们看到这样确定的 $\boldsymbol{A}_\mu$ 的变换性质与我们前面得出的规范势的变换性质完全一样.

以上讨论的是无穷小距离的平行移动. 有限距离的平行移动的变换矩阵可以通过无穷小平行移动的变换矩阵的连乘积而得到. 例如, 当我们沿图 3.2.1 中的路径 C 将 $\chi(x)$ 从 $x_\mu^{(0)}$ 点平行地移到 x_μ 点时, 其结果即为

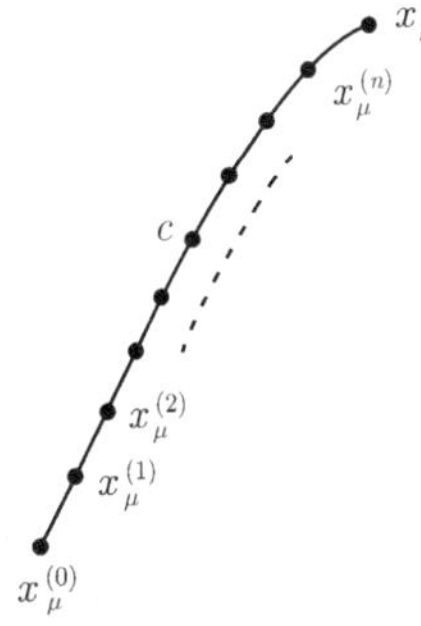

图 3.2.1 从点 $\chi_{\mu^{(0)}}$ 平行移到 χ_μ 的路径

$$\chi(x^{(0)}\to x, C) = \lim_{n\to\infty}[1+\mathrm{i}g\boldsymbol{A}_\mu(x^{(n)})\mathrm{d}x_\mu^{(n)}][1+\mathrm{i}g\boldsymbol{A}_\mu(x^{(n-1)})\mathrm{d}x_\mu^{(n-1)}]$$

$$\cdots[1+\mathrm{i}g\boldsymbol{A}_\mu(x^{(0)})\mathrm{d}x_\mu^{(0)}]\chi(x^0) = [P\mathrm{e}^{\mathrm{i}g\int_c \boldsymbol{A}_\mu(x')\mathrm{d}x'_\mu}]\chi(x^{(0)}), \tag{3.2.18}$$

其中, 符号 P 代表按路径编序. 如果路径 C 可用 $x_\mu(s)$(s 从 0 变到 1) 的轨迹来表示, 则 P 就是按 s 的大小来编序, $P\mathrm{e}^{\mathrm{i}g\int_c \boldsymbol{A}_\mu(x')\mathrm{d}x'_\mu}$ 也就是 $P\mathrm{e}^{\mathrm{i}g\int_0^1 \boldsymbol{A}_\mu(s)\frac{\mathrm{d}x_\mu}{\mathrm{d}s}\mathrm{d}s}$, 并可展

开为

$$P\mathrm{e}^{\mathrm{i}g\int_c \boldsymbol{A}_\mu(x')\mathrm{d}x'_\mu}=1+\mathrm{i}g\int_0^1\mathrm{d}s\boldsymbol{A}_\mu(s)\frac{\mathrm{d}x_\mu(s)}{\mathrm{d}s}+(\mathrm{i}g)^2\int_0^1\mathrm{d}s\int_0^s\mathrm{d}s'\boldsymbol{A}_\mu(s)\boldsymbol{A}_\nu(s')\frac{\mathrm{d}x_\mu(s)}{\mathrm{d}s}\frac{\mathrm{d}x_\nu(s')}{\mathrm{d}s'}+(\mathrm{i}g)^3\int_0^1\mathrm{d}s\int_0^s\mathrm{d}s'\int_0^{s'}\mathrm{d}s''\boldsymbol{A}_\mu(s)\boldsymbol{A}_\nu(s')\boldsymbol{A}_\sigma(s'')\frac{\mathrm{d}x_\mu(s)}{\mathrm{d}s}\frac{\mathrm{d}x_\nu(s')}{\mathrm{d}s'}\frac{\mathrm{d}x_\sigma(s'')}{\mathrm{d}s''}+\cdots \tag{3.2.19}$$

下面我们再来考察在纯几何解释中 $F^\alpha_{\mu\nu}$ 的意义. 为此我们来考察一个无穷小回路

$$x_\mu\to x_\mu+l_\mu\to x_\mu+l_\mu+l'_\mu\to x_\mu+l'_\mu\to x_\mu,$$

如图 3.2.2 所示.

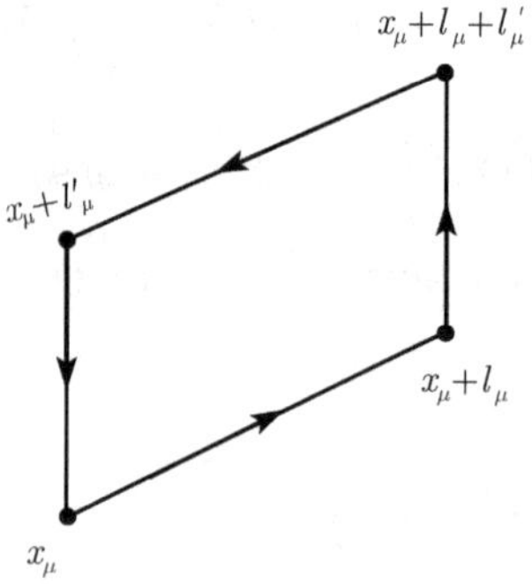

图 3.2.2 无穷小的回路

在略去高阶小量 $O(l^3)$ 以后有

$$P\mathrm{e}^{\mathrm{i}g\oint \boldsymbol{A}_\mu(x')\mathrm{d}x'_\mu}=1+\mathrm{i}g\int_0^1\mathrm{d}s\boldsymbol{A}_\mu(s)\frac{\mathrm{d}x_\mu(s)}{\mathrm{d}s}+(\mathrm{i}g)^2\int_0^1\mathrm{d}s\int_0^s\mathrm{d}s'\boldsymbol{A}_\mu(s)\boldsymbol{A}_\nu(s')\frac{\mathrm{d}x_\mu(s)}{\mathrm{d}s}\frac{\mathrm{d}x_\nu(s')}{\mathrm{d}s'}. \tag{3.2.20}$$

其中, 第二项在略去高阶小量后, 化为

$$\mathrm{i}g\int_0^1\mathrm{d}s\boldsymbol{A}_\mu(s)\frac{\mathrm{d}x_\mu(s)}{\mathrm{d}s}=\mathrm{i}g\oint\mathrm{d}x'_\mu\boldsymbol{A}_\mu(x')=\frac{\mathrm{i}g}{2}(l_\mu l'_\nu-l_\nu l'_\mu)[\partial_\mu\boldsymbol{A}_\nu(x)-\partial_\nu\boldsymbol{A}_\mu(x)].$$

式 (3.2.20) 右方最后一项亦不难通过分段积分积出. 在略去高阶小量后, 结果可表示为

$$\begin{aligned}&(\mathrm{i}g)^2\int_0^1 \mathrm{d}s\int_0^s \mathrm{d}s'\boldsymbol{A}_\mu(s)\boldsymbol{A}_\nu(s')\frac{\mathrm{d}x_\mu(s)}{\mathrm{d}s}\frac{\mathrm{d}x_\nu(s')}{\mathrm{d}s'}\\ \cong& -g^2\boldsymbol{A}_\mu(x)\boldsymbol{A}_\nu(x)(l'_\mu l_\nu-l_\mu l'_\nu)\\ =& -\frac{1}{2}g^2[\boldsymbol{A}_\mu(x),\boldsymbol{A}_\nu(x)](l'_\mu l_\nu-l_\mu l'_\nu).\end{aligned}$$

于是 $\chi(x)$ 在沿上述无穷小回路平行移动一周后的改变值将等于

$$\begin{aligned}\Delta\chi&=[P\mathrm{e}^{\mathrm{i}g\oint \boldsymbol{A}_\mu(x')\mathrm{d}x'_\mu}-1]\chi\\ &=\frac{1}{2}\mathrm{i}g(l_\mu l'_\nu-l_\nu l'_\mu)\boldsymbol{F}_{\mu\nu}.\end{aligned}\tag{3.2.21}$$

它与小回路的“面元” $\frac{1}{2}(l_\mu l'_\nu-l_\nu l'_\mu)$ 成正比, 系数即为 $\mathrm{i}g\boldsymbol{F}_{\mu\nu}$. 当 $\boldsymbol{F}_{\mu\nu}$ 存在时, 此改变值不等于零.

几何上把矢量沿回路平行地移动一周后改变量不为零的情况称作空间的弯曲. 在这里, 矢量为内部空间的态矢量, 因此 $F^\alpha_{\mu\nu}\neq 0$ 就意味着纤维空间是弯曲的, $F^\alpha_{\mu\nu}$ 代表它的曲率张量.

在下一小节我们将通过拉格朗日函数求出非阿贝尔规范场所满足的方程, 其形式为 (参见式 (3.2.34))

$$\mathscr{D}_\mu F^\alpha_{\mu\nu}=-j^\alpha_\nu.$$

从纯几何的观点看来, 这意味着纤维空间的几何性质将由物质场所决定并且是按其动力学变化着的. 这相当于爱因斯坦广义相对论观点的一种推广.

利用变换矩阵 $P\mathrm{e}^{\mathrm{i}g\int_c \boldsymbol{A}_\mu(x')\mathrm{d}x'_\mu}$ 的性质, 我们还可证明前一小节所遗留的命题: 当 $F^\alpha_{\mu\nu}$ 在全空间 (指四维时空) 或某个单连通的区域处处为零时, 总可找到一个变换 $U(x)$ 在该区域内将 A^α_μ 变到零.

首先, 根据上面的讨论不难得出, 对于上述情况, 变换矩阵 $P\mathrm{e}^{\mathrm{i}g\int_c \boldsymbol{A}_\mu(x')\mathrm{d}x'_\mu}$ 将只由路径 c 的起、终点决定, 与路径的形状无关 (只要所选路径整个位于所述的区域内). 这样在选定起点 $x^{(0)}$ 以后, 即可定义一个只依赖 x 的幺正变换矩阵

$$T(x)\equiv P\mathrm{e}^{\mathrm{i}g\int_{x^{(0)}}^x \boldsymbol{A}_\mu(x')\mathrm{d}x'_\mu}.\tag{3.2.22}$$

此矩阵对 x 的微商为①

$$\begin{aligned}\partial_\mu T(x)&=\mathrm{i}g\boldsymbol{A}_\mu(x)P^{\mathrm{eig}\int_{x^{(0)}}^x \boldsymbol{A}_\mu(x')\mathrm{d}x'_\mu}\\ &=\mathrm{i}g\boldsymbol{A}_\mu(x)T(x).\end{aligned}$$

① 由于式 (3.2.22) 右方为编序乘积, 故微分出来的 $\mathrm{i}g\boldsymbol{A}_\mu(x)$ 将在 $T(x)$ 的左方.

将 $-\mathrm{i}\frac{1}{g}T^{-1}(x)$ 乘上式两边的右侧, 即得

$$\begin{aligned}\boldsymbol{A}_\mu(x) &= -\frac{\mathrm{i}}{g}[\partial_\mu T(x)]T^{-1}(x)\\ &= \frac{\mathrm{i}}{g}T(x)\partial_\mu T^{-1}(x).\end{aligned} \tag{3.2.23}$$

这样只需取

$$U(x) = T^{-1}(x)$$

作定域规范变换, 即可将规范势变为零.

通过本小节的讨论, 我们看到, 对定域规范作用的理论可以有两种表述：一种是“平直纤维空间 + 规场范与 χ 场的作用”; 一种是“弯曲纤维空间 $+\chi$ 场的自由运动①”. 就经典理论而言, 这两种表述是等价的. 这种等价性是规范场与其他物质场相互作用所独有的特征.

3. 定域规范不变的拉格朗日函数

我们先看单纯规范场的情况. 根据前面的讨论, 这时拉格朗日函数为

$$\mathscr{L} = -\frac{1}{4}F^\alpha_{\mu\nu}F^\alpha_{\mu\nu}. \tag{3.2.24a}$$

上式右方既是洛伦兹不变的又是定域规范不变的. 由于规范场变换中存在非齐次项, 在上式右方加上规范玻色子的质量项 $-\frac{1}{2}m^2A^\alpha_\mu A^\alpha_\mu$ 是不容许的, 因为它将破坏定域规范不变性.

前已指出, 式 (3.2.24a) 并不是自由的拉格朗日函数, 右方具体写出后该式化为

$$\begin{aligned}\mathscr{L} =& -\frac{1}{4}(\partial_\mu A^\alpha_\nu - \partial_\nu A^\alpha_\mu)^2 - \frac{1}{2}g(\partial_\mu A^\alpha_\nu - \partial_\nu A^\alpha_\mu)c_{\alpha\beta\gamma}A^\beta_\mu A^\gamma_\nu\\ &-\frac{1}{4}g^2c_{\alpha\beta\gamma}c_{\alpha\beta'\gamma'}A^\beta_\mu A^\gamma_\nu A^{\beta'}_\mu A^{\gamma'}_\nu,\end{aligned} \tag{3.2.24b}$$

其中包括规范场之间的作用项 (在费恩曼图中表现为三线作用顶角和四线作用顶角). “存在自作用” 并且两个作用项中都出现同一耦合常数 g. 是非阿贝尔规范场的重要特征之一.

下面再来看存在标量场、旋量场与规范场相互作用的情况. 最简单的定域规范不变的 $\mathscr{L}$ 可通过 “在自由的标量场和旋量场的拉格朗日函数中作下述代换”

$$\partial_\mu \to \partial_\mu - \mathrm{i}g\boldsymbol{A}_\mu, \tag{3.2.25}$$

① 这里没有考虑 χ 场之间的相互作用, 否则应加上. 另外, 弯曲空间是一般而言, 在特殊情况 ($F^\alpha_{\mu v} \equiv 0$) 下, 它是平直的.

然后加上规范场的 $\mathscr{L}$ 而得出.

设标量场所属表示的生成元为 t^α, 旋量场所属表示的生成元为 T^α, 则在标量场为实场的情况下, 有

$$\begin{aligned}\mathscr{L}=&-\frac{1}{4}F^\alpha_{\mu\nu}F^\alpha_{\mu\nu}-\frac{1}{2}[(\partial_\mu-\mathrm{i}gA^\alpha_\mu t^\alpha)\varphi]_j[(\partial_\mu-\mathrm{i}gA^\alpha_\mu t^\alpha)\varphi]_j\\&-\frac{1}{2}m^2\varphi^2-\overline{\psi}\gamma_\mu(\partial_\mu-\mathrm{i}gA^\alpha_\mu T^\alpha)\psi-M\overline{\psi}\psi.\end{aligned}\tag{3.2.26}$$

若标量场为复场, φ^* 将按 φ 的逆步表示来变换. 设此逆步表示的生成元为 $\bar{t}^\alpha$, 则自由拉格朗日函数中的 $-(\partial_\mu\varphi^*)_j(\partial_\mu\varphi)_j$ 应替换成①

$$-[(\partial_\mu-\mathrm{i}gA^\alpha_\mu\bar{t}^\alpha)\varphi^*]_j[(\partial_\mu-\mathrm{i}gA^\alpha_\mu t^\alpha)\varphi]_j.\tag{3.2.27}$$

逆步表示的生成元与原生成元的关系是②

$$(\bar{t}^\alpha)_{jk}=-(t^\alpha)_{jk}^*,\tag{3.2.28}$$

再由于 t^α 为厄米算符, 式 (3.2.27) 所给出的项可以通过分部积分转化为

$$\varphi^*_k(\delta_{kj}\partial_\mu-\mathrm{i}gA^\alpha_\mu t^\alpha_{kj})(\delta_{jl}\partial_\mu-\mathrm{i}gA^\alpha_\mu t^\alpha_{jl})\varphi_l=\varphi^*(\partial_\mu-\mathrm{i}gA^\alpha_\mu t^\alpha)^2\varphi.\tag{3.2.29}$$

这样从变分原理得出的标量场方程即为 (无论是实标量场还是复标量场)

$$(\partial_\mu-\mathrm{i}gA^\alpha_\mu t^\alpha)^2\varphi-m^2\varphi=0.\tag{3.2.30}$$

旋量场和规范场的方程分别是

$$\gamma_\mu(\partial_\mu-\mathrm{i}gA^\alpha_\mu T^\alpha)\psi+M\psi=0,\tag{3.2.31}$$

$$\partial_\mu F^\alpha_{\nu\mu}=-J^\alpha_\mu.$$

其中, J^α_μ 代表内部对称性所相应的守恒流 (乘上 g 的 Noether 流),

$$J^\alpha_\mu=-\mathrm{i}\frac{\partial\mathscr{L}}{\partial(\partial_\mu\chi_j)}g\tau^\alpha_{jk}\chi_k.\tag{3.2.32}$$

只是要注意, 上式中的 χ 不仅包括标量场和旋量场, 还要包括规范场自己. 当拉格朗日函数 $\mathscr{L}$ 由式 (3.2.26) 表达时, J^α_μ 的具体表示式为

$$J^\alpha_\mu=\mathrm{i}g\overline{\psi}\gamma_\mu T^\alpha\psi+\mathrm{i}g(\mathscr{D}_\mu\varphi)t^\alpha\varphi+gc_{\alpha\beta\gamma}A^\beta_\nu F^\gamma_{\nu\mu}\tag{3.2.33}$$

① 注意, $[(\partial_\mu-\mathrm{i}gA^\alpha_\mu t^\alpha)\varphi]^*_j[(\partial_\mu-\mathrm{i}gA^\alpha_\mu t^\alpha)\varphi]_j$ 和 $(\partial_\mu\varphi)^*_j(\partial_\mu\varphi)$ 都不是洛伦兹不变量. 而 $[(\partial_\mu-\mathrm{i}gA^\alpha_\mu\bar{t}^\alpha)\varphi^*]_j[(\partial_\mu-\mathrm{i}gA^\alpha_\mu t^\alpha)\varphi]_j$ 和 $(\partial_\mu\varphi^*)_j(\partial_\mu\varphi)_j$ 是洛伦兹不变量.

② 从 φ 的变换式 $\varphi'=\mathrm{e}^{-\mathrm{i}\lambda^\alpha t^\alpha}\varphi$, 即得 $\varphi^{*\prime}=\mathrm{e}^{\mathrm{i}\lambda^\alpha(t^\alpha)^*}\varphi^*$, 将它与 $\varphi^{*\prime}=\mathrm{e}^{-\mathrm{i}\lambda^\alpha-\bar{t}^\alpha\varphi^*}$ 比较, 即得式 (3.2.28).

式 (3.2.23) 右方第三项即为规范场对 J^{α}_{μ} 的项献, 它含有 A_{ν}. 不能完全由 $F_{\mu}\nu$ 表示. 这里也显示非阿贝尔规范场与阿贝尔规范场的不同之处. 我们知道, 电磁场 (阿贝尔规范场) 是不贡献电流的.

利用协变微商, 规范场方程 (式 (13.2.31) 第二式). 也可写作

$$\mathscr{D}_{\nu}F^{\alpha}_{\nu\mu} = -j^{\alpha}_{\mu}, \tag{3.2.34}$$

上式中的 j^{α}_{μ} 为 Noether 流中由标量场和旋量场所贡献的部分, 对于式 (3.2.26) 所表达的拉格朗日函数,

$$j^{\alpha}_{\mu} = \mathrm{i}g\overline{\psi}\gamma_{\mu}T^{\alpha}\psi + \mathrm{i}g(\mathscr{D}_{\mu}\varphi)t^{\alpha}\varphi. \tag{3.2.35}$$

注意, j^{α}_{μ} 并不满足守恒条件, 即 $\partial_{\mu}j^{\alpha}_{\mu} \neq 0$.

另外, 我们也可将规范场方程 (3.2.31) 第二式写成

$$(\delta_{\mu\nu}\Box - \partial_{\mu}\partial_{\nu})A^{\alpha}_{\nu} = -\mathscr{G}^{\alpha}_{\mu}, \tag{3.2.36}$$

其中

$$\mathscr{G}^{\alpha}_{\mu} = J^{\alpha}_{\mu} + gc_{\alpha\beta\gamma}\partial_{\nu}(A^{\beta}_{\nu}A^{\gamma}_{\mu}) = \frac{\delta\mathscr{L}_{\mathrm{int}}}{\delta A^{\alpha}_{\mu}}, \tag{3.2.37}$$

它满足守恒律

$$\partial_{\mu}\mathscr{G}^{\alpha}_{\mu} = 0. \tag{3.2.38}$$

从方程 (3.2.36) 看, $\mathscr{G}^{\alpha}_{\mu}$ 的作用更相似于电磁场理论中的电流.

式 (3.2.36) 给出的 $\mathscr{L}$ 是最简单的具有定域不变性的拉格朗日函数. 在这里只有唯一的一个耦合常数 g, 它既出现于规范场与其他物质场相作用的项中, 也出现于规范场的自作用项中.

如果允许 $\mathscr{L}$ 中含有“场量量纲幂次 (指作为质量的幂次) 之和大于 4”的项, 那么规范场与其他物质之间的耦合还可有别的形式, 例如“磁矩”耦合项 $\overline{\psi}\sigma_{\mu\nu}T^{\alpha}\psi F^{\alpha}_{\mu\nu}$. 但这种项的耦合常数具有负的量纲幂次, 它将破坏理论的可重正性, 因而通常都不考虑. 在不考虑这种项时, 规范场与其他物质之间的耦合就只通过代换

$$\partial_{\mu} \to \mathscr{D}_{\mu} \tag{3.2.39}$$

而引入. 这一原则称为最小耦合原则.

式 (3.2.26) 的简单性还表现在其中未包含标量场与旋量场之间耦合以及标量场的自耦合. 定域规范不变性并不排斥有这样的项. 如果这种作用不含微商算符 (满足可重正化要求的项将是如此), 那么规范对称性的定域化并不改变它的形式. 如果含有微商算符, 那么仍需按最小耦合原则, 将其中的 ∂_{μ} 替换成 $\mathscr{D}_{\mu}$.

当有这些项存在时，拉格朗日函数中将不只有一个耦合常数.

另外，以上的讨论都假定了内部变换群为一单纯群. 物理学中所涉及的内部对称群，一般来说可以表为一些单纯群与一些阿贝尔 $U(1)$ 群的直乘. 这时，总对称群的生成元即为各个直乘的“因子群”的生成元的和. 协变微商可像以前一样写出，只是各个子群所对应的耦合常数可以不同. 即形如

$$\mathscr{D}_\mu = \partial_\mu - \mathrm{i}gA^\alpha_\mu\tau^\alpha - \mathrm{i}g'A'^\beta_\mu\tau'^\beta - \cdots. \tag{3.2.40}$$

其中，$\tau, \tau', \cdots$ 代表各子群的生成元; A_μ, $A'_\mu, \cdots$ 代表各子群所相应的规范势. 其余的都和以上讨论的相同.

4. 规范条件

从定域规范不变性我们知道，若 $A(x)$, $\varphi(x)$ 和 $\psi(x)$ 是运动方程 (3.2.30) 和 (3.2.31) 的解，则作定域规范变换后的 $A'(x), \varphi'(x)$ 和 $\psi'(x)$ 亦是运动方程 (3.2.30) 和 (3.2.31) 的解. 由于变换是定域的，我们总可选取变换参数 $\lambda^\alpha(x)$ 使 (A', φ', ψ') 与 (A, φ, ψ) 满足同样的初条件 (或端条件). 这样，运动方程加上初条件 (或端条件) 并不能把解唯一确定，这是定域规范理论中的运动方程与通常的运动方程的不同之处. 从微扰论的角度来看，具体表现就是：方程 (3.2.36) 中出现的算符 $(\partial_{\mu\nu}\Box - \partial_\mu\partial_\nu)$ 的逆不存在 (即使加上初条件或端条件).

这一结果从动量表象最容易得出. 在动量表象中，此算符化为 $-k^2\delta_{\mu\nu} + k_\mu k_\nu$. 它的逆如存在，必须具有 $f_1(k^2)\delta_{\mu\nu} + f_2(k^2)k_\mu k_\nu$ 的形式. 但 $(-k^2\delta_{\mu\sigma} + k_\mu k_\sigma)(f_1\delta_{\sigma\nu} + f_2 k_\sigma k_\nu) = -k^2 f_1\delta_{\mu\nu} + f_1 k_\mu k_\nu$, 不可能等于 $\delta_{\mu\nu}$.

规范任意性还表现在，两个由规范变换联系起来的解在物理上彼此等价，因为物理观察量是规范不变的.

为了消除解的定域规范任意性，应当把所有通过定域规范变换互相联系起来的解归在一起成为一个等价集合，并在每个这样的等价集合中选定一个作为代表. 我们可以通过引入附加的条件来达到这一目的. 这种附加条件通常称为规范条件. 一般说来，它们形如

$$F^\alpha(A, \varphi, \psi) = 0, \tag{3.2.41}$$

其数目等于群的维数 (生成元的个数). 最常用的规范条件有

$$\begin{aligned} \partial_\mu A^\alpha &= 0, &&\text{(洛伦兹规范)}\\ \partial_j A^\alpha_j &= 0, &&\text{(库仑规范)}\\ A^\alpha_4 &= 0, &&\text{(时轴规范)} \end{aligned} \tag{3.2.42}$$

等. 规范条件中也可以不含 A 而只含与它作用的物质场 $\chi(x)$. 例如，有对称性自发破坏时的幺正规范中，就部分采用这样的条件.

好的规范条件应满足下述要求：

1) 在每一个等价集合中确有满足该条件的解. 或者说, 对任意 A 和 χ 总可找到定域规范变换, 使变换后的 A' 和 χ' 满足该条件.

2) 每一等价集合中只有唯一的解满足该条件.

当规范条件选定后, 利用它可将场运动方程约化, 使它们加上初条件 (或端条件) 后能将解唯一确定. 至于 "约化的运动方程" 与规范条件不矛盾 (即由约化的运动方程加上 "满足所提的规范要求的" 初条件或端条件所确定的解, 一定在任何时刻都满足所提的规范条件) 可从场运动方程的定域规范不变性及规范条件所满足的上述第一项要求得到肯定的答案 (从原方程求出一个满足所给初条件的解, 再通过规范变换即可找出在任何时刻都满足所提规范条件的解).

但应指出, 有时我们只能在微扰论有效的范围内来论证满足规范条件的解的存在和唯一性. 当超出微扰论有效的范围时, 解是不唯一的. 对某些规范条件, 不唯一性甚至是明显的.

下面我们来对式 (3.2.42) 所述的三个规范条件作进一步讨论. 先看洛伦兹规范条件. 设原来 $\partial_\mu A_\mu^\alpha \neq 0$, 我们要找出 $\lambda^\alpha(x)$ 使变换后的 A' 满足洛伦兹条件. 对于微小的 A, 所需的 λ^α 亦是微小的, 于是

$$A_\mu'^\alpha = A_\mu^\alpha + c_{\alpha\beta\gamma}\lambda^\beta(x)A_\mu^\gamma(x) - \frac{1}{g}\partial_\mu\lambda^\alpha(x) = A_\mu^\alpha - \frac{1}{g}\mathscr{D}_\mu^{\alpha\beta}\lambda^\beta(x).$$

要求 A' 满足 $\partial_\mu A_\mu'^\alpha = 0$, 也就是要求下式成立

$$\partial_\mu \mathscr{D}_\mu^{\alpha\beta}\lambda^\beta(x) = g\partial_\mu A_\mu^\alpha. \tag{3.2.43}$$

在微扰论的范围内, 上述方程加上初条件或端条件可以唯一地确定 $\lambda\beta(x)$.

关于库仑规范条件可以类似地讨论. 确定 λ^β 的方程为

$$\partial_j \mathscr{D}_j^{\alpha\beta}\lambda^\beta(x) = g\partial_j A_j^\alpha, \tag{3.2.44}$$

同样在微扰论成立的范围内可以唯一确定 $\lambda^\beta(x)$.①

对于大的 gA, 微扰论不能应用, 上述论证将失效. Gribov 曾对库仑规范条件下解的唯一性问题进行了讨论 (Nucl. Phys. B **139**, 1, 1978). 他证明若已找出一个满足库仑规范条件的解 A, 则当 A 足够大时, 还可以找到另外的解 A', 它同样满足库仑规范条件 $\partial_j A_j'^\alpha = 0$.

最后来考察时轴规范. 我们可以不借助微扰论而证明满足此规范条件的解存在. 同时也可明显地看出解是不唯一的. 设原来的 A_0^α 不等于零. 仿照式 (3.2.22) 定义

$$T(x) = P\mathrm{e}^{-\mathrm{i}g\int_0^t \mathrm{d}t' \boldsymbol{A}_0(x,t')}. \tag{3.2.45}$$

① 在 3.7 节中, 我们将证明在微扰论范围内, 算符 $\partial_j \mathscr{D}_j^{\alpha\beta}$ 的逆存在, 参见式 (3.7.46) 下的讨论. 对于式 (3.2.43) 中出现的算符 $\partial_\mu \mathscr{D}_\mu^{\alpha\beta}$ 可作类似讨论.

这里的 P 实际上就是"按时间编序算符". 再取

$$U(x) = T^{-1}(x), \tag{3.2.46}$$

即得变换后的 $\boldsymbol{A}'_0$ 为

$$\begin{aligned}\boldsymbol{A}'_0 &= U\boldsymbol{A}_0U^{-1} - \frac{\mathrm{i}}{g}U(\partial_0U^{-1}) \\ &= T^{-1}\boldsymbol{A}_0T - \frac{\mathrm{i}}{g}T^{-1}(\partial_0T).\end{aligned} \tag{3.2.47}$$

由式 (3.2.45) 容易求出

$$\partial_0T = -\mathrm{i}g\boldsymbol{A}_0T,$$

于是式 (3.2.47) 右方化为零. 即 A' 满足时轴规范条件.

除了式 (3.2.46) 所给出的 $U(x)$ 外, 所有如下形式的变换矩阵

$$U'(x) = U(x)U_0(\boldsymbol{x}) \tag{3.2.48}$$

都具有类似的性能, 其中矩阵 $U_0(\boldsymbol{x})$ 为任一个与 t 无关的变换. 这就表明满足时轴规范条件的解不是唯一的.

在 3.7 节中, 我们将讨论规范场的动力学变量问题. 通过该节的讨论还可使我们对规范任意性和规范条件的意义有进一步的认识.

3.3　整体连续对称性的自发破坏, Goldstone 定理

对称性自发破坏的概念在电磁作用与弱作用的定域规范理论的建立中起着关键性作用, 因此, 有关对称性自发破坏问题的讨论也成为 (定域) 规范场论的重要内容. 本节将先对整体连续对称性 (又称为整体规范对称性) 的情况进行讨论, 下节再讨论定域规范对称性的自发破坏问题.

1. 导论

对称性已愈来愈成为基础物理学的主要内容之一. 物理学的基本运动规律 (这里没有包括热力学和统计物理) 都可通过作用量的变分原理来表述. 作用量为拉格朗日函数的四维积分, 而拉格朗日函数中包含了物质的基本构成以及基本相互作用两方面的内容. 对称性在这两个方面都有它的表现: 给出基本场量可能的多重态结构和对它们之间的耦合形式作出限制.

多年以来, 人们认识到, 不同的相互作用有不同的对称性, 如强作用和电磁作用对于空间坐标反射是对称的, 而弱作用却不具有这种对称性. 换一个角度说, 有些对称性是普遍、严格成立的, 有些只在局部范围成立或近似地成立. 前者如时空平移

对称性、CPT 联合反演对称性、电荷规范对称性等, 后者如坐标反射对称性和强同位旋对称性等.

这样, 在拉格朗日函数中, 可能有些项具有某种对称性, 另一些项却不具有. 这些破坏该对称性的项应当是"小项", 否则该对称性连"近似对称性"都算不上, 当然也就失去其意义. 例如, 强同位旋对称性, 传统的观点是电磁作用项 (或加上其他小项) 破坏了它, 并导致中子和质子 (或者说 u 夸克子和 d 夸克子) 的质量差.

后来人们又发现这样的情况, 从某种对称性 (如手征强同位旋对称性) 导出的一些量之间的关系式, 基本上与实际相符, 但是这种对称性所要求的粒子质量或多重结构却完全不切实际. 应该如何理解这种现象?

1960 年, 一个重要的概念被一些物理学家 (如海森伯、Nambu、Goldstone) 从固体物理引入到粒子物理中, 这就是对称性自发破坏的概念. 它指的是下面所述的情况: 拉格朗日函数本身严格地具有某种对称性, 但从该拉格朗日函数求出的基态是简并的, 如果对象系统很大, 基态具有某种稳定性, 系统的运动变化只是在特定物理基态上的局部扰动, 从而实际观测的该系统的物理过程将不显示或不完全显示原来的对称性. 在这里, 拉格朗日函数 $\mathscr{L}$ 的对称性并未受到外界因素 (附加的小项) 的破坏, 唯象上所表现出的破坏是它自己造成的. 故这种情况称为对称性的自发破坏. 又因为 $\mathscr{L}$ 的对称性实质上并未受到破坏, 只是由于我们考察的是在特定背景 (基态) 上发生的物理过程, 使得它未能体现 (或充分体现) 出来, 所以自发破坏的对称性又称为隐藏的对称性.

固体物理中的铁磁性和超导性都属于这种情况. 在粒子物理中, 基态就是真空态. 基态简并就是真空态的简并. 因此粒子物理中出现的对称性自发破坏又称为真空简并所引起的自发破坏.

在超导理论的启发下, Nambu 等 (Nambu, 1960; Nambu & Jona-Lasinio, 1961) 提出一个使核子获得质量的理论模型. 该模型假定拉格朗日函数具有严格的手征强同位旋对称性, 从而 $\mathscr{L}$ 中不能含有核子的质量项 (关于手征对称性, 参见 3.5 节). Nambu 等指出, 对称性的自发破坏可使原来无质量的核子获得一个质量. 他们在理论研究中还发现, 在此同时将出现一个零质量的粒子. 此粒子被解释为 π 介子, 它由于某种别的原因而获得一个小质量 (相对核子质量而言).

1961 年, Goldstone 通过具体模型更清楚地显示出在相对论性场论中, 连续对称性的自发破坏如何导致零质量粒子的出现, 并认为这是一个普遍性结论. 这一理论结果就称为 Goldstone 定理. 所出现的零质量粒子通常称为 Goldstone 粒子或 Nambu-Goldstone 粒子. 1962 年, Goldstone、Salam & Weinberg 对此定理作了一般性证明.

两年以后, Higgs(以及 Englert & Brout) 指出, Goldstone 定理有一个例外, 那就

是发生自发破坏的是定域规范对称性, 在这种情况下, N-G(Nambu-Goldstone) 粒子并不作为物理粒子表现出来. 通过定域规范变换可将它吸收到规范玻色子中去并成为它的纵偏振分量, 在此同时规范玻色子获得一个有效质量. 这种消除 N-G 粒子并使规范玻色子获得质量的机制就称为 Higgs 机制. 如用固体物理的语言来说, 这时的真空态是某种 "超导" 状态, 规范玻色子获得质量就相当于超导中的迈斯纳效应和等离激元(plasmon) 效应.

前已指出, 自发破坏的对称性实际上是一种隐藏的对称性, 拉格朗日函数中并不存在破坏该对称性的附加项. 因而人们猜想 "定域规范对称性自发破坏" 的理论仍然是可重正化的, 这样 Higgs 机制就为建立一个 "由有质量的矢量玻色子传递作用 (从而是短程作用)" 的可重正化理论提供了可能性.

这种可能性在当时并未受到理论物理学家的注意, 直到 1967 和 1968 年, Weinberg 和 Salam 才分别利用这一机制建立起电磁作用和弱作用的统一理论, 使粒子物理前进了一大步. 在这种理论中, "定域规范对称性" 和 "对称性自发破坏" 互相拯救了对方: 后者使前者有可能描述短程的弱作用 (直到当时, 非阿贝尔规范理论尚未获得任何实际应用), 而前者使后者免除了要出现零质量的 N-G 粒子的困难 (这种零质量粒子并未在实验上被观察到).

2. 整体连续对称性的自发破坏和 N-G 粒子

在 2.6 节中曾介绍了对称性自发破坏的简单例子. 那里所讨论的是 $\mathscr{L}$ 对 "$\varphi \to -\varphi$" 变换的对称性. 这是一个分立的对称性, 因此我们未见到零质量粒子的出现. 对于连续的对称性, 情况就不同了, 它的自发破坏一定伴随着出现零质量的粒子. 现在就来考察一个最简单的例子: $O(2)$(二维正交变换) 对称性.

设 φ 为一个实二重态(也可以是其他实多重态, 只要不是单态), 拉格朗日函数为

$$\mathscr{L} = -\frac{1}{2}(\partial_\mu \varphi_a)(\partial_\mu \varphi_a) - \frac{1}{2}\mu \varphi_a \varphi_a - \frac{\lambda}{4!}(\varphi_a \varphi_a)^2 \tag{3.3.1}$$

相应的哈密顿量密度为

$$\mathscr{H} = \frac{1}{2}(\partial_j \varphi_a)(\partial_j \varphi_a) + \frac{1}{2}(\pi_a \pi_a) + \frac{1}{2}\mu(\varphi_a \varphi_a) + \frac{\lambda}{4!}(\varphi_a \varphi_a)^2. \tag{3.3.2}$$

由于我们现在讨论的是经典理论, 因此基态 (真空态) 应为使哈密顿量 H 取最小值的态. 式 (3.3.2) 中的参量 λ 应大于零, 否则最小值将不存在. 参量 μ 不受此项限制, 它可以大于零也可以小于零. 若 $\mu > 0$(这时 μ 可写作 m^2) 则 H 的最小值就出现在[①]

$$\varphi_a(x) \equiv 0 \tag{3.3.3}$$

① 当任何时刻 φ_a 都等于零时, π_a 也将为零.

处. 也就是真空态中场 $\varphi_a(x)$ 处处为零. 如果 $\mu<0$, 则与 2.6 节的例子类似, H 的最小值出现在 $\varphi(x)$ 等于常量 (指与 x 无关)$\varphi^{(0)}$ 之处, $\varphi^{(0)}$ 满足

$$\varphi_a^{(0)}\varphi_a^{(0)}=\frac{6|\mu|}{\lambda}. \tag{3.3.4}$$

此式只确定了 $\varphi_a^{(0)}\varphi_a^{(0)}$ 即 $\varphi_1^{(0)2}+\varphi_2^{(0)2}$, 并不分别确定 $\varphi_1^{(0)}$ 和 $\varphi_2^{(0)}$ 的值 (见图 3.3.1). 因此 $(\varphi_1^{(0)},\varphi_2^{(0)})$ 有无限多个解, 可以表示为

$$\begin{aligned}\varphi_1^{(0)}&=\sqrt{\frac{6|\mu|}{\lambda}}\sin\theta,\\ \varphi_2^{(0)}&=\sqrt{\frac{6|\mu|}{\lambda}}\cos\theta,\end{aligned} \tag{3.3.5}$$

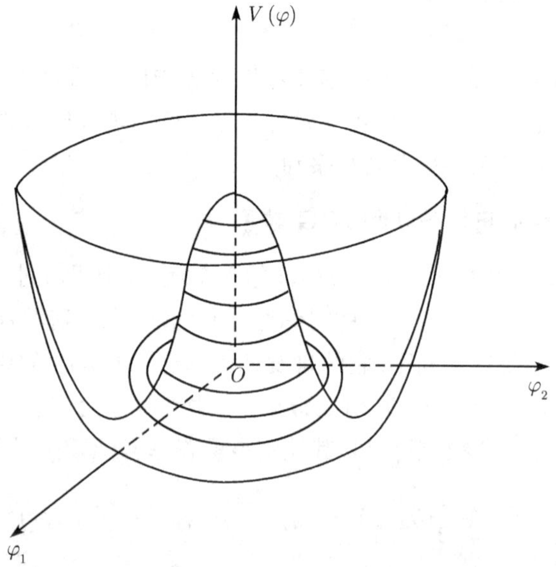

图 3.3.1

它们形成一个连续的集合 (在这里就是一个圆周). 这一特征是与连续对称性直接相联系的. 因为若某个非零的常数解 $(\varphi_1^{(0)},\varphi_2^{(0)})$ 使

$$V(\varphi)=\frac{1}{2}\mu(\varphi_a\varphi_a)+\frac{\lambda}{4!}(\varphi_a\varphi_a)^2 \tag{3.3.6}$$

取最小值, 那么根据对称性, 从 $(\varphi_1^{(0)},\varphi_2^{(0)})$ 经过任意一个二维正交变换所得出的 $(\varphi_1'^{(0)},\varphi_2'^{(0)})$ 也必然使 $V(\phi)$ 取同一最小值. 再从变换的连续性, 即得基态构成连续的集合.

以上得出的基态的全体集合具有 $O(2)$ 对称性, 但实际的真空态只是某中某一个特定的态. 场是一个无穷大系统, 其基态具有稳定性, 我们所观察的物理过程都只是实际真空基态上的场的局部激发, 这就导致了 $O(2)$ 群对称性的表观上的破坏. 同前一样, 定义

$$\varphi = \varphi' + \varphi^{(0)}, \tag{3.3.7}$$

其中, $\varphi^{(0)}$ 为场的实际真空值; φ' 代表对真空值 $\varphi^{(0)}$ 的偏离, 也就是场的激发. 我们总可以通过旋转基轴, 使

$$\varphi^{(0)} = \begin{pmatrix} 0 \\ \sqrt{\dfrac{6|\mu|}{\lambda}} \end{pmatrix}, \tag{3.3.8}$$

于是 $\mathscr{L}$ 可以表为

$$\begin{aligned}\mathscr{L} =& -\frac{1}{2}(\partial_\mu \varphi'_a)(\partial_\mu \varphi'_a) + \mu\varphi'^2_2 \\ & -\sqrt{\frac{|\mu|\lambda}{6}}\varphi'_2(\varphi'_a\varphi'_a) - \frac{\lambda}{4!}(\varphi'_a\varphi'_a)^2 + \mathscr{L}_0\ (\text{常数}).\end{aligned} \tag{3.3.9}$$

从上式可见, 用实际激发的场 φ' 所表示的 $\mathscr{L}$ 已不显示原来的 $O(2)$ 对称性. 在对 φ' 量子化后, φ'_2 粒子的质量将等于 $\sqrt{-2\mu} > 0$, 而 φ'_1 粒子的质量为零 (注意, 粒子谱已不具有 $O(2)$ 所要求的多重结构), 后者就是所谓的 N-G 粒子.

上面的例子清楚地显示出, N-G 粒子的出现是同连续对称性的自发破坏密切相联的. 当发生自发破坏时, 某个 “非平凡表示的基底” φ 在基态中取值不为零, 而连续对称性将进一步给出基态构成连续的集合, 在上述例子中即为半径等于 $\sqrt{\dfrac{6|\mu|}{\lambda}}$ 的圆; 不论实际的真空态是位于圆周上哪一点 (上面已经指出, 真空态将是稳定的, 不会随时间而转移), 径向的量子激发对应于有质量的粒子, 而周向的量子激发对应于零质量的粒子 (因为质量等于 $V(\varphi)$ 在该方向的二次微商).

在 φ' 场量子化以后, 有①

$$\langle 0|\hat{\varphi}(x)|0\rangle = \varphi^{(0)}.$$

我们也把这种情况称作真空中的有 φ 场的凝聚.

3. Goldstone 定理的一般证明

关于量子场论中对 Goldstone 定理的一般性证明, 本来不属于本章 (经典理论) 讨论的范围. 但由于以后我们不再回到这一问题上, 故仍在这里作一介绍.

① $\langle 0|\hat{\varphi}(x)|0\rangle$ 的精确值应由有效势 U_{eff} 确定, 这里给出的经典值式 (3.3.8) 只相当于树图的近似值.

在上面的讨论中, 对称性的自发破坏来自标量场 φ 的真空凝聚, 或者说算符 $\hat{\varphi}$ 具有非零的真空期望值. 但一般而言, 并不一定要求存在一个基本标量场满足上述要求, 也可以是某组场的复合算符 $\hat{\Omega}_j(x)$(如旋量场的二次式) 具有非零的真空期望值:

$$\langle 0|\hat{\Omega}_j(x)|0\rangle \neq 0. \tag{3.3.10}$$

$\hat{\Omega}_j$ 在洛伦兹变换下应该是不变的, 以使洛伦兹不变性不受到破坏. 此外, 由于费米子数守恒是个普遍定律, $\hat{\Omega}_j$ 的费米子数应为零. 对所考虑的对称群, $\hat{\Omega}_j$ 构成非平凡的表示.

在没有发生对称性自发破坏时, 量子场的全部物理态构成对称群表示的一个基底. 此表示中的生成元为①

$$\hat{Q}^\alpha = \int \mathrm{d}^3x \hat{j}_0^\alpha(\boldsymbol{x},t) = -\mathrm{i}\int \hat{\pi}_j \tau_{jk}^\alpha \hat{\chi}_k \mathrm{d}^3x, \tag{3.3.11}$$

其中, $\hat{\chi}$ 代表所讨论的理论中全部的场量算符. 对于群的非凡表示算符 $\hat{\Omega}_j$, 有

$$[\hat{Q}^\alpha, \hat{\Omega}_j] = T_{jk}^\alpha \hat{\Omega}_k, \tag{3.3.12}$$

T^α 为该表示的生成元. 在发生对称性自发破坏的情况下, 可以得出②, 对现实的真空态 $|0\rangle$,

$$\langle 0|[\hat{Q}^\alpha, \hat{\Omega}_j]|0\rangle = T_{jk}^\alpha \langle 0|\hat{\Omega}_k|0\rangle \neq 0, \tag{3.3.13}$$

至少对某个指标 α 是如此.

式 (3.3.13) 的成立意味着至少有某个荷 $\hat{Q}^\alpha$ 作用到真空态上不为零. 这表明真空态是带荷的.

Goldstone 定理的表述是：在相对论性场论中, 当存在指标 α 使式 (3.3.13) 成立的情况下, 在物理态的整个质谱中, 一定有等于零的值, 即存在质量为零的粒子.

为了证明这个定理, 考虑下面的量

$$F_{\mu j}^\alpha(q) = \int \mathrm{d}^4x \mathrm{e}^{\mathrm{i}qx} \langle 0|[\hat{j}_\mu^\alpha(x), \hat{\Omega}_j(0)]|0\rangle, \tag{3.3.14}$$

并取一组完备的物理态 $|\lambda\rangle, |\lambda\rangle$ 具有确定的三维动量 $\boldsymbol{p}$、不变质量 M 和另外的补充量子数 s.

① $\hat{Q}^\alpha$ 是作用到量子场状态上的算符, 从 $\hat{\pi}_j$ 和 $\hat{\chi}_j$ 间的对易关系及式 (3.1.10) 可得出 $[\hat{Q}^\alpha, \hat{Q}^b] = \mathrm{i}c_{\alpha\beta\gamma}\hat{Q}^\gamma$. 因此 $\hat{Q}^\alpha$ 构成以量子场状态为变换基底的群生成元的表示.

② 这时式 (3.3.11) 的积分可能不存在, 但若将 $\langle 0|[\hat{Q}^\alpha, \hat{\Omega}_j(x)]|0\rangle$ 理解为 $\int \mathrm{d}^3x' \langle 0|[\hat{j}_0^\alpha(x',t), \hat{\Omega}_j(x)]|0\rangle$, 则仍可得出 $T_{jk}^\alpha \langle 0|\hat{\Omega}_k(x)|0\rangle$.

将式 (3.3.14) 右方的对易括号写开, 并在两算符之间插入由物理态 $|\lambda\rangle$ 作成的单位算符. 设 $|\lambda\rangle$(即 $|\boldsymbol{p}.M,s\rangle$) 已适当地规格化, 使得单位算符可表示为

$$\int \mathrm{d}\widetilde{p}\sum_{M,s}|\boldsymbol{p},M,s\rangle\langle\boldsymbol{p},M,s|=1, \tag{3.3.15}$$

其中, 对 M 和 s 的求和号是象征性的, 它也包括对连续谱的积分.

通过平移, $\langle 0|\hat{j}_\mu^\alpha(x)|\boldsymbol{p},M,s\rangle$ 可化成 $\mathrm{e}^{ipx}\langle 0|\hat{j}_\mu^\alpha(0)|\boldsymbol{p},M,s\rangle$, 于是对 x 积分后得

$$\begin{aligned}F_{\mu j}^\alpha(q)=(2\pi)^4\int \mathrm{d}\widetilde{p}\sum_{p,s}[&\langle 0|\hat{j}_\mu^\alpha(0)|\boldsymbol{p},M,s\rangle\langle\boldsymbol{p},M,s|\hat{\Omega}_j(0)|0\rangle\delta^4(p+q)\\&-\langle 0|\hat{\Omega}_j(0)|\boldsymbol{p},M,s\rangle\langle\boldsymbol{p},M,s|\hat{j}_\mu^\alpha(0)|0\rangle\delta^4(p-q)].\end{aligned} \tag{3.3.16}$$

由于 $\hat{\Omega}_j$ 为洛伦兹不变量, 故只当 $|\boldsymbol{p},M,s\rangle$ 的自旋 (即质心系中的角动量) 为零时, 它才对上式有贡献. 这样, 在协变情况下, 上式中的矩阵元将具有下面的形式

$$\begin{aligned}\langle 0|\hat{j}_\mu^\alpha(0)|\boldsymbol{p},M,s\rangle&=G^\alpha(M^2,s)p_\mu,\\\langle\boldsymbol{p},M,s|\hat{\Omega}_j(0)|0\rangle&=K_j(M^2,s).\end{aligned} \tag{3.3.17}$$

再以 $\int \mathrm{d}\tilde{p}=\int \mathrm{d}^4p\,\theta(p_0)\delta^4(p^2+M^2)$ 代入, 即将 $F_{\mu j}^\alpha(q)$ 第一项化为

$$-(2\pi)^4\sum_{M,s}\theta(-q_0)\delta(q^2+M^2)G^\alpha(M^2,s)K_j(M^2,s)q_\mu\equiv\theta(-q_0)f_j^\alpha(q^2)q_\mu.$$

我们看到, 每一个具有分立质量 M_i 的态 $|\boldsymbol{p},M_i,s\rangle$ 将对 $f_j^\alpha(q^2)$ 贡献一个 δ 函数项 $A_j\theta(-q_0)\delta(q^2+M_i^2)$①. 同样, $F_{\mu j}^\alpha$ 中的第二项可写作 $\theta(q_0)\overline{f}_j^\alpha(q^2)q_\mu$, 分立的质量项对 $\overline{f}_j^\alpha(q^2)$ 也贡献一个 δ 函数项. 总起来, $F_{\mu j}^\alpha(q)$ 可以写成

$$\begin{aligned}F_{\mu j}^\alpha(q)&=\theta(-q_0)f_j^\alpha(q^2)q_\mu+\theta(q_0)\overline{f}_j^\alpha(q^2)q_\mu\\&=\mathscr{F}_j^\alpha(q^2)q_\mu+\varepsilon(q_0)\overline{\mathscr{F}}_j^\alpha(q^2)q_\mu,\end{aligned} \tag{3.3.18}$$

其中, $\varepsilon(q_0)=\dfrac{q_0}{|q_0|}, \mathscr{F}_j^\alpha=\dfrac{1}{2}(f_j^\alpha+\overline{f}_j^\alpha), \overline{\mathscr{F}}_j^\alpha=\dfrac{1}{2}(f_j^\alpha-\overline{f}_j^\alpha)$.

下面来研究守恒流条件

$$\partial_\mu\hat{j}_\mu^\alpha=0 \tag{3.3.19}$$

对 $\mathscr{F}_j^\alpha$ 和 $\overline{\mathscr{F}}_j^\alpha$ 所加的限制.

① 真空中间态应除去不计, 因 (3.3.17) 第一式这时为零, 该态对 $F_{\mu j}^\alpha$ 第一项无贡献. 根据类似的理由, 真空态对 $F_{\mu j}^\alpha$ 第二项也无贡献.

根据式 (3.3.19),

$$\int \mathrm{d}^4 x \mathrm{e}^{\mathrm{i}qx}\langle 0|[\partial_\mu \hat{j}^\alpha_\mu(x), \hat{\Omega}_j(0)]|0\rangle = 0. \tag{3.3.20}$$

仿前插入单位算符的展开式 (3.3.15), 可以得出

$$\mathscr{F}^\alpha_j(q^2)q^2 + \varepsilon(q_0)\overline{\mathscr{F}}^\alpha_j(q^2)q^2 \equiv q_\mu F^\alpha_{\mu j}(q) = 0.$$

此式对 $\pm q_0$ 都成立, 故即得 $\mathscr{F}^\alpha_j(q^2)q^2$ 和 $\overline{\mathscr{F}}^\alpha_j(q^2)q^2$ 分别都等于零. 这样, $\mathscr{F}^\alpha_j(q^2)$ 和 $\overline{\mathscr{F}}^\alpha_j(q^2)$ 只能具有下述形式

$$\begin{aligned}\mathscr{F}^\alpha_j(q^2) &= A^\alpha_j \delta(q^2),\\ \mathscr{F}^\alpha_j(q^2) &= \overline{A}^\alpha_j \delta(q^2).\end{aligned} \tag{3.3.21}$$

代入式 (3.3.18) 中就将它化为

$$F^\alpha_{\mu j}(q) = A^\alpha_j \delta(q^2) q_\mu + \varepsilon(q_0)\overline{A}^\alpha_j \delta(q^2) q_\mu. \tag{3.3.22}$$

这一结果表明, 由于守恒流条件式 (3.3.19), 只有质量等于零的中间态 (真空态除外) 才可能对 $F^\alpha_{\mu j}$ 有贡献. 如果我们能证明 A^α_j 和 $\overline{A}^\alpha_j$ 不全为零, 那就表明确实存在零质量 $(M=0)$ 的非真空状态.

下面就来证明, 当式 (3.3.13) 成立时, $\overline{A}^\alpha_j$ 必定不为零. 为此在式 (3.3.14) 中取 $\mu = 4$, 将它对 q_0 积分并令 $\boldsymbol{q} \to 0$. 结果得

$$\begin{aligned}\lim_{q\to 0}\int F^\alpha_{0j}(q)\mathrm{d}q_0 &= 2\pi \int \mathrm{d}^3 x \langle 0|[\hat{j}^\alpha_0(\boldsymbol{x}, 0), \hat{\Omega}_j(0)]|0\rangle\\ &= 2\pi\langle 0|[\hat{Q}^\alpha, \hat{\Omega}_j(0)]|0\rangle.\end{aligned} \tag{3.3.23}$$

按照式 (3.3.13), 存在 α 和 j 的值使上式右方不为零. 而从式 (3.3.22), 上式左方又可化为

$$\int \mathrm{d}q_0 [A^\alpha_j + \varepsilon(q_0)\overline{A}^\alpha_j] q_0 \frac{1}{2|\boldsymbol{q}|}[\delta(q_0 - |\boldsymbol{q}|) + \delta(q_0 + |\boldsymbol{q}|)] = \overline{A}^\alpha_j.$$

这样就得出

$$\overline{A}^\alpha_j = 2\pi\langle 0|[\hat{Q}^\alpha, \hat{\Omega}_j(0)]|0\rangle \neq 0. \tag{3.3.24}$$

以上结果证明了, 在式 (3.3.13) 成立的条件下, 在状态 $|\boldsymbol{p}, M, s\rangle$ 的完全集合中, 一定存在 $M=0$ 的态 (真空态不算), 它就是 N-G 粒子的态.

上述关于 Goldstone 定理的证明, 看来是普遍成立的, 但实际上有例外, 那就是当对称性是定域规范对称性的情况. 对此我们将在下一节讨论.

3.4　定域规范对称性的自发破坏, Higgs 机制

我们将首先指明, 上节关于 Goldstone 定理的证明为何在定域规范对称性的情况下会失效, 并以标量场的电动力学为例, 阐明在对称性自发破坏的情况下, 形式上出现的 N-G 玻色子如何可以通过规范变换吸收到规范玻色子中去, 使后者成为有质量的矢量玻色子 (此即所谓的 Higgs 机制). 然后再讨论在非阿贝尔规范场的情况下, 如何划分 Nambu-Goldstone 空间和 Higgs 空间.

1. 定域规范对称性情况下 Goldstone 定理的失效, Higgs 机制

在超导情况下, 发生了对称性的自发破坏, 但并未出现零质量的 Nambu-Goldstone "粒子". 人们认为这是因为超导理论是非相对论性理论并存在着长程作用的缘故. 1963 年 Anderson 指出, 即使在相对论性理论中, 长程作用的存在也可能使 Goldstone 定理失效. 1964 年 Klein 和 B. W. Lee 对 "存在长程作用的非相对论理论情况" Goldstone 定理的失效问题作了详尽的分析. 这种理论由于只有三维转动不变性, 故并不要求 $\langle 0|\hat{j}_\mu^\alpha(0)|\boldsymbol{p},M,s\rangle$ 具有 $G^\alpha(M^2,s)p_\mu$ 的形式, 而可以采取较为广泛的形式①.

$$\langle 0|\hat{j}_\mu^\alpha(0)|\boldsymbol{p},M,s\rangle = G^\alpha(M^2,p,n,s)p_\mu + H^\alpha(M^2,p,n,s)n_\mu, \tag{3.4.1}$$

其中, n_μ 为一个类时矢量, 可取作 (0, 0, 0, i). 式 (3.4.1) 的含意是 $\langle 0|\hat{\boldsymbol{j}}^\alpha(0)|\boldsymbol{p},M,s\rangle$ 等于 $G^\alpha\boldsymbol{p}$, 而 $\langle 0|\hat{j}_0^\alpha|\boldsymbol{p},M,s\rangle$ 等于 $G^\alpha p_0+H^\alpha$, 即电流密度空间分量和时间分量的矩阵元之间没有关联. 这时守恒流条件对 $F_{\mu j}^\alpha(q)$ 的形式所加的限制已放宽为

$$F_{\mu j}^\alpha(q) = B_j^\alpha(q_0)\delta(q^2)q_\mu + \overline{B}_j^\alpha(\boldsymbol{q}^2,q_0)\cdot(q^2n_\mu+q_0q_\mu). \tag{3.4.2}$$

因为流守恒要求 $F_{\mu j}^\alpha$ 满足

$$q_\mu F_{\mu j}^\alpha(q) = 0, \tag{3.4.3}$$

而式 (3.4.2) 确能使上式成立. 附带指出, 由于三维转动对称性只要求 B_j^α 和 $\overline{B}_j^\alpha$ 是 $\boldsymbol{q}^2$ 和 q_0 的函数, 故已无必要分出正比于 $\varepsilon(q_0)$ 的项 (只要注意在 $q_0=0$ 点它们可能是不连续的即可).

Goldstone 定理的成立要求 $B_j^\alpha\neq 0$. 但现在从对称性自发破坏的条件式 (3.3.13) 已不能导出这一结果. 条件式 (3.3.13) 要求 $\lim\limits_{q\to 0}\int F_{0j}^\alpha(q)\mathrm{d}q_0$ 不为零 (见式 (3.3.23)), 而从式 (3.4.2),

$$\int F_{0j}^\alpha(q)\mathrm{d}q_0 = \frac{1}{2}[B_j^\alpha(|\boldsymbol{q}|)-B_j^\alpha(-|\boldsymbol{q}|)] + \int\overline{B}_j^\alpha(\boldsymbol{q}^2,q_0)\boldsymbol{q}^2\mathrm{d}q_0. \tag{3.4.4}$$

① 还可以有 $c^\alpha(s)\delta^4(p)n_\mu$ 的项. 但对我们的论证来说, 将 $\langle 0|\hat{j}_\mu^\alpha|\boldsymbol{p},M,s\rangle$ 推广为式 (3.4.1) 的形式已经足够了.

如果 $\overline{B}_j^\alpha$ 在 $\boldsymbol{q}^2\to 0$ 时具有极点 $\left(\dfrac{1}{\boldsymbol{q}^2}\right)$, 就可使 $\int F_{0j}^\alpha \mathrm{d}q_0$ 在 $\boldsymbol{q}\to 0$ 时不为零, 不再要求 $B_j^\alpha\neq 0$. 当存在长程作用时, $\overline{B}_j^\alpha$ 中的确会出现 $\dfrac{1}{|\boldsymbol{q}|^2}$ 型的极点 $\Bigg($读者可以回忆, 库仑势的傅里叶变换 $\sim\dfrac{1}{|\boldsymbol{q}|^2}\Bigg)$. 这就是超导体中可以不出现零质量的"粒子"的理论解释.

在 Klein 和 B. W. Lee 工作的基础上, Higgs 于 1964 年指出：在相对论性理论中, 也存在一类理论即定域规范理论使得式 (3.3.18) 不成立. 例如, 电动力学在取库仑规范时, $\langle 0|\hat{A}_\mu(0)|\boldsymbol{p},m,s\rangle$ 就可具有像式 (3.4.1) 右方那样的形式, 因为库仑规范使势矢量的空间分量与时间分量处于不对称的地位. 两个惯性参考系中库仑规范势 $A_\mu^{(\mathrm{C})}$ 之间的变换关系并不就是通常的四维矢量的洛伦兹变换, 而是洛伦兹变换再加上一个规范变换. 根据这一结果, 再由 j_μ 与 A_μ 的关系

$$j_\mu=\partial_\nu(\partial_\mu A_\nu-\partial_\nu A_\mu), \tag{3.4.5}$$

即可得 $F_\mu(q)$ 具有下述形式

$$\begin{aligned}F_\mu(q)&\equiv\int \mathrm{d}^4\boldsymbol{x}\mathrm{e}^{\mathrm{i}qx}\langle 0|[\hat{j}_\mu(x),\hat{\Omega}(0)]|0\rangle\\&=\overline{B}_j^\alpha(\boldsymbol{q}^2,q_0)(q^2 n_\mu+q_0q_\mu).\end{aligned} \tag{3.4.6}$$

这时, 守恒流条件已自动满足①, 情况与式 (3.4.2) 中的 $F_{\mu j}^\alpha$ 相似. 在上式给出的 F_μ 中已不出现 $\delta(q^2)q_\mu$ 的项, Goldstone 定理的证明自然失效.

Higgs 以标量场的电动力学为例, 具体揭示出, 在对称性自发破坏后, 形式上出现的 N-G 粒子可以通过规范变换吸收到规范玻色子中去, 使后者成为有质量的矢量玻色子 (相对论超导模型). 下面就对此来作介绍.

考察下述复标量场 φ 和电磁场相互作用的拉格朗日函数

$$\mathscr{L}=-\frac{1}{4}(\partial_\mu A_\nu-\partial_\nu A_\mu)^2-(\partial_\mu+\mathrm{i}eA_\mu)\varphi^*(\partial_\mu-\mathrm{i}eA_\mu)\varphi+m^2\varphi^*\varphi-\lambda(\varphi^*\varphi)^2. \tag{3.4.7}$$

在上式中, $\varphi^*\varphi$ 项与通常的质量项差一负号, 因而 φ 的真空期望值将不为零, 电荷守恒律将自发破坏 (这相当于真空已成为超导体 (参见下文), 当然这只是一个假想的例子).

我们总可通过一整体的相位变换使 φ 的真空值为一实数. 在经典理论中, 此真空值即为

$$\frac{1}{\sqrt{2}}v_0=\sqrt{\frac{m^2}{2\lambda}}. \tag{3.4.8}$$

① 这一结论其实是显然的, 因由式 (3.4.5) 所给出的 j_μ 必然满足守恒流条件.

将 φ 表为

$$\varphi=\frac{1}{\sqrt{2}}v_0+\frac{1}{\sqrt{2}}(\zeta+\mathrm{i}\eta), \tag{3.4.9}$$

代入 $\mathscr{L}$ 中即将它化成

$$\begin{aligned}\mathscr{L}=&-\frac{1}{4}(\partial_\mu A_\nu-\partial_\nu A_\mu)^2-\frac{1}{2}e^2v_0^2A_\mu^2-\frac{1}{2}(\partial_\mu\zeta)^2-m^2\zeta^2\\&-\frac{1}{2}(\partial_\mu\eta)^2+ev_0A_\mu\partial_\mu\eta-eA_\mu(\eta\partial_\mu\zeta-\zeta\partial_\mu\eta)\\&-(e^2v_0)A_\mu^2\zeta-\frac{1}{2}e^2A_\mu^2(\zeta^2+\eta^2)-\lambda v_0\zeta(\zeta^2+\eta^2)\\&-\frac{1}{4}\lambda(\zeta^2+\eta^2)^2+\text{常数}.\end{aligned} \tag{3.4.10}$$

下面对此式作简单的考察, 当 $e=0$ 即 φ 与电磁场无耦合时, $\mathscr{L}$ 化为

$$\begin{aligned}\mathscr{L}_0=&-\frac{1}{4}(\partial_\mu A_\nu-\partial_\nu A_\mu)^2-\frac{1}{2}(\partial_\mu\zeta)^2-m^2\zeta^2-\frac{1}{2}(\partial_\mu\eta)^2\\&-(\lambda v_0)\zeta(\zeta^2+\eta^2)-\frac{1}{4}\lambda(\zeta^2+\eta^2)^2+\text{常数}.\end{aligned} \tag{3.4.11}$$

A_μ 和 η 的质量都为零, η 即为 N-G 粒子, 而 ζ 具有正质量 $\sqrt{2}m$. 当 $e\neq 0$ 时, $\mathscr{L}$ 中 η 的二次式项未变, 仍为 $-\frac{1}{2}(\partial_\mu\eta)^2$, 而 A 的二次式项变为 $-\frac{1}{4}(\partial_\mu A_\nu-\partial_\nu A_\mu)^2-\frac{1}{2}e^2v_0^2A_\mu^2$, 它与质量为 ev_0 的矢量玻色子的自由拉格朗日函数一样.

不难看出, 此表达式中 A_μ 的质量项来自它与真空中 φ 场的相互作用. 因为 A_μ 与 φ 的作用项为 $-\mathrm{i}eA_\mu\varphi^*(\partial_\mu\varphi)+\mathrm{i}eA_\mu\varphi(\partial_\mu\varphi^*)-e^2A_\mu^2\varphi^*\varphi$, 当 φ 取常数值 $\frac{1}{\sqrt{2}}v_0$ 时, 此项即化为 $-\frac{1}{2}e^2v_0^2A_\mu^2$ ①. 若用超导物理的语言来说, 则此例所对应的情况为: 真空由于有 φ 场 (相当于超导中的库柏对) 的凝聚而处在 “超导” 状态, 在这种 “超导” 态中传播的电磁场, 将在该态中产生一屏蔽电流②

$$j_\mu=-e^2v_0^2A_\mu. \tag{3.4.12}$$

上述形式为超导中伦敦方程的推广. 由于此屏蔽电流的存在, 真空中的电磁场方程化成了

$$\partial_\nu F_{\nu\mu}=-j_\mu=e^2v_0^2A_\mu, \tag{3.4.13}$$

式 (3.4.13) 相当于一个质量为 ev_0 的矢量玻色子的自由运动方程. 对于静磁场, 即可得出迈斯勒效应. 这一讨论表明, 在对称性发生自发破坏的情况下, 电磁作用的

① 此结果表明, A_μ 静质量所对应的能量, 实为 A_μ 与真空中凝聚的 φ 场的相互作用能.

② 从 j_μ 的表达式 $j_\mu=-\mathrm{i}e\varphi^*(\partial_\mu\varphi)+\mathrm{i}e\varphi(\partial_\mu\varphi^*)-2e^2(\varphi^*\varphi)A_\mu$ 以及真空 φ 等于常数 $\frac{1}{\sqrt{2}}v_0$ 即可得出式 (3.4.12).

短程性来自真空中屏蔽电流的作用. 因此可称此效应为广义的迈斯纳效应 (因为不限于静磁场也不限于势的横分量).

但应指出, 像上面这样分别地看 η 和 A_μ 二次项的作法并不恰当, 因为在式 (3.4.10) 的二次项中还有 $ev_0A_\mu\partial_\mu\eta$ 这样的交叉项, 它代表 A_μ 与 η 间的耦合, 使它们在传播过程中互相转化. 正确的作法应当是, 把 A_μ 与 η 合在一起来考虑, 这样才可能说明: (如前面所指出的) η 已不作为物理粒子出现, 以及还原 A_μ 成为有质量的矢量玻色子后多出的一个物理分量从何而来 (零质量的规范玻色子 A_μ 只有两个物理的偏振分量, 而有质量的矢量玻色子有三个物理的偏振分量).

在量子理论中, 要直接说明 η 不作为物理粒子出现, 就要先计算 A_μ 和 η 的联合传播子 (可参见下章), 找出费恩曼规则, 再证明在 S 矩阵中不出现 "质量为零粒子本应产生" 的极点. 一个不那么直接但较简单的处理方法是, 通过规范变换消去 N-G 粒子. 这只需要经典理论即可解决. 为此我们将 φ 分解为 "幅分量" 和 "相位分量" 以代替通常的 "实部分量" 和 "虚部分量" (这好比是用极坐标来代替直角坐标), 并对 "幅分量" 变量作平移, 即将 φ 表作①

$$\varphi(x) = \frac{1}{\sqrt{2}}(\xi(x) + v_0)\mathrm{e}^{\frac{\mathrm{i}}{v_0}\theta(x)}, \tag{3.4.14}$$

指数中分出因子 v_0 是使 $\theta(x)$ 具有和 φ 一样的量纲.

通过规范变换

$$\begin{aligned} \varphi &\to \varphi' = \mathrm{e}^{-\frac{\mathrm{i}}{v_0}\theta(x)}\varphi = \frac{1}{\sqrt{2}}(\xi(x) + v_0), \\ A_\mu &\to A'_\mu = A_\mu - \frac{1}{ev_0}\partial_\mu\theta(x), \end{aligned} \tag{3.4.15}$$

即将式 (3.4.7) 化为

$$\begin{aligned} \mathscr{L} = &-\frac{1}{4}(\partial_\mu A'_\nu - \partial_\nu A'_\mu)^2 - \frac{1}{2}e^2v_0^2A'^2_\mu - \frac{1}{2}(\partial_\mu\xi)^2 - m^2\xi^2 \\ &-\frac{1}{2}e^2A'^2_\mu\xi^2 - e^2v_0A'^2_\mu\xi - \lambda v_0\xi^3 - \frac{1}{4}\lambda\xi^4 + \text{常数}. \end{aligned} \tag{3.4.16}$$

在此式中, N-G 粒子已完全不出现, 标量场只乘下一个分量 ξ, 而规范玻色子 A'_μ 也成为有质量的矢量玻色子, 具有三个物理分量. ξ 与 A'_μ 的质量与前面简单考察中所得的结果相同. 值得指出的是, 在式 (3.4.16) 的二次项中, 不再含有交叉项, 场分量总数为 4, 与原来的一样. 从式 (3.4.15) 可以看出, A'_μ 中多出的纵分量系由 $\theta(x)$ 转化而来.

① 真空对应于 $\xi(x) = \theta(x) = 0$, 故 $\frac{1}{\sqrt{2}}v_0$ 仍代表标量场的真空期望值.

上面所述的特殊规范称为幺正规范(U 规范), 因为 $\mathscr{L}$ 中只出现物理的粒子. 这里幺正规范的规范条件可表述为

$$\mathrm{Im}\varphi' = 0. \tag{3.4.17}$$

当 φ 与其真空值 $\frac{1}{\sqrt{2}}v_0$ 的偏离很小, 即

$$\frac{\xi(x)}{v_0} \ll 1, \qquad \frac{\theta(x)}{v_0} \ll 1$$

时, 式 (3.4.14) 可以近似地写成

$$\varphi \approx \frac{1}{\sqrt{2}}v_0 + \frac{1}{\sqrt{2}}(\xi + \mathrm{i}\theta).$$

与式 (3.4.9) 比较后得出

$$\xi \approx \zeta, \quad \theta \approx \eta.$$

即“幅分量”和“相位分量”近似等于“实部分量”和“虚部分量”.

2. 非阿贝尔规范对称性的自发破坏

我们现在来讨论由于标量场的真空凝聚而引起非阿贝尔规范对称性的自发破坏. 设“有 κ 个实分量”的标量场 φ(称作 κ 维内部空间中的矢量) 与非阿贝尔规范场相互作用 (复标量场可以分解成两个实分量), 拉格朗日函数为

$$\mathscr{L} = -\frac{1}{4}F^{\alpha}_{\mu\nu}F^{\alpha}_{\mu\nu} - \frac{1}{2}(\mathscr{D}_\mu\varphi)_j(\mathscr{D}_\mu\varphi)_j - V(\varphi), \tag{3.4.18}$$

其中, $V(\varphi)$ 包含 φ 的二次项和更高次的项. 规范对称群设为 S, 共有 n 个生成元. 标量场 φ 构成群 S 的一个 κ 维表示 (一般是可约表示) 的基底. 对称性发生自发破坏后, φ 的一部分分量变成了非物理的 N-G 粒子, 一部分分量成为物理粒子 (通常称为 Higgs 粒子). 与此同时一部分规范玻色子获得了质量. 我们要研究的问题是, φ 的哪些分量成为 N-G 玻色子? 哪些分量成为 Higgs 粒子? Higgs 粒子的质量等于多少? 哪些规范玻色子获得质量? 其值多大?

设 φ 按群表示 $\mathrm{e}^{-\mathrm{i}\lambda^\alpha T^\alpha}$ 变换, 由于 φ 为实场, 故 T^α 应为纯虚矩阵. 再由 T^α 的厄米性, 即得出它是反对称矩阵.

在无穷小变换下, φ 的增量为

$$\delta\varphi = -\mathrm{i}T^\alpha\delta\lambda^\alpha\varphi, \tag{3.4.19}$$

$V(\varphi)$ 在此变换下应是保持不变的, 于是有

$$\delta V = \frac{\partial V}{\partial\varphi_j}\delta\varphi_j = -\mathrm{i}\frac{\partial V}{\partial\varphi_j}T^\alpha_{jl}\varphi_l\delta\lambda^\alpha = 0.$$

再从 $\delta\lambda^\alpha$ 取值的任意性, 即得

$$\frac{\partial V}{\partial \varphi_j} T^\alpha_{jl} \varphi_l = 0, \quad \alpha = 1, 2, \cdots, n. \tag{3.4.20}$$

此式对任意 φ 都成立, 故左方对 φ 作一次微商后仍为零:

$$\frac{\partial^2 V}{\partial \varphi_k \partial \varphi_j} T^\alpha_{jl} \varphi_l + \frac{\partial V}{\partial \varphi_j} T^\alpha_{jk} = 0.$$

现取其中的 φ 为标量场的真空值 v(经典理论值). 由于 v 使 V 满足极值条件

$$\left(\frac{\partial V}{\partial \varphi_j}\right)_{\varphi=v} = 0, \tag{3.4.21}$$

因而得出

$$\left(\frac{\partial^2 V}{\partial \varphi_k \partial \varphi_j}\right)_v T^\alpha_{jl} v_l = 0. \tag{3.4.22}$$

上式中出现的 $\left(\frac{\partial^2 V}{\partial \varphi_k \partial \varphi_j}\right)_v$ 实为 φ 平移后的标量场"质量①平方"矩阵元 $\mathscr{M}^2_{kj}$, 因为将

$$\varphi = \varphi' + v \tag{3.4.23}$$

代入 $V(\varphi)$ 再利用式 (3.4.21) 即化出

$$V = V(v) + \frac{1}{2}\left(\frac{\partial^2 V}{\partial \varphi_k \partial \varphi_j}\right)_v \varphi'_k \varphi'_j + \text{高次项} \tag{3.4.24}$$

(若 V 为 φ 的四次式, 则上式中的最高项亦将为 φ' 的四次式). 式 (3.4.24) 中第一项为一常数, 第二项代表质量项, 高次项代表 φ' 场的自作用.

知道了 $\left(\frac{\partial^2 V}{\partial \varphi_k \partial \varphi_j}\right)_v$ 的意义, 即可对式 (3.4.22) 作进一步考察. 我们令

$$w^\alpha = \mathrm{i} T^\alpha v \tag{3.4.25}$$

(上式右方引入因子 i 是使 w^α 为实矢量), 则式 (3.4.22) 可写做

$$(\mathscr{M}^2) w^\alpha = 0, \tag{3.4.26}$$

即 w^α 是质量本征值为零的本征矢量.

这一结果是容易理解的, $\mathrm{i}\delta\lambda T^\alpha v$ 代表无穷小变换 $\mathrm{e}^{\mathrm{i}\delta\lambda T^\alpha}$ 作用到真空态 (基态之一)v 上所产生的增量, 它等于另一简并的基态 v' 与 v 的差. 于是 $\mathrm{i}T^\alpha v$ 相当于上述

① 这里的质量是指拉格朗日函数中的质量, 并非重正化的质量.

$O(2)$ 实例中"周向"方向的矢量, 根据 V 在"周向"上取同一最小值, 即知在此方向上激发的场量子将具有零质量.

式 (3.4.26) 中 α 的取值虽然从 1 到 n(n 的意义见式 (3.4.18)), 但 w^α 中不为零而且彼此线性独立的矢量个数并不就等于 n. 根据群的定义不难证明: 全部使 v 保持不变的群元构成 S 的一个子群 S_R. 我们称它为剩余对称群, 并将它的生成元记作 T^R, $R=1,2,\cdots,n_R$. 于是有①

$$\mathrm{e}^{-\mathrm{i}\lambda^R T^R} v = v, \tag{3.4.27}$$

即

$$\mathrm{i}T^R v = 0. \tag{3.4.28}$$

此式的物理意义是, 真空场 v 是荷算符 T^R 的本征值为零的本征态, 也就是说真空不带 R 荷. 剩余对称群也正是由这些荷算符所生成.

我们可将原对称群 S 的生成元取为 T^R 和一个补充集合 $T^G(G=n_R+1,\cdots,n)$ 之和, 并保持群的度规张量不变 (即仍正比于 $\delta_{\alpha\beta}$). 对于生成元 T^G, 显然有

$$w^G = \mathrm{i}T^G v \neq 0, \tag{3.4.29}$$

否则 $\mathrm{e}^{\mathrm{i}\lambda T^G}$ 应属于 S_R, T^G 也就成为 S_R 的生成元.

这样, 我们就找到式 (3.4.26) 的 $n-n_R$ 个非零解 w^G. 不难看出, 这 $n-n_R$ 个矢量是线性独立的. 因若存在一组系数 a^G 使

$$a^G w^G = 0,$$

则将有

$$\mathrm{i}Tv = 0,$$

其中

$$T = a^G T^G.$$

同前一样, 这就破坏了原来的假设: S_R 包括了全部保持 v 不变的变换.

我们还取 T^G 使得各个 w^G 彼此互相正交.

如果原来的 T^G 不满足此要求, 则总能通过一实正交变换来重新组合 T^G, 使它满足上述要求. 为了说明这一点, 我们来考察矩阵 Θ, 它的元素为各 w^G 间的内乘积,

$$\Theta_{G_1G_2} \equiv (w^{G_1}, w^{G_2}).$$

① 下面将证明, S_R 代表 S 发生自发破坏后剩余下来的定域规范对称性. 另外 T^R 并不一定就是原来所给出的 T^α 中的成员, 我们要通过 T^α 的重新组合 (线性组合) 来找出所有满足式 (3.4.28) 的独立的 T^R.

由于 T^G 为厄米矩阵, 故 $\Theta_{G_1G_2}$ 又可表为 $-(v, T^{G_1}T^{G_2}v)$, 这样就得出

$$\begin{aligned}\Theta_{G_1G_2} - \Theta_{G_1G_2} &= -(v, [T^{G_1}, T^{G_2}]v) \\ &= -\mathrm{i}c_{G_1G_2\alpha}(v, T^\alpha v) = 0.\end{aligned}$$

在得出最后一等式时, 我们利用了 T^α 的反对称性.

以上结果表明, Θ 为一个实对称矩阵, 故总可通过一个实正交变换 K 使它对角化, 也就是说,

$$K_{G_1G_j}K_{G_2G_l}\Theta_{G_jG_l} = (\mathrm{i}K_{G_1G_j}T^{G_j}v, \mathrm{i}K_{G_2G_l}T^{G_l}v)$$

将是对角矩阵. 这样, 重新组合的生成元 $K_{GG'}T^{G'}$ 就能满足所提出的要求. 另外, 此正交变换将保持群度规张量不变.

由 w^G 所支撑的 $n-n_R$ 维内部空间就是 N-G 空间, 此空间的正交归一化的基矢为

$$\mathrm{e}^G = \frac{w^G}{|w^G|}, \qquad |w^G| = \sqrt{w_j^G w_j^G}, \qquad G = n_R+1, \cdots, n. \tag{3.4.30}$$

再定义 N-G 空间的余空间为 Higgs 空间, 它的维数为 $\kappa-(n-n_R)$. 我们用 $\varphi \in \mathrm{H}$ 和 $\varphi \in$NG 来分别表示矢量 φ 属于 Higgs 空间和属于 N-G 空间. N-G 空间的矢量都可表示为 w^G 的线性叠加, 而 Higgs 空间中的矢量 φ_{H} 满足条件

$$(w^G, \varphi_{\mathrm{H}}) = 0, \qquad G = n_R+1, \cdots, n. \tag{3.4.31}$$

真空矢量 v 亦属于 Higgs 空间, 因从 T^G 的反对称性可得出

$$(w^G, v) = (\mathrm{i}T^G v, v) = 0. \tag{3.4.32}$$

另外还可证明, 若 $\varphi \in$H, 则 $\mathrm{e}^{-\mathrm{i}\lambda^R T^R}\varphi$ 亦属于 H, 其中 $\mathrm{e}^{-\mathrm{i}\lambda^R T^R}$ 为 S_R 的任一群元.

$\varphi\in$H即$(w^G, \varphi)=0$. 我们只需证明对无穷小变换$1-\mathrm{i}\delta\lambda^R T^R$, $(w^G, (1-\mathrm{i}\delta\lambda^R T^R)\varphi)$ 亦等于零. 首先,

$$(w^G, T^R\varphi) = \mathrm{i}(T^G v, T^R\varphi) = \mathrm{i}(T^R T^G v, \varphi), \tag{3.4.33}$$

由于 $T^R v = 0$, 上式中的 $T^R T^G v$ 可写作 $[T^R, T^R]v$. 其次, 对易子 $[T^R, T^G]$ 可化为

$$[T^R, T^G] = \mathrm{i}c_{RGG'}T^{G'}. \tag{3.4.34}$$

上式右方的求和中不包括 S_R 的生成元. 这是因为 $c_{RGR'} = -c_{RR'G}$(结构常数为全反对称), 而 T^R 和 $T^{R'}$ 是子群 S_R 的生成元, 它们构成封闭的代数, 从而 $C_{RR'G}=0$.

于是式 (3.4.33) 右方化为 $\mathrm{i}C_{RGG'}(w^{G'}, \varphi)$. 按照原假定 ($\varphi \in$ H), 从而它等于零. 这就完成了所需要的证明.

此结果表明 φ_{H} 构成剩余对称群 S_R 的一个表示基底 (一般是可约表示的基底).

如同前面所述, φ 在 N-G 空间的分量可以通过特定的定域规范变换消去. 这一消去 N-G 分量的规范称为幺正规范. 幺正规范条件由

$$\begin{aligned}&(w^G,\varphi)=0, \qquad && G=1.2,\cdots,n-n_R,\\ &\partial_j A_j^R=0, && R=1,2,\cdots n_R.\end{aligned} \tag{3.4.35}$$

表述, 对于紧致群 (3.1 节曾假设我们所考虑的内部对称群为紧致群), 幺正规范的存在性, Weinberg 曾给出一个简洁的证明.

首先要证明的命题是, 对于任意 $\varphi(x)$, 总可找到规范变换

$$U(x)=\mathrm{e}^{-\mathrm{i}\lambda^\alpha(x)T^\alpha},$$

使得变换后的 $\varphi'(x)$ 即 $U(x)\varphi(x)$ 属于 Higgs 空间, 即对任意 G,

$$(T^G v, U(x)\varphi(x))=0. \tag{3.4.36}$$

我们取定某个 x, 并考察标量积 $f\equiv(v,U\varphi)$. f 是 λ^α 的实函数 (因为 v, φ 为实矢量, U 为实矩阵). 当对称群为紧致群时, f 的取值将是实数轴上一个有界的闭线段 (有界是因为 $|f|$ 小于矢量 v 的长度与矢量 $U\varphi$ 的长度的乘积, 而 U 为正交变换, $U\varphi$ 的长度就等于 φ 的长度). 从而 f 有极大和极小, 而且极大和极小点位于群参数空间内.

在群参数 λ^α 作微小改变时, δU 总可以写做

$$\delta U=\mathrm{e}^{-\mathrm{i}\varepsilon\alpha T^\alpha}U-U=-\mathrm{i}\varepsilon^\alpha T^\alpha U,$$

其中, ε^α 的无穷小量. 如果取群参数 $\lambda^\alpha(x)$ 使 $f(\lambda)$ 正好达到它的极值, 就有

$$\delta f=(v,\delta U\varphi)=-\mathrm{i}\varepsilon^\alpha(v,T^\alpha U\varphi)=0.$$

此式对任意 ε^α 都成立, 故得

$$(v,T^\alpha U\varphi)=(T^\alpha v,U\varphi)=0.$$

这就证明了式 (3.4.36)(当 α 取指标 R 时, $T^R v$ 本身就为零).

上述结果可表示为①

$$\mathrm{e}^{-\mathrm{i}\lambda^\alpha(x)T^\alpha}\varphi(x)=\varphi_{\mathrm{H}}(x). \tag{3.4.37}$$

---

① 由于 φ_{H} 在 S_R 变换下仍在 Higgs 空间内, 而群 S 的任意元素可表为 $\mathrm{e}^{\mathrm{i}\lambda^G(x)T^G}$ 与 S_R 元素的乘积, 故从式 (3.4.37) 可得

$$\varphi(x)=\mathrm{e}^{\mathrm{i}\lambda^G(x)T^G}\varphi_{\mathrm{H}}(x)$$

(此式中的 λ^G 和 φ_{H}, 与式 (3.4.37) 中的并不相同). 如令

$$\Theta^G(x)=\lambda^G(x)|w^G|,$$

则 $\varphi(x)$ 即表成

$$\varphi(x)=\exp\left[\mathrm{i}\frac{\Theta^G(x)}{|w^G|}T^G\right]\varphi_{\mathrm{H}}(x). \tag{3.4.38}$$

φ_{H} 和 Θ^G 的分量共有 κ 个 (见式 (3.4.18) 下), 它们可看做是 $\varphi(x)$ 的 H 分量和 N-G 分量. 通过规范变换消去的即为其中的 N-G 分量 Θ^G.

这样，通过定域规范变换可使 $\varphi \to \varphi_{\mathrm{H}}$，即消去了 φ 中的 N-G 分量.

我们可以进一步作剩余对称群的规范变换使 (3.4.35) 第二式成立. 这种变换并不影响 (3.4.35) 第一式，因 $\mathrm{e}^{-\mathrm{i}\lambda^R(x)T^R}\varphi_{\mathrm{H}}$ 仍属于 H.

真空态矢量 v 亦属于 Higgs 空间，于是我们可将 $\varphi_{\mathrm{H}}(x)$ 写成 $v+\xi(x), \xi(x)\in \mathrm{H}$. 这样，在幺正规范中拉格朗日函数化为

$$\begin{aligned}\mathscr{L} =& -\frac{1}{4}F^{\alpha}_{\mu\nu}F^{\alpha}_{\mu\nu} - \frac{1}{2}(\mathscr{D}_\mu\xi)_j(\mathscr{D}_\mu\xi)_j + \frac{\mathrm{i}}{2}g[(\boldsymbol{A}_\mu v)_j(\mathscr{D}_\mu\xi)_j + (\mathscr{D}_\mu\xi)_j(\boldsymbol{A}_\mu v)_j]\\ &-\frac{1}{2}(\mathscr{D}_\mu v)_j(\mathscr{D}_\mu v)_j - \frac{1}{2}(\mathscr{M}^2)_{kj}\xi_k\xi_j + (\xi\text{的高次项}) + \mathscr{L}(v).\end{aligned}$$

上式还可进一步化简. 利用

$$\boldsymbol{A}_\mu v = A^\alpha_\mu T^\alpha v = A^G_\mu T^G v = -\mathrm{i}\mathrm{A}^G_\mu w^G,$$

可将 $\mathscr{L}$ 中第四项化成 A^α_μ 的平方项：

$$\begin{aligned}-\frac{1}{2}(\mathscr{D}_\mu v)_j(\mathscr{D}_\mu v)_j &= -\frac{1}{2}g^2(\mathrm{i}T^G v, \mathrm{i}T^{G'}v)A^G_\mu A^{G'}_\mu\\ &= -\frac{1}{2}g^2(w^G, w^{G'})A^G_\mu A^{G'}_\mu = -\frac{1}{2}g^2|w^G|^2 A^{G2}_\mu,\end{aligned}$$

此项表示 A^G_μ 的质量. 其次，由于 $w^G\in \mathrm{NG}$，而 $\partial_\mu\xi\in H$，因此 $(\boldsymbol{A}_\mu v)_j(\partial_\mu\xi)_j=0$. 这样 $\mathscr{L}$ 中第三项内的 $(\boldsymbol{A}_\mu v)_j(\mathscr{D}_\mu\xi)_j$ 就化为 $-gw^G_j(T^\alpha\xi)_jA^G_\mu A^\alpha_\mu$. 将以上结果代入上面的 $\mathscr{L}$ 中即得出

$$\begin{aligned}\mathscr{L}(A_\mu,\xi) =& -\frac{1}{4}F^{\alpha}_{\mu\nu}F^{\alpha}_{\mu\nu} - \frac{1}{2}M^2_G(A^G_\mu)^2 - \frac{1}{2}(\mathscr{D}_\mu\xi)_j(\mathscr{D}_\mu\xi)_j\\ &-\frac{1}{2}(\mathscr{M}^2)_{jk}\xi_j\xi_k - \mathrm{i}g^2 w^G_j(T^\alpha\xi)_jA^G_\mu A^\alpha_\mu + (\xi\text{的高次项}) + \mathscr{L}(v),\end{aligned} \tag{3.4.39}$$

其中

$$M^2_G = g^2|w^G|^2. \tag{3.4.40}$$

我们看到 A^G_μ 的质量正比于 g 和 v(参见式 (3.4.29)). 并同该规范玻色子所对应的生成元 T^G 相关. 至于 A^R_μ，仍然保持质量为零. 这样，获得质量的规范玻色子共 $n-n_R$ 个，与 N-G 玻色子的数目相同. 在式 (3.4.39) 所表示的 $\mathscr{L}$ 中，N-G 玻色子已不出现，它们已通过规范变换被吸收到 A^G_μ 中去.

下面来证明，群 S_R 描述 $\mathscr{L}$ 的表观定域规范对称性. 表观上出现的场量是 A^α_μ 和 ξ，表观对称性的变换只对它们进行，v 将作为常数保持不变 (因任何物理过程都只是场的局部激发，不会使真空的场值从 v 变到其他的简并值 v').

为了证明这一论断, 我们来考察 S_R 中的任一群元 $U^R = \mathrm{e}^{-\mathrm{i}\theta^R(x)T^R}$. 此变换也是原对称群 S 的群元, 根据 $\mathscr{L}$ 原来的对称性, 当

$$\boldsymbol{A}_\mu \to U^R \boldsymbol{A}_\mu (U^R)^{-1} - \frac{\mathrm{i}}{g}(\partial_\mu U^R)(U^R)^{-1}, \quad \xi(x) + v \to U^R[\xi(x) + v] \tag{3.4.41}$$

时, $\mathscr{L}$ 将保持不变. 但由于 $U^R v = v$, 因此 (3.4.41) 第二式也就是

$$\xi(x) \to U^R \xi(x).$$

这就得出了 A_μ^α 和 ξ 以 S_R 的群元 U^R 作定域变换时, $\mathscr{L}(A_\mu^\alpha, \xi)$ 的不变性. 值得指出的是, 利用 S_R 生成元的封闭性, 从 (3.4.41) 第一式可以得出：A_μ^G 和 A_μ^R 将分别进行变换, A_μ^G 的变换是齐次的, 非齐次项只出现在 A_μ^G 中. 在无穷小变换下, 有

$$\begin{aligned} \delta A_\mu^G &= c_{GRG'} \lambda^R(x) A_\mu^{G'}, \\ \delta A_\mu^R &= C_{RR'R''} \lambda^{R'}(x) A_\mu^{R''} - \frac{1}{g}\partial_\mu \lambda^R(x). \end{aligned} \tag{3.4.42}$$

这就解释了为何质量项 $\frac{1}{2}M_G^2(A_\mu^G)^2$ 并不破坏 S_R 的定域规范不变性.

从 $\mathscr{L}(A_\mu^\alpha, \xi)$ 对 S_R 的对称性, 可以得出所有荷 Q^R 都是守恒的. 这就是说, 只要真空凝聚场不带某个荷, 该荷的守恒即使在表观上也仍成立.

在从经典场论过渡到量子场论时, 我们可只对 $\xi(x)$ 和 $A_\mu^\alpha(x)$ 进行量子化. 这些量子场的全部物理态不再构成原来对称群 S 的表示基底 (可以证明, 从原来拉格朗日量求出的其他基态 $|v'\rangle$ 与这些物理态间的投影值为零), 它们只构成 S_R 的一个表示基底.

3.5　手征对称性与零质量的旋量场*①

弱作用过程的宇称不守恒, 说明了左右对称性 (即空间坐标轴反射对称性) 并不是物理规律的一个基本对称性.

空间反射对称性也就是镜像对称性, 这时空间坐标轴不改变, 而物理状态或过程变成了相应的镜像状态或镜像过程. 这对应于 3.1 节中关于变换的第二种理解, 对称性是指镜像过程所服从的规律与原过程相同.

以静止的 π^- 介子衰变成 e^- 加 $\overline{\nu}_e$ 为例. 衰变出来的 e^- 和 $\overline{\nu}_e$ 总都是右旋的 (图 3.5.1a), 从未观察到左旋的事例. 由于 π^- 无自旋, 静止的 π^- 的镜像就同原来一样, 但镜像中的过程 (当镜面取得与衰变粒子动量相垂直时结果如图 3.5.1b 所示)

① 本节可以不讲.

却是 π⁻ 衰变出来的 e^- 和 $\bar{\nu}_e$ 都是左旋的. 这就表明镜像世界中的衰变规律与现实世界不同, 也就是没有镜像对称性.

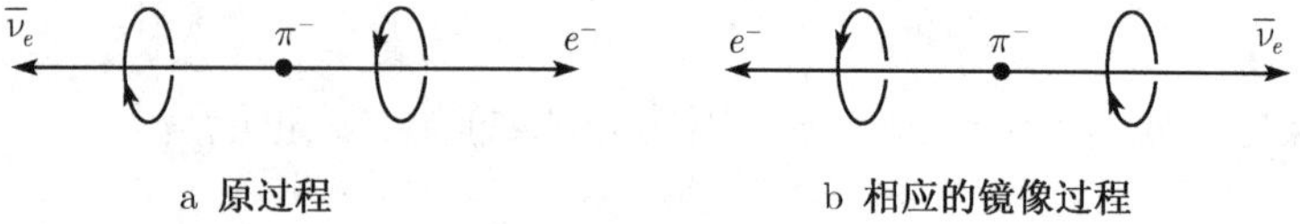

图 3.5.1

尽管如此, 不少物理学家仍相信左右仍应具有平等的地位. 在弱作用宇称不守恒被证实不久, Landau 等即提出了一个假设, 即在空间反射的同时, 若把正反粒子也互换 (所谓的电荷共轭变换), 则物理规律将保持不变. 这就是 CP 联合变换下的对称性. 就以上例来说, 自然界还存在有 π^+ 介子, 它可以衰变成 e^+ 加 ν_e, 从静止 π^+ 衰变出的这两个粒子却都是左旋的. 在这种意义下, 左右的对等地位又得到了恢复①.

值得注意的是, 弱作用过程不仅宇称不守恒, 而且是最大限度的不守恒. 即弱流是矢量流和轴矢流以对等的比例混合. 例如, 从 e^- 到 ν_e 的弱流 J_λ 为 $\mathrm{i}\overline{\psi}_\nu\gamma_\lambda\frac{1}{2}(1+\gamma_5)\psi_e$②, 它就是矢量流 $\mathrm{i}\overline{\psi}_\nu\gamma_\lambda\psi_e$ 和轴矢流 $\mathrm{i}\overline{\psi}_\nu\gamma_\lambda\gamma_5\psi_e$ 的对等混合. 这一特点可表述为上述弱流在

$$\psi_\nu \to \gamma_5\psi^\nu, \tag{3.5.1a}$$

或

$$\psi_e \to \gamma_5\psi_e \tag{3.5.1b}$$

的变换下保持不变. 这一变换称为旋量场的手征变换. 上述的弱流结构形成称为弱作用的 V-A 理论. 其中, V 代表矢量流, A 代表轴矢流.

在下面, 我们将先介绍旋量场的手征态, 然后讨论零质量的旋量场方程, 因为手征不变性的严格成立要求旋量场的质量为零.

1. 旋量场的手征态和手征对称性

旋量场的手征态是按条件

$$\gamma_5\psi = \pm\psi \tag{3.5.2}$$

①尽管如此, 这种结果还是使人惊异的: 正反粒子在空间方面有不同的认同. 附带指出, 不仅轻子的弱流都具有这种形式, 夸克子的弱流也具有这种形式.

② $\gamma_5 \equiv \gamma_1\gamma_2\gamma_3\gamma_4 = \begin{pmatrix} 0 & -1 \\ -1 & 0 \end{pmatrix}$.

来定义的, 其中本征值取 $+1$ 的称为左手态, 本征值取 -1 的称为右手态. 由此可得左手态和右手态的投影算符分别为

$$\begin{aligned} P_{\mathrm{L}} &= \frac{1}{2}(1+\gamma_5), \\ P_{\mathrm{R}} &= \frac{1}{2}(1-\gamma_5). \end{aligned} \tag{3.5.3}$$

它们满足

$$\begin{aligned} &P_{\mathrm{L}}^2 = P_{\mathrm{R}}^2 = 1, \\ &P_{\mathrm{L}}P_{\mathrm{R}} = P_{\mathrm{R}}P_{\mathrm{L}} = 0. \end{aligned} \tag{3.5.4}$$

任何一个状态都可分解为左手态和右手态的叠加,

$$\psi = \psi_{\mathrm{L}} + \psi_{\mathrm{R}},$$

其中, ψ_{L} 和 ψ_{R} 分别等于投影算符 P_L 和 P_R 作用到 ψ 上所得出的结果:

$$\psi_{\mathrm{L}} = \frac{1}{2}(1+\gamma_5)\psi, \quad \psi_{\mathrm{R}} = \frac{1}{2}(1-\gamma_5)\psi. \tag{3.5.5}$$

与此相应

$$\begin{aligned} &\overline{\psi} = \overline{\psi}_{\mathrm{L}} + \overline{\psi}_{\mathrm{R}}, \\ &\overline{\psi}_{\mathrm{L}} = \frac{1}{2}\overline{\psi}(1-\gamma_5), \quad \overline{\psi}_{\mathrm{R}} = \frac{1}{2}\overline{\psi}(1+\gamma_5). \end{aligned} \tag{3.5.6}$$

注意, 左、右手态与左、右旋态是不同的. 左、右旋态是指 $\boldsymbol{\Sigma}\cdot\boldsymbol{n}$ 的本征值为 -1 和 $+1$ 的本征态, 其中 $\boldsymbol{n}$ 为代表 $\boldsymbol{p}$ 方向的单位矢量, $\boldsymbol{\Sigma}$ 代表自旋算符. 只是在质量为零的情况下, 两者才有下述对应关系:

$\boldsymbol{m}=0$　时

左手正粒子态 = 左旋正粒子态 左手反粒子态 = 右旋反粒子态	右手正粒子态 = 右旋正粒子态 右手反粒子态 = 左旋反粒子态

因为 $m=0$ 时, 左旋正粒子态和右旋反粒子态分别为

$$\begin{aligned} U_{-1}(\boldsymbol{p}) &= \sqrt{E}\begin{pmatrix} \chi_{-1} \\ (\boldsymbol{\sigma}\cdot\boldsymbol{n})\chi_{-1} \end{pmatrix} = \sqrt{E}\begin{pmatrix} \chi_{-1} \\ -\chi_{-1} \end{pmatrix}, \\ V_{+1}(\boldsymbol{p}) &= \sqrt{E}\begin{pmatrix} (\boldsymbol{\sigma}\cdot\boldsymbol{n})\chi_{-1} \\ \chi_{-1} \end{pmatrix} = \sqrt{E}\begin{pmatrix} -\chi_{-1} \\ \chi_{-1} \end{pmatrix}. \end{aligned} \tag{3.5.7}$$

上式左方脚码代表 $\boldsymbol{\Sigma}\cdot\boldsymbol{n}$ 的本征值. 显然它们都是 γ_5 的本征值为 $+1$ 的本征态.

当 $m \neq 0$ 时, $U_{-1}(\boldsymbol{p})$ 和 $V_{+1}(\boldsymbol{p})$ 可按式 (3.5.6)~(3.5.7) 分解为左手态与右手态的叠加

$$
\begin{aligned}
U_{-1}(\boldsymbol{p}) &= \frac{1}{2}(\sqrt{E+M}+\sqrt{E-M})\begin{pmatrix} \chi_{-1} \\ -\chi_{-1} \end{pmatrix} \\
&\quad +\frac{1}{2}(\sqrt{E+M}-\sqrt{E-M})\begin{pmatrix} \chi_{-1} \\ \chi_{-1} \end{pmatrix} \\
&\approx \sqrt{E}\left[\begin{pmatrix} \chi_{-1} \\ -\chi_{-1} \end{pmatrix}+\frac{M}{2E}\begin{pmatrix} \chi_{-1} \\ \chi_{-1} \end{pmatrix}\right], \text{当 } E \gg M \text{ 时;} \qquad (3.5.8) \\
\mathrm{V}_{+1}(\boldsymbol{p}) &= \frac{1}{2}(\sqrt{E+M}+\sqrt{E-M})\begin{pmatrix} -\chi_{-1} \\ \chi_{-1} \end{pmatrix} \\
&\quad +\frac{1}{2}(\sqrt{E+M}-\sqrt{E+M})\begin{pmatrix} \chi_{-1} \\ \chi_{-1} \end{pmatrix} \\
&\approx \sqrt{E}\left[\begin{pmatrix} -\chi_{-1} \\ \chi_{-1} \end{pmatrix}+\frac{M}{2E}\begin{pmatrix} \chi_{-1} \\ \chi_{-1} \end{pmatrix}\right], \text{当 } E \gg M \text{ 时.}
\end{aligned}
$$

我们看到, 当 $\dfrac{M}{E} \ll 1$ 时, 上式中左手态是主要的.

旋量粒子状态按旋性 (左旋或右旋) 的分类不是洛伦兹不变的. 例如, 一个相对参考系 S 以 v 运动的左旋粒子, 对于另一个以更大速度 $u(u>v)$ 沿同一方向相对 S 运动的参考系 S' 来说, 就成为右旋粒子. 但旋量粒子状态按手征性 (左手或右手) 分类, 却是洛伦兹不变的. 因为 γ_5 与洛伦兹变换矩阵 S 相对易.

初看起来, 这里似乎有一个矛盾. 以上面的例子来说, 设左旋粒子运动方向是沿正 z 轴并且 $E \gg M$, 按式 (3.5.8), 其状态近似为左手态. 而当 S' 系的速度 u 足够大时, 该旋量粒子相对 S' 系不仅沿负 z 轴运动, 而且 E' 也可以比 M 大得多. 这样对 S' 来说, 该粒子将近似为右手态. 这似乎与手征态的洛伦兹不变性相矛盾.

这个矛盾并不是实在的. 原因在于旋量场的洛伦兹变换不是么正变换. 在上述情况中, 洛伦兹变换矩阵为

$$
\Lambda = \frac{1}{2}\left(\frac{1+u}{1-u}\right)^{\frac{1}{4}}\begin{pmatrix} 1+\sqrt{\dfrac{1-u}{1+u}} & \left(-1+\sqrt{\dfrac{1-u}{1+u}}\right)\sigma_3 \\ \left(-1+\sqrt{\dfrac{1-u}{1+u}}\sigma_3\right) & 1+\sqrt{\dfrac{1-u}{1+u}} \end{pmatrix} \qquad (3.5.9)
$$

于是 (3.5.8) 第一式中的 u 在 S' 系中即变成

$$
U' = \Lambda U \approx \sqrt{E}\left[\left(\frac{1-u}{1+u}\right)^{\frac{1}{4}}\begin{pmatrix} -\chi_{-1} \\ \chi_{-1} \end{pmatrix}+\left(\frac{1+u}{1-u}\right)^{\frac{1}{4}}\frac{M}{2E}\begin{pmatrix} \chi_{-1} \\ \chi_{-1} \end{pmatrix}\right] \qquad (3.5.10)
$$

(上式中的 χ_{-1} 可写成 χ'_{+1}, 因 $\boldsymbol{\sigma}\cdot\boldsymbol{n}=-\boldsymbol{\sigma}\cdot\boldsymbol{n}'$).

从式 (3.5.10) 我们看到, U 中左手态部分和右手态部分在洛伦兹变换后的确仍分别为左手态和右手态, 但两者要乘上不同的系数, 左手态乘上的是 $\left(\dfrac{1-u}{1+u}\right)^{\frac{1}{4}}$, 右手态乘上的则是 $\left(\dfrac{1+u}{1-u}\right)^{\frac{1}{4}}$, 这样, 当 u 足够接近于 1 使 $\sqrt{\dfrac{1-u}{1+u}}\ll\dfrac{M}{2E}$ 时, U' 就会变得以右手态为主.

旋量场的手征变换如式 (3.5.1) 所述, 即

$$\psi\rightarrow\gamma_5\psi. \tag{3.5.11}$$

从 γ_4 与 γ_5 的反对易性可知, $\overline{\psi}$ 的变换将是

$$\overline{\psi}\rightarrow-\overline{\psi}\gamma_5, \tag{3.5.12}$$

于是 (φ_a 和 ψ_b 为两个旋量场, 其中 a 也可等于 b).

$$\overline{\psi}_a\gamma_\mu\psi_b\rightarrow\overline{\psi}_a\gamma_\mu\psi_b,\qquad\overline{\psi}_a\psi_b\rightarrow-\overline{\psi}_a\psi_b. \tag{3.5.13}$$

由此可以得出自由旋量场的拉格朗日函数 $-\overline{\psi}\gamma_\mu\partial_\mu\psi-M\overline{\psi}\psi$ 变换后将是 $-\overline{\psi}\gamma_\mu\partial_\mu\psi+M\overline{\psi}\psi$. 这表明, 质量项 $M\overline{\psi}\psi$ 是破坏手征对称性的. 我们也可将旋量场的自由拉格朗日量写成

$$\begin{aligned}\mathscr{L}=&-\overline{\psi}\gamma_\mu\partial_\mu\psi-M\overline{\psi}\psi=-\overline{\psi}_{\mathrm{L}}\gamma_\mu\partial_\mu\psi_{\mathrm{L}}\\&-\overline{\psi}_{\mathrm{R}}\gamma_\mu\partial_\mu\psi_{\mathrm{R}}-M\overline{\psi}_{\mathrm{L}}\psi_{\mathrm{R}}-M\overline{\psi}_{\mathrm{R}}\psi_{\mathrm{L}}.\end{aligned} \tag{3.5.14}$$

此式显示出质量项使左手态和右手态互相转换.

以上结果也说明了, 当 M 不为零时, 为何自由旋量场不存在“四动量和手征量”的共同本征态.

2. 零质量旋量场 (Weyl 场) 方程

如果手征对称性 (γ_5 不变性) 是物理规律的基本对称性, 那么所有旋量粒子的质量都应为零. 1929 年 Weyl 曾提出一个二分量的相对论性方程来描写自旋为 $\dfrac{1}{2}$ 的费米子. 它的特点是: ①该粒子的质量必须为零; ②对空间反射不具有对称性. 这两个特点当时都被认为与现实情况不一致, 因而该方程为人们所放弃. 只当弱作用宇称不守恒被证实而且被发现是最大程度的不守恒以后, 它才重新受到注意, 因为弱作用宇称最大程度的不守恒, 意味着四费米子“流–流”作用项具有 γ_5 不变性. 而如上所述, 旋量粒子质量为零也正是 γ_5 不变性的要求.

Weyl 方程有两种形式, 即

$$\partial_t\chi=\boldsymbol{\sigma}\cdot\nabla\chi \tag{3.5.15}$$

和

$$\partial_t\widetilde{\chi} = -\boldsymbol{\sigma}\cdot\nabla\widetilde{\chi}. \tag{3.5.16}$$

这两个方程实际上是相通的, 因若 χ 为方程 (3.5.15) 的解, 则不难证明

$$\widetilde{\chi} \equiv \sigma_2\chi^* \tag{3.5.17}$$

将为方程 (3.5.16) 的解. 在上式中 χ^* 代表 χ 的复共轭.

我们来考察方程 (3.5.15) 的相对论不变性问题. 定义

$$\sigma_4 \equiv -\mathrm{i}\begin{pmatrix} 1 & 0 \\ 0 & 1 \end{pmatrix}, \tag{3.5.18}$$

则式 (3.5.15) 可写作

$$\sigma_\mu\partial_\mu\chi(x) = 0. \tag{3.5.19}$$

对于无穷小洛伦兹变换,

$$x'_\mu = a_{\mu\nu}x_\nu = (\delta_{\mu\nu}+\alpha_{\mu\nu})x_\nu. \tag{3.5.20}$$

相应的 χ 的洛伦兹变换矩阵定义为

$$\varLambda = 1+\frac{1}{4}\alpha_{jk}\sigma_j\sigma_k+\frac{1}{2}\alpha_{j4}\sigma_j\sigma_4, \tag{3.5.21}$$

不难证明

$$(\varLambda^{-1})^\dagger\sigma_\mu\varLambda^{-1} = a^\mu_\nu\sigma_\nu. \tag{3.5.22}$$

将 $(\varLambda^{-1})^\dagger$ 乘到式 (3.5.19) 上, 并在 σ_μ 右方插入 $\varLambda^{-1}\varLambda$, 即得

$$(\varLambda^{-1})^\dagger\sigma_\mu\varLambda^{-1}\varLambda\partial_\mu\chi(x) = 0. \tag{3.5.23}$$

按照场量变换定义, 在同一物理时空点上, χ' 等于 $\varLambda\chi$, 由于同一物理时空点在变换前后的坐标不同, 因而在标出坐标后即为

$$\chi'(x') = \varLambda\chi(x), \tag{3.5.24}$$

其中, x' 和 x 的关系由式 (3.5.20) 给出. 这样, 由式 (3.5.22), (3.5.24) 以及 (3.5.20) 即可将式 (3.5.23) 化为

$$\sigma_\nu\partial'_\nu\chi'(x') = 0. \tag{3.5.25}$$

这就证明了方程 (3.5.19) 的洛伦兹不变性. 如果我们直接考察拉格朗日函数

$$\mathscr{L}(x) = -\mathrm{i}\chi^\dagger(x)\sigma_\mu\partial_\mu\chi(x),$$

也会得到同样的结论. 从拉格朗日量密度为洛伦兹标量 (即在同一时空点上 $\mathscr{L}'=\mathscr{L}$), 利用式 (3.5.22) 和 (3.5.24) 可以得出变换后的拉格朗日密度为

$$\mathscr{L}'(x')=-\mathrm{i}\chi'^{\dagger}(x')\sigma_\mu\partial'_\mu\chi'(x'), \tag{3.5.26}$$

与 $\mathscr{L}(x)$ 具有相同的函数形式, 因而变分出来的运动方程形式上亦相同.

我们来考察自由场方程的平面波解. 令

$$\chi(x)=\chi(p)\mathrm{e}^{\mathrm{i}px}, \tag{3.5.27}$$

代入式 (3.5.19) 得

$$\boldsymbol{\sigma}\cdot\boldsymbol{p}\chi(\boldsymbol{p})=-E\chi(\boldsymbol{p}). \tag{3.5.28}$$

两边乘以 $\boldsymbol{\sigma}\cdot\boldsymbol{p}$, 并在结果的右方再用上式代入, 即得出

$$\boldsymbol{p}^2\chi(\boldsymbol{p})=E^2\chi(\boldsymbol{p}),$$

表明此方程所描述的粒子的质量为零.

下面我们来说明, $\boldsymbol{\sigma}\cdot\boldsymbol{n}=\dfrac{1}{|\boldsymbol{p}|}\boldsymbol{\sigma}\cdot\boldsymbol{p}$ 仍为旋性(helicity) 算符. 式 (3.5.21) 所给出的变换矩阵 Λ 可以改写为

$$\Lambda=1+\frac{\mathrm{i}}{2}\delta\boldsymbol{\theta}\cdot\boldsymbol{\sigma}-\frac{1}{2}\delta\boldsymbol{V}\cdot\boldsymbol{\sigma}, \tag{3.5.29}$$

其中, $\delta\boldsymbol{\theta}$ 代表三维空间轴的转动角; $\delta\boldsymbol{V}$ 代表新参考系相对原参考系的速度. 它们与 $\alpha_{\mu\nu}$ 间的关系是

$$\begin{aligned}\delta\theta_j&=\frac{1}{2}\varepsilon_{jkl}\alpha_{kl},\\ \delta v_k&=-\mathrm{i}\alpha_{k4}.\end{aligned} \tag{3.5.30}$$

从转动变换生成元与角动量算符之间的关系, 即知粒子的自旋算符仍为 $\boldsymbol{\sigma}$, 于是 $\boldsymbol{\sigma}\cdot\boldsymbol{n}$ 仍为旋性算符. 这样式 (3.5.28) 就告诉我们, 对于正能级的解, $\boldsymbol{\sigma}\cdot\boldsymbol{n}$ 的本征值总为 -1, 对于负能级的解, $\boldsymbol{\sigma}\cdot\boldsymbol{n}$ 的本征值总为 $+1$. 即正粒子只有左旋态, 而反粒子态只有右旋态. 这是 Weyl 方程的一个重要特点.

按照通常的做法, 我们将 $\chi(x)$ 展作

$$\begin{aligned}\chi(x)&=\sum_p\frac{1}{\sqrt{2EV}}[a_{\boldsymbol{p}},\boldsymbol{L}u\mathrm{L}(\boldsymbol{p})\mathrm{e}^{\mathrm{i}px}+b^{\dagger}_{\boldsymbol{p}\mathrm{R}},v_{\mathrm{R}}(\boldsymbol{p})\mathrm{e}^{-\mathrm{i}px}]\\ &=\int\frac{\mathrm{d}\widetilde{p}}{(2\pi)^{3/2}}[a_{\mathrm{L}}(\boldsymbol{p})u_{\mathrm{L}}(\boldsymbol{p})\mathrm{e}^{\mathrm{i}px}+b^{\dagger}_{\mathrm{R}}(\boldsymbol{p})v_{\mathrm{R}}(\boldsymbol{p})\mathrm{e}^{-\mathrm{i}px}],\end{aligned} \tag{3.5.31}$$

其中

$$u_{\rm L}(\boldsymbol{p})=\sqrt{E}\chi_-=-\sqrt{E}\left(\begin{array}{c}\sin\dfrac{\theta}{2}{\rm e}^{-\frac{\rm i}{2}\phi}\\-\cos\dfrac{\theta}{2}{\rm e}^{\frac{\rm i}{2}\phi}\end{array}\right). \tag{3.5.32}$$

$v_{\rm R}(\boldsymbol{p})$ 这时只与 $u_{\rm L}(\boldsymbol{p})$ 差一常数, 可取为

$$v_{\rm R}(\boldsymbol{p})=-u_{\rm L}(\boldsymbol{p}). \tag{3.5.33}$$

显然, 对于 Weyl 方程, “电荷共轭” 和 “空间反射” 对称性都不存在, 因为根本不存在正粒子右旋态和反粒子左旋态. 但 CP 联合变换的对称性是成立的. 在此变换下①

$$\chi(\boldsymbol{x},t)\rightarrow\sigma_2\chi^*(-\boldsymbol{x},t), \tag{3.5.34}$$

方程 (3.5.15) 在此变换下是不变的.

我们来对 CP 变换下, 波函数的变换式作一点补充说明, 并证明方程 (3.5.15) 的不变性. 当空间坐标轴反射后, 同一物理时空点在两坐标系的坐标 x' 和 x 之间的关系是

$$\boldsymbol{x}'=-\boldsymbol{x},\qquad t'=t. \tag{3.5.35}$$

而式 (3.5.34) 的意义是, 在 CP 变换下, $\chi\rightarrow\chi'$, χ' 与 χ 间的函数关系是

$$\chi'(\boldsymbol{x},t)=\sigma_2\chi^*(-\boldsymbol{x},t).$$

利用式 (3.5.35), 上式也可写成

$$\chi'(x')=\sigma_2\chi^*(x), \tag{3.5.36}$$

它给出同一物理时空点上, χ' 与 χ 之间的关系.

关于方程的不变性：将式 (3.5.15) 取复共轭并乘以 σ_2, 即得

$$\partial_t[\sigma_2\chi^*(x)]=-\boldsymbol{\sigma}\cdot\nabla[\sigma_2\chi^*(x)],$$

再将式 (3.5.36) 代入, 并利用式 (3.5.35) 就化出

$$\partial_{t'}\chi'(x')=\boldsymbol{\sigma}\cdot\nabla'\chi'(x'). \tag{3.5.37}$$

其形式与式 (3.5.15) 完全一样.

对方程 (3.5.16) 可类似地讨论. 令

$$\widetilde{\sigma}_j=\sigma_j,\quad \widetilde{\sigma}_4={\rm i}\left(\begin{array}{cc}1&0\\0&1\end{array}\right)=-\sigma_4, \tag{3.5.38}$$

① C 变换是正反粒子间的变换, 因此要在场量子化以后, 才能清楚地说明此变换下场量变换式的意义, 参见式 (3.5.44)~(3.5.46) 处的讨论.

则式 (3.5.16) 可写成

$$\widetilde{\sigma}_\mu \partial_\mu \widetilde{\chi}(\boldsymbol{x}) = 0. \tag{3.5.39}$$

相应地, 拉格朗日函数为

$$\mathscr{L} = -\mathrm{i}\widetilde{\chi}^\dagger(\boldsymbol{x})\widetilde{\sigma}_\mu \partial_\mu \widetilde{\chi}(\boldsymbol{x}). \tag{3.5.40}$$

无穷小洛伦兹变换矩阵的定义是

$$\Lambda = 1 + \frac{1}{4}\alpha_{jk}\widetilde{\sigma}_j\widetilde{\sigma}_k + \frac{1}{2}\alpha_{j4}\widetilde{\sigma}_j\widetilde{\sigma}_4. \tag{3.5.41}$$

不变性可同样的证明. 但平面波解有一不同, 即正粒子只有右旋态而反粒子只有左旋态. $\widetilde{\chi}$ 的展式于是可写为

$$\begin{aligned}\widetilde{\chi}(x) &= \sum_{|\boldsymbol{p}|} \frac{1}{\sqrt{2EV}}[a_{\boldsymbol{p}\mathrm{R}} u_{\mathrm{R}}(\boldsymbol{p})\mathrm{e}^{\mathrm{i}px} + b^*_{\boldsymbol{p}\mathrm{L}} v_2(\boldsymbol{p})\mathrm{e}^{-\mathrm{i}px}] \\ &= \int \frac{\mathrm{d}\widetilde{p}}{(2\pi)^{3/2}}[a_{\mathrm{R}}(\boldsymbol{p})u_{\mathrm{R}}(\boldsymbol{p})\mathrm{e}^{\mathrm{i}px} + b^*_{\mathrm{L}}(\boldsymbol{p})v_{\mathrm{L}}(\boldsymbol{p})\mathrm{e}^{-\mathrm{i}px}].\end{aligned} \tag{3.5.42}$$

根据式 (3.5.17) 可以得出 $\widetilde{\chi}$ 的平面波解与 χ 的平面波解之间的关系, 其结果为

$$\begin{aligned} u_{\mathrm{R}}(\boldsymbol{p}) &= \sigma_2 v^*_{\mathrm{R}}(\boldsymbol{p}) = -\mathrm{i}\sqrt{E}\begin{pmatrix} \cos\dfrac{\theta}{2}\mathrm{e}^{-\frac{\mathrm{i}}{2}\phi} \\ \sin\dfrac{\theta}{2}\mathrm{e}^{\frac{\mathrm{i}}{2}\phi} \end{pmatrix}, \\ v_{\mathrm{L}}(\boldsymbol{p}) &= \sigma_2 u^*_{\mathrm{L}}(\boldsymbol{p}) = -u_{\mathrm{R}}(\boldsymbol{p}). \end{aligned} \tag{3.5.43}$$

对于同一个零质量旋量粒子, 既可用第一类 Weyl 场 χ 来描写, 也可用第二类 Weyl 场 $\widetilde{\chi}$ 来描写. 在前一情况中, 我们把左旋粒子称为正粒子, 把右旋粒子称为反粒子. 而后一情况则相反, 把右旋粒子称为正粒子, 把左旋粒子称为反粒子. 当然, 若有几种旋量粒子, 则正反粒子的选定还要考虑粒子数守恒的问题.

在量子化以后, a 和 b 都成为算符, 如用 $\hat{U}$ 表示量子态矢量希尔伯特空间中的 CP 变换算符, 则根据 CP 变换的物理意义, 应有 (除相因子外)

$$\begin{aligned}\hat{U}\hat{a}_{\mathrm{L}}(\boldsymbol{p})\hat{U}^{-1} &= \hat{b}_{\mathrm{R}}(-\boldsymbol{p}), \\ \hat{U}\hat{b}_{\mathrm{R}}(\boldsymbol{p})\hat{U}^{-1} &= \hat{a}_{\mathrm{L}}(-\boldsymbol{p}).\end{aligned} \tag{3.5.44}$$

从而

$$\begin{aligned}\hat{U}\hat{\chi}(x)\hat{U}^{-1} &= \int \frac{\mathrm{d}\widetilde{p}}{(2\pi)^{3/2}}[\hat{b}_{\mathrm{R}}(-\boldsymbol{p})u_{\mathrm{L}}(\boldsymbol{p})\mathrm{e}^{\mathrm{i}\boldsymbol{p}\cdot\boldsymbol{x}} + \hat{a}^\dagger_{\mathrm{L}}(-\boldsymbol{p})v_R(\boldsymbol{p})\mathrm{e}^{-\mathrm{i}\boldsymbol{p}\cdot\boldsymbol{x}}] \\ &= \int \frac{\mathrm{d}\widetilde{p}}{(2\pi)^{3/2}}[\hat{b}_{\mathrm{R}}(\boldsymbol{p})u_{\mathrm{L}}(-\boldsymbol{p})\mathrm{e}^{-\mathrm{i}\boldsymbol{p}\cdot\boldsymbol{x}-\mathrm{i}Et}] + \hat{a}^\dagger_{\mathrm{L}}(\boldsymbol{p})v_{\mathrm{R}}(-\boldsymbol{p})\mathrm{e}^{\mathrm{i}\boldsymbol{p}\cdot\boldsymbol{x}+\mathrm{i}Et}].\end{aligned}$$

当 $\boldsymbol{p}\to-\boldsymbol{p}$ 时, $\theta\to\pi-\theta$, $\phi\to\pi+\phi$. 于是可得出

$$u_{\rm L}(-\boldsymbol{p})=u_{\rm R}(\boldsymbol{p}),\quad v_{\rm R}(-\boldsymbol{p})=v_{\rm L}(\boldsymbol{p}).\tag{3.5.45}$$

再利用式 (3.5.43), 即可将 $\hat{U}\hat{\chi}(x)\hat{U}^{-1}$ 化成下述形式

$$\begin{aligned}\hat{U}\hat{\chi}(x)\hat{U}^{-1}&=\sigma_2\int\frac{{\rm d}\widetilde{p}}{(2\pi)^{3/2}}[\hat{b}_{\rm R}(\boldsymbol{p})v_{\rm R}^*(\boldsymbol{p}){\rm e}^{-{\rm i}\boldsymbol{p}\cdot\boldsymbol{x}-{\rm i}Et}+\hat{a}_{\rm L}^\dagger(\boldsymbol{p})u_{\rm L}^*(\boldsymbol{p}){\rm e}^{{\rm i}\boldsymbol{p}\cdot\boldsymbol{x}+{\rm i}Et}]\\&=\sigma_2\hat{\chi}^\dagger(-\boldsymbol{x},\boldsymbol{t})^{\rm T},\end{aligned}\tag{3.5.46}$$

上式中符号 T 代表自旋空间中的转置. 这就是量子化后, 场算符 $\hat{\chi}$ 在 CP 变换下的变换公式, 它也可写成

$$\hat{\chi}(\boldsymbol{x},t)\to\sigma_2\hat{\chi}^\dagger(-\boldsymbol{x},t)^{\rm T}.$$

此式的经典对应就是式 (3.5.34).

在此变换下, $\hat{\mathscr{L}}$ 变换为

$$\hat{U}\hat{\mathscr{L}}(\boldsymbol{x},t)\hat{U}^{-1}=\hat{\mathscr{L}}(-\boldsymbol{x},t),\tag{3.5.47}$$

因而总拉格朗日量不变.

3. Weyl 场与矢量场和标量场间的耦合

由式 (3.5.22) 不难证明, $\chi^\dagger\sigma_\mu\chi$ 构成洛伦兹矢量, 因此 Weyl 场 χ 可以和矢量场相偶合, 其形式即为 $g\chi^\dagger\sigma_\mu\chi A_\mu$.

但 χ 场与标量场耦合却出现问题. 因为 $\chi^\dagger$ 和 χ 构不成洛伦兹标量. 能够构成洛伦兹标量的是 χ 与 χ(或 $\chi^\dagger$ 与 $\chi^\dagger$). 定义二维反对称矩阵

$$\boldsymbol{\varepsilon}=\begin{pmatrix}0&1\\-1&0\end{pmatrix}={\rm i}\sigma_2,\tag{3.5.48}$$

则有

$$\boldsymbol{\varepsilon}\sigma_j^{\rm T}\boldsymbol{\varepsilon}=\sigma_j.\tag{3.5.49}$$

不难证明 $\chi^{\rm T}\boldsymbol{\varepsilon}\chi$ 为洛伦兹标量①. 同样 $\chi^+\boldsymbol{\varepsilon}\chi^*$ 也是洛伦兹标量. 于是 χ 与标量场的耦合只能采取下述形式

$${\rm i}g(\chi^{\rm T}\boldsymbol{\varepsilon}\chi+\chi^\dagger\boldsymbol{\varepsilon}\chi^*)\varphi,$$

---

① χ 要看做是反对易的 c 数, 这样 $\chi^{\rm T}\boldsymbol{\varepsilon}\chi$ 才不为零. $\chi^{\rm T}\boldsymbol{\varepsilon}\chi$ 为标量的证明如下:

$$\chi'^{\rm T}\boldsymbol{\varepsilon}\chi'=\chi^{\rm T}\varLambda^{\rm T}\boldsymbol{\varepsilon}\varLambda\chi,$$

由于 $(-\boldsymbol{\varepsilon})\cdot\boldsymbol{\varepsilon}=1$, 故上式右方又可写成 $-\chi^{\rm T}\boldsymbol{\varepsilon}(\boldsymbol{\varepsilon}\varLambda^{\rm T}\boldsymbol{\varepsilon})\varLambda\chi$, 从 $\varLambda$ 表达式 (3.5.29) 不难证明 $-\boldsymbol{\varepsilon}\varLambda^{\rm T}\boldsymbol{\varepsilon}=\varLambda^{-1}$. 代回上式即得 $\chi'^{\rm T}\boldsymbol{\varepsilon}\chi'=\chi^{\rm T}\boldsymbol{\varepsilon}\chi$.

但在量子化理论中, 这种项将破坏旋量粒子数守恒. 前面说不能构造出有质量的二分量相对论方程, 其问题也出在这里. 如果我们试图在拉格朗日函数中加入下述"质量项" $\frac{1}{2}\mathrm{i}m(\chi^{\mathrm{T}}\boldsymbol{\varepsilon}\chi+\chi^{+}\boldsymbol{\varepsilon}\chi^{*})$, 则变分出来的方程为

$$\sigma_\mu\partial_\mu\chi-m\boldsymbol{\varepsilon}\chi^{*}=0, \tag{3.5.50}$$

由此可得①

$$(\partial_t^2-\nabla^2+m^2)\chi=0. \tag{3.5.51}$$

即量子化后, χ 代表有质量的旋量粒子, 但式 (3.5.50) 却破坏了费米子数的守恒.

当然两个不同的 (第一类)Weyl 场是可以与标量场相耦合的. 若标量场为实场, 则耦合项将具有下述形式

$$\mathrm{i}g(\chi^{\mathrm{T}}\boldsymbol{\varepsilon}\chi'+\chi'^{\dagger}\boldsymbol{\varepsilon}\chi^{*})\varphi.$$

我们只要定义 χ 的费米子数为 $+1$, 而 χ' 的费米子数为 -1, 那么费米子数即成为守恒量. 从含有此耦合项的拉格朗日函数所变分出来的旋量场方程为

$$\begin{aligned}\sigma_\mu\partial_\mu\chi-g\boldsymbol{\varepsilon}\chi'^{*}\varphi=0,\\ \sigma_\mu\partial_\mu\chi'-g\boldsymbol{\varepsilon}\chi^{*}\varphi=0.\end{aligned} \tag{3.5.52}$$

4. Weyl 场与零质量 Dirac 场和 Majorana 场的关系

零质量的狄拉克场满足

$$\partial_t\psi+\boldsymbol{\alpha}\cdot\nabla\psi=0,$$

此方程又可以写成

$$\partial_t\psi-\boldsymbol{\Sigma}\cdot\nabla\gamma_5\psi=0. \tag{3.5.53}$$

由于 $\boldsymbol{\Sigma}$ 与手征态投影算符 P_{L} 和 P_{R} 相对易, 因此当 ψ 分解为左手分量 ψ_{L} 和右手分量 ψ_{R} 的叠加之后, 即得 ψ_{L} 和 ψ_{R} 分别满足方程

$$\begin{aligned}\partial_t\psi_{\mathrm{L}}=\boldsymbol{\Sigma}\cdot\nabla\psi_{\mathrm{L}},\\ \partial_t\psi_{\mathrm{R}}=-\boldsymbol{\Sigma}\cdot\nabla\psi_{\mathrm{R}}.\end{aligned} \tag{3.5.54}$$

---

① 对式 (3.5.50) 取复共轭, 得

$$(\sigma_1\partial_1-\sigma_2\partial_2+\sigma_3\partial_3+\sigma_4\partial_4)\chi^{*}-m\boldsymbol{\varepsilon}\chi=0.$$

乘上 $\varepsilon(=\mathrm{i}\sigma_2)$ 后化为

$$(-\boldsymbol{\sigma}\cdot\nabla+\sigma_4\partial_4)(\boldsymbol{\varepsilon}\chi^{*})+m\chi=0,$$

再利用式 (3.5.50) 消去 $\boldsymbol{\varepsilon}\chi^{*}$, 就得出

$$(-\boldsymbol{\sigma}\cdot\nabla+\sigma_4\partial_4)(\boldsymbol{\sigma}\cdot\nabla+\sigma_4\partial_4)\chi+m^2\chi=(-\nabla^2+\partial_t^2+m^2)\chi=0.$$

若 $M \neq 0$, 则 ψ_{L} 和 ψ_{R} 之间将有耦合.

(3.5.54) 两式分别与第一类及第二类 Weyl 方程相同, 只是 ψ_{L} 和 ψ_{R} 具有四个分量. 这个差别只是形式上的差别, 因若将四分量的 ψ 写成 $\begin{pmatrix} \chi_1 \\ \chi_2 \end{pmatrix}$, 则有

$$\begin{aligned} \psi_{\mathrm{L}} &= \frac{1}{2}(1+\gamma_5)\psi = \frac{1}{2}\begin{pmatrix} \chi_1 - \chi_2 \\ -\chi_1 + \chi_2 \end{pmatrix}, \\ \psi_{\mathrm{R}} &= \frac{1}{2}(1-\gamma_5)\psi = \frac{1}{2}\begin{pmatrix} \chi_1 + \chi_2 \\ \chi_1 + \chi_2 \end{pmatrix}. \end{aligned} \tag{3.5.55}$$

上式表明, 对于 ψ_{L} 和 ψ_{R}, 用四个分量表示是多余的, 因为它们的四个分量中只有两个是独立的. 如令

$$\begin{aligned} \chi_{\mathrm{L}} &= \frac{1}{2}(\chi_1 - \chi_2), \\ \chi_{\mathrm{R}} &= \frac{1}{2}(\chi_1 + \chi_2). \end{aligned} \tag{3.5.56}$$

则式 (3.5.54) 等效于二分量方程

$$\begin{aligned} \partial_t \chi_{\mathrm{L}} &= \boldsymbol{\sigma} \cdot \nabla \chi \mathrm{L}, \\ \partial_t \chi_{\mathrm{R}} &= -\boldsymbol{\sigma} \cdot \nabla \chi \mathrm{R}. \end{aligned} \tag{3.5.57}$$

这样, ψ_{L} 就等价于第一类 Weyl 场, ψ_{R} 等价于第二类 Weyl 场. 由于这种缘故, 通常也用零质量狄拉克场的左右手分量来表示 Weyl 场.

反过来, 我们可以用一个第一类 Weyl 场和一个第二类 Weyl 场来做出一个零质量的四分量狄拉克场. 根据两类 Weyl 场之间的关系, 也可用两个第一类 Weyl 场 χ 和 χ' 来做成零质量的四分量狄拉克场, 其结果为

$$\psi = \psi_{\mathrm{L}} + \psi_{\mathrm{R}} = \begin{pmatrix} \chi \\ -\chi \end{pmatrix} + \begin{pmatrix} \sigma_2 \chi'^* \\ \sigma_2 \chi'^* \end{pmatrix} = \begin{pmatrix} \chi + \sigma_2 \chi'^* \\ -\chi + \sigma_2 \chi'^* \end{pmatrix}. \tag{3.5.58}$$

如果在式 (3.5.58) 中取 $\chi' = \chi$, 所得出的结果就是 Majorana 场. 因为这时

$$\psi = \begin{pmatrix} \chi + \sigma_2 \chi^* \\ -\chi + \sigma_2 \chi^* \end{pmatrix}, \tag{3.5.59}$$

作电荷共轭得出的结果为①

$$\psi' = C\overline{\psi}^{\mathrm{T}} = -\mathrm{i}\gamma_2 \psi^* = \psi, \tag{3.5.60}$$

① 电荷共轭变换矩阵 C 等于 $-\mathrm{i}\gamma_2\gamma_4$.

即 ψ 的电荷共轭场就是它自己. 这正是 Majorana 场的特征.

两个第一类 Weyl 场 χ 和 χ' 与实标量场 φ 耦合的方程 (3.5.52) 可化为一个四分量的狄拉克场 ψ 与 φ 耦合的方程：(3.5.52) 的第一式可写作

$$(\partial_t - \boldsymbol{\sigma}\cdot\nabla)\chi + \mathrm{i}g(\sigma_2\chi'^*)\varphi = 0, \tag{3.5.61}$$

第二式取复共轭再乘以 σ_2 后化为

$$(\partial_t + \boldsymbol{\sigma}\cdot\nabla)(\sigma_2\chi'^*) + \mathrm{i}g\chi\varphi = 0. \tag{3.5.62}$$

此两式合起来可表示成

$$\partial_t\psi + \boldsymbol{\alpha}\cdot\nabla\psi + \mathrm{i}g\gamma_4\psi\varphi = 0, \tag{3.5.63}$$

其中, ψ 由式 (3.5.58) 所定义. 式 (3.5.63) 即为通常的零质量狄拉克场 ψ 与实标量场 φ 耦合的方程.

3.6　手征规范对称性, 电弱统一理论*

弱作用的 V-A 理论虽然在唯象上取得很大成功①, 但也存在一些根本性困难. 首先, 该理论是不可重正化的, 因而只能计算最低阶的微扰论结果. 这表明它不是一个完全的理论. 其次, 用它所计算出的最低阶的近似值, 虽然在低能领域与实验符合 (所有的弱衰变过程都属于低能领域), 但一旦进入到高能弱散射和弱反应的领域, 它所给出的最低阶值将不可避免地要与实验相矛盾. 这是因为当能量超过一定限度 (几百 GeV) 后, 该理论值要超出幺正性所容许的极限, 显然不会是正确的.

V-A 理论的流–流耦合特性使人们想到, 弱作用也可能像电磁作用那样是通过某种矢量玻色子传递的, 这就是所谓的中间玻色子假说. 但是弱作用在力程上又与电磁作用有很大差异. 电磁作用是一种长程作用, 而弱作用则是一种超短程作用 (V-A 理论的流–流直接耦合对应于“力程为零”). 这样, 如果弱作用确由矢量玻色子传递, 那么它们必须具有很大的质量. 另外, 从弱流的构成可以得出, 这些矢量玻色子都是带电荷的, 这又引起了“带电的有质量的矢量粒子与光子的耦合要采取何种形式才能使相应的电动力学可以重正化”的问题. 这一情况使得一些物理学家相信, 只有将弱作用与电磁作用结合起来考虑, 才能得到一套完全的理论.

在本节中, 我们将先介绍手征定域规范对称性的概念和旋量粒子通过标量场的真空凝聚而获得质量的机制, 然后在此基础上讨论 Weinberg 和 Salam 提出的弱作用与电磁作用的统一理论.

① 在 V-A 理论提出后, 一些被认为与它相抵触的实验在重做之后, 都证明原实验结果是不正确的, 新的实验结果与 V-A 理论相一致. 此理论的建立, 使纷纭的各种弱衰变过程有了统一的解释.

1. 手征规范对称性与旋量粒子获得质量的机制

在 V-A 理论中, 只有左手旋量粒子参与弱作用而右手旋量粒子完全不参与, 不论轻子和强子都如此. 这种宇称 最大限度 的不守恒情况使人们想到, 左手旋量粒子与右手旋量粒子原本可能是不同的粒子, 具有不同的弱作用量子数. 如果一个规范理论把左手旋量粒子和右手旋量粒子分属在不同的表示基底中 (从而具有不同量子数), 则这种理论就称为手征性规范理论. 这种手征规范对称性的严格成立, 要求拉格朗日函数不能有旋量粒子的质量项, 因像前面所指出的, 质量项使左右手分量互相转化从而破坏量子数的守恒. 由此可见, 所谓手征规范对称性, 也就是把所有旋量粒子都用 Weyl 场来描述 (左右手分量为不同的 Weyl 粒子) 时的规范对称性. 至于标量场则同通常情况一样处理, 没有什么特殊要求.

我们知道, 实际上除了中微子以外, 其余所有的旋量粒子都是有质量的. 如何使这一情况与手征性规范对称性相一致呢? 下面来说明, 通过旋量粒子与真空凝聚中的标量场的作用, 可以使它获得质量①.

一个最简单的例子就是上节中所讨论的两个第一类 Weyl 场与实标量场相耦合的情况. 当标量场 φ 的真空期望值不为零时, 我们将它写成 $\varphi'+v$, 其中 v 表示 φ 场的真空期望值. 再令 $M=gv$, 这样式 (3.5.61) 和 (3.5.62) 就化为

$$\begin{aligned}&(\partial_t-\boldsymbol{\sigma}\cdot\nabla)\chi+\mathrm{i}M(\sigma_2\chi'^*)+\mathrm{i}g(\sigma_2\chi'^*)\varphi'=0,\\&(\partial_t+\boldsymbol{\sigma}\cdot\nabla)(\sigma_2\chi'^*)+\mathrm{i}M\chi+\mathrm{i}g\chi\varphi'=0.\end{aligned}\tag{3.6.1}$$

相应地, 式 (3.5.63) 化成

$$\partial_t\psi+\boldsymbol{\alpha}\cdot\nabla\psi+\mathrm{i}M\gamma_4\psi+\mathrm{i}g\gamma_4\psi\varphi'=0.\tag{3.6.2}$$

显然式 (3.6.2) 仍与式 (3.6.1) 相当. 这就表明 χ 和 χ' 已合成为一个四分量的有质量的狄拉克场 ψ, χ 构成它的左手分量, 而 χ' 的反粒子场则构成它的右手分量.

2. 电磁作用与弱作用的统一理论 (纯轻子情况)

对称性自发破坏概念和 Higgs 机制的提出, 为电弱统一理论的建立完成了最后的准备. Weinberg 和 Salam 分别于 1967 和 1968 年提出了这一理论. 在这个理论中, 弱作用对应于对称性自发破坏的部分, 相应的规范玻色子由于 Higgs 机制而获得了质量, 电磁规范对称性则为剩余的对称性. 旋量粒子除中微子外也因标量场的真空凝聚而获得质量.

在这一小节中我们先来考察纯轻子的情况. 目前所知道的轻子有电子、μ 轻子、τ 轻子和它们所对应的中微子 (这些中微子将用指标 ν, ν', ν'' 表征). 按照 V-A

① 这时, 对称性可能出现自发破坏.

理论, 轻子弱流的形式为

$$J_{\lambda}^{(+)}=\mathrm{i}[\overline{\psi}_{\nu}\gamma_{\lambda}(1+\gamma_{5})\psi_{e}+\overline{\psi}_{\nu'}\cdot\gamma_{\lambda}(1+\gamma_{5})\psi_{\mu}+\overline{\psi}_{\nu''}\gamma_{\lambda}(1+\gamma_{5})\psi_{\tau}], \tag{3.6.3}$$

其中, 指标 e, μ, τ 分别指电子、μ 轻子和 τ 轻子. 若定义

$$J_{\lambda}^{(-)}=\mathrm{i}[\overline{\psi}_{e}\gamma_{\lambda}(1+\gamma_{5})\psi_{\nu}+\overline{\psi}_{\mu}\gamma_{\lambda}(1+\gamma_{5})\psi_{\nu'}+\overline{\psi}_{\tau}\gamma_{\lambda}(1+\gamma_{5})\psi_{\nu''}], \tag{3.6.4}$$

则拉格朗日函数中 V-A 相互作用项即为

$$\mathscr{L}_{\mathrm{int}}=\frac{G_{\mathrm{F}}}{\sqrt{2}}[J_{\lambda}^{(-)}J_{\lambda}^{(+)}+J_{\lambda}^{(+)}J_{\lambda}^{(-)}]. \tag{3.6.5}$$

G_{F} 称为费米耦合常数. 注意, $J_{\lambda}^{(-)}$ 并非 $J_{\lambda}^{(+)}$ 的厄米共轭, 对于空间分量 $(\lambda=1,2,3)$, 两者厄米共轭, 而对于 $\lambda=4$, 两者反厄米共轭.

下面来考察在 V-A 理论基础上建立电弱统一的规范理论问题.

由于弱作用中出现 $e_{\mathrm{L}}\to\nu_{\mathrm{L}}, \mu_{\mathrm{L}}\to\nu'_{\mathrm{L}}, \tau_{\mathrm{L}}\to\nu''_{\mathrm{L}}$ 的跃迁 (其中 e_{L} 代表电子场左手分量, 余类似), 因此一个自然假定是 ν_{L} 与 e_{L}, ν'_{L} 与 μ_{L}, ν''_{L} 与 τ_{L} 构成二重态, 而且与一个带电的矢量玻色子 W_{λ}^{+} 相耦合, 即

$$\mathscr{L}_{\mathrm{int}}=\mathrm{i}\frac{g}{\sqrt{2}}(\overline{\psi}_{\mathrm{L}}^{\nu}\ \overline{\psi}_{\mathrm{L}}^{e})\gamma_{\lambda}\tau_{+}\begin{pmatrix}\psi_{\mathrm{L}}^{\nu}\\ \psi_{\mathrm{L}}^{e}\end{pmatrix}W_{\lambda}^{+}+\mathrm{h.c.}+(e\to\mu,\nu\to\nu')\text{项}+(e\to\tau,\nu\to\nu'')\text{项}. \tag{3.6.6}$$

其中

$$\tau_{+}=\frac{1}{2}(\tau_{1}+\mathrm{i}\tau_{2})=\begin{pmatrix}0&1\\0&0\end{pmatrix}. \tag{3.6.7}$$

式 (3.6.6) 也可写做①

$$\mathscr{L}_{\mathrm{int}}=\frac{g}{2\sqrt{2}}(J_{\lambda}^{(+)}W_{\lambda}^{+}+J_{\lambda}^{(-)}W_{\lambda}^{-}). \tag{3.6.8}$$

如果令

$$W_{\lambda}^{1}=\frac{1}{\sqrt{2}}(W_{\lambda}^{+}+W_{\lambda}^{-}),$$

$$W_{\lambda}^{2}=\frac{\mathrm{i}}{\sqrt{2}}(W_{\lambda}^{+}-W_{\lambda}^{-}). \tag{3.6.9}$$

① 利用 $J_{\lambda}^{(+)}=2\mathrm{i}(\overline{\psi}_{\mathrm{L}}^{\nu}\ \overline{\psi}_{\mathrm{L}}^{e})\gamma_{\lambda}\tau_{+}\begin{pmatrix}\psi_{\mathrm{L}}^{\nu}\\ \psi_{\mathrm{L}}^{e}\end{pmatrix}$, $J_{\lambda}^{(-)}=2\mathrm{i}(\overline{\psi}_{\mathrm{L}}^{\nu}\overline{\psi}_{\mathrm{L}}^{e})\boldsymbol{\gamma}_{\lambda}\boldsymbol{\tau}_{-}\begin{pmatrix}\psi_{\mathrm{L}}^{\nu}\\ \psi_{\mathrm{L}}^{e}\end{pmatrix}$.

则 $\mathscr{L}_{\text{int}}$ 又可表示成

$$\mathscr{L}_{\text{int}} = \mathrm{i}\frac{g}{2}(\overline{\psi}^{\nu}_{\mathrm{L}}\ \overline{\psi}^{e}_{\lambda})\gamma_\lambda(\tau_1 W^1_\lambda + \tau_2 W^2_\lambda)\begin{pmatrix}\psi^{\nu}_{\mathrm{L}}\\ \psi^{e}_{\mathrm{L}}\end{pmatrix} + (e \to \mu, \nu \to \nu')\text{项} + (e \to \tau, \nu \to \nu'')\text{项}. \tag{3.6.10}$$

我们知道 τ_1 和 τ_2 不构成封闭的李代数. 为了构成规范对称群, 需要引入另一个生成元 τ_3 以及相应的规范玻色子 W^3_λ, 并将相互作用项扩展成

$$\mathscr{L}_{\text{int}} = \mathrm{i}\frac{g}{2}\sum_{j=1}^{3}(\overline{\psi}^{\nu}_{\mathrm{L}}\overline{\psi}^{e}_{\mathrm{L}})\gamma_\lambda\tau_j\begin{pmatrix}\psi^{\nu}_{\mathrm{L}}\\ \psi^{e}_{\mathrm{L}}\end{pmatrix}W^j_\lambda + (e \to \mu, \nu \to \nu')\text{项} + (e \to \tau, \nu \to \nu'')\text{项}. \tag{3.6.11}$$

τ_1, τ_2, τ_3 生成 $SU(2)$ 群. 这个作为弱作用对称群的 $SU(2)$ 群将称为弱旋群. 不难看出, 上式中的 τ_3 项并非电磁作用项, 因中微子也具有这种作用. 此项应代表一种新的中性弱旋流与 W^3_λ 的耦合.

为了把电磁作用包括进来, 需要把上述对称群扩大. 最简单的方式就是外乘一个 $U(1)$ 群. 但这个群不能就是电磁规范群本身, 因为弱旋二重态的两个分量电荷不同, 即电荷算符与弱旋不对易 (作为 $SU(2)$ 外乘因子的 $U(1)$ 群. 其量子数算符应满足与弱旋相对易的要求). 通常将此 $U(1)$ 群称作 (弱) 超荷规范群, 记作 $U(1)_Y$, 其规范玻色子用 B_λ 表示.

弱旋二重态的电荷量子数 Q(以下简称电荷) 与 T_3 $\left(T_3 = \frac{1}{2}\tau_3\right)$ 成下述简单的线性关系

$$Q = T_3 + \frac{1}{2}Y, \tag{3.6.12}$$

Y 为与 T_3 无关的常数. 因此, 以 Y 为量子数生成的 $U(1)$ 群满足上述的要求, 可以认定它就是所需要的超荷群. Y 也就称为超荷量子数 (简称超荷). 对每个二重态可赋予一个 Y 值. Q 与 T_3, Y 间的上述线性关系, 使得电荷算符有可能成为剩余对称性的生成元.

右手轻子都不参与弱旋作用, 故应为弱旋的单态. 由于这个原因, 弱旋群通常记作 $SU(2)_L$, 总的对称群就是 $SU(2)_L \times U(1)_Y$. 此对称群与 1961 年 Glashow 提出的一致, 所的以电弱统一理论又称为 Glashow-Weinberg-Salam 理论.

按照式 (3.6.12) 和已知的轻子电荷取值, 左手轻子二重态的 Y 应取为 -1, 右手轻子的超荷应取为 -2. 这样 $SU(2)_L$ 和 $U(1)_Y$ 都属于手征对称群.

在对称性发生自发破坏后, 剩下的对称性既然只是电磁规范群 $U(1)_{e,m}$, 就将有三个规范玻色子获得质量. 如果假设自发破坏是由于标量场 φ 的真空凝聚所引起的, 那么 φ 至少要有四个分量, 其中三个分量成为 N-G 粒子, 一个分量具有非零的

真空期望值因而为 Higgs 粒子. 最简单的假设就是 φ 为 $SU(2)$ 的复二重态. 在取适当的基底下, 其真空值总可表为

$$\varphi_v = \frac{1}{\sqrt{2}}\begin{pmatrix} 0 \\ v \end{pmatrix}, \tag{3.6.13}$$

其中, v 为正实数.

为使电荷守恒不被破坏, 上述分量应不带电荷. 这样, 标量场 φ 的超荷应取为 $+1$. 在本节中, 我们将保持 φ 为复场的形式, 不把它分解成四个实标量场.

如前所述, 手征规范对称性的成立不允许轻子有质量项, 轻子只能通过与 φ 的耦合来获得质量. 为使电子获得质量, 只需引入 Yukawa 型耦合项

$$f(\overline{\psi}_{\rm L}^{\nu}\ \overline{\psi}_{\rm L}^{e})\begin{pmatrix} \varphi_1 \\ \varphi_2 \end{pmatrix}\psi_{\rm R}^{e} + {\rm h.c.} \tag{3.6.14}$$

即可. φ 的自作用项用 $V(\varphi^*\varphi)$ 表示. 这样, 具有 $SU(2)_L \times U(1)_Y$ 定域规范不变的拉格朗日函数就形如

$$\begin{aligned}\mathscr{L} =& -\frac{1}{4}F_{\mu\nu}^{j}F_{\mu\nu}^{j} - \frac{1}{4}B_{\mu\nu}B_{\mu\nu} - \overline{\psi}_{\rm L}\gamma_\lambda\left(\partial_\lambda - \frac{\rm i}{2}g\tau^j W_\lambda^j + \frac{\rm i}{2}g'B_\lambda\right)\psi_{\rm L} \\ & -\overline{\psi}_{\rm R}\gamma_\lambda(\partial_\lambda + {\rm i}g'B_\lambda)\psi_{\rm R} - \left[\left(\partial_\lambda - \frac{\rm i}{2}g\overline{\tau}^j W_\lambda^j + \frac{\rm i}{2}g'B_\lambda\right)\varphi^*\right]_l \\ & \times\left[\left(\partial_\lambda - {\rm i}\frac{g}{2}\tau^j W_\lambda^j - \frac{\rm i}{2}g'B_\lambda\right)\varphi\right]_l - f\overline{\psi}_{\rm L}\varphi\psi_{\rm R} - f\overline{\psi}_{\rm R}\varphi^\dagger\psi_{\rm L} - V(\varphi^*\varphi).\end{aligned} \tag{3.6.15}$$

在这里, 为简略起见没有列出与 μ 轻子和 τ 轻子有关的项, 他们可以类似地写出, 并加到上式右方. 在式 (3.6.15) 中, 超荷耦合常数写成为 $\frac{1}{2}g'$, 其余符号意义如下:

$$\begin{aligned} F_{\mu\nu}^j &= \partial_\nu W_\nu^j - \partial_\nu W_\mu^j + g\varepsilon_{jkl}W_\mu^k W_\nu^l, \\ B_{\mu\nu} &= \partial_\mu B_\nu - \partial_\nu B_\mu, \end{aligned} \tag{3.6.16}$$

$$\psi_{\rm L} = \begin{pmatrix} \psi_{\rm L}^{\nu} \\ \psi_{\rm L}^{e} \end{pmatrix}, \qquad \psi_{\rm R} = \psi_{\rm L}^{e},$$

$$(\overline{\tau}^j)_{lk} = -(\tau^j)_{lk}^* = -(\tau)_{kl}^j.$$

由于规范对称群不是一个单群, 而是两个群的直乘, 因此引入了两个规范耦合常数.

为了消去 N-G 粒子, 我们要将它变换到幺正规范. 首先将 φ 表示成

$$\varphi = {\rm e}^{\frac{\rm i}{2}\xi^j(x)\tau^j}\begin{pmatrix} 0 \\ \dfrac{v+\eta(x)}{\sqrt{2}} \end{pmatrix}, \tag{3.6.17}$$

其中, $\xi^j(x), \eta(x)$ 和 v 都是实数, $\begin{pmatrix} 0 \\ \frac{v}{\sqrt{2}} \end{pmatrix}$ 代表 φ 的真空值. 不难看出, 任意 $\varphi(x)$ 都可写成这一形式. 第二步是通过规范变换将 φ 变成 $\begin{pmatrix} 0 \\ \frac{v+\eta(x)}{\sqrt{2}} \end{pmatrix}$.

这样就变到了幺正规范. 其中的规范场我们仍用 W_λ^j 和 B_λ 来表示, 轻子场仍用 ψ_{L} 和 ψ_{R} 表示, 拉格朗日函数于是化为

$$\begin{aligned}\mathscr{L} =& -\frac{1}{4}F_{\mu\nu}^j F_{\mu\nu}^j - \frac{1}{4}B_{\mu\nu}B_{\mu\nu} - \overline{\psi}_{\mathrm{L}}\gamma_l\left(\partial_\lambda - \frac{\mathrm{i}}{2}g\tau^j W_\lambda^j + \frac{\mathrm{i}}{2}g' B_\lambda\right)\psi_{\mathrm{L}} \\ & -\overline{\psi}_{\mathrm{R}}\gamma_\mu(\partial_\lambda + \mathrm{i}g' B_\lambda)\psi_{\mathrm{R}} - \frac{1}{2}(\partial_\lambda\eta)(\partial_\lambda\eta) - \frac{f}{\sqrt{2}}(v+\eta)\overline{\psi}^e\psi^e \\ & -\frac{1}{8}(v+\eta)^2[g^2(W_\lambda^1 W_\lambda^1 + W_\lambda^2 W_\lambda^2) + (gW_\lambda^3 - g'B_\lambda)^2] - V\left(\frac{(\eta+v)^2}{2}\right).\end{aligned} \tag{3.6.18}$$

从上式我们看到, W_λ^1 和 W_λ^2(或者说 W_λ^+ 和 W_λ^-) 获得质量

$$M_W = \frac{1}{2}gv. \tag{3.6.19}$$

获得质量的另一个规范玻色子为 W_λ^3 与 B_λ 的一个混合,

$$Z_\lambda = \frac{1}{\sqrt{g^2+g'^2}}(gW_\lambda^3 - g'B_\lambda), \tag{3.6.20}$$

其中的 $\frac{1}{\sqrt{g^2+g'^2}}$ 为归一化因子. 定义 Weinberg 混合角为

$$\theta_{\mathrm{W}} = \cos^{-1}\frac{g}{\sqrt{g^2+g'^2}} = \sin^{-1}\frac{g'}{\sqrt{g^2+g'^2}}, \tag{3.6.21}$$

则 Z_λ 又可写成

$$Z_\lambda = \cos\theta_{\mathrm{W}} W_\lambda^3 - \sin\theta_{\mathrm{W}} B_\lambda. \tag{3.6.22}$$

不难看出它的质量为

$$M_Z = \frac{1}{2}\sqrt{g^2+g'^2}v = \frac{M_W}{\cos\theta_{\mathrm{W}}}. \tag{3.6.23}$$

从式 (3.6.18) 还可看出, 电子也获得一个质量, 其值为

$$m_e = \frac{1}{\sqrt{2}}fv. \tag{3.6.24}$$

与 Z_λ 正交的另一个"W_λ^3 与 B_λ 的组合"是

$$A_\lambda = \frac{1}{\sqrt{g^2+g'^2}}(g'W_\lambda^3 + gB_\lambda) = \cos\theta_{\mathrm{W}}B_\lambda + \sin\theta_{\mathrm{W}}W_\lambda^3. \tag{3.6.25}$$

它保持质量为零, 也就是现在所称谓的光子.

从式 (3.6.22) 和 (3.6.25) 可以反解出 W_λ^3 和 B_λ:

$$\begin{aligned} W_\lambda^3 &= \cos\theta_{\mathrm{W}}Z_\lambda + \sin\theta_{\mathrm{W}}A_\lambda, \\ B_\lambda &= \cos\theta_{\mathrm{W}}A_\lambda - \sin\theta_{\mathrm{W}}Z_\lambda, \end{aligned} \tag{3.6.26}$$

将此式以及式 (3.6.9) 代入 $\mathscr{L}$ 中"轻子与规范场的作用项" $\mathscr{L}_{\mathrm{int}}$, 即将它化为

$$\begin{aligned} \mathscr{L}_{\mathrm{int}}^{(l)} =& \mathrm{i}\frac{g}{\sqrt{2}}\overline{\psi}_{\mathrm{L}}\gamma_\lambda(\tau^+W_\lambda^+ + \tau^+W_\lambda^-)\psi_{\mathrm{L}} \\ &+\mathrm{i}\frac{g}{\cos\theta_{\mathrm{W}}}\overline{\psi}_{\mathrm{L}}\gamma_\lambda\left(\frac{1}{2}\tau_3 - Q\sin^2\theta_{\mathrm{W}}\right)\psi_{\mathrm{L}}Z_\lambda \\ &+\mathrm{i}\frac{g}{\cos\theta_{\mathrm{W}}}\sin^2\theta_{\mathrm{W}}\overline{\psi}_{\mathrm{R}}^e\gamma_\lambda\psi_{\mathrm{R}}^eZ_\lambda - \mathrm{i}e\overline{\psi}e\gamma_\lambda\psi^eA_\lambda, \end{aligned} \tag{3.6.27}$$

其中, Q 代表电荷 (量子数) 矩阵, 而

$$e = \frac{gg'}{\sqrt{g^2+g'^2}} = g\sin\theta_{\mathrm{W}} = g'\cos\theta_{\mathrm{W}}, \tag{3.6.28}$$

代表电子电荷的绝对值.

式 (3.6.27) 中的最后一项就是电磁作用项. 我们把"与 Z_λ 耦合的流"称为中性弱流①, 它的形式为

$$J_\lambda^{(0)} = 4\mathrm{i}\overline{\psi}\gamma_\lambda(T_3 - Q\sin^2\theta_{\mathrm{W}})\psi. \tag{3.6.29}$$

此表达式对左手轻子和右手轻子都适用, 只要注意后者的 T_3 值为零即可.

不难证实, 如上化出的 $\mathscr{L}$ 具有 $U(1)_{em}$ 规范对称性.

我们看到中性弱流 $J_\lambda^{(0)}$ 具有比较特殊的形式. 值得指出的是, 这一形式实质上是由电荷与 T_3 和 Y 的关系式 (3.6.12) 所决定, 并不依赖于标量场 φ 的具体取法. 因为从 $Q = T_3 + \frac{1}{2}Y$ 可以确定: 与生成元 Q 相对应的规范玻色子 (光子) 场为 $\frac{1}{\sqrt{g^2+g'^2}}(g'W_\lambda^3+gB_\lambda)$. 而与光子相正交另一规范玻色子 Z_λ 就是 $\frac{1}{\sqrt{g^2+g'^2}}(gW_\lambda^3-g'B_\lambda)$. 由此就可以确定与 Z_λ 相对应的生成元, 从而确定中性弱流 $J_\lambda^{(0)}$. 其结果即如式 (3.6.29) 所示. 换句话说. 我们只要把式 (3.6.26) 作为纯粹的定义代入到轻子与规范场的作用项 $\mathscr{L}_{\mathrm{int}}$ 中, 并要求与 A_λ 相耦合的生成元为 $Q = T_3 + \frac{1}{2}Y$, 即可把

① 而把与 W_λ^3 耦合的称为中性弱旋流.

上述作用项化成式 (3.6.27) 的形式, 而不论 φ 和它的真空值如何. 为使 A_λ 质量保持为零, 只需要假定 φ 的真空值分量不带电荷就够了.

在低能弱作用过程中, 由于 W_λ 和 Z_λ 的质量平方比它们所传递的动量 q 的平方大得多, 从而 $\dfrac{1}{q^2+M^2-\mathrm{i}\varepsilon}\approx\dfrac{1}{M^2}$. 这样, 由 W_λ 和 Z_λ 传递的弱作用过程, 在树图近似下, 可以近似用流–流直接作用来描写, 等效拉格朗日函数中的作用项即为

$$\mathscr{L}_{\text{int}}=\frac{g^2}{8M_{\mathrm{W}}^2}\left[J_\lambda^{(-)}J_\lambda^{(+)}+J_\lambda^{(+)}J_\lambda^{(-)}+\frac{1}{2}J_\lambda^{(0)}J_\lambda^{(0)}\right]. \tag{3.6.30}$$

将此式与 (3.6.5) 相比, 立即看出：它包纳了 V-A 理论, 但多出一个中性弱流的耦合项. 通过这一比较还可得出费米耦合常数 G_{F} 与 g 及 M_{W} 的关系：

$$G_{\mathrm{F}}=\frac{g^2}{4\sqrt{2}M_{\mathrm{W}}^2}. \tag{3.6.31}$$

这样只要测出了 Weinberg 角 θ_{W}, 即可从式 (3.6.28), (3.6.31) 和 (3.6.23) 根据已知的 e 和 G_{F} 值把 g, g', M_W 和 M_Z 都确定出来.

3. 强子的计 λ

在 V-A 理论中, 强子的弱流包括异数改变和异数不改变两部分. 如果用夸克子来表示, 其形式即为

$$J_\lambda^{(+)}=\mathrm{i}[\cos\theta_{\mathrm{C}}\overline{\psi}_u\gamma_\lambda(1+\gamma_5)\psi_d+\sin\theta_{\mathrm{C}}\overline{\psi}_u\gamma_\lambda(1+\gamma_5)\psi_s]. \tag{3.6.32}$$

其中 u, d, s 为夸克子的味标. θ_{C} 称为 Cabibbo 混合角. 上式与轻子贡献的 $J_\lambda^{(+)}$ 合在一起, 构成总的 $J_\lambda^{(+)}$, 并以统一的耦合常数 G_{F} 作成 V-A 理论的流–流作用项.

我们用 $\widetilde{d}$ 表示 d 夸克子与 s 夸克子的一个混合：

$$\widetilde{d}=\cos\theta_{\mathrm{C}}d+\sin\theta_{\mathrm{C}}s, \tag{3.6.33}$$

$\widetilde{d}$ 的电荷像 d 和 s 一样等于 $-\dfrac{1}{3}$. 这样式 (3.6.32) 即可写成

$$J_\lambda^{(+)}=\mathrm{i}\overline{\psi}_u\gamma_\lambda(1+\gamma_5)\psi_{\widetilde{d}}, \tag{3.6.34}$$

从而 u_{L} 和 $\widetilde{d}_{\mathrm{L}}$ 应构成弱旋的二重态. 它们的超荷 Y 根据式 (3.6.12) 定出为 $\dfrac{1}{3}$. 至于 $u_{\mathrm{R}}, d_{\mathrm{R}}$ 和 s_{R} 都将为弱旋的单态, 它们的超荷 Y 应分别取为 $\dfrac{4}{3}, -\dfrac{2}{3}$ 和 $-\dfrac{2}{3}$.

在规范理论中, 如果我们仿照式 (3.6.15) 或 (3.6.18) 写出夸克子与规范场的作用项, 则中性弱流中将出现异数改变的部分 $-\mathrm{i}\sin\theta_{\mathrm{C}}\cos\theta_{\mathrm{C}}(\overline{\psi}_{\mathrm{L}}^d\gamma_\lambda\psi_{\mathrm{L}}^s+\overline{\psi}_{\mathrm{L}}^s\gamma_\lambda\psi_{\mathrm{L}}^d)$①, 此

① 这是从 $-\mathrm{i}\overline{\psi}_{\mathrm{L}}^{\widetilde{d}}\gamma_\lambda\psi_{\mathrm{L}}^{\widetilde{d}}$ 项中出来的.

结果与实验是不符合的. 为了消除这一矛盾, 1970 年 Glashow、Illiopoulos 和 Maiani 提出一个消去异数改变的中性弱流的机制 (GIM 机制). 他们假定存在另一个夸克子 c, 它的左手分量 c_{L} 与"s 和 d 的另一个组合"$\widetilde{s}$ 的左手分量 $\widetilde{s}_{\mathrm{L}}$ 也构成一个弱旋二重态, $\widetilde{s}$ 的表达式为

$$\widetilde{s}=\cos\theta_{\mathrm{C}}s-\sin\theta_{\mathrm{C}}d, \tag{3.6.35}$$

$\tilde{s}$ 与 $\widetilde{d}$ 正交, 此弱旋二重态的超荷亦为 $\dfrac{1}{3}$. c 的右手分量 c_{R} 同样为弱旋单态, 超荷为 $\dfrac{4}{3}$. 不难看出, 此二重态贡献的异数改变的中性弱旋流 (从 $-\mathrm{i}\overline{\psi}_{\mathrm{L}}^{\tilde{s}}\gamma_\lambda\psi_{\mathrm{L}}^{\tilde{s}}$ 出来的), 正好与原来的异数改变部分互相消去. 剩下的中性弱旋流就只是

$$\mathrm{i}(\overline{\psi}_{\mathrm{L}}^{u}\gamma_\lambda\psi_{\mathrm{L}}^{u}-\overline{\psi}_{\mathrm{L}}^{d}\gamma_\lambda\psi_{L}^{d}+\overline{\psi}_{\mathrm{L}}^{c}\gamma_\lambda\psi_{\mathrm{L}}^{c}-\overline{\psi}_{\mathrm{L}}^{s}\gamma_\lambda\psi_{\mathrm{L}}^{s}).$$

这一关于存在 c 夸克子的假设, 后来 (1974 年) 已为实验所证实.

在对称性发生自发破坏后, 夸克子与 $W_\lambda^{\pm}$, Z_λ 及 A_λ 的作用项仍形如

$$\begin{aligned}\mathscr{L}_{\mathrm{int}}^{(q)}&=\frac{\mathrm{i}}{2}g\overline{\psi}_{\mathrm{L}}\gamma_\lambda\tau^jW_\lambda^j\psi_{\mathrm{L}}+\frac{\mathrm{i}}{2}g'\overline{\psi}_{\mathrm{L}}\gamma_\lambda YB_\lambda\psi_{\mathrm{L}}+\frac{\mathrm{i}}{2}g'\overline{\psi}_{\mathrm{R}}\gamma_\lambda YB_\lambda\psi_{\mathrm{R}}\\&=\mathrm{i}\frac{g}{\sqrt{2}}\overline{\psi}_{\mathrm{L}}\gamma_\lambda(\tau^+W_\lambda^++\tau^+W_\lambda^-)\psi_{\mathrm{L}}+\mathrm{i}\frac{g}{\cos\theta_{\mathrm{W}}}\overline{\psi}_{\mathrm{L}}\gamma_\lambda(T_3-\sin^2\theta_{\mathrm{W}}Q)\psi_{\mathrm{L}}Z_\lambda\\&\quad-\mathrm{i}\frac{g}{\cos\theta_{\mathrm{W}}}\sin^2\theta_{\mathrm{W}}\overline{\psi}_{\mathrm{R}}\gamma_\lambda Q\psi_{\mathrm{R}}Z_\lambda+\mathrm{i}e\overline{\psi}\gamma_\lambda Q\psi A_\lambda,\end{aligned} \tag{3.6.36}$$

与轻子的作用项相似. 其中, ψ_{L} 代表夸克子的左手弱旋二重态 $\begin{pmatrix}u_{\mathrm{L}}\\ \widetilde{d}_{\mathrm{L}}\end{pmatrix}$ 和 $\begin{pmatrix}c_{\mathrm{L}}\\ \widetilde{s}_{\mathrm{L}}\end{pmatrix}$; ψ_{R} 为右手弱旋单态.

剩下的是夸克子的质量问题, 它们亦可通过夸克子与标量场的耦合来产生, 但与前有些不同之处: ①对于轻子, 只是二重态中的第二分量获得质量, 而现在两个分量都要获得质量;②二重态中的分量并非就是质量的本征态. 这两个问题可以通过引入更普遍形式的 Yukawa 耦合而得到解决.

我们知道, φ^* 按 $SU(2)$ 基础表示的逆步表示变换, 而 $\mathrm{i}\tau_2\varphi^*=\begin{pmatrix}\varphi_2^*\\-\varphi_1^*\end{pmatrix}$ 则同 $\begin{pmatrix}\varphi_1\\ \varphi_2\end{pmatrix}$ 一样变换①. $\begin{pmatrix}\varphi_2^*\\-\varphi_1^*\end{pmatrix}$ 的超荷仍与 φ 反号. 这样, 夸克子与 φ 耦合的最普

① $SU(2)$ 基础表示的逆步表示的生成元为 $-\widetilde{\tau}^j$, 即 $\begin{pmatrix}0&-1\\-1&0\end{pmatrix}$, $\begin{pmatrix}0&-\mathrm{i}\\ \mathrm{i}&0\end{pmatrix}$, $\begin{pmatrix}-1&0\\0&1\end{pmatrix}$. 若以 $\mathrm{i}\tau_2=\begin{pmatrix}0&1\\-1&0\end{pmatrix}$ 作等价变换, 得出结果为 $\begin{pmatrix}0&1\\1&0\end{pmatrix}$, $\begin{pmatrix}0&-\mathrm{i}\\ \mathrm{i}&0\end{pmatrix}$, $\begin{pmatrix}1&0\\0&-1\end{pmatrix}$, 即 τ^j. 这表明 $\mathrm{i}\tau_2\varphi^*$ 与 φ 一样地变换.

遍形式为

$$
\begin{aligned}
&-f_1(\overline{\psi}_{\rm L}^{u'}\,\overline{\psi}_{\rm L}^{d'})\begin{pmatrix}\varphi_1\\ \varphi_2\end{pmatrix}\psi_{\rm R}^{d'}-f_2(\overline{\psi}_{\rm L}^{u'}\,\overline{\psi}_{\rm L}^{d'})\begin{pmatrix}\varphi_2^*\\ -\varphi_1^*\end{pmatrix}\psi_{\rm R}^{u'}\\
&-f_3(\overline{\psi}_{\rm L}^{c'}\,\overline{\psi}_{\rm L}^{s'})\begin{pmatrix}\varphi_1\\ \varphi_2\end{pmatrix}\psi_{\rm R}^{s'}-f_4(\overline{\psi}_{\rm L}^{c'}\,\overline{\psi}_{\rm L}^{s'})\begin{pmatrix}\varphi_2^*\\ -\varphi_1^*\end{pmatrix}\psi_{\rm R}^{c'}\\
&-f_5(\overline{\psi}_{\rm L}^{u'}\,\overline{\psi}_{\rm L}^{d'})\begin{pmatrix}\varphi_1\\ \varphi_2\end{pmatrix}\psi_{\rm R}^{s'}-f_6(\overline{\psi}_{\rm L}^{u'}\,\overline{\psi}_{\rm L}^{d'})\begin{pmatrix}\varphi_2^*\\ -\varphi_1^*\end{pmatrix}\psi_{\rm R}^{c'}\\
&-f_7(\overline{\psi}_{\rm L}^{c'}\,\overline{\psi}_{\rm L}^{s'})\begin{pmatrix}\varphi_1\\ \varphi_2\end{pmatrix}\psi_{\rm R}^{d'}-f_8(\overline{\psi}_{\rm L}^{c'}\,\overline{\psi}_{\rm L}^{s'})\begin{pmatrix}\varphi_2^*\\ -\varphi_1^*\end{pmatrix}\psi_{\rm R}^{u'}\\
&+\text{h.c.}.
\end{aligned}
$$

这里为普遍起见, 我们把作为对称群表示基底的夸克子一律用 u', d', c' 和 s' 表示①. 具有确定质量的夸克子则用 u, d, c 和 s 表示.

对称性自发破坏后出现的夸克子质量项为

$$
\begin{aligned}
&-\frac{v}{\sqrt{2}}(f_1\overline{\psi}_{\rm L}^{d'}\psi_{\rm R}^{d'}+f_2\overline{\psi}_{\rm L}^{u'}\psi_{\rm R}^{u'}+f_3\overline{\psi}_{\rm L}^{s'}\psi_{\rm R}^{s'}+f_4\overline{\psi}_{\rm L}^{c'}\psi_{\rm R}^{c'}\\
&+f_5\overline{\psi}_{\rm L}^{d'}\psi_{\rm R}^{s'}+f_6\overline{\psi}_{\rm L}^{u'}\psi_{\rm R}^{c'}+f_7\overline{\psi}_{\rm L}^{s'}\psi_{\rm R}^{d'}+f_8\overline{\psi}_{\rm L}^{s'}\psi_{\rm R}^{u'})\\
&+\text{h.c.}.
\end{aligned}
$$

由此看出, 若

$$f_5=f_6=f_7=f_8=0,$$

则 u', d', c' 和 s' 就将是质量的本征态, 本征值分别为 $\dfrac{1}{\sqrt{2}}f_1v, \dfrac{1}{\sqrt{2}}f_2v, \dfrac{1}{\sqrt{2}}f_3v$ 和 $\dfrac{1}{\sqrt{2}}f_4v$, 而在 f_5, f_6, f_7, f_8 不为零 (或不全为零) 的情况下, 质量的本征态就将与群表示的基底 d', u', c' 和 s' 不同. 通过对量子数相同的左手分量和右手分量作分别的幺正变换 (因左右手分量原本是不同的 Weyl 场), 总可使上面求出的质量矩阵对角化并使本征值为正. 相应的质量本征态即为 u, d, c 和 s.

我们可按普通的习惯把夸克子弱旋流用质量本征态表示出来.

与 W_μ^+ 相耦合的夸克子流, 原本的项可以合起来 (即把 $d'_{\rm L}\to u'_{\rm L}, s'_{\rm L}\to c'_{\rm L}$ 的带电流合写在一起) 写成

$$J_\lambda^{(+)}=2{\rm i}(\overline{\psi}_{\rm L}^{u'}\ \overline{\psi}_{\rm L}^{c'})\gamma_\lambda\begin{pmatrix}\overline{\psi}_{\rm L}^{d'}\\ \overline{\psi}_{\rm L}^{s'}\end{pmatrix}, \tag{3.6.37}$$

---

① $\begin{pmatrix}u'_{\rm L}\\ d'_{\rm L}\end{pmatrix}$ 和 $\begin{pmatrix}c'_{\rm L}\\ s'_{\rm L}\end{pmatrix}$ 可以是 $\begin{pmatrix}u_{\rm L}\\ \widetilde{d}_{\rm L}\end{pmatrix}$ 和 $\begin{pmatrix}c_{\rm L}\\ \widetilde{s}_{\rm L}\end{pmatrix}$ 的正交线性组合.

质量本征态和群表示基底间的关系可一般地写成

$$\begin{pmatrix} \overline{\psi}_{\rm L}^{u'} \\ \overline{\psi}_{\rm L}^{c'} \end{pmatrix} = S_1 \begin{pmatrix} \overline{\psi}_{\rm L}^{u} \\ \overline{\psi}_{\rm L}^{c} \end{pmatrix}, \quad \begin{pmatrix} \overline{\psi}_{\rm L}^{d'} \\ \overline{\psi}_{\rm L}^{s'} \end{pmatrix} = S_2 \begin{pmatrix} \overline{\psi}_{\rm L}^{d} \\ \overline{\psi}_{\rm L}^{s} \end{pmatrix}$$

S_1 和 S_2 都是幺正矩阵. 代入前式后, 即将它化为

$$J_\lambda^{(+)} = 2{\rm i}(\overline{\psi}_{\rm L}^{u}\ \overline{\psi}_{\rm L}^{c})S_1^\dagger \gamma_\lambda S_2 \begin{pmatrix} \overline{\psi}_{\rm L}^{d} \\ \overline{\psi}_{\rm L}^{s} \end{pmatrix} = 2{\rm i}(\overline{\psi}_{\rm L}^{u}\overline{\psi}_{\rm L}^{c})\gamma_\lambda S \begin{pmatrix} \overline{\psi}_{\rm L}^{d} \\ \overline{\psi}_{\rm L}^{s} \end{pmatrix}, \tag{3.6.38}$$

其中

$$S = S_1^\dagger S_2, \tag{3.6.39}$$

为一个 2×2 幺正矩阵. 此矩阵共含四个参量, 一个转动角和三个相位因子. 通过重新定义四个左手场分量的相位, 可以吸收掉其中的三个相位因子, 使矩阵 S 化为

$$S = \begin{pmatrix} \cos\theta_{\rm C} & \sin\theta_{\rm C} \\ -\sin\theta_{\rm C} & \cos\theta_{\rm C} \end{pmatrix} \tag{3.6.40}$$

的形式, 这样, 式 (3.6.38) 就化为 Cabibbo 的结果. 由此可见, 弱作用中的 Cabibbo 混合, 来源自质量本征态与群表示基底间的失配 (两者不一致).

以上只考虑了两族夸克子, 如果考虑三族 (即加上 t 和 b), 则相应的 S 成为 3×3 的幺正矩阵. 它的一般形式中含有三个转动角和六个相位因子. 通过六个左手场分量的相位变换只能消去五个相位因子. 于是 S 中还剩下一个相位因子. 如果确实存在这样一个相位因子那就意味着 CP 对称性的破坏 (Kobayashi-Naskawa 机制).

4. 实验检验与讨论

Glashow-Weinberg-Salam 理论所预言的中性弱流式 (3.6.29) 已为实验所证实. 从不同实验定出的 $\sin^2\theta_{\rm W}$ 值大体上一致, 其值为

$$\sin^2\theta_{\rm W} \approx 0.22. \tag{3.6.41}$$

这样, 按式 (3.6.28) 从电子电荷值 e 即可定出 g 和 g', 它们分别约为 e 的 4.5 倍和 1.05 倍. 我们看到, 弱旋作用和弱超荷作用从耦合常数大小来说并不弱, 都与电磁作用同量级.

按照上面求出的 g 和 g' 以及费米耦合常数 $G_{\rm F}$ 的实验值, 可进一步定出 W 和 Z 的质量:

$$\begin{aligned} M_W &\approx 80{\rm GeV/c^2}, \\ M_Z &\approx 90{\rm GeV/c^2}. \end{aligned} \tag{3.6.42}$$

1983 年 W 玻色子和 Z 玻色子相继被发现, 它们的质量在实验误差范围内与理论的上述预言值一致. 这样 Glashow-Weinberg-Salam 理论就已得到了实验的证实. 在此理论体系中, 唯一尚未被发现的只是 Higgs 粒子.

Glashow-Weinberg-Salam 理论的被证实, 不仅使弱作用有了一个完整的理论 (此理论是可重正化的, 因此可以计算任意高阶的修正), 而且使我们对真空的认识前进了一大步: 真空并非空无所有, 而是非平凡的场状态, 它的性质对现实世界的图景有着重大的影响. 真空不仅屏蔽了弱作用使它们成为短程作用, 而且使旋量粒子获得了质量. 所有旋量粒子原本都是无质量的, 它们的质量像 W 和 Z 玻色子一样来自它们与真空中凝聚场的相互作用. 这些粒子静质量所对应的能量 (按照质能关系) 实际上是它们与真空凝聚场的相互作用能. 光子之所以保持质量为零, 是由于真空凝聚场不带电荷因而不与光子互相作用. 除此之外, 这个理论还告诉我们, 旋量粒子的左手分量和右手分量原本是不同的粒子, 具有不同的弱旋和超荷量子数, 只是由于它们可以通过与真空凝聚场的作用互相转化, 而被我们认作是同一粒子的左右手分量.

这样看来, 左右对称性并非物理学的基本对称性. 电磁作用之所以具有左右对称性, 是由于配成四分量狄拉克粒子的两个 Weyl 粒子 (一个是第一类, 一个是第二类) 具有相同的电荷. 这一点可从真空凝聚场不带电荷, 而这两个 Weyl 粒子可通过与它作用互相转化而得到保证 (强作用具有左右对称性的道理与此相同, 因真空凝聚场也不带色荷).

电弱统一理论虽然大大丰富了我们对物理世界的认识, 但它也有许多不足的地方. 首先, 从严格的意义来说, 它并不是弱作用与电磁作用的统一理论而是它们的综合理论, 因为此理论中的对称群为两个群的外乘, 含有两个独立的耦合常数. 换句话说, 只是把原来的两种相互作用 (电磁作用和弱作用) 换成了另外两种相互作用 (超荷和弱旋作用). 其次, 粒子的超荷值是根据它的已知电荷值而设定的, 超荷群本并未对超荷的取值有任何限制. 因而这个理论不能说明为何轻子电荷与夸克子电荷之间成简单的整数比关系. 再次, 此理论引入了太多的参量, 即标量场的自作用参量, 和标量场与轻子以及标量场与夸克子的 Yukawa 耦合常数.

还有一点可能使人不满意的地方, 那就是在弱作用、电磁作用和强作用都被纳入规范作用 (QCD 也是规范理论) 的同时, 又引入了不少的非规范作用 (即标量场的自作用和 Yukawa 作用它们虽是规范不变的, 但并非规范作用). 为了消除这些非规范作用和相应出现的参量, 一些研究者提出用 "旋量粒子对" 来代替基本标量场 φ 的设想①. 这种理论称为对称性的动力学自发破坏理论, 因为在真空中凝聚的不是专门引入的标量场, 而是由动力学产生的正反旋量粒子的束缚态. 这种观点无疑是吸引人的, 但束缚态的研究超出了微扰论处理的范围, 理论方法上的难度很大.

为了解决前两个问题, 人们自然想到把强作用也包括进来构成大统一的理论,

① 标量场的自作用和 Yukawa 耦合不具有渐近自由性 (参见第六章), 这也是电弱统一理论的一个问题.

因为目前已有不少实验证据支持色动力学 (QCD). QCD 引进了新的强子内部自由度 (色自由度), 并把强作用归结为色自由度上的定域规范理论. 对称群为 $SU(3)$, 通常用 $SU(3)_c$ 来表示它, 脚标 c 表示色空间. 这样将弱、电、强合起来, 总的对称群即为

$$G_s \equiv SU(2)_L \times U(1)_Y \times SU(3)_c.$$

人们希望能用一个单群把它包括进去. 具有这一性质的最小单群为 $SU(5)$ 群, 以它为对称群, 将有统一的耦合常数.

我们知道, 弱旋、超荷和色三种作用具有不同的耦合常数, 这一事实如何与 $SU(5)$ 的统一耦合常数相协调? 解决这一问题要用到重正化群理论 (参见第六章). 在这里只能作简单的说明.

通过实验所定出的耦合常数是重正化的耦合常数, 它的数值与重正化点的选取有关. 当我们研究某一能量区域的物理现象时, 实际表现出的耦合强度可用“重正化点取在该能量区域内”的耦合常数值来标志. 从重正化群方程可以得出, 如果 $SU(5)$ 对称性在一个非常高的能量标度 (约 10^{15}GeV) 处, 自发破坏到上述 G_s 对称性 (从而一部分规范玻色子成为超重粒子), 那么当重正化点变到目前实验所达到的能量标度 (约小于 10^2GeV) 时, 各个子群对称性将具有不同的耦合常数. 这就是解决前面提出的问题的一种理论方案.

下面我们说明一下, 在 $SU(5)$ 大统一理论中旋量粒子的多重结构. 此对称性仍是手征性的, 所有旋量粒子的质量都为零, 它们的左、右手分量分属不同的表示.

目前所知道的全部旋量粒子可以归成三族. 第一族包括 e, ν, u, d, 第二族包括 μ, ν', c, s, 第三族包括 τ, ν'', t, b. 每种夸克子又分三个不同的色 (量子数). 这样每族共有 15 个 Weyl 二分量粒子. 例如第一族有 $e_{\rm L}$, $e_{\rm R}$, $\nu_{\rm L}$, $u_{\rm L}^1$, $u_{\rm L}^2$, $u_{\rm L}^3$, $u_{\rm R}^1$, $u_{\rm R}^2$, $u_{\rm R}^3$, $d_{\rm L}^1$, $d_{\rm L}^2$, $d_{\rm L}^3$, $d_{\rm R}^1$, $d_{\rm R}^2$, $d_{\rm R}^3$, 其中左手分量属于第一类 Weyl 场, 右手分量属于第二类 Weyl 场. 但如上节所指出的, 右手分量通过共轭也可用第一类 Weyl 场来描述, 这样每一族包含 15 个第一类 Weyl 粒子 (这一做法也就是把旋量粒子的右手分量用它的反粒子的左手分量来代换, 这两者对应于同一客体). 在 $SU(5)$ 大统一理论中, 每族旋量粒子构成 $SU(5)$ 的两个多重态, 即 5 维逆步表示 (记作 5^*) 和 10 维表示的基底. 以第一族为例, 具体填法如下:

$$\begin{pmatrix} d_1^c \\ d_2^c \\ d_3^c \\ e^- \\ -\nu \end{pmatrix}_{\rm L} \qquad \frac{1}{\sqrt{2}}\begin{pmatrix} 0 & u_3^c & -u_2^c & -u_1 & -d_1 \\ -u_3^c & 0 & u_1^c & -u_2 & -d_2 \\ u_2^c & -u_1^c & 0 & -u_3 & -d_3 \\ u_1 & u_2 & u_3 & 0 & -e^+ \\ d_1 & d_2 & d_3 & e^+ & 0 \end{pmatrix}_{\rm L}.$$

在上式中 u^c 和 d^c 代表反夸克子. 如前所指出的, 正粒子的左手分量和反粒子的左手分量原为两个不同的 Weyl 粒子, 又都是第一类的, 故并不排斥把它们放在同一表示的基底中.

这种多重结构有一个惊人特点, 那就是夸克子可以通过吸放超重玻色子而转化为反轻子, 甚至转化为反夸克子. 这样, 不仅夸克子数和轻子数不分别守恒, 而且它们之和也不守恒. 在这种理论中, 质子将是不稳定的, 它可以衰变成 $e^+ + \pi^\circ$ 或 $\nu^c + \pi^+$.

$SU(5)$ 的成功之处有：不需引入多余的旋量粒子, 能够解释电荷的量子化 (指夸克子电荷与轻子电荷成整数比), 并能计算出 $\sin^2\theta_{\mathrm{W}}$ 的正确值. 但它所预言的质子衰变一直未得到实验证实, 理论上也还存在 "巨大能标级差" 的困难 (两次自发破坏的能量标度相差 10^{13} 倍), 因此还不见得是一个成功的理论.

人们还曾提出过其他一些大统一理论模型, 由于篇幅限制这里不再作介绍.

3.7 规范场的动力学变量与约束, 规范场理论的哈密顿体系

哈密顿理论体系中的动力学变量, 是指描述系统动力学状态的独立、互相共轭的正则坐标和正则动量. 在量子电动力学中, 我们已经知道, 场变量 A_μ 中的 A_0 分量不是动力学变量, 因为不存在与它共轭的正则动量. 这从电磁场拉格朗日函数$-\dfrac{1}{4}F_{\mu\nu}F_{\mu\nu}$ 不含 $\partial_t A_0$ 即可看出. 上述情况对于非阿贝尔规范场也同样存在. 从哈密顿理论体系来看, 规范场实际上是一个带约束的系统. 研究规范场变量中哪些是真正的动力学变量, 不仅使我们对非阿贝尔规范场有更多的了解, 而且对于它的量子化也有着重要的意义.

1. 问题的初步分析

我们来考察单纯非阿贝尔规范场情况. 这时拉格朗日函数为

$$\mathscr{L} = -\frac{1}{4}F^\alpha_{\mu\nu}F^\alpha_{\mu\nu}. \tag{3.7.1}$$

我们按通常的作法来求与场变量 A^α_μ 共轭的正则动量场, 其结果为

$$\pi^\alpha_\mu = \frac{\partial\mathscr{L}}{\partial(\partial_0 A^\alpha_\mu)} = -\mathrm{i}F^\alpha_{\mu_4}. \tag{3.7.2}$$

由于 $F^\alpha_{\mu\nu}$ 对 μ, ν 是反对称的, 故

$$\pi^\alpha_0 = -\mathrm{i}\pi^\alpha_4 = 0,$$

即与 A_0^α 共轭的正则动量场为零. 这表明 A_0^α 如同电动力学中的 A_0 一样, 不能是动力学变量. 仿照电动力学, 定义

$$
\begin{aligned}
E_j^\alpha &= -\mathrm{i}F_{4j}^\alpha = -\partial_0 A_j^\alpha - \partial_j A_0^\alpha + gC_{\alpha\beta\gamma}A_0^\beta A_j^\gamma. \\
B_j^\alpha &= \frac{1}{2}\varepsilon_{jkl}F_{kl}^\alpha = \tfrac{1}{2}\varepsilon_{jkl}(\partial_k A_l^\alpha - \partial_l A_k^\alpha + gC_{\alpha\beta\gamma}A_k^\beta A_l^\gamma)
\end{aligned}
\tag{3.7.3}
$$

其中, j,k,l 取 1,2,3. 则有

$$
\pi_j^\alpha = -E_j^\alpha, j = 1,2,3. \tag{3.7.4}
$$

以上结果与电磁场的情况相似. 实际上从规范场方程

$$
\partial_\nu F_{\nu\mu}^\alpha = -J_\mu^\alpha \tag{3.7.5}
$$

中不含 $\partial_0^2 A_0$, 已经显示出 A_0^α 不会是动力学变量.

为了阐明 A_0^α 在哈密顿理论体系中的地位, 我们先来求规范场的哈密顿量密度 $\mathscr{H}$. 按照通常的构造办法, 规范场的能量–动量张量为

$$
\widetilde{T}_{\mu\nu} = \mathscr{L}\delta_{\mu\nu} - (\partial_\mu A_\sigma^\alpha)\frac{\partial\mathscr{L}}{\partial(\partial_\nu A_\sigma^\alpha)} = -\frac{1}{4}(F_{\rho\sigma}^\alpha F_{\rho\sigma}^\alpha)\delta_{\mu\nu} + (\partial_\mu A_\sigma^\alpha)F_{\nu\sigma}^\alpha. \tag{3.7.6}
$$

但此张量非对称张量, 也不是规范不变量, 因此不能定义为能量–动量张量①.

为了得到一个规范不变的对称张量, 我们在上述张量上附加一项

$$
\Delta T_{\mu\nu} = (-\partial_\sigma A_\mu^\alpha + gc_{\alpha\beta\gamma}A_\mu^\beta A_\sigma^\gamma)F_{\nu\sigma}^\alpha. \tag{3.7.7}
$$

通过运动方程, 此项可化为全微分的形式: $-\partial_\sigma(A_\mu^\alpha F_{\nu\sigma}^\alpha)$, 这样它对总能量和总动量的贡献分别为 $\int \partial_k(A_4^\alpha F_{4k}^\alpha)\mathrm{d}^3x$ 和 $\mathrm{i}\int \partial_k(A_l^\alpha F_{4k}^\alpha)\mathrm{d}^3x$. 通过三维空间的高斯定理, 可将它们化为无穷远面上的面积分, 从而等于零, 因此增加此项并不影响总能量与总动量的值②. $\widetilde{T}_{\mu\nu}$ 加上 $\Delta T_{\mu\nu}$ 后化为

$$
T_{\mu\nu} = -\frac{1}{4}(F_{\rho\sigma}^\alpha F_{\rho\sigma}^\alpha)\delta_{\mu\nu} + F_{\mu\sigma}^\alpha F_{\nu\sigma}^\alpha. \tag{3.7.8}
$$

这就是我们所需要的规范不变的对称的能量–动量张量, 其形式与电动力学中的结果是相似的.

T_{44} 和 T_{j4} 用 $\boldsymbol{E}^\alpha$ 和 $\boldsymbol{B}^\alpha$ 表示出来的结果为

$$
\begin{aligned}
T_{44} &= -\frac{1}{2}(\boldsymbol{E}^\alpha\cdot\boldsymbol{E}^\alpha + \boldsymbol{B}^\alpha\cdot\boldsymbol{B}^\alpha), \\
T_{j4} &= -\mathrm{i}(\boldsymbol{E}^\alpha\times\boldsymbol{B}^\alpha).
\end{aligned}
\tag{3.7.9}
$$

①出此问题的原因就在于规范场为约束系统, A_0^α 不是动力学变量.

② 按照式 (3.7.6) 定义的 $\widetilde{T}_{\mu\nu}$ 所计算出的总能量和总动量代表平移变换群的生成元. 增加 $\Delta\mathrm{T}_{\mu\nu}$ 后, 既然不改变总能量和总动量的值, 也就不影响它们作为平移变换群生成元的地位.

于是哈密顿量密度 $\mathscr{H}$ 为 $\frac{1}{2}(\boldsymbol{E}^\alpha \cdot \boldsymbol{E}^\alpha + \boldsymbol{B}^\alpha \cdot \boldsymbol{B}^\alpha)$, 总哈密顿量可表作

$$H = \int \mathscr{H} \mathrm{d}^3\boldsymbol{x} = \frac{1}{2}\int (E_j^\alpha E_j^\alpha + B_j^\alpha B_j^\alpha)\mathrm{d}^3\boldsymbol{x}. \tag{3.7.10}$$

以上讨论的虽然是纯规范场的情况, 但存在旋量场和标量场时, 哈密顿量中的规范场部分仍由上式表示.

拉格朗日函数式 (3.7.1) 用 E_j^α 和 B_j^α 表示出来的形式为

$$\mathscr{L} = \frac{1}{2}(E_j^\alpha E_j^\alpha - B_j^\alpha B_j^\alpha) = E_j^\alpha E_j^\alpha - \mathscr{H}. \tag{3.7.11}$$

将此式代入作用量中, 并利用 (3.7.3) 第一式, 即得 $I = \int \alpha \mathrm{d}^4x = \int [(-\partial_0 A_j^\alpha - \partial_j A_0^\alpha + gc_{\alpha\beta\gamma}A_0^\beta A_j^\gamma)E_j^\alpha - \mathscr{L}]\mathrm{d}^4x$ 通过对三维积分项 $\int(\partial_j A_0^\alpha)E_j^\alpha \mathrm{d}^3\boldsymbol{x}$ 作分部积分, 可将 I 化为

$$I = \int [-(\partial_0 A_j^\alpha)E_j^\alpha - \mathscr{H} + A_0^\alpha(\partial_j E_j^\alpha + gc_{\alpha\beta\gamma}A_j^\beta E_j^\gamma)]\mathrm{d}^4\boldsymbol{x} \tag{3.7.12}$$

从下一小节的讨论我们将看到, 如果式 (3.7.12) 右方只有前两项, 则规范场就是通常的哈密顿系统, 动力学变量为 A_j^α 和 $(-E_j^\alpha)$. 但式 (3.7.12) 右方第三项的存在使得情况发生了变化. 因为作用量 I 对 A_j^α 变分所得出的方程

$$\partial_j E_j^\alpha + gc_{\alpha\beta\gamma}A_j^\beta E_j^\gamma = \mathscr{D}_j^{\alpha\beta}E_j^\beta = 0 \tag{3.7.13}$$

给出 $\boldsymbol{E}^\alpha$ 的三个分量和 $\boldsymbol{A}^\alpha$ 的三个分量之间的一个关系, 表明上述六个分量不是互相独立的. 这意味着规范场是一个有约束的系统. 从下面的讨论可以看出, 对于每个群指标 α, 规范场的实际动力学变量只包括四个分量, 它们可取为 $\boldsymbol{A}_T^\alpha$ 和 $-\boldsymbol{E}_T^\alpha$(脚标 T 代表横场). 至于 A_0^α, 它在哈密顿理论体系中是处理约束时所引入的拉格朗日乘子.

2. 可约的哈密顿系统

我们先来考察一个自由度为 n 的系统. 在通常的变分原理表述中, 拉格朗日量 L 是 q_j 和 $\dot{q}_j$ 的函数. 这样, 变分得出的是 n 个 q 的二阶方程 (拉格朗日方程). 但是, 我们也可把 L 表成 $\sum\limits_{j=1}^n p_j\dot{q}_j - H(p,q)$, 即把作用量表示为

$$I = \int_{t_1}^{t_2}\left[\sum_{j=1}^n p_j\dot{q}_j - H(p,q)\right]\mathrm{d}t, \tag{3.7.14}$$

并在变分时把其中所出现的全部变量 p_j 和 q_j 都当作独立变量来处理. 利用 $\delta q_j(t_1) = \delta q_j(t_2) = 0$ 和分部积分, 即得

$$\begin{aligned}\delta I &= \sum_{j=1}^{n}\int\left[\left(\dot{q}_j - \frac{\partial H}{\partial p_j}\right)\delta p_j - \left(p_j\delta\dot{q}_j + \frac{\partial H}{\partial q_j}\delta q_j\right)\right]\mathrm{d}t\\ &= \sum_{j=1}^{n}\int\left[\left(\dot{q}_j - \frac{\partial H}{\partial p_j}\right)\delta p_j - \left(\dot{p}_j + \frac{\partial H}{\partial q_j}\right)\delta q_j\right]\mathrm{d}t.\end{aligned}$$

由于 δq_j 和 δp_j 是独立的变分, 故导出方程

$$\begin{aligned}\dot{q}_j - \frac{\partial H}{\partial p_j} &= 0,\\ \dot{p}_j + \frac{\partial H}{\partial q_j} &= 0.\end{aligned} \tag{3.7.15}$$

由此方程及端条件 “$q_j(t_1) = q_j^{(1)}, q_j(t_2) = q_j^{(2)}$” 即可确定 $q_j(t)$ 和 $p_j(t)$.

式 (3.7.15) 就是通常的哈密顿方程, 它包含 $2n$ 个一阶方程, 与原来的 n 个二阶方程等价.

再考察带约束的系统, 设它的运动可用下述形式的作用量

$$I = \int\left[\sum_{j=1}^{n}p_j\dot{q}_j - H(p\cdot q) - \sum_{a=1}^{m}Q_a\varphi_a(p\cdot q)\right]\mathrm{d}t \tag{3.7.16}$$

来描述, 其含意是, 将 I 中所出现的全部变量 $q_j(t), p_j(t)$ 和 $Q_a(t)$ 都作为独立变量来变分, 所得出的方程就是该系统的运动方程.

从式 (3.7.16) 变分出来的结果为

$$\begin{aligned}&\dot{q}_j - \frac{\partial H(p,q)}{\partial p_j} + \sum_{a=1}^{m}Q_a\frac{\partial\varphi_a(p,q)}{\partial p_j} = 0,\\ &\qquad\qquad j = 1,2,\cdots,n.\\ &\dot{p}_j + \frac{\partial H(p,q)}{\partial q_j} + \sum_{a=1}^{m}Q_a\frac{\partial\varphi_a(p,q)}{\partial p_j} = 0,\end{aligned} \tag{3.7.17}$$

$$\varphi_a(p,q) = 0. \tag{3.7.18}$$

这里共有 $2n+m$ 个变量, 方程数目亦为 $2n+m$, 其中 $2n$ 个为一阶方程, 另外 m 个不含对 t 的微商. 不难看出, 这原是一个 n 个自由度的系统, 正则变量为 (p,q), 哈密顿量为 H, 但 p, p 之间现存在着约束式 (3.7.18), Q_a 是为处理约束而引入的拉格朗日乘子. 引入 Q_a 的目的, 是为了在变分时可将有约束的正则变量 p_j 和 q_j 作为独立变量来处理.

当 $\varphi_a(p,q)$ 和 $H(p,q)$ 满足一定条件时, 我们将称此系统为广义的哈密顿系统, 因为它实际上与一个 $n-m$ 个自由度的常规哈密顿系统等效, 其独立的正则变量数为 $2n-2m$(不是原来的变量数 $2n$ 减去约束条件的个数 m).

用符号 C 表示原来的 $2n$ 维相空间中满足约束条件式 (3.7.18) 的子空间, 并用符号

$$f(p,q)\sim 0$$

表示函数 $f(p,q)$ 在此子空间中为零 (而不是在整个 $2n$ 维空间中为零). 也就是说, 对于满足约束条件的 p,q 值, $f(p,q)$ 等于零. 利用此符号, 上述系统成为 "可约的哈密顿系统" 的条件可表示为

$$\begin{aligned}&\{\varphi_a,H\}\sim 0,\\&\{\varphi_a,\varphi_b\}\sim 0.\end{aligned}\tag{3.7.19}$$

其中, 曲括号代表泊松符号①(下同).

我们来讨论此系统的性质. 首先, 在上述条件下, 若约束式 (3.7.18) 在初始时刻成立, 则只要 $q(t)$ 和 $p(t)$ 满足式 (3.7.17), 在任何时刻约束都将自动成立. 因为

$$\frac{\mathrm{d}\varphi_a}{\mathrm{d}t}=\frac{\partial\varphi_a}{\partial p_j}\dot{p}_j+\frac{\partial\varphi_a}{\partial q_j}\dot{q}_j,$$

将式 (3.7.17) 代入后, 即得出 (b 的求和范围亦为从 1 到 m)

$$\begin{aligned}\frac{\mathrm{d}\varphi_a}{\mathrm{d}t}&=\frac{\partial\varphi_a}{\partial p_j}\left(-\frac{\partial H}{\partial q_j}-Q_b\frac{\partial\varphi_b}{\partial q_j}\right)+\frac{\partial\varphi_a}{\partial p_j}\left(\frac{\partial H}{\partial p_j}+Q_b\frac{\partial\varphi_b}{\partial p_j}\right)\\&=\{\varphi_a,H\}+Q_b\{\varphi_a,\varphi_h\}\sim 0.\end{aligned}\tag{3.7.20}$$

这样, 式 (3.7.18) 只起限制初条件的作用, 剩下的方程为 $2n$ 个即式 (3.7.17), 不能将 p,q 和 Q 的解唯一确定.

下面来说明通过引入 m 个适当的附加辅助条件

$$\beta_a(p,q)=0,\tag{3.7.21}$$

可以完全确定 p,q 和 Q. 这些附加的辅助条件应满足下述要求②,

$$\det|\{\varphi_a,\beta_b\}|\neq 0,$$

① 这里的泊松符号仍对全体 p,q 而言, 如 $\{\varphi_a,H\}=\sum\limits_{j=1}^{n}\left(\frac{\partial\varphi_a}{\partial q_j}\frac{\partial H}{\partial p_j}-\frac{\partial\varphi_a}{\partial q_j}\frac{\partial H}{\partial q_j}\right)$.

②(3.7.22) 第一式的意思是, 以 $\{\varphi_a,\beta_b\}$ 作为元素的行列式不为零. 第二式并非必需, 但有了它可以较方便地找出 $2n-2m$ 个独立的正则变量.

$$\{\beta_a, \beta_b\} = 0. \tag{3.7.22}$$

在此辅助条件下, 系统约化成一个“$n-m$ 维自由度”的常规哈密顿系统, 其相空间即为原来的 $2n$ 维相空间中满足式 (3.7.18) 和 (3.7.21) 的子空间 $\widetilde{C}$. 系统的 $2n-2m$ 个独立的正则变量 $\widetilde{q}_j, \widetilde{p}_j (j=1,2,\cdots,n-m)$, 可以按下述办法来找到.

首先, 在式 (3.7.22) 成立的情况下, 可通过正则变换, 将 (p_j, q_j) 换成 (p'_j, q'_j), 其中 q' 的前 m 个分量与 p, q 的关系为

$$q'_a = \beta_a(p, q), \quad a = 1, 2, \cdots, m. \tag{3.7.23}$$

将整个 q' 写成 q'_a 和 $\tilde{q}_j$ 两部分.

$$q' = (q'_a, \widetilde{q}_j), \quad j = 1, 2, \cdots, n-m. \tag{3.7.24}$$

由于 β_a 满足 (3.7.22) 第二式, 使得 q'_a 满足作为正则坐标的要求: $\{q'_a, q'_b\} = 0$(注意, 当对动力学变量作正则变换时, 泊松括号的值不变).

与 q' 共轭的正则动量记作

$$p' = (p'_a, \widetilde{p}_j). \tag{3.7.25}$$

将 φ_a 表示为新正则变量 p', q' 的函数后, (3.7.22) 第一式即化为

$$\det \left| \frac{\partial \varphi_a(p', q')}{\partial p'_b} \right| \neq 0. \tag{3.7.26}$$

上式表明, 从 $\varphi_a(p', q') = 0$ 可以解出 $p'_b (b = 1, 2, \cdots, m)$. 在约化的相空间 $\widetilde{C}$ 中, 它将只是 $\widetilde{q}_j$ 和 $\widetilde{p}_j$ 的函数, 因由式 (3.7.23), 在 $\widetilde{C}$ 中

$$q'_a = 0. \tag{3.7.27}$$

我们将如此得出的 p'_a 表示为

$$p'_a = F_a(\widetilde{p}_j, \widetilde{q}_j). \tag{3.7.28}$$

系统的哈密顿量可先用 p', q' 表示出来, 再利用式 (3.7.27) 及 (3.7.28) 化成 $\widetilde{p}, \widetilde{q}$ 的函数:

$$\widetilde{H}(\widetilde{p}, \widetilde{q}) = H(p', q')|_{q'_a=0, p'_a=F_a(\widetilde{p}_j, \widetilde{q}_j)}. \tag{3.7.29}$$

可以证明, 以 $\widetilde{q}_j, \widetilde{p}_j$ 为独立正则变量、以 $\widetilde{H}(\widetilde{q}, \widetilde{p})$ 为哈密顿量的常规系统的运动方程

$$\begin{aligned} \dot{\widetilde{q}}_j &= \frac{\partial \widetilde{H}}{\partial \widetilde{p}}, \\ \dot{\widetilde{p}}_j &= -\frac{\partial \widetilde{H}}{\partial \widetilde{q}_j}, \end{aligned} \tag{3.7.30}$$

将与式 (3.7.17), (3.7.18) 和 (3.7.21) 等效. 也就是说, 方程 (3.7.30) 的解与满足辅助条件式 (3.7.21) 的原方程 (3.7.17) 和 (3.7.18) 的解相对应.

我们只须考虑采用新正则变量 (q', p') 表示的方程 (3.7.17) 和 (3.7.18). 首先从式 (3.7.30) 的解 $\widetilde{p}, \widetilde{q}$ 按式 (3.7.27), (3.7.28) 以及 (3.7.24) 和 (3.7.25) 等式来构成 p' 和 q'. 于是约束条件式 (3.7.18) 和辅助条件 (3.7.21) 就已经满足.

再从下式① 来确定拉格朗日乘子 Q'_a:

$$\frac{\partial H(p', q')}{\partial p'_a} + \sum_{c=1}^{m} Q'_c(t) \frac{\partial \varphi_c(p', q')}{\partial p'_a} = 0, \ a = 1, 2, \cdots, m. \tag{3.7.31}$$

由于 $\det\left|\dfrac{\partial \varphi_c}{\partial p'_a}\right| \neq 0$, 从上式可以解出 $Q'_\alpha(t)$, $\alpha = 1, 2, \cdots, m$. 这样, 方程

$$\dot{q}'_a - \frac{\partial H(p', q')}{\partial p'_a} - \sum_{c=1}^{m} Q'_c(t) \frac{\partial \varphi_c(p', q')}{\partial p'_a} = 0, \ a = 1, 2, \cdots, m \tag{3.7.32}$$

就已满足. $\widetilde{q}_j$ 所满足的 (3.7.30) 第一式可改写为 (利用式 (3.7.29))

$$\dot{\widetilde{q}}_j = \frac{\partial \widetilde{H}}{\partial \widetilde{p}_j} = \frac{\partial H(p', q')}{\partial \widetilde{p}_j} + \sum_{a=1}^{m} \frac{\partial H(p', q')}{\partial p'_a} \frac{\partial p'_a}{\partial \widetilde{p}_j}.$$

将式 (3.7.31) 代入后, 即化出

$$\dot{\widetilde{q}}_j = \frac{\partial H(p', q')}{\partial \widetilde{p}_j} - \sum_{a,c=1}^{m} Q'_c(t) \frac{\partial \varphi_c(p', q')}{\partial p'_a} \frac{\partial p'_a}{\partial \widetilde{p}_j}.$$

p'_a 是通过 $\varphi_c(p', q') = 0$ 解出的并为 $\widetilde{p}$ 和 $\widetilde{q}$ 的函数 (各个 q'_a 取为零), 因此当改变某个 $\widetilde{p}_j$ 而保持 $q'_a, \widetilde{q}$ 和其余 $\widetilde{p}$ 不变时, p'_a 将相应地改变, 以使 φ_c 保持为零. 因此有

$$\frac{\partial \varphi_c(p', q')}{\partial \widetilde{p}_j} + \sum_{a=1}^{m} \frac{\partial \varphi_c(p', q')}{\partial p'_a} \frac{\partial p'_a}{\partial \widetilde{p}_j} = 0. \tag{3.7.33}$$

将此结果代入上式以消去 $\dfrac{\partial p'_a}{\partial \widetilde{p}_j}$, 即得出

$$\dot{\widetilde{q}}_j = \frac{\partial H(p', q')}{\partial \widetilde{p}_j} + \sum_{c=1}^{m} Q'_c(t) \frac{\partial \varphi_c(p', q')}{\partial \widetilde{p}_j}. \tag{3.7.34}$$

式 (3.7.32) 和 (3.7.34) 合起来就是以 p', q' 和 Q' 表示的 (3.7.17) 第一式.

类似地, $\widetilde{p}_j$ 满足的 (3.7.30) 第二式可改写成

$$\dot{\widetilde{p}}_j = -\frac{\partial H(p', q')}{\partial \widetilde{q}_j} - \sum_{a=1}^{m} \frac{\partial H(p', q')}{\partial p'_a} \frac{\partial p'_a}{\partial \widetilde{q}_j}. \tag{3.7.35}$$

① 从实质上说, 我们是通过引入辅助条件来确定拉格朗日乘子 Q'_a 的. 因辅助条件使得式 (3.7.32) 中的第一项为零. 由此即化出式 (3.7.31).

像导出式 (3.7.33) 一样, 根据同样的理由有

$$\frac{\partial\varphi_c(p',q')}{\partial\widetilde{q}_j}+\sum_{a=1}^{m}\frac{\partial\varphi_c(p',q')}{\partial p'_a}\frac{\partial p'_a}{\partial\widetilde{q}_j}=0. \tag{3.7.36}$$

将式 (3.7.31) 和 (3.7.36) 代入式 (3.7.35) 后, 即得出 $\widetilde{p}_j$ 满足

$$\dot{\widetilde{p}}_j=-\frac{\partial H(p',q')}{\partial\widetilde{q}_j}-\sum_{c=1}^{m}Q'_c(t)\frac{\partial\varphi_c(p',q')}{\partial\widetilde{q}_j}. \tag{3.7.37}$$

剩下的就只是 p'_a 所满足的方程. 对于我们所给出的解 $\widetilde{q}_j(t), \widetilde{p}_j(t), p'_a(t)$ 以及 $q'_a(t)\equiv 0$, 等式

$$\varphi_c(p',q')=0$$

在任何时刻都成立. 于是有

$$\sum_{b=1}^{m}\frac{\partial\varphi_a}{\partial p'_b}\dot{p}'_b+\sum_{j=1}^{n-m}\left(\frac{\partial\varphi_a}{\partial\widetilde{p}_j}\dot{\widetilde{p}}_j+\frac{\partial\varphi_a}{\partial\widetilde{q}_j}\dot{\widetilde{q}}_j\right)=0.$$

将式 (3.7.34) 和 (3.7.37) 代入上式后得

$$\begin{aligned}\sum_{b=1}^{m}\frac{\partial\varphi_a}{\partial p'_b}\dot{p}'_b=&\sum_{j=1}^{n-m}\frac{\partial\varphi_a}{\partial\widetilde{p}_j}\left[\frac{\partial H(p',q')}{\partial\widetilde{q}_j}+\sum_{c=1}^{m}Q'_c(t)\frac{\partial\varphi_c(p',q')}{\partial\widetilde{q}_j}\right]\\&-\sum_{j=1}^{n-m}\frac{\partial\varphi_a}{\partial q'_j}\left[\frac{\partial H(p',q')}{\partial\widetilde{p}_j}+\sum_{c=1}^{m}Q'_c(t)\frac{\partial\varphi_c(p',q')}{\partial\widetilde{p}_j}\right].\end{aligned}$$

利用泊松括号式 (3.7.19), 上式右方化为①

$$\begin{aligned}&-\sum_{b=1}^{m}\frac{\partial\varphi_a}{\partial p'_b}\left[\frac{\partial H(p',q')}{\partial q'_b}+\sum_{c=1}^{m}Q'_c(t)\frac{\partial\varphi_c(p',q')}{\partial q'_b}\right]\\&+\sum_{b=1}^{m}\frac{\partial\varphi_a}{\partial q'_b}\left[\frac{\partial H(p',q')}{\partial p'_b}+\sum_{c=1}^{m}Q'_c(t)\frac{\partial\varphi_c(p',q')}{\partial p'_b}\right].\end{aligned}$$

按照式 (3.7.31), 上式第二项为零, 于是得出

$$\sum_{b=1}^{m}\frac{\partial\varphi_a}{\partial p'_b}\left[\dot{p}'_b+\frac{\partial H(p',q')}{\partial q'_b}+\sum_{c=1}^{m}Q'_c(t)\frac{\partial\varphi_c(p',q')}{\partial q'_b}\right]=0.$$

再由于 $\dfrac{\partial\varphi_a}{\partial p'_b}$ 的行列式不为零, 故有

$$\dot{p}'_b+\frac{\partial H(p',q')}{\partial q'_b}+\sum_{c=1}^{m}Q'_c(t)\frac{\partial\varphi_c(p',q')}{\partial q'_b}=0. \tag{3.7.38}$$

式 (3.7.37) 和 (3.7.38) 合起来就是以 p', q' 和 Q' 表示的 (3.7.17) 第二式.

最后我们指出：对于 $\widetilde{q}$ 和 $\widetilde{p}$, 初值的取值已无任何限制.

---

① $\dfrac{\partial\varphi_c(p',q')}{\partial q'_b}$ 是指保持 $\widetilde{q}, \widetilde{p}, p'$ 和除 q'_b 以外的其余 q' 不变情况下, 改变 q'_b 的值时 (从而不为零)φ_c 的变化率. 此变化率一般不为零.

3. 非阿贝尔规范场的动力学变量与约束

现在回到非阿贝尔规范场. 它的作用量式 (3.7.12) 具有式 (3.7.16) 的形式, $A_j^\alpha(\boldsymbol{x})$ 对应于 $q_j, -E_j^\alpha(\boldsymbol{x})$ 对应于 $p_j, A_0^\alpha(\boldsymbol{x})$ 对应于 Q_α. 如将 $A_j^\alpha(\boldsymbol{x})$, $-E_j^\alpha(\boldsymbol{x})$ 和 $A_0^\alpha(\boldsymbol{x})$ 都作为独立变量来变分, 则得出的方程为

$$\partial_0 E_j^\alpha + (\partial_l F_{lj}^\alpha - gc_{\alpha\beta\gamma} A_l^\beta F_{lj}^\gamma) - gc_{\alpha\beta\gamma} A_0^\beta E_j^\gamma = 0,$$

$$\partial_0 A_j^\alpha + E_j^\alpha + \partial_j A_0^\alpha - gc_{\alpha\beta\gamma} A_0^\beta A_j^\gamma = 0. \tag{3.7.39}$$

和

$$\Gamma^\alpha(x) \equiv \partial_j E_j^\alpha + gc_{\alpha\beta\gamma} A_j^\beta E_j^\gamma = \mathscr{D}_j^{\alpha\beta} E_j^\beta = 0, \tag{3.7.40}$$

亦与原来的方程 (3.7.5) 一致：因 (3.7.39) 的第二式就是

$$E_j^\alpha = -\mathrm{i} F_{4j}^\alpha, \tag{3.7.41}$$

将此式代入 (3.7.39) 第一式和式 (3.7.40) 后, 即将它们化为

$$\partial_\nu F_{\nu j}^\alpha + gc_{\alpha\beta\gamma} A_\nu^\beta F_{\nu j}^\gamma = 0,$$

$$\partial_\nu F_{\nu 4}^\alpha + gc_{\alpha\beta\gamma} A_\nu^\beta F_{\nu 4}^\gamma = 0,$$

合起来就是

$$\partial_\nu F_{\nu\mu}^\alpha + gc_{\alpha\beta\gamma} A_\nu^\beta F_{\nu\mu}^\gamma = 0. \tag{3.7.42}$$

此即式 (3.7.5).

这样, 从哈密顿理论体系来看, A_0^α 是拉格朗日乘子, 正则变量 A_j^α 和 $-E_j^\alpha$ 不是完全独立的, 它们之间存在约束条件式 (3.7.40). 根据正则变量间的泊松括号

$$-\{A_j^\alpha(\boldsymbol{x},t), E_l^\beta(\boldsymbol{y},t)\} = \delta_{jl}\delta_{\alpha\beta}\delta(\boldsymbol{x}-\boldsymbol{y}), \tag{3.7.43}$$

可以得出①

$$\{\Gamma^\alpha(\boldsymbol{x},t), \Gamma^\beta(\boldsymbol{y},t)\} = -gc_{\alpha\beta\gamma}\Gamma^\gamma(\boldsymbol{x},t)\delta(\boldsymbol{x}-\boldsymbol{y}) \sim 0,$$

$$\{H, \Gamma^\alpha(\boldsymbol{x},t)\} = 0. \tag{3.7.44}$$

---

①在推导 (3.7.44) 第一式时, 要利用 $E_j^\gamma(\boldsymbol{y}\cdot t)\dfrac{\partial}{\partial x_j}\delta(\boldsymbol{x}-\boldsymbol{y}) + E_j^\gamma(\boldsymbol{x}\cdot t)\dfrac{\partial}{\partial y_j}\delta(\boldsymbol{x}-\boldsymbol{y}) = \delta(\boldsymbol{x}-\boldsymbol{y})\dfrac{\partial}{\partial x_j}E_j^\gamma(\boldsymbol{x},t)$ 以及雅可比恒等式$c_{\alpha\beta\gamma}c_{\gamma\sigma\tau} + c_{\alpha\sigma\gamma}c_{\gamma\tau\beta} + c_{\alpha\tau\gamma}c_{\gamma\beta\sigma} = 0$. 而在推导 (3.7.44) 第二式时, 要利用 $c_{\alpha\beta\gamma}\left[(\partial_k A_j^\gamma)F_{kj}^\beta - gC_{\gamma\sigma\tau}F_{kj}^\tau A_k^\beta A_j^\sigma\right] = 0$. 此式可从 $\left[\mathscr{D}_j, \left[\mathscr{D}_k, F_{kj}\right]\right] = \frac{\mathrm{i}}{g}\left[\mathscr{D}_j\left[\mathscr{D}_k\cdot\left[\mathscr{D}_k, \mathscr{D}_j\right]\right]\right] = 0$ 推出.

这表明 H 和 Γ^α 满足式 (3.7.19) 的要求, 从而非阿贝尔规范场为一个广义的哈密顿系统. 我们可以引入辅助条件使它与一个常规的哈密顿系统等效.

当 $t\to\pm\infty$ 时, 由于浸渐移引, 约束条件式 (3.7.40) 中含 g 的项化为零. 因此它的渐近形式 (也就是加在渐近自由态上的约束) 为

$$\partial_j E_j^\alpha = \Delta\cdot E_{\mathrm{L}}^\alpha = 0,$$

即共轭动量的三维纵分量 (脚标 L 表示三维纵分量) 为零. 于是辅助条件的一个自然取法就是库仑规范条件 (规范势的三维纵分量为零)

$$\partial_j A_j^\alpha = \Delta\cdot A_{\mathrm{L}}^\alpha = 0. \tag{3.7.45}$$

下面来证明此条件满足式 (3.7.22) 所表述的要求. (3.7.22) 第一式中的泊松括号在此表现为

$$\begin{aligned}\{\Gamma^\alpha(\boldsymbol{x},t),\partial_j' A_j^\beta(\boldsymbol{x}',t)\} &= \{\mathscr{D}_l^{\alpha\gamma}(\boldsymbol{x})E_l^r(\boldsymbol{x},t),\partial_j' A_j^\beta(\boldsymbol{x}',t)\}\\ &= \mathscr{D}_j^{\alpha\beta}(\boldsymbol{x},t)\partial_j\delta^3(\boldsymbol{x}-\boldsymbol{x}')\equiv M_c^{\alpha\beta}(A,\boldsymbol{x},\boldsymbol{x}',t).\end{aligned} \tag{3.7.46}$$

在式 (3.7.45) 成立的条件下, M_c 实际上就是式 (3.2.44) 中所遇到的算符 $\partial_j\cdot\mathscr{D}_j^{\alpha\beta}$. 我们来证明, 在微扰论的范围内, 算符 M_c 的逆是存在的. 逆的存在等价于其 "行列式" 不为零.

算符 M_c 可写成两个算符之差的形式

$$M_c^{\alpha\beta} = (\delta_{\alpha\beta}\nabla^2 - gc_{\alpha\beta\gamma}A_j^\gamma\delta_j)\delta(\boldsymbol{x}-\boldsymbol{x}') \tag{3.7.47}$$

当 $gA=0$ 时, $M_c^{\alpha\beta}$ 化为 $\delta_{\alpha\beta}\nabla^2\delta(\boldsymbol{x}-\boldsymbol{x}')$, 此项的逆是存在的, 在 ∞ 处为零的条件下即为① $-\dfrac{1}{4\pi}\dfrac{\delta_{\alpha\beta}}{|\boldsymbol{x}-\boldsymbol{x}'|}$. 当 gA 足够小时, 我们可以求出 M_c^{-1} 的微扰展开式, 从而说明逆的存在.

---

① $\nabla^2\delta(\boldsymbol{x}-\boldsymbol{x}') = \dfrac{1}{(2\pi)^3}\nabla^2\int \mathrm{e}^{\mathrm{i}\boldsymbol{k}\cdot(\boldsymbol{x}-\boldsymbol{x}')}\mathrm{d}^3k = -\dfrac{1}{(2\pi)^3}\int k^2\mathrm{e}^{\mathrm{i}\boldsymbol{k}\cdot(\boldsymbol{x}-\boldsymbol{x}')}\mathrm{d}^3k$, 首先证明其逆为 (在三维空间无穷远处为零的边条件下) $-\dfrac{1}{(2\pi)^3}\int\dfrac{1}{k^2}\mathrm{e}^{\mathrm{i}\boldsymbol{k}\cdot(\boldsymbol{x}-\boldsymbol{x}')}\mathrm{d}^3k$:

$$\begin{aligned}&\mathrm{d}^3x''[-\frac{1}{(2\pi)^3}\int k^2\mathrm{e}^{\mathrm{i}\boldsymbol{k}\cdot(\boldsymbol{x}-\boldsymbol{x}'')}\mathrm{d}^3k][-\frac{1}{(2\pi)^3}\int\frac{1}{k'^2}\mathrm{e}^{\mathrm{i}\boldsymbol{k}'\cdot(\boldsymbol{x}''-\boldsymbol{x}')}\mathrm{d}^3k']\\ =&-\frac{1}{(2\pi)^3}\int k^2\mathrm{e}^{\mathrm{i}\boldsymbol{k}\cdot\boldsymbol{x}}\mathrm{d}^3k\int\frac{1}{k'^2}\mathrm{e}^{-\mathrm{i}k'\cdot\boldsymbol{x}'}\mathrm{d}^3k'\delta(k-k')\\ =&\frac{1}{(2\pi)^3}\int\mathrm{e}^{\mathrm{i}\boldsymbol{k}\cdot(\boldsymbol{x}-\boldsymbol{x}')}\mathrm{d}^3k=\delta(\boldsymbol{x}-\boldsymbol{x}').\end{aligned}$$

证毕.

其次, 在完成对 k 的方向角积分后, 上面求出的逆即化为 $-\dfrac{1}{4\pi}\dfrac{1}{|\boldsymbol{x}-\boldsymbol{x}'|}$.

一般地说, 若算符 L 等于两个算符 L_0 与 $\triangle$ 的差 ($L = L_0 - \triangle$), 则当 L 和 L_0 的逆存在时, 下述关系成立①

$$L^{-1} = L_0^{-1} + L_0^{-1}\triangle L^{-1}. \tag{3.7.48}$$

于是在 $\triangle$ 为小量的情况下, L^{-1} 的零级近似即为 L_0^{-1}. 通过逐步迭代可以求出以后各级近似. 最后得出 L^{-1} 的展开式为

$$L^{-1} = L_0^{-1} + L_0^{-1}\triangle L_0^{-1} + L_0^{-1}\triangle L_0^{-1}\triangle L_0^{-1} + \cdots \tag{3.7.49}$$

反过来, 只要 L_0^{-1} 存在而且 $\triangle$ 为小量使上式右方收敛, 那么 L 的逆就存在并由上式表示, 因不难验证

$$\begin{aligned}&L(L_0^{-1} + L_0^{-1}\triangle L_0^{-1} + L_0^{-1}\triangle L_0^{-1}\triangle L_0^{-1} + \cdots)\\&= (L_0 - \triangle)(L_0^{-1} + L_0^{-1}\triangle L_0^{-1} + L_0^{-1}\triangle L_0^{-1}\triangle L_0^{-1} + \cdots)\\&= 1.\end{aligned}$$

将以上结果应用到 M_c 上. 这时式 (3.7.48) 表现为

$$\begin{aligned}M_c^{-1}(A,\boldsymbol{x},\boldsymbol{y},t)^{\alpha\beta} = &-\frac{\delta_{\alpha\beta}}{4\pi|\boldsymbol{x}-\boldsymbol{y}|} - \frac{g}{4\pi}\int \mathrm{d}^3\boldsymbol{x}'\frac{1}{|\boldsymbol{x}-\boldsymbol{x}'|}\\&c_{\alpha\delta\gamma}A_j^\gamma(\boldsymbol{x}',t)\partial_j' M_c^{-1}(A,\boldsymbol{x}',\boldsymbol{y},t)^{\delta\beta}.\end{aligned} \tag{3.7.50}$$

在 gA 小时, 通过迭代即可出 M_c^{-1} 的微扰展开式, 从而论证了 M_c 的逆的存在.

(3.7.22) 第二式现在表现为

$$\{\partial_j A_j^\alpha(\boldsymbol{x},t), \partial_l' A_l^\beta(\boldsymbol{x}',t)\} = 0. \tag{3.7.51}$$

此式显然成立.

按上一小节所述, 我们可取新的正则坐标为 $[\nabla\cdot\boldsymbol{A}_{\mathrm{l}}^\alpha(\boldsymbol{x}), \boldsymbol{A}_{\mathrm{T}}^\alpha(\boldsymbol{x})]$, 其中 $\boldsymbol{A}_{\mathrm{T}}^\alpha$ 代表 $\boldsymbol{A}^\alpha$ 的横场部分, 具有两个独立的分量, 它对应于式 (3.7.24) 中的 $\widetilde{q}$. 由于横场与纵场的点乘积的三维积分为零, 故作用量式 (3.7.12) 中的第一项 $-\int \mathrm{d}^4\boldsymbol{x}(\partial_0\boldsymbol{A}^\alpha)\cdot\boldsymbol{E}^\alpha$ 可化为 $-\int \mathrm{d}^4\boldsymbol{x}(\partial_0 A_{\mathrm{L}}^\alpha\cdot\boldsymbol{E}_{\mathrm{L}}^\alpha + \partial_0\boldsymbol{A}_{\mathrm{T}}^\alpha\cdot\boldsymbol{E}_{\mathrm{T}}^\alpha)$. 再将 $\boldsymbol{E}_{\mathrm{L}}^\alpha$ 表示成标量函数的梯度:

$$\boldsymbol{E}_{\mathrm{L}}^\alpha = \nabla\pi^\alpha, \tag{3.7.52}$$

代入上述表达式后即将它化为 $\int \mathrm{d}^4\boldsymbol{x}[\pi^\alpha\partial_0(\nabla\cdot\boldsymbol{A}_{\mathrm{L}}^\alpha) - (\partial_0 A_{\mathrm{T}}^\alpha)\cdot\boldsymbol{E}_{\mathrm{T}}^\alpha]$.

① 因为 $L^{-1} = L_0^{-1}L_0L^{-1} = L_0^{-1}[(L_0-\triangle)L^{-1} + \triangle L^{-1}] = L_0^{-1}(1+\triangle L^{-1})$.

这样, 与 $\nabla\cdot\boldsymbol{A}_{\mathrm{L}}^{\alpha}$ 共轭的正则动量即为 $\pi^{\alpha}(\boldsymbol{x})$, 它与式 (3.7.25) 中的 p_a' 相当. 与 $\boldsymbol{A}_{\mathrm{T}}^{\alpha}$ 共轭的正则动量为 $-\boldsymbol{E}_{\mathrm{T}}^{\alpha}$, 它相当于该式中的 $\widetilde{p}_j$.

π^{α} 可通过约束条件式 (3.7.40) 用 $\boldsymbol{A}_{\mathrm{T}}^{\alpha}$ 和 $-\boldsymbol{E}_{\mathrm{T}}^{\alpha}$ 表示出来. 因为将式 (3.7.52) 代入约束条件式 (3.7.40) 后, 再利用辅助条件式 (3.7.45)(它相当于说 $\boldsymbol{A}^{\alpha}$ 为横场, 即 $\boldsymbol{A}_{\mathrm{L}}^{\alpha}=0$) 就可化出

$$\nabla^2\pi^{\alpha}+gc_{\alpha\beta\gamma}\boldsymbol{A}_{\mathrm{T}}^{\beta}\cdot\nabla\pi^{\gamma}=-gc_{\alpha\beta\gamma}\boldsymbol{A}_{\mathrm{T}}^{\beta}\cdot\boldsymbol{E}_{\mathrm{T}}^{\gamma}.$$

此式也就是

$$\begin{aligned}\partial_j\mathscr{D}_j^{\alpha\beta}(\boldsymbol{A}_{\mathrm{T}})\pi^{\beta}&\equiv\int M_c^{\alpha\beta}(\boldsymbol{A}_{\mathrm{T}},\boldsymbol{x},\boldsymbol{x}',t)\pi^{\beta}(\boldsymbol{x}',t)\mathrm{d}^3\boldsymbol{x}'\\&=-gc_{\alpha\beta\gamma}\boldsymbol{A}_{\mathrm{T}}^{\beta}(\boldsymbol{x})\boldsymbol{E}_{\mathrm{T}}^{\gamma}(\boldsymbol{x}).\end{aligned}$$

既然 M_c 的逆存在 (在微扰论范围内), 则 π(从而 $\boldsymbol{E}_{\mathrm{L}}$) 可以解出来作为 $\boldsymbol{A}_{\mathrm{T}}$ 和 $\boldsymbol{E}_{\mathrm{T}}$ 的函数.

将上述求出的 $\boldsymbol{E}_{\mathrm{L}}$ 和 “$\boldsymbol{A}_{\mathrm{L}}=0$” 代入到哈密顿量 $H(\boldsymbol{A},\boldsymbol{E})$ 中, 即可化出 $\widetilde{H}(\boldsymbol{A}_{\mathrm{T}},\boldsymbol{E}_{\mathrm{T}})$. 这时 $\boldsymbol{A}_{\mathrm{T}}^{\alpha}$ 和 $(-\boldsymbol{E}_{\mathrm{T}}^{\alpha})$ 即代表规范场的独立的正则变量. 对于每个群指标 α, 它们共有四个分量. 而作为拉格朗日乘子的 $\boldsymbol{A}_0^{\alpha}$, 则像前面的 Q_a 一样, 可由 $\boldsymbol{A}_{\mathrm{T}}^{\alpha}$ 和 $\boldsymbol{E}_{\mathrm{T}}^{\alpha}$ 确定.

以上结果与 “$\boldsymbol{A}^{\alpha}$ 实际上只有两个物理的偏振状态” 的通常结论是完全一致的.

第四章　非阿贝尔规范场的量子化

在非阿贝尔规范场经典理论提出后的相当长一段时间内, 它的量子化问题一直没有很好地得到解决. 费恩曼曾指出, 采用简单猜测得出来的费恩曼规则所求出的 S 矩阵是不幺正的. 直到 1967 年, Faddeev 和 Popov 才通过泛函积分的途径, 对非阿贝尔规范场的量子化问题作了完满解答, 明确地给出推导费恩曼规则的系统方法. 从他们的工作可以看出, 非阿贝尔规范场量子化时出现复杂性 (与电动力学相比) 的原因在于, 约束条件不是简单的 $\partial_j E_j = 0$, 而是 $\partial_j E_j + gc_{\alpha\beta\gamma}A_j^\beta E_j^\gamma = 0$, 上式右方是场量的非线性函数. 从另外的角度, 也可说复杂性是由于 A_μ^α 在作规范变换时, 其 δA_μ^α 除了含 $-\dfrac{1}{g}\partial_\mu\lambda^\alpha(x)$ 项 (这一项与电动力学相似) 以外, 还有一项 $gc_{\alpha\beta\gamma}\delta\lambda^\beta A_\mu^\gamma$, 此项既与 $\delta\lambda$ 有关又与 A_μ 有关.[①] 这样, 在对格林函数生成泛函的泛函积分表达式引入规范固定项以消除规范任意性时, 还需要再加上一补偿项才能得出正确的结果. 差不多与此同时, De Witt(1967 年) 和 Mandelstam(1968 年) 也给出了正确的费恩曼规则.

在本章中, 我们将采用泛函积分量子化的方法来讨论这一问题.

4.1　库仑规范下的量子化

根据上节关于约束系统动力学的讨论, 不难在库仑规范下对规范场进行量子化. 为阐述清楚起见, 我们仍先对 n 个自由度的广义哈密顿系统的量子化问题进行讨论, 然后再过渡到非阿贝尔规范场的情况.

1. 广义哈密顿系统的量子化

对于原自由度为 n 的可约哈密顿系统 (即广义的哈密顿系统), 可以按上节的办法先从 (q_j, p_j) 中分出独立的正则变量 $(\widetilde{q}_j, \widetilde{p}_j)$, $(j = 1, 2, \cdots, n-m)$, 然后按常规的泛函积分 (路径积分) 方法来量子化.

我们用

$$\widetilde{q}_j^{(0)} = \widetilde{q}_j(t_0), \qquad \widetilde{q}_j^{(f)} = \widetilde{q}_j(t_f)$$

---

① 参见后文中的讨论.

来表示 $\widetilde{q}_j$ 的初值和终值, 则跃迁概率幅为

$$
\begin{aligned}
&G(\widetilde{q}_1^{(f)},\widetilde{q}_2^{(f)},\cdots,\widetilde{q}_{n-m}^{(f)},\ t_f;\ \widetilde{q}_1^{(0)},\widetilde{q}_2^{(0)},\cdots,\widetilde{q}_{n-m}^{(0)},\ t_0)\\
=&\langle\widetilde{q}_1^{(f)},\widetilde{q}_2^{(f)},\cdots,\widetilde{q}_{n-m}^{(f)},\ t_f|\widetilde{q}_1^{(0)},\widetilde{q}_2^{(0)},\cdots,\widetilde{q}_{n-m}^{(0)},\ t_0\rangle\\
=&\int\prod_j\left[\frac{\mathrm{d}\widetilde{q}_j(t)\mathrm{d}\widetilde{p}_j(t)}{2\pi}\right]\mathrm{e}^{\mathrm{i}\int_{t_0}^{t_f}[\widetilde{p}_j\dot{\widetilde{q}}_j-\widetilde{H}(\widetilde{q}_j,\widetilde{p}_j)]\mathrm{d}t},
\end{aligned}
\tag{4.1.1}
$$

其中的积分变量 $\widetilde{q}_j(t)$ 应具有给定的初值 $\widetilde{q}_j^{(0)}$ 和终值 $\widetilde{q}_f^{(0)}$, 而对 $\widetilde{p}_j(t)$ 则无限制.

不过这样处理比较复杂, 因先要从约束条件解出 $p'_a(a=1,2,\cdots,m)$ 然后代入哈密顿量中将它用 $\widetilde{p}_j$ 和 $\widetilde{q}_j$ 表示出来 (即求出 $\widetilde{H}$). 更方便地是采用原来形式的作用量,

$$
I=\int\left[\sum_{j=1}^{n}p_j\dot{q}_j-H(p,q)-\sum_{a=1}^{m}Q_a\varphi_a(p,q)\right]\mathrm{d}t,
\tag{4.1.2}
$$

并将对 $(\widetilde{q}_j,\widetilde{p}_j)$ 的路径积分改换成对原来的 $2n+m$ 个变量 $(p_j,\ q_j,\ Q_a)$ 的路径积分.

下面我们来证明两者等价. 首先证明, 式 (4.1.1) 所定义的跃迁概率幅 G 可以改写为

$$
\begin{aligned}
G(\widetilde{q}_j^{(f)},t_f;\widetilde{q}_j^{(0)},t_0)=&\int\prod_{j,a}\left[\frac{\mathrm{d}q_j(t)\mathrm{d}p_j(t)}{2\pi}\right]\left[\frac{\mathrm{d}Q_a(t)}{2\pi}\right]\prod_{b,t}\delta(\beta_b)\\
&\times\prod_t\det\{\varphi,\beta\}\exp\int_{t_0}^{t_f}\mathrm{i}[\Sigma p_j\dot{q}_j-H(p,q)-Q_a\varphi_a(p,q)]\mathrm{d}t,
\end{aligned}
\tag{4.1.3}
$$

端条件仍只加在 $\widetilde{q}_j(t)$ 上, 同前面一样.

为此, 先对式 (4.1.3) 中的 Q_a 积分, 结果为

$$
G=\int\prod_{j,a}\left[\frac{\mathrm{d}q_j(t)\mathrm{d}p_j(t)}{2\pi}\right]\prod_{b,t}\delta(\beta_b)\prod_t\det|\{\varphi,\beta\}|\prod_{a,t}\delta(\varphi_a)\mathrm{e}^{\mathrm{i}\int_{t_0}^{t_f}[\Sigma p_j\dot{q}_j-H]\mathrm{d}t}.
\tag{4.1.4}
$$

然后将积分变量 q_j 和 p_j 换成 $(q',\widetilde{q})$ 和 $(p',\widetilde{p})$. 在采用新变量后, 除了可能的 (-1) 因子外, 有下述关系式

$$
\prod_{b,t}\delta(\beta_b)\prod_t\det\{\varphi_c,\beta_b\}\prod_{a,t}\delta(\varphi_a)=\prod_{b,t}\delta(q'_b)\prod_t\left\|\frac{\partial\varphi_c}{\partial p'_b}\right\|\prod_{a,t}\delta(\varphi_a).
$$

再考虑到在 $q'_b=0$ 的条件下, $p'_a=F_a(\widetilde{p},\widetilde{q})$ 是 $\varphi_a=0$ 的根, 上述乘积即可写成 $\prod\limits_{b,t}\delta(q'_b)\prod\limits_{a,t}\delta(p'_a-F_a(\widetilde{p},\widetilde{q}))$. 将此代入式 (4.1.4) 并对 q' 和 p' 积分后, 即化出式 (4.1.1). 这表明了此两式等价.

将以上结果推广用到非阿贝尔场. 约束条件现在为

$$\partial_j E_j^\alpha(\boldsymbol{x},t)+gc_{\alpha\beta\gamma}A_j^\beta(\boldsymbol{x},t)E_j^\gamma(\boldsymbol{x},t)=0. \tag{4.1.5}$$

在这里, "α 和 $\boldsymbol{x}$" 像 j 一样都代表自由度指标. 如第三章中所指出的, 由于式 (4.1.5) 的渐近形式为 $\partial_j E_j^\alpha(\boldsymbol{x},t)=0$ ($\boldsymbol{E}^\alpha$ 的三维纵分量为零), 辅助条件最自然的取法即为库仑规范条件 ($\boldsymbol{A}^\alpha$ 的三维纵分量为零)

$$\partial_j A_j^\alpha(\boldsymbol{x},t)=0. \tag{4.1.6}$$

因此这一节我们先来讨论库仑规范下的量子化.

在此规范下, 独立的正则变量为 $\boldsymbol{A}_\mathrm{T}^\alpha$ 和 $(-\boldsymbol{E}_\mathrm{T}^\alpha)$. $\boldsymbol{A}_\mathrm{L}$ 为零, $\boldsymbol{E}_\mathrm{L}$ 可用 $\boldsymbol{A}_\mathrm{T}$ 和 $\boldsymbol{E}_\mathrm{T}$ 表示出来, 从而哈密顿量可表成 $\widetilde{H}(\boldsymbol{A}_\mathrm{T}^\alpha,\boldsymbol{E}_\mathrm{T}^\alpha)$.

将 $\hat{\boldsymbol{A}}_\mathrm{T}^\alpha$ 和 $\hat{\boldsymbol{E}}_\mathrm{T}^\alpha$ 按平面波展开, 即可引入横场量子的吸收和发射算符. 相应的经典展式为

$$\begin{aligned}\boldsymbol{A}_\mathrm{T}^\alpha(x)&=\sum_{s=1,2}\int \mathrm{d}\widetilde{k}\frac{1}{(2\pi)^{3/2}}\boldsymbol{e}^s(\boldsymbol{k})\left[a_s^\alpha(\boldsymbol{k},t)\mathrm{e}^{\mathrm{i}\boldsymbol{k}\cdot\boldsymbol{x}}+a_s^\alpha(\boldsymbol{k},t)^*\mathrm{e}^{-\mathrm{i}\boldsymbol{k}\cdot\boldsymbol{x}}\right],\\ \boldsymbol{E}_\mathrm{T}^\alpha(x)&=\sum_{s=1,2}\int \mathrm{d}\widetilde{k}\frac{\mathrm{i}\omega}{(2\pi)^{3/2}}\boldsymbol{e}^s(\boldsymbol{k})\left[a_s^\alpha(\boldsymbol{k},t)\mathrm{e}^{\mathrm{i}\boldsymbol{k}\cdot\boldsymbol{x}}-a_s^\alpha(\boldsymbol{k},t)^*\mathrm{e}^{-\mathrm{i}\boldsymbol{k}\cdot\boldsymbol{x}}\right],\end{aligned} \tag{4.1.7}$$

其中, $\boldsymbol{e}^s(\boldsymbol{k})$ 代表与 $\boldsymbol{k}$ 垂直的两个单位矢量, 它们之间亦互相垂直. 为方便计, 我们并取 $\boldsymbol{e}^s(-\boldsymbol{k})=-\boldsymbol{e}^s(\boldsymbol{k})$.

利用第二章全纯表象中的泛函积分量子化公式, 我们可以直接写出库仑规范下的 S 矩阵元表达式 (参见式 (2.4.6))

$$\begin{aligned}S\big(\boldsymbol{a}_s^\alpha(\boldsymbol{k})_f^*,\boldsymbol{a}_s^\alpha(\boldsymbol{k})_0\big)=&\lim_{\substack{t_0\to-\infty\\ t_f\to+\infty}}\int \mathrm{D}^2\boldsymbol{a}_s^\alpha(\boldsymbol{k},t)\exp\bigg\{\frac{1}{2}\int \mathrm{d}\widetilde{k}[\boldsymbol{a}_s^\alpha(\boldsymbol{k})_f^*\boldsymbol{a}_s^\alpha(\boldsymbol{k},t_f)\mathrm{e}^{\mathrm{i}\omega t_f}\\ &+\boldsymbol{a}_s^\alpha(\boldsymbol{k},\boldsymbol{t}_0)^*\boldsymbol{a}_s^\alpha(\boldsymbol{k})_0\mathrm{e}^{-\mathrm{i}\omega t_0}+\mathrm{i}\int_{t_0}^{t_f}\mathrm{d}\boldsymbol{t}\bigg[\int \mathrm{d}\widetilde{k}\frac{1}{2\mathrm{i}}\big(\dot{\boldsymbol{a}}_s^\alpha(\boldsymbol{k},t)^*\boldsymbol{a}_s^\alpha(\boldsymbol{k},t)\\ &-\boldsymbol{a}_s^\alpha(\boldsymbol{k},t)^*\dot{\boldsymbol{a}}_s^\alpha(\boldsymbol{k},t)\big)-\widetilde{H}\big(\boldsymbol{a}_s^\alpha(\boldsymbol{k},t),\boldsymbol{a}_s^\alpha(\boldsymbol{k},t)^*\big)\bigg]\bigg\},\end{aligned} \tag{4.1.8}$$

端条件为

$$a_s^\alpha(\boldsymbol{k},t)=a_s^\alpha(\boldsymbol{k})_0\mathrm{e}^{-\mathrm{i}\omega t_0},\quad a_s^\alpha(\boldsymbol{k},t_f)^*=a_s^\alpha(\boldsymbol{k})_f^*\mathrm{e}^{\mathrm{i}\omega t_f}.$$

定义

$$\begin{aligned}A_s^\alpha(\boldsymbol{x},t)&=\frac{1}{(2\pi)^{3/2}}\int \mathrm{d}\widetilde{k}[\boldsymbol{a}_s^\alpha(\boldsymbol{k},t)\mathrm{e}^{\mathrm{i}\boldsymbol{k}\cdot\boldsymbol{x}}+\boldsymbol{a}_s^\alpha(\boldsymbol{k},t)^*\mathrm{e}^{-\mathrm{i}\boldsymbol{k}\cdot\boldsymbol{x}}],\\ E_s^\alpha(\boldsymbol{x},t)&=\frac{1}{(2\pi)^{3/2}}\int \mathrm{d}\widetilde{k}\mathrm{i}\omega[\boldsymbol{a}_s^\alpha(\boldsymbol{k},t)\mathrm{e}^{\mathrm{i}\boldsymbol{k}\cdot\boldsymbol{x}}-\boldsymbol{a}_s^\alpha(\boldsymbol{k},t)^*\mathrm{e}^{-\mathrm{i}\boldsymbol{k}\cdot\boldsymbol{x}}],\end{aligned} \tag{4.1.9}$$

它们相当于 $\boldsymbol{A}_{\mathrm{T}}^{\alpha}$ 和 $\boldsymbol{E}_{\mathrm{T}}^{\alpha}$. 仿第二章中的处理, 即可将对 $\boldsymbol{a}_s^{\alpha}(\boldsymbol{k},t)$ 和 $\boldsymbol{a}_s^{\alpha}(\boldsymbol{k},t)^*$ 的泛函积分转化为对 $A_s^{\alpha}(\boldsymbol{x},\boldsymbol{t})$ 和 $E_s^{\alpha}(\boldsymbol{x},\boldsymbol{t})$ 的泛函积分, 结果为

$$S(\boldsymbol{a}_s^{\alpha}(\boldsymbol{k})_f^*,\boldsymbol{a}_s^{\alpha}(\boldsymbol{k})_0)=\lim_{\substack{t_0\to-\infty\\ t_f\to+\infty}}\int \mathrm{D}(A_s^{\alpha})\mathrm{D}(E_s^{\alpha})$$

$$\exp\left\{\frac{1}{2}\int \mathrm{d}\widetilde{k}[\boldsymbol{a}_s^{\alpha}(\boldsymbol{k})_f^*\mathrm{e}^{\mathrm{i}\omega t_f}\boldsymbol{a}_s^{\alpha}(\boldsymbol{k},t_f)+\boldsymbol{a}_s^{\alpha}(\boldsymbol{k},t_0)^*\boldsymbol{a}_s^{\alpha}(\boldsymbol{k})_0\mathrm{e}^{-\mathrm{i}\omega t_0}\right.$$
$$\left.+\mathrm{i}\int \mathrm{d}^4\boldsymbol{x}\left[\frac{1}{2}(-E_s^{\alpha}(\boldsymbol{x},t)\dot{A}_s^{\alpha}(\boldsymbol{x},t)+\dot{E}_s^{\alpha}(\boldsymbol{x},t)A_s^{\alpha}(\boldsymbol{x},t)-\widetilde{\mathscr{H}}(E_s^{\alpha},A_s^{\alpha})\right]\right\}\tag{4.1.10}$$

其中, $\widetilde{\mathscr{H}}$ 是原来的哈密顿量密度 $\mathscr{H}$ 在 "$\boldsymbol{A}_{\mathrm{L}}^{\alpha}$ 取为零, $\boldsymbol{E}_{\mathrm{L}}^{\alpha}$ 用 $(E_s^{\alpha},A_s^{\alpha})$ 表示" 以后所化出的结果.

由于 $\boldsymbol{E}_{\mathrm{L}}^{\alpha}$ 用 $(E_s^{\alpha},A_s^{\alpha})$ 表示时具有按 g 的幂次展开的形式, 因而 $\widetilde{\mathscr{H}}$ 作为 $(A_s^{\alpha},E_s^{\alpha})$ 的函数, 其形式将很复杂. 如前面指出的, 较方便的是采用原来形式的 $\mathscr{H}$, 并将泛函积分变量改用 $\boldsymbol{A}^{\alpha}(\boldsymbol{x},t)$, $\boldsymbol{E}^{\alpha}(\boldsymbol{x},t)$ 和 $A_0^{\alpha}(\boldsymbol{x},t)$. 我们可像前面对 n 个自由度的约束系统所作的那样, 完成这一转化.

根据规范场与 n 自由度约束系统间的对应关系

$$\beta_b\to\partial_jA_j^{\alpha},\qquad \det\{\varphi,\beta\}\to\mathrm{DetM}_c(A),\tag{4.1.11}$$

即可写出

$$S=\lim_{\substack{t_0\to-\infty\\ t_f\to+\infty}}\int \mathrm{D}(A_{\mu}^{\alpha})\mathrm{D}(E_j)\prod_{\alpha,x}\delta(\partial_jA_f^{\alpha}(\boldsymbol{x}))\prod_t\mathrm{DetM}_c(A)$$
$$\times\exp\left\{\frac{1}{2}\int \mathrm{d}\widetilde{\boldsymbol{k}}[\boldsymbol{a}_s^{\alpha}(\boldsymbol{k})_f^*\mathrm{e}^{\mathrm{i}\omega t_f}\boldsymbol{a}_s^{\alpha}(\boldsymbol{k},t_f)+\boldsymbol{a}_s^{\alpha}(\boldsymbol{k},t_0)^*\boldsymbol{a}_s^{\alpha}(\boldsymbol{k})_0\mathrm{e}^{-\mathrm{i}\omega t_0}]+\mathrm{i}I\right\},\tag{4.1.12}$$

其中的作用量 I 具有下述形式

$$I=\int \mathrm{d}^4x\left[\frac{1}{2}(-E_j^{\alpha}\dot{A}_j^{a}+\dot{E}_j^{\alpha}A_j^{\alpha})-\mathscr{H}+A_0^{\alpha}(\partial_jE_j^{\alpha}+gc_{\alpha\beta\gamma}A_j^{\beta}E_j^{\gamma}E_j^{\gamma})\right].\tag{4.1.13}$$

它与式 (3.7.12) 基本上相同, 只是 $-E_j^{\alpha}\dot{A}_j^{\alpha}$ 换成了 $\dfrac{1}{2}(-E_j^{\alpha}\dot{A}_j^{\alpha}+\dot{E}_j^{\alpha}A_j^{\alpha})$. 这两者相差为一个对时间的全微分项①, 对于泛函积分来说, 两者是等价的 (参见式 (4.1.18) 下面的讨论).

关于函数空间行列式 (Det) 的定义, 我们已在 2.5 节中作过说明. 为了给出 Det $\mathrm{M}_c(A)$ 的具体表达式, 我们先将它写成

$$\mathrm{M}_c(A)=\nabla^2-\mathrm{i}g\boldsymbol{A}_j\partial_j,\tag{4.1.14}$$

① 此一差别来源于这里采用的是全纯表象而不是坐标表象.

其中, $\boldsymbol{A}_j \equiv L^\alpha A_j^\alpha$, L^α 为群的伴随表示. 在将上式右方提出因子 ∇^2 后, 即得

$$\mathrm{DetM}_c(A) = \mathrm{Det}\nabla^2 \mathrm{Det}[1 - \mathrm{i}g(\nabla^2)^{-1}\boldsymbol{A}_j\partial_j].$$

其中的 $\mathrm{Det}\nabla^2$ 只贡献一个与场量无关的因子, 可以吸收到规格化因子中去, 于是

$$\mathrm{DetM}_c(A) \to \mathrm{Det}(1-\varLambda) = \mathrm{e}^{\mathrm{Trln}(1-\varLambda)}, \quad \varLambda = \mathrm{i}g(\nabla^2)^{-1}\boldsymbol{A}_j\partial_j. \tag{4.1.15}$$

上式中的 $\mathrm{Trln}(1-\varGamma)$ 可展开为

$$\mathrm{Trln}(1-\varLambda) = -\sum_n \frac{1}{n}\int \mathrm{d}^3\boldsymbol{x}_1 \cdots \int \mathrm{d}^3\boldsymbol{x}_n \mathrm{tr}\varLambda(\boldsymbol{x}_1,\boldsymbol{x}_2,t)\varLambda(\boldsymbol{x}_2,\boldsymbol{x}_3,t)\cdots\varLambda(\boldsymbol{x}_n,\boldsymbol{x}_1,t). \tag{4.1.16}$$

小写的 tr 代表普通矩阵的求迹, 在这里也就是对群空间中的矩阵求迹, $\varLambda(\boldsymbol{x},\boldsymbol{x}',t) = \mathrm{i}g(\nabla^2)^{-1}\boldsymbol{A}_j(\boldsymbol{x},t)\partial_j\delta(\boldsymbol{x}-\boldsymbol{x}')$.

有了 S 矩阵的表达式, 格林函数生成泛函也就可以写出. 引入矢量场 A_μ^α 的源函数 J_μ^α, 则有

$$Z[J] = \int \mathrm{D}(A_\mu^\alpha)\mathrm{D}(E_j)\prod_{\alpha,\boldsymbol{x}}\delta(\partial_j A_j^\alpha(\boldsymbol{x}))\prod_t \mathrm{DetM}_c(A)$$
$$\exp\left\{\mathrm{i}\int \mathrm{d}^4\boldsymbol{x}\left[\frac{1}{2}(-E_j^\alpha\dot{A}_j^\alpha + \dot{E}_j^\alpha A_j^\alpha) - \mathscr{H} + A_0^\alpha(\partial_j E_j^\alpha + gc_{\alpha\beta\gamma}A_j^\beta E_j^\gamma) + A_\mu^\alpha J_\mu^\alpha\right]\right\} \tag{4.1.17}$$

2. *S* 算符和格林函数生成泛函的进一步化简

我们可以仿照第二章中的处理, 把 S 中对 E_j^α 的泛函积分积出来. 令 $E_j'^\alpha$ 为 E_j^α 对其经典值的偏离, 即

$$E_j'^\alpha = E_j^\alpha + (\partial_0 A_j^\alpha + \partial_j A_0^\alpha - gc_{\alpha\beta\gamma}A_0^\beta A_j^\gamma), \tag{4.1.18}$$

则对 E_j^α 的泛函积分可转化为对 $E_j'^\alpha$ 的泛函积分. 在对 $E_j'^\alpha$ 积分前, 先将作用量式 (4.1.13) 中的第一项 $\frac{1}{2}(-E_j^\alpha\dot{A}_j^\alpha + \dot{E}_j^\alpha A_j^\alpha)$ 改写成 $-E_j^\alpha\dot{A}_j^\alpha$, 这是因为 "两者的差 $\frac{1}{2}\partial_0(E_j^\alpha A_j^\alpha)$" 对四维 $\boldsymbol{x}$ 的积分等于

$$\int \mathrm{d}^3\boldsymbol{x}E_j^\alpha A_j^\alpha\bigg|_{t_0}^{t_f} = \frac{\mathrm{i}}{2}\int \mathrm{d}\widetilde{k}[\boldsymbol{a}_s^\alpha(\boldsymbol{k},t)\boldsymbol{a}_s^\alpha(-\boldsymbol{k},t) - \boldsymbol{a}_s^\alpha(\boldsymbol{k},t)^*\boldsymbol{a}_s^\alpha(-\boldsymbol{k},t)^*]_{t_0}^{t_f}.$$

当 $t_f \to +\infty$, $t_0 \to -\infty$ 时, 按照约定 $\mathrm{e}^{\pm\mathrm{i}\infty} = 0$, 上式化为零. 这样, 作用量可化为式 (4.1.13) 所定义的 I:

$$I = \int \mathrm{d}^4x\left[-\frac{1}{2}E_j'^\alpha E_j'^\alpha - \frac{1}{4}F_{\mu\nu}^\alpha F_{\mu\nu}^\alpha + \text{三维散度项}\right] \to \int \mathrm{d}^4x\left[-\frac{1}{2}E_j'^\alpha E_j'^\alpha - \frac{1}{4}F_{\mu\nu}^\alpha F_{\mu\nu}^\alpha\right], \tag{4.1.19}$$

因上式中的三维散度项对 $\boldsymbol{x}$ 积分后为零.

我们看到在 I 中 $E_j'^{\alpha}$ 已完全被分离出来. 对 $E_j'^{\alpha}$ 的泛函积分为高斯型积分, 积出后的值可归入规格化常数中去. 于是式 (4.1.12) 就化成

$$S=\lim\int \mathrm{D}(A_\mu^\alpha)\prod_{\alpha,x}\delta(\partial_j A_j^\alpha)\prod_t \mathrm{DetM}_c(A)$$
$$\exp\left\{\frac{1}{2}\int \mathrm{d}\widetilde{k}[a_s^\alpha(\boldsymbol{k})_j^*\mathrm{e}^{\mathrm{i}\omega t_f}a_s^\alpha(\boldsymbol{k},t_f)+a_s^\alpha(\boldsymbol{k},t_0)^*a_s^\alpha(\boldsymbol{k})_0\mathrm{e}^{-\mathrm{i}\omega t_0}]-\frac{\mathrm{i}}{4}\int F_{\mu\nu}^\alpha F_{\mu\nu}^\alpha \mathrm{d}^4\boldsymbol{x}\right\} \tag{4.1.20}$$

$\boldsymbol{A}^\alpha$ 的端条件为

$$\begin{aligned}\boldsymbol{A}^\alpha(\boldsymbol{x})_{t\to-\infty}&\to\frac{1}{(2\pi)^{3/2}}\int \mathrm{d}\widetilde{k}\boldsymbol{e}^s(\boldsymbol{k})[a_s^\alpha(\boldsymbol{k})_0\mathrm{e}^{\mathrm{i}kx}+a_s^\alpha(\boldsymbol{k})_{\mathrm{in}}^*\mathrm{e}^{-\mathrm{i}kx}],\\ \boldsymbol{A}^\alpha(\boldsymbol{x})_{t\to+\infty}&\to\frac{1}{(2\pi)^{3/2}}\int \mathrm{d}\widetilde{k}\boldsymbol{e}^s(\boldsymbol{k})[a_s^\alpha(\boldsymbol{k})_{\mathrm{out}}\mathrm{e}^{\mathrm{i}kx}+a_s^\alpha(\boldsymbol{k})_f^*\mathrm{e}^{-\mathrm{i}kx}].\end{aligned} \tag{4.1.21}$$

式 (4.1.20) 中的端点项也可像第二章一样处理. 仿前引入

$$\mathscr{A}^\alpha(x)=\sum_{s=1}^{2}\int \mathrm{d}\widetilde{k}\frac{1}{(2\pi)^{3/2}}\boldsymbol{e}^s[a_s^\alpha(\boldsymbol{k})_0\mathrm{e}^{\mathrm{i}kx}+a_s^\alpha(\boldsymbol{k})_f^*\mathrm{e}^{-\mathrm{i}kx}], \tag{4.1.22}$$

即可将端点项化为

$$\int \mathrm{d}\widetilde{k}a_s^\alpha(\boldsymbol{k})_f^*a_s^\alpha(\boldsymbol{k})_0-\mathrm{i}\int \mathrm{d}^3\boldsymbol{x}\dot{\mathscr{A}}^\alpha\cdot\boldsymbol{A}^\alpha|_{t_0}^{t_f}. \tag{4.1.23}$$

我们还可以将以上结果进一步变形. 为此定义

$$A_\mu'^\alpha(x)=A_\mu^\alpha(x)-\mathscr{A}_\mu^\alpha(x), \tag{4.1.24}$$

其中

$$\mathscr{A}_0^\alpha(x)\equiv 0,$$

于是 $-\dfrac{1}{4}F_{\mu\nu}^\alpha F_{\mu\nu}^\alpha$ 中的 $\dfrac{1}{2}(\partial_0A_j^\alpha+\partial_jA_0^\alpha)^2$ 可写成

$$\frac{1}{2}(\partial_0A_j'^\alpha+\partial_jA_0'^\alpha)^2+(\partial_0A_j'^\alpha+\partial_jA_0'^\alpha)\partial_0\mathscr{A}_j^\alpha+\frac{1}{2}(\partial_0\mathscr{A}_j^\alpha)^2.$$

利用 $\partial_j\mathscr{A}_j^\alpha=0$, 上式中的 $(\partial_jA_0'^\alpha)(\partial_0\mathscr{A}_j^\alpha)$ 化为 $\partial_j(A_0'^\alpha\partial_0\mathscr{A}_j^\alpha)$, 这是一个三维散度项, 积分后等于零. 因此有

$$\begin{aligned}\frac{1}{2}(\partial_0A_j^\alpha+\partial_jA_0^\alpha)^2\to&\frac{1}{2}(\partial_0A_j'^\alpha+\partial_jA_0'^\alpha)^2+\partial_0(A_j'^\alpha\partial_0\mathscr{A}_j^\alpha)-A_j'^\alpha(\partial_0^2\mathscr{A}_j^\alpha)\\&+\frac{1}{2}\partial_0(\mathscr{A}_j^\alpha\partial_0\mathscr{A}_j^\alpha)-\frac{1}{2}\mathscr{A}_j^\alpha\partial_0^2\mathscr{A}_j^\alpha.\end{aligned} \tag{4.1.25}$$

$-\dfrac{1}{4}F_{\mu\nu}^\alpha F_{\mu\nu}^\alpha$ 中的另一个二次项 $-\dfrac{1}{4}(\partial_jA_k^\alpha-\partial_kA_j^\alpha)^2$ 可写成

$$-\frac{1}{4}(\partial_jA_k'^\alpha-\partial_kA_j'^\alpha)^2-(\partial_jA_k'^\alpha)(\partial_j\mathscr{A}_k^\alpha-\partial_k\mathscr{A}_j^\alpha)-\frac{1}{2}(\partial_j\mathscr{A}_k^\alpha)(\partial_j\mathscr{A}_k^\alpha-\partial_k\mathscr{A}_j^\alpha).$$

同样, 利用 $\partial_j\mathscr{A}_j^\alpha=0$ 并略去三维散度项, 即得

$$-\frac{1}{4}(\partial_jA_k^\alpha-\partial_kA_j^\alpha)^2\to-\frac{1}{4}(\partial_jA_k'^\alpha-\partial_kA_j'^\alpha)^2+A_j'^\alpha\nabla^2\mathscr{A}_j^\alpha+\frac{1}{2}\mathscr{A}_j^\alpha\nabla^2\mathscr{A}_j^\alpha.$$

将上式与式 (4.1.25) 相加, 并利用 $\Box\mathscr{A}_j^\alpha=0$, 就有

$$\begin{aligned}&-\frac{1}{4}(\partial_\mu A_\nu^\alpha-\partial_\nu A_\mu^\alpha)^2\to-\frac{1}{4}(\partial_\mu A_\nu'^\alpha-\partial_\nu A_\mu'^\alpha)^2+\partial_0(A_j'^\alpha\partial_0\mathscr{A}_j^\alpha)+\frac{1}{2}\partial_0(\mathscr{A}_j^\alpha\partial_0\mathscr{A}_j^\alpha)\\&=-\frac{1}{4}(\partial_\mu A_\nu'^\alpha-\partial_\nu A_\mu'^\alpha)^2+\partial_0(A_j^\alpha\partial_0\mathscr{A}_j^\alpha)-\frac{1}{2}\partial_0(\mathscr{A}_j^\alpha\partial_0\mathscr{A}_j^\alpha).\end{aligned}\tag{4.1.26}$$

于是

$$-\frac{\mathrm{i}}{4}\int F_{\mu\nu}^\alpha F_{\mu\nu}^\alpha\mathrm{d}^4x\to-\frac{\mathrm{i}}{4}\int\mathrm{d}^4x(F_{\mu\nu}^\alpha F_{\mu\nu}^\alpha)_R+\mathrm{i}\int\mathrm{d}^3x\left[A_j^\alpha\partial_0\mathscr{A}_j^\alpha-\frac{1}{2}\mathscr{A}_j^\alpha\partial_0\mathscr{A}_j^\alpha\right]_{t_0}^{t_f},$$

其中, $(F_{\mu\nu}^\alpha F_{\mu\nu}^\alpha)_R$ 与 $(F_{\mu\nu}^\alpha F_{\mu\nu}^\alpha)$ 的差别在于其中二次项已换成 $(\partial_\mu A_\nu'^\alpha-\partial_\nu A_\mu'^\alpha)^2$, 三次项和四次项不变.

上式中的三维积分项 $\int\mathrm{d}^3x\mathscr{A}_j^\alpha\partial_0\mathscr{A}_j^\alpha\Big|_{t_0}^{t_f}$ 也像 $\int\mathrm{d}^3xE_j^\alpha A_j^\alpha\Big|_{t_0}^{t_f}$ 一样, 在 t_0 和 t_f 取极限后, 按照约定为零, 从而得出

$$-\frac{\mathrm{i}}{4}\int F_{\mu\nu}^\alpha F_{\mu\nu}^\alpha\mathrm{d}^4x\to-\frac{\mathrm{i}}{4}\int\mathrm{d}^4x(F_{\mu\nu}^\alpha F_{\mu\nu}^\alpha)_R+\mathrm{i}\int\mathrm{d}^3x(A_j^\alpha\partial_0\mathscr{A}_j^\alpha)\Big|_{t_0}^{t_f}.\tag{4.1.27}$$

将此式与端点项的结果 (见式 (4.1.23)) 合起来, 就将式 (4.1.20) 最终化成

$$\begin{aligned}S=&\int\mathrm{D}(A_\mu^\alpha)\prod_{\alpha x}(\partial_jA_j^\alpha(x))\prod_t\mathrm{DetM}_c(A)\\&\times\exp\left\{\int\mathrm{d}\widetilde{k}a_s^\alpha(\boldsymbol{k})_f^*a_s^\alpha(\boldsymbol{k})_0-\frac{\mathrm{i}}{4}\int_{-\infty}^{+\infty}\mathrm{d}^4x(F_{\mu\nu}^\alpha F_{\mu\nu}^\alpha)_R.\right.\end{aligned}\tag{4.1.28}$$

相应的正规核为

$$\mathscr{S}=\int\mathrm{D}(A_\mu^\alpha)\prod_{\alpha,j}(\partial_jA_j^\alpha(x))\prod_t\mathrm{detM}_c(A)\mathrm{e}^{-\frac{\mathrm{i}}{4}\int_{-\infty}^{+\infty}\mathrm{d}^4x(F_{\mu\nu}^\alpha F_{\mu\nu}^\alpha)_R}.\tag{4.1.29}$$

从式 (4.1.20) 可以写出格林函数的生成泛函

$$Z[J]=\int\mathrm{D}(A_\mu^\alpha)\prod_{\alpha,x}\delta(\partial_jA_j^\alpha(x))\prod_t\mathrm{DetM}_c(A)\mathrm{e}^{\mathrm{i}\int_{-\infty}^{+\infty}\mathrm{d}^4\boldsymbol{x}\left[-\frac{1}{4}F_{\mu\nu}^\alpha F_{\mu\nu}^\alpha+A_\mu^\alpha J_\mu^\alpha\right]}.\tag{4.1.30}$$

此结果与不考虑约束条件按常规写出的表达式相比, 多了二个因子: $\prod\limits_{\alpha,x}\delta(\partial_jA_j^\alpha(x))$ 和 $\prod\limits_t\mathrm{DetM}_c(A)$. 前者的作用是把积分变量 $\boldsymbol{A}^\alpha(x)$ 限制为满足库仑规范条件的函数, 因而称为规范固定项. 它的出现是可以想像到的, 但若只引入这一因子, 所得出

的 S 矩阵将不具有幺正性 (在物理态构成的空间中), 只有增补上后因子才使幺正性得到恢复①, 因此后者可称为补偿项或幺正补偿项.

3. 库仑规范中的传播子

库仑规范的优点是, 它只含独立的动力学变量, 因而量子化容易完成, 这在上面已经显示出来. 但所得出的结果并不具有协变形式, 进行微扰论计算和重正化都不方便, 因此我们不打算仔细讨论它的费恩曼规则, 仅为显示库仑规范的特点而给出规范场的自由传播子. 为这一目的, 我们只需求 $g=0$(即去掉作用顶点后) 的 $Z[J]$. 当 $g=0$ 时, Det $\mathrm{M}_c(A)$ 约化成 Det∇^2, 可作为常数提出. 利用规范固定项 $\prod\limits_{\alpha,x}\delta(\partial_j A_j^\alpha(x))$, 对纵场的积分可直接积出, 其结果除了将被积函数中的 $\boldsymbol{A}_L^\alpha(\boldsymbol{x})$ 取为零之外, 就只是一个常数因子 (将 $\delta(\nabla\cdot\boldsymbol{A}_L^\alpha)$ 化成 $\delta(\boldsymbol{A}_L^\alpha)$ 时多出来的行列式). 将这些常数因子都吸收到规格化常数中去以后, $Z_0[J]$ 即化为

$$\begin{aligned}Z_0[J]=&\int\mathrm{D}(\boldsymbol{A}_T^\alpha)\mathrm{D}(A_0^\alpha)\exp\left[\mathrm{i}\int\mathrm{d}^4\boldsymbol{x}\left\{-\frac{1}{4}[\partial_j(A_T^\alpha)_k-\partial_k(\partial A_T^\alpha)_j]^2\right.\right.\\&\left.\left.+\frac{1}{2}(\nabla A_0^\alpha-\partial_0\boldsymbol{A}_T^\alpha)^2+\boldsymbol{J}_T^\alpha\cdot\boldsymbol{A}_T^\alpha-J_0^\alpha A_0^\alpha\right\}\right]\\=&\int\mathrm{D}(\boldsymbol{A}_T^\alpha)\mathrm{D}(A_0^\alpha)\exp\left[\mathrm{i}\int\mathrm{d}^4\boldsymbol{x}\left\{\frac{1}{2}(A_T^\alpha)_j\Box(A_T^\alpha)_j\right.\right.\\&\left.\left.-\frac{1}{2}A_0^\alpha\nabla^2A_0^\alpha+\boldsymbol{J}_J^\alpha\cdot\boldsymbol{A}_T^\alpha-J_0^\alpha A_0^\alpha\right\}\right].\end{aligned}$$

这是一个高斯型积分, 可通过指数函数的极值把它求出. 极值方程是

$$\begin{aligned}\Box\boldsymbol{A}_T^\alpha&=-\boldsymbol{J}_T^\alpha,\\\nabla^2A_0^\alpha&=-J_0^\alpha.\end{aligned}\tag{4.1.31}$$

它也就是库仑规范中, 电势所满足的方程. 由此方程解出

$$\begin{aligned}\boldsymbol{A}_T^\alpha(x)&=\frac{1}{(2\pi)^4}\int\mathrm{d}^4p\int\mathrm{d}^4y\mathrm{e}^{\mathrm{i}p(x-y)}\frac{\boldsymbol{J}_T^\alpha(y)}{p^2-\mathrm{i}\varepsilon},\\A_0^\alpha(\boldsymbol{x},t)&=\frac{1}{(2\pi)^3}\int\mathrm{d}^3p\int\mathrm{d}^3y\mathrm{e}^{\mathrm{i}\boldsymbol{p}\cdot(\boldsymbol{x}-\boldsymbol{y})}\frac{J_0^\alpha(\boldsymbol{y},t)}{\boldsymbol{p}^2}.\end{aligned}\tag{4.1.32}$$

利用三维横向投形算符 $\left(\delta_{jk}-\dfrac{\partial_j\partial_k}{\nabla^2}\right)$ 或其动量表象 $\left(\delta_{jk}-\dfrac{p_jp_k}{\boldsymbol{P}^2}\right)$ 可将 $A_L^{\alpha=0}$ 和

① 因为含此两个因子的 S 矩阵元的泛函积分表达式 (4.1.20) 方与式 (4.1.10) 等价. 后者为描述已约化的 (在物理态的空间内) 常规哈密顿系统的 S 矩阵, 自然是幺正的.

(4.1.32) 第一式合写成

$$A_j^\alpha(x)=\frac{1}{(2\pi)^4}\int \mathrm{d}^4p\int \mathrm{d}^4y\mathrm{e}^{\mathrm{i}p(x-y)}\frac{1}{p^2-\mathrm{i}\varepsilon}\left(\delta_{jk}-\frac{p_jp_k}{\boldsymbol{p}^2}\right)J_k^\alpha(y)$$
$$\equiv \mathrm{i}\int \mathrm{d}^4y\Delta_c(x-y)_{jk}J_k^\alpha(y),\quad j=1,2,3. \tag{4.1.33a}$$

将 (4.1.32) 第二式写成

$$A_0^\alpha(x)=-\mathrm{i}\int \mathrm{d}^4y\Delta_c(x-y)_{00}J_0^\alpha(y)\equiv \mathrm{i}\int \mathrm{d}^4y\Delta_c(x-y)_{44}J_0^\alpha(y), \tag{4.1.33b}$$

其中, $\Delta_c(x-y)$ 代表库仑规范中传播子, 其定义为

$$\begin{aligned}
&\Delta_c(x-y)_{jk}\equiv\frac{-\mathrm{i}}{(2\pi)^4}\int \mathrm{d}^4p\mathrm{e}^{\mathrm{i}p(x-y)}\frac{1}{p^2-\mathrm{i}\varepsilon}\left(\delta_{jk}-\frac{p_jp_k}{\boldsymbol{p}^2}\right),\\
&\Delta_c(x-y)_{j0}=\Delta_c(x-y)_{0j}=0,\\
&\Delta_c(x-y)_{00}=\frac{\mathrm{i}}{(2\pi)^4}\int \mathrm{d}^4p\mathrm{e}^{\mathrm{i}p(x-y)}\frac{1}{\boldsymbol{p}^2}.
\end{aligned} \tag{4.1.34}$$

而 $Z_0[j]$ 可以表为

$$Z_0[J]=\exp\left[-\frac{1}{2}\int \mathrm{d}^4x\mathrm{d}^4yJ_\mu^\alpha(x)\Delta_c(x-y)_{\mu\nu}J_\nu^\alpha(y)\right]. \tag{4.1.35}$$

从以上结果我们看到, 实际上只有三维横场在传播, (4.1.32) 第二式为瞬时库仑势.

4.2　协变量子化, ξ 规范和 Faddeev-Popov 虚粒子

在本节中, 我们将从库仑规范过渡到协变规范. 为此, 我们先对规范固定项和幺正补偿项的意义作补充讨论. 另外, 对协变微扰论来说, 最方便的是采用 ξ 规范. 在此规范中, 可引入虚粒子来等效地表示补偿项, 全部费恩曼规则亦可容易地得出. 这种虚粒子就是所谓的 Faddeev-Popov 虚粒子.

1. 对规范固定项和补偿项的补充讨论

我们来考察量 $\langle 0|T\hat{Q}_1(t_1)\cdots\hat{Q}_n(t_n)|0\rangle$, 其中各个 $\hat{Q}_j$ 都是由 $\hat{A}_\mu^\alpha$ 构成的规范不变的算符. 根据第二章中有关算符编时乘积的真空期望值的讨论, 此量可用泛函积分表示出来. 在库仑规范下, 其表达式为

$$\langle 0|T\hat{Q}_1(t_1)\cdots\hat{Q}_n(t_n)|0\rangle$$
$$=\int \mathrm{D}(A_\mu^\alpha)\prod_{\alpha,x}\delta(\partial_jA_J^\alpha)\prod_t \mathrm{DetM}_c(A)Q_1(t_1)\cdots Q_n(t_n)\mathrm{e}^{-\frac{\mathrm{i}}{4}\int F_{\mu\nu}^\alpha F_{\mu\nu}^\alpha \mathrm{d}^4x}. \tag{4.2.1a}$$

其中, $\boldsymbol{A}^\alpha$ 满足的端条件是

$$\begin{aligned}\boldsymbol{A}^\alpha(x) &\to \frac{1}{(2\pi)^{3/2}}\int \mathrm{d}\widetilde{k}\boldsymbol{e}^s(\boldsymbol{k})a_s^\alpha(\boldsymbol{k})^*_{\text{in}}\mathrm{e}^{-\mathrm{i}kx}, \quad t\to-\infty \\ \boldsymbol{A}^\alpha(x) &\to \frac{1}{(2\pi)^{3/2}}\int \mathrm{d}\widetilde{k}\boldsymbol{e}^s(\boldsymbol{k})a_s^\alpha(\boldsymbol{k})_{\text{out}}\mathrm{e}^{\mathrm{i}kx}. \quad t\to+\infty\end{aligned} \tag{4.2.1b}$$

下面将从另外的角度来说明式 (4.2.1a) 中所出现的规范固定项和补偿项的意义. 我们先将 A_μ^α 当作普通场量来写出 $\langle 0|T\hat{Q}_1(t_1)\cdots\hat{Q}_n(t_n)|0\rangle$, 其结果应该就是

$$U(Q_1(t),\cdots,Q_n(t))\equiv\int \mathrm{D}(A_\mu^\alpha)Q_1(t_1)\cdots Q_n(t_n)\mathrm{e}^{-\frac{\mathrm{i}}{4}\int F_{\mu\nu}^\alpha F_{\mu\nu}^\alpha \mathrm{d}^4x}. \tag{4.2.2}$$

在作泛函积分时, 如果两组函数 $A_\mu(x)$ 与 $A'_\mu(x)$ 之间是规范变换关系, 那么被积函数将取相同的值. 令 s 表示 A_μ 以及所有 "由它通过规范变换所得出的" 并满足端条件的函数 A_μ^G 的集合. 则在计算此集合 s 对泛函积分的贡献时, 可选其中一个函数作为代表来计算被积函数的值, 再乘上集合 s 的测度. 但在这里出了一个问题, 即集合 s 的测度为无穷大. 如果此无穷大与集合 s(或其代表 A_μ) 无关, 那也不要紧, 可通过规格化 (除以 $\langle 0|0\rangle$) 将它消去. 但实际情况是它与 s 有关, 这就增加了处理上的困难. 我们将试图这样来解决上述问题, 即通过分出一个与集合 s(或其代表 A_μ) 无关的无穷大因子, 使剩下的为有限量.

按照这一途径来处理时, 首先要在每个集合中选取 "一个代表"$A_\mu(x)$, 这相当于加置一个规范条件. 此条件我们一般性地写成①

$$R^\alpha(A_\mu(x))=0. \tag{4.2.3}$$

为了减少不必要的麻烦, $R^\alpha(A_\mu)$ 通常只选取为 $A_\mu(x)$ 的线性函数, 并要求在每个集合中只有唯一的 $A_\mu(x)$ 满足式 (4.2.3) 及端条件式 (4.2.1b).

我们可以通过在泛函积分中引入因子 $\prod\limits_{\alpha,x}\delta[R^\alpha(A_\mu(x))]$ 来把规范条件加置到积分变量 $A_\mu(x)$ 上. 下面的问题是如何补上一个适当的 "集合测度" 因子②. 我们先通过一简单的题例来说明, 即计算下述积分

$$I=\int_{-\infty}^{+\infty}\mathrm{d}x\mathrm{d}yf(r),$$

---

① 这里讨论的是纯规范场, 故规范条件只与 A_μ 有关.

② 此因子可能不简单就是集合的测度, 还有积分时从 $\prod\delta(R^\alpha)$ 出来的因子, 但在 $R^\alpha(A)$ 为 A 的线性函数的情况下, 后一因子只是一个常数. 例如对库仑规范, $\prod\limits_{\alpha,x}\delta(\partial_j A_j^\alpha)$ 在积分时除了消去纵场外, 还会出来一个常数.

$$r = \sqrt{x^2 + y^2}. \tag{4.2.4}$$

这里的被积函数具有转动对称性, 当我们从一点 (x, y) 通过转动变到另一点 (x', y') 时, 被积函数不变. 所有从 (x, y) 通过转动而达到的点构成一个圆周, 这相当于前面所说的集合 s. 对于每个圆周, 我们可取 x 正轴上的点为代表. 为实现这一点, 只需在积分中引入 $\delta(y)\theta(x)$. 不难看出, 如果不补充附加的因子, 即把式 (4.2.4) 右方简单地化为

$$\int_{-\infty}^{+\infty} \mathrm{d}x\mathrm{d}y\theta(x)\delta(y)f(r)$$

那结果显然是不正确的, 这样得出的是 $\int_0^\infty \mathrm{d}xf(x)$, 而正确值应为 $\int_0^\infty \mathrm{d}r2\pi rf(r) = \int_0^\infty \mathrm{d}x2\pi xf(x)$, 其中 $2\pi x$ 就代表须补上的集合 s(在这里就是圆周) 的测度因子. 下面结合此例来阐明确定测度因子的一般方法, 以便推广应用到规范场情况. 为此定义

$$\begin{aligned} x^\varphi &= x\cos\varphi - y\sin\varphi, \\ y^\varphi &= x\sin\varphi + y\cos\varphi. \end{aligned} \tag{4.2.5}$$

(x^φ, y^φ) 即为 (x, y) 通过转动一个角度 φ 而达到的点的坐标. 再通过下式定义函数 $\Delta(x, y)$:

$$\Delta(x, y)\int_0^{2\pi} \mathrm{d}\varphi\delta(y^\varphi)\theta(x^\varphi) = 1. \tag{4.2.6}$$

如将 x, y 写成

$$x = r\cos\varphi_0,\ y = r\sin\varphi_0,$$

则 x^φ, y^φ 可表作

$$\begin{aligned} x^\varphi &= r\cos(\varphi + \varphi_0), \\ y^\varphi &= r\sin(\varphi + \varphi_0). \end{aligned}$$

将此式代入积分式 (4.2.6) 中, 即可求出

$$\int_0^{2\pi} \mathrm{d}\varphi\delta(y^\varphi)\theta(x^\varphi) = \frac{1}{\left(\dfrac{\mathrm{d}y^\varphi}{\mathrm{d}\varphi}\right)_{\varphi=2n\pi-\varphi_0}} = \frac{1}{r}, \tag{4.2.7}$$

其中, n 为适当选取的整数, 使 $2n\pi - \varphi_0$ 落在积分域 0 到 2π 之内. 本来 "$\delta(y^\varphi)$ 因子不为零" 只要求 $\varphi + \varphi_0 = m\pi$, 加上 $\theta(x^\varphi)$ 以后, 进一步限制 m 为偶数即 $2n$.

将式 (4.2.7) 代入式 (4.2.6) 即定出

$$\Delta(x, y) = r = \sqrt{x^2 + y^2}. \tag{4.2.8}$$

我们看到 $\Delta(x,y)$ 本身也具有转动不变性.

由于 $\Delta(x,y)\int_0^{2\pi}\mathrm{d}\varphi\delta(y^\varphi)\theta(x^\varphi)$ 等于 1, 故将它插入式 (4.2.4) 的积分中将不影响 I 的值. 结果得

$$I=\int_{-\infty}^{+\infty}\mathrm{d}x\mathrm{d}y\int_0^{2\pi}\mathrm{d}\varphi\sqrt{x^2+y^2}\delta(y^\varphi)\theta(x^\varphi)f(r). \tag{4.2.9}$$

交换积分顺序即先对 x, y 积分, 并作变量变换

$$x\to x',\ y\to y',$$

其中

$$x'=x^\varphi,\ y'=y^\varphi.$$

再利用 $\Delta(x,y)$ 和 $f(r)$ 以及积分测度 $\mathrm{d}x\mathrm{d}y$ 的转动不变性, 即得

$$\begin{aligned}I&=\int_0^{2\pi}\mathrm{d}\varphi\int_{-\infty}^{+\infty}\mathrm{d}x'\mathrm{d}y'\sqrt{x'^2+y'^2}\delta(y')\theta(x')f(\sqrt{x'^2+y'^2})\\&=2\pi\int_{-\infty}^{+\infty}\mathrm{d}x\mathrm{d}y\sqrt{x^2+y^2}\delta(y)\theta(x)f(\sqrt{x^2+y^2})\\&=2\pi\int_0^{\infty}xf(x)\mathrm{d}x.\end{aligned} \tag{4.2.10}$$

这就求出了与 $\theta(x)\delta(y)$ 相应的补偿因子 $2\pi x$, 它就是代表 $(x,y=0)$ 点所属圆周的测度.

上面我们比较细致地说明了每一步骤, 目的是为了将它推广应用到规范场的情况.

现在回到泛函积分式 (4.2.2), 前面已经指出, 我们可通过引入 $\prod\limits_{\alpha,x}\delta(R^\alpha(A))$ 来在每个集合 s 中选取一个代表 (规范势已简写作 A), 下一步要做的就是仿照上述例子来确定须引入的补偿因子. 为此, 令 A^G 表示通过规范变换 G 从 A 所得到的新规范势 (类似于上例中的 x^φ, y^φ), 并定义泛函 $\Delta_R[A]$ 满足

$$\Delta_R[A]\int\mathrm{D}(G)\prod_{\alpha,x}\delta(R^\alpha(A^G))=1. \tag{4.2.11}$$

式 (4.2.11) 左方的积分是对定域规范群所有群元的积分, $\mathrm{D}(G)$ 代表 (紧致) 群流形上的微分测度. $\mathrm{D}(G)$ 具有性质

$$\mathrm{D}(G)=\mathrm{D}(G_0G), \tag{4.2.12}$$

其中, G_0 为任一固定群元, 这是因为当 G 取遍所有群元时, G_0G 亦取遍所有的群元.

在单位变换的领域内, G 具有形式

$$G = 1 - \mathrm{i}T^\alpha \lambda^a(\boldsymbol{x}),$$

$\mathrm{D}(G)$ 即可取作

$$\mathrm{D}(G) = \prod_{\alpha,x} \mathrm{d}\lambda^\alpha(\boldsymbol{x}) \equiv \mathrm{D}(\lambda^\alpha). \tag{4.2.13}$$

就像上例中的 $\Delta(x,y)$ 在转动变换下保持不变一样, $\Delta_R[A]$ 具有规范变换下的不变性.

$$\Delta_R[A^{G_0}] = \Delta_R[A]. \tag{4.2.14}$$

我们不难证明这一结论: 按照式 (4.2.11),

$$\Delta_R^{-1}[A^{G_0}] = \int \mathrm{D}(G) \prod_{\alpha,x} \delta(R^\alpha(A^{G_0G})),$$

而由式 (4.2.12), 上式右方可化为 $\int \mathrm{D}(G_0G) \prod_{\alpha,x} \delta(R^\alpha(A^{G_0G})) = \int \mathrm{D}(G') \prod_{\alpha,x} \delta(R^\alpha(A^{G'}))$, 因而等于 $\Delta_R^{-1}[A]$.

将式 (4.2.11) 式插入到式 (4.2.2) 右方积分中即得

$$U = \int \mathrm{D}(A)\Delta_R[A] \int \mathrm{D}(G) \prod_{\alpha,x} \delta(R^\alpha(A^G)) Q_1(t_1)\cdots Q_n(t_n) \exp\left[-\frac{\mathrm{i}}{4}\int F^\alpha_{\mu\nu}F^\alpha_{\mu\nu}\mathrm{d}^4x\right], \tag{4.2.15}$$

同前例一样, 交换积分顺序, 并作变量变换

$$A' = A^G.$$

对 A 的泛函积分也就是对 A' 的泛函积分 ($\mathrm{D}(A) = \mathrm{D}(A')$). 再利用 $\Delta_R[A]$, Q_n 和 $F^\alpha_{\mu\nu}$ 的规范不变性, 就将式 (4.2.15) 化为

$$U = \int \mathrm{D}(G) \int \mathrm{D}(A')\Delta_R[A'] \prod_{\alpha,x} \delta(R^\alpha(A')) Q'_1(t_1)\cdots Q'_n(t_n) \mathrm{e}^{-\frac{\mathrm{i}}{4}\int F'^\alpha_{\mu\nu}F'^\alpha_{\mu\nu}\mathrm{d}^4x}.$$

积分 $\int \mathrm{D}(A')\Delta_R[A'] \prod_{\alpha,x} \delta(R^\alpha(A')) Q'_1(t_1)\cdots Q'_n(t_n) \mathrm{e}^{-\frac{\mathrm{i}}{4}\int F'^\alpha_{\mu\nu}F'^\alpha_{\mu\nu}\mathrm{d}^4x}$ 的值实际上已与 G 无关, 故可提到对 G 的积分之外, 于是得出

$$U = \left[\int \mathrm{D}(A')\Delta_R[A'] \prod_{\alpha,x} \delta(R^\alpha(A')) Q'_1(t_1)\cdots Q'_n(t_n) \mathrm{e}^{-\frac{\mathrm{i}}{4}\int F'^\alpha_{\mu\nu}F'^\alpha_{\mu\nu}\mathrm{d}^4x}\right] \left[\int \mathrm{D}(G)\right].$$

此式中的 $\int D(G)$ 相当于上例中的 2π, 只是在这里其值为无穷大. 好在它是一个与 $Q_1(t_1)\cdots Q_n(t_n)$ 无关的常数因子, 可以通过规格化 (除以 $\langle 0|0\rangle$) 而消去. 在将积分变量 A' 换写成 A 以后即得规格化以后的结果为 (规格化常数已吸收到积分测度中去):

$$U(Q_1(t_1)\cdots Q_n(t_n)) = \int \mathrm{D}(A)\Delta_R[A]\prod_{\alpha,x}\delta(R^\alpha(A))Q_1(t_1)\cdots Q_n(t_n)\mathrm{e}^{-\frac{\mathrm{i}}{4}\int F^\alpha_{\mu\nu}F^\alpha_{\mu\nu}\mathrm{d}^4x}. \tag{4.2.16}$$

此式中的 $\prod\limits_{\alpha,x}\delta(R^\alpha(A))$ 代表规范固定项, 而 $\Delta_R(A)$ 就是相应的幺正补偿项. 下面进一步来说明, 在式 (4.2.16) 的积分号下, $\Delta_R[A]$ 可以化成泛函行列式的形式.

首先, 我们注意到, 在式 (4.2.16) 右方的积分中, $\Delta_R[A]$ 与 $\prod\limits_{\alpha,x}\delta(R^\alpha(A))$ 同时存在. 这意味着, 此积分号下的 $\Delta_R[A]$ 可以换成它在超曲面 $R^\alpha(A)=0$ 上的值. 当 A 在此超曲面上时, 式 (4.2.11) 中对群元的积分只需在 $G=1$ 的邻域内进行, 而在此积分域中 $R^\alpha(A^G)$ 可化作

$$\begin{aligned}R^\alpha(A^G(x)) &= R^\alpha(A(x)) + \int \mathrm{d}^4z\frac{\delta R^\alpha(A(x))}{\delta A^\gamma_\mu(z)}\delta A^\gamma_\mu(z)\\ &= \int \mathrm{d}^4z\frac{\delta R^\alpha(A(x))}{\delta A^\gamma_\mu(z)}\delta A^\gamma_\mu(z).\end{aligned}$$

将

$$\delta A^\gamma_\mu(z) = -\frac{1}{g}\int \mathscr{D}^{\gamma\beta}_\mu(z)\delta^4(z-y)\lambda^\beta(y)\mathrm{d}^4y$$

代入后即得出

$$R^\alpha(A^G(x)) = -\frac{1}{g}\int \mathscr{M}^{\alpha\beta}_R(x,y)\lambda^\beta(y)\mathrm{d}^4y, \tag{4.2.17}$$

其中

$$\begin{aligned}\mathscr{M}^{\alpha\beta}_R(x,y) &\equiv \int \mathrm{d}^4z\frac{\delta R^\alpha(A(x))}{\delta A^\gamma_\mu(z)}\mathscr{D}^{\gamma\beta}_\mu(z)\delta^4(z-y)\\ &= \frac{\delta R^\alpha(A(x))}{\delta A^\gamma_\mu(y)}\mathscr{D}^{\gamma\beta}_\mu(y).\end{aligned} \tag{4.2.18}$$

上式也可写作

$$\mathscr{M}^{\alpha\beta}_R(x,y) = -g\frac{\delta R^\alpha(A(x))}{\delta\lambda^\beta(y)}. \tag{4.2.19}$$

另外, 在单位变换的领域内, $\mathrm{D}(G)$ 可采用式 (4.2.13). 将此式和式 (4.2.17) 代入式 (4.2.11), 即求出

$$\Delta^{-1}_R[A] = \int \mathrm{D}(\lambda^\alpha)\prod_{\alpha,x}\delta\left(-\frac{1}{g}\mathscr{M}_R\lambda\right) \doteq (\mathrm{Det}\mathscr{M}_R)^{-1}. \tag{4.2.20}$$

在此式中, $\mathscr{M}_R$ 代表算符, 它作用到 λ 上即为

$$\int \mathrm{d}^4 y \mathscr{M}_R^{\alpha\beta}(x,y)\lambda^\beta(y),$$

而符号 $\doteq$ 代表在略去无关紧要的常数因子后它两侧的量相等.

这样在 $R^\alpha(A(x))=0$ 的超曲面上, $\Delta_A[A]$ 就化成泛函行列式的形式:

$$\Delta_R[A] \doteq \mathrm{Det}\mathscr{M}_R. \tag{4.2.21}$$

将此结果用到库仑规范条件

$$R^\alpha(A)=\partial_j A_j^\alpha(x)=0,$$

即得相应的 $\mathscr{M}$(用 $\mathscr{M}_c$ 表示) 为

$$\begin{aligned}\mathscr{M}_c^{\alpha\beta}(x,y) &\doteq (\partial_j\delta^4(x-y))\mathscr{Q}_j^{\alpha\beta}(y)\\ &=[\delta_{\alpha\beta}\nabla^2-gc_{\alpha\beta\gamma}A_j^\gamma\partial_j]\delta^4(x-y)\\ &=M_c^{\alpha\beta}(\boldsymbol{x},\boldsymbol{y},t)\delta(x_0-y_0).\end{aligned} \tag{4.2.22}$$

上式中的微商都是对 $\boldsymbol{x}$ 的微商, $t=\boldsymbol{x}_0$

从式 (4.2.22) 我们看到, $\mathscr{M}_c$ 对时间自由度来说是对角的, 因而对时间自由度的行列式就等于对角元的乘积, 于是有

$$\mathrm{Det}\mathscr{M}_c=\prod_t \mathrm{Det}\ \mathrm{M}_c(t). \tag{4.2.23}$$

式 (4.2.23) 右方的 Det 已只是对群指标和三维空间坐标的行列式.

将以上结果代入式 (4.2.16), 就得出: 按普通场论写出来的 $U(Q_1,\cdots,Q_n)$ 在分出群测度因子等以后就等于按上节规则写出的式 (4.2.1).

读者也许会提出一个问题: 在阿贝尔规范场 (QED) 的情况, 为何不需要引入补偿项呢? 原因是, 对 QED, 库仑规范所对应的 $\mathscr{M}$ 为

$$\mathscr{M}_c(x,y)=\nabla^2\delta^4(x-y), \tag{4.2.24}$$

其行列式 $\mathrm{Det}\mathscr{M}_c$ 与场量无关, 只是一个常数, 因而可通过规格化消去, 这就是在 QED 中不需引入幺正补偿项的原因①.

① 如果在 QED 中采用更复杂的规范条件, 使得 $\mathrm{Det}\mathscr{M}$ 依赖于 A(例如规范条件 $R(A)$ 为 A 的非线性函数), 那么也需要引入补偿项.

以上关于规范不变算符的真空期望值的讨论, 从另外的角度阐明了非阿贝尔规范场的泛函积分表达式中所出现的复杂性来自何处：由于定域对称性, 在泛函积分的一些子空间内 (即通过规范变换从某个 $A_\mu^\alpha(x)$ 所得出的集合 s), $\mathscr{L}$(单纯非阿贝尔规范场的拉格朗日函数) 为常数, 这些子空间的测度不仅是发散的, 其值还随着集合 s(或其代表函数 $A_\mu^\alpha(x)$) 而不同. 我们需要分出一个与集合 s 无关的发散因子以使剩余的积分有意义, 这个常数发散因子就是群的测度 (以及式 (4.2.20) 中略去的常数, 等等). 分出这个发散因子后, 原积分中即出现附加的规范固定项和补偿项.

下面我们将转到协变规范中 S 矩阵和格林函数生成泛函的泛函积分表达式的讨论.

2. 从库仑规范过渡到洛伦兹规范

最简单的协变规范就是洛伦兹规范, 其规范条件是

$$\partial_\mu A_\mu^\alpha(x)=0. \tag{4.2.25}$$

现在要做的是, 把从动力学得出的库仑规范下 S 矩阵元的泛函积分表达式 (4.1.20) 转到洛伦兹规范中来. 我们可以采用上一小节所提出的办法来完成这一转化. 为此, 令

$$\Delta_L^{-1}[A]=\int \mathrm{D}(G)\prod_{\alpha,x}\delta(\partial_\mu A_\mu^\alpha(x)^G), \tag{4.2.26}$$

并将等于 1 的因子 $\Delta_L[A]\int \mathrm{D}(G)\prod\limits_{\alpha,x}\delta(\partial_\mu A_\mu^\alpha(x)^G)$ 插入式 (4.1.20) 中. 由此得出

$$S=\lim_{\substack{t_0\to-\infty\\ t_f\to+\infty}}\int \mathrm{D}(A)\mathrm{D}(G)\prod_{\beta,y}\delta(\partial_j A_j^\beta(y))\Delta_c[A]\prod_{\alpha,x}\delta(\partial_\mu A_\mu^\alpha(x)^G)\Delta_L[A]\mathrm{e}^W, \tag{4.2.27}$$

其中

$$W=\int \mathrm{d}\widetilde{k}\boldsymbol{a}_s^\alpha(\boldsymbol{k})_f^*\boldsymbol{a}_s^\alpha(\boldsymbol{k})_0-\mathrm{i}\int \mathrm{d}^3x\dot{\mathscr{A}}\cdot\boldsymbol{A}^\alpha\Big|_{t_0}^{t_f}-\frac{\mathrm{i}}{4}\int \mathrm{d}^4xF_{\mu\nu}^\alpha F_{\mu\nu}^\alpha. \tag{4.2.28}$$

在式 (4.2.27) 右方我们已将式 (4.1.20) 中的 $\prod\limits_t \mathrm{DetM}_c(t)$ 换成了规范不变量 $\Delta_c[A]$, 将端点项换成了式 (4.1.23) 的形式.

端点值 $\boldsymbol{a}_s^\alpha(\boldsymbol{k})_0$ 和 $\boldsymbol{a}_s^\alpha(\boldsymbol{k})_f^*$ 是给定的, 作规范变换时应保持它们不变. 与此相应, 我们对规范变换 G 加上限制条件

$$G(\boldsymbol{x},t_0)=G(\boldsymbol{x},t_f)=1, \tag{4.2.29}$$

也就是

$$\lambda^\alpha(\boldsymbol{x},t_0)=\lambda^\alpha(\boldsymbol{x},t_f)=0. \tag{4.2.30}$$

这样, 对变换后的规范势, 库仑条件在端点处仍成立:

$$\partial_j A_j^\alpha(x)^G|_{t=t_0}=\partial_j A_j^\alpha(x)^G|_{t=t_f}=0.$$

当然, 洛伦兹条件 $\partial_\mu A_\mu^\alpha(x)^G=0$ 在端点处也要成立, 这就得出 $A_0^\alpha(x)^G$ 所须满足的条件

$$\partial_0 A_0^\alpha(x)^G|_{t=t_0}=\partial_0 A_0^\alpha(x)^G|_{t=t_f}=0. \tag{4.2.31}$$

它也是下面作变量变换 (见式 (4.2.32)) 后的 A_0^α 所须满足的.

我们来交换式 (4.2.27) 中的积分顺序, 即先对 A 积分. 对于任一个 G, 可作变量变换

$$A\to A^{G^{-1}}, \tag{4.2.32}$$

积分测度 $\int \mathrm{D}(A)$ 以及 $\Delta_c[A]$, $\Delta_L[A]$ 和 $F_{\mu\nu}^\alpha F_{\mu\nu}^\alpha$ 在上述变换下都保持不变. 由于式 (4.2.30) 以及 $\boldsymbol{a}_s^\alpha(\boldsymbol{k})_0$, $\boldsymbol{a}_s^\alpha(\boldsymbol{k})_f^*$ 不变, W 中的端点项也保持不变①. 这样式 (4.2.27) 右方唯一的改变是

$$\delta(\partial_j A_j^\beta(y))\delta(\partial_\mu A_\mu^\alpha(x)^G)\to\delta(\partial_j A_j^\beta(y)^{G'})\delta(\partial_\mu A_\mu^\alpha(x)),$$

其中, $G'=G^{-1}$. 再注意到 $\mathrm{D}(G)=\mathrm{D}(G')$, 就将式 (4.2.27) 改写成

$$S=\lim\int \mathrm{D}(G')\mathrm{D}(A)\prod_{\beta,y}\delta(\partial_j A_j^\beta(y)^{G'})\Delta_c[A]\prod_{\alpha,x}\delta(\partial_\mu A_\mu^\alpha(x))\Delta_L[A]\mathrm{e}^W. \tag{4.2.33}$$

利用 Δ_c 的定义式

$$\Delta_c[A]\int \mathrm{D}(G')\prod_{\beta,y}\delta(\partial_j A_j^\beta(y)^{G'})=1$$

即可将式 (4.2.33) 中对 G' 的积分积出, 结果为

$$S=\lim_{\substack{t_0\to-\infty\\ t_f\to+\infty}}\int \mathrm{D}(A)\Delta_L(A)\prod_{\alpha,x}\delta(\partial_\mu A_\mu^\alpha(x))\mathrm{e}^W. \tag{4.2.34}$$

这就完成了从库仑规范到洛伦兹规范的过渡②. 剩下的问题就是: 确定洛伦兹规范下的幺正补偿项 $\Delta_L[A]$.

---

① 在端点处, 由于条件式 (4.2.30), 有 $A_\mu^\alpha(x)^G=A_\mu^\alpha(x)-\dfrac{1}{g}\partial_\mu\lambda^\alpha(x)$, 由此得 $\boldsymbol{A}^\alpha$ 不变. 再加上 $\boldsymbol{a}_s^\alpha(\boldsymbol{k})_0$ 和 $\boldsymbol{a}_s^\alpha(\boldsymbol{k})_f^*$ 不变, 即知端点项不变.

② 关于 t_0 趋于 $-\infty$, t_f 趋于 $+\infty$ 后, 积分变量 $A_\mu^\alpha(x)$ 的端条件问题, 在 Faddeev- Slavnov 书中 3.3 节曾有讨论. 根据他们的论证, 如果定义 $\mathscr{A}^\alpha$ 如式 (4.1.22), 定义 $\mathscr{A}_0^\alpha=0$, 则端条件可取为: 当 $t\to\pm\infty$ 时, $A_\mu^\alpha(x)-\mathscr{A}_\mu^\alpha(x)$ 满足费恩曼端条件和洛伦兹条件. 与此同时, 式 (4.2.36) 中的 $\Box^{-1}$ 应取为费恩曼格林函数. (附带指出, 该书 (3.34) 第二式中的 $D_2(x,y)$ 应为 $D_1(x,y)$).)

同样, 在式 (4.2.34) 的积分号下, $\Delta_L[A]$ 可换成它在超曲面 $\partial_\mu A_\mu^\alpha(x)=0$ 上的值. 按照式 (4.2.18), 在此超曲面上

$$\begin{aligned}\Delta_L[A] &\doteq \mathrm{Det}\mathscr{M}_L,\\ \mathscr{M}_L^{\alpha\beta}(x,y) &= \partial_\mu\delta^4(x-y)\mathscr{D}_\mu^{\alpha\beta}(y)\\ &= \partial_\mu[\mathscr{D}_\mu^{\alpha\beta}(x)\delta^4(x-y)]\\ &= (\delta_{\alpha\beta}\Box - gc_{\alpha\beta\gamma}A_\mu^\gamma\partial_\mu)\delta^4(x-y).\end{aligned} \tag{4.2.35}$$

仿照式 (4.1.14) 下面的作法, $\mathrm{Det}\mathscr{M}_L$ 在分出一个规格化因子后, 化为

$$\mathrm{Det}\mathscr{M}_L = \mathrm{e}^{\mathrm{Tr}\ln(1-\mathrm{i}\Box^{-1}gL^\alpha A_\mu^\alpha\partial_\mu)}, \tag{4.2.36}$$

其中, $\Box^{-1}$ 代表波动方程的费恩曼格林函数①.

通过对 $F_{\mu\nu}^\alpha F_{\mu\nu}^\alpha$ 中二次项的进一步处理, 式 (4.2.34) 亦可化成像式 (4.1.28) 那样的形式, 即

$$S=\int \mathrm{D}(A)\prod_{\alpha,x}\delta(\partial_\mu A_\mu^\alpha(x))\mathrm{Det}\mathscr{M}_L\mathrm{e}^{\int \mathrm{d}\widetilde{k}a_s^\alpha(\boldsymbol{k})_f^* a_s^\alpha(\boldsymbol{k})_0-\frac{\mathrm{i}}{4}\int(F_{\mu\nu}^\alpha F_{\mu\nu}^\alpha)_R\mathrm{d}^4x} \tag{4.2.37}$$

脚标 R 的意义同前 (参见式 (4.1.26) 下).

3. ξ 规范, Faddeev-Popov 虚粒子

洛伦兹规范条件要求 A_μ 的四维散度为零. 我们可以把这一条件加以推广, 即容许 A_μ 的四维散度不为零, 但要等于给定的值. 这种推广的洛伦兹条件可表示为

$$\partial_\mu A_\mu^\alpha(x)=\chi^\alpha(x), \tag{4.2.38}$$

其中, $\chi_\alpha(x)$ 为给定的函数, 并在 $t\to\pm\infty$ 时趋于零.

与此条件相对应的补偿项 $\Delta[A]$ 由下式确定

$$\Delta[A]^{-1}=\int \mathrm{D}(G)\prod_{\alpha,x}\delta(\partial_\mu A_\mu^\alpha(x)^G-\chi^\alpha(x)). \tag{4.2.39}$$

在超曲面 $\partial_\mu A_\mu^\alpha(x)=\chi^\alpha(x)$ 上, 重复前面的计算可得

$$\begin{aligned}\Delta[A] &\doteq \mathrm{Det}\mathscr{M}(A),\\ \mathscr{M}^{\alpha\beta}(x,y) &= \partial_\mu(\mathscr{D}_\mu^{\alpha\beta}(x)\delta^4(x-y)).\end{aligned} \tag{4.2.40}$$

① 此处的格林函数$\Box^{-1}$ 本应由 $\lambda^\alpha(x)$ 的端条件式 (4.2.30) 来确定. 但在 $t_0\to-\infty, t_f\to+\infty$ 时, $\lambda^\alpha(x)$ 的端条件可与 $[A_\mu^\alpha(x)-\mathscr{A}_\mu^\alpha(x)]$ 一起换成费恩曼端条件(见 Faddeev-Slavnov 书 §3.3)

$\mathscr{M}^{\alpha\beta}(x,y)$ 与 (4.2.35) 中的第二表达式相同, 符号 $\doteq$ 的意义见式 (4.2.20) 下面的说明.

此规范下的 S 矩阵元即为

$$S=\int \mathrm{D}(A)\prod_{\alpha,x}\delta(\partial_\mu A_\mu^\alpha(x)-\chi^\alpha(x))\mathrm{Det}\mathscr{M}\mathrm{e}^{W}, \tag{4.2.41}$$

W 的表达式同前 (见式 (4.2.28)).

S 矩阵元为一物理量, 其值应与函数 $\chi^\alpha(x)$ 的选择无关, 因此若将上式按某种权重因子对 $\chi^\alpha(x)$ 叠加, 结果仍将为 S. 我们选取权重因子为

$$W_\xi[\chi]=N\mathrm{e}^{-\frac{\mathrm{i}}{2\xi}\int\chi^\alpha(x)^2\mathrm{d}^4x} \tag{4.2.42}$$

其中, ξ 为一常数 (正实数), N 为规格化常数. 叠加后就得出

$$\begin{aligned}S&=N\int \mathrm{D}(A)\mathrm{D}(\chi)\prod_{\alpha,x}\delta(\partial_\mu A_\mu^\alpha(x)-\chi^\alpha(x))\mathrm{Det}\mathscr{M}\mathrm{e}^{W-\frac{\mathrm{i}}{2\xi}\int\chi^\alpha(x)^2\mathrm{d}^4x}\\&=\int \mathrm{D}(A)\mathrm{Det}\mathscr{M}\mathrm{e}^{W-\frac{\mathrm{i}}{2\xi}\int(\partial_\mu A_\mu^\alpha(x))^2\mathrm{d}^4x}.\end{aligned} \tag{4.2.43}$$

在最后一式中, N 已吸收到积分测度中去了. 这就是 ξ 规范中的 S 矩阵元表达式.

我们还可以采用更普遍形式的权重因子, 例如

$$W_\xi[\chi]=N\mathrm{e}^{-\frac{\mathrm{i}}{2\xi}\int(F(\Box)\chi^\alpha(x))^2\mathrm{d}^4x},$$

其中, $F(\Box)$ 为 $\Box$ 的任意量纲为 1 的函数.采用这一权重因子后, 只需将式 (4.2.43) 右方的 $\mathrm{e}^{-\frac{\mathrm{i}}{2\xi}\int(\partial_\mu A_\mu^\alpha)^2\mathrm{d}^4x}$ 换成 $\mathrm{e}^{-\frac{\mathrm{i}}{2\xi}\int(F(\Box)\partial_\mu A_\mu^\alpha)^2\mathrm{d}^4x}$ 即可.

ξ 规范的好处是, 它将规范固定项转到了指数上, 如果我们将幺正补偿项也转换到指数上, 那么 S 矩阵元的表达式在形式上就与普通场论的结果相似. 为进行这一转换, 我们引入一对反对易的标量函数 f 和 $\overline{f}$(格拉斯曼代数生成元). 根据第二章的公式, 除了常数因子外, 补偿项可表示为

$$\mathrm{Det}\mathscr{M}=\int \mathrm{D}(\overline{f})\mathrm{D}(f)\mathrm{e}^{\mathrm{i}\int\overline{f}^\alpha(x)\mathscr{M}^{\alpha\beta}f^\beta(x)\mathrm{d}^4x}, \tag{4.2.44}$$

其中, 泛函积分变量 $f(x)$ 和 $\overline{f}(x)$ 应满足费恩曼端条件, 与 $\Box^{-1}$ 取为费恩曼格林函数相一致 (参见式 (4.2.36)).

这样, S 矩阵元就可化成

$$D=\int \mathrm{D}(A)\mathrm{D}(\overline{f})\mathrm{D}(f)\mathrm{e}^{W-\mathrm{i}\int\left[\frac{1}{2\xi}(\partial_\mu A_\mu^\alpha)^2-\overline{f}^\alpha\mathscr{M}^{\alpha\beta}f^\beta\right]\mathrm{d}^4x}, \tag{4.2.45}$$

它相当于一个场变量为 A_μ^α, f, $\overline{f}$, 拉格朗日密度为

$$-\frac{1}{4}F^{\alpha}_{\mu\nu}F^{\alpha}_{\mu\nu}-\frac{1}{2\xi}(\partial_\mu A^{\alpha}_{\mu})^2+\overline{f}^{\alpha}\mathscr{M}^{\alpha\beta}f^{\beta}$$

的普通场论 S 矩元的泛函表达式, 其中 $f(x)$ 和 $\overline{f}(x)$ 好像描述的是某种服从费米统计 (因为 f 和 $\overline{f}$ 为反对易量) 但自旋又为零的反常粒子. 它们通常称为 Faddeev-Popov 虚粒子①. 为了保持整体对称性, 还设令它们按群的伴随表示变换. 这种虚粒子只出现在 S 矩阵元费恩曼图的内线中 (因初态和终态中不包含它们). 需要强调是, 引入这种虚构的反常粒子的目的只是为了比较方便地处理补偿项 (将补偿项表成虚构粒子定域作用的形式). 假若补偿项形如 $(\mathrm{Det}\mathscr{M})^{-1}$ 而不是 $\mathrm{Det}\mathscr{M}$, 那么就无需引入反常粒子, 只要引入普通的标量虚粒子就可以了.

上述拉格朗日函数中涉及 f 和 $\overline{f}$ 的部分写开为

$$\overline{f}^{\alpha}[\delta_{\alpha\beta}\Box-gc_{\alpha\beta\gamma}(\partial_\mu A^{\gamma}_{\mu})-gc_{\alpha\beta\gamma}A^{\gamma}_{\mu}\partial_\mu]f^{\beta}. \tag{4.2.46}$$

此式中的二次项 $\overline{f}^{\alpha}\delta_{\alpha\beta}\Box f^{\beta}$, 与普通的零质量标量场相似, 但该式中相互作用项不具有厄米的形式 (这并不构成问题, 因实际上所要求的只是式 (4.2.46) 对 $\overline{f}$ 和 f 的泛函积分能给出正确的补偿项), 也不具有定域规范不变性, 它是在特定的规范 (ξ 规范) 中引入的.

附带指出, 在阿贝尔规范场即 QED 情况中, 也可采用 ξ 规范. 但这时 $\mathrm{Det}\mathscr{M}$ 为一个与 A_μ 无关的常数因子, 可以吸收到积分测度中去, 不需要引入附加的虚粒子.

有了 S 矩阵元的表达式 (4.2.46), 就不难写出 ξ 规范中的格林函数生成泛函的表达式. 为此只需令 $\boldsymbol{a}^{\alpha}_{s}(\boldsymbol{k})^{*}_{f}$ 和 $\boldsymbol{a}^{\alpha}_{s}(\boldsymbol{k})_0$ 为零, 并引入附加的经典外源.

虽然在 S 矩阵元中, F-P 虚粒子只出现在内线, 但在格林函数中却无此限制②. 因此在构造格林函数生成泛函时, 我们不仅要引入规范场 A^{α}_{μ} 的外源 J^{α}_{μ}, 还要引入 $\overline{f}^{\alpha}$ 和 f^{α} 的外源 η^{α} 和 $\overline{\eta}^{\alpha}$. 根据格林函数生成泛函的定义 (在有附加外源下, 从真空态到真空态的“S 矩阵元”), 即可从式 (4.2.46) 得出

$$Z[J,\eta,\overline{\eta}]=\int \mathrm{D}(A)\mathrm{D}(\overline{f})\mathrm{D}(f)\mathrm{e}^{\mathrm{i}\int_{-\infty}^{+\infty}\mathrm{d}^4x[\mathscr{L}_{\mathrm{eff}}+A^{\alpha}_{\mu}J^{\alpha}_{\mu}+\overline{\eta}^{\alpha}f^{\alpha}+\overline{f}^{\alpha}\eta^{\alpha}]}, \tag{4.2.47}$$

其中

$$\mathscr{L}_{\mathrm{eff}}=-\frac{1}{4}F^{\alpha}_{\mu\nu}F^{\alpha}_{\mu\nu}-\frac{1}{2\xi}(\partial_\mu A^{\alpha}_{\mu})^2+\overline{f}^{\alpha}\mathscr{M}^{\alpha\beta}f^{\beta}. \tag{4.2.48}$$

对于不同的 ξ 取值, 按圈图展开的每一阶也都相等.

这时 A^{α}_{μ} 满足的方程为

---

① f 和 $\overline{f}$ 为独立的泛函积分变量, 本来不一定要写成互为共轭的形式. 写成这一形式的好处是, 将有 F-P 虚粒子数守恒的结果.

② 格林函数的图形可以成为 S 矩阵元费恩曼图内的一个部分, 这时, 格林函数图形的外线都成为 S 矩阵元图形的内线.

$$(\delta_{\mu\nu}\Box+(\frac{1}{\xi}-1)\partial_\mu\partial_\nu)A_\nu^\alpha=-\bar{\mathscr{J}}_\mu^\alpha \tag{4.2.49}$$

其中

$$\bar{\mathscr{J}}_\mu^\alpha=\mathscr{J}_\mu^\alpha+gC_{\alpha\beta\gamma}(\partial_\mu\bar{f}^\beta)f^\gamma.$$

$\mathscr{J}_\mu^\alpha$ 为原来的即未引入 f 时的值. 相应的 Noether 守恒流为

$$\bar{J}_\mu^\alpha=J_\mu^\alpha+\frac{1}{\xi}g(\partial_\nu A_\nu^\beta)C_{\alpha\beta\gamma}A_\mu^\gamma-gC_{\alpha\beta\tau}\bar{f}^\beta(\delta_{\tau\gamma}\partial_\mu-gC_{\tau\gamma\sigma}A_\mu^\sigma)f^\gamma.$$

J_μ^α 的值见式 (3.2.33). 我们看到 A_ν^α 方程中的流与 Noether 守恒流是不相同的.

4. 微扰论的费恩曼规则

推导微扰论的费恩曼规则是这一章的中心内容, 因为场论中最主要的计算方法还是微扰论, 而作微扰计算时最方便的处理方式还是根据费恩曼规则从费恩曼图来进行.

我们首先来求自由场的传播子. 在解决这一问题时, 只需要考察 $\mathscr{L}_{\text{eff}}$ 中的二次项. 规范场的二次项为

$$-\frac{1}{4}(\partial_\nu A_\mu^\alpha-\partial_\mu A_\nu^\alpha)^2-\frac{1}{2\xi}(\partial_\mu A_\mu^\alpha)^2,$$

前项可写成 $-\frac{1}{2}\partial_\nu A_\mu^\alpha(\partial_\nu A_\mu^\alpha-\partial_\mu A_\nu^\alpha)$. 由于 A_μ^α 满足费恩曼端条件, 故在四维时空积分中它又可以换成 $\frac{1}{2}A_\mu^\alpha(\delta_{\mu\nu}\Box-\partial_\mu\partial_\nu)A_\nu^\alpha$. 同样, $-\frac{1}{2\xi}(\partial_\mu A_\mu^\alpha)^2$ 可换作 $\frac{1}{2\xi}A_\mu^\alpha\partial_\mu\partial_\nu A_\nu^\alpha$. 于是在四维积分中, 规范场的二次项就化成

$$\frac{1}{2}A_\mu^\alpha\delta_{\alpha\beta}\left[\delta_{\mu\nu}\Box+\left(\frac{1}{\xi}-1\right)\partial_\mu\partial_\nu\right]A_\nu^\beta.$$

其中, 方括号中的项也就是式 (4.2.49) 左方出现的算符.

根据第二章中的讨论, 规范场的自由传播子应等于

$$-\mathrm{i}\delta_{\alpha\beta}\left[\delta_{\mu\nu}\Box+\left(\frac{1}{\xi}-1\right)\partial_\mu\partial_\nu\right]$$

的逆. 在动量表象中上述微分算符为

$$\mathrm{i}\delta_{\alpha\beta}\left[k^2\delta_{\mu\nu}+\left(\frac{1}{\xi}-1\right)k_\mu k_\nu\right]=\mathrm{i}\delta_{\alpha\beta}\left[k^2\left(\delta_{\mu\nu}-\frac{k_\mu k_\nu}{k^2}\right)+\frac{1}{\xi}k^2\frac{k_\mu k_\nu}{k^2}\right],$$

上式中的 $\dfrac{k_\mu k_\nu}{k^2}$ 代表四维纵向分量的投影算符, $\delta_{\mu\nu}-\dfrac{k_\mu k_\nu}{k^2}$ 代表四维横向分量的投影算符. 不难证明, 这些算符的平方就是它们自己. 于是上式右方的逆 (也就是动量表象中规范场的自由传播子) 就等于①

① 从 A_μ^α 满足费恩曼端条件, 式 (4.2.49) 中的 $\dfrac{1}{k^2}$ 都应是 $\dfrac{1}{k^2-\mathrm{i}\varepsilon}$.

$$D_{\mu\nu}^{\alpha\beta}(k,\xi) = -\mathrm{i}\delta_{\alpha\beta}\left[\frac{1}{k^2}\left(\delta_{\mu\nu} - \frac{k_\mu k_\nu}{k^2}\right) + \frac{\xi}{k^2}\frac{k_\mu k_\nu}{k^2}\right]$$
$$= -\mathrm{i}\delta_{\alpha\beta}\frac{1}{k^2}\left[\delta_{\mu\nu} + (\xi - 1)\frac{k_\mu k_\nu}{k^2}\right]. \tag{4.2.50a}$$

如果不引入规范固定项 $-\frac{1}{2\xi}(\partial_\mu A_\mu^\alpha)^2$, 那就相当于将上式中的 ξ 取为 ∞. 这时式 (4.2.50a) 中纵向投影部分将发散, 也就是说规范场原来二次项中的微分算符没有逆. 这一点在前面已经指出过. 我们看到, 引入规范固定项 $-\frac{1}{2\xi}(\partial_\mu A_\mu^\alpha)^2$ 确实能使规范场二次项中的微分算符成为有逆的算符.

通过傅里叶变换, 即得出在坐标表象中规范场的自由传播子为

$$D_{\mu\nu}^{\alpha\beta}(x-y,\xi) = \frac{-\mathrm{i}}{(2\pi)^4}\delta_{\alpha\beta}\int \mathrm{d}^4k\frac{1}{k^2-\mathrm{i}\varepsilon}\left[\delta_{\mu\nu} + (\xi-1)\frac{k_\mu k_\nu}{k^2-\mathrm{i}\varepsilon}\right]\mathrm{e}^{\mathrm{i}k(x-y)}, \tag{4.2.50b}$$

当 $\xi = 1$ 时, 自由传播子中的四维纵场和四维横场部分将处于对称地位. 这种情况通常称为费恩曼规范. 而当 $\xi = 0$ 时, 传播子中只有四维横场部分, 这种情况通常称为朗道规范.

在有效拉格朗日函数 $\mathscr{L}_{\text{eff}}$ 中, F-P 虚粒子的二次项为

$$\overline{f}^\alpha\delta_{\alpha\beta}\Box f^\beta$$

因此 F-P 虚粒子的自由传播子像普通的零质量标量粒子一样, 即

$$\Delta^{\alpha\beta}(x-y) = \frac{-\mathrm{i}}{(2\pi)^4}\delta_{\alpha\beta}\int \mathrm{d}^4k\frac{1}{k^2-\mathrm{i}\varepsilon}\mathrm{e}^{\mathrm{i}k(x-y)}. \tag{4.2.51}$$

基本顶角可从拉格朗日函数中相互作用项 $\mathscr{L}_{\text{int}}$ 对场量的微商来确定. 由于费恩曼端条件, 在四维积分号下, F-P 虚粒子与规范场的作用项

$$-g\overline{f}^\alpha c_{\alpha\beta\gamma}[(\partial_\mu A_\mu^\gamma)f^\beta + A_\mu^\gamma\partial_\mu f^\beta]$$

可以换成 $g(\partial_\mu\overline{f}^\alpha)c_{\alpha\beta\gamma}A_\mu^\gamma f^\beta$(其实由于作了绝热移引, 相互作用项中的四维散度项的贡献都为零, 可以略去). 这样, 有效拉格朗日函数 $\mathscr{L}_{\text{eff}}$ 中相互作用的部分可以写成

$$\begin{aligned}\mathscr{L}_{\text{eff}}^{(\text{int})} &= -g\partial_\nu A_\mu^\alpha c_{\alpha\beta\gamma}A_\nu^\beta A_\mu^\gamma \\ &-\frac{1}{4}g^2 c_{\alpha\beta\tau}c_{\gamma\delta\tau}A_\mu^\alpha A_\nu^\beta A_\mu^\gamma A_\nu^\delta + g(\partial_\mu\overline{f}^\alpha)c_{\alpha\beta\gamma}A_\mu^\gamma f^\beta.\end{aligned} \tag{4.2.52}$$

通过将 $\mathscr{L}_{\text{eff}}^{(\text{int})}$ 对场量作微商①, 即可把三个基本顶角求出. 在动量表象中它们的表达式如下所示, 所对应的图形为图 4.2.1.

① 在微商时要注意, 式 (4.2.52) 中的 α, β, γ, δ 以及 μ, ν 都是求和指标, 并不就是图 4.2.1 中场量所带的指标. 因此作微商前要先将式 (4.2.52) 中的求和指标 α, β, $\cdots$ 换成 α', β', $\cdots$, μ', ν', 然后对图 4.2.1 中所标的场量作微商.

(a) $\mathrm{i}gc_{\alpha\beta\gamma}[\delta_{\sigma\mu}(l-p)_\nu+\delta_{\mu\nu}(p-q)_\sigma+\delta_{\nu\sigma}(q-l)_\mu]$,

(b) $-g^2[c_{\alpha\beta\tau}c_{\gamma\delta\tau}(\delta_{\mu\sigma}\delta_{\nu\rho}-\delta_{\mu\rho}\delta_{\nu\sigma})]+c_{\alpha\gamma\tau}c_{\beta\delta\tau}(\delta_{\mu\nu}\delta_{\sigma\rho}-\delta_{\mu\rho}\delta_{\nu\sigma})+c_{\alpha\delta\tau}c_{\beta\gamma\tau}(\delta_{\mu\nu}\delta_{\sigma\rho}-\delta_{\mu\sigma}\delta_{\nu\rho})]$,

(c) $-\mathrm{i}gc_{\alpha\beta\gamma}p_\mu$.

在费恩曼图中, 每个顶点对应于 $\mathrm{i}(2\pi)^4\delta(\Sigma p)$(基本顶角).

同第二章讨论的旋量粒子情况一样, 当图中出现 F-P 虚粒子的封闭圈时, 每个圈要再乘上一个 (-1) 因子.

此外还要注意图形的对称因子. 例如对图 4.2.2 中的规范玻色子单圈图, 要乘上 1/2, 而对图 4.2.3 中的双圈图则要乘上因子 $\frac{1}{3!}$. 这些图形对称因子也可以从 $Z[J,\eta,\overline{\eta}]$ 的微扰展开式推出来.

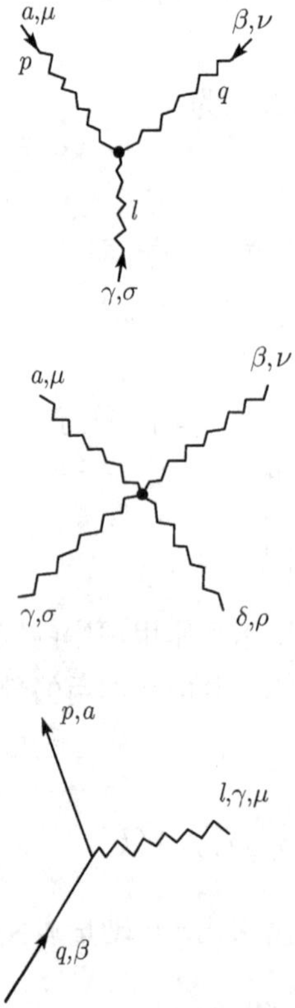

图 4.2.1

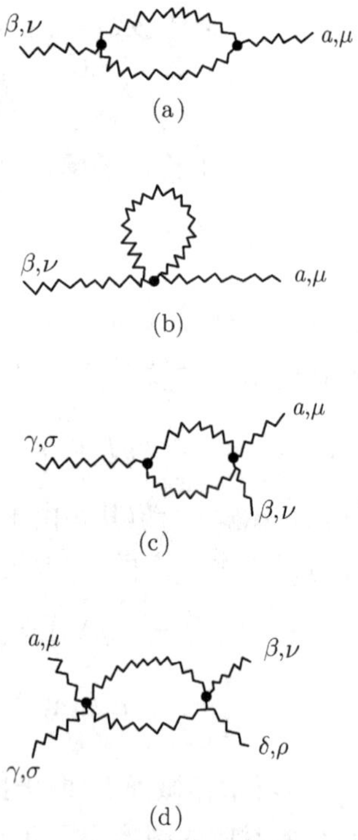

图 4.2.2

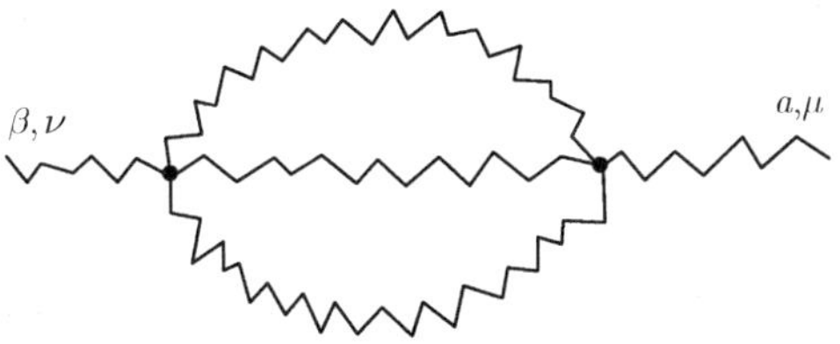

图 4.2.3

$Z[J,\eta,\overline{\eta}]$ 的展开有两部分, 一是作用项的微扰展开, 一是 $Z_0[J,\eta,\overline{\eta}]$ 按传播子数目的展开. 我们以图 4.2.2c 和 4.2.3 为例来作说明. 前图含两个不同的作用顶角 (分别为三线顶角和四线顶角), 由作用项展开式中二次项所贡献, 其系数为 $\dfrac{1}{2!}\cdot 2=1$. 后图含二个相同的作用顶角 (均为四线顶角), 展式前系数为 $\dfrac{1}{2!}$, 但构成图形时, 它们的位置安排又有两种可能, 故总的数值因子仍为 1. 两者都含五个自由传播子, 由 Z_0 展开式中五次项所贡献, 其系数为 $\dfrac{1}{5!}$. 前图含三根外线传播子, 从五根线中选三根外线的选法为 $\dfrac{5!}{3!2!}$ 种, 每根外线都可取任何一个标号, 因而共有 3! 项. 这样剩余数值因子为 $\dfrac{1}{2!}$. 后图含两根外线, 选法为 $\dfrac{5!}{2!3!}$ 种, 选外线标号时又出因子 2! 因此剩余数值因子为 $\dfrac{1}{3!}$. 其余情况与普通图形相同.

4.3 单圈图近似下的规范场顶角函数生成泛函

我们将采用第二章中所述的稳相法来计算单圈图近似下规范场和 F-P 虚场的顶角函数生成泛函.

顶角函数生成泛函是连接的格林函数生成泛函 $-\mathrm{i}Z_c$ 的勒让德变换①. 对于本章所讨论的情况, 除了要定义有外源时规范场的真空期望值外, 还要定义有外源时 F-P 虚场的真空期望值:

$$\begin{aligned}
\mathscr{A}^{\alpha}_{\mu}(x)&=-\mathrm{i}\frac{\delta Z_c[J,\overline{\eta},\eta]}{\delta J^{\alpha}_{\mu}(x)},\\
\mathscr{F}^{\alpha}(x)&=-\mathrm{i}\frac{\delta Z_c[J,\overline{\eta},\eta]}{\delta \overline{\eta}^{\alpha}(x)},\\
\overline{\mathscr{F}}^{\alpha}(x)&=\mathrm{i}\frac{\delta Z_c[J,\overline{\eta},\eta]}{\delta \eta^{\alpha}(x)}.
\end{aligned}\tag{4.3.1}$$

以上式中的 $\dfrac{\delta}{\delta\overline{\eta}}$ 和 $\dfrac{\delta}{\delta\eta}$ 都是左微商, 而 $\overline{\eta}$ 和 η 在 Z_c 中的位置一前一后, 因此最后一式附加了一个负号.

---

① 参见 1.3 节.

从式 (4.3.1) 反解出 $J, \eta, \overline{\eta}$ 作为 $\mathscr{A}, \mathscr{F}, \overline{\mathscr{F}}$ 的泛函后, 即可定义规范场和 F-P 虚场的顶角函数生成泛函如下:

$$\Gamma[\mathscr{A}, \mathscr{F}, \overline{\mathscr{F}}] = -\mathrm{i}Z_c[J, \overline{\eta}, \eta] - \int \mathrm{d}^4x (J_\mu^\alpha \mathscr{A}_\mu^\alpha + \overline{\eta}^\alpha \overline{\mathscr{F}}^\alpha + \overline{\mathscr{F}}^\alpha \eta^\alpha). \tag{4.3.2}$$

零阶的 Γ(即树图近似下的顶角函数生成泛函) 已知就是有效作用量,

$$\Gamma^{(0)}[\mathscr{A}, \mathscr{F}, \overline{\mathscr{F}}] = I_{\text{eff}}[\mathscr{A}, \mathscr{F}, \overline{\mathscr{F}}] = \int \mathrm{d}^4x \mathscr{L}_{\text{eff}}(\mathscr{A}, \mathscr{F}, \overline{\mathscr{F}}). \qquad (4.3.3)①$$

下面来用稳相法求Γ 的一阶修正项, 这时应将泛函积分中的有效作用量 $\int \mathrm{d}^4x \mathscr{L}_{\text{eff}}(A, f, \overline{f})$在其极值处作展开. 若设极值处的场变量为 $A_s(x)_\mu^\alpha$, $f_s^\alpha(x)$ 和 $\overline{f}_s^\alpha(x)$, 并令

$$\begin{aligned} A_\mu^\alpha(x) &= A_s(x)_\mu^\alpha + A_\mu'^\alpha(x). \\ f^\alpha(x) &= f_s^\alpha(x) + f'^\alpha(x), \\ \overline{f}^\alpha(x) &= \overline{f}_s^\alpha(x) + \overline{f}'^\alpha(x), \end{aligned} \tag{4.3.4}$$

则在单圈图近似中, 只需在有效作用量的展式内保留 $(A', f', \overline{f}')$ 的二次项 (一次项贡献为零), 并将 A_s, f_s 和 $\overline{f}_s$ 直接换成 Γ 的宗量 $\mathscr{A}\mathscr{F}$ 和 $\overline{\mathscr{F}}$. 这样得出的结果可以化成下面的形式

$$\mathscr{L}_{\text{eff}}^{(1)} = \frac{1}{2} A_\mu'^\alpha Q_{\mu\nu}^{\alpha\beta}(\mathscr{A}) A_\nu'^\beta + \overline{f}'^\alpha \mathscr{M}^{\alpha\beta}(\mathscr{A}) f'^\beta + A_\mu'^\alpha \overline{\xi}_\mu^{\alpha\beta}(\overline{\mathscr{F}}) f'^\beta + \overline{f}'^\alpha \theta_\mu^{\alpha\beta}(\mathscr{F}) A_\mu'^\beta. \tag{4.3.5}$$

为了求出 $Q_{\mu\nu}^{\alpha\beta}(\mathscr{A})$, $\overline{\xi}_\mu^{\alpha\beta}(\overline{\mathscr{F}})$ 和 $\theta_\mu^{\alpha\beta}(\mathscr{F})$ 的表达式, 我们将式 (4.3.4) 代入 $\mathscr{H}_{\text{eff}}$ 中并按上面所述办法作近似, 即得出

$$\begin{aligned} \mathscr{L}_{\text{eff}}^{(1)} = & -\frac{1}{4}[\partial_\mu A_\nu'^\alpha - \partial_\nu A_\mu'^\alpha + g c_{\alpha\beta\gamma}(\mathscr{A}_\mu^\beta A_\nu'^\gamma + A_\mu'^\beta \mathscr{A}_\nu^\gamma)]^2 - \frac{1}{2} g \mathscr{F}_{\mu\nu}^\alpha c_{\alpha\beta\gamma} A_\mu'^\beta A_\nu'^\gamma \\ & -\frac{1}{2\xi}(\partial_\mu A_\mu'^\alpha)^2 + \overline{f}' \mathscr{M}(\mathscr{A}) f' + g(\partial_\mu \overline{f}'^\alpha) c_{\alpha\beta\gamma} A_\mu'^\gamma \mathscr{F}^\beta + g(\partial_\mu \overline{\mathscr{F}}^\alpha) c_{\alpha\beta\gamma} A_\mu'^\nu f'^\beta. \end{aligned} \tag{4.3.6}$$

这里的函数 $\mathscr{A}_\mu$ 和 A'_μ, $\mathscr{F}$ 和 $\mathscr{F}'$, $\overline{\mathscr{F}}$ 和 $\overline{\mathscr{F}}'$ 都满足费恩曼端条件, 因为积分变量 A_μ, $\mathscr{F}$ 和 $\overline{\mathscr{F}}$ 满足费恩曼端条件, 它们的极值 $(A_s)_\mu$, $\mathscr{F}_s$ 和 $\overline{\mathscr{F}}_s$ 自然也满足费恩曼端条件. A'_μ, $\mathscr{F}'$ 和 $\overline{\mathscr{F}}'$ 作为积分变量与极值函数的差也随之满足费恩曼端条件. 于是式 (4.3.6) 在积分号下即可化成式 (4.3.5) 的形式, $Q_{\mu\nu}^{\alpha\beta}$, $\overline{\zeta}_\mu^{\alpha\beta}$ 和 $\theta_\mu^{\alpha\beta}$ 如下所示.

$$\begin{aligned} Q_{\mu\nu}^{\alpha\beta}(\mathscr{A}) = & \delta_{\alpha\beta}\left[\delta_{\mu\nu}\Box + \left(\frac{1}{\xi} - 1\right)\partial_\mu\partial_\nu\right] - g c_{\alpha\beta\gamma}[2\delta_{\mu\nu}(\mathscr{A}_\rho^\gamma \partial_\rho) + \delta_{\mu\nu}(\partial_p A_\rho^\gamma) \\ & - \mathscr{A}_\nu^\gamma \partial_\mu - \mathscr{A}_\mu^\gamma \partial_\nu - (\partial_\nu A_\mu^\gamma)] - g^2 c_{\tau\alpha\nu} c_{\tau\beta\delta}[(\mathscr{A}_\rho^\gamma \mathscr{A}_\rho^\delta)\delta_{\mu\nu} - \mathscr{A}_\mu^\delta \mathscr{A}_\nu^\gamma] \end{aligned}$$

① 让我们回忆一下此式的含意: 当 $\mathscr{F}_{\text{eff}}$ 中的 $\mathscr{A}, \mathscr{F}, \bar{\mathscr{F}}$, 取为不同的函数时, 积分得出的 $\Gamma^{(0)}$ 或 I_{eff} 的值将不同. 从而 $\Gamma^{(0)}$ 和 I_{eff} 可看作是 $\mathscr{A}, \mathscr{F}\bar{\mathscr{F}}$ 的泛函.

$$-gc_{\alpha\beta\gamma}[(\partial_\mu\mathscr{A}_\nu^\gamma)-(\partial_\nu\mathscr{A}_\mu^\gamma)]-g^2c_{\tau\alpha\beta}c_{\tau\gamma\delta}\mathscr{A}_\mu^\gamma\mathscr{A}_\nu^\delta,$$

$$\overline{\zeta}^{\alpha\beta}(\overline{\mathscr{F}})=-gc_{\alpha\beta\gamma}(\partial_\mu\overline{\mathscr{F}}^\gamma), \tag{4.3.7}$$

$$\theta_\mu^{\alpha\beta}(\mathscr{F})=gc_{\alpha\beta\gamma}[(\partial_\mu\mathscr{F}^\gamma)+\mathscr{F}^\gamma\partial_\mu].$$

值得指出的是, 算符 Q 是一个对称算符. 这对于 Q 中第一、三、四、五项都是显然的, Q 中的第二项可以写成

$$-gc_{\alpha\beta\gamma}(\delta_{\mu\nu}\mathscr{A}_\rho^\gamma\partial_\rho-\delta_{\mu\nu}\overleftarrow{\partial}_\rho\mathscr{A}_\rho^\gamma-\mathscr{A}_\nu^\gamma\partial_\mu+\overleftarrow{\partial}_\nu\mathscr{A}_\mu^\gamma),$$

在作指标对换 $\begin{pmatrix}\alpha\\ \mu\end{pmatrix}\leftrightarrow\begin{pmatrix}\beta\\ \nu\end{pmatrix}$ 时, 微分运算方向也要反过来, 因此该项同样是对称的①. Q 的这一性质是下面应用式 (4.3.12) 的前提条件.

以 $Q_{\mu\nu}^{\alpha\beta}$ 作为矩阵元可以构成下述伴随表示中的矩阵

$$\begin{aligned}Q_{\mu\nu}=&\left[\delta_{\mu\nu}\Box+\left(\frac{1}{\xi}-1\right)\partial_\mu\partial_\nu\right]-\mathrm{i}g[\delta_{\mu\nu}2(\mathscr{A}_\rho\partial_\rho)+\delta_{\mu\nu}(\partial_\rho\mathscr{A}_\rho)-\mathscr{A}_\nu\partial_\mu-\mathscr{A}_\mu\partial_\nu-(\partial_\nu\mathscr{A}_\mu)]\\&-g^2(\mathscr{A}^2\delta_{\mu\nu}-\mathscr{A}_\nu\mathscr{A}_\mu)-\mathrm{i}g[(\partial_\mu\mathscr{A}_\nu)-(\partial_\nu\mathscr{A}_\mu)]-g^2(\mathscr{A}_\mu\mathscr{A}_\nu-\mathscr{A}_\nu\mathscr{A}_\mu).\end{aligned} \tag{4.3.8}$$

在化出上式最后一项时, 我们利用了雅可比恒等式

$$c_{\tau\alpha\beta}c_{\tau\gamma\delta}=-c_{\gamma\alpha\tau}c_{\delta\tau\beta}+c_{\delta\alpha\tau}c_{\gamma\tau\beta}. \tag{4.3.9}$$

对于 n 维空间的积分, 有下述公式, 其中 χ_j 为普通数, η_j 和 $\overline{\eta}_j$ 为反对易数, Q_{jl} 为对称矩阵:

$$\int\prod_j\frac{\mathrm{d}\chi_j}{\sqrt{2\pi}}\prod_j(\mathrm{d}\overline{\eta}_j\mathrm{d}\eta_j)\mathrm{e}^{-\frac{1}{2}\chi_jQ_{jl}\chi_l-\overline{\eta}_jM_{jl}\eta_l-\overline{\eta}_j\theta_{jl}\chi_l-\chi_j\zeta_{jl}\eta_l}=[\det\widetilde{Q}]^{-\frac{1}{2}\det M}, \tag{4.3.10}$$

① 更清楚地说, Q 的指标除 α, β, μ, ν 外还有 (x,y), 完全的指标对换应是 $(\alpha,\mu,x)\longleftrightarrow(\beta,\nu,y)$. Q 的第二项矩阵元实际上是

$$\begin{aligned}&2gc_{\alpha\beta\gamma}\delta_{\mu\nu}\mathscr{A}_\rho^\gamma(x)\partial_\rho^{(y)}\delta(y-x)-gc_{\alpha\beta\gamma}(\partial_\rho\mathscr{A}_\rho^\gamma(x))\delta(y-x)\\&-gc_{\alpha\beta\gamma}\mathscr{A}_\nu^\gamma(x)\partial_\mu^{(y)}\delta(y-x)-gc_{\alpha\beta\gamma}\mathscr{A}_\mu^\gamma(x)\partial_\nu^{(y)}\delta(y-x)\\&+gc_{\alpha\beta\gamma}(\partial_\nu\mathscr{A}_\mu^\gamma(x))\delta(y-x).\end{aligned}$$

它可以化作

$$\begin{aligned}&gc_{\alpha\beta\gamma}\delta_{\mu\nu}\mathscr{A}_\nu^\gamma(x)\partial_\rho^{(y)}\delta(y-x)-gc_{\alpha\beta\gamma}\delta_{\mu\nu}\mathscr{A}_\rho^\gamma(y)\partial_\rho^{(x)}\delta(x-y)\\&-gc_{\alpha\beta\gamma}\mathscr{A}_\nu^\gamma(x)\partial_\mu^{(y)}\delta(y-x)+gc_{\alpha\beta\gamma}\mathscr{A}_\mu^\gamma(y)\partial_\nu^{(x)}\delta(x-y),\end{aligned}$$

因而对指标 $(\alpha,\ \mu,\ x)$ 和 $(\beta,\ \nu,\ y)$ 是对称的.

$\widetilde{Q}$ 由下式定义

$$\widetilde{Q}=Q-\overline{\zeta}M^{-1}\theta-(\overline{\zeta}M^{-1}\theta)^{\tau}, \tag{4.3.11}$$

它亦为一对称矩阵.

将此公式推广到函数空间, 即可求出

$$\begin{aligned}&\int \mathrm{D}(A')\mathrm{D}(\overline{f}')\mathrm{D}(f')\exp\left\{\mathrm{i}\int \mathrm{d}^4x\left[\frac{1}{2}A'^{\alpha}_{\mu}Q^{\alpha\beta}_{\mu\nu}(\mathscr{A})A'^{\beta}_{\nu}+\overline{f}'^{\alpha}\mathscr{M}^{\alpha\beta}(\mathscr{A})f'^{\beta}\right.\right.\\&\qquad\left.+A'^{\alpha}_{\mu}\overline{\zeta}^{\alpha\beta}_{\mu}(\overline{\mathscr{F}})f'^{\beta}+\overline{f}'^{\alpha}\theta^{\alpha\beta}_{\mu}(\mathscr{F})A'^{\beta}_{\mu}\right]\\&=[\mathrm{Det}\widetilde{\boldsymbol{Q}}(\mathscr{A},\overline{\mathscr{F}},\mathscr{F})]^{-1/2}[\mathrm{Det}\mathscr{M}(\mathscr{A})]\doteq\exp\left[\frac{1}{2}\mathrm{Trln}(\widetilde{Q}Q_0^{-1})+\mathrm{Trln}(\mathscr{M}_0^{-1}\mathscr{M})\right],\end{aligned} \tag{4.3.12}$$

其中, $\widetilde{Q}$ 由下述矩阵元所定义,

$$\begin{aligned}&\widetilde{Q}^{\alpha\beta}_{\mu\nu}(\mathscr{A},\overline{\mathscr{F}},\mathscr{F})\\&=Q^{\alpha\beta}_{\mu\nu}(\mathscr{A})-\overline{\zeta}^{\alpha\alpha'}_{\mu}(\overline{\mathscr{F}})\mathscr{M}^{-1}(\mathscr{A})^{\alpha'\beta'}\theta^{\beta'\beta}_{\nu}(\mathscr{F})-\overline{\zeta}^{\beta\beta'}_{\nu}(\overline{\mathscr{F}})\mathscr{M}^{-1}(\mathscr{A})^{\beta'\alpha'}\theta^{\alpha'\alpha}_{\mu}(\mathscr{F}),\end{aligned} \tag{4.3.13}$$

Q_0 和 $\mathscr{M}_0$ 等于 $\widetilde{Q}$ 和 $\mathscr{M}$ 在 $g=0$ 时的值. 实际上, 由于 $g=0$ 时 $\overline{\xi}$ 和 θ 为零, Q_0 也就是 $g=0$ 时 Q 的值:

$$\begin{aligned}(Q_0)^{\alpha\beta}_{\mu\nu}&=\delta_{\alpha\beta}\left[\delta_{\mu\nu}\Box+\left(\frac{1}{\xi}-1\right)\partial_\mu\partial_\nu\right],\\\mathscr{M}_0^{\alpha\beta}&=\delta_{\alpha\beta}\Box.\end{aligned} \tag{4.3.14}$$

于是得

$$(\mathscr{M}_0^{-1}\mathscr{M})^{\alpha\beta}=\delta_{\alpha\beta}\delta^4(x-y)+\int\frac{\mathrm{d}^4k}{(2\pi)^4}\mathrm{i}gc_{\alpha\beta\gamma}\frac{k_\mu\mathscr{A}^{\gamma}_{\mu}(y)}{k^2-\mathrm{i}\varepsilon}\mathrm{e}^{\mathrm{i}k(x-y)}. \tag{4.3.15}$$

写成伴随表示中矩阵形式即为 $\left(\text{其中 }\dfrac{1}{k^2-\mathrm{i}\varepsilon}\text{ 简写成 }\dfrac{1}{k^2}\right)$

$$\mathscr{M}_0^{-1}\mathscr{M}=I\delta^4(x-y)-\int\frac{\mathrm{d}^4k}{(2\pi)^4}g\frac{k_\mu}{k^2}\mathscr{A}_\mu(y)\mathrm{e}^{\mathrm{i}k(x-y)}. \tag{4.3.16}$$

$\widetilde{Q}Q_0^{-1}$ 中含规范场 $\mathscr{A}$ 二次项的部分只有 QQ_0^{-1}. 由于后文的需要, 我们将写出它的伴随矩阵形式, 结果如下:

$$\begin{aligned}(QQ_0^{-1})_{\mu\nu}=&I\delta_{\mu\nu}\delta^4(x-y)-g\int\frac{\mathrm{d}^4k}{(2\pi)^4}\frac{1}{k^2}\left[\left(\delta_{\mu\nu}+(\xi-1)\frac{k_\mu k_\nu}{k^2}\right)\right.\\&(2k\cdot\mathscr{A}-\mathrm{i}(\partial_\rho\mathscr{A}_\rho)-g\mathscr{A}\cdot\mathscr{A})-\mathrm{i}(\partial_\mu\mathscr{A}_\nu)-k_\mu\mathscr{A}_\nu+2\mathrm{i}(\partial_\nu\mathscr{A}_\mu)\\&-k_\nu\mathscr{A}_\mu+2g\mathscr{A}_\nu\mathscr{A}_\mu-g\mathscr{A}_\mu\mathscr{A}_\nu+(\xi-1)\frac{1}{k^2}\Big(-\mathrm{i}(\partial_\mu\mathscr{A}_\sigma)k_\sigma k_\nu-(k\cdot\mathscr{A})k_\mu k_\nu\\&\left.-k^2\mathscr{A}_\mu k_\nu+2\mathrm{i}(\partial_\sigma\mathscr{A}_\mu)k_\sigma k_\nu+2g(k\cdot\mathscr{A})\mathscr{A}_\mu k_\nu-g\mathscr{A}_\mu(k\cdot\mathscr{A})k_\nu\Big)\right]\mathrm{e}^{\mathrm{i}k(x-y)}.\end{aligned} \tag{4.3.17}$$

上式中, $\mathscr{A}$ 的宗量都是 x, 微商也指对 x 的微商.

根据第二章中的讨论, 单圈图所贡献的顶角函数生成泛函为

$$\Gamma^{(1)}(\mathscr{A},\overline{\mathscr{F}},\mathscr{F})=\frac{\mathrm{i}}{2}\mathrm{Tr}\ln[(\widetilde{\boldsymbol{Q}}\boldsymbol{Q}_0^{-1})-\mathrm{i}\mathrm{Tr}\ln(\mathscr{M}_0^{-1}\mathscr{M})]. \tag{4.3.18}$$

有了 $\Gamma^{(1)}(\mathscr{A},\overline{\mathscr{F}},\mathscr{F})$, 所有单圈图的顶角函数都可能用对它的泛函微商求出来. 所得结果与按费恩曼图算出的结果一样, 但已自动计入了对称因子. 如果实际上所需要的只是某个或某几个顶角函数, 那么直接从费恩曼图计算常常更为方便.

4.4 与旋量场和标量场相互作用的规范场, 幺正规范、ξ 规范和 R_ξ 规范

以上我们讨论的是单纯规范场的情况. 当存在旋量场和标量场与规范场相互作用时, 如果不出现对称性的自发破坏, 那么量子化问题可类似地处理, 不出现新的问题. 其中标量场和旋量场的泛函积分量子化可像第二章所讨论的那样进行, 因此我们将只简单地写出结果. 需要特别讨论的只是出现对称性自发破坏的情况. 这时常用的规范有幺正规范、ξ 规范和 R_ξ 规范, 我们也将在这一节中分别予以介绍.

1. 规范场与旋量场相互作用的情况

我们令

$$\mathscr{D}_\mu=\partial_\mu-\mathrm{i}gA_\mu^\alpha\tau^\alpha, \tag{4.4.1}$$

其中, τ^α 为旋量场所属表示的生成元. 则规范场和旋量场的拉格朗日函数为

$$\mathscr{L}=-\frac{1}{4}F_{\mu\nu}^\alpha F_{\mu\nu}^\alpha-\overline{\psi}\gamma_\mu\mathscr{D}_\mu\psi-m\overline{\psi}\psi. \tag{4.4.2}$$

约束条件现在由下式表述

$$\partial_jE_j^\alpha+gc_{\alpha\beta\gamma}A_j^\beta E_j^\gamma-g\psi^\dagger\tau^\alpha\psi=0, \tag{4.4.3}$$

此式较式 (4.1.5) 多出一项 (式中的第三项), 此项 (加负号后) 代表旋量场对荷密度的贡献. 我们可像前一样先从库仑规范出发来量子化, 得出格林函数生成泛函的表达式, 然后再过渡到 ξ 规范. 结果即为

$$\begin{aligned}Z[J,\overline{\eta},\eta,\overline{\zeta},\zeta]=\int\mathrm{D}(A)\mathrm{D}(\overline{f})\mathrm{D}(f)\mathrm{D}(\overline{\psi})\mathrm{D}(\psi)\cdot\exp\Big\{-\mathrm{i}\int\Big[&\frac{1}{4}F_{\mu\nu}^\alpha F_{\mu\nu}^\alpha+\frac{1}{2\xi}(\partial_\mu A_\mu^\alpha)^2\\&-\overline{f}^\alpha\Box f^\alpha-g(\partial_\mu\overline{f}^\alpha)c_{\alpha\beta\gamma}A_\mu^\gamma f^\beta+\overline{\psi}\gamma_\mu\mathscr{D}_\mu\psi+m\overline{\psi}\psi-A_\mu^\alpha J_\mu^\alpha\\&-\overline{f}^\alpha\eta^\alpha-\overline{\eta}^\alpha f^\alpha-\overline{\zeta}\psi-\overline{\psi}\zeta\Big]\mathrm{d}^4x\Big\}.\end{aligned} \tag{4.4.4}$$

其中，$\overline{\zeta}(x)$ 和 $\zeta(x)$ 代表旋量场 $\psi(x)$ 和 $\overline{\psi}(x)$ 的源，所有的积分变量 $A, \overline{f}, f, \overline{\psi}, \psi$ 都满足费恩曼端条件.

费恩曼规则可像以前一样地导出，旋量场的自由传播子与第二章中所给的结果相同，即为 $\mathrm{i}(\gamma_\mu\partial_\mu + m)$ 的逆，它可表示为

$$S_F(x-y) = \mathrm{i}\int \frac{\mathrm{d}^4p}{(2\pi)^4}\frac{\mathrm{i}\gamma_\mu p_\mu - m}{p^2+m^2-\mathrm{i}\varepsilon}\mathrm{e}^{\mathrm{i}p(x-y)}. \tag{4.4.5}$$

规范场与旋量场相互作用的基本顶角为"$\mathscr{L}_{\text{int}}$ 对 $\overline{\psi}, \psi$ 和 A_μ^α 的微商，"其结果即为

$$V_\mu = \mathrm{i}g\gamma_\mu\tau^\alpha. \tag{4.4.6}$$

规范场的自由传播子和 F-P 虚场的自由传播子以及规范场之间的基本顶角、规范场与 F-P 虚场间的基本顶角都与 4.2 节中的一样，就不再列出.

2. 规范场与标量场相互作用的情况 (i)，幺正规范

为了理论表述上方便，我们仍像第三章那样把标量场分解为 K 个实分量. 这时拉格朗日函数为

$$\mathscr{L} = -\frac{1}{4}F_{\mu\nu}^\alpha F_{\mu\nu}^\alpha - \frac{1}{2}(\mathscr{D}_\mu\varphi)_l(\mathscr{D}_\mu\varphi)_l - V(\varphi), \qquad l=1,2,\cdots,K. \tag{4.4.7}$$

其中

$$\mathscr{D}_\mu = \partial_\mu - \mathrm{i}gA_\mu^\alpha T^\alpha,$$

T^α 为 φ_l 所属表示的生成元.

约束条件现在由下式表述，

$$\partial_j E_j^\alpha + gc_{\alpha\beta\gamma}A_j^\beta E_j^\gamma + \mathrm{i}g\pi_l(T^\alpha\varphi)_l = 0, \tag{4.4.8}$$

其中

$$\pi_l = \partial_0\varphi_l + \mathrm{i}gA_0^\alpha(T^\alpha\varphi)_l \tag{4.4.9}$$

代表 φ_l 的共轭动量. 式 (4.4.8) 中的 $-\mathrm{i}g\pi_l(T^\alpha\varphi)_l$ 代表标量场对荷密度的贡献.

我们来考察对称性出现自发破坏，即 φ 的真空期望值 v 不等于零的情况. $v=0$(无自发破坏) 可作为它的一个特例.

原对称群设为 S，自发破坏后的剩余对称群设为 S_R，后者的生成元为 T^R，$R=1,2,\cdots,n_R$. 如第三章所指出的，这些生成元作用到 v 上应为零 (表示真空不带这些荷)：

$$T^R v = 0. \tag{4.4.10}$$

S 的其余生成元记作 T^G, $G = n_R + 1, \cdots, n$. n 为 S 的生成元总数. 假定已通过第三章所说的正交变换步骤, 使得

$$w^G = \mathrm{i}T^G v \tag{4.4.11}$$

互相正交. 于是 w^G 构成 Nambu-Goldstone 空间的正交基. 归一化后的基矢记作 $\boldsymbol{e}^G$. 标量场内部自由度空间 (K 维) 在除去 N-G 自由度后剩余的空间即为 Higgs 空间. 此空间对应于有质量的标量粒子①. 假设我们也已在 Higgs 空间进行了正交变换, 使质量矩阵对角化, 相应的基矢记作 $\boldsymbol{e}^H$, 质量本征值为 m_H. 这样我们就将标量场内部自由度指标 l 取成 $\begin{pmatrix} G \\ H \end{pmatrix}$. 群生成元指标 a 如前所述已分成 $\begin{pmatrix} R \\ G \end{pmatrix}$, 与指标 G 对应的规范玻色子将获得质量 $M_G = g|w^G|$.

约束条件在标量场作平移 $\varphi \to \varphi + v$ 后化为

$$\begin{aligned} &\partial_j E_j^R + g c_{R\beta\gamma} A_j^\beta E_j^\gamma + \mathrm{i}g\pi_l (T^R\varphi)_l = 0, \ (\alpha \in R), \\ &\partial_j E_j^G + g c_{G\beta\gamma} A_j^\beta E_j^\gamma + \mathrm{i}g\pi_l (T^G\varphi)_l + M_g \pi_G = 0, \ (\alpha \in G). \end{aligned} \tag{4.4.12}$$

在写 (4.4.12) 第一式时, 利用了 $T^R\nu = 0$; 写第二式中的最后一项时利用了 $\mathrm{i}T^G v = |w^G| e^G, g|w_G| = M_G$, 以及 $\pi_l e_l^G = \pi_G$.

当 $t \to \pm\infty$ 时, 由于浸渐移引, 使 $\mathscr{L}$ 中的作用项 (对平移后的场量而言) 为零, 于是上述约束条件的渐近形式 (即加在渐近自由态上的约束条件) 为

$$\left.\begin{aligned} &\partial_j E_j^R = 0, \\ &\partial_j E_j^G + M_G \pi_G = 0 \end{aligned}\right. \quad (t \to \pm\infty) \tag{4.4.13}$$

对指标为 R 的部分, 结果仍与过去一样. 对指标为 G 的部分, 则改换为 E_j^G 与 π_G 的一个线性组合为零, 这意味着与它们共轭的场量 A_j^G 和 φ_G 不都是独立的动力学变量. 于是一种可取的辅助条件为

$$\begin{aligned} &\partial_j A_j^R = 0, \\ &\varphi_G = 0. \end{aligned} \tag{4.4.14}$$

此条件称为幺正规范 (U 规范) 条件. 对于剩余对称群的指标 ($\alpha = R$), 该辅助条件仍取 $\boldsymbol{A}^R$ 的三维纵分量为零, 而对于 $\alpha = G$ 的指标, 则取 φ_G 为零 (上面已指出, φ_G 与 A_j^G 之间有一个是不独立的), 也就是说在幺正规范中已通过适当的规范变换把 Nambu-Goldstone 分量消去.

① 有质量是一般性的说法, 并不排除在某些情况下, 有一些 Higgs 粒子质量为零.

条件式 (4.4.14) 满足式 (3.7.22) 所表述的对辅助条件的要求. 其中第二式是显然成立的, 第一式在微扰论范围内亦成立.

幺正规范 (U 规范) 消去了所有非物理的多余自由度, 包括 φ 的 N-G 分量和剩余对称性中规范场的三维纵分量. 因此在此规范中所出现的只是物理的自由度. $\alpha = G$ 的原规范玻色子 A_μ^G 现在已成为普通的有质量的矢量粒子 (因而它的三维纵分量是物理的自由度), 其自由传播子的动量表示为

$$\Delta_{\mu\nu}^{(G)}(k) = \frac{-\mathrm{i}}{k^2 + M_G^2 - \mathrm{i}\varepsilon}\left(\delta_{\mu\nu} + \frac{k_\mu k_\nu}{M_G^2}\right).$$

幺正规范也有它的缺点, 除了不协变以外, 还有下述问题: A_μ^G 的自由传播子的动量表示, 像普通的有质量的矢量粒子一样, 在 $k \to \infty$ 时, 不趋于零而趋于有限值. 这就增加了圈积分的发散度, 带来了新的奇异性. 与此相应, 其幺正补偿项 $\mathrm{Det}\mathscr{M}_U$ 中也包含有 δ 函数型的奇异性. 这些附加的奇异性虽然最终互相消去, 但却给计算高阶过程带来不方便①, 在微扰论中计算高阶修正时, 通常采用的是下述 ξ 规范和 R_ξ 规范.

3. 规范场与标量场相互作用情况 (ii), ξ 规范和 R_ξ 规范

在 ξ 规范中, 生成泛函 Z 的泛函积分表达式可像前面一样写出. 只是当场量 φ 的真空期望值 v 不为零时要作平移 $\varphi \to \varphi + v$. 假设 $\mathscr{L}$ 中原来标量场的势函数 $U(\varphi)$ 为 $-\frac{1}{2}\mu^2\varphi^2 + \frac{1}{4!}\lambda(\varphi^2)^2$, 则有

$$v^2 = \frac{6\mu^2}{\lambda}. \tag{4.4.15}$$

平移后的 $U(\varphi)$ 可展开为

$$U(\varphi) = U(v) + \frac{\lambda}{6}(\varphi \cdot v)^2 + \frac{\lambda}{3!}\varphi^2(\varphi \cdot v) + \frac{\lambda}{4!}\varphi^4.$$

由此式可见, Higgs 粒子中只有一个获得质量 (出现这种情况同上述 $U(\varphi)$ 具有 $O(K)$ 对称性有关), 此分量即 φ 在 v 方向的投影 $\varphi \cdot v/|v|$, 它的质量为

$$m_H = \sqrt{\frac{\lambda}{3}}|v|. \tag{4.4.16}$$

于是 $U(\varphi)$ 可写作

$$U(\varphi) = \frac{1}{2}m_H^2\varphi_v^2 + \frac{1}{2}\sqrt{\frac{\lambda}{3}}m_H\varphi_v\varphi^2 + \frac{\lambda}{4!}\varphi^4 + U(v). \tag{4.4.17}$$

---

① 补偿项的具体例子见下文式 (4.4.25)~(4.4.27). 要补充说明的是. 在作树图近似时, 由于没有圈积分, $\mathrm{Det}\mathscr{M}_U$ 也可取为 1, 这两个问题都不出现, 使用幺正规范是方便的.

平移后的拉格朗日函数形如

$$\begin{aligned}\mathscr{L}=&-\frac{1}{4}F^{\alpha}_{\mu\nu}F^{\alpha}_{\mu\nu}-\frac{1}{2}M_G^2(A^G_{\mu})^2-\frac{1}{2}(\mathscr{D}_{\mu}\varphi)_j(\mathscr{D}_{\mu}\varphi)_j\\&-\frac{1}{2}m_H^2\varphi_v^2+M_GA^G_{\mu}(\partial_{\mu}\varphi_G)-\mathrm{i}gM_GT^{\beta}_{Gj}\varphi_jA^{\beta}_{\mu}A^G_{\mu}\\&-\frac{1}{2}\sqrt{\frac{\lambda}{3}}m_H\varphi_v\varphi^2-\frac{\lambda}{4!}(\varphi^2)^2-U(v)\end{aligned}\tag{4.4.18}$$

规范固定项和幺正补偿项仍为

$$-\frac{1}{2\xi}(\partial_{\mu}A^{\alpha}_{\mu})^2+\overline{f}^{\alpha}\Box f^{\alpha}+g(\partial_{\mu}\overline{f}^{\alpha})c_{\alpha\beta\gamma}A^{\gamma}_{\mu}f^{\beta}.$$

不难写出 A^{α}_{μ} 的自由传播子. 当 $\alpha\in R$ 时, 结果仍如前. 传播子的动量表示为

$$D^{(R)}_{\mu\nu}(k,\xi)=\frac{-\mathrm{i}}{k^2-\mathrm{i}\varepsilon}\left[\delta_{\mu\nu}+(\xi-1)\frac{k_{\mu}k_{\nu}}{k^2-\mathrm{i}\varepsilon}\right].\tag{4.4.19}$$

这与“A^R_{μ} 保持为零质量的规范玻色子”的结论是一致的. 当 $\alpha\in G$ 时, A^G_{μ} 与 N-G 粒子 φ_G 有混合, 因 $\mathscr{L}$ 的二次项中与 A^G 和 φ_G 有关部分的系数构成非对角矩阵, 在动量空间中该矩阵 (在分出因子 $-\dfrac{1}{2}$ 以后) 可写成 5×5 的形式①

$$K(k,\xi)=\begin{pmatrix}(k^2+M_G^2)\delta_{\mu\nu}+\left(\dfrac{1}{\xi}-1\right)k_{\mu}k_{\nu} & -\mathrm{i}M_Gk_{\mu}\\ \mathrm{i}M_Gk_{\nu} & k^2\end{pmatrix},$$

这样在求自由传播子时, 应该把 A^G_{μ} 和 φ_G 合成为 $\begin{pmatrix}A^G_{\mu}\\ \varphi_G\end{pmatrix}$ 来处理. 上述矩阵的逆

---

① 其中, $(k^2+M_G^2)\sigma_{\mu\nu}+(\dfrac{1}{\xi}-1)k_{\mu}k_{\nu}$ 构成 4×4 矩阵, $-\mathrm{i}M_Gk_{\mu}$ 为 4 行单列的矩阵, $\mathrm{i}M_Gk_{\nu}$ 为 4 列单行的矩阵. 此矩阵的意义是: 若将作用量中含 A^G_{μ} 和 φ_G 的二次项表为

$$-\frac{1}{2}\int\mathrm{d}^4x\mathrm{d}^4y(A^G_{\mu}(x)\varphi_G(x))\begin{pmatrix}K_{\mu\nu}(x-y) & K'_{\mu}(x-y)\\ -K'_{\nu}(x-y) & K''(x-y)\end{pmatrix}\begin{pmatrix}A^G_{\nu}(y)\\ \varphi_G(y)\end{pmatrix}.$$

则有

$$\begin{aligned}&\begin{pmatrix}K_{\mu\nu}(x-y) & K'_{\mu}(x-y)\\ -K'_{\nu}(x-y) & K''(x-y)\end{pmatrix}\\&=\int\frac{\mathrm{d}^4k}{(2\pi)^4}\begin{pmatrix}(k^2+M_G^2)\delta_{\mu\nu}+\left(\dfrac{1}{\xi}-1\right)k_{\mu}k_{\nu} & -\mathrm{i}M_Gk_{\mu}\\ \mathrm{i}M_Gk_{\nu} & k^2\end{pmatrix}\mathrm{e}^{\mathrm{i}k(x-y)}.\end{aligned}$$

为 ($-\mathrm{i}\varepsilon$ 未写出)

$$K^{-1}(k)=\begin{pmatrix} \dfrac{\delta_{\mu\nu}}{k^2+M_G^2}-\left(\dfrac{1}{k^2+M_G^2}-\dfrac{\xi}{k^2}\right)\dfrac{k_\mu k_\nu}{k^2} & \mathrm{i}\xi M_G\dfrac{k_\mu}{(k^2)^2} \\ -\mathrm{i}\xi M_G\dfrac{k_\nu}{(k^2)^2} & \dfrac{1}{k^2}\left(1+\xi\dfrac{M_G^2}{k^2}\right) \end{pmatrix} \tag{4.4.20}$$

$\begin{pmatrix} A_\mu^G \\ \varphi_G \end{pmatrix}$ 的自由传播子矩阵 (动量表象) 即为上式乘上 ($-\mathrm{i}$), 它的非对角性表明 A_μ^G 和 φ_G 在传播中可以互相转化. 将上述矩阵乘上 $\dfrac{-\mathrm{i}}{(2\pi)^4}\mathrm{e}^{\mathrm{i}k(x-y)}$ 并对 k 积分, 即得出坐标表象中的自由传播子矩阵.

Higgs 粒子的自由传播子与通常的标量粒子一样, F-P 虚粒子的传播子亦与前相同, 这里不再写出. 此规范的不方便之处在于 A_μ^G 与 φ_G 有混合. 但若取朗道规范, 即令 ξ 为零, 则混合将解除. 这时 $A_\mu^G-\varphi_G$ 的传播子矩阵化为对角形式, A_μ^G 的自由传播子为

$$\Delta_{\mu\nu}^{(G)}(k)=\frac{-\mathrm{i}}{k^2+M_G^2-\mathrm{i}\varepsilon}\left(\delta_{\mu\nu}-\frac{k_\mu k_\nu}{k^2-\mathrm{i}\varepsilon}\right), \tag{4.4.21}$$

而 φ_G 的传播子是

$$\Delta_G(k)=\frac{-\mathrm{i}}{k^2-\mathrm{i}\varepsilon}. \tag{4.4.22}$$

这样微扰论的计算将大为简化. 但在完全的传播子中 (即不是自由的传播子), 非对角项仍会出现, 因而在费恩曼图中应包括 A_μ^G 与 φ_G 的转化子图 (图 4.4.1)

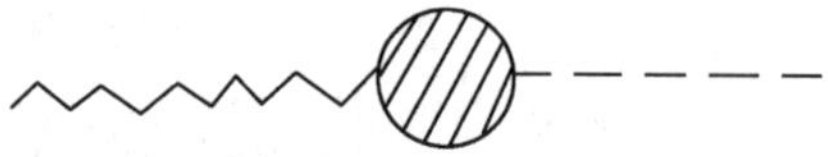

图 4.4.1

另外一种规范是 R_ξ 规范, 又称 't Hooft 规范. 它的规范固定项取为

$$-\frac{1}{2\xi}(\mathscr{R}^\alpha)^2=-\frac{1}{2\xi}[\partial_\mu A_\mu^\alpha-\mathrm{i}\xi(\varphi,gT^\alpha v)]^2. \tag{4.4.23}$$

当 $\alpha\in R$ 时, 由于 $T^R v=0$, 上式右方化为

$$-\frac{1}{2\xi}(\partial_\mu A_\mu^R)^2,$$

即与 ξ 规范一样. 而当 $\alpha\in G$ 时, 规范固定项可写成

$$-\frac{1}{2\xi}(\partial_\mu A_\mu^G-\xi M_G\varphi_G)^2.$$

此式中的交叉项为 $(\partial_\mu A_\mu^G)M_G\varphi_G = -A_\mu^G M_G(\partial_\mu\varphi_G)$, 正好与 $\mathscr{L}$ 中的 $A_\mu^G - \varphi_G$ 混合项消去 (参见式 (4.4.18))① .

$R\xi$ 规范的补偿项用 F-P 虚粒子表示的结果为

$$\overline{f}^\alpha\Box f^\alpha + g(\partial_\mu\overline{f}^\alpha)c_{\alpha\beta\gamma}A_\mu^\gamma f^\beta + \xi g^2\overline{f}^G(T^G v, T^\beta\varphi)f^\beta - \xi M_G^2\overline{f}^G f^G. \tag{4.4.24}$$

此结果可通过 $\dfrac{\delta\mathscr{R}^\alpha}{\delta\lambda^\beta}$ 求出, 但推导时要注意 $\delta\varphi$ 应取为 $-\mathrm{i}T^\beta(\varphi+v)\delta\lambda^\beta$, 而不是简单的 $\mathrm{i}T^\beta\varphi\delta\lambda^\beta$, 因为原来的 φ 已代换为 $\varphi+v$.

R_ξ 规范的优点是: A_μ^G 和 φ_G 的自由传播子没有混合, A_μ^G 的自由传播子即为

$$\Delta_{\mu\nu}^{(G)}(k,\xi) = \frac{-\mathrm{i}}{k^2+M_G^2-\mathrm{i}\varepsilon}\left[\delta_{\mu\nu} + (\xi-1)\frac{k_\mu k_\nu}{k^2+\xi M_G^2-\mathrm{i}\varepsilon}\right] \tag{4.4.25}$$

它正好是李政道和杨振宁在 1962 年尝试构造弱作用的可重正化理论时所提出的形式.

在求 φ_G 的自由传播子时, 应注意计入规范固定项中所包含的 φ 的二次项 $-\dfrac{\xi}{2}M_G^2\varphi_G^2$. 由此得出 φ_G 的自由传播子为

$$\Delta_G(k,\xi) = \frac{-\mathrm{i}}{k^2+\xi M_G^2-\mathrm{i}\varepsilon}. \tag{4.4.26}$$

不论 ξ 取何值, A_μ^G 与 φ_G 的自由传播子都无混合, 这是 R_ξ 规范比 ξ 规范的优越之处. 但在完全的传播子中, 同样非对角项仍然存在, 从而费恩曼图中亦将有 A_μ^G 与 φ_G 转化的子图.

从补偿项不难看出, 与群指标 G 对应的 F-P 虚粒子的自由传播子也有了改变. 其动量表示现在为

$$\Delta^{(G)}(k,\xi) = \frac{-\mathrm{i}}{k^2+\xi M_G^2-\mathrm{i}\varepsilon}, \tag{4.4.27}$$

与 φ_G 的相同.

当 $\xi\neq 0$ 时, φ_G 和 f^G 都如同质量为 $\sqrt{\xi}M_G$ 的粒子. 这就使得 R_ξ 规范对处理退耦合效应比较合适. 设想对称性在高的能量标度处发生自发破坏, 使 A_μ^G 获得超重的质量 M_G. 当我们研究低能区域的现象时, 如果采用 R_ξ 规范, 则不仅 A_μ^G 为超重粒子, 相应的 φ_G 和 f^G 也将为超重粒子, 因而都可从理论中略去. 剩下的就只是 A_μ^R, Higgs 粒子以及指标为 R 的 F-P 虚粒子 f^R. 粒子 A_μ^R 和 f^R 都只与剩余对称群 S_R 相关. 不过在应用重正化群方程时, 此规范有不方便的地方.

当取 ξ 为零时, R_ξ 规范与 ξ 规范相符合, 都化为朗道规范.

① 全微分项 $\partial_\mu(A_\mu^G M_G\varphi_G)$ 对作用量的贡献为零, 因 A_0 和 φ_G 满足费恩曼端条件.

对于所有规范玻色子都获得质量的情况, 我们可令 $\xi \to \infty$. 在此极限下, 补偿项中的前两项可以舍去. 虚场的泛函积分可还原成 $\mathrm{Det}\mathscr{M}$ 的形式, 这里的 $\mathscr{M}^{GG'} = -\xi M_G^2 \delta_{GG'} + \xi g^2 (T^G v, T^{G'} \varphi)$. 在分出常数因子后, $\mathrm{Det}\mathscr{M}$ 可表为

$$\mathrm{Det}\mathscr{M} \doteq \mathrm{e}^{\mathrm{Tr ln}(\mathrm{I}-B)}, \tag{4.4.28}$$

其中, B 的矩阵元为

$$B^{GG'}(x,y) = \frac{g^2}{M_G^2}(T^G v, T^{G'}\varphi(x))\delta^4(x-y), \tag{4.4.29}$$

于是式 (4.4.28) 可以化为

$$\begin{aligned}\mathrm{Det}\mathscr{M} = \exp\Bigg[-\delta^4(0)\sum_{n=1}^{\infty}\frac{1}{n}\left(\frac{g}{M_G}\right)^{2n}\int \mathrm{d}^4x (T^{G_1}v, T^{G_2}\varphi(x)) \\ \cdot (T^{G_2}v, T^{G_3}\varphi(x))\cdots(T^{G_n}v, T^{G_1}\varphi(x))\Bigg].\end{aligned} \tag{4.4.30}$$

φ_G 粒子的“质量”现已趋于无穷, 从而可从理论中消去, 而 A_μ^G 的自由传播子化为

$$\frac{-\mathrm{i}}{k^2 + M_G^2 - \mathrm{i}\varepsilon}\left(\delta_{\mu\nu} + \frac{k_\mu k_\nu}{M_G^2}\right).$$

这时, R_ξ 规范的结果就与幺正规范一致.

基本顶角不难列出. 从式 (4.4.18) 我们看到, 除了过去讨论过的规范场三线作用顶角和四线作用顶角外, 还有图 4.4.2 所示的三线和四线作用顶角; 另外, 在 R_ξ 规范中, 标量粒子与 F-P 虚粒子间也有三线作用顶角. 这从 R_ξ 规范的补偿项的形式即可看出.

图 4.4.2 〰〰 矢量玻色子, -------- 标量粒子

在 ξ 规范和 R_ξ 规范中, A_μ^α, φ 和 f^α 的自由传播子都具有好的大动量行为, 即当 k^2 大时, 上述所有自由传播子的动量表示都 $\sim \dfrac{1}{k^2}$. 根据下一章关于可重正化条件的讨论, 这一理论是可重正的.

自由传播子中所出现的多余极点 (如 R_ξ 规范中 $k^2 = -\xi M_G^2$ 的极点) 都不会在 S 矩阵元中出现. 这是因为幺正规范中没有此极点, 而从本章的讨论我们看到, S 矩阵元与规范的选择无关. 下一章我们还将证明, 重正化并不破坏规范不变性, 因而重正化的 S 矩阵元也将是 “规范无关”的.

第五章　非阿贝尔规范场的重正化理论

非阿贝尔规范场理论的一个重要性质是可以重正化，而且在发生对称性自发破坏的情况下，这种可重正的性质仍然保持，这就解决了粒子物理中有关弱作用不可重正化的难题. 弱作用的短程性要求传递弱作用的矢量玻色子具有大的质量，但如上一章所指出的，通常有质量的矢量玻色子，其自由传播子具有不好的大动量行为，这将使理论不可重正化. 只有对称性自发破坏的非阿贝尔规范理论，才既容许包纳有质量的矢量玻色子又可以证明能重正化. 我们在第三章中所介绍的弱作用与电磁作用的统一理论实际上就是一种可重正化的理论.

对于规范理论的重正化，还有一个特殊的问题，即证明重正化以后的理论仍具有规范对称性. 为此，规制化①时需采用规范不变的方案. 本章将对两种规范不变的规制方案进行介绍. 另外，在完成重正化不破坏规范不变性的证明中，Slavnov-Taylor 恒等式具有十分重要的作用，它也是本章讨论的主要内容之一.

5.1　关于重正化的一般讨论

我们在第一章已经指出，不论理论是否出现发散，都应该进行重正化，因为实际的粒子并非裸粒子，描述它们的物理参量如质量和耦合常数，并不就是原始拉格朗日函数中所出现的参量；但通常所谓一个理论是否可重正化，则同理论出现发散有关，是指理论中的紫外发散可否通过质量、耦合常数和波函数的重正化而被吸收掉.

对于不可重正化的理论，我们只能计算微扰论的最低价的近似即树图近似. 弱作用的 V-A 型四费米子耦合理论和中间玻色子理论 (引入通常的有质量的矢量玻色子来传递弱作用) 都是不可重正化理论的例子.

可重正性是不是一个正确理论所必需满足的条件?

许多人相信：在极小的时空距离，目前的场论甚至关于时空的理论是不适用的，场论中的发散困难来自于它的应用范围被不适当地外延. 也就是说，对于目前的场论，存在着某种实际的截断，发散并不真的出现. 这样看来，一个正确的理论 (指在目前时空领域内正确) 似乎并不一定要符合 “可重正化” 的条件，只需把实际的截断考虑进来即可.

---

① 规制化的英文为 regularization. 在中文文献中也常称作正规化，但 “正规化” 一词的意义比较广泛，用在这里也不太贴切.

但是, 此问题的答案并不这样简单, 我们将在讨论可重正化的条件之后, 再回到这个问题.

在本节中, 我们还将对采用抵消项形式来进行重正化的方法作必要的介绍, 并结合非阿贝尔规范理论的具体情况, 对不同规制化的优缺点作综合性的说明.

1. 图形指数和可重正化条件

设相互作用哈密顿量密度包括若干耦合常数, 并可写作

$$\mathscr{H}_{\text{int}} = \sum_l \mathscr{H}_{\text{int}}^{(l)} = \sum_l g^{(l)} V^{(l)}, \tag{5.1.1}$$

其中, $g^{(l)}$ 代表第 l 项的耦合常数①; $V^{(l)}$ 中只含场量及其微商和量纲为 1 的数 (如群的生成元).

在自然单位制中, 任何物理量的量纲都可表示为质量的幂次. 设 $g^{(l)}$ 的量纲幂次为 $d_g^{(l)}$, 场量 χ_j 的量纲幂次为 $d_j$$\Big($对标量场和矢量场, $d=1$; 对旋量场 $d=\dfrac{3}{2}$. 这些结果从自由哈密顿即可看出$\Big)$. 再设该场量在 $\mathscr{H}_{\text{int}}^{(l)}$ 中出现的次数为 $k_j^{(l)}$, $\mathscr{H}_{\text{int}}^{(l)}$ 中含微商的次数为 $m^{(l)}$, 则有

$$k_j^{(l)} d_j + d_g^{(l)} + m^{(l)} = 4, \tag{5.1.2}$$

因为 $\mathscr{H}_{\text{int}}$ 的量纲幂次为 4.

我们将称场 χ_j 的自由传播子具有正常的 (或良好的) 大动量行为, 如果该传播子的动量表示在 k(动量) 大时 $\sim k^{D_j}$, 其中 D_j 为该传播子动量表示的量纲幂次. 不难证明,

$$D_j = 2d_j - 4. \tag{5.1.3}$$

标量场、旋量场和零质量的矢量场 (如规范场) 的自由传播子都具有正常的大动量行为, 而通常的有质量的矢量场则不是.

下面来考察任何一个正规的费恩曼图. 设此图中含场 χ_j 的内线数为 I_j. 外线数为 E_j, 该图形中 $\mathscr{H}_{\text{int}}^{(l)}$ 顶点出现的次数为 n_l. 考虑到每根内线与两个顶点相连接而每根外线只与一个顶点相连接, 即可得出

$$2I_j + E_j = n_l \kappa_j^{(l)}. \tag{5.1.4}$$

一个正规图形的图形指数 N 是指 “当其费恩曼积分中的所有积分动量都积到

① 如果有的项含某耦合常数 g 的平方, 则在这里的讨论中可将它 (指 g^2) 看做是一个新的耦合常数.

∞ 时, 积分的表观发散度."① 如该正规图形所对应的费恩曼积分最后化成

$$\int \mathrm{d}^4k_1\cdots\mathrm{d}^4k_a\frac{F(k_1,k_2,\cdots,k_a)}{G(k_1,k_2,\cdots,k_a)},$$

其中, F 和 G 都是 $(k_1,k_2,\cdots,k_a)$ 的多项式, 其中含动量的最高幂次分别为 p_F 和 p_G, 则图形指数的定义就是 $4a+p_F-p_G$.

在传播子具有正常的大动量行为的条件下, 不难得出正规图形②的图形指数为

$$N=D_jI_j+(n_lm^{(l)}-m_E)+4I-4(n-1), \tag{5.1.5}$$

其中, m_E 为图中外线上微商的总数; I 代表图中总内线数 $(I=\Sigma I_j)$; n 代表图中总顶点数 $(n=\Sigma n_l)$. 上式右方第一、二项分别为内线传播子和内线上的微商对 N 的贡献, 第三项代表 I 个 d^4k 对 N 的贡献, $-4(n-1)$ 代表顶点上的 δ 函数的贡献 (在 n 个 δ 函数中要分出一个只含外线动量的 δ 函数). 注意, 图形指数只是对正规图形定义的, 如果是非正规图形, 无论是连接的还是非连接的, 其表观发散度都不由式 (5.1.5) 表示. 对于连接的非正规图, 存在一个单内线连接两个部分, 此内线上的动量可表为某些外线动量的和从而可提出到积分号外. 而对于非连接的图, 则将分出不只一个仅与外线动量有关的 δ 函数.

需要指出的是, 当一个正规图形的指数 N 小于零时, 相应的费恩曼积分并不一定就收敛, 因为它可能包含某个发散的正规子图 (即该子图的图形指数为正或零), 而当一个正规图形的图形指数 N 为正时, 其费恩曼积分的真实发散度也可能由于对称性或其他原因而比 N 小甚至是收敛的. 因此仅从图形本身的图形指数并不就能判断其费恩曼积分是否收敛. 但可以证明这样一个定理:

定义 "子顶角图" 为图中一部分顶点以及 "两端都与这些顶点相联结的" 所有内线所构成的图形, 则当一个正规顶角图形本身的指数以及它所包含的任何正规 "子顶角图" 的指数都为负时, 该图对应的费恩曼积分就是收敛的 (当然, 外动量的取值应避开正规顶角函数的奇异区③).

利用式 (5.1.3) 和 (5.1.4) 从式 (5.1.5) 中消去 D_j 和 I_j, 得

$$N=n_l(k_j^{(l)}d_j+m^{(l)})-m_E-d_jE_j+4(1-n),$$

再以式 (5.1.2) 代入, 就将上式化为

$$N=4-n_ld_g^{(l)}-d_jE_j-m_E \tag{5.1.6a}$$

① $N=0$ 代表对数发散.

② 正规图形即单粒子不可约的图形.

③ 例如可将外动量 $(p_1,p_2,\cdots)$ 的取在欧几里得区: $p_j^2>0,(p_j+p_4)^2>0,(p_j+p_k+p_l)^2>0,\cdots$.

这就是在传播子具有正常大动量行为条件下的图形指数公式.

下面我们把具有同样的外线和外线微商的图形归为一类. 对于同一类的正规图形, $d_jE_j+m_E$ 为确定的值. 这样当某个耦合常数 $g^{(l)}$ 具有负的量纲幂次 (即 $d_g^{(l)}<0$) 时, 随着微扰阶数的增加使 $g^{(l)}$ 出现的次数 n_l 足够地大, 总可使该类正规图形的表观发散度变为正. 在这种情况下, 可以构造出无穷多类原始的发散图, 使理论成为是不可重正化的. 弱作用 V-A 理论中的四费米子耦合项就是一个这样的例子, 它的耦合常数的量纲幂次为 (-2).

在所有的耦合常数都是量纲为 1 的情况, 式 (5.1.6a) 化为

$$N=4-d_jE_j-m_E, \tag{5.1.6b}$$

这时我们看到: ① 表观发散度不依赖 n_l, 即与微扰论的阶数无关; ② N 将随着外线数增多而减少. 这样, 将只有有限类的原始发散图形. 可以证明, 这种理论中出现的发散可以通过重正化而被吸收掉, 因而是可重正化的理论.

最后, 假若所有的耦合常数都具有正的量纲幂次, 那么不仅只有有限类的原始发散图, 而且每类中发散正规图形的个数也是有限的. 这种情况可称为超可重正化的. 唯一满足这种条件的 $\mathscr{L}_{\rm int}$ 为 $-\dfrac{g}{3!}\varphi^3-\dfrac{g'}{2}\varphi A_\mu^2$, 但它的有效势无下界, 因而不构成现实的理论, 即物理上是不允许的. 当然一部分耦合常数具有正的量纲幂次, 另一部分耦合常数量纲为 1 的情况, 物理上是允许的.

总结起来, 在传播子具有正常大动量行为的情况下, 理论是否可重正化, 归结为所有耦合常数的量纲幂次 (d_g) 是否都等于零或大于零.

d_g 为零的耦合形式有: φ^4, $(A_\mu A_\mu)^2$, $A_\mu A_\nu(\partial_\nu A_\mu)$, $\varphi A_\mu(\partial_\mu\varphi)$, $A_\mu A_\mu\varphi^2$, $\overline{\psi}\psi\varphi$, $\overline{\psi}\gamma_5\psi\varphi$, $\overline{\psi}\gamma_\mu\psi A_\mu$, $\overline{\psi}\gamma_5\gamma_\mu\psi A_\mu$. d_g 大于零的如前所述只有 φ^3 和 $\varphi A_\mu A_\mu$. 我们看到, 满足可重正化条件的耦合项只有有限的种类.

从图形指数公式 (5.1.6), 我们还可得出另一个重要结论, 即对于不可重正化的理论, 不仅原始发散图的类数为无穷多, 而且对于同一类图形, 随着微扰阶数的增加, 图形指数 N 也随之增加, 从而发散度可以无限制的增高. 这样, 即使存在某种现实的截断 $\varLambda$①, 使得发散并不真的存在, 但由于 $\varLambda$ 出现的幂次②将随着微扰论阶数的增加而增大, 微扰论将失去意义. 因此, 如果认为微扰论有意义或在一定的范围内有意义 (如 QCD 在高能或深度非弹性范围时), 那么满足可重正化条件 (所有 $d_g\geqslant 0$) 仍是理论所必需的. 在这个意义上, 可重正性仍可作为一个理论是否正确的判据之一.

---

① 是指 “空间不是无限可分的” 这一类情况.

② 更确切地说, 是 $(g^{(l)})^{-1/d_g^{(l)}}\varLambda$ 的幂次.

对于有质量的通常的矢量玻色子, $k \to \infty$ 时, 其自由传播子(动量表象中) 趋于有限值, 从而大动量行为是不好的. 当理论含有这样的粒子时, 式 (5.1.6a) 需要修正, 为此我们将场 χ_j 的传播子的大 k 行为一般写作 $d^{D_j+\delta_j}$(其中 D_j 由式 (5.1.3) 给出), $\delta_j \neq 0$ 就代表大 k 行为非正常. 这时图形指数公式将修改为

$$N = 4 - n_l d_g^{(l)} - d_j E_j + \delta_j I_j - m_E, \tag{5.1.7}$$

与式 (5.1.6a) 相比, 右方多了一项 $\delta_j I_j$.

实际上只是有质量的通常矢量玻色子才有不好的大 k 行为, 它的 δ 为 2, 若设图中所含这种粒子的内线数为 I_V, 则上式就化作

$$N = 4 - n_l d_g^{(l)} - d_j E_j + 2I_V - m_E \tag{5.1.8}$$

这样, 即使所有 $d_g^{(l)}$ 都为零, 只要 I_V 足够地大, 不论 E_j 和 m_E 取何值, N 也会为正. 这种理论一般是不可重正化的. 但有质量光子的电动力学是一个例外. 可以证明有质量光子传播子中大动量行为反常的项 $\dfrac{k_\mu k_\nu}{m^2}$ 对 S 矩阵没有贡献. 非阿贝尔规范理论的情况就不同, 如果也硬加进规范玻色子的质量项, 理论将变成不可重正化的. 这是因为在非阿贝尔规范理论中, 由于规范场的自作用, 它的四维纵向分量与横向分量之间有耦合①, 使传播子中的 $\dfrac{k_\mu k_\nu}{m^2}$ 部分对 S 矩阵的贡献不为零.

对称性自发破坏的非阿贝尔规范理论情况与此不一样. 它虽然包含有质量的矢量粒子, 但质量项不是外加进去的, 定域规范对称性在这里并未受到实质性的破坏. 如果我们选择 ξ 规范或 R_ξ 规范, 那么有质量的矢量玻色子的传播子仍具有正常的大 k 行为. 再加上规范耦合常数是量纲为 1 的, 于是可重正化的条件能够满足 (当然, 标量场的自作用项以及旋量场 - 标量场的作用项要适当选取使相应的 $d_g \geqslant 0$).

在这里我们看到有自发破坏的非阿贝尔规范理论的一个有意思的情况：当我们选取一类规范 (幺正规范) 使多余的 N-G 粒子和零质量规范玻色子的三维纵分量消去时, 获得质量的规范玻色子像普通的矢量粒子一样, 其传播子具有不好的大 k 行为, 使得理论不是明显可重正化的; 而当我们取另一类规范 (ξ 规范或 R_ξ 规范) 时, 获得质量的规范玻色子具有正常的大 k 行为, 理论是明显可重正化的, 但却不是明显幺正的. 因为此规范中含有非物理粒子, 它们的传播子带来多余的极点. 这两类规范具有互补的性质. 由于 S 矩阵与规范无关, 我们在讨论它的不同性质时可以采用不同的规范. 通过这种办法, 我们就可以证明 S 矩阵既是幺正的又是可重正化的.

① 费恩曼规则中的规范场自作用顶点即具有此性质.

2. 非阿贝尔规范理论的规制化问题

定域场论由于存在紫外发散, 因而作高阶近似计算 (圈图修正) 时, 首先要进行规制化, 即通过某种处理使发散的积分得到限制, 从而具有一个有限的表达式, 而原发散的积分是此表达式的某种极限. 规制化有不同的方案, 最直接的办法是将积分动量转到欧几里得度规后, 对积分的上限引入截断. 较一般的协变规制化方式是引入某些辅助的重粒子场①, 通过它们的贡献使原来的发散被消去 (Pauli-Villars 规制因子法). 我们也可以用其他方式增加被积函数的衰减速度以使积分收敛 (参见下文). 在这些方式中引入到被积函数中的参数 (如重粒子的质量) 就起着与截断相似的作用.

20 世纪 70 年代又发展了另一种规制化方案, 即通过改变积分的维数使原发散的积分收敛. 这种办法称为维数规制化. 采用这种方案时, 先把发散积分维数从 4 降到 s(正整数), 当 s 足够小时, 积分将是收敛的, 然后把结果表成适当的 s 的函数, 并把 s 延拓到复平面. 如令 $4-s\equiv\varepsilon$, 则 ε 就可看作是维数规制化中的截断 (不让维数达到 4).

前已指出, 在非阿贝尔规范场的重正化中, 有一个需要特别讨论的重要问题, 即重正化后的理论是否仍具有规范不变性? 为了证明在重正化以后规范对称性仍能保持, 在规制化时需要采用规范不变的方案. 维数规制化就是一种符合此要求的方案, 而且实际计算比较方便. 但它也有自己的问题: 非整数维甚至复数维的积分本身并没有定义, 我们所做的是将积分表达式中的参量 s 进行 "延拓". 然而将分立的时空维数 "延拓" 到复数, 结果不是唯一的, 特别是被积函数中 γ 矩阵的代数可能与空间维数有密切的关系. 研究表明, $\gamma_5\left(\text{它等于 }\dfrac{1}{4!}\varepsilon_{\mu\nu\sigma\tau}\gamma_\mu\gamma_\nu\gamma_\sigma\gamma_\tau\right)$ 的延拓果然会产生问题, 因为反对称的数字张量 $\varepsilon_{\mu\nu\sigma\tau}$ 与四维时空有着特殊关联. 当积分中含有 γ_5 时, 它的延拓就需要作特殊的考察.

还有一种规范不变的处理方案, 即在拉格朗日函数 $\mathscr{L}$ 中引入规范场的高阶协变导数项, 并采用 Pauli-Villars 规制化. 通过这种办法可以得到一个明显规范不变但又不导致积分发散的 "规制化的拉格朗日函数". 此方案的缺点是引入了太多的新作用项, 使图形的数目大大增多, 因而作实际计算很不方便. 但在讨论规范等价性、幺正性和不变振幅解析性等原则性问题时, 却是明确和方便的.

高阶协变导数规制化和维数规制化两种方案在某种意义上是互补的, 一个适用于作普遍性问题的讨论, 一个适宜于计算具体的过程, 在下两节中我们将分别予以介绍.

---

① 这种辅助场并非是物理的场, 而只是一种处理的工具, 因为它们具有某些非物理的性质.

3. 基本项和抵消项

按照原本的意义, 重正化工作是这样进行的, 先用所给的拉格朗日函数 $\mathscr{L}$($\mathscr{L}$ 中所含的参量称为裸参量) 求出重正化参量与裸参量之间的关系, 然后代入从 $\mathscr{L}$ 计算出的结果 (如 S 矩阵元或格林函数) 中, 以将该结果用重正化参量表示出来. 最后还可能要将求出的结果整体乘上相应的波函数重正化因子.

以实标量场自作用的情况为例, 这时

$$\mathscr{L} = -\frac{1}{2}(\partial_\mu\varphi)(\partial_\mu\varphi) - \frac{1}{2}m_0^2\varphi^2 - \frac{1}{4!}g_0\varphi^4, \tag{5.1.9}$$

其中, m_0 和 g_0 称为裸质量和裸耦合常数. 当我们从上述 $\mathscr{L}$ 出发来计算二点顶角函数 Γ_2 时, 所得结果可表为

$$\Gamma_2(k^2) = -(k^2 + m_0^2) - \Sigma(k^2, g_0, m_0, \Lambda) \tag{5.1.10}$$

其中, Λ 标志截断参量 (在维数规制化中, Λ 相当于 $\dfrac{1}{\varepsilon}$), 也代表被规制的发散. 相应的二线格林函数 (完全传播子) 为

$$G_2(k^2) = \frac{\mathrm{i}}{\Gamma_2(k^2)} = \frac{-\mathrm{i}}{k^2 + m_0^2 + \Sigma} \tag{5.1.11}$$

如果取质壳重正化条件, 我们要先定出物理质量 m. 如第一章所述, 它可通过方程

$$\Gamma_2(-m^2) = m^2 - m_0^2 - \Sigma(-m^2, g_0, m_0, \Lambda) = 0 \tag{5.1.12}$$

解出, 所得出的 m 为 m_0, g_0 和 Λ 的函数. 从这一表达式又可反解出 m_0 用 m, g_0 和 Λ 来表示.

将此结果代入到式 (5.1.10) 中, 由于 $\Gamma(-m^2)$ 等于零 (见上式), 故 $\Gamma_2(k^2)$ 可表示成

$$\Gamma_2(k^2) = -(k^2 + m^2)F(k^2, g_0, m, \Lambda). \tag{5.1.13}$$

于是 $\mathrm{i}G_2(k^2)$ 在极点 $k^2 = -m^2$ 的留数等于 $F(-m^2, g_0, m, \Lambda)^{-1}$, 它也就是质壳重正化中的波函数至正化常数 Z_φ(见 1.2 节), 亦即

$$Z_\varphi^{-1} = F(-m^2, g_0, m, \Lambda) \equiv F(m, g_0, \Lambda). \tag{5.1.14}$$

为了将 g_0 用重正化的 g 表示出来. 我们还需要计算四点顶角函数 Γ_4.

从式 (5.1.9) 计算出的四点顶角函数结果可表示为

$$\Gamma_4(k_j^2, s, t) = -g_0[1 + L(k_j^2, s, t, g_0, m_0, \Lambda)]. \tag{5.1.15}$$

将其中 m_0 换用 m 表示后, 再根据 (脚标 SM 的意思是对称点)

$$(\Gamma_4)_{\rm SM} \equiv \Gamma_4\left(k_j^2=-m^2, s=t=\frac{4}{3}m^2\right)=-gZ_\varphi^2, \tag{5.1.16}$$

即得出

$$g=g_0[1+L(m,g_0,\Lambda)]F^2(m,g_0,\Lambda), \tag{5.1.17}$$

其中, $L(m,g_0,\Lambda)$ 代表对称点 $\left(k_j^2=-m^2, s=t=\dfrac{4}{3}m^2\right)$ 处 $L(k_j^2,s,t,g_0,m_0,\Lambda)$ 的值. 于是 g 作为 g_0, m, Λ 的函数已经得出, 从它可反解出 g_0 用 g, m, Λ 表示. 如果我们要求的是格林函数, 那么要把从 $\mathscr{L}$ 求出的值 $G_n(k_1,\cdots,k_n,g_0,m_0,\Lambda)$ 乘上 $Z_\varphi^{-n/2}$ 即 $F(m,g_0,\Lambda)^{n/2}$, 再将 m_0 和 g_0 换用 m 和 g 表示, 才得出 $G_n^{(R)}(k_1,\cdots,k_n,m,g)$.

我们看到, 这样的处理十分复杂, 特别是在微扰论的每级近似中都要重新解一次方程 (5.1.12) 和 (5.1.17). 一种比较方便的处理方式是把原来的拉格朗日函数分成为基本项和抵消项两部分

$$\mathscr{L}=\mathscr{L}_{基}+\delta\mathscr{L}, \tag{5.1.18}$$

其本项形式与式 (5.1.9) 相同, 但 g_0 和 m_0 已换成了 g 和 m, φ 也换成了重正化场量 $\varphi_{\rm R}$:

$$\mathscr{L}_{基}=-\frac{1}{2}(\partial_\mu\varphi_{\rm R})(\partial_\mu\varphi_{\rm R})-\frac{1}{2}m^2\varphi_{\rm R}^2-\frac{1}{4!}g\varphi_{\rm R}^4. \tag{5.1.19}$$

为确定抵消项 $\delta\mathscr{L}$ 的形式我们只需将 $\varphi=Z_\varphi^{1/2}\varphi_{\rm R}$, $g_0=Z_g g$, $m_0^2=m^2-\delta m^2$ 代入式 (5.1.7) 然后减去 $\mathscr{L}_{基}$. 由此得出

$$\delta\mathscr{L}=-\frac{1}{2}(Z_\varphi-1)[(\partial_\mu\varphi_{\rm R})(\partial_\mu\varphi_{\rm R})+m^2\varphi_{\rm R}^2]+\frac{1}{2}\delta m^2 Z_\varphi\varphi_{\rm R}^2-\frac{1}{4!}g(Z_\varphi^2 Z_g-1)\varphi_{\rm R}^4, \tag{5.1.20}$$

其中, Z_φ, Z_g, δm^2 都看做是 m, g, Λ 的函数. 在质壳重正化中, 它们应选取得使下述重正化规格条件 (参见 1.3 节的 3)

$$\begin{aligned}
&\Gamma_2^{(\rm R)}(k^2)_{k^2=-m^2}=0,\\
&-\frac{\rm d}{{\rm d}k^2}\Gamma_2^{(\rm R)}(k^2)|_{k^2=-m^2}=1,\\
&\Gamma_4^{(\rm R)}|_{\rm SM}=-g
\end{aligned} \tag{5.1.21}$$

成立. 采用这种处理方式的好处是, 从一开始就是用重正化量来进行计算.

在微扰计算中, 可以逐级地选取抵消项 $(\delta\mathscr{L})$ 中各项的系数使上式成立, 并由此定出 Z_φ, Z_g 和 δm^2 按圈数的展开式. 具体办法如下. 先从 $\mathscr{L}_{基}$ 出发, 由它计算树图顶角函数, 所得结果即为零阶的重正化顶角 (只有两个),

$$\Gamma_2^{(0)}(k^2)=-(k^2+m^2),\quad \Gamma_4^{(0)}=-g. \tag{5.1.22}$$

在这里我们已不写出标志重正化的上标 (R). 上式所给出的结果显然满足规格化条件式 (5.1.21).

当我们用 $\mathscr{L}^{(0)}=\mathscr{L}_{基}$ 来计算单圈图 (即一阶) 的顶角函数 $\Gamma_n^{(0,1)}$(上标 (l_1,l_2)) 表示用 l_1 阶的 $\mathscr{L}$ 计算出的 l_2 阶的顶角函数) 时, $n=2,4$ 的项将会出现发散 (在采用规制化后, 这些发散已成为 "被规制的发散", 但下面仍简称发散). Γ_2 的图形指数为 2, Γ_4 的图形指数为零, 因此若将 $\Gamma_2^{(0,1)}(k^2)$ 在 $k^2=-m^2$ 点展开成三项的形式

$$\Gamma_2^{(0,1)}(k^2)=\Gamma_2^{(0,1)}(-m^2)+\Gamma_2'^{(0,1)}(-m^2)(k^2+m^2)+\Delta_2^{(0,1)}(k^2), \tag{5.1.23}$$

则第三项 $\Delta_2^{(0,1)}(k^2)$ 将不含发散 (由于可分出 $(k^2+m^2)^2$ 的因子, 从量纲上即可判断它其积分表达式的 N 等于 -2). 于是我们只要取一阶项

$$Z_\varphi^{(1)}=\Gamma_2'^{(0,1)}(-m^2),\quad (\delta m^2 Z_\varphi)^{(1)}=-\Gamma_2^{(0,1)}(-m^2), \tag{5.1.24}$$

那么一阶抵消项 $\delta\mathscr{L}^{(1)}$ 的前两项① 就可消去 $\Gamma_2^{(0,1)}$ 中的发散.

同样, 若将 $\Gamma_4^{(0,1)}(k_j^2,s,t)$ 展成两项

$$\Gamma_4^{(0,1)}(k_j^2,s,t)=\Gamma_4^{(0,1)}|_{\rm SM}+\Delta_4^{(0,1)}(k_j^2,s,t), \tag{5.1.25}$$

则 $\Delta_4^{(0,1)}$ 也不再含发散 (因为是对六个变量 k_j^2, s, t 来展开, 故 $\Delta_4^{(0,1)}$ 可以分成六项, 每项都可提出一个动量因子到积分号之外, 使得实际的 N 降为 -2), 于是我们只要取

$$(Z_\varphi^2 Z_g)^{(1)}g=\Gamma_4^{(0,1)}|_{\rm SM}, \tag{5.1.26}$$

一级抵消项的第三项即可消去 $\Gamma_4^{(0,1)}$ 中的发散, 这样, 用

$$\mathscr{L}^{(1)}=\mathscr{L}_{基}+\delta\mathscr{L}^{(1)}$$

计算出的所有的一阶顶角函数 $\Gamma_n^{(1,1)}$ 都不含发散 ($n>4$ 时图形指数 N 为负), 其中 $\Gamma_2^{(1,1)}$ 和 $\Gamma_4^{(1,1)}$ 就分别等于式 (5.1.23) 和 (5.1.25) 中的 $\Delta_2^{(0,1)}(k^2)$ 和 $\Delta_4^{(0,1)}(k_j^2,s,t)$:

$$\begin{aligned}&\Gamma_2^{(1,1)}(k^2)=\Delta_2^{(0,1)}(k^2),\\&\Gamma_4^{(1,1)}(k_j^2,s,t)=\Delta_4^{(0,1)}(k_j^2,s,t),\end{aligned} \tag{5.1.27}$$

它们之中所含的参数都是重正化参数, 并满足

$$\begin{gathered}\Gamma_2^{(1,1)}(-m^2)=0,\\-\frac{\mathrm{d}}{\mathrm{d}k^2}\Gamma_2^{(1,1)}(k^2)|_{k^2=-m^2}=0,\\\Gamma_4^{(1,1)}|_{\rm SM}=0.\end{gathered} \tag{5.1.28}$$

① $Z_\varphi^{(0)}=1$, $(\delta m^2)^{(0)}=0$, $Z_g^{(0)}=1$. 因此零阶抵消项为零.

这样, 准到一阶的重正化二点和四点顶角

$$\varGamma_2^{(1)} = \varGamma_2^{(0)} + \varGamma_2^{(1,1)}, \varGamma_4^{(1)} = \varGamma_4^{(0)} + \varGamma_4^{(1,1)} \tag{5.1.29}$$

能使规格化条件式 (5.1.21) 保持成立①.

从式 (5.1.24) 和 (5.1.26) 可以分别定出 $Z_\varphi^{(1)}$, $(\delta m^2)^{(1)}$ 和 $Z_g^{(1)}$, 所得的结果也都是用重正化参数 m 和 g 表示的.

我们可以按此逐级进行下去, 设已求出准到 l 阶的抵消项 $\delta\mathscr{L}^{(l)}$, 使得用

$$\mathscr{L}^{(l)} \equiv \mathscr{L}_{基} + \delta\mathscr{L}^{(l)} \tag{5.1.30}$$

计算出的所有圈数不大于 l 的正规图形的结果都已不含发散, 下一步的任务是要确定 $l+1$ 阶的抵消项. 为此, 我们来计算 $\varGamma_2^{(l,l+1)}(k^2)$ 和 $\varGamma_4^{(l,l+1)}(k_j^2, s, t)$, 指标 $(l, l+1)$ 表示从 $\mathscr{L}^{(l)}$ 计算的 $l+1$ 阶的值. 子图中的发散可通过低阶的抵消项消去, 剩下的是框架图的发散 (该发散只出现在 $n = 2, 4$ 的顶角中). 像上面一样, 将 $\varGamma_2^{(l,l+1)}$ 在 $k^2 = -m^2$ 点展成三项式, 将 $\varGamma_4^{(l,l+1)}$, 在对称点展成二项式, 然后取

$$\begin{aligned} Z_\varphi^{(l+1)} &= \varGamma_2'^{(l,l+1)}(-m^2), \\ (\delta m^2 Z_\varphi)^{(l+1)} &= -\varGamma_2^{(l,l+1)}(-m^2), \\ (Z_\varphi^2 Z_g)^{(l+1)} &= \frac{1}{g}\varGamma_4^{(l,l+1)}|_{\mathrm{SM}}, \end{aligned} \tag{5.1.31}$$

以使第 $l+1$ 阶的抵消项将 $\varGamma_2^{(l,l+1)}$ 和 $\varGamma_4^{(l,l+1)}$ 中的框架发散消去. 至于 $n > 4$ 的 $\varGamma_n^{(l,l+1)}$, 则是不发散的 (本身图形指数 N 为负, 而其中的子图发散又已由低阶的抵消项消去). 有了式 (5.1.31) 即可构造出 $\mathscr{L}^{(l+1)}$. 同样, $\varGamma_2^{(l,l+1)}$ 展开中的第三项 $\Delta_2^{(l,l+1)}$ 就等于 $\varGamma_2^{(l+1,l+1)}$, 而 $\varGamma_4^{(l,l+1)}$ 展开中的第二项 $\Delta_4^{(l,l+1)}$ 就等于 $\varGamma_4^{(l+1,l+1)}$. 准到 $l+1$ 阶的重正化二点和四点顶角

$$\begin{aligned} \varGamma_2^{(l+1)} &= \sum_{n=0}^{l+1} \varGamma_2^{(n,n)}, \\ \varGamma_4^{(l+1)} &= \sum_{n=0}^{l+1} \varGamma_4^{(n,n)} \end{aligned} \tag{5.1.32}$$

---

① 相应的 "完全传播子" 具有形式

$$G_2^{(1)} = \frac{-\mathrm{i}}{k^2 + m^2 + \Delta_2^{01}(k^2)}.$$

按式 (5.1.27) 和 5.1.28), $\Delta_2^{01}(k^2)$ 可写成 $(k^2+m^2)^2\Delta(k^2)$, 于是有

$$G_2^{(1)} = \frac{-\mathrm{i}}{(k^2+m^2)[1+(k^2+m^2)\Delta(k^2)]}.$$

在 $k^2 = -m^2$ 处函数仍为 1.

仍然满足规格化条件式 (5.1.21).

最后得到的 Z_φ, δm^2 和 Z_g 由下式表示

$$
\begin{aligned}
Z_\varphi &= 1 + \sum_{n=0}^{\infty} \Gamma_2'^{(n,n+1)}(-m^2), \\
Z_\varphi \delta m^2 &= -\sum_{n=0}^{\infty} \Gamma_2^{(n,n+1)}(-m^2), \\
Z_\varphi^2 Z_g &= 1 + \frac{1}{g}\sum_{n=0}^{\infty} \Gamma_4^{(n,n+1)}|_{\rm SM}.
\end{aligned} \tag{5.1.33}
$$

于是抵消项 $\delta\mathscr{L}$ 就完全确定, 由 $\mathscr{L}_{基}+\delta\mathscr{L}$ 所计算的任意阶格林函数或顶角函数, 都直接是用重正化参量表示的, 并且已不含发散 (所有发散都已通过重正化吸收掉).

在上文中, 我们实际上只说明了逐阶确定抵消项的步骤, 并没有对所述的结论 (对任意的 l, $\Delta_2^{(l,l+1)}$, $\Delta_4^{(l,l+1)}$ 以及 $n>4$ 的 $\Gamma_n^{(l,l+1)}$ 不含发散) 进行严格地证明. 严格证明时, 最易引起麻烦的是出现交缠发散的情况. 可以说, 直到 1966 年, Hepp 完善了 Bogoliubov 和 Parasiuk 所给出的证明以后, 交缠发散的问题才算得到完全解决. 他们的结果现在被称为 BPH 定理. 根据这个定理可以得出: 在传播子具有正常大 k 行为和所有 $d_g \geqslant 0$ 的条件下, 通过上述步骤, 各阶近似的顶角函数所含的发散确实都可消去.

最后, 还有几点值得说明或引起注意.

1. 从式 (5.1.9) 到式 (5.1.18)~(5.1.20), 我们并没有对拉格朗日函数作什么减除, 而只是在形式上作了改写, 把原来的 $\mathscr{L}$ 分成为 $\mathscr{L}_{基}+\delta\mathscr{L}$ 两项.

2. $\delta\mathscr{L}$ 中所含的项并不一定与 $\mathscr{L}_{基}$ 中的项一一对应. 例如对物理质量为零的标量粒子,

$$
\mathscr{L}_{基} = -\frac{1}{2}(\partial_\mu\varphi_{\rm R})(\partial_\mu\varphi_{\rm R}) - \frac{1}{4!}g\varphi_{\rm R}^4,
$$

但 $\delta\mathscr{L}$ 中仍将有质量项 $\frac{1}{2}\delta m^2 Z_\varphi \varphi_{\rm R}^2$. 又如标量粒子的电动力学, 若 $\mathscr{L}_{基}$ 中的相互作用只有电磁相互作用, 则并不排除抵消项中含有 $\sim(\varphi_{\rm R}^*\varphi_{\rm R})^2$ 的作用项.

我们说一个场论可以重正化, 是指可以通过项数有限并具有定域场论形式的抵消项来消除发散, 并没有对抵消项的形式加以限制.

3. 对于可重正化的场论, 抵消项的形式实际上只有有限的种类: 它们本身也要符合可重正化条件, 即其中所含场量及微商的量纲幂次之和要小于或等于 4. 这是因为, 对一个原始发散的图, 其图形指数

$$
N = 4 - n_l d_g^{(l)} - d_j E_j - m_E \geqslant 0,
$$

参见式 (5.1.6). 为消去此图中的发散一般需引入 $N+1$ 个抵消项, 这些项都含有相同的场量 (即图中的外线), 其中 χ_j 场的数目为 E_j, 微商次数①从 $m_E, m_E+1, \cdots$ 到 m_E+N(并不排除其中有些项为零, 例如式 (5.1.23) 所需的抵消项, 微商次数只有 0 和 2 次), 于是场量与微商的量纲幂次之和将从 $n_jE_j+m_E$ 直到 $n_jE_j+m_E+N$. 根据上式它们都小于或等于 $4-n_ld_g^{(l)}$, 从而不大于 4.

这一节的讨论就到此为止. 重正化理论是量子场论中的重要内容, 也是其中比较困难的部分. 在它的发展过程中也经历了不少的曲折. 有些看来是很可信的论证在进一步考察下却发现并不成立. 直到今天②, 在重正化理论方面还存在一些着待研究的问题. 特别是不依赖于微扰论的重正化研究, 还只处于探索的阶段.

5.2 高阶协变导数规制化

高阶协变导数规制化方法是由 Slavnov 以及 B. W. Lee 和 Zinn-Justin 等所发展的, 它实际上包含两个步骤, 先引入高阶导数的规制化因子, 使得除有限几个单圈图以外的发散图都规制化, 然后应用 Pauli-Villars 方法来规制剩下的单圈图.

1. 高阶协变导数的引入

在普通的标量场论中, 我们可以在 $\mathscr{L}$ 中引入高阶导数项 (含截断参数 Λ) 以使传播子具有更好的 (即衰减更快的) 大动量行为. 例如若将标量场 $\mathscr{L}$ 中的二次项作下述修改:

$$\frac{1}{2}(\partial_\mu\varphi)(\partial_\mu\varphi)+\frac{1}{2}m^2\varphi^2 \longrightarrow \frac{1}{2}(\partial_\mu\varphi)(\partial_\mu\varphi)+\frac{1}{2\Lambda^2}(\Box\varphi)(\Box\varphi)+\frac{1}{2}m^2\varphi^2,$$

则其自由传播子的大动量行为将从 k^{-2} 变成 k^{-4}, 具体的改变是

$$\frac{1}{k^2+m^2} \longrightarrow \frac{1}{k^2+m^2+\dfrac{1}{\Lambda^2}k^4}.$$

上式表明, 当 $\Lambda\to\infty$ 时, 修改项趋于零, 规制被消除, 传播子回到原来的结果. 从而原来的 $\mathscr{L}$ 是规制化的拉格朗日函数 $\mathscr{L}_\Lambda$ 在 $\Lambda\to\infty$ 时的极限.

显然, 在引入规制项 $-\dfrac{1}{2\Lambda^2}(\Box\varphi)(\Box\varphi)$ 后将大大改进各费恩曼图的收敛性, 例如在

$$\hat{\mathscr{L}}_{\text{int}}=-\frac{\lambda}{4!}\hat{\varphi}^4$$

① 在动量表象中, 从正规顶角分出发散项时, 要对动量 p 进行泰勒展开, 这些发散项中所含的动量在转到坐标表象时即变成微商算符.

② 这是初版中的语言.

的情况, 图形指数公式将修改为 (E 为图中外线数, I 为内线数)

$$N=4-E-2I.$$

于是除了图 5.2.1 所示的两个图外, 其余所有的图形都将是收敛的 $\Big($ 若 $\hat{\mathscr{L}}_{\text{int}}$ 取为 $-\dfrac{\lambda}{4}:\hat{\varphi}^4$: 则图 5.2.1 的两个图形都被消除, 所有图形都将不含发散).

(a)　　(b)

图 5.2.1

引入高阶协变导数是这一方法在规范场论中的推广. 它是为了不破坏理论的规范不变性而将普通的高阶导数换成了高阶协变导数.

高阶协变导数的一个合适取法是进行下述替换,

$$-\frac{1}{4}F^{\alpha}_{\mu\nu}F^{\alpha}_{\mu\nu}\longrightarrow-\frac{1}{4}\left[F^{\alpha}_{\mu\nu}F^{\alpha}_{\mu\nu}+\frac{1}{\Lambda^4}(\mathscr{D}^2F^{\alpha}_{\mu\nu})(\mathscr{D}^2F^{\alpha}_{\mu\nu})\right].$$

我们先来讨论纯规范场情况, 这时规制化的 $\mathscr{L}$ 即为

$$\mathscr{L}_{\Lambda}=-\frac{1}{4}\left[F^{\alpha}_{\mu\nu}F^{\alpha}_{\mu\nu}+\frac{1}{\Lambda^4}(\mathscr{D}^2F^{\alpha}_{\mu\nu})(\mathscr{D}^2F^{\alpha}_{\mu\nu})\right].\tag{5.2.1}$$

规范固定项将取作 (参见 4.2 节)

$$-\frac{1}{2\xi}[f(\Box)\partial_{\mu}A^{\alpha}_{\mu}]^2,$$

这样格林函数生成泛函就具有下述形式

$$Z_{\Lambda}[J]=\int \mathrm{D}(A)\mathrm{Det}\mathscr{M}\mathrm{e}^{\mathrm{i}\int\left[\mathscr{L}_{\Lambda}-\frac{1}{2\xi}(f(\Box)\partial_{\mu}A^{\alpha}_{\mu})^2+A^{\alpha}_{\mu}J^{\alpha}_{\mu}\right]\mathrm{d}^4x}.\tag{5.2.2}$$

其中, $\mathrm{Det}\mathscr{M}$ 与前一样, 因为实际改变的只是 $(\partial_{\mu}A^{\alpha}_{\mu})$ 的权重因子.

在动量表象中, 规范场二次项的系数为

$$-\delta^{\alpha\beta}\left[k^2\left(\delta_{\mu\nu}-\frac{k_{\mu}k_{\nu}}{k^2}\right)\left(1+\frac{k^4}{\Lambda^4}\right)+\frac{1}{\xi}f^2(-k^2)k_{\mu}k_{\nu}\right],$$

于是自由传播子为

$$D_{\mu\nu}^{\alpha\beta}(k) = -\mathrm{i}\delta^{\alpha\beta}\left[\left(\delta_{\mu\nu} - \frac{k_\mu k_\nu}{k^2}\right)\frac{1}{k^2\left(1+\dfrac{1}{\Lambda^4}k^4\right)} + \frac{\xi}{k^2 f^2(-k^2)}\frac{k_\mu k_\nu}{k^2}\right]. \tag{5.2.3}$$

高阶协变导数项修改了传播子中的横向 (四维意义下的横向) 部分, 并使它在大 k 时行为 $\sim \dfrac{1}{k^6}$. 传播子中的四维纵向部分仍由规范固定项确定, 如果我们选择 $f(-k^2)$ 在大 k 时的行为 $\sim k^2$, 则纵向部分亦将 $\sim \dfrac{1}{k^6}$. $f(-k^2)$ 的一个满足此要求的选法是

$$f(-k^2) = (1 + k^2/\Lambda_L^2). \tag{5.2.4}$$

上述高阶协变导数项的引入虽然能大大增加传播子的衰减速度, 但也增添了不少麻烦. 因为它使作用顶点的种类增加很多. 新增的顶点有三线作用顶点、四线作用顶点, …… 直到八线作用顶点, 它们分别带有五次微商、四次微商、…… 和零次微商. 这些顶点“耦合常数”都具有 (-4) 的量纲幂次 (因子 $1/\Lambda^4$ 所贡献). 如设一个正规图形中含这些带 Λ 的顶点总数为 n_Λ, 则它们将对图形指数 N 贡献 $4n_\Lambda$. 规范场的传播子每个对 N 的贡献多 (-4), 于是规制的 $\mathscr{L}_\Lambda$ 的图形指数公式将为

$$N = 4 + 4n_\Lambda - 4I_A - E - m_E \tag{5.2.5}$$

(外线只有规范玻色子和 F-P 虚粒子, 它们的量纲幂次 d_j 都为 1), I_A 代表规范玻色子的内线数. 若用 I_f 表示 F-P 粒子的内线数, 用 n_f 表示 F-P 粒子与规范玻色子作用的项点数, 用 n_0 表示原来的规范玻色子间互作用的顶点数 (这种顶点所对应的耦合常数的量纲幂次为零), 则有

$$I_A = I - I_f,$$

$$n_\Lambda = n - n_f - n.$$

再注意到

$$2I_f + E_f = 2n_f,$$

以及圈数 L 等于 $I - n + 1$, 即可将式 (5.2.5) 化为

$$N = 8 - E_A - 3E_f - 4L - 4n_0 - m_E. \tag{5.2.6}$$

由此可见, 对于规制化的 $\mathscr{L}_\Lambda$, 原始发散图形的圈数至多为 1[①], 而且还有不少其他限制, 如 E_f 必须为零, n_0 也要为零, $E_A \leqslant 4$. 满足这些条件的单圈图只有有限个数. 我们只需进一步将这些图形规制化即可.

① 在真空涨落图形中可以有双圈的发散图, 但它对我们不重要.

2. 单圈图的规制化

我们尝试采用 Pauli-Villars 方法将剩下的单圈图中的发散规制化. 为此, 我们先来观察下述生成泛函

$$W[A]=\mathrm{Det}\mathscr{M}[A]\int \mathrm{D}(B)\mathrm{e}^{\frac{1}{2}\int \frac{\delta^2\widetilde{I}_{\rm eff}[A]}{\delta A_\mu^\alpha(x_1)\delta A_\nu^\beta(x_2)}B_\mu^\alpha(x_1)B_\nu^\beta(x_2)\mathrm{d}^4x_1\mathrm{d}^4x_2} \tag{5.2.7}$$

和它的规制化问题. 定义 $\widetilde{I}_{\rm eff}$ 为

$$\widetilde{I}_{\rm eff}=I_\Lambda[A]-\frac{1}{2\xi}\int(f(\Box)\partial_\mu A_\mu^\alpha)^2\mathrm{d}^4x, \tag{5.2.8}$$

其中, I_Λ 为规制的拉格朗日量

$$I_\Lambda=-\frac{1}{4}\int\left[F_{\mu\nu}^\alpha F_{\mu\nu}^\alpha-\frac{1}{\Lambda^4}(\mathscr{D}^2F_{\mu\nu}^\alpha)(\mathscr{D}^2F_{\mu\nu}^\alpha)\right]\mathrm{d}^4x. \tag{5.2.9}$$

首先我们对 $W[A]$ 作一些说明. 式 (5.2.7) 中的指数因子与 4.3 节中求规范场单圈图顶角函数生成泛函时所遇到的

$$\mathrm{e}^{\frac{1}{2}\int A_\mu'^\alpha Q_{\mu\nu}^{\alpha\beta}A_\nu'^\beta\mathrm{d}^4x}$$

相似, 因积分 $\int A_\mu'^\alpha Q_{\mu\nu}^{\alpha\beta}A_\nu'^\beta\mathrm{d}^4x$ 可以写成 (下式中的 $\widetilde{I}_{\rm eff}^{(0)}$ 为 $\widetilde{I}_{\rm eff}$ 在 $\Lambda=\infty$, $f(\Box)=1$ 时的值)

$$\int\frac{\delta^2\widetilde{I}_{\rm eff}^{(0)}[A]}{\delta A_\mu^\alpha(x_1)\delta A_\nu^\beta(x_2)}A_\mu'^\alpha(x_1)A_\nu'^\beta(x_2)\mathrm{d}^4x_1\mathrm{d}^4x_2,$$

两者的差别式 (5.2.7) 中就是该式中的 $\widetilde{I}_{\rm eff}$ 换成了上式中的 $\widetilde{I}_{\rm eff}^{(0)}$. 式 (5.2.7) 中的 $\mathrm{Det}\mathscr{M}[A]$ 可以如前一样用 F-P 粒子的泛函积分来表示. 在这里, F-P 粒子只与外线 A_μ^α 相作用, 不与规范玻色子内线 B_ν^α 相作用.

定义"矩阵元为 $\dfrac{\delta^2\widetilde{I}_{\rm eff}^{[A]}}{\delta A_\mu^\alpha(x_1)\delta A_\nu^\beta(x_2)}$"的泛函矩阵为 $\boldsymbol{Q}_\Lambda[A]$, 则生成泛函 $W[A]$ 可以表示成①

$$W[A]\doteq[\mathrm{Det}\boldsymbol{Q}_\Lambda[A]]^{-1/2}\mathrm{Det}\mathscr{M}[A]\doteq\mathrm{e}^{-\frac{1}{2}\mathrm{Trln}(\boldsymbol{Q}_{\Lambda_0}^{-1}\boldsymbol{Q}_\Lambda)+\mathrm{Trln}(\mathscr{M}_0^{-1}\mathscr{M})}. \tag{5.2.10}$$

由此可以看出, $\dfrac{1}{\mathrm{i}}\ln W[A]$ 代表单圈图的"规范场顶角函数的生成泛函". 其圈线包括规范玻色子内线 (图中用 B_μ^α 表示) 和 F-P 虚粒子线 (用 f 表示). 这些单圈图如图 5.2.2 所示.

我们可以采用 Pauli-Villars 方法来对它规制化. 办法是引入一些辅助的矢量粒子和辅助的 F-P 粒子, 它们像 B_μ^α 和 f^α 一样与外线 A 作用, 这些辅助粒子都具有大的质量. 然后将各个辅助粒子的单圈图顶角函数乘上适当的系数 c 叠加到原来的单圈图顶角函数上去, 并通过各个辅助粒子的质量 Λ_j 和系数 c_j 的适当选择, 使单圈图中的发散消去 (具体做法见后文).

① 像 4.3 节中一样, 定义 $\boldsymbol{Q}_{\Lambda 0}=\boldsymbol{Q}_\Lambda(A=0)$.

这样求出的规制因子既然可以规制 $W[A]$ 中的发散, 将它们乘到 $Z_\Lambda[J]$ 的被积函数中去也就可以规制其中单圈图规范场顶角函数中的发散 (具体做法亦见后).

不过这样做将产生一个问题, 即破坏原来理论的规范不变性、因为由式 (5.2.7) 定义的 $W[A]$ 作为 A 的泛函并不是规范不变的①、于是仿照它构造出来的规制因子也不具有规范不变性.

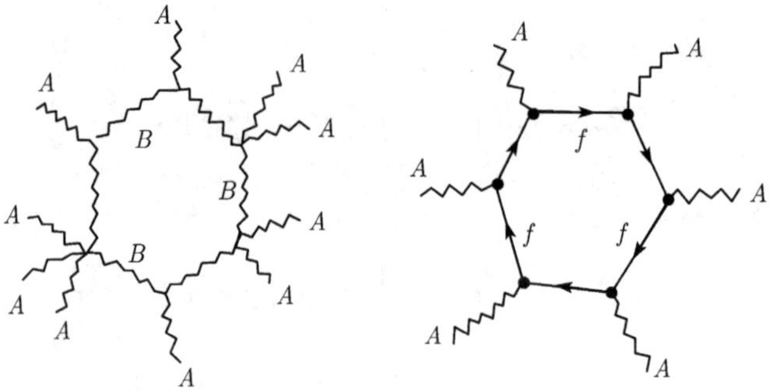

图 5.2.2

下面我们的任务是寻找另一个泛函 $\overline{W}[A]$, 要求它是规范不变的, 而且所包含的发散图形与 $W[A]$ 中的相同.

为此我们先将 $W[A]$ 进行改写. 定义两个泛函 $\Delta_{\mathscr{D}}[A,B]$ 和 $\Delta_\chi[A、B]$ 如下:

$$\Delta_{\mathscr{D}}[A,B]\int\prod_{\alpha,x}\delta(\mathscr{D}_\mu^{\alpha\beta}B_\mu^\beta(G))\mathrm{D}(G)=1,$$

$$\Delta_\chi[A,B]\int\prod_{\alpha,x}\delta(\partial_\mu B_\mu^\alpha(G)-\chi^\alpha)\mathrm{D}(G)=1, \tag{5.2.11}$$

其中, $\mathscr{D}_\mu$ 内所含的规范势为 A, 而

$$B_\mu^\alpha(G)=B_\mu^\alpha+\frac{1}{\varepsilon}(A_\mu^\alpha(G)-A_\mu^\alpha). \tag{5.2.12}$$

$A_\mu^\alpha(G)$ 仍同前一样, 代表"A_μ^α 通过规范变换 G 所变成的"规范势, ε 为一无穷小参量 (以后并可令它趋于零), 其作用是把 "$A_\mu^\alpha(G)$ 与 A_μ^α 之间的小差异" 转换成 "$B_\mu^\alpha(G)$ 与 B_μ^α 间的大差异", 从而使 G 的实际积分域只需是 1 附近的一个无穷小域.

在上述无穷小的积分域中, 式 (5.2.12) 可以改写成

$$B_\mu^\alpha(G)=B_\mu^\alpha-\frac{1}{g\varepsilon}[\partial_\mu\lambda^\alpha-gc_{\alpha\beta\gamma}\lambda^\beta A_\mu^\gamma]=B_\mu^\alpha-\frac{1}{g\varepsilon}\mathscr{D}_\mu^{\alpha\beta}\lambda^\beta, \tag{5.2.13}$$

其中, λ^β 为无穷小参量 (它的取值将正比于 ε, 参见式 (5.2.20)).

如果把上式 (或式 (5.2.12)) 称作 B 的"规范"变换公式, 则不难证明 $\Delta_{\mathscr{D}}$ 和 Δ_χ 对 B 的这种"规范"变换是保持不变的.

① 因为在式 (5.2.7) 中有规范固定项和补偿项.

下面我们要用到 Δ_χ 在超曲面 $\partial_\mu B^\alpha_\mu = \chi^\alpha$ 上的值以及 $\Delta_{\mathscr{D}}$ 在超曲面 $\mathscr{D}^{\alpha\beta}_\mu B^\beta_\mu = 0$ 上的值. 根据式 (5.2.13), Δ_χ 在超曲面 $\partial_\mu B^\alpha_\mu = \chi^\alpha$ 上的值, 除了常数因子外, 其表达式就是 $\mathrm{Det}\mathscr{M}$, 即

$$\Delta_\chi[A,B]_{\partial_\mu B^\alpha_\mu=\chi^\alpha} \doteq \mathrm{Det}\left[\partial_\mu \mathscr{D}^{\alpha\beta}_\mu \delta^4(x-y)\right] = \mathrm{Det}\mathscr{M}, \tag{5.2.14}$$

其中既不含 B 也不含 χ. 同样可得

$$\Delta_{\mathscr{D}}[A,B]_{\mathscr{D}^{\alpha\beta}_\mu B^\beta_\mu=0} \doteq \mathrm{Det}[\mathscr{D}^2_\mu \delta^4(x-y)], \tag{5.2.15}$$

此值亦与 B 无关.

利用式 (5.2.14) 将 $W[A]$ 中的 $\mathrm{Det}\mathscr{M}$ 进行改写, 即可将式 (5.2.7) 化为

$$W[A] = \int \mathrm{D}(B)\mathrm{D}(\chi)\prod_{\alpha,x}\delta(\partial_\mu B^\alpha_\mu - \chi^\alpha)\Delta_\chi[A,B]\times$$

$$\exp\left\{\frac{\mathrm{i}}{2}\int\left[\frac{\delta^2 I_\Lambda[A]}{\delta A^\alpha_\mu(x_1)\delta A^\beta_\nu(x_2)}B^\alpha_\mu(x_1)B^\beta_\nu(x_2) - \frac{1}{\xi}(f(\Box_1)\chi(x_1)^2\delta^4(x_1-x_2)\right]\mathrm{d}^4x_1\mathrm{d}^4x_2\right\},$$

再乘上 (5.2.11) 第一式的左方 (其值为 1) 就得

$$W[A] = \int \mathrm{D}(B)\mathrm{D}(\chi)\mathrm{D}(G)\prod_{\alpha,x}\delta(\partial_\mu B^\alpha_\mu - \chi^\alpha)\times$$

$$\Delta_\chi[A,B]\prod_{\alpha,x}\delta(\mathscr{D}^{\alpha\beta}_\mu B^\beta_\mu(G))\Delta_{\mathscr{D}}[A,B]\exp\left\{\frac{\mathrm{i}}{2}\int\left[\frac{\delta^2 I_\Lambda[A]}{\delta A^\alpha_\mu(x_1)\delta A^\beta_\nu(x_2)}B^\alpha_\mu(x_1)B^\beta_\nu(x_2)\right.\right.$$

$$\left.\left.-\frac{1}{\xi}(f(\Box_1)\chi(x_1))^2\delta^4(x_1-x_2)\right]\mathrm{d}^4x_1\mathrm{d}^4x_2\right\}. \tag{5.2.16}$$

下面先固定 G 来考察对 B 的积分. 对 B 作“规范”变换 $B\to B(G^{-1})$, 这时积分测度 $\int\mathrm{D}(B)$, $\Delta_{\mathscr{D}}$ 和 Δ_χ 都不变. 再将 G^{-1} 写成 G', 并注意到积分测度 $\mathrm{D}(G)$ 也可改为 $\mathrm{D}(G')$, 即可得到

$$W[A] = \int \mathrm{D}(\chi)\mathrm{D}(G')\mathrm{D}(B)\prod\delta(\partial_\mu B^\alpha_\mu(G') - \chi^\alpha)$$

$$\times\Delta_\chi[A,B]\prod\delta(\mathscr{D}^{\alpha\beta}_\mu B^\beta_\mu)\Delta_{\mathscr{D}}[A,B]\exp\left\{\frac{\mathrm{i}}{2}\int\left[\frac{\delta^2 I_\Lambda[A]}{\delta A^\alpha_\mu(x_1)\delta A^\beta_\nu(x_2)}\right.\right.$$

$$\left.\left.\times B^\alpha_\mu(G')_{x_1}B^\beta_\nu(G')_{x_2} - \frac{1}{\xi}(f(\Box_1)\chi(x_1))^2\delta^4(x_1-x_2)\right]\mathrm{d}^4x_1\mathrm{d}^4x_2\right\}, \tag{5.2.17}$$

其中, $B^\alpha_\mu(G')_x$ 代表 x 点的 $B^\alpha_\mu(G')$.

我们再把积分次序换回来, 先对 G' 积分. 这时从 $\Pi\delta(\partial_\mu B^\alpha_\mu(G') - \chi^\alpha)$ 产生的雅可比行列式正好与 Δ_χ 消去, 而指数中的 $B^\alpha_\mu(G')$ 将按下式取值

$$B^\alpha_\mu(G') = B^\alpha_\mu - [\mathscr{D}_\mu\mathscr{M}^{-1}(\partial_\rho B_\rho - \chi)]^\alpha. \tag{5.2.18}$$

我们来推导这后一结果.

从式 (5.2.13) 可得：使 $\partial_\mu B_\mu^\alpha(G') - \chi^\alpha = 0$ 成立的变换参量 $\lambda(\chi)$ 满足下列方程

$$\partial_\mu \mathscr{D}_\mu^{\alpha\beta} \lambda^\beta = g\varepsilon(\partial_\mu B_\mu^\alpha - \chi^\alpha). \tag{5.2.19}$$

由此可解出 λ, 它可表作 ($\partial_\mu B_\mu$ 换成了 $\partial_\rho B_\rho$)

$$\lambda = \varepsilon g \mathscr{M}^{-1}(\partial_\rho B_\rho - \chi), \tag{5.2.20}$$

其中, $\mathscr{M}$ 如前一样等于 $\partial_\mu \cdot (\partial_\mu - \mathrm{i}g\boldsymbol{A}_\mu)$. 将式 (5.2.20) 代回式 (5.2.13) 即得出式 (5.2.18).

经过上述处理后的 $W[A]$ 化为

$$W[A] = \mathrm{Det}(\mathscr{D}_\mu^2)\int \mathrm{D}(B)\mathrm{D}(\chi)\prod_{\alpha,x}\delta(\mathscr{D}_\mu^{\alpha\beta}B_\mu^\beta)$$

$$\begin{aligned}&\times\exp\left\{\frac{\mathrm{i}}{2}\int\left[\frac{\delta^2 I_\Lambda[A]}{\delta A_\mu^\alpha(x_1)\delta A_\nu^\beta(x_2)}(B_\mu - \mathscr{D}_\mu \mathbf{M}^{-1}(\partial_\rho B_\rho - \chi))_{x_1}^\alpha (B_\nu\right.\right.\\ &\left.\left. - \mathscr{D}_\nu \mathscr{M}^{-1}(\partial_\rho B_\rho - \chi))_{x_2}^\beta\right]\mathrm{d}^4x_1\mathrm{d}^4x_2 - \frac{\mathrm{i}}{\xi}\int\left[f(\Box)\chi\right]^2\mathrm{d}^4x\right\} \equiv \mathrm{Det}\mathscr{D}_\mu^2(A)W_1[A].\end{aligned} \tag{5.2.21}$$

在上式中, 我们利用了式 (5.2.15) 将 $\Delta_{\mathscr{D}}$ 写成为 $\mathrm{Det}(\mathscr{D}_\mu^2)$. 此因子已与 B 无关, 故可提到泛函积分号外面来.

另外, 我们注意到式 (5.2.21) 不依赖于 ε. 实际上它是 $\varepsilon \to 0$ 时的极限值.

在式 (5.2.21) 式中, 通过 $\delta(\mathscr{D}_\mu B_\mu)$, B 的四维纵场部分将由它的四维横场部分以及 A 确定, 不再是独立的变量. 作为交换, 引入了一个场 χ, 它是独立的变量, 量纲幂次为 2, 其传播子的大 k 行为是 $\sim \dfrac{1}{k^4}$.

以上完成了对 $W[A]$ 的改写, 第二步是要证明 $W[A]$ 所含的发散单圈图与下面定义的 $\overline{W}[A]$ 所含的发散单圈图形相同. $\overline{W}(A)$ 的定义是

$$\overline{W}[A] = \mathrm{Det}(\mathscr{D}_\mu^2)\int \mathrm{D}(B)\Pi\delta(\mathscr{D}_\mu^{\alpha\beta}B_\mu^\beta)\exp\left\{\frac{\mathrm{i}}{2}\int\frac{\delta^2 I_\Lambda[A]}{\delta A_\mu^\alpha(x_1)\delta A_\nu^\beta(x_2)}B_\mu^\alpha(x_1)B_\nu^\beta(x_2)\mathrm{d}^4x_1\mathrm{d}^4x_2\right\}. \tag{5.2.22}$$

根据 $I_\Lambda[A]$ 的规范不变性,

$$\int \frac{\delta I_\Lambda[A]}{\delta A_\mu^\alpha(x_1)}[\mathscr{D}_\mu\lambda(x_1)]^\alpha \mathrm{d}^4x_1 = 0.$$

此式对任何 A 都成立, 因而将左方再对 $A_\nu^\beta(x_2)$ 微商一次仍将等于零. 由此得

$$\begin{aligned}\int \frac{\delta^2 I_\Lambda[A]}{\delta A_\mu^\alpha(x_1)\partial A_\nu^\beta(x_2)}[\mathscr{D}_\mu\lambda(x_1)]^\alpha\mathrm{d}^4x_1 &= \int\frac{\delta I_\Lambda[A]}{\delta A_\mu^\alpha(x_1)}gc_{\alpha\beta\gamma}\delta_{\mu\nu}\lambda^\gamma(x_1)\delta^4(x_1-x_2)\mathrm{d}^4x_1\\ &= \frac{\delta I_\Lambda[A]}{\delta A_\nu^\alpha(x_2)}gc_{\alpha\beta\gamma}\lambda^\gamma(x_2).\end{aligned} \tag{5.2.23}$$

这样式 (5.2.21) 指数中的第一项 (用 S_1 表示) 可改写为 (利用式 (5.2.23) 并取其中的 λ 的 $\mathscr{M}^{-1}(\partial_\rho B_\rho-\chi)$)：

$$S_1=\frac{\mathrm{i}}{2}\int\frac{\delta^2 I_\Lambda[A]}{\delta A_\mu^\alpha(x_1)\delta A_\nu^\beta(x_2)}B_\mu^\alpha(x_1)B_\nu^\beta(x_2)\mathrm{d}^4x_1\mathrm{d}^4x_2$$
$$-\frac{\mathrm{i}}{2}\int\frac{\delta I_\Lambda[A]}{\delta A_\mu^\alpha(x)}gc_{\alpha\beta\gamma}[2B_\mu^\beta(x)-(\mathscr{D}_\mu\mathscr{M}^{-1}(\partial_\rho B_\rho-\chi))^\beta][\mathscr{M}^{-1}(\partial_\rho B_\rho-\chi)]^\gamma\mathrm{d}^4x. \tag{5.2.24}$$

式 (5.2.21) 中的 $\frac{1}{\mathrm{i}}\ln W_1[A]$ 代表由 B 横分量传播子及 χ 的传播子作为圈线所构成的某种单圈图的规范场顶角函数生成泛函，而式 (5.2.24) 的第二项代表其中所含的一部分有效作用顶角 (我们可以从 $\mathscr{M}^{-1}$ 提出一个 $\Box^{-1}$ 然后作展开. 这时, 虽然由于 $\Box^{-1}$ 作用不是定域的, 但在动量空间中仍可像普通顶点一样处理). 下面来说明, 当一个单圈图中含有这种顶角时, 该图的图形指数 N 将小于零, 从而是收敛的.

道理是：增加一个这样的顶角, 圈中将增加一根 B 或 χ 的传播子内线, 而这两种传播子的大 k 行为分别是 k^{-6} 和 k^{-4}; 这类顶角加在 B 上的微商幂次最多为零, 加在 χ 上的微商幂次最多为 $-1\left(\frac{\delta I_\Lambda}{\delta A}\right.$ 中的微商都是加到或可转加到外线 A 上的$\left.\right)$, 于是图形指数将减少 6 或 5, 成为负数.

我们感兴趣的只是 $W[A]$ 中发散的单圈图 (目的是为了找出将它规制化的因子), 因此所有含上述顶角的单圈图都可以去掉. 这也就相当于略去式 (5.2.24) 中的第二项. 代入式 (5.2.21) 即将其中的积分项化为

$$\int\mathrm{D}(B)\mathrm{D}(\chi)\Pi\delta(\mathscr{D}_\mu^{\alpha\beta}B_\mu^\beta)\mathrm{e}^{\frac{\mathrm{i}}{2}\int\frac{\delta^2 I_\Lambda[A]}{\delta A_\mu^\alpha(x_1)\delta A_\nu^\beta(x_2)}B_\mu^\alpha B_\nu^\beta\mathrm{d}^4x_1\mathrm{d}^4x_2-\frac{\mathrm{i}}{\xi}\int[f(\Box)x]^2\mathrm{d}^4x}$$

上式中对 χ 的积分将只给出一个与 A 无关的常数, 可以分出去, 剩下的结果就等于由式 (5.2.22) 定义的 $\overline{W}[A]$(指数中的最后一项与 A 无关).

以上讨论说明了 $\overline{W}[A]$ 与 $W[A]$ 所含的发散单圈图相同, 下一步是要证明 $\overline{W}[A]$ 具有规范不变性.

$\overline{W}[A]$ 可以写成

$$\overline{W}[A]=\mathrm{Det}(\mathscr{D}_\mu^2)(\mathrm{Det}\mathscr{N}_0)^{-1/2},$$
$$(\mathrm{Det}\mathscr{N}_0)^{-\frac{1}{2}}\equiv\int\mathrm{D}(B)\Pi\delta(\mathscr{D}_\mu^\alpha B_\mu^\beta)\exp\left[\frac{\mathrm{i}}{2}\int\frac{\delta^2 I_\Lambda[A]}{\delta A_\mu^\alpha(x_1)\delta A_\nu^\beta(x_2)}B_\mu^\alpha(x_1)B_\nu^\alpha(x_2)\mathrm{d}^4x_1\mathrm{d}^4x_2\right]. \tag{5.2.25}$$

$\overline{W}[A]$ 所含的第一个因子 $\mathrm{Det}(\mathscr{D}_\mu^2)$ 显然是规范不变的, 这也可以从下述表达式

$$\mathrm{Det}(\mathscr{D}_\mu^2)=\int\mathrm{D}(f)\mathrm{D}(\overline{f})\mathrm{e}^{\mathrm{i}\int\overline{f}\mathscr{D}_\mu^2 f\mathrm{d}^4x} \tag{5.2.26}$$

看出. 剩下的是要证明 $[\mathrm{Det}\mathscr{N}_0]^{-1/2}$ 在规范变换

$$A_\mu^\alpha\to A_\mu'^\alpha=A_\mu^\alpha+c_{\alpha\rho\sigma}\lambda^\rho A_\mu^\sigma-\frac{1}{g}\partial_\mu\lambda^\alpha$$

下保持不变. 注意到 $I_\Lambda[A]$ 是规范不变的, 即得在上述规范变换下①

$$\frac{\delta^2 I_\Lambda[A]}{\delta A_\mu^\alpha \delta A_\nu^\beta} \longrightarrow \frac{\delta^2 I_\Lambda[A']}{\delta A_\mu'^\alpha \delta A_\nu'^\beta} = \frac{\delta^2 I_\Lambda[A]}{\delta A_\mu^\gamma \delta A_\nu^\delta}(\delta_{\alpha\gamma} - c_{\gamma\rho\alpha}\lambda^\rho)(\delta_{\beta\delta} - c_{\delta\tau\beta}\lambda^\tau). \tag{5.2.27}$$

再定义

$$\begin{aligned}\widetilde{B}_\mu^\gamma &= B_\mu^\gamma - c_{\gamma\rho\alpha}\lambda^\rho B_\mu^\alpha,\\ \widetilde{B}_\nu^\delta &= B_\nu^\delta - c_{\delta\tau\beta}\lambda^\tau B_\nu^\beta,\end{aligned} \tag{5.2.28}$$

从式 (5.2.27) 就得出

$$\frac{\delta^2 I_\Lambda[A]}{\delta A_\mu^\alpha(x_1)\delta A_\nu^\beta(x_2)} B_\mu^\alpha(x_1) B_\nu^\beta(x_2) \longrightarrow \frac{\delta^2 I_\Lambda[A]}{\delta A_\mu^\gamma(x_1)\delta A_\nu^\delta(x_2)} \widetilde{B}_\mu^\gamma(x_1)\widetilde{B}_\nu^\delta(x_2). \tag{5.2.29}$$

由于 λ 为无穷小, B 也可用 $\widetilde{B}$ 如下表示出来:

$$B_\mu^\alpha = \widetilde{B}_\mu^\alpha + c_{\alpha\rho\sigma}\lambda^\rho \widetilde{B}_\mu^\sigma,$$

这表明 $\widetilde{B} \to B$ 按普通的伴随表示变换.

下面再来考察式 (5.2.25) 中 $\delta(\mathscr{D}_\mu^{\alpha\beta} B_\mu^\beta)$ 的变化. 根据协变微商的基本性质,

$$\mathscr{D}_\mu^{\alpha\beta}(A') B_\mu^\beta = U^{\alpha\gamma}\mathscr{D}_\mu^{\gamma\beta}(A)\widetilde{B}_\mu^\beta, \tag{5.2.30}$$

其中, $U^{\alpha\gamma}$ 为伴随表示中的规范变换矩阵. 由此即得 $\Pi\delta(\mathscr{D}_\mu^{\alpha\beta}(A')B_\mu^\beta)$ 等于 $\Pi\delta(\mathscr{D}_\mu^{\alpha\beta}(A)\widetilde{B}_\mu^\beta)$, 于是在规范变换时,

$$\Pi\delta(\mathscr{D}_\mu^{\alpha\beta}(A)B_\mu^\beta) \to \Pi\delta(\mathscr{D}_\mu^{\alpha\beta}(A')B_\mu^\beta) = \Pi\delta(\mathscr{D}_\mu^{\alpha\beta}(A)\widetilde{B}_\mu^\beta), \tag{5.2.31}$$

再加上 $\mathrm{D}(B) = \mathrm{D}(\widetilde{B})$, 就可得出 $(\mathrm{Det}\mathscr{N}_0)^{-1/2}$ 为规范不变量:

$$\begin{aligned}(\mathrm{Det}\mathscr{N}_0)^{-1/2} &\longrightarrow \int \mathrm{D}(\widetilde{B})\Pi\delta(\mathscr{D}_\mu^{\alpha\beta}(A)\widetilde{B}_\mu^\beta)\mathrm{e}^{\frac{\mathrm{i}}{2}\int \frac{\delta^2 I_\Lambda[A]}{\delta A_\mu^\alpha(x_1)\delta A_\nu^\beta(x_2)}\widetilde{B}_\mu^\alpha(x_1)\widetilde{B}_\nu^\beta(x_2)\mathrm{d}x_1\mathrm{d}x_2}\\ &= (\mathrm{Det}\mathscr{N}_0)^{-1/2},\end{aligned} \tag{5.2.32}$$

即 $(\mathrm{Det}\mathscr{N}_0)^{-1/2}$ 变换出的结果 (上式中间的积分式) 又化出为 $(\mathrm{Det}\mathscr{N}_0)^{-1/2}$ 本身. 这就完成了所要的证明.

$\overline{W}[A]$ 可以通过 Pauli-Villars 方法来规制化. 办法是将 $\overline{W}[A]$ 换成

$$\overline{W}_\Lambda[A] = \mathrm{Det}(\mathscr{D}_\mu^2)(\mathrm{Det}\mathscr{N}_0)^{-1/2}\prod_{j=1}^{s}[\mathrm{Det}(\mathscr{D}_\mu^2 - \Lambda_j^2)]^{c_j}(\mathrm{Det}\mathscr{N}_j)^{c_j/2}. \tag{5.2.33}$$

① 由于 λ 为无穷小量, 故 A 可用 A' 表示为:
$A_\mu^\alpha = A_\mu'^\alpha - c_{\alpha\rho\sigma}\lambda^\rho A_\mu'^\sigma + \dfrac{1}{g}\partial_\mu\lambda^\alpha$ 再利用 $I_\Lambda[A'] = I_\Lambda[A]$. 即得出

$$\frac{\delta^2 I_\Lambda(A')}{\delta A_\mu'^\alpha \delta A_\nu'^\beta} = \frac{\delta^2 I_\Lambda[A]}{\delta A_\mu^\gamma \delta A_\nu^\delta}(\delta_{\alpha\gamma} - c_{\nu\rho\alpha}\lambda^\rho)(\delta_{\beta\delta} - c_{\delta\tau\beta}\lambda^\tau).$$

其中

$$(\mathrm{Det}\mathscr{N}_j)^{-1/2} \equiv \int \mathrm{D}(B^{(j)})\Pi\delta(\mathscr{D}_\mu B_\mu^{(j)})$$

$$\times\exp\left\{\frac{\mathrm{i}}{2}\int\left[\frac{\delta^2 I_\Lambda[A]}{\delta A_\mu^\alpha(x_1)\delta A_\nu^\beta(x_2)}B_\mu^{(j)\alpha}(x_1)B_\nu^{(j)\beta}(x_2)-\Lambda_j^2 B_\mu^{(j)\alpha}B_\mu^{(j)\alpha}\delta^4(x_1-x_2)\right]\mathrm{d}^4x_1\mathrm{d}^4x_2\right\}. \tag{5.2.34}$$

上式中的 $B_\mu^{(j)\alpha}$ 和 $B_\nu^{(j)\beta}$ 如同质量等于 Λ_j 的矢量玻色子, 而式 (5.2.33) 中的 $\mathrm{Det}(\mathscr{D}_\mu^2-\Lambda_j^2)$ 亦可表成为质量等于 Λ_j 的 F-P 虚粒子的泛函积分,

$$\mathrm{Det}(\mathscr{D}_\mu^2-\Lambda_j^2)=\int \mathrm{D}(f^{(j)})D(\overline{f}^{(j)})\mathrm{e}^{\mathrm{i}\int \overline{f}^{(j)}(\mathscr{D}_\mu^2-\Lambda_j^2)f^{(j)}\mathrm{d}^4x}, \tag{5.2.35}$$

$\frac{\mathrm{i}}{2}\mathrm{lnDet}\mathscr{N}_j$ 和 $-\mathrm{ilnDet}(\mathscr{D}_\mu^2-\Lambda_j^2)$ 就分别代表以 $B_\mu^{(j)}$ 和 $f^{(j)}$ 的传播子为圈线所做成的规范场顶角函数的生成泛函.

$(\mathrm{Det}\mathscr{N}_j)^{-\frac{1}{2}}$ 和 $\mathrm{Det}(\mathscr{D}_\mu^2-\Lambda_j^2)$ 也都是规范不变量, 可以仿前一样来证明.

当我们选取 s, c_j, Λ_j 满足下述 Pauli-Villavs 条件

$$\begin{aligned}1+\sum_{j=1}^{s}c_j&=0,\\ \sum_{j=1}^{s}c_j\Lambda_j^2&=0\end{aligned} \tag{5.2.36}$$

时, 就可使式 (5.2.33) 成为有限的.

以上求出的因子 $\prod_{j=1}^{s}[\mathrm{Det}(\mathscr{D}_\mu^2-\Lambda_j^2)]^{c_j}(\mathrm{Det}\mathscr{N}_j)^{-c_j/2}$ 既然能消去 $\overline{W}[A]$ 中的发散, 当然也能消去 $W[A]$ 中的发散, 因而就是我们所需要的规制化因子. 将它们插入到式 (5.2.2) 右方被积函数中, 就得到完全规制化的 Z_Λ, 其表达式为

$$\begin{aligned}Z_\Lambda[J]=&\int \mathrm{D}(A)\mathrm{Det}\mathscr{M}\prod_{j=1}^{s}(\mathrm{Det}\mathscr{N}_j)^{-c_j/2}[\mathrm{Det}(\mathscr{D}_\mu^2-\Lambda_j^2)]^{c_j}.\\ &\times\mathrm{e}^{\mathrm{i}\int[\mathscr{L}_\Lambda(A)-\frac{1}{2\xi}(f(\Box)\partial_\mu A_\mu^\alpha)^2+A_\mu^\alpha J_\mu^\alpha]\mathrm{d}^4x}.\end{aligned} \tag{5.2.37}$$

3. 规范场与旋量场、标量场相互作用的情况

为节省篇幅, 我们只考虑规范相互作用 (即略去旋量粒子与标量粒子间的 Yukawa 型作用以及标量场之间的自作用). 这时, $\mathscr{L}$ 中只需增加下述旋量粒子和标量粒子自由运动的项

$$-\overline{\psi}(\gamma_\mu\mathscr{D}_\mu+M)\psi-\frac{1}{2}(\mathscr{D}_\mu\varphi)_j(\mathscr{D}_\mu\varphi)_j-\frac{1}{2}m^2\varphi^2.$$

仍如前一样引入规范场的高阶协变导数. 引入后图形指数为

$$N=4-\left(E+\frac{1}{2}E_\psi\right)+4n_\Lambda-4I_A-m_E. \tag{5.2.38}$$

同前一样, 利用

$$I_A = I - I_f - I_\psi - I_\varphi,$$

$$n_\Lambda = n - n_0 - n_f - n_\psi - n_\varphi$$

消去式 (5.2.38) 中的 I_A 和 n_Λ, 再用 $L = I - n + 1$ 代入, 即得

$$N = 8 - \left(E + \frac{1}{2}E_\psi\right) - 4L + 4(I_f + I_\psi + I_\varphi - n_0 - n_f - n_\psi - n_\varphi) - m_E.$$

I_f, I_ψ 和 I_φ 还可通过

$$2n_f = 2I_f + E_f, \quad 2n_\psi = 2I_\psi + E_\psi, \quad 2n_\varphi = 2I_\psi + E_\varphi$$

消去, 最后得出

$$N = 8 - E_A - 3E_f - 3E_\varphi - \frac{7}{2}E_\psi - 4n_0 - 4L - m_E. \tag{5.2.39}$$

这样仍只剩下有限个外线为 A 的单圈图是原始的发散图 (同前一样, 双圈的真空涨落图可能发散. 另外, 对这里考虑的 $\mathscr{L}$, 不存在只有一根标量场外线的单圈图), 但除了原来的规范玻色子圈和 F-P 虚粒子圈以外, 还将有旋量粒子圈和标量粒子圈①. 对这些发散的单圈图同样可以进一步规制化.

5.3 维数规制化方法

维数规制化是 1972 年分别由 't Hooft, Veltman, Bollini 和 Giambiagi, Ashmore 以及 Cicut a 和 Mont al di 等提出来的, 并在非阿贝尔规范场的规制化中获得广泛的应用②.

我们来说明一下维数规制化的基本想法.

规制化的最终目的是把费恩曼积分中的发散部分分离出来, 以便进行重正化时把这些发散吸收到重正化的质量、耦合常数和场量中去. 要把费恩曼积分中的发散分离出来, 首先就要把该发散积分表成某种有限表达式 (规制化) 的极限. 从动量空间中的费恩曼积分来看, 发散 (指紫外发散) 是由于对动量的积分上限为无穷大而被积函数在动量趋于无穷时衰减得不够快造成的. 因此要获得有限的表达式最简单的办法就是对积分上限作截断; 其次的途径是修改被积函数 (如引入高阶导数,

① 但没有标量粒子 - 规范玻色子的混合圈.

② 较近期的总结性文章有 Leibbrandt, Rev. Mod. Physics, **47**, 849, 1975; Narison, Phys. Report. **84**, 263, 1982. 讨论其理论基础的文章有 Breitenlohner & Maisor, Commun. Math. Phys. **52**, p. 11, p. 39, p. 55, 1977.

Pauli-Villars 规制因子, 参量延拓①等). 但还有一条出路, 即修改积分的维数. 人们注意到, 在降低时空维数时, 一些发散的积分变得收敛. 如果能进一步把维数 s 转变为连续变量, 使原来的发散公式表为某种有限表达式在 $s \to 4$ 时的极限, 就可以达到分离出发散的目的. 维数规制化就是走这一条路, 它把低维积分结果中的维数 s 用适当方法"延拓"到复平面上去. 对于原来发散的积分, 延拓后的结果将在 $s \to 4$ 时出现极点. 如令 $\varepsilon = 4 - s$, 则此极点项可表示为 $\sum_p \frac{a_p}{\varepsilon^p}$, 它就是原理论中发散项的表现.

下面我们先用简单例子来对这种延拓进行说明, 然后对有关的问题作进一步讨论, 并说明实行维数规制化的步骤.

1. 积分维数的延拓

我们将用一个简单例子来说明维数延拓的概念. 考虑自能积分

$$\widetilde{\Sigma} = \int \mathrm{d}^s k \frac{1}{(k^2 + m^2 - \mathrm{i}\varepsilon)[(p+k)^2 + m^2 - \mathrm{i}\varepsilon]}, \tag{5.3.1}$$

它对应于图 5.3.1, 但积分维数已换成 s.

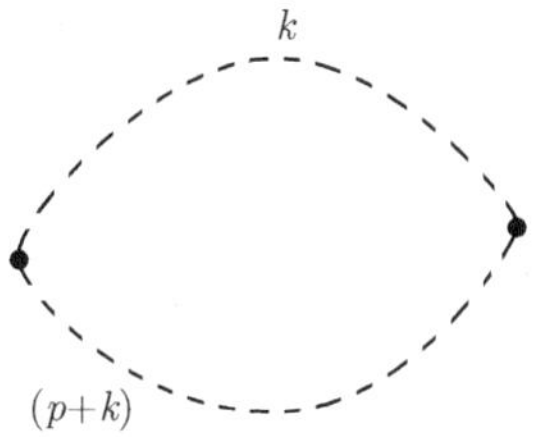

图 5.3.1

当 s 为小于 4 的正整数时, 它是收敛的, 并可求出来. 为计算它的值, 先通过费恩曼参数化的方法, 将分母中两个因子合并起来. 利用公式

$$\frac{1}{ab} = \int_0^1 \frac{\mathrm{d}x}{[(a-b)x+b]^2},$$

即将 $\widetilde{\Sigma}$ 化为

$$\widetilde{\Sigma} = \int_0^1 \mathrm{d}x \int \mathrm{d}^s k \frac{1}{[k^2 + (p^2 + 2p\cdot k)(1-x) + m^2 - \mathrm{i}\varepsilon]^2}.$$

① 例如将 $(p^2 + m^2 - \mathrm{i}\varepsilon)^{-1}$ 替换为 $(p^2 + m^2 - \mathrm{i}\varepsilon)^{-\alpha}$, α 可为复数. 这种方法曾为 Speer 所详尽研究. 维数规制化可说是继承了这种解析延拓的概念, 但把它转用到积分维数上.

由于积分收敛, 故可对积分变量作平移. 令

$$k \to k-(1-x)p,$$

就得出

$$\widetilde{\Sigma}=\int_0^1 \mathrm{d}x \int \mathrm{d}^s k \frac{1}{[k^2+p^2x(1-x)+m^2-\mathrm{i}\varepsilon]^2}.$$

作 Wick 转动以化到欧几里得度规, 结果为

$$\widetilde{\Sigma}=\mathrm{i}\int_0^1 \mathrm{d}x \int \mathrm{d}^s k \frac{1}{[k^2+p^2x(1-x)+m^2]^2}, \tag{5.3.2}$$

其中, k^2 已变为欧几里得度规的标积, 即 $\boldsymbol{k}^2+k_0^2$. 当 s 为小于 2β 的整数时, 上式中对 k 的积分可利用公式

$$\int \mathrm{d}^s k \frac{1}{(k^2+a^2)^\beta}=\frac{\pi^{s/2}(a^2)^{s/2-\beta}\Gamma(\beta-s/2)}{\Gamma(\beta)}, \tag{5.3.3}$$

积出, 于是得

$$\widetilde{\sum}=\mathrm{i}\pi^{s/2}\Gamma\left(2-\frac{s}{2}\right)\int_0^1 \mathrm{d}x[p^2x(1-x)+m^2]^{s/2-2}, \tag{5.3.4}$$

此式可以 “延拓” 到任意的 s, 包括复数. 这样 “延拓” 相当于把式 (5.3.3) 作为其左方的积分在任意 s 值时的定义. 按照式 (5.3.4), 当 $s \to 4$ 时, $\widetilde{\Sigma}$ 由于 Γ 函数的极点而趋于无穷,

$$\Gamma\left(2-\frac{s}{2}\right)=\Gamma\left(\frac{\varepsilon}{2}\right)\longrightarrow \frac{2}{\varepsilon}\left(1-\gamma\frac{\varepsilon}{2}+\cdots\right), \text{ 当}\varepsilon\text{ 为小量时}, \tag{5.3.5}$$

其中, $\gamma=0.577\cdots$ 称欧拉常数.

式 (5.3.4) 中其余部分在 ε 小时可如下化简:

$$\begin{aligned}&\mathrm{i}\pi^{2-\varepsilon/2}\int_0^1 \mathrm{d}x[p^2\chi(1-x)+m^2]^{\varepsilon/2}\\ =&\mathrm{i}\pi^2\mathrm{e}^{-\varepsilon/2}\ln\pi\int_0^1 \mathrm{d}x\mathrm{e}^{-\varepsilon/2}\ln[p^2x(1-x)+m^2]\\ =&\mathrm{i}\pi^2-\frac{\mathrm{i}\pi^2}{2}\varepsilon\left[\ln\pi+\int_0^1 \mathrm{d}x\ln(p^2x(1-x)+m^2)\right]+o(\varepsilon^2).\end{aligned}$$

于是得

$$\widetilde{\Sigma}=\frac{2\mathrm{i}\pi^2}{\varepsilon}-\mathrm{i}\pi^2\left[\gamma+\ln\pi+\int_0^1 \mathrm{d}x\ln(p^2x(1-x)+m^2)\right]+o(\varepsilon). \tag{5.3.6}$$

当 $\varepsilon\to 0$(即回到现实的四维时空) 时, 上式右方第一项发散, 第二项为有限部分, 剩余项 $o(\varepsilon)$ 趋于零. 这样我们就可把极点项作为被规制的发散而分离出来.

2. 维数延拓中的几个问题

我们将对有关延拓的一些问题进行说明或讨论.

首先是维数规制化不破坏规范对称性的问题. 在采用维数规制化时, 改变的只是时空维数, 拉格朗日函数 $\mathscr{L}$ 并没有任何改变, 因此可以想到 $\mathscr{L}$ 所具有的规范对称性不会受到破坏. 但如何对实际计算出的格林函数或其生成泛函来验证这一结论? 提出这一问题是因为量子化时引入了规范固定项和规范补偿项, 因而格林函数或其生成泛函本身并不具有规范不变性.

在下面 5.5 节中将指出, 规范不变性在格林函数生成泛函 (或顶角函数生成泛函) 上的体现就是 Slavnov-Taylor 恒等式. 从这个恒等式可以给出格林函数所要满足的许多关系. 我们说维数规制化是规范不变的, 就是说它不破坏 Slavnov-Taylor 恒等式.

其次一个问题是由式 (3.1) 定义的 $\widetilde{\Sigma}$. 其量纲将随着 s 而变化. 如果耦合常数的量纲保持不变, 那么传播子的二阶修正就将与零阶传播子具有不同的量纲. 这种情况显然是不容许发生的. 为此应该让耦合常数的量纲随 s 而变化. 对任意 s, 耦合常数的量纲可以如下确定. 首先

$$I=\int \mathrm{d}^s x\mathscr{L}$$

应该是量纲为 1 的, 因此 $\mathscr{L}$ 的量纲幂次将为 s, 从 $\mathscr{L}$ 的二次项可得标量场和矢量场的量纲幂次为 $\frac{s}{2}-1$, 旋量场的量纲幂次为 $\frac{1}{2}(s-1)$. F-P 虚场的量纲幂次与标量场相同①. 对于规范作用常数, 由此可以定出它的量纲幂次应为 $2-\frac{s}{2}\equiv\frac{1}{2}\varepsilon$, 无论对 $3A$ 作用顶角、$4A$ 作用顶角、(F-P)-A 作用顶角以及 φ, ψ 与 A 作用的顶角都一样. 在下文中, 裸耦合常数 g_B 就是量纲幂次为 $\frac{\varepsilon}{2}$ 的量, 而 $\mathscr{L}_{基}$ 中的耦合常数将写成 $g\mu^{\varepsilon/2}$, 其中 g(四维时空中的重正化耦合常数) 仍保持量纲为 1, μ 为某个选定的质量标度. 至于规范参量 ξ, 不难看出在延拓后仍保持量纲幂次为零.

另外, 原来每个圈积分都带有因子 $\frac{1}{(2\pi)^4}$. 这个因子也将延拓成 $\frac{1}{(2\pi)^s}$. 虽然最后 s 要取回到 4, 但由于积分中会出现极点项, 作不作上述延拓, 积分的结果将不相同. 例如 $\frac{1}{(2\pi)^s}\frac{1}{\varepsilon}=\frac{1}{(2\pi)^4}[1+\varepsilon\ln(2\pi)+\cdots]\frac{1}{\varepsilon}=\frac{1}{(2\pi)^4}\frac{1}{\varepsilon}+\frac{1}{(2\pi)^4}\ln(2\pi)+o(\varepsilon)$. 它与未作延拓的 $\frac{1}{(2\pi)^4}\frac{1}{\varepsilon}$ 相差一有限数 (不过, 是否作这一延拓对 Slavnov-Taylor 恒等式的成立并无影响, 因为 Slavnov-Taylor 恒等式对按圈数展开的每一阶都成立, 从而它给出的是具有同样圈数的图形之间的联系, 这些图形带有同样 (2π) 幂次的因子).

① 这样, 在动量表象中, 标量和矢量场 (以及 F-P 虚场) 的传播子的量纲幂次仍为 -2, 旋量场传播子的量纲幂次仍为 -1.

最后是关于矢量代数和 γ 代数的问题. 在作矢量代数运算时, 我们将采取下述规则

$$\begin{aligned}&\delta_{\mu\nu}p_\nu = p_\mu,\\&p_\mu p_\mu = p^2,\\&\delta_{\mu\nu}\delta_{\nu\sigma} = \delta_{\mu\sigma},\\&\delta_{\mu\mu} = s.\end{aligned} \tag{5.3.7}$$

在上式中唯一与 s 有关的只有最后一式.

在理论中含有旋量场时, γ 矩阵也要推广到 s 维空间. 有关 γ 代表的基本公式仍可取为

$$\begin{aligned}&\gamma_\mu\gamma_\nu + \gamma_\nu\gamma_\mu = 2\delta_{\mu\nu}I,\\&\mathrm{tr}I = 4.\end{aligned} \tag{5.3.8}$$

只是 γ_5 的推广会出现麻烦, 因为 γ_5 的定义要借助于全反对称张量 $\varepsilon_{\mu\nu\sigma\tau}$, 而此 "数字张量" 与四维时空有着特殊关联. 这一情况将使包含奇数个 γ_5 的旋量粒子圈积分的延拓产生问题[①], 并与手征反常的出现相联系 (参见 5.7 节).

从式 (5.3.8) 可以推出有关 γ 矩阵的其他公式. 首先是奇数个 γ 矩阵的迹为零,

$$\mathrm{tr}\,(\text{奇数个 }\gamma) = 0. \tag{5.3.9}$$

例如看 $\mathrm{tr}\gamma_\mu$ 的例子, 它可写成 $\mathrm{tr}\gamma_\mu\gamma_\nu\gamma_\nu$(不对 ν 求和, $\nu \neq \mu$), 按照式 (5.3.8), γ_ν 与 γ_μ 反对易, 故 $\mathrm{tr}\gamma_\mu\gamma_\nu\gamma_\nu = -\mathrm{tr}\gamma_\nu\gamma_\mu\gamma_\nu$, 再根据 $\mathrm{tr}AB = \mathrm{tr}BA$, 上式右方又可化为 $-\mathrm{tr}\gamma_\nu(\gamma_\nu\gamma_\mu) = -\mathrm{tr}\gamma_\mu$. 于是它必定为零.

可以推出的其他公式有:

$$\begin{aligned}\mathrm{tr}\gamma_\mu\gamma_\nu &= 4\delta_{\mu\nu},\\\mathrm{tr}\gamma_\mu\gamma_\nu\gamma_\sigma\gamma_\tau &= 4(\delta_{\mu\nu}\delta_{\sigma\tau} - \delta_{\mu\sigma}\delta_{\nu\tau} + \delta_{\mu\tau}\delta_{\nu\sigma}),\\\gamma_\mu\gamma_\nu\gamma_\mu &= (2-s)\gamma_\nu,\\\gamma_\mu\gamma_\alpha\gamma_\beta\gamma_\mu &= 4\delta_{\alpha\beta}I + (s-4)\gamma_\alpha\gamma_\beta,\\&\cdots.\end{aligned} \tag{5.3.10}$$

在延拓时外动量的标积如 $p_1 \cdot p_2$ 的值将保持不变, 裸量与重正化量之间亦与原来相同:

$$g_B = Z_g(g\mu^{\varepsilon/2}),$$

① 关于 γ_5 的延拓和问题可参见 5.7 节中所引文献中的讨论.

$$
\begin{aligned}
\psi_B &= Z_\psi^{1/2}\psi, \\
\varphi_B &= Z_\psi^{1/2}\varphi, \qquad (5.3.11) \\
&\cdots
\end{aligned}
$$

3. 计算规制的费恩曼积分的步骤

在经过一些代数运算后, 费恩曼积分可以化为下面形式:

$$
F = \int \prod_{j=1}^{L} \frac{\mathrm{d}^4 k_j}{(2\pi)^4} \frac{(k_l)_\mu (k_m)_\nu \cdots}{(q_1^2 + m_1^2 - \mathrm{i}\varepsilon)\cdots(q_N^2 + m_N^2 - \mathrm{i}\varepsilon)}, \qquad (5.3.12)
$$

其中, L 为圈数; q_j 为积分动量与外动量的某种线性组合. 延拓到 s 维, 只需将上式中的 $\dfrac{\mathrm{d}^4 k_j}{(2\pi)^4}$ 换成 $\dfrac{\mathrm{d}^s k_j}{(2\pi)^s}$ 即可.

当我们对 k_j 积分时, 首先要通过参数化方法把含 k_j 的因子合并起来, 以便进行变量平移. 值得指出的是, 既然我们是以收敛的 "s 维空间中的积分" 为出发点, 那么在积分号内进行变量平移是允许的.

参数化可采用费恩曼原来提出的办法, 也可以采用所谓的 α 表示. 如果采用前者, 先通过下述公式把式 (5.3.12) 的分母中各因子合并在一起①,

$$
\begin{aligned}
\frac{1}{D_1^{n_1} D_2^{n_2} \cdots D_N^{n_N}} &= \frac{\Gamma(n_1 + n_2 + \cdots + n_N)}{\Gamma(n_1)\Gamma(n_2)\cdots\Gamma(n_N)} \int_0^1 \mathrm{d}x_1 \int_0^{x_1} \mathrm{d}x_2 \cdots \int_0^{x_{N-2}} \mathrm{d}x_{N-1} \\
&\quad \frac{(1-x_1)^{n_N-1}(x_1-x_2)^{n_{N-1}-1}\cdots(x_{N-2}-x_{N-1})^{n_2-1}(x_N^{-1})^{n_1-1}}{[D_N(1-x_1) + D_{N-1}(x_1-x_2) + \cdots D_2(x_{N-2}-x_{N-1}) + D_1 x_{N-1}]^{n_1+n_2+\cdots+n}},
\end{aligned} \qquad (5.3.13)
$$

其常用特例是

$$
\frac{1}{D_1^{n_1} D_2^{n_2}} = \frac{\Gamma(n_1+n_2)}{\Gamma(n_1)\Gamma(n_2)} \int_0^1 \mathrm{d}x \frac{x^{n_1-1}(1-x)^{n_2-1}}{[(D_1-D_2)x + D_2]^{n_1+n_2}}.
$$

$$
\begin{aligned}
\frac{1}{D_1^{n_1} D_2^{n_2} D_3^{n_3}} &= \frac{\Gamma(n_1+n_2+n_3)}{\Gamma(n_1)\Gamma(n_2)\Gamma(n_3)} \int_0^1 \mathrm{d}x_1 \int_0^{x_1} \mathrm{d}x_2 \\
&\quad \frac{(x_2)^{n_1-1}(x_1-x_2)^{n_2-1}(1-x_1)^{n_3-1}}{[(D_2-D_3)x_1 + (D_1-D_2)x_2 + D_3]^{n_1+n_2+n_3}} \\
&= \frac{\Gamma(n_1+n_2+n_3)}{\Gamma(n_1)\Gamma(n_2)\Gamma(n_3)} \int_0^1 \mathrm{d}x_1 (x_1)^{n_1+n_2-1}(1-x_1)^{n_3-1} \qquad (5.3.14) \\
&\quad \times \int_0^1 \mathrm{d}y \frac{y^{n_1-1}(1-y)^{n_2-1}}{[(D_1-D_2)x_1 y + (D_2-D_3)x_1 + D_3]^{n_1+n_2+n_3}}.
\end{aligned}
$$

① 通常只给出 $n_1 = n_2 = \cdots = n_N = 1$ 时的公式. 将该公式对 $D_1, D_2, \cdots$ 作微商即可得出式 (5.3.13). 另外, 延拓到任意 n, 此等式仍然成立.

然后通过 Wick 转动, 将式 (5.3.12) 中的动量 k 转到欧几里得空间[①], 再对该式中积分变量作平移即可将 "对动量的积分" 积出. 基本公式为

$$\int \mathrm{d}^s k \frac{(k^2)^l}{(k^2+a^2)^n} = \frac{\pi^{s/2}(a^2)^{s/2-n+l}\Gamma\left(l+\frac{s}{2}\right)\Gamma\left(n-l-\frac{s}{2}\right)}{\Gamma\left(\frac{s}{2}\right)\Gamma(n)}, \tag{5.3.15}$$

或者

$$\int \mathrm{d}^s k \frac{1}{(k^2+2k\cdot p+a^2)^n} = \int \mathrm{d}^s k \frac{1}{(k^2+a^2-p^2)^n} = \frac{\pi^{s/2}(a^2-p^2)^{s/2-n}\Gamma\left(n-\frac{s}{2}\right)}{\Gamma(n)}. \tag{5.3.16}$$

在这里 $\mathrm{d}^s k$ 指欧几里得体元, 如果是原来动量空间中的积分 (未转到欧几里得空间), 那么只需在上式右方增加因子 i. 另外, 式 (5.3.15) 和 (5.3.16) 中的 n 和 l 并不限于为整数, 它们可以取任何值. 将式 (5.3.16) 对 p_μ, p_ν, $\cdots$ 作微商, 还可推导出

$$\begin{aligned}
&\int \mathrm{d}^s k \frac{k_\mu}{(k^2+2k\cdot p+a^2)^n} \\
&= \frac{-\pi^{\frac{s}{2}}(a^2-p^2)^{\frac{s}{2}-n}\Gamma\left(n-\frac{s}{2}\right)p_\mu}{\Gamma(n)} \int \mathrm{d}^s k \frac{k_\mu k_\nu}{(k^2+2k\cdot p+a^2)^n} \\
&= \frac{\pi^{s/2}\Gamma\left(n-\frac{s}{2}-1\right)(a^2-p^2)^{\frac{s}{2}-n}\left[\frac{1}{2}(a^2-p^2)\delta_{\mu\nu}+\left(n-\frac{s}{2}-1\right)p_\mu p_\nu\right]}{\Gamma(n)}, \\
&\int \mathrm{d}^s k \frac{k_\mu k_\nu}{(k^2+2k\cdot p+a^2)^n} \\
&= \frac{\pi^{s/2}\Gamma\left(n-\frac{s}{2}-1\right)(a^2-p^2)^{s/2-n}\left[\frac{1}{2}(a^2-p^2)\delta_{\mu\nu}+\left(n-\frac{s}{2}-1\right)p_\mu p_\nu\right]}{\Gamma(n)}, \\
&\int \mathrm{d}^s k \frac{k_\mu k_\nu k_\sigma}{(k^2+2k\cdot p+a^2)^n} \\
&= -\frac{\pi^{s/2}\Gamma\left(n-\frac{s}{2}-1\right)(a^2-p^2)^{\frac{1}{2}n}}{\Gamma(n)} \\
&\quad \times \left[\frac{1}{2}(a^2-p^2)(\delta_{\mu\nu}p_\sigma+\delta_{\nu\sigma}p_\mu+\delta_{\sigma\mu}p_\nu)+\left(n-\frac{s}{2}-1\right)p_\mu p_\nu p_\sigma\right],
\end{aligned} \tag{5.3.17}$$

① 在四维时空情况, 转到欧几里得空间也就是将 k_4 当成实数. 这时被积函数不需改写, 但 d^4k 要换成 id^4k, 因为原来的 $\int_{-\infty}^{+\infty}\mathrm{d}^4k$ 定义是 $\int_{-\infty}^{+\infty}\mathrm{d}^3k\mathrm{d}k_0$, 作 Wick 转动后化为 $\mathrm{i}\int_{-\infty}^{+\infty}\mathrm{d}^4k$, 其中的 d^4k 已代表欧几里得动量空间中体元 $\mathrm{d}k_1\mathrm{d}k_2\mathrm{d}k_3\mathrm{d}k_4$. s 维时空情况相似, 转到欧几里得空间时, 被积函数形式不变, 但所有 k 的分量都为实数. 原来的 $\int_{-\infty}^{+\infty}\mathrm{d}^sk$ 要换成 $\mathrm{i}\int_{\infty}^{+\infty}\mathrm{d}^sk$. 这种做法也就是: 先在四维时空中转到欧几里得空间, 然后再将维数延拓到 s.

$$\int \mathrm{d}^s k \frac{k_\mu k_\nu k_\sigma k_\tau}{(k^2+2k\cdot p+a^2)^n} = \frac{\pi^{s/2}\Gamma\left(n-\frac{s}{2}-2\right)(a^2-p^2)^{\frac{s}{2}-n}}{\Gamma(n)}$$
$$\times\left[\left(n-\frac{s}{2}-1\right)\left(n-\frac{s}{2}-2\right)p_\mu p_\nu p_\sigma p_\tau+\frac{1}{2}(a^2-p^2)\left(n-\frac{s}{2}-2\right)\right.$$
$$\times(\delta_{\mu\nu}p_\sigma p_\tau+\delta_{\mu\sigma}p_\nu p_\tau+\delta_{\mu\tau}p_\nu p_\sigma+\delta_{\nu\sigma}p_\mu p_\tau+\delta_{\nu\tau}p_\mu p_\sigma+\delta_{\sigma\tau}p_\mu p_\nu)$$
$$\left.+\frac{1}{4}(a^2-p^2)^2(\delta_{\mu\nu}\delta_{\sigma\tau}+\delta_{\mu\sigma}\delta_{\nu\tau}+\delta_{\mu\tau}\delta_{\nu\sigma})\right],$$
$$\cdots$$

如果采用 α 表示来参数化, 则基本公式为

$$\frac{1}{k^2+a^2-\mathrm{i}\varepsilon} = \mathrm{i}\int_0^\infty \mathrm{d}\alpha \mathrm{e}^{-\mathrm{i}\alpha(k^2+a^2-\mathrm{i}\varepsilon)}, \tag{5.3.18}$$

或更普遍的公式

$$\frac{1}{(k^2+a^2-\mathrm{i}\varepsilon)^n} = \mathrm{i}^n\int \mathrm{d}\alpha\alpha^{n-1}\mathrm{e}^{-\mathrm{i}\alpha(k^2+a^2-\mathrm{i}\varepsilon)}. \tag{5.3.19}$$

此式可通过微商从式 (5.3.18) 导出, 并可延拓到任意 n.

采用 α 表示后, 可将各因子合并. 对动量的积分并变成高斯型积分. s 维欧几里得空间的高斯积分公式为

$$\int \mathrm{d}^s k \mathrm{e}^{-ak^2+2aq\cdot k} = \left(\frac{\pi}{a}\right)^{s/2}\mathrm{e}^{aq^2}, \tag{5.3.20}$$

其中, a 的量纲幂次为 -2. 式 (5.3.20) 本来只对整数 s 有意义, 但在维数规制化中, 把它作为任意 s 维高斯积分的定义.

将上式对 q_μ 作微商, 可以导出下列结果,

$$\begin{aligned}&\int \mathrm{d}^s k k_\mu \mathrm{e}^{-ak^2+2aq\cdot k} = \left(\frac{\pi}{a}\right)^{s/2} q_\mu \mathrm{e}^{aq^2},\\&\int \mathrm{d}^s k k_\mu k_\nu \mathrm{e}^{-ak^2+2aq\cdot k} = \left(\frac{\pi}{a}\right)^{s/2}\left(\frac{1}{2a}\delta_{\mu\nu}+q_\mu q_\nu\right)\mathrm{e}^{aq^2}.\end{aligned} \tag{5.3.21}$$
$$\cdots\cdots$$

当我们对一个 k 积分后, 得出的 aq^2 仍为其余积分动量和外动量的二次式, 可用高斯积分公式进一步求积.

在含零质量粒子的理论中, 会出现下述形式的积分

$$\int \mathrm{d}^s k \frac{k_\mu k_\nu \cdots}{(k^2)^n}.$$

此式无论 s 取何值, 都得不到有限的值, 它要么是紫外发散的, 要么是红外发散的. 因此, 对于此积分, 不存在一个可进行延拓的表达式. 在维数规制化中, 将规定此积分 (它是与外动量无关的常量) 为零. 一些作者论证了这种规定不会引起什么矛盾 (Capper 和 Leibbrandt, 1973).

在维数规制化中, 常用到的特殊函数有 γ 函数、β 函数以及超比函数. 有关 γ 函数的公式如下,

$$\begin{aligned}\Gamma(z) &= \int_0^\infty \mathrm{d}t\, t^{z-1}\mathrm{e}^{-t}, \mathrm{Re}z>0\\ \Gamma(z) &= \sum_{n=0}^{\infty}\frac{(-1)^n}{n!(n+z)}+\int_1^\infty \mathrm{d}t\, t^{z-1}\mathrm{e}^{-t}.\end{aligned} \tag{5.3.22}$$

在 z 等于 1 的邻域内 Γ 的展开式为

$$\Gamma(1+\varepsilon)=1-\gamma\varepsilon+\frac{1}{2}\left(\gamma^2+\frac{1}{6}\pi^2\right)\varepsilon^2-\frac{1}{3}\left(\frac{1}{2}\gamma^3+\frac{1}{4}\gamma\pi^2+\xi(3)\right)\varepsilon^3+\cdots, \tag{5.3.23}$$

其中, γ 为欧拉常数, $\gamma=0.5772\cdots$; $\xi(n)$ 为黎曼函数, $\xi(3)=1,202\cdots$. 上式在分出极点项时是有用的.

β 函数的定义是:

$$B(x,y)=\int_0^1 \mathrm{d}t\, t^{x-1}(1-t)^{y-1}=\frac{\Gamma(x)\Gamma(y)}{\Gamma(x+y)}. \tag{5.3.24}$$

从此式可得 $B(x,y)$ 具有下述性质,

$$\begin{aligned}B(x+1,y)&=\frac{x}{x+y}B(x,y),\\ B(x-1,y)&=\frac{x+y-1}{x-1}B(x,y),\\ B(x-1,y+1)&=\frac{y}{x-1}B(x,y).\end{aligned} \tag{5.3.25}$$

不完全的 β 函数 $B_a(x,y)$ 和超比函数 ${}_2F_1(a,b,c,z)$ 定义式为

$$B_a(x,y)=\int_0^a \mathrm{d}t\, t^{x-1}(1-t)^{y-1}, \tag{5.3.26}$$

$$\begin{aligned}{}_2F_1(a,b,c,z)&=\frac{\Gamma(c)}{\Gamma(b)\Gamma(c-b)}\int_0^1 \mathrm{d}t\, t^{b-1}(1-t)^{c-b-1}(1-tz)^{-a},\\ &\mathrm{Re}c>\mathrm{Re}b>0, |\arg(1-z)|<\pi.\end{aligned} \tag{5.3.27}$$

${}_2F_1$ 可作下述展开

$$
\begin{aligned}
{}_2F_1(a,b,c,z) &= 1+\frac{ab}{1\cdot c}z+\frac{a(a+1)b(b+1)}{1\cdot 2\cdot c(c+1)}z^2+\cdots \\
&= \frac{\Gamma(c)}{\Gamma(b)\Gamma(a)}\sum_{n=0}^{\infty}\frac{\Gamma(a+n)\Gamma(b+n)}{\Gamma(c+n)}\frac{z^n}{n!}.
\end{aligned}
\tag{5.3.28}
$$

本节所述有关延拓规则的自洽性, 虽然尚未有完全的证明, 但人们认为是可信的, 并且在所有的实际计算中都得到了验证.

5.4　单圈图顶角函数的重正化

在对重正化作一般性的讨论之前, 我们将在本节中进行单圈图重正化的计算, 这不仅能使我们对重正化的实际过程有一个具体的了解, 而且从所得的结果能说明一些普遍性的问题, 在实际应用中也是有价值的.

下面先讨论纯规范场的单圈图的重正化, 然后再讨论有物质场 (指旋量场和标量场) 的情况. 我们将采用抵消项的办法来进行这一过程, 因而有关的单圈图顶角函数将用 $\mathscr{L}_{\text{eff}}$ 中的基本项来计算.① 对于单纯规范场的情况.

$$
\mathscr{L}_{\text{eff}}^{基}=-\frac{1}{4}F_{\mu\nu}^{\alpha}F_{\mu\nu}^{\alpha}-\frac{1}{2\xi}(\partial_\mu A_\mu^\alpha)^2+\bar{f}^\alpha\mathscr{M}^{\alpha\beta}f^\beta.
$$

其中, 场量和耦合常数都是重正化的量.

1. 规范场的二点顶点函数, 波函数重正化常数

规范场的单圈二点顶角函数共对应三个图, 如图 5.4.1(a)~(c) 所示.

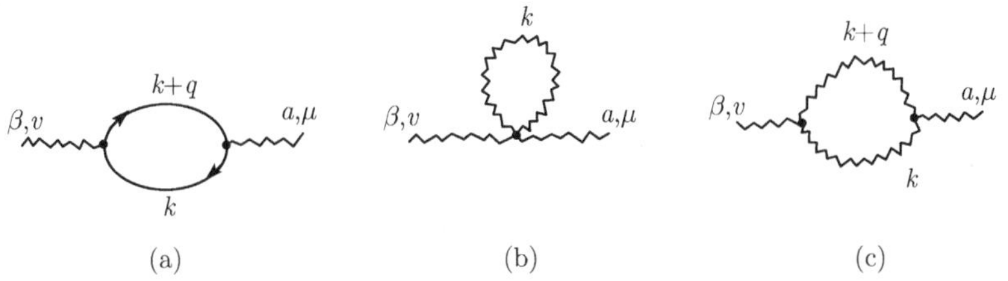

图5.4.1　—代表F-P粒子线, ∿∿代表规范玻色子线

根据第四章所给出的费恩曼规则, 不难写出 ξ 规范中上述三个顶角函数的费恩曼积分表达式 (注意, 按照顶角函数的定义, 在写出费恩曼积分后要分出一个 i):

$$
\Gamma_{(a)\mu\nu}^{\alpha\beta}(q)=\mathrm{i}g^2c_{\alpha\gamma\delta}c_{\beta\gamma\delta}\int\frac{\mathrm{d}^4k}{(2\pi)^4}\frac{k_\mu(k+q)_\nu}{k^2(k+q)^2},
$$

① 在本节中, 我们将用 φ, A_μ, ψ 表示重正化场量, 用 φ_B, $A_{B\mu}$, ψ_B 表示未重正化场量; 用 g, m, ξ 表示重正化参量, 用 g_B, m_B, ξ_B 表示未重正化参量.

$$\Gamma^{\alpha\beta}_{(b)\mu\nu}(q) = \mathrm{i}g^2 c_{\alpha\gamma\delta}c_{\beta\gamma\delta}\int\frac{\mathrm{d}^4k}{(2\pi)^4}\frac{1}{k^2}\left[\delta_{\mu\nu}(\delta_{\rho\rho}+\xi-2)-(\xi-1)\frac{k_\mu k_\nu}{k^2}\right], \tag{5.4.1}$$

$$\begin{aligned}\Gamma^{\alpha\beta}_{(c)\mu\nu}(q) = &-\frac{\mathrm{i}}{2}g^2 c_{\alpha\gamma\delta}c_{\beta\gamma\delta}\int\frac{\mathrm{d}^4k}{(2\pi)^4}\frac{1}{k^2(k+q)^2}\Big\{(q_\mu q_\nu(\delta_{\rho\rho}-6)\\
&+(k_\mu q_\nu+q_\mu k_\nu+2k_\mu k_\nu)(2\delta_{\rho\rho}-3)+\delta_{\mu\nu}(5q^2+2k\cdot q+2k^2))\\
&+\frac{\xi-1}{k^2}\Big[q_\mu q_\nu k^2-(k_\mu q_\nu+q_\mu k_\nu)(3k\cdot q+k^2)\\
&-k_\mu k_\nu(k^2+2k\cdot q-q^2)+\delta_{\mu\nu}(2k\cdot q+k^2)^2\Big]\\
&+\frac{\xi-1}{(k+q)^2}\Big[q_\mu q_\nu(2k^2-q^2)-(k_\mu q_\nu+q_\mu k_\nu)(k\cdot q)\\
&+k_\mu k_\nu(2q^2-k^2)+\delta_{\mu\nu}(k^2-q^2)^2\Big]\\
&+\frac{(\xi-1)^2}{k^2(k+q)^2}\Big[q_\mu q_\nu(k\cdot q)^2-(k_\mu q_\nu+q_\mu k_\nu)q^2(k\cdot q)+k_\mu k_\nu q^4\Big]\Big\}.\end{aligned}$$

在四维时空中 $\delta_{\rho\rho}$ 本等于 4, 但为了延拓的需要我们未将它写成 4. 另外在 $\Gamma_{(b)}$ 和 $\Gamma_{(c)}$ 中都加上了对称因子 $\dfrac{1}{2}$.

以上结果也可利用 4.3 节中所求出的单圈图顶角函数生成泛函

$$\Gamma^{(1)}(\mathscr{A},\mathscr{F},\mathscr{F}) = \mathrm{iTr}\left[\frac{1}{2}(\widetilde{Q}Q_s^{-1})-\ln(\mathscr{M}_0^{-1}\mathscr{M})\right] \tag{5.4.2}$$

来推导.

为了求规范场的二点顶角函数, 我们只需从其中分出含 $\mathscr{A}$ 的二次项并将它表成

$$\frac{1}{2}\int\mathrm{d}^4x_1\mathrm{d}^4x_2\mathscr{A}^\alpha_\mu(x_1)\Gamma^{\alpha\beta}_{\mu\nu}(x_1-x_2)\mathscr{A}^\beta_\nu(x_2),$$

其中的 $\Gamma^{\alpha\beta}_{\mu\nu}(x_1-x_2)$ 即代表二点顶角函数. 在动量表象中上式化为

$$\frac{1}{2}\int\frac{\mathrm{d}^4q}{(2\pi)^4}\mathscr{A}^\alpha_\mu(-q)\Gamma^{\alpha\beta}_{\mu\nu}(q)\mathscr{A}^\beta_\nu(q),$$

其中

$$\begin{aligned}\mathscr{A}(q) &= \int\mathrm{d}^4x\mathrm{e}^{-\mathrm{i}qx}\mathscr{A}(x),\\
\Gamma^{\alpha\beta}_{\mu\nu}(q) &= \int\mathrm{d}^4x\mathrm{e}^{-\mathrm{i}qx}\Gamma^{\alpha\beta}_{\mu\nu}(x)\end{aligned} \tag{5.4.3}$$

下面先来求式 (5.4.2) 中 $-\mathrm{iTr}\ln(\mathscr{M}_0^{-1}\mathscr{M})$ 项对 $\Gamma^{\alpha\beta}_{\mu\nu}$ 的贡献. 在 4.3 节中已给出

$$\begin{aligned}&\mathscr{M}_0^{-1}\mathscr{M} = 1+T,\\
&T^{\gamma\delta}(x_1-x_2) = \int\frac{\mathrm{d}^4k}{(2\pi)^4}\mathrm{i}gc_{\gamma\delta\alpha}\frac{k_\mu}{k^2}\mathscr{A}^\alpha_\mu(x_2)\mathrm{e}^{\mathrm{i}k\cdot(x_1-x_2)}.\end{aligned} \tag{5.4.4}$$

因此含 $\mathscr{A}$ 的二次项来自 $-\mathrm{iTr}\ln(\mathscr{M}_0^{-1}\mathscr{M})$ 展式中的第二项, 此项等于

$$-\frac{\mathrm{i}}{2}g^2\int\mathrm{d}^4x_1\int\mathrm{d}^4x_2\int\frac{\mathrm{d}^4k'}{(2\pi)^4}\int\frac{\mathrm{d}^4k}{(2\pi)^4}c_{\gamma\delta\alpha}\frac{k_\mu}{k^2}\mathscr{A}_\mu^\alpha(x_2)\mathrm{e}^{\mathrm{i}k(x_1-x_2)}c_{\delta\gamma\beta}\frac{k'_\mu}{k'^2}\mathscr{A}_\nu^\beta(x_1)\mathrm{e}^{\mathrm{i}k'(x_2-x_1)}.$$

利用式 (5.4.3), 并令 $q=k'-k$, 即将上式化为

$$\frac{\mathrm{i}}{2}g^2c_{\alpha\gamma\delta}c_{\beta\gamma\delta}\int\frac{\mathrm{d}^4q}{(2\pi)^4}\int\frac{\mathrm{d}^4k}{(2\pi)^4}\frac{k_\mu(k+q)_\nu}{k^2(k+q)^2}\mathscr{A}_\mu^\alpha(-q)\mathscr{A}_\nu^\beta(q),$$

于是即得: 它对 $\Gamma_{\mu\nu}^{\alpha\beta}(q)$ 的贡献就是 (5.4.1) 的第一式中的 $\Gamma_{(a)\mu\nu}^{\alpha\beta}(q)$.

下面再来求 $\frac{\mathrm{i}}{2}\mathrm{Tr}\ln(\widetilde{Q}Q_0^{-1})$ 的贡献. 由于这里要求的是规范场的二次式, 故 $\mathrm{Tr}\ln(\widetilde{Q}Q_0^{-1})$ 中的 $\widetilde{Q}$ 可取为 Q.

在 4.3 节中曾给出 QQ_0^{-1} 的表达式. 从该表达式可以看出, $\mathscr{A}$ 的二次式既出现在 QQ_0^{-1} 对数展开的第一项中, 也出现在第二项中.

展式第一项中所含的 $\mathscr{A}$ 的二次式为

$$\frac{\mathrm{i}}{2}g^2\mathrm{tr}\int\mathrm{d}^4x\int\frac{\mathrm{d}^4k}{(2\pi)^4}[\mathscr{A}_\mu(x)\mathscr{A}_\mu(x)(\delta_{\rho\rho}+\xi-2)-\frac{\xi-1}{k^2}(k_\mu\mathscr{A}_\mu)^2],$$

其中, tr 代表对群指标求迹. 由于

$$\int\mathrm{d}^4x\mathscr{A}_\mu(x)\mathscr{A}_\nu(x)=\int\frac{\mathrm{d}^4q}{(2\pi)^4}\mathscr{A}_\mu(-q)\mathscr{A}_\nu(q),$$
$$\mathrm{tr}(L^\alpha L^\beta)=c_{\alpha\gamma\delta}c_{\beta\gamma\delta},$$

故上述 $\mathscr{A}$ 的二次式可化为

$$\frac{\mathrm{i}}{2}g^2c_{\alpha\gamma\delta}c_{\beta\gamma\delta}\int\frac{\mathrm{d}^4q}{(2\pi)^4}\int\frac{\mathrm{d}^4k}{(2\pi)^4}\mathscr{A}_\mu^\alpha(-q)\mathscr{A}_\nu^\beta(q)\frac{1}{k^2}\left[\delta_{\mu\nu}(\delta_{\rho\rho}+\xi-2)-\frac{k_\mu k_\nu}{k^2}(\xi-1)\right].$$

于是它对 $\Gamma_{\mu\nu}^{\alpha\beta}(q)$ 的贡献即为 (5.4.1) 的第二式 $\Gamma_{(b)\mu\nu}^{\alpha\beta}$.

最后来考察 $\frac{\mathrm{i}}{2}\mathrm{Tr}\ln(QQ_0^{-1})$ 展开中的第二项. 这项中含 $\mathscr{A}$ 的二次式可化为

$$\begin{aligned}&-\frac{\mathrm{i}}{4}g^2\mathrm{tr}\int\frac{\mathrm{d}^4q}{(2\pi)^4}\frac{\mathrm{d}^4k}{(2\pi)^4}\frac{1}{k^2(k+q)^2}\left\{(q+2k)_\mu\mathscr{A}_\mu(-q)\left(\delta_{\rho\sigma}+\frac{\xi-1}{(k+q)^2}(k+q)_\rho(k+q)_\sigma\right)\right.\\&-(2q+k)_\rho\mathscr{A}_\sigma(-q)+(q-k)_\sigma\mathscr{A}_\rho(-q)\\&\left.+\frac{\xi-1}{(k+q)^2}[(q^2-k^2)(k+q)_\sigma\mathscr{A}_\rho(-q)-(2q+k)_\rho(q+k)_\sigma(k+q)_\mu\mathscr{A}_\mu(-q)]\right\}.\\&\times\left\{(q+2k)_\mu\mathscr{A}_\mu(q)\left(\delta_{\sigma\rho}+\frac{\xi-1}{k^2}k_\sigma k_\rho\right)+(q-k)_\sigma\mathscr{A}_\rho(q)-(2q+k)_\rho\mathscr{A}_\sigma(q)\right.\\&\left.+\frac{\xi-1}{k^2}[k_\mu\mathscr{A}_\mu(q)(q-k)_\sigma k_\rho-k\cdot(2q+k)k_\rho\mathscr{A}_\sigma(q)]\right\}.\end{aligned}$$

它对 $\Gamma^{\alpha\beta}_{\mu\nu}(q)$ 的贡献可化成 (5.4.1) 第三式的形式即 $\Gamma^{\alpha\beta}_{(c)\mu\nu}$. 值得指出的是, 在这种计算中, 对称因子已自动计入.

在把式 (5.4.1)“延拓”到 s 维时空时, 只需作下述替换

$$\frac{\mathrm{d}^4k}{(2\pi)^4}\to\frac{\mathrm{d}^sk}{(2\pi)^s},\quad \delta_{\rho\rho}\to s,\quad g^2\to g^2\mu^{4-s},$$

然后将积分动量转到欧几里得空间, 这时 d^sk 要换成 $\mathrm{i}\mathrm{d}^sk$. 为了求出 $\Gamma^{\alpha\beta}_{\mu\nu}(q)$ 的值, 我们需要计算下述动量积分. 利用上节公式算出的结果为 (以下各式中 d^sk 已为欧几里得体元)

i)
$$\begin{aligned}&\int\frac{\mathrm{d}^sk}{(2\pi)^s}\frac{k_\mu}{k^2(k+q)^2}=\int_0^1\mathrm{d}x\int\frac{\mathrm{d}^sk}{(2\pi)^s}\frac{-(1-x)q_\mu}{[k^2+q^2x(1-x)]^2}\\&=-\mathrm{i}q_\mu\frac{1}{(4\pi)^{s/2}}(q^2)^{\frac{s}{2}-2}\Gamma\left(2-\frac{s}{2}\right)\int_0^1\mathrm{d}x\,x^{\frac{s}{2}-2}(1-x)^{\frac{s}{2}-1}\\&=-\mathrm{i}q_\mu\frac{1}{(4\pi)^{s/2}}(q^2)^{\frac{s}{2}-2}\Gamma\left(2-\frac{s}{2}\right)B\left(\frac{s}{2}-1,\frac{s}{2}\right),\end{aligned}\tag{5.4.5}$$

ii)
$$\begin{aligned}&\int\frac{\mathrm{d}^sk}{(2\pi)^s}\frac{k_\mu k_\nu}{k^2(k+q)^2}=\int_0^1\mathrm{d}x\int\frac{\mathrm{d}^sk}{(2\pi)^s}\frac{k_\mu k_\nu+(1-x)^2q_\mu q_\nu}{[k^2+q^2x(1-x)]^2}\\&=\frac{\mathrm{i}}{2}\frac{1}{(4\pi)^{s/2}}\Gamma\left(1-\frac{s}{2}\right)(q^2)^{\frac{s}{2}-1}\left[\delta_{\mu\nu}\int_0^1\mathrm{d}x\,x^{\frac{s}{2}-1}(1-x)^{\frac{s}{2}-1}\right.\\&\quad\left.+\frac{q_\mu q_\nu}{q^2}(2-s)\int_0^1\mathrm{d}x x^{\frac{s}{2}-2}(1-x)^{\frac{s}{2}}\right]\\&=\frac{\mathrm{i}}{2}\frac{1}{(4\pi)^{s/2}}\Gamma\left(1-\frac{s}{2}\right)(q^2)^{\frac{s}{2}-1}B\left(\frac{s}{2},\frac{s}{2}\right)\left(\delta_{\mu\nu}-s\frac{q_\mu q_\nu}{q^2}\right),\end{aligned}\tag{5.4.6}$$

iii)
$$\int\frac{\mathrm{d}^sk}{(2\pi)^s}\frac{k_\mu k_\nu}{[(k+q)^2]^2}=\int\frac{\mathrm{d}^sk}{(2\pi)^s}\frac{k_\mu k_\nu+q_\mu q_\nu}{(k^2)^2}=0,\tag{5.4.7}$$

iv)
$$\begin{aligned}&\int\frac{\mathrm{d}^sk}{(2\pi)^s}\frac{k_\mu k_\nu}{(k^2)^2(k+q)^2}=\int_0^1\mathrm{d}x2x\int\frac{\mathrm{d}^sk}{(2\pi)^s}\frac{k_\mu k_\nu+(1-x^2)q_\mu q_\nu}{[k^2+q^2x(1-x)]^3}\\&=\frac{\mathrm{i}}{2}\frac{1}{(4\pi)^{s/2}}\Gamma\left(2-\frac{s}{2}\right)(q^2)^{\frac{s}{2}-2}\left[\delta_{\mu\nu}\int_0^1\mathrm{d}x\,x^{\frac{s}{2}-1}(1-x)^{\frac{s}{2}-2}\right.\\&\quad\left.+(4-s)\frac{q_\mu q_\nu}{q^2}\int_0^1\mathrm{d}x\,x^{\frac{s}{2}-2}(1-x)^{\frac{s}{2}-1}\right]\\&=\frac{\mathrm{i}}{2}\frac{1}{(4\pi)^{s/2}}\Gamma\left(2-\frac{s}{2}\right)(q^2)^{\frac{s}{2}-2}B\left(\frac{s}{2},\frac{s}{2}-1\right)\left(\delta_{\mu\nu}+(4-s)\frac{q_\mu q_\nu}{q^2}\right),\end{aligned}\tag{5.4.8}$$

v)
$$\int \frac{\mathrm{d}^s k}{(2\pi)^s} \frac{k_\mu k_\nu k_\sigma}{(k^2)^2 (k+q)^2} = -\int_0^1 \mathrm{d}x 2x(1-x)$$
$$\times \int \frac{\mathrm{d}^s k}{(2\pi)^s} \frac{(q_\mu k_\nu k_\sigma + q_\nu k_\sigma k_\mu + q_\sigma k_\mu k_\nu) + (1-x)^2 q_\mu q_\nu q_\sigma}{[k^2 + q^2 x(1-x)]^3}$$
$$= -\frac{\mathrm{i}}{2} \frac{1}{(4\pi)^{s/2}} \Gamma\left(2-\frac{s}{2}\right) (q^2)^{\frac{s}{2}-2} B\left(\frac{s}{2}, \frac{s}{2}\right)$$
$$\times \left[q_\mu \delta_{\nu\sigma} + q_\nu \delta_{\sigma\mu} + q_\sigma \delta_{\mu\nu} - \frac{1}{q^2} q_\mu q_\nu q_\sigma \frac{s(s-4)}{s-2} \right], \tag{5.4.9}$$

vi)
$$\int \frac{\mathrm{d}^2 k}{(2\pi)^s} \frac{k_\mu k_\nu}{k^2((k+q)^2)^2} = \int_0^1 \mathrm{d}x\, 2(1-x) \int \frac{\mathrm{d}^s k}{(2\pi)^s} \frac{k_\mu k_\nu + (1-x)^2 q_\mu q_\nu}{[k^2 + q^2 x(1-x)]^3}$$
$$= \frac{\mathrm{i}}{2} \frac{1}{(4\pi)^{s/2}} \Gamma\left(2-\frac{s}{2}\right) (q^2)^{\frac{s}{2}-2} B\left(\frac{s}{2}-1, \frac{s}{2}\right) \left(\delta_{\mu\nu} - s\frac{q_\mu q_\nu}{q^2}\right), \tag{5.4.10}$$

vii)
$$\int \frac{\mathrm{d}^s k}{(2\pi)^s} \frac{k_\mu k_\nu}{[k^2 (k+q)^2]^2} = \int_0^1 \mathrm{d}x 6x(1-x) \int \frac{\mathrm{d}^s k}{(2\pi)^s} \frac{k_\mu k_\nu + (1-x)^2 q_\mu q_\nu}{[k^2 + q^2 x(1-x)]^4}$$
$$= \frac{\mathrm{i}}{2} \frac{1}{(4\pi)^{s/2}} \Gamma\left(3-\frac{s}{2}\right) (q^2)^{\frac{s}{2}-3} B\left(\frac{s}{2}-1, \frac{s}{2}-1\right)$$
$$\times \left[\delta_{\mu\nu} - \frac{(s-6)(s-2)}{s-4} \frac{q_\mu q_\nu}{q^2} \right]. \tag{5.4.11}$$

另外, 根据我们所取的群的度规,

$$c_{\alpha\gamma\delta} c_{\beta\gamma\delta} = \mathrm{tr}(L^\alpha L^\beta) = C\delta_{\alpha\beta}, \tag{5.4.12}$$

C 为一常数. 对于 $SU(N)$ 群,

$$C = N. \tag{5.4.13}$$

将公式 (5.4.5)~(5.4.12) 代入后, 即求出延拓后的 $\Gamma^{\alpha\beta}_{(a)\mu\nu}$ 和 $\Gamma^{\alpha\beta}_{(c)\mu\nu}$ 分别为

$$\Gamma^{\alpha\beta}_{(a)\mu\nu}(q) = \frac{g^2 \mu^{4-s}}{2(4\pi)^{s/2}} C\delta_{\alpha\beta} \Gamma\left(2-\frac{s}{2}\right) (q^2)^{\frac{s}{2}-2} B\left(\frac{s}{2}, \frac{s}{2}\right) \left(2q_\mu q_\nu + \delta_{\mu\nu} \frac{2q^2}{s-2}\right),$$

$$\Gamma^{\alpha\beta}_{(c)\mu\nu}(q) = \frac{g^2 \mu^{4-s}}{2(4\pi)^{s/2}} C\delta_{\alpha\beta} \Gamma\left(2-\frac{s}{2}\right) (q^2)^{\frac{s}{2}-2} B\left(\frac{s}{2}, \frac{s}{2}\right)$$
$$\times \left[-\frac{2(7s-6)}{s-2} q_\mu q_\nu + \delta_{\mu\nu} \frac{2(6s-5)}{s-2} q^2 - (\xi-1) \frac{4(2s-7)(s-1)}{s-2} \right.$$
$$\left. \times (q^2 \delta_{\mu\nu} - q_\mu q_\nu) - (\xi-1)^2 \frac{(s-1)(s-4)}{s-2} (q^2 \delta_{\mu\nu} - q_\mu q_\nu) \right]. \tag{5.4.14}$$

至于 $\Gamma^{\alpha\beta}_{(b)\mu\nu}$, 根据上节所说的规定, 有

$$\Gamma^{\alpha\beta}_{(b)\mu\nu}(q)=0. \tag{5.4.15}$$

单圈图的 $\Gamma^{\alpha\beta}_{\mu\nu}$ 的总值即为 $\Gamma^{\alpha\beta}_{(a)\mu\nu}$ 与 $\Gamma^{\alpha\beta}_{(c)\mu\nu}$ 的和,

$$\begin{aligned}\Gamma^{\alpha\beta}_{\mu\nu}(q)&=\frac{g^2\mu^{4-s}}{2(4\pi)^{s/2}}C\delta_{\alpha\beta}\Gamma\left(2-\frac{s}{2}\right)\\&\times B\left(\frac{s}{2},\frac{s}{2}\right)(q^2)^{\frac{s}{2}-2}\frac{1}{s-2}(q^2\delta_{\mu\nu}-q_\mu q_\nu)[4(3s-2)-4(s-1)(2s-7)(\xi-1)\\&-(s-1)(s-4)(\xi-1)^2].\end{aligned} \tag{5.4.16}$$

从以上计算过程和结果我们看到, $\Gamma^{\alpha\beta}_{\mu\nu}$ 与规范参量 ξ 有关, 如果取费恩曼规范 $(\xi=1)$, 那么计算的工作量可以大大减少.

我们将采用抵消项的方式来重正化. 以上结果代表从 $\mathscr{L}^{\text{eff}}_{\text{基}}$ 所计算的值, g 为重正化耦合常数 (量纲为 1), ξ 代表重正化的规范参量.

在确定抵消项之前, 我们将令 $\varepsilon=4-s$ 趋近于零, 并从中分出被规制的发散项. 当 $\varepsilon\simeq 0$ 时,

$$\begin{aligned}\frac{\mu^{4-s}(q^2)^{\frac{s}{2}-2}}{(4\pi)^{s/2}}&=\frac{1}{(4\pi)^2}\mu^{\varepsilon}(q^2)^{-\varepsilon/2}(4\pi)^{\varepsilon/2}=\frac{1}{(4\pi)^2}\mathrm{e}^{-\frac{\varepsilon}{2}\ln\frac{q^2}{4\pi\mu^2}}\\&\simeq\frac{1}{(4\pi)^2}\left(1-\frac{\varepsilon}{2}\ln\frac{q^2}{4\pi\mu^2}\right),\\\Gamma\left(2-\frac{s}{2}\right)&=\Gamma\left(\frac{\varepsilon}{2}\right)=\frac{2}{\varepsilon}\Gamma\left(1+\frac{\varepsilon}{2}\right)\simeq\frac{2}{\varepsilon}-\gamma,\\B\left(\frac{s}{2},\frac{s}{2}\right)&=\frac{\left(1-\frac{\varepsilon}{2}\right)^2\Gamma^2\left(1-\frac{\varepsilon}{2}\right)}{\Gamma(4-\varepsilon)}\simeq\frac{1}{6}\left(1+\frac{5}{6}\varepsilon\right).\end{aligned} \tag{5.4.17}$$

将以上结果代入式 (5.4.16) 中, 即得 $\varepsilon\simeq 0$ 时,

$$\begin{aligned}\Gamma^{\alpha\beta}_{\mu\nu}(q)=\frac{g^2C\delta_{\alpha\beta}}{16\pi^2}(q^2\delta_{\mu\nu}-q_\mu q_\nu)&\left[\left(\frac{2}{\varepsilon}-\ln\frac{q^2}{4\pi\mu^2}-\gamma\right)\left(\frac{5}{3}-\frac{1}{2}(\xi-1)\right)\right.\\&\left.+\frac{31}{9}(\xi-1)+\frac{1}{4}(\xi-1)^2\right].\end{aligned} \tag{5.4.18}$$

在上式中, μ^2 作为 q^2 的单位出现在对数项内, 它的值可任意取定. 下一章我们将说明, 在维数规制化中它起着重正化点的作用.

以上求出的结果 (式 (5.4.16)) 的一个重要特点是, $\Gamma^{\alpha\beta}_{\mu\nu}(q)$ 具有 (四维) 横向性, 即 $q_\mu\Gamma^{\alpha\beta}_{\mu\nu}=0$, 从而规范玻色子的传播子的 (四维) 纵向部分无修正. 因为含一阶 (单圈图) 修正的传播子 $G^{\alpha\beta}_{\mu\nu}(q)$ 与上面求出的 $\Gamma^{\alpha\beta}_{\mu\nu}$ 的关系是 (设 $G^{\alpha\beta}_{(0)\mu\nu}$ 为自由传播子)

$$(G^{\alpha\beta}_{\mu\nu})^{-1}=(G^{\alpha\beta}_{(0)\mu\nu})^{-1}-\mathrm{i}\Gamma^{\alpha\beta}_{\mu\nu},$$

而从上式求 $G^{\alpha\beta}_{\mu\nu}$ 时, 横向和纵向部分将分别取逆①.

值得指出的是, $\Gamma^{\alpha\beta}_{(a)\mu\nu}$ 和 $\Gamma^{\alpha\beta}_{(b)\mu\nu}$ 并不分别都具有这种横向性, 只在两者相加以后才具有此性质. 在这里补偿项已初步显示出它的重要作用, 没有它就得不出二点顶角函数的横向性. 我们知道, 在量子电动力学中, $\Gamma_{\mu\nu}$ 的横向性是普遍成立的, 它是规范对称性的直接推论. 人们相信, 在非阿贝尔规范场中这也是成立的. 在下一节将证明情况果然如此.

在 5.1 节已经指出, 对于可重正化的理论, 在采用抵消项方式来进行重正化时, 由于基本项中的场量和参数都已是重正化的场量和参数, 因此计算结果中应不再含发散, 所有出现的发散都可通过抵消项消去. 按照那里的讨论, 抵消项要取得使重正化规格条件成立 (这些条件实际上是做为重正化参量的定义而引入的), 并按这一要求来确定抵消项中的常数. 但在维数规制化中, 可以采用一种比较简单的确定抵消项的办法, 就是使它只抵消有关顶角函数中的极点项. 这种抵消方案称为 MS(最小减出) 重正化方案. 在这种方案中, 重正化的质量和耦合常数就不直接与某个顶角函数的值相联系, 它们只是最后理论结果中所带的物理参数, 可通过与实验的拟合来确定.

在 MS 方案中, 为了消去式 (5.4.18)$\Gamma^{\alpha\beta}_{\mu\nu}(q)$ 中的极点项, 所需的 (一阶) 抵消项为

$$\delta\mathscr{L}_{\text{eff}}=-\frac{1}{4}(Z_A-1)(\partial_\mu A^\alpha_\nu-\partial_\nu A^\alpha_\mu)^2, \tag{5.4.19}$$

其中

$$Z_A=I+\frac{g^2C}{16\pi^2}\left[\frac{5}{3}-\frac{1}{2}(\xi-1)\right]\frac{2}{\varepsilon}, \tag{5.4.20}$$

代表单圈图近似下的规范场波函数重正化常数. 我们看到, 它的值与规范参量的选取有关.

---

① 即若　$G^{-1}_{\mu\nu}=L_1^{-1}(q^2)\left(\delta_{\mu\nu}-\frac{1}{q^2}q_\mu q_\nu\right)+L_2^{-1}(q^2)\frac{q_\mu q_\nu}{q^2}$, 则有

$$G_{\mu\nu}=L_1(q^2)\left(\delta_{\mu\nu}-\frac{q_\mu q_\nu}{q^2}\right)+L_2(q^2)\frac{q_\mu q_\nu}{q^2}.$$

由于上述 $\delta\mathscr{L}_{\text{eff}}$ 只是一阶抵消项，故只需计算它的树图结果. 不难得出，该结果正好消去式 (5.4.18) 中的极点项.

式 (5.4.18) 中的极点项为动量的二次式、不含零次式 $\delta_{\mu\nu}$，因而不需要 $(A_\mu^\alpha)^2$ 形式的抵消项. 另外此动量二次式是横向的，故也不需要 $(\partial_\mu A_\mu^\alpha)^2$ 形式的抵消项.

式 (5.4.18) 在消去极点项后的剩余部分就代表 MS 方案中重正化的 $\Gamma_{\mu\nu}^{\alpha\beta}(q)$ 的一阶值，我们将它表作 $\Gamma_{(R)\mu\nu}^{\alpha\beta}(q)$，

$$\Gamma_{(R)\mu\nu}^{\alpha\beta}(q) = \frac{g^2C}{16\pi^2}\,\delta_{\alpha\beta}(q^2\delta_{\mu\nu}-q_\mu q_\nu)\left[\left(\ln\frac{q^2}{4\pi\mu^2}+\gamma\right)\left(\frac{\xi-1}{2}-\frac{5}{3}\right)+\frac{31}{9}(\xi-1)+\frac{1}{4}(\xi-1)^2\right]. \tag{5.4.21}$$

此结果亦与规范参量 ξ 的选取有关. 它对动量的依赖，除了横向因子 $(q^2\delta_{\mu\nu}-q_\mu q_\nu)$ 以外，就是对数项 $\ln\frac{q^2}{4\pi\mu^2}$①. 我们注意到，它的系数 $\frac{g^2C}{16\pi^2}\left(\frac{\xi-1}{2}-\frac{5}{3}\right)$ 与 Z_A 中 $\frac{2}{\varepsilon}$ 的系数只差一个负号. 重正化常数 Z_A 与 $\Gamma_{(R)\mu\nu}^{\alpha\beta}$ 之间的这种关联，具有重要的意义. 在下一章中我们将从更普遍的角度对此进行说明.

2. 其他原始发散的顶角函数

对于其他原始发散的顶角图形，我们将不再做具体的计算，只给出最后的结果②. 这些图形有

a. 规范场三点顶角. 对应的单圈图有三个，如图 5.4.2 所示.

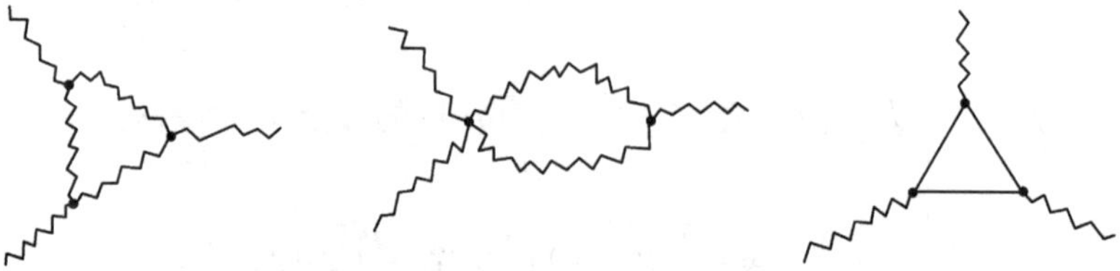

(a)　(b)　(c)

图 5.4.2

用维数规制化和 MS 方案可以定出相应的抵消项为

$$\delta\mathscr{L}_{\text{eff}} = -\frac{1}{2}(Z_3-1)g(\partial_\mu A_\nu^\alpha-\partial_\nu A_\mu^\alpha)c_{\alpha\beta\gamma}A_\mu^\beta A_\nu^\gamma, \tag{5.4.22}$$

① 如果极点项的系数中也出现这样的对数因子，那么抵消项中将出现 $\ln\frac{-\Box}{4\pi\mu^2}$，即含有微商的无限次幂，理论就将是不可重正化的.

② 引自 Itzykson 和 Zuber,〈Quantum Field Theory〉, p. 590. 对 $SU(N)$ 群，一些双圈图的重正化常数值还可从 Narison 的文章中查到 (Phys. Rept. 84, p. 296~298, 1982).

其中

$$Z_3 = 1 + \frac{g^2 C}{16\pi^2}\left[\frac{2}{3} - \frac{3}{4}(\xi - 1)\right]\frac{2}{\varepsilon}, \tag{5.4.23}$$

称为规范场三点顶角重正化常数 (单圈图值).

b. 规范场四点顶角. 对应的单圈图有四个, 如图 5.4.3 所示. 在 MS 方案中, 抵消项为

$$\delta\mathscr{L}_{\text{eff}} = -\frac{1}{4}(Z_4 - 1)g^2 c_{\alpha\beta\gamma}c_{\alpha\delta\sigma}A_\mu^\beta A_\nu^\gamma A_\mu^\delta A_\nu^\sigma, \tag{5.4.24}$$

其中

$$Z_4 = 1 - \frac{g^2 C}{16\pi^2}\left[\frac{1}{3} + (\xi - 1)\right]\frac{2}{\varepsilon},$$

代表规范场四点顶角重正化常数 (单圈图值). (5.4.25)

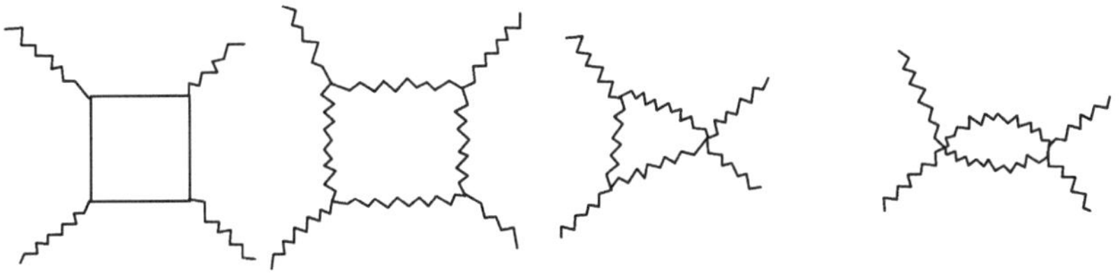

(a)　(b)　(c)　(d)

图 5.4.3

以上列出的三点和四点顶角的抵消项, 其形式都与拉格朗日函数中的相应顶角一样. 这一结果并不是当然的, 从一些普遍性考虑 (如洛伦兹不变性, 量纲为 4, 整体规范不变性等), 并不能把这些抵消项的形式唯一确定, 因为从几个伴随表示耦合成群的不变量 (一维表示) 的方式并不只有一个. 例如对四点顶角, $A_\mu^\alpha A_\mu^\alpha A_\nu^\beta A_\nu^\beta$ 也是群的不变量.

c. 与 F-P 粒子外线相连接的顶角. 这种顶角所对应的单圈图共有三个, 如图 5.4.4 和 5.4.5 所示 (其中波纹线代表规范场).

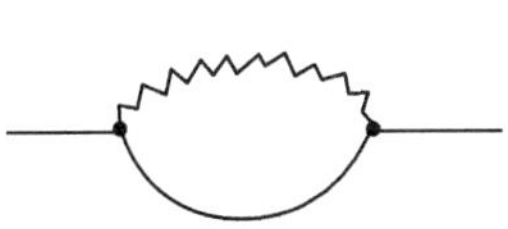

图 5.4.4

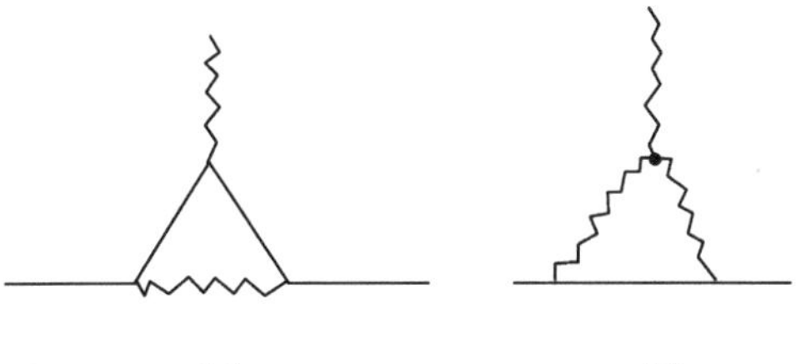

(a)　(b)

图 5.4.5

为消去图 5.4.4 中的极点项, 需引入下述形式的抵消项

$$\delta \mathscr{L}_{\text{eff}} = (Z_f - 1)\overline{f}^{\alpha} \Box f^{\alpha}. \tag{5.4.26}$$

Z_f 代表 F-P 虚粒子的波函数重正化常数, 在 MS 方案中, 其单圈图的值为

$$Z_f = 1 + \frac{g^2 C}{16\pi^2}\left[\frac{1}{2} - \frac{1}{4}(\xi - 1)\right]\frac{2}{\varepsilon}. \tag{5.4.27}$$

为了消去图 5.4.5 中出现的极点项, 所需的抵消项为

$$\delta \mathscr{L}_{\text{eff}} = (Z_3' - 1) g c_{\alpha\beta\gamma}(\partial_\mu \overline{f}^{\alpha}) A_\mu^{\gamma} f^{\beta},$$

$$Z_3' = 1 - \frac{g^2 C}{16\pi^2}\frac{\xi}{2}\frac{2}{\varepsilon}. \tag{5.4.28}$$

对于朗道规范, $\xi = 0$, Z_3' 将保持为 1.

以上给出了纯规范场情况全部一阶的抵消项. 把这些抵消项加到 $\mathscr{L}_{\text{基}}^{\text{eff}}$ 上并用来计算所有的顶角函数, 所得出的一阶修正都将是有限的①.

3. 有旋量或标量场与规范场相耦合的情况

我们以旋量场与规范场相耦合为例来进行讨论. 这时, 除了要引入含旋量场场量的抵消项以外, 对于那些只含规范场场量的抵消项式 (5.4.19)、(5.4.22) 和 (5.4.24) 中的重正化常数, 旋量粒子圈也有它的贡献.

设旋量场所属表示的生成元为 τ^{α},

$$\text{tr}\tau^{\alpha}\tau^{\beta} = C_\psi \delta_{\alpha\beta}, \quad \tau^{\alpha}\tau^{\alpha} = \overline{C}_\psi I. \tag{5.4.29}$$

C_ψ 与 $\overline{C}_\psi$ 间的关系不难通过对 (5.4.29) 第二式求迹, 对第一式取 $\alpha = \beta$ 并求和而得出, 结果为

$$C_\psi n = \overline{C}_\psi n_\psi. \tag{5.4.30}$$

上式中的 n 为生成元的数目 (群的维数), n_ψ 为旋量场所属表示的维数. 若 ψ 属伴随表示, 则 n_ψ 就等于 n.

当对称群为 $SU(N)$ 群, 而 ψ 属基础表示时, C_ψ 和 $\overline{c}_\psi$ 的值为

$$C_\psi = \frac{1}{2}, \quad \overline{C}_\psi = \frac{1}{2N}(N^2 - 1). \tag{5.4.31}$$

① 当我们研究的是 s 矩阵元时, 其中的顶角函数可能与外线相连接. 这时, 由于规范玻色子质量为零, 还可能出现红外发散.

我们先来考察含旋量场场量的抵消项, 相应的单圈图与图 5.4.4 和 5.4.5 相同, 只是其中的实线现在代表旋量粒子线. 这时图 5.4.4 为旋量粒子的自能图, 极点的系数有两项, 一项正比于旋量粒子的质量 m, 一项正比于 $\gamma \cdot p$, 于是抵消项也将有两项, 结果可表为

$$\delta \mathscr{L}_{\text{eff}} = -(Z_m Z_\psi - 1) m \overline{\psi} \psi - (Z_\psi - 1) \overline{\psi} \gamma_\mu \partial_\mu \psi,$$
$$Z_\psi = 1 - \frac{g^2 \overline{C}_\psi}{16\pi^2} \xi \frac{2}{\varepsilon}, \quad Z_m = 1 - \frac{3g^2 \overline{C}_\psi}{16\pi^2} \frac{2}{\varepsilon}. \tag{5.4.32}$$

为消去图 5.4.5 中极点项, 所需的抵消项为

$$\delta \mathscr{L}_{\text{eff}} = (Z_3'' - 1)(-\mathrm{i}g) \overline{\psi} \tau^\alpha \gamma_\mu \psi A_\mu^\alpha, \tag{5.4.33}$$

其中, Z_3'' 为旋量场与规范场作用顶角的重正化常数. 在 MS 方案中, 其单圈图的值为

$$Z_3'' = 1 - \frac{g^2}{16\pi^2} \left[\left(1 + \frac{1}{4}(\xi - 1) \right) C + \xi \overline{C}_\psi \right] \frac{2}{\varepsilon}. \tag{5.4.34}$$

剩下的是旋量场对 Z_A, Z_3, Z_4 的贡献. 相应的单圈图与图 5.4.1(a), 5.4.2(c), 5.4.3(a) 相同, 只是实线现在代表旋量粒子线. 计算结果表明：为消去极点项所需的抵消项, 形式上仍与原来的一样, 因此旋量场的圈线只对 Z_A, Z_3 和 Z_4 贡献一个增量, 这三个增量数值相同, 而且与规范参量无关. 结果为

$$\delta Z_A = \delta Z_3 = \delta Z_4 = -\frac{g^2}{16\pi^2} C_\psi \frac{4}{3} \frac{2}{\varepsilon} \tag{5.4.35}$$

如用 δZ 统一代表它们, 则此三个抵消项合起来的形式为

$$\delta \mathscr{L}_{\text{eff}} = -\frac{1}{4} \delta Z F_{\mu\nu}^\alpha F_{\mu\nu}^\alpha. \tag{5.4.36}$$

MS 方案的一个重要特点是, 所求出的 Z_ψ, Z_m, Z_3'' 和 δZ 都与旋量粒子的质量 m 无关. 因此它属于质量无关的重正化方案①, 关于这种方案的优缺点, 我们将在后面说明.

对标量场与规范场相耦合的情况, 可类似地进行讨论, 这里就不再重复.

4. 几点讨论

以上求出了一阶近似下的各个抵消项和相应的重正化常数, 我们先来归纳一下它们的特点, 并说明其中哪些知识不必通过具体计算就可通过普遍性的分析得出来.

① 在 6.3 节中还将对此作进一步说明.

首先, 单圈图算出的发散部分都只是 ε 的一阶极点, 因而在 MS 方案中它对重正化常数的贡献都正比于 $\frac{2}{\varepsilon}$, 并且这些贡献都正比于耦合常数 g 的平方, 不论所讨论的顶角是连接二根、三根还是四根外线. 抵消项中所含的对场量微商, 其结构形式由极点项系数对外动量的依赖关系决定. 有关它们的知识, 许多可通过图形指数、规范对称性、洛伦兹协变性和量纲分析等一般性的考虑直接得出. 例如对纯规范场情况的二点顶角 $\Gamma^{\alpha\beta}_{\mu\nu}$(图 5.4.1), 由于 $d_jE_j = 2$, 图形指数公式化为

$$N = 2 - m_E,$$

因此发散部分至多含外动量的二次幂①, 其中零次幂的项为二次发散, 一次幂项为线性发散, 二次幂项为对数发散. 又根据洛伦兹协变性, 此项顶角应为二阶洛伦兹张量, 因此若外动量的零次幂项存在, 它将正比于 $\delta_{\mu\nu}$, 相应的抵消项将正比于 $A^\alpha_\beta\delta_{\mu\nu}A^\alpha_\nu = A^\alpha_\mu A^\alpha_\mu$. 从量纲分析, 其系数应具有量纲幂次 2. 但现在具有量纲的参量只有 μ, 而费恩曼积分对 μ 的依赖是通过 $g^2 \to g^2\mu^\varepsilon$ 而引进来的, 在 $\varepsilon \to 0$ 时, 它不可能贡献 μ^2 的因子. 这样零次幂项将不会出现. q 的一次幂项由于 $\Gamma^{\alpha\beta}_{\mu\nu}(q)$ 具有 $q \to -q$ 的对称性也不会出现 (另外这种项也作不成二阶洛伦兹张量). 剩下的只有 q 的二次幂项, 它对外动量的依赖有两种形式即 $q^2\delta_{\mu\nu}$ 和 $q_\mu q_\nu$. 从规范不变性可得出它们只以 $(q^2\delta_{\mu\nu} - q_\mu q_\nu)$ 的组合形式出现. 我们还将在下一节利用 Slavnov-Taylor 恒等式来证明这一结论. 相应的抵消项, 将正比于 $A^\alpha_\mu(\Box^2\delta_{\mu\nu} - \partial_\mu\partial_\nu)A^\alpha_\nu$, 也可化成 $(\partial_\nu A^\alpha_\mu - \partial_\mu A^\alpha_\nu)^2$.

另外, 从普遍性的分析还可对 $\Gamma^{\alpha\beta}_{(R)\mu\nu}$ 随动量的变化给出一定的知识: $\Gamma^{\alpha\beta}_{(R)\mu\nu}$ 对动量的依赖首先表现在横向因子 $(q^2\delta_{\mu\nu} - q_\mu q_\nu)$ 上, 分出此因子后剩余部分为量纲为 1 的量, 因此只能是 $\frac{q^2}{\mu^2}$ 的函数. 再由于 μ 是以 $\mu^\varepsilon = \mathrm{e}^{\frac{\varepsilon}{2}\ln\mu^2}$ 形式进入到费恩曼积分中的, 故 $\frac{q^2}{\mu^2}$ 又只能以 $\ln\frac{q^2}{\mu^2}$ 的形式出现. 并且在一阶修正中只能是 $\ln\frac{q^2}{\mu^2}$ 的线性函数 (高次幂的系数由于含有 ε 而趋于零).

再看规范场的三点顶角. 它应该是三阶洛伦兹张量. 由于 $d_jE_j = 3$ 图形指数公式约化为

$$N = 1 - m_E.$$

因此 $N \geqslant 0$ 要求 m_E 等于 0 或 1, 但要构成三阶张量必需有一个外动量 q, 即该张量应由 $\delta_{\mu\nu}$ 和 q_σ 构成, 因而 m_E 只能取 1.

对于规范场四点顶角,

$$N = -m_E,$$

$N \geqslant 0$ 要求 m_E 为零, 因此极点项与外动量无关, 即抵消项不含微商.

① 对于可重正化的理论, 发散项只是外动量的幂函数.

F-P 粒子的二点顶角 (图 5.4.4), 图形指数公式化为

$$N = 2 - m_E,$$

故 m_E 可等于 0, 1 和 2. $m_E = 1$ 的项由于作不成洛伦兹标量而不会出现, $m_E = 0$ 的项也不会出现, 理由是费恩曼积分中不会出现 μ^2 的因子. $m_E = 2$ 的项只有一种形式即 q^2. 由此即可得抵消项的形式为 $\overline{f}^{\alpha}\Box f^{\alpha}$.

F-P 粒子与 A_μ^α 的作用顶角应为洛伦兹矢量, 图形指数公式化为

$$N = 1 - m_E,$$

m_E 可取 0 和 1, 但 $m_E = 0$ 的情况作不成洛伦兹矢量, 故极点项系数将含一个外线动量.

对于旋量粒子的自能图, $d_j E_j = 3$, 图形指数公式化为

$$N = 1 - m_E.$$

$N \geqslant 0$ 要求 m_E 为 0 或 1. 这两项都将存在, $m_E = 0$ 的项不含外动量, 相应的抵消项具有 $\overline{\psi}\psi$ 的形式, 现在有一个质量参数 m 可使量纲为 4 的要求得到满足. $m_E = 1$ 的项, 从洛伦兹协变性知其结构为 $\mathrm{i}p_\mu\gamma_\mu$. 相应的抵消项形式即为 $\overline{\psi}\gamma_\mu\partial_\mu\psi$.

旋量粒子与 A_μ^α 的作用顶角, $d_j E_j = 4$, 其图形指数公式化为

$$N = -m_E,$$

其抵消项形式只能是 $\overline{\psi}\gamma_\mu\psi A_\mu$.

至于发散部分的群结构, 对所有二点顶角, 根据群不变量的要求即可唯一确定. 至于多点顶角, 则满足群不变量要求的结构可能有几种, 因而只给出选择上的限制范围.

前面已经指出, MS 方案并不像原来的重正化方案那样, 按规制化条件在某个动量值处 (重正化点) 通过有关的顶角函数来定义重正化质量、重正化耦合常数和波函数重正化常数①. 因此 MS 方案中的重正化的质量和耦合常数的值并无更具体的定义. 它们同原来拉格朗日函数中的裸参量之间的关系, 将通过所求出的 $\delta\mathscr{L}$ 中的重正化系数给出, 两者仍是一一对应关系.

还有一种叫 $\overline{\mathrm{MS}}$ 的方案②(修正的最小减出方案), 它的抵消项不仅消去上述费恩曼积分中的极点项, 还消去与因子 $(\ln 4\pi - \gamma)$ 相联系的项, 此因子是与 $\dfrac{2}{\varepsilon}$ 一起出现的③, 这一点在式 (5.4.18) 中已显示出来. 采用这种方案时, Z_A 即从式 (5.4.20) 变为

$$\overline{Z}_A = 1 + \frac{g^2 C}{16\pi^2}\left(\frac{5}{3} - \frac{1}{2}(\xi - 1)\right)\left(\frac{2}{\varepsilon} + \ln 4\pi - \gamma\right). \tag{5.4.37}$$

① 由于这个原因, "原来的" 重正化方案被简称为 MOM 方案.

② Bardeen et al, Phys. Rev. D**18**, 3998, 1978; D**20**, 166, 1979.

③ 换句话说, 是消去与因子 $\left(\dfrac{2}{\varepsilon} + \ln 4\pi - \gamma\right)$ 相联系的项.

由于减出的不同, 这两种方案中重正化顶角的表达式是不同的, 但重正化的质量和耦合常数的值也不相同. 总体上, 两者是等价的.

一些作者指出, 在深度非弹性散射和 e^+e^- 湮没成强子等过程的计算中, 采用这种重正化方案, 可使微扰论展开的收敛情况得到改进.

$\overline{\text{MS}}$ 方案同 MS 方案一样, 也属于与质量无关的重正化, 即所定出的各种重正化常数 $(Z_A, Z_m, \cdots)$ 都与其中粒子的质量无关. MOM 方案 (见 P.283 注①) 则不同, 它的重正化常数与质量有关. 采用与质量无关的重正化, 其好处是: 相应的重正化群方程求解起来要简单得多 (参见第六章的讨论), 并且处理阈效应比较方便. 缺点是, 退耦合效应 (见下文) 并不能显示出来. 因此在处理对称性有自发破坏的理论时, 特别是在粒子质量有多个层次的情况, 应先采用 MS(或 $\overline{\text{MS}}$) 方案先消去发散, 然后采用 MOM 方案 (或其他等效方案) 再作一次重正化 (退耦合重正化). 第二次重正化的作用是对重正化参量 $(g, m, \cdots)$ 进行一次转换 (由于转换前参量与转换后参量间的函数关系式中不再出现发散, 故这种重正化又称为有限重正化) 以显示出退耦合效应 (为重正化引入的超重粒子从低能拉格朗日函数中退出). 这样分两步重正化的做法好处是, 在第一步重正化后, 我们得到一个既消去了发散又使规范对称性得到保持的理论 (如前所述, "自发破坏" 实质上并不破坏规范对称性). 有关退耦合重正化的问题, 在本书中将不再讨论, 有兴趣的读者可参阅有关文献 (如 Miller & Mckeller, Phys. Rept. **106**, No 4、5, 1984).

5. 规范对称性问题

规范场的重正化还有一个重要问题需要讨论. 假设拉格朗日函数的基本项 $\mathscr{L}_{基}$ 具有 (定域) 规范不变性, 当抵消项 $\delta\mathscr{L}$ 通过某种规则 (如 MS 方案). 确定后, 所得出的总拉格朗日函数 $\mathscr{L}=\mathscr{L}_{基}+\delta\mathscr{L}$ 是否还具有 (定域) 规范不变性? 要使 $\mathscr{L}$ 亦具有规范不变性, 不仅对抵消项的形式有一定要求, 各个重正化常数之间还要有某种比例关系. 我们先来考察纯规范场的情况, 从上面的讨论可得出

$$\begin{aligned}\mathscr{L}_{\text{eff}}=\mathscr{L}^{\text{eff}}_{基}+\delta\mathscr{L}_{\text{eff}}=&-\frac{1}{4}Z_A(\partial_\mu A^\alpha_\nu-\partial_\nu A^\alpha_\mu)^2-\frac{1}{2}Z_3 g c_{\alpha\beta\gamma}(\partial_\mu A^\alpha_\nu-\partial_\nu A^\alpha_\mu)A^\beta_\mu A^\gamma_\nu\\&-\frac{1}{4}Z_4 g^2 c_{\alpha\beta\gamma}c_{\alpha\delta\sigma}A^\beta_\mu A^\gamma_\nu A^\delta_\mu A^\sigma_\nu+Z_f\overline{f}^\alpha\Box f^\alpha+Z_3' g c_{\alpha\beta\gamma}(\partial_\mu\overline{f}^\alpha)A^\gamma_\mu f^\beta-\frac{1}{2\xi}(\partial_\mu A^\alpha_\mu)^2,\end{aligned}\tag{5.4.38}$$

我们看到, 除规范固定项外, 其余各项都分别乘上了自己的重正化常数.

反过来, 如果从式 (5.4.38) 出发, 通过定义裸场量 (用脚标 B 表示)

$$A_B=Z_A^{1/2}A,\quad \overline{f}_B=Z_f^{1/2}\overline{f},\quad f_B=Z_f^{1/2}f,\tag{5.4.39}$$

和裸规范参量

$$\xi_B=Z_A\xi,\tag{5.4.40}$$

则在下述关系

$$Z_3/Z_A = Z_3'/Z_f = Z_4^{1/2}/Z_A^{1/2} \tag{5.4.41}$$

成立的条件下，可引入一个唯一的裸规范耦合常数 g_B，使 $\mathscr{L}_{\rm eff}$ 能写成

$$\begin{aligned}\mathscr{L}_{\rm eff} =& -\frac{1}{4}(\partial_\mu (A_B)_\nu^\alpha - \partial_\nu (A_B)_\mu^\alpha)^2 - \frac{1}{2} g_B c_{\alpha\beta\gamma}(\partial_\mu (A_B)_\nu^\alpha - \partial_\nu (A_B)_\mu^\alpha)(A_B)_\mu^\beta (A_B)_\nu^\gamma \\ & -\frac{1}{4} g_B^2 c_{\alpha\beta\gamma} c_{\alpha\delta\sigma} (A_B)_\mu^\beta (A_B)_\nu^\gamma (A_B)_\mu^\delta (A_B)_\nu^\sigma + \overline{f}_B^\alpha \Box f_B^\alpha \\ & + g_B c_{\alpha\beta\gamma}(\partial_\mu \overline{f}_B^\alpha)(A_B)_\mu^\gamma f_B^\beta - \frac{1}{2\xi_B}(\partial_\mu (A_B)_\mu^\alpha)^2 \\ =& \mathscr{L} - \frac{1}{2\xi_B}(\partial_\mu (A_B)_\mu^\alpha)^2 + \overline{f}_B^\alpha \Box f_B^\alpha + g_B c_{\alpha\beta\gamma}(\partial_\mu \overline{f}_B^\alpha)(A_B)_\mu^\gamma f_B^\beta,\end{aligned} \tag{5.4.42}$$

其中①

$$\mathscr{L} = -\frac{1}{4}\Big(\partial_\mu (A_B)_\nu^\alpha - \partial_\nu (A_B)_\mu^\alpha + g_B c_{\alpha\beta\gamma}(A_B)_\mu^\beta (A_B)_\nu^\gamma\Big)^2, \tag{5.4.43}$$

$$\begin{gathered} g_B = Z_g g, \\ Z_g = Z_3 Z_A^{-3/2} = Z_4^{1/2} Z_A^{-1} = Z_3' Z_f^{-1} Z_A^{-1/2}. \end{gathered} \tag{5.4.44}$$

这时 $\mathscr{L}$ 对于裸场和裸耦合常数具有定域规范不变性. 不难验证本节所给出的 MS 单圈图各重正化常数确实能使式 (5.4.41) 成立.

值得指出的是，尽管抵消项中没有 $(\partial_\mu A_\mu^\alpha)^2$ 形式的项，由于规范场量要重正化，故裸规范参量 ξ_B 与重正化规范参量 ξ 并不相同. 只有朗道规范除外，它在重正化中保持不变：若 $\xi = 0$，则 ξ_B 亦为零.

在考虑旋量场以后，规范耦合常数的统一性要求式 (5.4.41) 推广为：

$$\frac{Z_3}{Z_A} = \frac{Z_3'}{Z_f} = \left(\frac{Z_4}{Z_A}\right)^{1/2} = \frac{Z_3''}{Z_\psi}, \tag{5.4.45}$$

其中，Z_A, Z_3 和 Z_4 是计入旋量粒子圈的贡献后的值. 这时裸旋量场与裸规范场之间的耦合常数也是同一个 g_B. Z_g 用 Z_3'' 和 Z_ψ 表示的关系式为

$$Z_g = Z_3'' Z_\psi^{-1} Z_A^{-1/2}. \tag{5.4.46}$$

本节所给出的 MS 重正化常数单圈图值能使式 (5.4.45) 成立，从而所得出的 $\mathscr{L}$ 是规范不变的.

① 这里 s 已取为 4.

式 (5.4.45) 式可看做是量子电动力学中的等式

$$\frac{Z_3''}{Z_\psi} = 1 \tag{5.4.47}$$

的推广. 附带指出, 上式对非阿贝尔规范理论已不成立.

最后我们来给出 Z_g 的表达式. 利用本节计算的结果, 从式 (5.4.44) 或 (5.4.46) 得出

$$Z_g = 1 - \frac{g^2}{16\pi^2}\left(\frac{11}{6}C - \frac{2}{3}C_\psi\right)\frac{2}{\varepsilon}. \tag{5.4.48}$$

此值与规范参量 ξ 无关. 式 (5.4.48) 式表明, "规范场及 F-P 粒子的贡献" (正比于 C 的项) 是使 Z_g 减少 (即使得 g 大于 g_B). 通常称此为反屏蔽效应. "旋量场的贡献" (正比于 C_ψ 的项) 则相反, 它使 g 比 g_B 小, 因而是正屏蔽效应. 反屏蔽效应是非阿贝尔规范理论所特有的, 在下一章我们将看到, 它对非阿贝尔规范理论的渐近自由性起着决定性作用.

5.5 Slavnov-Taylor 恒等式, BRS 变换下的不变性

在第三章中, 我们已经指出, 从拉格朗日函数的整体规范不变性可以导出守恒律和状态的多重简并结构. 这一节我们将观察从拉格朗日函数的定域规范不变性可以进一步得出什么新的结果.

如果把时空的无穷远点看做是一个点, 那么任何一个定域规范变换都可分解成一个整体规范变换和一个在无穷远点等于 1 的定域规范变换. 现在要研究的是后一变换 (可称为限制的定域规范变换) 下不变性的效果. 我们将看到, 这一效果可归结为格林函数 (或顶角函数) 的生成泛函要满足一个恒等式. 此恒等式通常称为 Slavnov-Taylor 恒等式 (或广义的 Ward-Takahashi 恒等式), 它们可看做是上述限制的定域规范不变性在生成泛函上的体现.

从 Slavnov-Taylor 恒等式可以推导出格林函数 (或顶角函数) 所满足的一系列关系, 并可证明许多重要的结论, 例如重正化不破坏规范不变性、规范场传播子的四维纵向部分无高阶修正、在有对称性自发破坏时 S 矩阵中非物理极点的消除和在物理子空间中的幺正性等. 另外, 在作某些具体计算时, 利用这些关系也可获得有利的化简.

定域规范不变是一个很强的对称性, 可望从它导出许多重要结论, 这是它的好的一面. 但它也带来问题, 即量子化时的麻烦. 为了量子化, 我们不得不引入规范固定项来 "破坏" 它. 与此同时出现的幺正补偿项也不具有定域规范不变性. 在 ξ 规范

中, 我们实际上是采用下述有效拉格朗日函数 $\mathscr{L}_{\text{eff}}$ 来代替 $\mathscr{L}$ 作为计算的出发点,

$$\mathscr{L}_{\text{eff}} = \mathscr{L} - \frac{1}{2\xi}(\partial_\mu A_\mu^\alpha)^2 + \overline{f}^\alpha \mathscr{M}^{\alpha\beta} f^\beta. \tag{5.5.1}$$

显然, 原来的定域规范不变性已不是 $\mathscr{L}_{\text{eff}}$ 的属性.

1974 年 Becchi, Rouet 和 Stora 发现, 在一种特定的变换下, $\mathscr{L}_{\text{eff}}$ 保持不变. 这种变换就称为 BRS 变换. 既然量子规范场论计算的出发点是 $\mathscr{L}_{\text{eff}}$, 因此 $\mathscr{L}_{\text{eff}}$ 所具有的不变性比 $\mathscr{L}$ 所具有的不变性更能直接地反映在格林函数和顶角函数之中, 应用起来也更为方便. 例如通过它可以较简洁地导出 Slavnov-Taylor 恒等式.

式 (5.5.1) 中的 $\mathscr{L}_{\text{eff}}$ 可以是指总的有效拉格朗日函数, 这时, 其中的场量和各种参量都应取作 "裸场量" 和 "裸参量", 并假定其中的 $\mathscr{L}$ 对这些裸量具有定域规范不变性. $\mathscr{L}_{\text{eff}}$ 也可以是指 $\mathscr{L}^{\text{eff}}_{\text{基}}$, 这时其中的场量和各种参量都是重正化量, 并假定其中 $\mathscr{L}$(实为 $\mathscr{L}_{\text{基}}$) 对重正化场量和重正化耦合常数具有规范不变性. 总之, 我们将研究从一个规范不变的拉格朗日函数计算出的格林函数 (或顶角函数) 生成泛函所满足的关系式. 为了不破坏对称性, 我们将采用规范不变的规制化.

1. 阿贝尔规范场的情况

我们先来考察比较简单的阿贝尔规范场情况, 如旋量场的电动力学. 这不仅能使我们更好地掌握问题的要点, 而且通过比较, 也能看出非阿贝尔规范场与阿贝尔规范场之间的差别何在.

对于旋量场的电动力学, 在 ξ 规范下

$$I_{\text{eff}} = \int \mathscr{L}_{\text{eff}} \mathrm{d}^4 x, \tag{5.5.2}$$

$$\begin{aligned}\mathscr{L}_{\text{eff}} &= -\frac{1}{4}F_{\mu\nu}F_{\mu\nu} - \overline{\psi}\gamma_\mu(\partial_\mu - \mathrm{i}eA_\mu)\psi - m\overline{\psi}\psi - \frac{1}{2\xi}(\partial_\mu A_\mu)^2 \\ &\equiv \mathscr{L} - \frac{1}{2\xi}(\partial_\mu A_\mu)^2.\end{aligned}$$

相应的格林函数生成泛函为

$$Z[J,\zeta,\overline{\zeta}] = \int \mathrm{D}(A)\mathrm{D}(\psi)\mathrm{D}(\overline{\psi})\mathrm{e}^{\mathrm{i}\int \mathrm{d}^4x[\mathscr{L} - \frac{1}{2\xi}(\partial_\mu A_\mu)^2 + A_\mu J_\mu + \overline{\zeta}\psi + \overline{\psi}\zeta]}. \tag{5.5.3}$$

对积分变量作无穷小规范变换

$$\begin{aligned}&A_\mu(x) \to A_\mu(x) - \frac{1}{e}\partial_\mu\lambda(x),\\ &\psi(x) \to \psi(x)(1 - \mathrm{i}\lambda(x)),\\ &\overline{\psi}(x) \to \overline{\psi}(x)(1 + \mathrm{i}\lambda(x)),\end{aligned} \tag{5.5.4}$$

其中, $\lambda(x)$ 为实函数, 并在 $x=\infty$ 处为零 (根据变换矩阵在 ∞ 点为 1).

用 $\mathscr{L}$ 的规范不变性以及 "$(\psi,\overline{\psi})$ 的变换和 A_μ 的变换" 的雅可比行列式都为 1①, 在对积分变量作上述变换后即得出,

$$Z[J,\zeta,\overline{\zeta}]=\int \mathrm{D}(A)\mathrm{D}(\psi)\mathrm{D}(\overline{\psi})\mathrm{e}^{\mathrm{i}\int \mathrm{d}^4x[\mathscr{L}-\frac{1}{2\xi}(\partial_\mu A_\mu)^2+A_\mu J_\mu+\overline{\zeta}\psi+\overline{\psi}\zeta]}$$

$$\left\{1+\frac{\mathrm{i}}{e}\int\left[\frac{1}{\xi}(\Box\lambda)(\partial_\mu A_\mu)-(\partial_\mu\lambda)J_\mu-\mathrm{i}e\lambda\overline{\zeta}\psi+\mathrm{i}e\lambda\overline{\psi}\zeta\right]\mathrm{d}^4x\right\}. \tag{5.5.5}$$

由于 $\lambda(x)$ 在 ∞ 点为零, 故以上积分中的 $\partial_\mu\lambda$ 可换成 $(-\lambda\partial_\mu)$, $\Box\lambda$ 可换成 $\lambda\Box$. 于是 "曲括号内的量" 化为

$$1+\frac{\mathrm{i}}{e}\int\lambda(x)\left[\frac{1}{\xi}\Box(\partial_\mu A_\mu)+\partial_\mu J_\mu-\mathrm{i}e\overline{\zeta}\psi+\mathrm{i}e\overline{\psi}\zeta\right]\mathrm{d}^4x.$$

将此代入式 (5.5.5) 再与式 (5.5.3) 相减, 并利用 $\lambda(x)$ 的任意性, 即得出: 对任意 x,

$$\int \mathrm{D}(A)\mathrm{D}(\psi)\mathrm{D}(\overline{\psi})\mathrm{e}^{\mathrm{i}\int \mathrm{d}^4y[\mathscr{L}(y)-\frac{1}{2\xi}(\partial_\mu A_\mu(y))^2+J_\mu(y)A_\mu(y)+\overline{\zeta}(y)\psi(y)+\overline{\psi}(y)\zeta(y)]}\cdot$$

$$\left[\frac{1}{\xi}\Box(\partial_\mu A_\mu(x))+\partial_\mu J_\mu(x)-\mathrm{i}e\overline{\zeta}(x)\psi(x)+\mathrm{i}e\overline{\psi}(x)\zeta(x)\right]=0 \tag{5.5.6}$$

此式也可写作

$$\mathrm{i}\frac{1}{\xi}\Box\partial_\mu\frac{\delta Z}{\delta J_\mu(x)}-(\partial_\mu J_\mu(x))Z+e\overline{\zeta}(x)\frac{\delta Z}{\delta\overline{\zeta}(x)}+e\frac{\delta Z}{\delta\zeta(x)}\zeta(x)=0, \tag{5.5.7}$$

其中, 对 $\overline{\zeta}$ 和 ζ 的泛函微商都是左微商. 式 (5.5.7) 就是旋量场电动力学情况下的 Slavnov-Taylor 恒等式. 它是一个泛函恒等式, 若将它对 $J,\overline{\zeta},\zeta$ 作若干次泛函微商, 然后再取 $J=\overline{\zeta}=\zeta\equiv 0$, 即可得出格林函数之间的一系列关系式.

上述 Slavnov-Taylor 恒等式也可用 Z_c(Z_c 与 Z 的关系见下式) 表示出来, 将

$$Z=\mathrm{e}^{Z_c}$$

代入式 (5.5.7), 即可化出

$$\mathrm{i}\frac{1}{\xi}\Box\partial_\mu\frac{\delta Z_c}{\delta J_\mu(x)}-\partial_\mu J_\mu(x)+e\overline{\zeta}(x)\frac{\delta Z_c}{\delta\overline{\zeta}(x)}+e\frac{\delta Z_c}{\delta\zeta(x)}\zeta(x)=0. \tag{5.5.8}$$

意义更为清楚的是用顶角函数生成泛函 Γ 表示的 Slavnov-Taylor 恒等式. 利用

$$\frac{\delta Z_c}{\delta J_\mu(x)}=\mathrm{i}A_\mu(x),\qquad \frac{\delta Z_c}{\delta\overline{\zeta}(x)}=\mathrm{i}\psi(x),\qquad \frac{\delta Z_c}{\delta\zeta(x)}=-\mathrm{i}\overline{\psi}(x), \tag{5.5.9}$$

① 反对易量变换和对易量变换的雅可比行列式要分开考虑, 因为一个要出现在分母上, 一个要出现在分子上.

以及

$$J_\mu(x) = -\frac{\delta \Gamma}{\delta A_\mu(x)}, \quad \overline{\zeta}(x) = \frac{\delta \Gamma}{\delta \psi(x)}, \quad \zeta(x) = -\frac{\delta \Gamma}{\delta \overline{\psi}(x)}, \tag{5.5.10}$$

(其中, $A_\mu(x)$, $\psi(x)$ 和 $\overline{\psi}(x)$ 分别代表有外源存在的情况下各场量的真空期望值) 即将式 (5.5.8) 化为

$$-\frac{1}{\xi}\Box\partial_\mu A_\mu(x) + \partial_\mu \frac{\delta\Gamma}{\delta A_\mu(x)} + \mathrm{i}e\frac{\delta\Gamma}{\delta\psi(x)}\psi(x) + \mathrm{i}e\overline{\psi}(x)\frac{\delta\Gamma}{\delta\overline{\psi}(x)} = 0. \tag{5.5.11}$$

为了显示它的含意, 我们将 Γ 减去规范固定项后的结果用 $\widetilde{\Gamma}$ 表示:

$$\widetilde{\Gamma} = \Gamma + \frac{1}{2\xi}\int(\partial_\mu A_\mu)^2\mathrm{d}^4x, \tag{5.5.12}$$

并用 $\widetilde{\Gamma}$ 取代式 (5.5.11) 中的 Γ, 由此得出

$$\partial_\mu\frac{\delta\widetilde{\Gamma}}{\delta A_\mu(x)} + \mathrm{i}e\frac{\delta\widetilde{\Gamma}}{\delta\psi(x)}\psi(x) + \mathrm{i}e\overline{\psi}(x)\frac{\delta\widetilde{\Gamma}}{\delta\overline{\psi}(x)} = 0. \tag{5.5.13}$$

此式的意义就是 $\widetilde{\Gamma}$ 对限制的定域规范变换是不变的, 即对 ∞ 处为零的任意小量 $\lambda(x)$,

$$\widetilde{\Gamma}\Big[A_\mu(x) - \frac{1}{e}\partial_\mu\lambda(x), (1+\mathrm{i}\lambda(x))\overline{\psi}(x), (1-\mathrm{i}\lambda(x))\psi(x)\Big] = \widetilde{\Gamma}[A_\mu(x), \overline{\psi}(x), \psi(x)].$$

这是因为上式左方等于

$$\begin{aligned}&\widetilde{\Gamma}[A_\mu(x), \overline{\psi}(x), \psi(x)] + \\ &\mathrm{i}\int\Big[-\frac{1}{e}(\partial_\mu\lambda(x))\frac{\delta\widetilde{\Gamma}}{\delta A_\mu(x)} + \mathrm{i}\lambda(x)\overline{\psi}(x)\frac{\delta\widetilde{\Gamma}}{\delta\overline{\psi}(x)} - \mathrm{i}\lambda(x)\psi(x)\frac{\delta\widetilde{\Gamma}}{\delta\psi(x)}\Big]\mathrm{d}^4x,\end{aligned}$$

通过分部积分将其中的 $(\partial_\mu\lambda(x))\dfrac{\delta\widetilde{\Gamma}}{\delta A_\mu(x)}$ 化为 $\Big[-\lambda(x)\partial_\mu\dfrac{\delta\widetilde{\Gamma}}{\delta A_\mu(x)}\Big]$, 并利用 $\lambda(x)$ 的任意性即得出上式第二项实际为零, 即式 (5.5.13) 的结果.

另外, 我们注意到零阶的 Γ 等于 I_{eff}, 从而在量子电动力学情况下零阶的 $\widetilde{\Gamma}$ 就等于作用量 I. 于是从式 (5.5.13) 即得出作用量 I 对限制的定域变换的不变性 (这里的阶数是指按圈数 (亦即按 "外 $\hbar$") 展开的阶数, 根据第二章所说的理由, Slavnov-Taylor 恒等式对任意阶都成立). 这就表明了 Slavnov-Taylor 恒等式与作用量的 (限制的) 定域规范不变性完全等价①.

从 Slavnov-Taylor 恒等式不难推出下述两个常用的结果.

① 也就是与 $\mathscr{L}$ 的定域规范不变性等价, 因作用量等于 $\int\mathscr{L}(x)\mathrm{d}^4x$.

i) Ward-Takahashi 恒等式

将式 (5.5.11) 对 $\psi(y)$ 和 $\overline{\psi}(z)$ 作泛函微商, 然后再取 $A_\mu(x)=\psi(x)=\overline{\psi}(x)\equiv 0$, 即得

$$
\begin{aligned}
&\partial_\mu \frac{\delta^3 \Gamma}{\delta\overline{\psi}(z)\delta\psi(y)\delta A_\mu(x)}\bigg|_{A=\psi=\overline{\psi}=0} - \mathrm{ie}\frac{\delta^2\Gamma}{\delta\overline{\psi}(z)\delta\psi(x)}\bigg|_{A=\psi=\overline{\psi}=0}\delta^4(x-y) \\
&\qquad +\mathrm{ie}\frac{\delta^2\Gamma}{\delta\overline{\psi}(x)\delta\psi(y)}\bigg|_{A=\psi=\overline{\psi}=0}\delta^4(x-z)=0.
\end{aligned}
\tag{5.5.14}
$$

将此式转换到动量表象中即为

$$
q_\mu \Gamma_\mu(q,p,p+q) = -\mathrm{ie}[S_F^{-1}(p+q)-S_F^{-1}(p)], \tag{5.5.15}
$$

其中, $\Gamma_\mu(q,p,p+q)$ 为图 5.5.1 所示的旋量场与规范场的三点顶角; $S_F(p)$ 为旋量场的完全传播子. 式 (5.5.15) 就是 QED 中的 Ward-Takahashi 恒等式, 它给出三点顶角 Γ_μ 与旋量场传播子之间的关系①, 此恒等式在 QED 重正化理论中有着重要的应用.

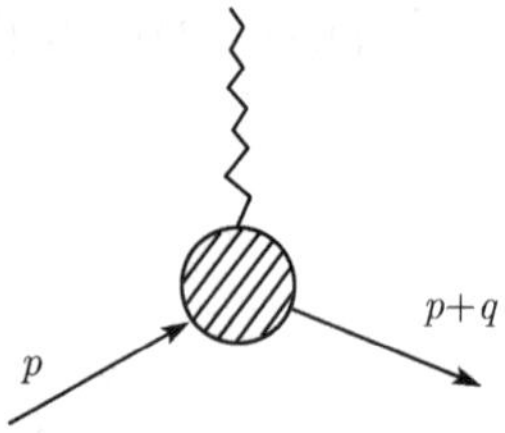

图 5.5.1

ii) 光子传播子的纵向部分无高阶修正

将式 (5.5.11) 对 $A_\nu(y)$ 作泛函微商, 然后令 $A=\psi=\overline{\psi}\equiv 0$, 即得出

$$
-\frac{1}{\xi}\delta_{\mu\nu}\Box\partial_\mu\delta^4(x-y)+\partial_\mu\frac{\delta^2\Gamma}{\delta A_\mu(x)\delta A_\nu(y)}\bigg|_{A=\psi=\overline{\psi}\equiv 0}=0.
$$

将它转到动量表象即化为

$$
\mathrm{i}G^{-1}_{\mu\nu}(q)q_\mu = -\frac{1}{\xi}q_\nu q^2, \tag{5.5.16}
$$

① 当令 $q_\mu\to 0$ 时, 从式 (5.5.15) 即得出最原始的 Ward 恒等式 $\Gamma_\mu(0,p,p)=-\mathrm{ie}\dfrac{\partial}{\partial p_\mu}S_F(p)$.

其中, $G_{\mu\nu}$ 代表光子的完全传播子. 这表明 $G_{\mu\nu}^{-1}(q)$ 中的 (四维) 纵向部分就是 $\dfrac{\mathrm{i}}{\xi}q_\mu q_\nu$, 与其零阶值一样. 由此得出光子传播子的纵向部分为

$$-\mathrm{i}\xi\frac{1}{q^2}\frac{q_\mu q_\nu}{q^2},$$

与零阶光子传播子的纵向部分相同, 说明光子完全传播子的纵向部分无高阶修正.

这一结果在式 (5.5.12)~(5.5.13) 处已有显示. 这两式告诉我们, Γ 中所含的非规范不变的部分就是 $-\dfrac{1}{2\xi}\displaystyle\int(\partial_\mu A_\mu)^2\mathrm{d}^4x$, 与 I_{eff} 中的一样, 而 $G_{\mu\nu}^{-1}$ 中的纵向部分正是由此项所贡献.

通过对 A, ψ, $\overline{\psi}$ 的多次泛函微商, 从式 (5.5.11) 还可得出一系列其他的顶角函数之间的关系式.

从以上讨论我们看出, Slavnov-Taylor 恒等式要比 Ward-Takahashi 恒等式普遍得多. 前者为顶角函数生成泛函所满足的一个泛函微商恒等式, 而后者只是三点和二点顶角所满足的普通恒等式, 并可从前者推导出来.

2. 非阿贝尔规范理论的 Slavnov-Taylor 恒等式, 纯规范场情况

以上讨论的是阿贝尔规范场的情况, 我们可以应用相似的处理办法来推导纯非阿贝尔规范场的 Slavnov-Taylor 恒等式.

如果用较一般的 $R^\alpha(A)$ 来代替 $\partial_\mu A_\mu^\alpha$, 即得

$$Z[J]=\int \mathrm{D}(A)\mathrm{Det}\mathscr{M}_R(A)\mathrm{e}^{\mathrm{i}\int\left[\mathscr{L}-\frac{1}{2\xi}(R^\alpha(A))^2+J_\mu^\alpha A_\mu^\alpha\right]\mathrm{d}^4x}, \tag{5.5.17}$$

其中, $\mathscr{M}_R^{\alpha\beta}$ 由 $R^\alpha(A)$ 对 λ^β 的泛函微商来决定,

$$\frac{\delta R^\alpha(A(x))}{\delta\lambda^\beta(y)}=-\frac{1}{g}\mathscr{M}_R^{\alpha\beta}(x,y). \tag{5.5.18}$$

式 (5.5.17) 与阿贝尔情况的差别, 除了多出 $\mathrm{Det}\mathscr{M}_R$ 因子外, 还在于 A_μ^α 的增量 $-(1/g)\mathscr{D}_\mu^{\alpha\beta}(A)\delta\lambda^\beta$ 与 A 有关.

为了简化处理, 我们将用 "对 R^α 的变分" 来代替 "对 λ^α 的变分"①. 为此, 先将式 (5.5.17) 写成

$$Z[J]=\int \mathrm{D}(A)\mathrm{D}(\chi)\prod_{\alpha,x}\delta\Big(R^\alpha\big(A(x)\big)-\chi^\alpha(x)\Big)\Delta_R[A]\mathrm{e}^{\mathrm{i}\int\left[\mathscr{L}-\frac{1}{2\xi}(\chi^\alpha(x))^2+J_\mu^\alpha A_\mu^\alpha\right]\mathrm{d}^4x}. \tag{5.5.19}$$

① 我们将式 (5.5.5) 称作是 "对 λ^α 的变分".

在上式中, 已用规范不变的 $\Delta_R[A]$① 代替了 $\mathrm{Det}\mathscr{M}_R(A)$.

再定义 $\overline{\Delta}_R[A]$ 满足

$$\overline{\Delta}_R[A]\int\prod_{\alpha,x}\delta\big(R^\alpha(A^G)-\chi^\alpha(x)-\varepsilon^\alpha(x)\big)\mathrm{D}(G)=1, \tag{5.5.20}$$

其中, $\varepsilon^\alpha(x)$ 为一无穷小量. 不难看出 $\overline{\Delta}_R[A]$ 亦为规范不变量, 在 $R^\alpha(A)=\chi^\alpha+\varepsilon^\alpha$ 的超曲面上, 仍有

$$\overline{\Delta}_R[A]\doteq[\mathrm{Det}\mathscr{M}_R(A)]. \tag{5.5.21}$$

将式 (5.5.20) 左方插入到式 (5.5.19) 中, 交换对 G 和对 A 的积分次序, 并作积分变量变换 $A\to A^{G'}$, 其中 $G'=G^{-1}$. 再利用 $\Delta_R[A]$, $\overline{\Delta}_R[A]$, $\mathscr{L}$ 以及积分测度 $\mathrm{D}(A)$ 的不变性, 和 $\mathrm{D}(G)=D(G')$, 即可像过去一样地化出

$$\begin{aligned}Z[J]=&\int\mathrm{D}(A)\mathrm{D}(\chi)\mathrm{D}(G')\Pi\delta(R^\alpha(A^{G'})-\chi^\alpha)\Pi\delta(R^\alpha(A)-\chi^\alpha-\varepsilon^\alpha)\\&\times\Delta_R(A)\overline{\Delta}_R(A)\mathrm{e}^{\mathrm{i}\int\left[\mathscr{L}-\frac{1}{2\xi}(\chi^\alpha)^2+J_\mu A_\mu^{G'}\right]\mathrm{d}^4x}.\end{aligned} \tag{5.5.22}$$

但现在我们不能像以往那样将其中的因子

$$\int\mathrm{D}(G')\Delta_R(A)\Pi\delta(R^\alpha(A^{G'})-\chi^\alpha)$$

直接化成 1, 因为指数中的 $J_\mu A_\mu^{G'}$ 项也与 G' 有关. 出现这一情况的原因在于过去所考虑的是 S 矩阵元而现在则是格林函数生成泛函, 后者所含的 $J_\mu A_\mu$ 项不是规范不变量.

我们只能将对 G' 的积分具体积出. 由于 $\varepsilon^\alpha(x)$ 为无穷小量, 故 G' 实际上只需在 1 的邻域积分②, 于是 $\mathrm{D}(G')$ 可化为 $\mathrm{D}(\lambda^\alpha)$, 同时

$$\delta(R^\alpha(A^{G'})-\chi^\alpha)\to\delta\left(R^\alpha(A)-\frac{1}{g}\mathscr{M}_R^{\alpha\beta}\lambda^\beta-\chi^\alpha\right),$$

利用式 (5.5.22) 中还存在另一 δ 函数 $\delta(R^\alpha(A)-\chi^\alpha-\varepsilon^\alpha)$, 上述 $\delta(R^\alpha(A^{G'})-\chi^\alpha)$ 可进一步化成 $\delta\left(\varepsilon^\alpha(x)-\dfrac{1}{g}\mathscr{M}_R^{\alpha\beta}\lambda^\beta\right)$. 这样对 λ^α(也就是对 G') 的积分即可积出, 其结果除了将指数中的 $A_\mu^{G'}$ 化为 $A_\mu-\mathscr{D}_\mu\mathscr{M}_R^{-1}\varepsilon$ 外, 还多出一个行列式因子 $\left[\mathrm{Det}\left(-\dfrac{1}{g}\mathscr{M}_R\right)\right]^{-1}$, 此因子正好与 $\Delta_R[A]$ 消去③.

---

① $\Delta_R[A]$ 的定义式为: $\Delta_R[A]\int\mathrm{D}G_{\alpha,\chi}^{\sqcap}\delta\Big(R^\alpha(A^G)-\chi^\alpha\Big)=1.$

② 为使 $\sqcap\delta(R^\alpha(A^{G'})-\chi^\alpha)$ 和 $\sqcap\delta(R^\alpha(A)-\chi^\alpha-\varepsilon^\alpha)$ 都不为零, G' 与 1 的相差只能为无穷小.

③ 前已指出, $\Delta_R[A]$ 是按 $\Delta_R[A]\int\mathrm{D}(G)\Pi\delta(R^\alpha(A^G)-\chi^\alpha)=1$ 来定义的. 当 A 在 $R^\alpha(A)=\chi^\alpha(x)+\varepsilon^\alpha(x)$ 的超曲面上时, G 只须取在 1 的邻域内, 于是 $\delta(R^\alpha(A^G)-\chi^\alpha)$ 可化为 $\delta\left(\varepsilon^\alpha-\dfrac{1}{g}\mathscr{M}_R^{\alpha\beta}\lambda^\beta\right)$, 因此即得出 $\Delta_R[A]\mathrm{Det}\left(-\dfrac{1}{g}\mathscr{M}_R\right)^{-1}=1.$

对 χ 积分可以随即积出. 利用式 (5.5.21), 结果可写成

$$Z[J]=\int \mathrm{D}(A)\mathrm{Det}\mathscr{M}_R(A)\mathrm{e}^{\mathrm{i}\int\left[\mathscr{L}-\frac{1}{2\xi}(R^\alpha(A)-\varepsilon^\alpha)^2+J_\mu^\alpha(A_\mu^\alpha-(\mathscr{D}_\mu\mathscr{M}_R^{-1}\varepsilon)^\alpha)\right]\mathrm{d}^4x}. \tag{5.5.23}$$

到此已完成对 R^α 的变分, 即将 R^α 变成了 $R^\alpha-\varepsilon^\alpha$. 我们看到, R^α 变成 $R^\alpha-\varepsilon^\alpha$ 所引起的其余改变就只是

$$J_\mu^\alpha A_\mu^\alpha\to J_\mu^\alpha(A_\mu^\alpha-(\mathscr{D}_\mu\mathscr{M}_R^{-1}\varepsilon)^\alpha).$$

像过去做法一样, 将式 (5.5.23) 与 (5.5.17) 相减. 由于 $\varepsilon^\alpha(x)$ 为无穷小量, 即得出

$$\int \mathrm{D}(A)\mathrm{Det}\mathscr{M}_R(A)\mathrm{e}^{\mathrm{i}\int\left[\mathscr{L}-\frac{1}{2\xi}(R^\alpha)^2+J_\mu^\alpha A_\mu^\alpha\right]\mathrm{d}^4x}\times$$
$$\int\left[\frac{1}{\xi}R^\beta(A(y))\varepsilon^\beta(y)-J_\mu^\beta(y)(\mathscr{D}_\mu\mathscr{M}_R^{-1}\varepsilon)^\beta\right]\mathrm{d}^4y=0. \tag{5.5.24}$$

上式中的 $\mathscr{M}_R^{-1}$ 一般是积分算符, 因此 $\mathscr{M}_R^{-1}\varepsilon$ 具体写出来形如

$$\int \mathrm{d}^4z\mathscr{M}_R^{-1}(y,z;A)^{\alpha\beta}\varepsilon^\beta(z).$$

利用式 (5.5.24) 中的 ε 为任意函数, 即可化出 Slavnov-Taylor 恒等式. 最简单的处理办法是将式 (5.5.24) 对 $\varepsilon^\alpha(x)$ 作泛函微商 (在 QED 情况, 从式 (5.5.5) 到 (5.5.6), 也就是对 $\lambda(x)$ 作泛函微商). 仿前, 将结果中的 A_μ^α 换成 $\dfrac{\delta}{\mathrm{i}\delta J_\mu^\alpha}$, 即得出

$$\left[\frac{1}{\xi}R^\alpha\left(\frac{\delta}{\mathrm{i}\delta J(x)}\right)-\int \mathrm{d}^4yJ_\mu^\beta(y)\mathscr{D}_\mu^{\beta\gamma}\left(\frac{\delta}{\mathrm{i}\delta J(y)}\right)\mathscr{M}_R^{-1}\left(y,x;\frac{\delta}{\mathrm{i}\delta J}\right)^{\gamma\alpha}\right]Z[J]=0. \tag{5.5.25}$$

这就是纯规范场情况下的 Slavnov-Taylor 恒等式.

对于常用的 ξ 规范, $R^\alpha(A)$ 取为 $\partial_\mu A_\mu^\alpha$, 式 (5.5.25) 化为

$$\frac{1}{\xi}\partial_\mu\frac{\delta Z[J]}{\delta J_\mu^\alpha(x)}-\int \mathrm{d}^4yJ_\mu^\beta(y)\left[\delta_{\beta\gamma}\partial_\mu^{(y)}+\mathrm{i}gc_{\beta\gamma\sigma}\frac{\delta}{\delta J_\mu^\sigma(y)}\right]F^{\gamma\alpha}(y,x;J)=0. \tag{5.5.26}$$

其中

$$F^{\gamma\alpha}(y,x;J)=\mathrm{i}\mathscr{M}^{-1}\left(y,x,\frac{\delta}{\mathrm{i}\delta J}\right)^{\gamma\alpha}Z[J], \tag{5.5.27}$$ ①

① (5.5.26) 和 (5.5.27) 两式也可合起来写成

$$\frac{1}{\xi}\partial_\mu\frac{\delta Z[J]}{\delta J_\mu^\alpha(x)}-\mathrm{i}\int \mathrm{d}^4yJ_\mu^\beta(y)\mathscr{D}_\mu^{\beta\gamma}\left(\frac{\delta}{\mathrm{i}\delta J(y)}\right)\mathscr{M}^{-1}\left(y,x,\frac{\delta}{\mathrm{i}\delta J}\right)Z[J]=0. \tag{5.5.26$'$}$$

代表有外源 J 时, F-P 虚场的完全传播子$\left(\text{但未归一, 归一因子为 }\dfrac{1}{Z[J]}\right)$.

为了说明这一点, 我们引入 F-P 虚场的源 η 和 $\overline{\eta}$, 这时格林函数生成泛函为①

$$Z[J,\eta,\overline{\eta}]=\int \mathrm{D}(A)\mathrm{D}(f)\mathrm{D}(\overline{f})\mathrm{e}^{-\mathrm{i}\int \mathrm{d}^4z\left[\frac{1}{4}F^\alpha_{\mu\nu}F^\alpha_{\mu\nu}+\frac{1}{2\xi}(\partial_\mu A^\alpha_\mu)^2-\overline{f}^\alpha \mathscr{M}^{\alpha\beta}f^\beta-J^\alpha_\mu A^\alpha_\mu-\overline{f}^\alpha\eta^\alpha-\overline{\eta}^\alpha f^\alpha\right]}. \tag{5.5.28}$$

若定义

$$\mathscr{F}^{\gamma\alpha}(y,x;J,\eta,\overline{\eta})=\frac{\delta^2 Z[J,\eta,\overline{\eta}]}{\delta\overline{\eta}^\gamma(y)\delta\eta^\alpha(x)}, \tag{5.5.29}$$

则 F-P 粒子的完全传播子即为 $\mathscr{F}^{\gamma\alpha}(y,x;J,\eta,\overline{\eta})$ 在 $J=\eta=\overline{\eta}=0$ 时的值.

式 (5.5.28) 对 $\overline{f}$ 和 f 的泛函积分为高斯型积分, 可以积出来, 结果为

$$Z[J,\eta,\overline{\eta}]=\int \mathrm{D}(A)\mathrm{Det}\mathscr{M}(A)\mathrm{e}^{-\mathrm{i}\int \mathrm{d}^4z\left[\frac{1}{4}F^\alpha_{\mu\nu}F^\alpha_{\mu\nu}+\frac{1}{2\xi}(\partial_\mu A^\alpha_\mu)^2+\overline{\eta}^\alpha(\mathscr{M}^{-1})^{\alpha\beta}\eta^\beta-J^\alpha_\mu A^\alpha_\mu\right]}. \tag{5.5.30}$$

将此代入式 (5.5.29) 即得

$$\begin{aligned}\mathscr{F}^{\gamma\alpha}(y,x;J,\eta,\overline{\eta})=&\,\mathrm{i}\int \mathrm{D}(A)\mathrm{Det}\,\mathscr{M}(A)\mathscr{M}^{-1}(y,x;A)^{\gamma\alpha}\\&\mathrm{e}^{-\mathrm{i}\int \mathrm{d}^4z\left[\frac{1}{4}F^{\alpha'}_{\mu\nu}F^{\alpha'}_{\mu\nu}+\frac{1}{2\xi}(\partial_\mu A^{\alpha'}_\mu)^2-J^{\alpha'}_\mu A^{\alpha'}_\mu+\overline{\eta}^{\alpha'}(\mathscr{M}^{-1})^{\alpha'\beta'}\eta'^{\beta'}\right]}.\end{aligned} \tag{5.5.31}$$

这样, 有外源 J 存在 (也只有外源 J 存在) 时 F-P 粒子的完全传播子 (未归一) 就等于

$$\mathscr{F}^{\gamma\alpha}(y,x;J,\eta,\overline{\eta})_{\eta=\overline{\eta}=0}=\mathrm{i}\mathscr{M}^{-1}\left(y,x;\frac{\delta}{\mathrm{i}\delta J}\right)^{\gamma\alpha}Z[J]=F^{\gamma\alpha}(y,x;J). \tag{5.5.32}$$

从 Slavnov-Taylor 恒等式 (5.5.26) 可以证明, 非阿贝尔规范场完全传播子的纵向部分也不含高阶修正. 为此, 我们对式 (5.5.26) 作一次泛函微商 $\dfrac{\delta}{\delta J^\beta_\nu(y)}$, 再作一次普通微商 $\partial^{(y)}_\nu$, 然后取 $J=0$. 得出的结果为

$$\begin{aligned}\frac{1}{\xi}\partial^{(x)}_\mu\partial^{(y)}_\nu\frac{\delta Z}{\delta J^\alpha_\mu(x)\delta J^\beta_\nu(y)}\bigg|_{J=0}&=\left(\partial^{(y)}_\nu\left[\delta_{\beta\gamma}\partial^{(y)}_\nu+igc_{\beta\gamma\sigma}\frac{\delta}{\delta J^\sigma_\nu(y)}\right]F^{\gamma\alpha}(y,x;J)\right)_{J=0}\\&=\left[\mathscr{M}^{\beta\gamma}\left(\frac{\delta}{\mathrm{i}\delta J(y)}\right)F^{\gamma\alpha}(y,x;J)\right]_{J=0}=\mathrm{i}\delta_{\alpha\beta}\delta(x-y).\end{aligned} \tag{5.5.33}$$

推导最后一等式时亦利用了式 (5.5.27) 及 $Z[J=0]=1$.

式 (5.5.33) 表明, ξ 规范中规范场的完全传播子 $G^{\alpha\beta}_{\mu\nu}(x,y)$ 满足

$$\frac{\mathrm{i}}{\xi}\partial^{(x)}_\mu\partial^{(y)}_\nu G^{\alpha\beta}_{\mu\nu}(x,y)=\delta_{\alpha\beta}\delta(x-y),$$

① 由于式 (5.5.29) 中用了 x,y 作为坐标变量, 故式 (5.5.28) 指数函数中采用变量 z, 即其中 $F^\alpha_{\mu\nu},A^\alpha_\mu,f^\beta$ 等皆为 z 的函数.

转换到动量空间即为

$$\frac{\mathrm{i}}{\xi}q_\mu q_\nu G^{\alpha\beta}_{\mu\nu}(q)=\delta_{\alpha\beta}. \tag{5.5.34}$$

此式给出 $G^{\alpha\beta}_{\mu\nu}$ 的纵向部分为 $-\mathrm{i}\xi\dfrac{1}{q^2}\dfrac{q_\mu q_\nu}{q^2}$, 与零级值相同.

如果将式 (5.5.26)(其中 $F^{\gamma\alpha}$ 用式 (5.5.27) 代入) 对 J 作若干次泛函微商然后再取 $J(x)\equiv 0$, 还可得出格林函数之间的一系列关系式.

同阿贝尔规范场一样, 我们也可以将以上求出的 Slavnov-Taylor 恒等式用顶角函数生成泛函 Γ 表示出来. 式 (5.5.26) 中第一项可改写为

$$\mathrm{e}^{z_c}\frac{1}{\xi}\partial_\mu\frac{\delta Z_c}{\delta J_\mu(x)}=\mathrm{e}^{Z_c}\frac{\mathrm{i}}{\xi}\partial_\mu A^\alpha_\mu(x). \tag{5.5.35}$$

再令

$$\Delta^{\gamma\alpha}(y,x;A)\equiv\frac{1}{Z[J]}F^{\gamma\alpha}(y,x,J), \tag{5.5.36}$$

它表示有外源 J(或外场 A) 时归一化的 F-P 的完全传播子, 则有

$$\begin{aligned}\frac{\delta}{\delta J^\sigma_\mu(y)}F^{\gamma\alpha}(y,x;J)&=\frac{\delta}{\delta J^\sigma_\mu(y)}[\mathrm{e}^{Z_c}\Delta^{\gamma\alpha}(y,x;A)]\\&=\mathrm{e}^{Z_c}\frac{\delta Z_c}{\delta J^\sigma_\mu(y)}\Delta^{\gamma\alpha}(y,x;A)+\mathrm{e}^{Z_c}\int\mathrm{d}^4z\frac{\delta A^\tau_\rho(z)}{\delta J^\sigma_\mu(y)}\frac{\delta\Delta^{\gamma\alpha}(y,x;A)}{\delta A^\tau_\rho(z)}\\&=\mathrm{i}\mathrm{e}^{Z_c}\left[A^\alpha_\mu(y)+\int\mathrm{d}^4zG^{\alpha\tau}_{\mu\rho}(y,z;A)\frac{\delta}{\delta A^\tau_\rho(z)}\right]\Delta^{\gamma\alpha}(y,x;A),\end{aligned} \tag{5.5.37}$$

其中, $G^{\alpha\tau}_{\mu\rho}(y,z;A)$ 代表有外源 J(或外场 A) 存在时规范场传播子. 利用式 (5.5.36) 和 (5.5.37) 即得

$$\begin{aligned}&\left[\delta_{\beta\gamma}\partial^{(y)}_\mu+\mathrm{i}gc_{\beta\gamma\sigma}\frac{\delta}{\delta J^\sigma_\mu(y)}\right]F^{\gamma\alpha}(y,x;J)\\&=\mathrm{e}^{Z_c}\left[\mathscr{D}^{\beta\gamma}_\mu(y;A)-gc_{\beta\gamma\sigma}\int\mathrm{d}^4zG^{\alpha\tau}_{\mu\rho}(y,z;A)\frac{\delta}{\delta A^\tau_\rho(z)}\right]\Delta^{\gamma\alpha}(y,x;A).\end{aligned} \tag{5.5.38}$$

将此式以及

$$J^\beta_\mu(y)=-\frac{\delta\Gamma}{\delta A^\beta_\mu(y)} \tag{5.5.39}$$

代入式 (5.5.26) 第二项, 并用式 (5.5.35) 代入第一项, 即可消去因子 e^{Z_c} 而化出

$$\begin{aligned}&\frac{1}{\xi}\partial_\mu A^\alpha_\mu(x)-\mathrm{i}\int\mathrm{d}^4y\frac{\delta\Gamma}{\delta A^\beta_\mu(y)}\left[\mathscr{D}^{\beta\gamma}_\mu(y;A)\right.\\&\left.-gc_{\beta\gamma\sigma}\int\mathrm{d}^4zG^{\sigma\tau}_{\mu\rho}(y,z;A)\frac{\delta}{\delta A^\tau_\rho(z)}\right]\Delta^{\gamma\alpha}(y,x;A)=0\end{aligned} \tag{5.5.40}$$

这就是用 Γ 表示的 Slavnov-Taylor 恒等式.

式 (5.5.40) 还可以再化简, 为此先把它用 $\widetilde{\Gamma}$ 表示出来. 将

$$\widetilde{\Gamma}=\Gamma+\frac{1}{2\xi}\int(\partial_\mu A_\mu^\alpha)^2\mathrm{d}^4x \tag{5.5.41}$$

对 $A_\mu^\beta(y)$ 作一次泛函微商, 得

$$\frac{\delta\Gamma}{\delta A_\mu^\beta(y)}=\frac{\delta\widetilde{\Gamma}}{\delta A_\mu^\beta(y)}+\frac{1}{\xi}\partial_\mu\partial_\nu A_\nu^\beta(y). \tag{5.5.42}$$

将此式代入式 (5.5.40) 后, 积分项分为两项, 其中第二项为

$$\frac{\mathrm{i}}{\xi}\int\mathrm{d}^4y(\partial_\nu A_\nu^\beta(y))\partial_\mu^{(y)}\left[\mathscr{D}_\mu^{\beta\gamma}(y;A)-gc_{\beta\gamma\sigma}\int\mathrm{d}^4zG_{\mu\rho}^{\sigma\tau}(y,z;A)\frac{\delta}{\delta A_\rho^\tau(z)}\right]\Delta^{\gamma\alpha}(y,x;A).$$

利用式 (5.5.38) 和 $F^{\gamma\alpha}$ 的定义式 (5.5.27), 它可化作

$$\begin{aligned}&\frac{\mathrm{i}}{\xi}\int\mathrm{d}^4y(\partial_\nu A_\nu^\beta(y))\mathrm{e}^{-Z_c}\partial_\mu^{(y)}\mathscr{D}_\mu^{\beta\gamma}\left(y;\frac{\delta}{\mathrm{i}\delta J}\right)F^{\gamma\alpha}(y,x,J)\\&=\frac{\mathrm{i}}{\xi}\int\mathrm{d}^4y[\partial_\nu A_\nu^\beta(y)](\mathrm{i}\delta_{\beta\alpha})\delta^4(y-x)=-\frac{1}{\xi}\partial_\mu A_\nu^\alpha(x),\end{aligned}$$

正好与式 (5.5.40) 中第一项相消, 于是式 (5.5.40) 就约化为

$$\int\mathrm{d}^4y\frac{\delta\widetilde{\Gamma}}{\delta A_\mu^\beta(y)}\left[\mathscr{D}_\mu^{\beta\gamma}(y;A)-gc_{\beta\gamma\sigma}\int\mathrm{d}^4zG_{\mu\rho}^{\sigma\tau}(y,z;A)\frac{\delta}{\delta A_\rho^\tau(z)}\right]\Delta^{\gamma\alpha}(y,x;A)=0.$$

为进一步简化, 我们将上式中的 (α,x) 换成 (α',x'), 然后乘上 $\Delta^{-1}(x',x;A)^{\alpha'a}$ 并对 x' 积分对 α' 求和. 结果得出

$$\int\mathrm{d}^4y\frac{\delta\widetilde{\Gamma}}{\delta A_\mu^\beta(y)}\left[\mathscr{D}_\mu^{\beta\alpha}(y;A)\delta^4(y-x)+\pi_\mu^{\beta\alpha}(y,x;A)\right]=0, \tag{5.5.43}$$

其中

$$\begin{aligned}\pi_\mu^{\beta\alpha}(y,x;A)=&-gc_{\beta\gamma\sigma}\int\mathrm{d}^4z\int\mathrm{d}^4x'G_{\mu\rho}^{\sigma\tau}(y,z;A)\frac{\delta\Delta^{\gamma\alpha'}(y,x';A)}{\delta A_\rho^\tau(z)}\Delta^{-1}(x',x;A)^{\alpha'\alpha}\\=&gc_{\beta\gamma\sigma}\int\mathrm{d}^4z\int\mathrm{d}^4x'G_{\mu\rho}^{\sigma\tau}(y,z;A)\Delta^{\gamma\alpha'}(y,x';A)\frac{\delta\Delta^{-1}(x',x;A)^{\alpha'\alpha}}{\delta A_\rho^\tau(z)}\\=&-igc_{\beta\gamma\sigma}\int\mathrm{d}^4z\int\mathrm{d}^4x'G_{\mu\rho}^{\sigma\tau}(y,z;A)\Delta^{\gamma\alpha'}(y,x';A)\Gamma_\rho^{\alpha'\alpha\tau}(x',x,z;A),\end{aligned} \tag{5.5.44}$$

式 (5.5.44) 内的 $\Gamma_\rho^{\alpha'\alpha\tau}(x',x,z;A)$ 代表有外场 A 时, E-P 粒子与规范场的作用顶角, 被积函数如图 5.5.2 中方虚框部分所示, 其中传播子和顶角都是有外场 A 存在时的值.

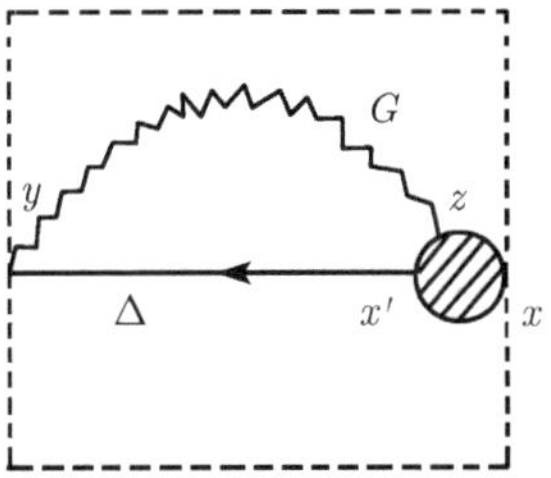

图 5.5.2

式 (5.5.43) 第一项的积分可立即积出, 这样就得出最后的表达式

$$\partial_\mu \frac{\delta \widetilde{\Gamma}}{\delta A_\mu^\alpha(x)} - g c_{\alpha\beta\gamma} \frac{\delta \widetilde{\Gamma}}{\delta A_\mu^\beta(x)} A_\mu^\alpha(x) - \int \mathrm{d}^4 y \frac{\delta \widetilde{\Gamma}}{\delta A_\mu^\beta(y)} \pi_\mu^{\beta\alpha}(y, x; A) = 0. \tag{5.5.45}$$

为了与阿贝尔规范情况比较, 下面列出纯电磁场情况的 Slavnov-Taylor 恒等式 (将式 (5.5.13) 中的 ψ 和 $\overline{\psi}$ 取为零)

$$\partial_\mu \frac{\delta \widetilde{\Gamma}}{\delta A_\mu(x)} = 0.$$

我们看到, 式 (5.5.45) 式多出了两项 (第二、三项). 其中第二项为非阿贝尔规范场增量 δA_μ^β 中的齐次项 $c_{\beta\alpha\gamma} A_\mu^\nu \delta\lambda^\alpha$ 所引起的 $\widetilde{\Gamma}$ 的改变 (像第一项一样, 都去掉了 $\dfrac{1}{g}\delta\lambda^\alpha$), 第三项则为补偿项所产生的效果. 如果没有此第三项, 则式 (5.5.45) 就代表 $\widetilde{\Gamma}$ 具有定域的非阿贝尔规范不变性.

以上讨论表明: 非阿贝尔规范场与阿贝尔规范场不同, 从 Γ 分出规范固定项后的 $\widetilde{\Gamma}$ 仍不具有 (限制的) 定域规范不变性. 这是因为补偿项也是“破坏”定域规范对称性的.

将式 (5.5.45) 对 A 作若干次泛函微商 (其中 $\pi_\mu^{\beta\alpha}$ 用式 (5.5.44) 代入), 并利用 $\dfrac{\delta G}{\delta A} = -G\dfrac{\delta G^{-1}}{\delta A}G$, $\dfrac{\delta \Delta}{\delta A} = -\Delta\dfrac{\delta \Delta^{-1}}{\delta A}\Delta$, 然后取 $A \equiv 0$, 即可得出顶角函数间的一系列关系式.

3. 有旋量场或标量场时的 Slavnov-Taylor 恒等式

当有旋量场或标量场与规范场相互作用时, Slavnov-Taylor 恒等式只是增补一些项. 例如在旋量场与规范场作用时 (仍取 ξ 规范),

$$Z[J, \zeta, \overline{\zeta}] = \int \mathrm{D}(A)\mathrm{D}(\psi)\mathrm{D}(\overline{\psi})\mathrm{Det}\mathscr{M}(A)\mathrm{e}^{\mathrm{i}\int\left[\mathscr{L} - \frac{1}{2\xi}(\partial_\mu A_\mu^\alpha)^2 + J_\mu^\alpha A_\mu^\alpha + \overline{\zeta}\psi + \overline{\psi}\zeta\right]\mathrm{d}^4 x} \tag{5.5.46}$$

完全重复前面的过程, 只是在 $A \to A^{G'}$ 时, 指数积分中的 ψ 和 $\overline{\psi}$ 也要作相应的规范变换,

$$\psi \to \psi^{G'}, \qquad \overline{\psi} \to \overline{\psi}^{G'}.$$

旋量场规范变换的雅可比行列式和规范场变换的雅可比行列式仍分别等于 1. 仿照上一小节的处理, 最后得出相应的 Slavnov-Taylor 恒等式为

$$-\frac{1}{\xi}\partial_\mu\frac{\delta Z}{\delta J_\mu^\alpha(x)}+\int\mathrm{d}^4y\left[J_\mu^\beta(y)\mathscr{D}_\mu^{\beta\gamma}\left(y;\frac{\delta}{\mathrm{i}\delta J}\right)F^{\gamma\alpha}(y,x;J,\zeta,\overline{\zeta})+g\overline{\zeta}_\alpha(y)\tau_{ab}^\gamma\frac{\delta F^{\gamma\alpha}(y,x;J,\zeta,\overline{\zeta})}{\delta\overline{\zeta}_b(y)}\right.$$
$$\left.+g\frac{\delta F^{\gamma\alpha}(y,x;J,\zeta,\overline{\zeta})}{\delta\zeta_a(y)}\tau_{ab}^\gamma\zeta_b(y)\right)\Bigg]=0, \tag{5.5.47}$$

其中, $F^{\gamma\alpha}(y,x,J,\zeta,\bar{\zeta})$ 为式 (5.5.27) 的推广; τ^γ 为 4 所属表示的生成元. 具体推导就不列出了.

将此式对 $J_\nu^\beta(y)$ 作一次泛函微商, 再对 y_ν 作一次普通微商, 然后取 $J=\zeta=\overline{\zeta}\equiv 0$, 同样可得出, 在与旋量场作用时, 规范场传播子 $G_{\mu\nu}^{\alpha\beta}$ 的纵向部分仍与其零阶值一样, 即没有高阶修正.

仿照前面的处理, 也可以将这里的 Slavnov-Taylor 恒等式用顶角函数生成泛函表示出来. 由于后面还要推导另外一种形式的用 $\varGamma$ 表示的 Slavnov-Taylor 恒等式. 这里就不再按原来的办法继续讨论.

关于标量场与规范场相互作用的情况, Slavnov-Taylor 恒等式可同样地导出. 当 φ 的真空期望值为零即无对称性的自发破坏时, 没有什么新的特点, 只需补上相应的项. 值得提出的是, 在发生对称性自发破坏时, 仍可导出相应的 Slavnov-Taylor 恒等式, 因为拉格朗日函数实质上仍与原来一样. 只要在作变换时, 将其中平移后的 φ 的增量改取为

$$\delta\varphi=-\mathrm{i}T^\alpha(\varphi+v)\delta\lambda^\alpha,$$

即等于总场 $(\varphi+v)$ 在规范变换中的增量 (规范场增量同前), $\mathscr{L}$ 就将保持不变. 根据这一性质, 不难求出所要的结果.

4. BRS 变换

在前面我们已经指出, 在量子规范理论中, 作为计算出发点的 $\mathscr{L}_{\text{eff}}$, 由于包含了规范固定项和幺正补偿项而失去了规范不变性. 1974 年 Becchi, Rlouet 和 Stora 发现 ξ 规范下的 $\mathscr{L}_{\text{eff}}$ 在一种特定的变换下保持不变 (这种变换即称为 BRS 变换), 我们可以用 $\mathscr{L}_{\text{eff}}$ 的这种 BRS 不变性代替原来 $\mathscr{L}$ 的规范不变性来直接推导 Slavnov-Taylor 恒等式.

ξ 规范中 $\mathscr{L}_{\text{eff}}$ 的表达式为

$$\mathscr{L}_{\text{eff}}=\mathscr{L}-\frac{1}{2\xi}(\partial_\mu A_\mu^\alpha)^2+\overline{f}^\alpha\mathscr{M}^{\alpha\beta}f^\beta. \tag{5.5.48}$$

其中

$$\mathscr{M}^{\alpha\beta} = \partial_\mu \cdot \mathscr{D}_\mu^{\alpha\beta}. \tag{5.5.49}$$

如果用 χ 统一地表示 $\mathscr{L}$ 中所含的旋量场和标量场，则 $\mathscr{L}$ 在无穷小规范变换

$$\begin{aligned} A_\mu^\alpha &\to A_\mu^\alpha - \frac{1}{g}\mathscr{D}_\mu^{\alpha\beta}\lambda^\beta(x), \\ \chi &\to \chi - \mathrm{i}T^\alpha\chi\lambda^\alpha(x) \end{aligned} \tag{5.5.50}$$

下保持不变. 当然，规范固定项和补偿项并不具有相应的不变性. 现在要考察的是，能否选取 $\lambda^\alpha(x)$ 的特殊值并规定出 f 和 $\bar{f}$ 的某种定域变换，以使规范固定项和补偿项的变化相互抵消 (并不要求分别为零)，从而使 $\mathscr{L}_{\text{eff}}$ 能保持不变. Becchi, Rouet 和 Stora 发现这是可能的，他们选取的 λ 值为

$$\lambda^\alpha(x) = -g\omega f^\alpha(x) \tag{5.5.51}$$

其中，ω 为一无穷小的反对易量，并与 x 无关. ω 的量纲幂次应为 -1，以保持 λ^α 量纲为 1. 在上述 λ 的取值下，变换式 (5.5.50) 化为

$$\begin{aligned} A_\mu^\alpha &\to A_\mu^\alpha + \omega\mathscr{D}_\mu^{\alpha\beta}f^\beta(x), \\ \chi &\to \chi + \mathrm{i}gT^\alpha\chi\omega f^\alpha. \end{aligned} \tag{5.5.52}$$

于是规范固定项 $-\dfrac{1}{2\xi}(\partial_\mu A_\mu^\alpha)^2$ 的增量为

$$-\frac{\omega}{\xi}(\partial_\mu A_\mu^\alpha)\partial_\mu\mathscr{D}_\mu^{\alpha\beta}f^\beta = -\frac{\omega}{\xi}(\partial_\mu A_\mu^\alpha)\mathscr{M}^{\alpha\beta}f^\beta. \tag{5.5.53}$$

如果规定 $\overline{f}$ 作下述定域变换

$$\overline{f}^\alpha(x) \to \overline{f}^\alpha(x) + \frac{1}{\xi}\omega\partial_\mu A_\mu^\alpha(x), \tag{5.5.54}$$

那么它所引起的补偿项 $\overline{f}\mathscr{M}f$ 的变化正好与式 (5.5.53) 消去. 剩下的问题是要考察能否选定 f 的一个定域变换，使它所引起的补偿项的改变与 A 的变换所引起的补偿项改变也互相消去①. 做到这一点就能使 $\mathscr{L}_{\text{eff}}$ 在所找出的 $A, \chi, \overline{f}, f$ 的变换下保持不变.

由式 (5.5.52) 中 A 的变换所引起的补偿项改变为

$$-gc_{\alpha\beta\gamma}\overline{f}^\alpha\omega\partial_\mu[(\mathscr{D}_\mu^{\gamma\sigma}f^\sigma)f^\beta] = -gc_{\alpha\beta\gamma}\overline{f}^\alpha\omega\partial_\mu[(\partial_\mu f^\gamma)f^\beta] + g^2c_{\alpha\beta\gamma}c_{\gamma\sigma\tau}\overline{f}^\alpha\omega\partial_\mu(A_\mu^\tau f^\sigma f^\beta). \tag{5.5.55}$$

① f 与 $\bar{f}$ 实际上是两个独立的积分变量，因此它们可以有不同的定域变换.

下面我们来对它进行变形. 由于 f^γ 与 f^β 反对易, 故通过求和指标变换 $\beta\leftrightarrow\gamma$, 右方第一项中的 $c_{\alpha\beta\gamma}\partial_\mu[(\partial_\mu f^\gamma)f^\beta]$ 可以化为 $c_{\alpha\beta\gamma}\partial_\mu[f^\gamma(\partial_\mu f^\beta)]$. 于是该项也等于 $-\dfrac{g}{2}c_{\alpha\beta\gamma}\overline{f}^\alpha\omega\Box(f^\gamma f^\beta)$. 利用雅可比恒等式

$$c_{\alpha\beta\gamma}c_{\gamma\sigma\tau}+c_{\alpha\sigma\gamma}c_{\gamma\tau\beta}+c_{\alpha\tau\gamma}c_{\gamma\beta\sigma}=0,\tag{5.5.56}$$

将式 (5.5.55) 第二项中的 $c_{\alpha\beta\gamma}c_{\gamma\sigma\tau}f^\sigma f^\beta$ 先化为 $-(c_{\alpha\sigma\gamma}c_{\gamma\tau\beta}f^\sigma f^\beta+c_{\alpha\tau\gamma}c_{\gamma\beta\sigma}f^\sigma f^\beta)$, 再将圆括号第一项中求和指标 σ 和 β 对换, 结果就是

$$c_{\alpha\beta\gamma}c_{\gamma\sigma\tau}f^\sigma f^\beta=-(c_{\alpha\beta\gamma}c_{\gamma\sigma\tau}f^\sigma f^\beta+c_{\alpha\tau\gamma}c_{\gamma\beta\sigma}f^\sigma f^\beta).$$

将上式右方第一项移到左边后, 再除以 2, 即得

$$c_{\alpha\beta\gamma}c_{\gamma\sigma\tau}f^\sigma f^\beta=-\frac{1}{2}c_{\alpha\tau\gamma}c_{\gamma\beta\sigma}f^\sigma f^\beta.$$

将这些结果代入式 (5.5.55), 就将它化为

$$\begin{aligned}-gc_{\alpha\beta\gamma}\overline{f}^\alpha\omega\partial_\mu[(\mathscr{D}_\mu^{\gamma\sigma}f^\sigma)f^\beta]&=-\frac{1}{2}gc_{\alpha\beta\gamma}\overline{f}^\alpha\omega\Box(f^\gamma f^\beta)-\frac{1}{2}g^2c_{\alpha\tau\gamma}c_{\gamma\beta\sigma}\overline{f}^\alpha\omega\partial_\mu(A_\mu^\tau f^\sigma f^\beta)\\&=\overline{f}^\alpha\partial_\mu\mathscr{D}_\mu^{\alpha\beta}\left(\frac{1}{2}gc_{\beta\gamma\sigma}\omega f^\gamma f^\sigma\right).\end{aligned}\tag{5.5.57}$$

在推导最后一等式时, 我们曾对求和指标进行过变换 (将第二式第一项中的 β 换成 σ, 将第二项中指标 (β,γ,σ) 轮换为 (σ,β,γ)). 于是我们只要规定

$$f^\beta\longrightarrow f^\beta-\frac{1}{2}g\omega c_{\beta\gamma\sigma}f^\gamma f^\sigma,\tag{5.5.58}$$

那么 f 的变换所引起抵消项的改变就正好与 A 所引起的改变式 (5.5.57) 消去. 这样我们就找出了 $\overline{f}$ 和 f 的一个定域变换, 使规范固定项和幺正补偿项的和保持不变.

式 (5.5.52), (5.5.54) 和 (5.5.58) 合起来就称为 BRS 变换, $\mathscr{L}_{\text{eff}}$ 在此变换下不变就称为 BRS 不变性.

对规范场、旋量场和标量场来说, BRS 变换就是 λ^α 取特殊值的规范变换, 该特殊的 λ^α 值与 f^α 成正比. 对 $\overline{f}^\alpha$ 来说, 其增量与规范固定项相联系, 即正比于 $\dfrac{1}{\xi}(\partial_\mu A_\mu^\alpha)$. f^α 的增量则与"两个 f 做成的伴随表示 $c_{\alpha\beta\gamma}f^\beta f^\gamma$"成正比. 由此可见, BRS 变换是将对易量与反对易量互相联系起来的某种超对称变换.

在 BRS 变换中, A, χ 和 f 的增量都是非线性的, 这种非线性将使得 BRS 不变性在 Γ 上的表现 (见下文中的 Slavnov-Taylor 恒等式) 具有较复杂的形式.

利用 BRS 不变性, 可以较方便地导出 Slavnov-Taylor 恒等式. 以纯规范场情况为例. 当不仅引入规范场的外源 J, 而且也引入 F-P 粒子的外源 η 和 $\overline{\eta}$ 时, 格林函

数生成泛函即为

$$Z[J,\eta,\overline{\eta}]=\int \mathrm{D}(A)\mathrm{D}(f)\mathrm{D}(\overline{f})\mathrm{e}^{\mathrm{i}\int(\mathscr{L}_{\text{eff}}+J_\mu^\alpha A_\mu^\alpha+\overline{f}^\alpha\eta^\alpha+\overline{\eta}^\alpha f^\alpha)\mathrm{d}^4x}. \tag{5.5.59}$$

我们对积分变量 A, f 和 $\overline{f}$ 作 BRS 变换, 在此变换下, $\mathscr{L}_{\text{eff}}$ 保持不变, 变换的雅可比行列式的贡献也等于 1.

在考虑雅可比行列式的贡献时, 同样要注意反对易的积分变量变换与普通的积分变量变换之间的差异 (雅可比行列式一个出现在分母上, 一个出现在分子上). 因此我们要把 BRS 变换分解成两次变换的积, 一次只对反对易的积分变量进行变换, 一次只对普通积分变量进行变换. 分解的结果如下:

$$\begin{pmatrix} A_\mu'^\alpha \\ f'^\alpha \\ \overline{f}'^\alpha \end{pmatrix}=\begin{pmatrix} \delta_{\mu\nu}\delta_{\alpha\beta} & \omega\mathscr{D}_\mu^{\alpha\beta} & 0 \\ 0 & \delta_{\alpha\beta}-\frac{1}{2}g\omega c_{\gamma\delta\beta}f^\delta & 0 \\ \frac{\omega}{\xi}\delta_{\alpha\beta}\partial_\nu & 0 & \delta_{\alpha\beta} \end{pmatrix}\begin{pmatrix} A_\nu^\beta \\ f^\beta \\ \overline{f}^\beta \end{pmatrix}$$

$$=\begin{pmatrix} \delta_{\mu\sigma}\delta_{\alpha\gamma} & \omega\mathscr{D}_\mu^{\gamma\gamma} & 0 \\ 0 & \delta_{\alpha\gamma} & 0 \\ 0 & 0 & \delta_{\alpha\gamma} \end{pmatrix}\begin{pmatrix} \delta_{\sigma\nu}\delta_{\gamma\beta} & 0 & 0 \\ 0 & \delta_{\gamma\beta}-\frac{1}{2}g\omega c_{\gamma\delta\beta}f^\delta & 0 \\ \frac{\omega}{\xi}\delta_{\gamma\beta}\delta_\nu & 0 & \delta_{\gamma\beta} \end{pmatrix}\begin{pmatrix} A_\nu^\beta \\ f^\beta \\ \overline{f}^\beta \end{pmatrix}.$$

在推导上式时, 利用了 $\omega^2=0$(因为 ω 为反对易量).

我们看到第一次变换使 A 不变, $(f,\overline{f})$ 变成了 $(f',\overline{f}')$, 第二次变换使 A 变成了 A', 而 $(f',\overline{f}')$ 保持不变. 两次变换的雅可比行列式分别为

$$\begin{vmatrix} \delta_{\gamma\beta}\delta_{\sigma\nu} & 0 & 0 \\ 0 & \delta_{\gamma\beta}-g\omega c_{\gamma\delta\beta}f^\delta & 0 \\ \frac{\omega}{\xi}\delta_{\gamma\beta}\partial_\nu & 0 & \delta_{\gamma\beta} \end{vmatrix}$$

和

$$\begin{vmatrix} \delta_{\alpha\gamma}\delta_{\mu\sigma}-g\delta_{\mu\sigma}c_{\alpha\gamma\delta}\,\omega f'^\delta & \omega\mathscr{D}_\mu^{\alpha\gamma}(A) & 0 \\ 0 & \delta_{\alpha\gamma} & 0 \\ 0 & 0 & \delta_{\alpha\gamma} \end{vmatrix}.$$

通过将变换后的结果与原式 (5.5.59) 相减, 就得出

$$\int \mathrm{D}(A)\mathrm{D}(f)\mathrm{D}(\overline{f})\mathrm{e}^{\mathrm{i}\int[\mathscr{L}_{\text{eff}}+J_\mu^\alpha A_\mu^\alpha+\overline{f}^\alpha\eta^\alpha+\overline{\eta}^\alpha f^\alpha]\mathrm{d}^4x}$$

$$\int \mathrm{d}^4y\left[J_\mu^\alpha(y)\mathscr{D}_\mu^{\alpha\beta}f^\beta(y)+\frac{1}{\xi}(\partial_\mu A_\mu^\alpha(y))\eta^\alpha(y)+\frac{g}{2}\overline{\eta}^\alpha(y)c_{\alpha\beta\gamma}f^\beta(y)f^\gamma(y)\right]=0 \tag{5.5.60}$$

它可改写成

$$\int \mathrm{d}^4 y \left[J_\mu^\alpha(y)\mathscr{D}_\mu^{\alpha\beta}\left(y;\frac{\delta}{\mathrm{i}\delta J}\right)\frac{\delta Z[J,\eta,\overline{\eta}]}{\delta\overline{\eta}^\beta(y)}+\frac{1}{\xi}\eta^\alpha(y)\partial_\mu^{(y)}\frac{\delta Z[J,\eta,\overline{\eta}]}{\delta J_\mu^\alpha(y)}\right.$$
$$\left.+\frac{g}{2}\overline{\eta}^\alpha(y)c_{\alpha\beta\gamma}\frac{\delta^2 Z[j,\eta,\overline{\eta}]}{\delta\overline{\eta}^\beta(y)\delta\overline{\eta}^\gamma(y)}\right]=0. \tag{5.5.61}$$

此即 $Z[J,\eta,\overline{\eta}]$ 所满足的 Slavnov-Taylor 恒等式. 若将它对 $\eta^\alpha(x)$ 作一次泛函微商, 再令 $\overline{\eta}=\eta\equiv 0$, 即可得出

$$\frac{1}{\xi}\partial_\mu\frac{\delta Z[J]}{\delta J_\mu^\alpha(x)}-\int \mathrm{d}^4 y J_\mu^\beta(y)\mathscr{D}_\mu^{\beta\gamma}\left(y;\frac{\delta}{\mathrm{i}\delta J}\right)\frac{\delta^2 Z[J,\eta,\overline{\eta}]}{\delta\overline{\eta}^\gamma(y)\delta\eta^\alpha(x)}\bigg|_{\eta=\overline{\eta}=0}=0 \tag{5.5.62}$$

这就是前面导出的 $Z[J]$ 所满足的 Slavnov-Taylor 恒等式 (5.5.26) 和 (5.5.27).

有标量场和旋量场时的 Slavnov-Taylor 恒等式也不难通过这种方法推导出来.

5. 用 $\varGamma$ 表示的另一种形式的 Slavnov-Taylor 恒等式

在讨论重正化问题时, 我们更愿意采用顶角函数生成泛函 $\varGamma$ 所满足的 Slavnov-Taylor 恒等式, 利用 BRS 不变性可以导出一种比较简洁的用 $\varGamma$ 表示的形式.

我们将按照 Kluberg-Stern 和 Zuber 在 1975 年所提出的推导方法, 对 BRS 增量 δA 和 δf 分出 ω 后的双线性场量 $\mathscr{D}_\mu^{\alpha\beta}f^\beta$ 和 $-\dfrac{1}{2}gc_{\alpha\beta\gamma}f^\beta f^\gamma$, 也引入相应的源函数 u_μ^α 和 v^α. 其中 u_μ^α 为反对易量而 v^α 是普通 c 数. 在纯规范场的情况, 定义

$$Z[J,\eta,\overline{\eta},u,v]=\int \mathrm{D}(A)\mathrm{D}(f)\mathrm{D}(\overline{f})\mathrm{e}^{\mathrm{i}\int(\mathscr{L}_{\mathrm{eff}}+A_\mu^\alpha J_\mu^\alpha+\overline{f}^\alpha\eta^\alpha+\overline{\eta}^\alpha f^a+u_\mu^\alpha\mathscr{D}_\mu^{\alpha\beta}f^\beta-\frac{g}{2}c_{\alpha\beta\gamma}v^\alpha f^\beta f^\gamma)\mathrm{d}^4x}. \tag{5.5.63}$$

当 $u=v=0$ 时, 上述 $Z[J,\eta,\overline{\eta},u,v]$ 就化为前面定义的 $Z[J,\eta,\overline{\eta}]$.

在 BRS 变换下

$$\delta(\mathscr{D}_\mu^{\alpha\beta}f^\beta)=0, \tag{5.5.64}$$

因 A 和 f 所引起的变化相互抵消. 我们还可以证明, 在 BRS 变换下, $c_{\alpha\beta\gamma}f^\beta f^\gamma$ 也是不变的, 因为

$$\delta(c_{\alpha\beta\gamma}f^\beta f^\gamma)=-g\omega c_{\alpha\beta\gamma}c_{\gamma\tau\sigma}f^\beta f^\tau f^\sigma,$$

而通过指标 (β,τ,σ) 的轮换, 上式右方可化为

$$-\frac{1}{3}g\omega(c_{\alpha\beta\gamma}c_{\gamma\tau\sigma}+c_{\alpha\tau\gamma}c_{\gamma\sigma\beta}+c_{\alpha\sigma\gamma}c_{\gamma\beta\tau})f^\beta f^\tau f^\sigma,$$

根据雅可比恒等式 (5.5.56), 圆括弧内的量为零. 于是得出：在 BRS 变换下

$$\delta(c_{\alpha\beta\gamma}f^\beta f^\gamma)=0. \tag{5.5.65}$$

式 (5.5.64) 与 (5.5.65) 表明, 与 u_μ^α 和 v^α 耦合的双线性场量在 BRS 变换下都保持不变. 这样, 当我们对式 (5.5.63) 右方的积分变量 A, f, $\overline{f}$ 作 BRS 变换时就得出

$$\int \mathrm{D}(A)\mathrm{D}(f)\mathrm{D}(\overline{f})\mathrm{e}^{\mathrm{i}\int(\mathscr{L}_{\text{eff}}+J_\mu^\alpha A_\mu^\alpha+\overline{f}^\alpha\eta^\alpha+\overline{\eta}^\alpha f^\alpha+u_\mu^\alpha\mathscr{D}_\mu^{\alpha\beta}f^\beta-\frac{g}{2}c_{\alpha\beta\gamma}v^\alpha f^\beta f^\gamma)\mathrm{d}^4x}$$

$$\times\int \mathrm{d}^4y\left[J_\mu^\alpha(y)\mathscr{D}_\mu^{\alpha\beta}(y)f^\beta(y)+\frac{1}{\xi}(\partial_\mu A_\mu^\alpha(y))\eta^\alpha(y)+\frac{1}{2}g\overline{\eta}^\alpha(y)c_{\alpha\beta\gamma}f^\beta(y)f^\gamma(y)\right]=0.$$

此式中对 y 的积分同式 (5.5.60) 中的一样, 但由于 Z 中引进了 u_μ^α 和 v^α, 因而可以表为

$$\int \mathrm{d}^4y\left[J_\mu^\alpha(y)\frac{\delta Z[J,\eta,\overline{\eta},u,v]}{\delta u_\mu^\alpha(y)}+\frac{1}{\xi}\eta^\alpha(y)\partial_\mu^{(y)}\frac{\delta Z[J,\eta,\overline{\eta},u,v]}{\delta J_\mu^\alpha(y)}-\overline{\eta}^\alpha(y)\frac{\delta Z[J,\eta,\overline{\eta},u,v]}{\delta v^\alpha(y)}\right]=0. \tag{5.5.66}$$

式 (5.5.66) 中只出现 Z 的一次泛函微商, 故可直接将 Z 换成 Z_c;

$$\int \mathrm{d}^4y\left[J_\mu^\alpha(y)\frac{\delta Z_c}{\delta u_\mu^\alpha(y)}+\frac{1}{\xi}\eta^\alpha(y)\partial_\mu^{(y)}\frac{\delta Z_c}{\delta J_\mu^\alpha(y)}-\overline{\eta}^\alpha(y)\frac{\delta Z_c}{\delta v^\alpha(y)}\right]=0. \tag{5.5.67}$$

Z_c 的宗量仍为 $[J,\eta,\overline{\eta},u,v]$.

在这里我们看出引入 u_μ^α 和 v^α 的好处. 本来, 由于 BRS 变换的非线性性质, 在 Slavnov-Taylor 恒等式中将会出现 Z 的二次泛函微商 (见式 (5.5.61)). 而引入双线性场量的源 u_μ^α 和 v^α 后, 使 Z 的泛函微商限于一次, 从而可较方便地从 Z 转到 Z_c.

式 (5.5.67) 的含意是, Z_c 作为 u_μ^α, J_μ^α, v^α, η 和 $\overline{\eta}$ 的泛函, 当 u_μ^α, J_μ^α 和 v^α 作下述无穷小变换

$$\begin{aligned}
&u_\mu^\alpha\to u_\mu^\alpha+\varepsilon J_\mu^\alpha,\\
&J_\mu^\alpha\to J_\mu^\alpha-\frac{\varepsilon}{\xi}\partial_\mu\eta^\alpha,\\
&v^\alpha\to v^\alpha-\varepsilon\overline{\eta}^\alpha,
\end{aligned} \tag{5.5.68}$$

时 (其中 ε 为无穷小反对易量), Z_c 将保持不变. 这可看作是 Z_c 所具有的一种超对称变换不变性.

下面来介绍 Z 或 Z_c 满足的另一个恒等式 (补充恒等式), 此恒等式在下文中将要用到. 在式 (5.5.63) 的指数中, $\overline{f}$ 仅出现在 $\overline{f}^\alpha\mathscr{M}^{\alpha\beta}f^\beta$ 和 $\overline{f}^\alpha\eta^\alpha$ 两项之中, 而且这两项对于 $\overline{f}$ 都是线性的. 因此通过对积分变量的平移变换

$$\overline{f}^\alpha(x)\to\overline{f}^\alpha(x)+\delta\overline{f}^\alpha(x)$$

并利用 $\delta\overline{f}^\alpha(x)$ 取值的任意性 (只需满足费恩曼端条件), 即可仿前一样化出

$$\int \mathrm{D}(A)\mathrm{D}(f)\mathrm{D}(\overline{f})\mathrm{e}^{\mathrm{i}\int[\mathscr{L}_{\mathrm{eff}}+J_\mu^\alpha A_\mu^\alpha+\overline{f}^\alpha\eta^\alpha+\overline{\eta}^\alpha f^\alpha+u_\mu^\alpha\mathscr{D}_\mu^{\alpha\beta}f^\beta-\frac{g}{2}c_{\alpha\beta\gamma}v^\alpha f^\beta f^\gamma]\mathrm{d}^4x}$$

$$\times[\mathscr{M}^{\alpha\beta}(y)f^\beta(y)+\eta^\alpha(y)]=0.$$

将 $\mathscr{M}^{\alpha\beta}=\partial_\mu^{(y)}\cdot\mathscr{D}_\mu^{\alpha\beta}(y)$ 代入后, 上式可表为

$$\partial_\mu^{(y)}\frac{\delta Z[J,\eta,\overline{\eta},u,v]}{\delta u_\mu^\alpha(y)}+\mathrm{i}\eta^\alpha(y)Z[J,\eta,\overline{\eta},u,v]=0. \tag{5.5.69}$$

将它换成用 Z_c 表示后即为

$$\partial_\mu\frac{\delta Z_c}{\delta u_\mu^\alpha(x)}+\mathrm{i}\eta^\alpha(x)=0. \tag{5.5.70}$$

在式 (5.5.70) 中 y 已换成了 x. 式 (5.5.69) 或 (5.5.70) 就是我们要用到的补充恒等式①.

下面我们将通过勒让德变换从 Z_c 过渡到 Γ. 在这里, 勒让德变换只对宗量 J, η 和 $\overline{\eta}$ 进行, u 和 v 保持不变, 即

$$\Gamma[A,f,\overline{f},u,v]=-\mathrm{i}Z_c[J,\eta,\overline{\eta},u,v]-\int[J_\mu^\alpha A_\mu^\alpha+\overline{f}^\alpha\eta^\alpha+\overline{\eta}^\alpha f^\alpha]\mathrm{d}^4x,$$

$A,f,\overline{f}$ 定义如前. 当 $u=v\equiv0$ 时, $\Gamma[A,f,\overline{f},u,v]$ 即化为原来的 $\Gamma[A,f,\overline{f}]$.

利用

$$J_\mu^\alpha=-\frac{\delta\Gamma}{\delta A_\mu^\alpha},\quad \eta=-\frac{\delta\Gamma}{\delta\overline{f}},\quad \overline{\eta}=\frac{\delta\Gamma}{\delta f}, \tag{5.5.71}$$

以及

$$\frac{\delta\Gamma}{\delta u_\mu^\alpha}=-\mathrm{i}\frac{\delta Z_c}{\delta u_\mu^\alpha},\quad \frac{\delta\Gamma}{\delta v^\alpha}=-\mathrm{i}\frac{\delta Z_c}{\delta v^\alpha} \tag{5.5.72}$$

可将式 (5.5.67) 化为 (y 换成为 x)

$$\int\mathrm{d}^4x\left[\frac{\delta\Gamma}{\delta A_\mu^\alpha(x)}\frac{\delta\Gamma}{\delta u_\mu^\alpha(x)}+\frac{\delta\Gamma}{\delta f^\alpha(x)}\frac{\delta\Gamma}{\delta v^\alpha(x)}+\frac{1}{\xi}(\partial_\mu A_\mu^\alpha)\frac{\delta\Gamma}{\delta\overline{f}^\alpha(x)}\right]=0. \tag{5.5.73}$$

这就是用 $\Gamma[A,\overline{f},f,u,v]$ 表示的 Slavnov-Taylor 恒等式. "补充恒等式"(5.5.70) 亦可用 Γ 表成

$$\frac{\delta\Gamma}{\delta\overline{f}^\alpha(x)}-\partial_\mu\left(\frac{\delta\Gamma}{\delta u_\mu^\alpha(x)}\right)=0. \tag{5.5.74}$$

① 利用后面的 (5.5.72) 第一式, 此恒等式可化为 $\partial_\mu\left(\frac{\delta\Gamma}{\delta u_\mu^\alpha}\right)+\eta^\alpha=0$. Γ 的零阶值如式 (5.5.75) 所示, 于是此恒等式的零阶值化为 $\partial_\mu\mathscr{D}_\mu^{\alpha\beta}f^\beta+\eta^\alpha=0$, 即零阶 f 所满足的经典方程.

零阶的 $\Gamma[A,f,\overline{f},u,v]$ 与有效作用量的关系为

$$\begin{aligned}\Gamma^{(0)}[A,f,\overline{f},u,v]&=\int[\mathscr{L}_{\text{eff}}+u_\mu^\alpha(x)\mathscr{D}_\mu^{\alpha\beta}f^\beta(x)-\frac{1}{2}gv^\alpha(x)c_{\alpha\beta\gamma}f^\beta(x)f^\gamma(x)]\mathrm{d}^4x\\&=I_{\text{eff}}+\int[u_\mu^\alpha(x)\mathscr{D}_\mu^{\alpha\beta}f^\beta(x)-\frac{1}{2}gv^\alpha(x)c_{\alpha\beta\gamma}f^\beta(x)f^\gamma(x)]\mathrm{d}^4x.\end{aligned}\tag{5.5.75}$$

将它代入式 (5.5.73) 中并利用式 (5.5.64) 和 (5.5.65) 可以反推出 I_{eff} 的 BRS 不变性：

$$\int\mathrm{d}^4x\left[\frac{\delta I_{\text{eff}}}{\delta A_\mu^\alpha(x)}\mathscr{D}_\mu^{\alpha\beta}f^\beta-\frac{\delta I_{\text{eff}}}{\delta f^\alpha(x)}\left(\frac{1}{2}gc_{\alpha\beta\gamma}f^\beta(x)f^\gamma(x)\right)+\frac{\delta I_{\text{eff}}}{\delta\overline{f}^\alpha(x)}\frac{1}{\xi}\partial_\mu A_\mu^\alpha(x)\right]=0.\tag{5.5.76}$$

这表明 Slavnov-Taylor 恒等式 (5.5.73) 与 I_{eff}(或 $\mathscr{L}_{\text{eff}}$) 的 BRS 不变性是等价的.

若把式 (5.5.74) 代入式 (5.5.73), 再利用 $t=\pm\infty$ 时 $\partial_\mu A_\mu^\alpha=0$, 还可将 Slavnov-Taylor 恒等式化为

$$\int\mathrm{d}^4x\left[\left(\frac{\delta\Gamma}{\delta A_\mu^\alpha(x)}-\frac{1}{\xi}\partial_\mu\partial_\nu A_\nu^\alpha(x)\right)\frac{\delta\Gamma}{\delta u_\mu^\alpha(x)}+\frac{\delta\Gamma}{\delta f^\alpha(x)}\frac{\delta\Gamma}{\delta v^\alpha(x)}\right]=0.\tag{5.5.77}$$

进一步用

$$\widetilde{\Gamma}=\Gamma+\frac{1}{2\xi}\int(\partial_\mu A_\mu^\alpha)^2\mathrm{d}^4x$$

来代替 Γ 后即得出

$$\int\mathrm{d}^4x\left[\frac{\delta\widetilde{\Gamma}}{\delta A_\mu^\alpha(x)}\frac{\delta\widetilde{\Gamma}}{\delta u_\mu^\alpha(x)}+\frac{\delta\widetilde{\Gamma}}{\delta f^\alpha(x)}\frac{\delta\widetilde{\Gamma}}{\delta v^\alpha(x)}\right]=0.\tag{5.5.78}$$

与最初得到的 Slavnov-Taylor 恒等式 (5.5.28) 相比, 式 (5.5.77) 和 (5.5.78) 的一个特点是, 它不明含耦合常数和群的结构常数. 在证明“重正化不破坏规范对称性”时, 应用它们是比较方便的.

补充恒等式 (5.5.74) 用 $\widetilde{\Gamma}$ 表示时, 形式不变, 即

$$\frac{\delta\widetilde{\Gamma}}{\delta\overline{f}^\alpha(x)}-\partial_\mu\left(\frac{\delta\widetilde{\Gamma}}{\delta u_\mu^\alpha(x)}\right)=0.\tag{5.5.79}$$

我们看到式 (5.5.78) 已不包含 $\widetilde{\Gamma}$ 对 $\overline{f}$ 变化关系的信息, 这一信息反映在式 (5.5.79) 之中.

以上结果不难推广到有旋量场或标量场与规范场相作用的情况. 以有旋量场的情况为例, 对于 BRS 所取的特殊的规范参量式 (5.5.51), ψ 和 $\overline{\psi}$ 的变换为

$$\begin{aligned}&\psi\to\psi-\mathrm{i}g\omega\tau^\alpha\psi f^\alpha,\\&\overline{\psi}\to\overline{\psi}+\mathrm{i}g\omega f^\alpha\overline{\psi}\tau^\alpha,\end{aligned}\tag{5.5.80}$$

我们亦对 "$\delta\psi$ 和 $\delta\overline{\psi}$ 除去 ω 后的双线性场量" $-\mathrm{i}g\tau^\alpha\psi f^\alpha$ 和 $\mathrm{i}gf^\alpha\overline{\psi}\tau^\alpha$ 引入源 $\overline{\kappa}(x)$ 和 $\kappa(x)$, 它们都是普通数. 利用生成元间的对易关系式不难证明, 这两个双线性量在式 (5.5.58) 和 (5.5.80) 变换下也是不变的, 也就是说, 在 BRS 变换下

$$\begin{aligned}\delta(\tau^\alpha\psi f^\alpha)=0,\\ \delta(f^\alpha\overline{\psi}\tau)=0.\end{aligned}\tag{5.5.81}$$

仿前定义 $\Gamma[A,f,\overline{f},\psi,\overline{\psi},u,v,\overline{\kappa},\kappa]$ 和 $\widetilde{\Gamma}[A,f,\overline{f},\psi,\overline{\psi},u,v,\overline{\kappa},\kappa]$, 利用式 (5.5.81) 并重复前面的推导过程, 即可求出 $\widetilde{\Gamma}[A,f,\overline{f},\psi,\overline{\psi},u,v,\overline{k},k]$ 所满足的 Slavnov-Taylor 恒等式:

$$\int\mathrm{d}^4x\left[\frac{\delta\widetilde{\Gamma}}{\delta A^\alpha_\mu(x)}\frac{\delta\widetilde{\Gamma}}{\delta u^\alpha_\mu(x)}+\frac{\delta\widetilde{\Gamma}}{\delta f^\alpha(x)}\frac{\delta\widetilde{\Gamma}}{\delta v^\alpha(x)}+\frac{\delta\widetilde{\Gamma}}{\delta\psi_a(x)}\frac{\delta\widetilde{\Gamma}}{\delta\overline{\kappa}_a(x)}+\frac{\delta\widetilde{\Gamma}}{\delta\kappa_a(x)}\frac{\delta\widetilde{\Gamma}}{\delta\overline{\psi}_a(x)}\right]=0.\tag{5.5.82}$$

此式还可推广到有标量场的情况 (设无对称性自发破坏, 并仍取 ξ 规范). 如果我们用 F_j 表示除 $\overline{f}$ 外的所有场量 $(A^\alpha_\mu,f^\alpha,\psi_a,\overline{\psi}_a,\phi_b)$, 用 ωS_j 表示 BRS 变换下它们的增量, 用 K_j 统一表示与 S_j 相耦合的外源, 那么 Slavnov-Taylor 恒等式就可简洁地表示为

$$\int\mathrm{d}^4x\frac{\delta\widetilde{\Gamma}}{\delta F_j(x)}\frac{\delta\widetilde{\Gamma}}{\delta K_j(x)}=0.\tag{5.5.83}$$

还值得指出的是, 一对 F_j 和 K_j 中总是一个是普通量, 另一个是反对易量.

5.6　非阿贝尔规范场论的重正化

ξ 规范中的 $\mathscr{L}_{\text{eff}}$ 满足 5.1 节所提出的可重正化条件: 它的耦合常数 g 量纲为 1, 传播子都具有正常的大动量行为. 这表明非阿贝尔规范场论是一个可重正的理论. 但正如前面已经指出的, 还有一个特殊性问题需要研究, 即重正化是否破坏规范对称性? 重正化的 S 矩阵在物理子空间的幺正性和规范无关性等问题也都与此相联系.

这个问题的具体提法有两种等价的方式: ① 如果我们的出发点是 $\mathscr{L}_{基}$, 并假定它对重正化场量和重正化的参数是规范不变的, 那么问题就是: 能否选择抵消项使总的拉格朗日函数 $\mathscr{L}$ 对裸场量和裸参数是规范不变的①? 总的 $\mathscr{L}$ 具有规范不变性才使生成泛函 Γ 和 Z 满足 Slavnov-Taylor 恒等式, 因为它们是通过 $\mathscr{L}_{基}+\delta\mathscr{L}$

① 关于总拉格朗日函数 $\mathscr{L}$ 对重正化场量的规范不变性问题, 也将同时研究. 自本节开始, 裸场量一律加脚码 B, 如 ψ_B, φ_B, $A_{B\mu}$. 裸参量也表示为 m_B, g_B, ξ_B, $\cdots$ 重正化场量则用 ψ, φA_μ 表示, 重正化参量则用 m, g, ξ, $\cdots$ 表示.

即总的 $\mathscr{L}$ 求出来的. ② 如果我们的出发点是 $\mathscr{L}$, 并假定它对于裸场量和裸参数是规范不变的, 那么问题就化为：当我们把 $\mathscr{L}$ 用重正化量表示并分解为 $\mathscr{L}_{基}$ 和高阶量 $\delta\mathscr{L}$ 两项的和时, $\mathscr{L}_{基}$ 对于重正化场量和重正化参数是否具有规范对称性? 提出这一要求的理由是, 具有实际意义的是用重正化量表示的生成泛函 $\varGamma$ 或 Z, 如果总 $\mathscr{L}$ 的规范对称性具有实际的意义, 那么它应当在上述 $\varGamma$ 或 Z 上面体现出来, 即 $\varGamma$ 或 Z 对重正化场量来说满足 Slavnov-Taylor 恒等式. 再根据 $\varGamma^{(0)}$ 与 I_{eff} 的关系①, 就可得出 I_{eff} 对重正化量的 BRS 不变性. 这就包括了 $I_{基} = \int \mathscr{L}_{基}\mathrm{d}^4x$ 对重正化量的规范对称性.

我们将取前一种方式来讨论这个问题.

要求总 $\mathscr{L}$ 是规范不变的, $\delta\mathscr{L}$ 中各项的形式和系数就都要受到严格的限制 (系数之间若不遵从一定的关系就不可能得到一个统一的裸规范耦合常数, 关于这点已在 5.4 节中通过单圈图的重正化作了具体说明). 我们将看到, 在证明总 $\mathscr{L}$ 具有规范不变性的命题中, Slavnov-Taylor 恒等式起着关键性的作用.

本节的计算将采用维数规制化和 MS 重正化方案.

1. 一阶抵消项的形式

我们先来确定一阶抵消项的形式, 阶数在这里是指圈数或外 $\hbar$ 的幂次 (如第二章所述, $\hbar$ 可取为量纲为 1 的小量, 这相当于把自然单位制修改为 $c = \hbar/\varepsilon = 1$, 其中 ε 为无穷小量). 用 $\mathscr{I}$ 表示 “加进了双线性场量外源项的” 广义有效作用量. 在旋量场与规范场相互作用的情况下②,

$$\mathscr{I} = \int \mathrm{d}^4x \bigg[\mathscr{L}_{基} - \frac{1}{2\xi}(\partial_\mu A_\mu^\alpha)^2 + \overline{f}^\alpha \mathscr{M}^{\alpha\beta} f^\beta + u_\mu^\alpha \mathscr{D}_\mu^{\alpha\beta} f^\beta - \frac{1}{2} g c_{\alpha\beta\gamma} v^\alpha f^\beta f^\gamma$$
$$-\mathrm{i}g\overline{\kappa}\tau^\alpha\psi f^\alpha + \mathrm{i}gf^\alpha\overline{\psi}\tau^\alpha\kappa\bigg] + \delta\mathscr{I}, \tag{5.6.1}$$

其中, 场量和各个参数都是重正化量. 有标量场时只需补入相应项即可.

我们用 $\mathscr{I}_0$ 表示零阶的 $\mathscr{I}$, $\mathscr{I}_0$ 也就是式 (5.6.1) 右方的第一项 (积分项). 显然, 用 $\mathscr{I}_0$ 计算的零阶的生成泛函 $\varGamma(\bar{f}, F_j, K_j)$ 就是 $\mathscr{I}_0$ 本身. 用符号表示即为

$$\varGamma^{(0)}(\mathscr{I}_0) = \mathscr{I}_0. \tag{5.6.2}$$

下一步是用 $\mathscr{I}_0$ 去计算一阶 (单圈图) 的生成泛函 $\varGamma$, 所得结果记作 $\varGamma^{(1)}(\mathscr{I}_0)$. $\varGamma^{(1)}(\mathscr{I}_0)$ 中将出现紫外发散, 计算时要采用规范不变的规制化. 如前所述, 我们取

① 当 $\mathscr{L}$ 分成 $\mathscr{L}_{基}$ 后, $\varGamma^{(0)}$ 与 I_{eff} 的关系问题, 参见下面的讨论.

② 在 5.5 节最后曾给出顶角函数生成泛函所满足的 Slavnov-Taylor 恒等式, 其中场量除了 $A, \psi, \overline{\psi}$ 以外, 还有 $f, \bar{f}, u, v, k, \bar{k}$ 等. 相应的作用量即如式 (5.6.1) 所示.

为维数规制化. 结果中的极点项记作 $\Gamma_p^{(1)}(\mathscr{I}_0)$, 下面来确定它的结构形式.

由于我们采用了规范不变的维数规制化, 因此由 $\mathscr{I}_0$ 计算的 $\Gamma(\mathscr{I}_0)$ 将满足重正化量的 Slavnov-Taylor 恒等式①和补充恒等式.

为书写简便起见, 定义符号

$$N_1 * N_2 = N_2 * N_1 \equiv \int \mathrm{d}^4 x \left[\frac{\delta N_1}{\delta F_j(x)} \frac{\delta N_2}{\delta K_j(x)} + \frac{\delta N_1}{\delta K_j(x)} \frac{\delta N_2}{\delta F_j(x)} \right], \tag{5.6.3}$$

其中, N_1, N_2 为任意的 $(\overline{f}, F_j, K_j)$ 的泛函. 按照这个符号, $\widetilde{\Gamma}(\mathscr{I}_0)$ 满足的 Slavno-Taylor 恒等式可写成

$$\widetilde{\Gamma}(\mathscr{I}_0) * \widetilde{\Gamma}(\mathscr{I}_0) = 0 \tag{5.6.4}$$

补充恒等式为

$$\frac{\delta \widetilde{\Gamma}(\mathscr{I}_0)}{\delta \overline{f}^{\alpha}(x)} - \partial_\mu \frac{\delta \widetilde{\Gamma}(\mathscr{I}_0)}{\delta u_\mu^\alpha(x)} = 0. \tag{5.6.5}$$

将式 (5.6.4) 和 (5.6.5) 按圈数 (或外 $\hbar$ 的幂次) 展开, 则各阶都将分别为零. 零阶结果为

$$\begin{gathered} \widetilde{\mathscr{I}_0} * \widetilde{\mathscr{I}_0} = 0, \\ \frac{\delta \widetilde{\mathscr{I}_0}}{\delta \overline{f}^{\alpha}(x)} - \partial_\mu \frac{\delta \widetilde{\mathscr{I}_0}}{\delta u_\mu^\alpha(x)} = 0, \end{gathered} \tag{5.6.6}$$

其中

$$\widetilde{\mathscr{I}_0} = \mathscr{I}_0 + \frac{1}{2\xi} \int (\partial_\mu A_\mu^\alpha)^2 \mathrm{d}^4 x. \tag{5.6.7}$$

一阶的结果为

$$\begin{gathered} \widetilde{\mathscr{I}_0} * \widetilde{\Gamma}^{(1)}(\mathscr{I}_0) = 0, \\ \frac{\delta \widetilde{\Gamma}^{(1)}(\mathscr{I}_0)}{\delta \overline{f}^{\alpha}(x)} - \partial_\mu \frac{\delta \widetilde{\Gamma}^{(1)}(\mathscr{I}_0)}{\delta u_\mu^\alpha(x)} = 0. \end{gathered} \tag{5.6.8}$$

若将 (5.6.8) 两式左方分为极点项和有限项两部分, 则它们将分别等于零, 于是有

$$\begin{gathered} \widetilde{\mathscr{I}_0} * \widetilde{\Gamma}_p^{(1)}(\mathscr{I}_0) = 0, \\ \frac{\delta \widetilde{\Gamma}_p^{(1)}(\mathscr{I}_0)}{\delta \overline{f}^{\alpha}(x)} - \partial_\mu \frac{\delta \widetilde{\Gamma}_p^{(1)}(\mathscr{I}_0)}{\delta u_\mu^\alpha(x)} = 0. \end{gathered} \tag{5.6.9}$$

式 (5.6.9) 即为 $\widetilde{\Gamma}_P^{(1)}(\mathscr{I}_0)$ 所满足的方程, 我们将通过它以及其他方面的分析来确定 $\widetilde{\Gamma}_P^{(1)}(\mathscr{I}_0)$ 的结构形式.

① 这实际是规范不变的规制化的含义.

为了突出要点和论述简单, 下面仍只讨论纯规范场的情况. 这时式 (5.6.3) 中的 F_j 包括 A_μ^α 和 f^α, 而 K_j 则包括 u_μ^α 和 v^α. 由于理论符合可重正化条件, $\widetilde{\Gamma}_P^{(1)}(\mathscr{I}_0)$ 中只含个数有限的具有定域场论形式的项, 其中微商和场量的量纲幂次的和小于或等于 4(参见 5.1 节). 这样从 u_μ^α 和 v^α 的量纲幂次 (都为 2) 和所带的 F-P 虚粒子数 (分别为 -1 和 -2) 来考虑①, $\widetilde{\Gamma}_P^{(1)}(\mathscr{I}_0)$ 至多只是 u_μ^α 和 v^α 的一次式. 再由 (5.6.9) 第二式, u_μ^α 将与 $\bar{f}^\alpha$ 以组合 $(u_\mu^\alpha - \partial_\mu \bar{f}^\alpha)$ 的形式在 $\widetilde{\Gamma}_P^{(1)}$ 中出现, 于是得出 $\widetilde{\Gamma}_P^{(1)}(\mathscr{I}_0)$ 只能具有下述结构形式

$$\widetilde{\Gamma}_P^{(1)}(\mathscr{I}_0) = \int \mathrm{d}^4x \left[G(A) + (u_\mu^\alpha - \partial_\mu \bar{f}^\alpha)\Delta_\mu^{\alpha\beta}(A) f^\beta - \frac{1}{2} g v^\alpha d_{\alpha\beta\gamma} f^\beta f^\gamma\right]. \tag{5.6.10}$$

式 (5.6.10) 中的 $G(A)$ 不再含 f 和 $\overline{f}$, 因如上所述, $\overline{f}$ 要与 u_μ^α 同时出现, 而当 $G(A)$ 不含 $\bar{f}$ 时, 它也不会含 f. $d_{\alpha\beta\gamma}$ 为量纲为 1 的数, 而且可取成对 β 和 γ 是反对称的：

$$d_{\alpha\beta\gamma} = -d_{\alpha\gamma\beta}. \tag{5.6.11}$$

$\Delta_\mu^{\alpha\beta}$ 的量纲幂次为 1, 因此至多为 A 的线性函数. 再从 $\widetilde{\Gamma}$ 具有整体规范变换的对称性, 即得 $\Delta_\mu^{\alpha\beta}$ 的一般形式为

$$\Delta_\mu^{\alpha\beta} = a\delta_{\alpha\beta}\partial_\mu - g e_{\alpha\beta\gamma} A_\mu^\gamma. \tag{5.6.12}$$

系数 $d_{\alpha\beta\gamma}$ 和 $e_{\alpha\beta\gamma}$ 都具有这样的性质：把三个伴随表示耦合成为群的一维表示. 如果该对称群的三个伴随表示只能以唯一的方式耦合成为一维表示, 那么 $d_{\alpha\beta\gamma}$ 和 $e_{\alpha\beta\gamma}$ 就都只有一种可能的取值, 即正比于结构常数 $c_{\alpha\beta\gamma}$. 否则仅从上述性质还不能确定它们.

$\widetilde{\mathscr{I}_0}$ 的表达式为

$$\widetilde{\mathscr{I}_0}[A, f, \overline{f}, u, v] = \int \mathrm{d}^4x \left[\mathscr{L}_{基} + (u_\mu^\alpha - \partial_\mu \overline{f}^\alpha)\mathscr{D}_\mu^{\alpha\beta} f^\beta - \frac{1}{2} g v^\alpha c_{\alpha\beta\gamma} f^\beta f^\gamma\right], \tag{5.6.13}$$

其中

$$\mathscr{L}_{基} = -\frac{1}{4} F_{\mu\nu}^\alpha F_{\mu\nu}^\alpha. \tag{5.6.14}$$

将上述 $\widetilde{\Gamma}_P^{(1)}(\mathscr{I}_0)$ 和 $\widetilde{\mathscr{I}_0}$ 的表达式代入 (5.6.9) 第一式, 即可得出

$$\int \mathrm{d}^4x \left\{ \left[\frac{\partial G}{\partial A_\mu^\alpha(x)} - g e_{\beta\gamma\alpha}(u_\mu^\beta - \partial_\mu \overline{f}^\beta) f^\gamma\right] \mathscr{D}_\mu^{\alpha\sigma} f^\sigma \right.$$
$$+ \left[\frac{\partial \mathscr{L}_{基}}{\partial A_\mu^\alpha} - g c_{\beta\gamma\alpha}(u_\mu^\beta - \partial_\mu \overline{f}^\beta) f^\gamma\right] \Delta_\mu^{\alpha\sigma} f^\sigma$$

① F-P 虚粒子数是守恒的.

$$
\left.\begin{aligned}
&-\frac{g}{2}[\Delta_{\mu}^{\alpha\beta}(u_{\mu}^{\beta}-\partial_{\mu}\overline{f}^{\beta})+gv^{\beta}d_{\beta\alpha\gamma}f^{\gamma}]c_{\alpha\sigma\tau}f^{\sigma}f^{\tau}\\
&-\frac{g}{2}[\mathscr{D}_{\mu}^{\alpha\beta}(u_{\mu}^{\beta}-\partial_{\mu}\overline{f}^{\beta})+gv^{\beta}c_{\beta\alpha\gamma}f^{\gamma}]d_{\alpha\sigma\tau}f^{\sigma}f^{\tau}
\end{aligned}\right\}=0. \tag{5.6.15}
$$

然后, i) 对 u 作一次泛函微商并取 $\mathrm{A}\equiv 0$, ii) 对 v 和 f 作泛函微商, iii) 取 u_{μ}^{α}, v^{α} 和 $\overline{f}^{\alpha}$ 都为零, 可分别得出

i)
$$e_{\alpha\beta\gamma}-d_{\alpha\beta\gamma}=0,$$

ii)
$$d_{\beta\alpha\gamma}c_{\alpha\tau\sigma}+c_{\beta\alpha\gamma}d_{\alpha\tau\sigma}+(\gamma,\ \tau,\ \sigma\ \text{轮换项})=0, \tag{5.6.16}$$

iii)
$$\int \mathrm{d}^4x\left[\frac{\delta G(A)}{\partial A^{\alpha}{}_{\mu}}\mathscr{D}_{\mu}^{\alpha\beta}+\frac{\partial\mathscr{L}_{基}}{\partial A_{\mu}^{\alpha}}(a\delta_{\alpha\beta}\partial_{\mu}-ge_{\alpha\beta\nu}A_{\mu}^{\gamma})\right]f^{\beta}=0.$$

其中 a 和 $e_{\alpha\beta\gamma}$ 为 $\Delta_{\mu}^{\alpha\beta}$ 中的参量, 参见 (5.6.12) 式.

根据前面所述 $d_{\alpha\beta\gamma}$ 和 $e_{\alpha\beta\gamma}$ 在群表示中的性质, 以及式 (5.6.11), (5.6.16) 中 i), ii) 两式, $e_{\alpha\beta\gamma}$ 和 $d_{\alpha\beta\gamma}$ 的解即为

$$e_{\alpha\beta\gamma}=d_{\alpha\beta\gamma}=bc_{\alpha\beta\gamma}. \tag{5.6.17}$$

b 为某个参数.

将式 (5.6.17) 代入 (5.6.16) 第 iii) 式, 再利用 $\mathscr{L}_{基}$ 的规范不变性和 $f^{\beta}(x)$ 的任意性, 可化出

$$\left[\frac{\partial G(A)}{\partial A_{\mu}^{\alpha}(x)}\mathscr{D}_{\mu}^{\alpha\beta}+(a-b)\frac{\partial\mathscr{L}_{基}}{\partial A_{\mu}^{\alpha}(x)}gc_{\alpha\beta\gamma A_{\mu}^{\gamma}}\right]f^{\beta}(x)=0. \tag{5.6.18}$$

从式 (5.6.18) 解出 $G(A)$ 的一个特解是

$$G(A)=-(a-b)A_{\mu}^{\alpha}\frac{\partial\mathscr{L}_{基}}{\partial A_{\mu}^{\alpha}}. \tag{5.6.19}$$

为证明上式确是一个特解, 将它代入式 (5.6.18). 得

$$-(a-b)\left[\frac{\partial\mathscr{L}_{基}}{\partial A_{\mu}^{\alpha}}\mathscr{D}_{\mu}^{\alpha\beta}f^{\beta}+A_{\nu}^{\beta}\frac{\partial^2\mathscr{L}_{基}}{\partial A_{\mu}^{\alpha}\partial A_{\nu}^{\beta}}\mathscr{D}_{\mu}^{\alpha\gamma}f^{\gamma}+\frac{\partial\mathscr{L}_{基}}{\partial A_{\mu}^{\alpha}}gc_{\alpha\beta\gamma}A_{\mu}^{\gamma}f^{\beta}\right]. \tag{5.6.20}$$

方括号内第一项由于 $\mathscr{L}_{基}$ 的规范不变性而等于零, 方括号内第二项可化为

$$\frac{\partial}{\partial A_{\nu}^{\beta}}\left(A_{\nu}^{\beta}\frac{\partial\mathscr{L}_{基}}{\partial A_{\mu}^{\alpha}}\mathscr{D}_{\mu}^{\alpha\gamma}f^{\gamma}\right)-ns\frac{\partial\mathscr{L}_{基}}{\partial A_{\mu}^{\alpha}}\mathscr{D}_{\mu}^{\alpha\gamma}f^{\gamma}+A_{\nu}^{\beta}\frac{\partial\mathscr{L}_{基}}{\partial A_{\nu}^{\alpha}}gc_{\alpha\beta\gamma}f^{\gamma},$$

其中, n 为生成元数目; s 为时空维数. 上式第一、第二项亦由于 $\mathscr{L}_{基}$ 的规范不变性而化为零, 第三项正好与式 (5.6.20) 方括号内第三项消去, 这就证明了式 (5.6.19) 是式 (5.6.18) 的一个特解.

从式 (5.6.18) 不难看出, $G(A)$ 的通解应为它的一个特解再加上规范不变的项, $G(A)$ 的量纲幂次为 4, 此规范不变的项只能是常数乘上 $F^{\alpha}_{\mu\nu}F^{\alpha}_{\mu\nu}$ 即 $c\mathscr{L}_{基}$, 于是 $G(A)$ 的通解可表为

$$G(A)=-(a-b)A^{\alpha}_{\mu}\frac{\partial\mathscr{L}_{基}}{\partial A^{\alpha}_{\mu}}+c\mathscr{L}_{基}. \tag{5.6.21}$$

将以上所得结果代入式 (5.6.10), 即化出

$$\begin{aligned}\widetilde{\Gamma}^{(1)}_P(\mathscr{I}_0)=\int\mathrm{d}^4x\bigg[&c\mathscr{L}_{基}-(a-b)A^{\alpha}_{\mu}\frac{\partial\mathscr{L}_{基}}{\partial A^{\alpha}_{\mu}}+a(u^{\alpha}_{\mu}-\partial_\mu\overline{f}^{\alpha})\mathscr{D}^{\alpha\beta}_{\mu}f^{\beta}\\&+(a-b)(u^{\alpha}_{\mu}-\partial_\mu\overline{f}^{\alpha})gc_{\alpha\beta\gamma}A^{\gamma}_{\mu}f^{\beta}-\frac{1}{2}bgc_{\alpha\beta\gamma}f^{\beta}f^{\gamma}\bigg],\end{aligned} \tag{5.6.22}$$

其中, 参数 a, b, c 都正比于 $1/\varepsilon$. 不难验证, 此 $\widetilde{\Gamma}^{(1)}_P$ 确实能使 (5.6.9) 的两式都成立.

利用 $\mathscr{L}_{基}$ 即 $\left(-\frac{1}{4}F^{\alpha}_{\mu\nu}F^{\alpha}_{\mu\nu}\right)$ 满足的下述关系式

$$2\mathscr{L}_{基}=A^{\alpha}_{\mu}\frac{\partial\mathscr{L}_{基}}{\partial A^{\alpha}_{\mu}}-g\frac{\partial\mathscr{L}_{基}}{\partial g}, \tag{5.6.23}$$

可进一步将 $\widetilde{\Gamma}^{(1)}_P(\mathscr{I}_0)$ 化成 (其中 $\overline{\mathscr{I}_0}$ 与 $\mathscr{I}_0$ 的关系如式 (5.6.7) 所示):

$$\begin{aligned}\widetilde{\Gamma}^{(1)}_P(\mathscr{I}_0)=\int\mathrm{d}^4x\bigg[&\left(-a+b+\frac{c}{2}\right)\left(A^{\alpha}_{\mu}(x)\frac{\delta}{\delta A^{\alpha}_{\mu}(x)}+v^{\alpha}(x)\frac{\delta}{\delta v^{\alpha}(x)}\right)\\&+\frac{a}{2}\left(u^{\alpha}_{\mu}(x)\frac{\delta}{\delta u^{\alpha}_{\mu}(x)}+\overline{f}^{\alpha}(x)\frac{\delta}{\delta\overline{f}^{\alpha}(x)}+f^{\alpha}(x)\frac{\delta}{\delta f^{\alpha}(x)}\right)\bigg]\widetilde{\mathscr{I}_0}-\frac{c}{2}g\frac{\partial\widetilde{\mathscr{I}_0}}{\partial g}.\end{aligned} \tag{5.6.24}$$

证明如下：上式右方积分项在用式 (5.6.13) 代入后化为

$$\begin{aligned}\int\mathrm{d}x\bigg[&\left(-a+b\frac{c}{2}\right)\left(A^{\alpha}_{\mu}\frac{\partial\mathscr{L}_{基}}{\partial A^{\alpha}_{\mu}}-(u^{\alpha}_{\mu}-\partial_\mu\overline{f}^{\alpha})gc_{\alpha\beta\gamma}A^{\gamma}_{\mu}f^{\beta}-\frac{1}{2}gv^{\alpha}c_{\alpha\beta\gamma}f^{\beta}f^{\gamma}\right)\\&+\frac{a}{2}(u^{\alpha}_{\mu}\mathscr{D}^{\alpha\beta}_{\mu}f^{\beta}-(\partial_\mu\overline{f}^{\alpha})\mathscr{D}^{\alpha\beta}_{\mu}f^{\beta}+(u^{\alpha}_{\mu}-\partial_\mu\overline{f}^{\alpha})\mathscr{D}^{\alpha\beta}_{\mu}f^{\beta}-gv^{\alpha}c_{\alpha\beta\gamma}f^{\beta}f^{\gamma})\bigg],\end{aligned}$$

而式 (5.6.24) 中对 g 的微商项则等于

$$-\frac{c}{2}\int\mathrm{d}^4x\left[g\frac{\partial\mathscr{L}_{基}}{\partial g}-(u^{\alpha}_{\mu}-\partial_\mu\overline{f}^{\alpha})gc_{\alpha\beta\gamma}A^{\gamma}_{\mu}f^{\beta}-\frac{1}{2}gv^{\alpha}c_{\alpha\beta\gamma}f^{\beta}f^{\gamma}\right].$$

这两项合起来, 再利用式 (5.6.23) 可化成式 (5.6.22) 的右方.

下面, 我们将用 $\overline{\hbar}^n$ 来表示 n 阶量. 式 (5.6.24) 中的 a, b, c 均为 $\hbar^1$ 的量, 如果我们取一阶抵消项 $\delta\mathscr{I}^{(1)}$ 正好消去 $\widetilde{\Gamma}_P^{(1)}(\mathscr{I}_0)$, 那就有

$$\begin{aligned}&\widetilde{\mathscr{I}_0}(A,f,\overline{f},u,v,g)+\delta\mathscr{I}^{(1)}(A,f,\overline{f},u,v,g)=\widetilde{\mathscr{I}_0}(A,f,\overline{f},u,v,g)-\widetilde{\Gamma}_P^{(1)}(\mathscr{I}_0)\\&=\widetilde{\mathscr{I}_0}(A_B^{(1)},f_B^{(1)},\overline{f}_B^{(1)},u_B^{(1)},v_B^{(1)},g_B^{(1)})+o(\hbar^2)\end{aligned} \tag{5.6.25}$$

上式中的 $A_B^{(1)}$, $f_B^{(1)}$, $\cdots$ 等代表一阶裸量, 它们与重正化量 A, f, $\cdots$ 之间将通过一阶的重正化常数相联系. 各个一阶的重正化常数的值为

$$\begin{aligned}&Z_A^{(1)}=Z_v^{(1)}=1+2\left(a-b-\frac{c}{2}\right).\\&Z_f^{(1)}=Z_u^{(1)}=1-a,\\&Z_g=1+\frac{c}{2}.\end{aligned} \tag{5.6.26}$$

Z_u 和 Z_v 的定义是

$$u_B=Z_u^{1/2}u,\qquad v_B=Z_v^{1/2}v. \tag{5.6.27}$$

更方便的取法是, 把式 (5.6.25) 右方的 $o(\hbar^2)$ 部分也吸收到“一阶”抵消项中去, 即取

$$\delta\mathscr{I}^{(1)}=-\widetilde{\Gamma}_P^{(1)}(\mathscr{I}_0)-o(\hbar^2)=\widetilde{\mathscr{I}_0}(A_B^{(1)},f_B^{(1)},\cdots,g_B^{(1)})-\widetilde{\mathscr{I}_0}(A,f,\cdots,g). \tag{5.6.28}$$

这样,

$$\widetilde{\mathscr{I}_1}\equiv\widetilde{\mathscr{I}_0}(A,f,\cdots,g)+\delta\mathscr{I}^{(1)}=\widetilde{\mathscr{I}_0}(A_B^{(1)},f_B^{(1)},\cdots,g_B^{(1)}), \tag{5.6.29}$$

即只要把函数 $\widetilde{\mathscr{I}_0}$ 中的宗量换成一阶裸量 $A_b^{(1)}$, $f_B^{(1)}$, $\cdots$, $g_B^{(1)}$, 所得出的值就是 $\widetilde{\mathscr{I}_1}$. 于是 $\widetilde{\mathscr{I}_1}$ 中所含的一阶作用量 I_1, 对于一阶裸量的规范变换就具有不变性.

附带说明的是, 由式 (5.6.28) 定义的抵消项 $\delta\mathscr{I}^{(1)}$ 虽然能抵消 $\widetilde{\Gamma}^{(1)}$ 中的极点项, 但它本身却含有高阶项 $o(\hbar^2)\Big($此项为纯极点项, 因它是 (a, b, c) 的二次及高次式, 而 a, b, c 都正比于 $\dfrac{1}{\varepsilon}\Big)$, 因此我们在一阶抵消项上加了引号.

式 (5.6.26) 还包含另一个值得注意的结果, 即

$$\begin{aligned}&Z_f^{(1)}=Z_u^{(1)},\\&Z_A^{(1)}Z_u^{(1)}=Z_f^{(1)}Z_v^{(1)}.\end{aligned} \tag{5.6.30}$$

在这里所讨论的纯规范场情况, F_j 只包含 A 和 f, 相应的 K_j 为 u 和 v, (5.6.30) 第二式的含意是, 这两种 (F_j,K_j) 的一阶重正化常数的乘积相等. 从式 (5.6.30) 可以

得出若一个泛函 $W[A,f,\overline{f},u,v]$ 对一阶裸量满足

$$
\begin{aligned}
&\int \mathrm{d}^4x\left[\frac{\delta W}{\delta A_B^{(1)}(x)}\frac{\delta W}{\delta u_B^{(1)}(x)}+\frac{\delta W}{\delta f_B^{(1)}(x)}\frac{\delta W}{\delta v_B^{(1)}(x)}\right]=0,\\
&\frac{\delta W}{\delta \overline{f}_B^{(1)}(x)}-\partial\left[\frac{\delta W}{\delta u_B^{(1)}(x)}\right]=0.
\end{aligned}
\tag{5.6.31}
$$

那么 W 对于重正化量 $A,\ f,\ \overline{f},\ u,\ v$ 亦满足同样的恒等式

$$
\begin{aligned}
&\int \mathrm{d}^4x\left[\frac{\delta W}{\delta A(x)}\frac{\delta W}{\delta u(x)}+\frac{\delta W}{\delta f(x)}\frac{\delta W}{\delta v(x)}\right]=0,\\
&\frac{\delta W}{\delta \overline{f}(x)}-\partial\left[\frac{\delta W}{\delta u(x)}\right]=0.
\end{aligned}
\tag{5.6.32}
$$

因为只要对 (5.6.31) 第一式乘以 $(Z_A^{(1)}Z_u^{(1)})^{1/2}$, 对第二式乘以 $(Z_f^{(1)})^{1/2}$, 利用式 (5.6.30) 即得出式 (5.6.32).

2. $I_{基}+\delta I$ 具有规范不变性的证明

我们继续上述步骤, 从 $\mathscr{I}_1$ 出发来计算顶角函数生成泛函,

$$
\begin{aligned}
\mathscr{I}_1&=\widetilde{\mathscr{I}_1}-\frac{1}{2\xi}\int(\partial_\mu A_\mu^\alpha)^2\mathrm{d}^4x\\
&=\widetilde{\mathscr{I}_1}-\frac{1}{2\xi_B^{(1)}}\int\left(\partial_\mu(A_B^{(1)})_\mu^\alpha\right)^2\mathrm{d}^4x,
\end{aligned}
\tag{5.6.33}
$$

其中

$$
\xi_B^{(1)}=Z_A^{(1)}\xi. \tag{5.6.34}
$$

这样计算的结果记作 $\widetilde{\Gamma}(\mathscr{I}_1)$. 显然, 它对一阶裸量 $A_B^{(1)},\ f_B^{(1)},\ \cdots,\ g_B^{(1)}$ 满足 Slavnov-Taylor 恒等式和补充恒等式. 根据式 (5.6.30) 和上面的讨论, 它也满足对重正化量的 Slavnov-Taylor 恒等式和补充恒等式.

由于 $\widetilde{\Gamma}(\mathscr{I}_1)$ 中 $\sim\hbar^1$ 的部分已不含发散 (一阶极点项已通过 $\delta\mathscr{I}^{(1)}$ 消去), 我们来考虑 $\sim\hbar^2$ 的发散部分 (极点项)$\widetilde{\Gamma}_P^{(2)}(\mathscr{I}_1)$.

重复前面的论证, 不难得出 $\widetilde{\Gamma}_P^{(2)}(\mathscr{I}_1)$ 满足下述方程

$$
\begin{aligned}
&\widetilde{\mathscr{I}_0}*\widetilde{\Gamma}_P^{(2)}(\mathscr{I}_1)=0,\\
&\frac{\delta\widetilde{\Gamma}_\mu^{(2)}(\mathscr{I}_1)}{\delta\overline{f}^\alpha}-\partial_\mu\frac{\delta\widetilde{\Gamma}_\mu^{(2)}(\mathscr{I}_1)}{\delta u_\mu^\alpha}=0.
\end{aligned}
\tag{5.6.35}
$$

同样可得出 $\widetilde{\Gamma}_{\mu}^{(2)}(\mathscr{I}_1)$ 亦具有式 (5.6.24) 的形式, 只是其中的系数 a', b' 和 c' 都是 $\sim \hbar^2$ 的极点项. 于是有

$$\widetilde{\mathscr{I}_1}-\widetilde{\Gamma}_P^{(2)}(\mathscr{I}_1)=\widetilde{\mathscr{I}_0}(A_B^{(2)},f_B^{(2)},\cdots,g_B^{(2)})+o(\hbar^4), \tag{5.6.36}$$

右方的 $\widetilde{\mathscr{I}_0}$ 仍代表函数形式. 这样, 只要取 "二阶" 抵消项 $\delta\mathscr{I}^{(2)}$ 等于 $-\widetilde{\Gamma}_P^{(2)}(\mathscr{I}_1)-o(\hbar^4)$, 就可得出

$$\widetilde{\mathscr{I}_2}=\widetilde{\mathscr{I}_1}+\delta\mathscr{I}^{(2)}=\widetilde{\mathscr{I}_0}(A_B^{(2)},f_B^{(2)},\cdots,g_B^{(2)}). \tag{5.6.37}$$

也就是说 $\widetilde{\mathscr{I}_2}$ 与 $\widetilde{\mathscr{I}_0}$ 的差别, 只是将其函数表示中的重正化量 $A,f,\cdots$ 换成了二阶裸量 $A_B^{(2)},f_B^{(2)},\cdots$, 因此 $\widetilde{\mathscr{I}_2}$ 所对应的 $\mathscr{I}_2$, 对于二阶裸量具有 BRS 不变性, 而其中的 I_2 则具有规范不变性.

上述抵消项 $\delta\mathscr{I}^{(2)}$ 与 $\widetilde{\Gamma}_P^{(2)}(\mathscr{I}_1)$ 的差别为 $o(\hbar^4)$ 的极点项. 它完全消去了 $\widetilde{\Gamma}(\mathscr{I}_1)$ 中的二阶极点.

继续这一过程就得到完全的 $\widetilde{\mathscr{I}}$, 它可表为

$$\widetilde{\mathscr{I}}=\widetilde{\mathscr{I}_0}(A,f,\cdots,g)+\delta\mathscr{I}=\widetilde{\mathscr{I}_0}(A_B,f_B,\cdots,g_B), \tag{5.6.38}$$

其中, A_B, $f_B,\cdots$ 与 A, f, $\cdots$ 的关系与前相同, 只是重正化常数已是包括了所有阶修正的结果, 它们同样满足

$$\begin{aligned} Z_f&=Z_u,\\ Z_AZ_u&=Z_fZ_v. \end{aligned} \tag{5.6.39}$$

从 $\widetilde{\mathscr{I}}$ 中分出的 I 具有形式

$$I=I_{\text{基}}+\delta I=-\frac{1}{4}\int(F_{B\mu\nu}^{\alpha}F_{B\mu\nu}^{\alpha})\mathrm{d}^4x \tag{5.6.40}$$

的形式, 它对裸量显然是规范不变的. 这就证明了前面提出的命题.

在以上处理中, 当我们取 "n 阶" 抵消项时, 不是仅取 $\widetilde{\Gamma}^{(n)}(\mathscr{I}_{n-1})$ 中的极点项, 而且补充了高阶的极点项以使 $\widetilde{\mathscr{I}_n}$ 与 $\widetilde{\mathscr{I}_0}$ 具有同样的函数形式只是宗量从重正化量变成 n 阶裸量. 这样做是为证明规范不变性的方便. 它最后给出的结果与 MS 方案 (只减出各阶极点) 是一样的. 因为所补充的高阶项是纯极点项, 到高阶重正化时仍将被消去, 从而最后得到的总抵消项与 MS 的结果并无差别 (两者却消去 $\widetilde{\Gamma}$ 中所有的极点项, 而且只消去极点项). 这样就论证了 MS 重正化方案能保持理论的规范不变性.

在 5.4 节中讨论单圈图重正化时, 我们算出了各种顶角的重正化常数, 再证明它们与波函数重正化常数之间满足一定的关系式, 使得从各个顶角定出的规范耦合

常数的重正化常数 Z_g 是一致的. 在本节中, 我们利用了 Slavnov-Taylor 恒等式及补充恒等式, 直接得出了统一的 Z_g. 这表明, 在 MS 重正化中, 上述重正化常数之间的关系式, 不仅对单圈图 (一阶) 成立, 对任意阶都成立.

以上的证明可直接推广到有标量场[①]和旋量场的情况 (Kluberg-Stern & Zuber, 1975; Dixson, 1975), 只要旋量场的作用项中不含 γ_5. 关于有 γ_5 的问题, 将在下一节讨论.

本节的讨论还表明, 规范固定项没有抵消项, 只要定义

$$\xi_B = Z_A \xi, \tag{5.6.41}$$

就可将 $\frac{1}{2\xi}(\partial_\mu A_\mu^\alpha)^2$ 写成 $\frac{1}{2\xi_B}(\partial_\mu A_{B\mu}^\alpha)^2$. 对于朗道规范, ξ_B 保持为零.

值得一提的是, 本节所引入的 $u_\mu^\alpha(x)$ 和 $v^\alpha(x)$ 只是一种辅助工具. 以上结果对 $u_\mu^\alpha(x)$ 和 $v^\alpha(x)$ 的任何取值都成立, 自然对 $u_\mu^\alpha(x)$ 和 $v^\alpha(x)$ 取为零时亦成立, 当 u_μ^α 和 v^α 取为零时, 所求出的 $\varGamma$ 即为通常的顶角函数生成泛函, 而抵消项也只有通常的 (如 5.4 节中所述的) 抵消项.

最后我们指出, 选取不同的规范和重正化点, 计算出的 S 矩阵元是相同的. 这是因为不论怎么选取这些参数, $\hat{\mathscr{L}}_{基} + \delta\hat{\mathscr{L}}$ 都等于同一个 $\hat{\mathscr{L}}$. 从而计算出的 $\hat{S}$ 算符当然是相同的[②].

3. 重正化的 Slavnov-Taylor 恒等式

上面证明了总拉格朗日函数 $\mathscr{L} = \mathscr{L}_{基} + \delta\mathscr{L}$ 对于裸场量和裸规范耦合常数 g_B 是规范不变的, 但它对于重正化场量和重正化规范耦合常数 g 却不具有规范不变性. 例如在有旋量场与规范场耦合的情况, $\mathscr{L}$ 用重正化量表示出来即为:

$$\begin{aligned}\mathscr{L} =& -\frac{1}{4} Z_A(\partial_\mu A_\nu^\alpha - \partial_\nu A_\mu^\alpha + g Z_g Z_A^{1/2} c_{\alpha\beta\gamma} A_\mu^\beta A_\nu^\gamma)^2 \\ & - Z_\psi \overline{\psi}\gamma_\mu(\partial_\mu - \mathrm{g} g Z_g Z_A^{1/2} A_\mu^\alpha \tau^\alpha)\psi - Z_m Z_\psi m \overline{\psi}\psi.\end{aligned} \tag{5.6.42}$$

因此在规范变换

$$A_\mu^\alpha \to A_\mu^\alpha - \frac{1}{g}\partial_\mu \lambda^\alpha + c_{\alpha\beta\gamma}\lambda^\beta A_\mu^\gamma, \tag{5.6.43}$$

$$\begin{aligned}\psi &\to \psi - \mathrm{i}\lambda^\alpha \tau^\alpha \psi, \\ \overline{\psi} &\to \overline{\psi} + \mathrm{i}\overline{\psi}\lambda^\alpha\tau^\alpha.\end{aligned} \tag{5.6.44}$$

---

① 这里设对称性没有发生自发破坏, 对称性发生自发破坏的情况参见本节第 4 小节.

② S 矩阵元的计算如下：先把相应的格林函数中所有 (完全的) 外线传播子删去, 换上带高阶修正的外线波函数再乘上 $(2\pi)^4\delta(\Sigma p_j)$ 即成.

下, $\mathscr{L}$ 不具有不变性. 不难看出, 若定义

$$\widetilde{g} = gZ_gZ_A^{1/2}, \tag{5.6.45}$$

则 $\mathscr{L}$ 在变换

$$A_\mu^\alpha \to A_\mu^\alpha - \frac{1}{\widetilde{g}}\partial_\mu\lambda^\alpha + c_{\alpha\beta\gamma}\lambda^\beta A_\mu^\gamma \tag{5.6.46}$$

以及式 (5.6.44) 下是不变的.

我们来考察这一情况对 Slavnov-Taylor 恒等式的影响. 由于 $\mathscr{L}$ 可表为 $\mathscr{L}_{基}(A_B, \psi_B, g_B)$, 因此计算出的 (规制化的)$\widetilde{\Gamma}$ 将满足下述形式的 Slavnov-Taylor 恒等式 (参见式 (5.5.92))

$$\int \mathrm{d}^4x\left[\frac{\delta\widetilde{\Gamma}}{\delta A_B}\frac{\delta\widetilde{\Gamma}}{\delta u_B} + \frac{\delta\widetilde{\Gamma}}{\delta \mathrm{f}_B}\frac{\delta\widetilde{\Gamma}}{\delta v_B} + \frac{\delta\widetilde{\Gamma}}{\delta \psi_B}\frac{\delta\widetilde{\Gamma}}{\delta \overline{\kappa}_B} + \frac{\delta\widetilde{\Gamma}}{\delta \kappa_B}\frac{\delta\widetilde{\Gamma}}{\delta \overline{\psi}_B}\right] = 0, \tag{5.6.47}$$

但由于重正化常数满足关系

$$Z_AZ_u = Z_fZ_v = Z_\psi Z_\kappa \tag{5.6.48}$$

(此式是 (5.6.39) 第二式在有旋量场时的推广①), 于是将 $\sqrt{Z_AZ_u}$ 乘式 (5.6.47) 即把它化为

$$\int \mathrm{d}x\left[\frac{\delta\widetilde{\Gamma}}{\delta \mathrm{A}}\frac{\delta\widetilde{\Gamma}}{\delta u} + \frac{\delta\widetilde{\Gamma}}{\delta f}\frac{\delta\widetilde{\Gamma}}{\delta v} + \frac{\delta\widetilde{\Gamma}}{\delta \psi}\frac{\delta\widetilde{\Gamma}}{\delta \overline{\kappa}} + \frac{\delta\widetilde{\Gamma}}{\delta \kappa}\frac{\delta\widetilde{\Gamma}}{\delta \overline{\psi}}\right] = 0, \tag{5.6.49}$$

即 $\widetilde{\Gamma}$ 对重正化量亦满足同样形式的 Slavnov-Taylor 恒等式 ($\widetilde{\Gamma}$ 在用重正化量表示时, 已不含发散).

对于其他形式的 Slavnov-Taylor 恒等式, 从裸量到重正化量的过渡就不像从式 (5.6.47) 到 (5.6.49) 那样直截了当. 例如式 (5.5.47), 它本来对裸量成立 (当 Z 是指由总 $\mathscr{L}$ 计算的生成泛函时), 乘以 $Z_A^{1/2}$ 后, 并利用 $(J_B)_\mu^\alpha = Z_A^{-1/2}J_\mu^\alpha$, $g_B = Z_A^{-1/2}\widetilde{g}, \xi_B = Z_A\xi$, 即可化为

$$\begin{aligned}-\frac{1}{\xi}\partial_\mu\frac{\delta Z}{\delta J_\mu^\alpha(x)} + \int \mathrm{d}^4y\Bigg[J_\mu^\beta(y)\left(\delta_{\beta\gamma}\partial_\mu + \mathrm{i}\widetilde{g}c_{\beta\gamma\sigma}\frac{\delta}{\delta J_\mu^\alpha(y)}\right) + \widetilde{g}\overline{\zeta}_a(y)\tau_{ab}^\gamma\frac{\delta}{\delta\overline{\zeta}_b(y)}\\ -a\widetilde{g}\tau_{ab}^\gamma\zeta_b(y)\frac{\delta}{\delta\zeta_a(y)}\Bigg]F^{\gamma\alpha}(y,x;\widetilde{g}) = 0\end{aligned} \tag{5.6.50}$$

其中, 出现的规范耦合常数不是 g 而是 $\widetilde{g}$($\widetilde{g}$ 仍由式 (5.6.45) 定义). 这同 "总 $\mathscr{L}$(表达式如式 (5.6.42) 所示) 对 '重正化场量和耦合常数 $\widetilde{g}$' 具有规范不变性" 是一致的.

① 此等式还可推广到有标量场的情况. 如采用式 (5.5.83) 中的符号, 则有 $Z_{F_1}Z_{k_1} = Z_{F_2}Z_{k_2} = \cdots$.

我们可将 $\widetilde{g}$ 表示成

$$\widetilde{g}=g\left(1+\sum_n\frac{1}{\varepsilon^n}A_n(g,\xi)\right)$$

的形式. 式 (5.6.50) 的成立要求 $\frac{1}{\varepsilon}$ 各次幂的系数分别为零. 由于用重正化量表示的生成泛函 Z 已不含极点, 故式 (5.6.50) 中零次幂的结果即为

$$-\frac{1}{\xi}\partial_\mu\frac{\delta Z}{\delta J_\mu^\alpha(x)}+\int \mathrm{d}^4y\left[J_\mu^\beta(y)\left(\delta_{\beta\gamma}\partial_\mu+\mathrm{i}gc_{\beta\gamma\sigma}\frac{\delta}{\delta J_\mu^\sigma(y)}\right)+g\bar{\zeta}_a(y)\tau_{ab}^\gamma\frac{\delta}{\delta\bar{\zeta}_b(y)}\right.$$
$$\left.-g\tau_{ab}^\gamma\zeta_b(y)\frac{\delta}{\delta\zeta_a(y)}\right]F^{\gamma\alpha}(y,x;g)=0. \tag{5.6.51}$$

与原来的式子相比, 等于将全部裸量都换成了重正化量.

最后, 我们指出, 5.5 节中所证明的式 (5.5.34), 其中的规范参量和传播子原本是裸参量和未重正化的传播子①, 即

$$\frac{\mathrm{i}}{\xi_B}q_\mu q_\nu G_{\mu\nu}^{(B)\alpha\beta}=\delta_{\alpha\beta},$$

式中, 上标 (B) 表示未重正化. 但由于 $\xi_B=Z_A\xi$, 上式可直接化为

$$\frac{\mathrm{i}}{\xi}q_\mu q_\nu G_{\mu\nu}^{\alpha\beta}=\delta_{\alpha\beta}. \tag{5.6.52}$$

当然, 从式 (5.6.51) 亦可直接证明这一结果.

4. 对称性自发破坏的情况

我们简单地介绍一下对称性自发破坏时的重正化. 考虑实标量场与规范场的相互作用, 设 ξ 规范的拉格朗日函数中的基本项为

$$\mathscr{L}_{基}=-\frac{1}{4}F_{\mu\nu}^\alpha F_{\mu\nu}^\alpha-\frac{1}{2}(\mathscr{D}_\mu\varphi)_j(\mathscr{D}_\mu\varphi)_j+\frac{1}{2}\chi\varphi^2-\frac{1}{4!}\lambda(\varphi^2)^2, \tag{5.6.53}$$

其中, $\varphi^2=\varphi_j\varphi_j$, j 从 1 到 K, $\chi>0$.

这时标量场的真空期望值不为零, 从而对称性将发生自发破坏.

在对称性自发破坏的情况, 比较方便的是通过 φ 的真空期望值来定义重正化参量 χ. 设包括高阶修正在内的 φ 的真空期望值为 v, 则 χ 可定义为②

$$\chi=\frac{1}{6}\lambda v^2 \tag{5.6.54}$$

---

① 当时没有把总的拉格朗日函数分解成 $\mathscr{L}_{基}$ 加上抵消项 $\delta\mathscr{L}$ 来处理.

② 这样, 对重正化参量而言, v 只是零阶量. 于是 m 和 M_G 以及 $\mathscr{L}_{基}^{(\mathrm{eff})}$ 也都是零阶量. 否则它们都要按阶次展成级数.

此式是由 $\left.\dfrac{\mathrm{d}U(\varphi)}{\mathrm{d}\varphi}\right|_v=0$ 得出的.

对标量场作平移, 令

$$\varphi=\phi+v, \tag{5.6.55}$$

ϕ 代表物理上观测的标量场. 由于我们所设的 $U(\varphi)$ 的对称性, 实际上只有一个 Higgs 分量 ϕ_K 获得质量 $m(m>0)$. 平移后的结果为 (参见 4.4 节)

$$\begin{aligned}\mathscr{L}_{基}=&-\frac{1}{4}F^\alpha_{\mu\nu}F^\alpha_{\mu\nu}-\frac{1}{2}(\mathscr{D}_\mu\phi)_j(\mathscr{D}_\mu\phi)_j-\frac{1}{2}M_G^2(A^G_\mu)^2-\frac{1}{2}m^2\phi_K^2+M_GA^G_\mu(\partial_\mu\phi_G)\\&-\mathrm{i}gM_GT^\beta_{Gj}\phi_jA^\beta_\mu A^G_\mu-\frac{1}{2}\sqrt{\frac{\lambda}{3}}m\phi^2\phi_K-\frac{1}{4!}\lambda(\phi^2)^2,\end{aligned} \tag{5.6.56}$$

M_G, m 的公式在第四章已求出, 即 $M_G^2=g^2(T^Gv)^*_j(T^Gv)_j$, $m^2=\dfrac{\lambda}{3}v^2$.

在加上规范固定项及补偿项后, 即得出有效拉格朗日函数的基本项

$$\begin{aligned}\mathscr{L}^{(\mathrm{eff})}_{基}=&-\frac{1}{4}F^\alpha_{\mu\nu}F^\alpha_{\mu\nu}-\frac{1}{2}(\mathscr{D}_\mu\phi)_j(\mathscr{D}_\mu\phi)_j-\frac{1}{2}M_G^2(A^G_\mu)^2-\frac{1}{2\xi}(\partial_\mu A^\alpha_\mu)^2\\&-\frac{1}{2}m^2\phi_K^2+M_GA^G_\mu\partial_\mu\varphi_G-\mathrm{i}gM_GT^\beta_{Gj}\phi_jA^\beta_\mu A^G_\mu-\frac{1}{2}\sqrt{\frac{\lambda}{3}}m\phi^2\phi_K\\&-\frac{1}{4!}\lambda(\phi^2)+\overline{f}^\alpha(\Box f^\alpha-gc_{\alpha\beta\gamma}\partial_\mu(A^\gamma_\mu f^\beta)).\end{aligned} \tag{5.6.57}$$

由于 χ 的定义与通常的不同, 它的重正化规制条件自然亦与通常的不同. 既然 χ 由 v 决定, 而 v 又应取得使 ϕ 的真空期望值 (包括高阶修正的) 为零

$$\langle 0|\hat{\phi}|0\rangle=0, \tag{5.6.58}$$

χ 的重正化规制条件应当就是式 (5.6.58). 如果我们将裸参量 χ_B 表示为

$$\chi_B=\chi+\delta\chi, \tag{5.6.59}$$

那么 $\delta\chi$ 应取得使式 (5.6.58) 成立①.

$\mathscr{L}^{(\mathrm{eff})}_{基}$ 满足可重正化条件: 所有耦合常数的量纲幂次都大于或等于零. 所有的自由传播子都具有正常的大动量行为, 因此我们可以通过引入有限数目的抵消项 $\delta\mathscr{L}_{\mathrm{eff}}$ 来消去所有顶角函数中的发散.

剩下的问题是, $\mathscr{L}^{(\mathrm{eff})}_{基}+\delta\mathscr{L}_{\mathrm{eff}}$ 中的 $\mathscr{L}_{基}+\delta\mathscr{L}$ 部分在用裸量表示后是否还具有自发破坏的规范对称性? 即在

$$(A_B)^\alpha_\mu\longrightarrow(A_B)^\alpha_\mu+c_{\alpha\beta\gamma}\delta\lambda^\beta(A_B)^\gamma_\mu-\frac{1}{g_B}\partial_\mu\delta\lambda^\beta,\quad(\phi_B)_j\longrightarrow(\phi_B)_j-\mathrm{i}T^\alpha_{jl}\delta\lambda^\alpha[(\phi_B)_l+(v_V)_l] \tag{5.6.60}$$

① 这句话的实际含义如下: 当我们计算高阶修正时, 蝌蚪图  将不为零, 并含有发散. 这就需要引入 $c\phi$ 形式的抵消项. 式 (5.6.58) 的成立, 要求上述 c 的取值不仅是消去蝌蚪图中的极点部分, 要消去它的全部. $\delta\chi$ 就根据这样求出的 c 值来确定.

时是否保持不变?

满足这一要求对于证明重正化 S 矩阵的规范不变性是重要的. 有了这种不变性, ξ 规范才与 U 规范等价, 才能得出所有非物理粒子在重正化的 S 矩阵中不出现.

最直接的证明途径应是这样的, 式 (5.6.56) 在无穷小变换

$$A_\mu^\alpha \to A_\mu^\alpha + c_{\alpha\beta\gamma}\delta\lambda^\beta A_\mu^\gamma - \frac{1}{g}\partial_\mu\lambda^\alpha, \quad \phi_j \to \phi_j - \mathrm{i}T_{jl}^\alpha\delta_\lambda^\alpha(\phi_l + v_l) \tag{5.6.61}$$

下是不变的. 由此可以写出相应的 Slavnov-Taylor 恒等式, 然后利用它来确定逐级抵消项的形式, 并逐级地证明 $\mathscr{L}_{基} + \delta\mathscr{L}$ 对式 (5.6.60) 所示裸量变换是不变的.

常用的简单论证办法是, 将自发破坏时的顶角函数生成泛函与对称的 (指无自发破坏) 的顶角函数生成泛函联系起来, 再利用后者已证明性质来得出我们所要的结论.

当式 (5.6.53) 中的 χ 取负值时, 理论无自发破坏, 可以通过抵消项消去所有发散并使规范对称性仍然保持. 下一步的意图是从 $\chi < 0$ 延拓到 $\chi > 0$, 并利用重正化系数与质量参数的无关性来完成所需要证明. 但直接延拓存在一个问题, 即 $\chi = 0$ 的点不是理论的解析点 (因为在 $\chi < 0$ 时 v 总保持为零, 而到 $\chi = 0$ 点折向上升, 见下文中图 5.6.1). 避开这一问题的方法是引入一个常数经典外源 ($j_l(x) = a_l$) 来与标量场耦合, 即取

$$\mathscr{L}_{基}^{(a)} = \mathscr{L}_{基} + a_l\varphi_l(x) \tag{5.6.62}$$

作为拉格朗日函数的基本项. 由于此"常数经典外源" a_l 的存在, 即使在 $\chi < 0$(无自发破坏) 时, φ 的真空期望值也不为零而等于常数 v, 从而可使 $\chi = 0$ 的点转化为解析点.

我们仍通过 v 来定义重正化参量 χ,

$$\chi = \frac{1}{6}\lambda v^2 - \frac{a\cdot v}{v^2} \tag{5.6.63}$$

$\left(\text{此式亦由 } \left.\dfrac{\mathrm{d}U(\varphi)}{\mathrm{d}\varphi}\right|_v = 0 \text{ 得出}\right)$. 平移后的标量场仍用 $\phi_l(x)$ 表示, 它的真空期望值等于零. 对 $\phi_l(x)$ 引入经典外源 $j_l(x)$ 以求格林函数的生成泛函:

$$Z^{(a)} = \mathrm{e}^{Z_c^{(a)}} = \frac{\displaystyle\int \mathrm{D}(A)\mathrm{D}(f)\mathrm{D}(\overline{f})\mathrm{D}(\phi)\mathrm{e}^{\mathrm{i}\int \mathrm{d}^4x[\mathscr{L}_{基}^{(\mathrm{eff})} + \delta\mathscr{L}_{\mathrm{eff}} + a_l\varphi_l + J_\mu^\alpha A_\mu^\alpha + \overline{f}\eta + \overline{\eta}f + j_l\phi_l]}}{\displaystyle\int \mathrm{D}(A)\mathrm{D}(f)\mathrm{D}(\overline{f})\mathrm{D}(\phi)\mathrm{e}^{\mathrm{i}\int \mathrm{d}^4x[\mathscr{L}_{基}^{(\mathrm{eff})} + \delta\mathscr{L}_{\mathrm{eff}} + a_l\varphi_l]}} \tag{5.6.64}$$

其中, 分母代表规格化常数, 使得 $J = \eta = \overline{\eta} = j \equiv 0$ 时, $Z_c^{(a)} = 0$.

在式 (5.6.64) 中我们只对平移后的场 ϕ_l 引入经典外源 j_l, ϕ_l 的真空期望值为零的条件可表为

$$\left.\frac{\delta Z_c^{(a)}}{\delta j_l(x)}\right|_{j=J=\eta=\overline{\eta}\equiv 0} = 0. \tag{5.6.65}$$

现在, 即使在 $\chi < 0$ 时, χ 的重正化规制条件也改为式 (5.6.58) 或 (5.6.65). 从而消除了在 $\chi < 0$ 和 $\chi > 0$ 采用两种重正化规制条件的转变.

对式 (5.6.64) 两侧取对数. 按式 (5.6.55), $a_l\varphi_l + j_l(x)\phi_l$ 等于 $(j_l(x)+a_l)\varphi_l - j_l(x)v_l$, 而 $\mathrm{e}^{-\mathrm{i}\int \mathrm{d}^4x j_l(x)v_l}$ 又可提到泛函积分外面, 故可化出

$$Z_c^{(a)}[J,\eta,\overline{\eta},j] = Z_c[J,\eta,\overline{\eta},j+a] - Z_c[0,0,0,a] - \mathrm{i}\int \mathrm{d}^4x j_l v_l, \tag{5.6.66}$$

其中, Z_c 代表无 a_l 存在时即通常的格林函数生成泛函①.

将式 (5.6.66) 对 $j(x)$ 作泛函微商, 然后取 $j=J=\eta=\overline{\eta}\equiv 0$, 利用式 (5.6.65) 即可得出

$$v_l = \left.\frac{\delta Z_c[J,\eta,\overline{\eta},j+a]}{\mathrm{i}\delta j_l}\right|_{j=J=\eta=\overline{\eta}=0} = \left.\frac{\delta Z_c[J,\eta,\overline{\eta},j]}{\mathrm{i}\delta j_l}\right|_{j=a,J=\eta=\overline{\eta}=0}, \tag{5.6.67}$$

即 v_l 可从通常的生成泛函 Z_c 求出.

通过勒让德变换得出顶角函数生成泛函为

$$\Gamma^{(a)}[A,f,\overline{f},\phi] = \frac{1}{\mathrm{i}}Z_c^{(a)}[J,\eta,\overline{\eta},j] - \int \mathrm{d}^4x[A_\mu^\alpha J_\mu^\alpha + \overline{f}\eta + \overline{\eta}f + \phi j], \tag{5.6.68}$$

其中 (下面略去 $Z_c^{(a)}$ 和 Z_c 中的 $J,\eta,\overline{\eta}$ 不写)

$$\phi_l = \frac{\delta Z_c^{(a)}[j]}{\mathrm{i}\delta j_l(x)} = \frac{\delta Z_c[j+a]}{\mathrm{i}\delta j_l(x)} - v_l. \tag{5.6.69}$$

(5.6.69) 第二等式系利用式 (5.6.66) 推出.

我们用 Γ 代表 $\frac{1}{\mathrm{i}}Z_c$ 的勒让德变换, 即

$$\Gamma[A,f,\overline{f},v] = \frac{1}{\mathrm{i}}Z_c[J,\eta,\overline{\eta},a] - \int \mathrm{d}^4x[A_\mu^\alpha J_\mu^\alpha + \overline{f}\eta + \overline{\eta}f + v_l a_l],$$

则按 (5.6.69) 第二式和式 (5.6.67), 可以得出

$$\Gamma[A,f,\overline{f},\phi+v] = \frac{1}{\mathrm{i}}Z_c[J,\eta,\overline{\eta},j+a] - \int \mathrm{d}^4x[\mathrm{A}_\mu^\alpha J_\mu^\alpha + \overline{f}\eta + \overline{\eta}f + (\phi_l+v_l)(j_l+a_l)]. \tag{5.6.70}$$

将式 (5.6.66) 和 (5.6.70) 代入式 (5.6.68) 右方即化出

$$\Gamma^{(a)}[A,f,\overline{f},\phi] = \Gamma[A,f,\overline{f},\phi+v] - \Gamma[0,0,0,v] + \int \mathrm{d}^4\chi\phi_l(x)a_l.$$

此式的意思是, $\Gamma^{(a)}$ 与普通的 Γ 的差别除了简单的附加项 (上式右方第二、三项) 外, 在最后一个宗量上还差一常数 v(一个是 ϕ, 一个是 $\phi+v$).

这样, 当抵消项 $\delta\mathscr{L}_{\mathrm{eff}}$ 取得使 Γ 不含发散时, $\Gamma^{(a)}[A,f,\overline{f},\phi]$ 中的发散也已被消去.

---

① 我们将让 a 带有浸渐因子, 使它在 $t\to\pm\infty$ 时趋于零, 这是因为通常 Z_c 的宗量 $j(x)$ 在 $t\to\pm\infty$ 时要趋于零, 而式 (5.6.67) 中 Z_c 的宗量在 $t\to\pm\infty$ 时趋于 a. 另外, 在通常 Z 即 e^{Z_c} 的定义中, 泛函积分变量 $\varphi(x)$ 应满足费恩曼端条件, 而在式 (5.6.64) 中满足费恩曼端条件的却是 $\phi(x)$. 当令 a 带浸渐因子后, 可使 $\phi(x)$ 与 $\varphi(x)$ 在 $|t|\to\infty$ 时趋于一致.

附带指出的是 $a_l\varphi_l(x)$ 项不需引入抵消项①, 因此有

$$a_l\varphi_l(x) = (a_B)_l\varphi_B(x)_l,$$

于是得

$$(a_B)_l = Z_\varphi^{-1/2}a_l. \tag{5.6.71}$$

到了这步, 我们再改变 χ, 使它从负值变到正值. 现在 $\chi=0$ 点已是解析点 (v 随 χ 的变化曲线参见图 5.6.1), 故这一变化不引起困难. 由于采用了质量无关的重正化 (χ 的重正化除外), 因此所有的抵消项除 $\mathrm{d}\chi$ 以外都保持不变. χ 和 $\mathrm{d}\chi$ 的变化将使 χ_B 发生改变. 但 χ_B 值的改变对 $\mathscr{L}$ 的规范对称性没有任何影响. 最后再令 $a_l\to 0$, 这就回到了纯粹自发破坏的情况 ($\mathscr{L}^{(a)}_{基}$ 既有自发破坏, 又有非自发的破坏即 $a\varphi$ 项引起的对称性破坏). 在 a 变化的过程中, 所有抵消项都保持不变 (因所有正规图形中都不含 a) 这样就完成了简单的论证.

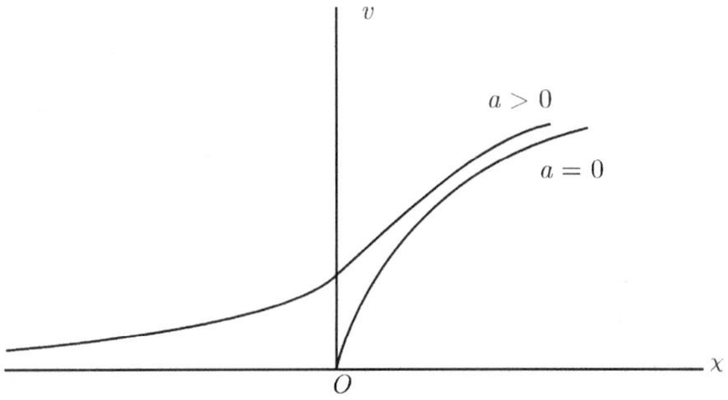

图 5.6.1

从实际计算的角度来看, 所证命题的成立也就是可以通过下述形式的抵消项:

$$\begin{aligned}
\delta\mathscr{L}_{\text{eff}} = &-\frac{1}{4}(Z_A-1)(\partial_\mu A_\nu^\alpha - \partial_\nu A_\mu^\alpha)^2 \\
&-\frac{1}{2}(Z_g^2 Z_\varphi Z_A - 1)M_G^2(A_\mu^G)^2 - \frac{1}{2}(Z_\varphi - 1)(\partial_\mu\phi_j)^2 - \frac{1}{2}(Z_\lambda Z_\varphi^2 - 1)m^2\phi_K^2 \\
&-\frac{1}{4}Z_\varphi[(Z_\lambda Z_\varphi - 1)m^2 - 2\delta\chi]\phi^2 + (Z_g Z_\varphi Z_A^{1/2} - 1)M_G A_\mu^G\partial_\mu\varphi_G \\
&+(Z_f-1)\overline{f}^\alpha\Box f^\alpha - \frac{1}{2}\sqrt{\frac{3}{\lambda}}mZ_\varphi[(Z_\lambda Z_\varphi - 1)m^2 - 2\delta\chi]\phi_K \\
&+\mathrm{i}(Z_g Z_A^{1/2}Z_\varphi - 1)gA_\mu^\alpha(T^\alpha\phi)_j\partial_\mu\phi_j + \frac{1}{2}(Z_g^2 Z_A Z_\varphi - 1)g^2 A_\mu^\alpha A_\mu^\beta(T^\alpha\phi)_j(T^\beta\phi)_j \\
&-\mathrm{i}(Z_g^2 Z_\varphi Z_A - 1)gM_G T_{Gj}^\beta\phi_j A_\mu^\beta A_\mu^G - \frac{g}{2}(Z_g Z_A^{3/2} - 1)(\partial_\mu A_\nu^\alpha - \partial_\nu A_\mu^\alpha)c_{\alpha\beta\gamma}A_\mu^\beta A_\nu^\gamma
\end{aligned}$$

① 初看起来, 图形  的图形指数 N 等于零, 需要引入相应的抵消项. 但此图实际上是 , 因而是单粒子可约的, 它的发散可通过标量场的质量重正化和波函数重正化而消去 (所有 $J_\mu^\alpha A_\mu^\alpha, j_l(x)\varphi_l(x), \overline{f}\eta, \overline{\eta}f$ 等项都没有抵消, 也是同样的理由).

$$
\begin{aligned}
&-\frac{1}{4}(Z_g^2Z_A^2-1)g^2c_{\alpha\beta\gamma}c_{\alpha\delta\sigma}A_\mu^\beta A_\nu^\gamma A_\mu^\delta A_\nu^\sigma-g(Z_gZ_fZ_A^{1/2}-1)c_{\alpha\beta\gamma}\overline{f}^\alpha\partial_\mu(A_\mu^\gamma f^\beta)\\
&-\frac{1}{2}\sqrt{\frac{\lambda}{3}}m(Z_\lambda Z_\varphi^2-1)\phi^2\phi_K-\frac{\lambda}{4!}(Z_\lambda Z_\varphi^2-1)(\phi^2)^2,
\end{aligned}
\tag{5.6.72}
$$

将所有发散和蝌蚪图消去. 上式共有 16 种形式的抵消项, 但却只有 6 个待定参量 (Z_A, Z_φ, Z_f, Z_g, Z_λ, $\delta\chi$). 因此只当发散项系数之间存在一定关系的情况下, 才有可能做到.

5.7 规范理论中的 γ_5 反常问题

在定域场论中, 由于会出现发散, 计算时必须先规制化. 当理论原来具有某种对称性时, 我们应尽量采用能保持该对称性的规制化方案, 以免 Slavnov-Taylor 恒等式因规制化而受到破坏, 这样就可利用该恒等式来证明对称性在重正化后仍然保持. 从原则上说, 规制化只是重正化过程中的一个中间步骤, 并不一定要求它保持原来的对称性. 如果对称性在重正化以后仍然成立, 那么即使采用了非对称的规制化, 也应该能选择适当的抵消项把规制化所引入的非对称的项消去. 不过, 这样做会引起甚多的麻烦, 这就是我们要尽量采用对称性的规制化方案的原因. 但对于某些对称性, 人们发现无论采用怎样的规制化都不能使它保持下来, 也不能通过选取抵消项使这种对称性在重正化后仍然成立, 这种情况就称作 “出现反常”. 由此可见, 反常的出现意味着拉格朗日函数的该种对称性与重正化不相容. 在这种情况下, 此对称性将只是一种形式上的对称性而不是现实的 (或不完全是现实的) 对称性.

从维数规制化来看, 有两类对称性是规制化后不能保持的, 一种是标度变换的对称性, 一种是手征对称性. 当拉格朗日函数中只有零质量粒子而且所有的耦合常数都量纲为 1 的时候, 理论将不含任何内在的质量 (或长度) 标度. 本来, 对某个理论来说, 一个能量值是高还是低, 一个距离值是大还是小, 都应当是相对其内在的标度而言. 上面所述理论既然不含任何内在的标度, 对于它, 说某个能量值高或某个距离值小就无任何物理意义. 这样的理论对于标度的变换将具有不变性. 但在延拓到 s 维空间后, 情况发生了变化, 耦合常数变成了有量纲的量, 这就使标度不变性受到了破坏. 至于手征对称性, 则是由于 γ_5 的延拓问题而遭到破坏的.

实际上, 对这两种对称性的破坏不是维数规制化所特有的, 采用其他规制化也同样会发生, 在下文中我们还会作适当的说明.

本节我们将只讨论 γ_5 反常, 关于标度不变性及其破坏的问题将留到下章中讨论.

1. γ_5 反常

粒子物理对 γ_5 反常发生兴趣是因为在弱作用中出现了轴矢流(以及后来的电

弱统一理论是手征性的规范理论). 尽管弱作用中的轴矢流在四维时空中已不严格守恒而只是部分守恒 (PCAC), 但 γ_5 反常所引起的物理效应还是能在 $\pi^0 \to 2\gamma$ 的衰变过程中表现出来①.

本节的目的是为了说明 γ_5 反常出现的实质, 因而将假定作维数延拓前 (维数 $s=4$ 时) 轴矢流是守恒的 (即不研究 PCAC 的情况), 由此来考察规制化对它的破坏.

根据上述假定, 在算符量子化中将有

$$\partial_\mu \hat{j}_{5\mu} = 0. \tag{5.7.1}$$

一个算符等于零, 也就是说它的任何矩阵元都等于零:

$$\langle a|\partial_\mu \hat{j}_{5\mu}|b\rangle = 0. \tag{5.7.2}$$

下面我们来说明, 这一从拉格朗日函数形式上推出来的结果是如何失效的.

问题出在定域场论包含发散, 因此计算矩阵元 $\langle a|\partial_\mu \hat{j}_{5\mu}|b\rangle$ 时首先要规制化. 在维数规制化中, 虽然一些作者曾对 n 维空间中的 γ_5 提出了定义②, 但都不能使所有含 γ_5 的旋量粒子圈积分具有可解析延拓的表达式, 并同时保持式 (5.7.1) 在 s 维时空中仍成立.

设想在采用某种 γ_5 的推广定义时, 式 (5.7.1) 变为

$$\partial_\mu \hat{j}_{5\mu} = (s-4)\hat{\Delta}. \tag{5.7.3}$$

尽管在 $s=4$ 时, 它形式上回到式 (5.7.1), 但矩阵元 $\langle|\partial_\mu \hat{j}_{5\mu}|\rangle$ 的值却可能不为零. 这是因为

$$\langle|\partial_\mu \hat{j}_{5\mu}|\rangle = (s-4)\langle|\hat{\Delta}|\rangle, \tag{5.7.4}$$

若 $\langle|\hat{\Delta}|0\rangle$ 出现极点项, $\langle|\partial_\mu \hat{j}_{5\mu}|0\rangle$ 就将不等于零.

采用 Pauli-Villars 规制化方法时, 也会破坏 γ_5 不变性, 因为在这种规制方法中要引入重旋量粒子, 而旋量粒子的质量项 $M\overline{\psi}\psi$ 是破坏手征对称性的 (参见 3.5 节)

在 $\pi^0 \to 2\gamma$ 的问题中出现的 $\gamma_5$③反常, 不仅没有产生有害的结果, 还能解决 PCAC 理论与实验间的矛盾, 因而为人们所接受. 但规范作用中的反常就不同了. 这种反常将使 Slavnov-Taylor 恒等式不成立, 从而产生一系列的有害结果, 使该理论

① $\pi^0 \longrightarrow 2\gamma$ 的衰变率比通过 PCAC 和流代数得出的值大得多.

② 例如见 Delbourgo & Akyeampong, Nuovo Cimento **19** A, 219, 1974; Breilenlohner & Maison, Commun. Math. Phys. **52**, p.11, p.39, p.55, 1977; Trueman, Phys. Lett. **88**B, 331, 1979; Bonneau, Phys. lett. **96**B, 147, 1980.

③ 在这个理论中, 轴矢流是与整体手征变换相联系的, 与手征性规范理论不同.

成为物理上不可接受的理论 (在对称性自发破坏的情况后果尤其严重, 这时幺正规范与 ξ 规范将不等价, 从而使前者是不可重正化的, 而后者所含的多余极点不能消去, S 矩阵在物理的子空间内不是幺正的).

QED 和 QCD 都不含 γ_5, 即规范玻色子不与手征流相耦合, 因而不会出现反常的问题. Weinberg-Salam 的电弱统一理论情况与它们不同, 如第三章所述, 它是一种手征性规范理论, 与规范玻色子耦合的流中就含有 γ_5, 因而反常可能出现. 要使它成为一个物理上合理的理论就需要把出现的反常消去. 关于手征性的规范理论如何才能使其中的反常消去, 我们将在下面讨论.

2. 一个有 γ_5 反常的阿贝尔规范模型

为了更具体地考察 γ_5 反常是如何出现的, 我们来研究一个简单的理论模型, 即阿贝尔规范场与旋量粒子的轴矢流相耦合. 此模型的拉格朗日函数 (基本项) 为

$$\mathscr{L}_{基} = -\frac{1}{4}(\partial_\mu A_\mu - \partial_\nu A_\mu)^2 - \overline{\psi}\gamma_\mu(\partial_\mu - \mathrm{i}gA_\mu\gamma_5)\psi. \tag{5.7.5}$$

这一拉格朗日函数在阿贝尔规范变换

$$\begin{aligned} A_\mu(x) &\to A_\mu(x) - \frac{1}{g}\partial_\mu\theta(x), \\ \psi(x) &\to \mathrm{e}^{-\mathrm{i}\gamma_5\theta(x)}\psi(x), \end{aligned} \tag{5.7.6}$$

下是保持不变的. 注意, 式 (5.7.5) 中不含 ψ 的质量项. 该质量项是破坏上述规范不变性的, 因从 ψ 的变换式可得出 $\overline{\psi}(x) \to \overline{\psi}(x)\mathrm{e}^{-\mathrm{i}\gamma_5\theta(x)}$, 于是 $\overline{\psi}(x)\psi(x)$ 将变换为 $\overline{\psi}(x)\mathrm{e}^{-z\mathrm{i}\gamma_5\theta(x)}\psi$, 它不等于 $\overline{\psi}(x)\psi(x)$.

(5.7.6) 第二式意味着 ψ 的左手分量和右手分量具有不同的变换性质,

$$\begin{aligned} \psi_L(x) &\to \mathrm{e}^{-\mathrm{i}\theta(x)}\psi_L(x), \\ \psi_R(x) &\to \mathrm{e}^{\mathrm{i}\theta(x)}\psi_R(x). \end{aligned} \tag{5.7.7}$$

因此我们所研究的是一种手征性的阿贝尔规范理论. 从 $\mathscr{L}_{基}$ 不难推出轴矢流

$$j_{5\mu} = \mathrm{i}g\overline{\psi}\gamma_\mu\gamma_5\psi \tag{5.7.8}$$

满足守恒方程

$$\partial_\mu j_{5\mu} = 0. \tag{5.7.9}$$

在作量子计算时, 可像 QED 一样引入规范固定项. 在 ξ 规范下, 有效拉格朗日量即为

$$\mathscr{L}_{基}^{(\mathrm{eff})} = \mathscr{L}_{基} - \frac{1}{2\xi}(\partial_\mu A_\mu)^2. \tag{5.7.10}$$

我们来对此理论中的反常作具体的考察. 首先要指出的是, 反常只来自旋量粒子线的单圈图, 因为反常只当规制化破坏对称性时才有可能出现, 而从高阶协变导数规制化即可看出, 在单纯地引入规范场的高阶协变导数后, 除含旋量粒子的单圈图的 (这里不存在规范玻色子的圈图) 顶角函数外, 其余的原始发散都已被规制 (这时手征规范对称性尚未受到破坏).

在这个理论模型中, 反常实际上就只来自图 5.7.1 所示的三角形图①, 因为含二个顶点和四个顶点的单圈图中的 γ_5, 可通过对易移到一处而消去.

在 QED 中, 这两个三角图的贡献是互相消去的 (Furry 定理), 但在现在这个理论模型中, 由于顶点含有 γ_5, 两个图的贡献不是相消而是相等②.

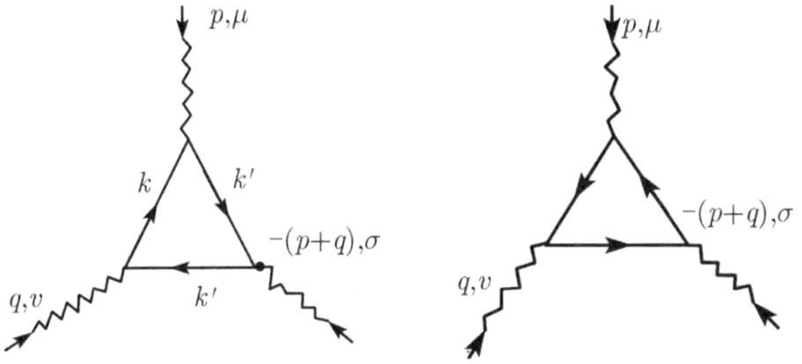

图 5.7.1　含有 γ_5 顶点的两个三角图

我们来证明, 由于这种三角形会出现反常, 重正化的顶角函数生成泛函不可能满足 Slavnov-Taylor 恒等式

$$\partial_\mu \frac{\delta \Gamma}{\delta \mathrm{A}_\mu} + \mathrm{i}g\frac{\delta \Gamma}{\delta \overline{\psi}}\gamma_5\psi - \mathrm{i}g\overline{\psi}\gamma_5\frac{\delta \Gamma}{\delta \overline{\overline{\psi}}} - \frac{1}{\xi}\Box(\partial_\mu \mathrm{A}) = 0. \tag{5.7.11}$$

因若式 (5.7.11) 成立, 则将它对 A 作二次泛函微商然后令 $\psi = \overline{\psi} = A = 0$ 就可得到下述 Ward-Takahashi 恒等式

$$\partial_\mu \frac{\delta^3 \Gamma}{\delta A_\mu(x)\delta A_\nu(y)\delta A_\sigma(z)} = 0. \tag{5.7.12}$$

转到动量表象就有

$$p_\mu \Gamma_{\mu\nu\sigma}(p,q) = 0, \tag{5.7.13}$$

同样地还可得出

$$q\Gamma_{\mu\nu\sigma}(p,q) = 0, \tag{5.7.14}$$

$$(p+q)_\sigma \Gamma_{\mu\nu\sigma}(p,q) = 0, \tag{5.7.15}$$

① 更一般的情况是, 含奇数个 γ_5 的四角形图也可能产生反常. 另外, 由于引入的抵消项, 还可能出现五角反常 (Bardeen 1969; Wess & Zumino 1971; Aviv & Zee 1972).

② 可利用电荷共轭矩阵 C 来证明, 参考 Furry 定理的证明过程.

这三个式子 (5.7.13), (5.7.14), (5.7.15) 反映了图 5.7.1 三个顶点间的对称关系. 但我们通过对单圈图的 $\Gamma_{\mu\nu\sigma}$ 的具体计算可以得知, 它们不可能同时成立.

根据费恩曼规则, 不难推导出图 5.7.1 所对应的 $\Gamma_{\mu\nu\sigma}$ 为

$$\Gamma_{\mu\nu\sigma}=2\mathrm{i}g^3\mathrm{tr}\int\frac{\mathrm{d}^4k}{(2\pi)^4}\frac{\gamma_5\gamma_\mu(\gamma\cdot k)\gamma_\nu(\gamma\cdot k-\gamma\cdot q)\gamma_\sigma(\gamma\cdot k+\gamma\cdot p)}{(k^2-\mathrm{i}\varepsilon)[(k-q)^2-\mathrm{i}\varepsilon][(k+p)^2-\mathrm{i}\varepsilon]},\tag{5.7.16}$$

于是有

$$(p+q)_\sigma\Gamma_{\mu\nu\sigma}=2\mathrm{i}g^3\mathrm{tr}\int\frac{\mathrm{d}^4k}{(2\pi)^4}\frac{\gamma_5\gamma_\mu(\gamma\cdot k)\gamma_\nu(\gamma\cdot k-\gamma\cdot q)(\gamma\cdot p+\gamma\cdot q)(\gamma\cdot k+\gamma\cdot p)}{(k^2-\mathrm{i}\varepsilon)[(k-q)^2-\mathrm{i}\varepsilon][(k+p)^2-\mathrm{i}\varepsilon]}.\tag{5.7.17}$$

将分子中 $\gamma\cdot p+\gamma\cdot q$ 分成为两项之差即 $(\gamma\cdot k+\gamma\cdot p)-(\gamma\cdot k-\gamma\cdot q)$, 就可把上式化成

$$\begin{aligned}(p+q)_\sigma\Gamma_{\mu\nu\sigma}=&2\mathrm{i}g^3\mathrm{tr}\int\frac{\mathrm{d}^4k}{(2\pi)^4}\frac{\gamma_5\gamma_\mu(\gamma\cdot k)\gamma_\nu(\gamma\cdot k-\gamma\cdot q)}{(k^2-\mathrm{i}\varepsilon)[(k-q)^2-\mathrm{i}\varepsilon]}\\&-2\mathrm{i}g^3\mathrm{tr}\int\frac{\mathrm{d}^4k}{(2\pi)^4}\frac{\gamma_5\gamma_\mu(\gamma\cdot k)\gamma_\nu(\gamma\cdot k+\gamma\cdot p)}{(k^2-\mathrm{i}\varepsilon)[(k+p)^2-\mathrm{i}\varepsilon]}\\=&8\mathrm{i}g^3\int\frac{\mathrm{d}^4k}{(2\pi)^4}\frac{\varepsilon_{\mu\nu\sigma\tau}k_\sigma q_\tau}{(k^2-\mathrm{i}\varepsilon)[(k-q)^2-\mathrm{i}\varepsilon]}\\&+8\mathrm{i}g^3\int\frac{\mathrm{d}^4k}{(2\pi)^4}\frac{\varepsilon_{\mu\nu\sigma\tau}k_\sigma p_\tau}{(k^2-\mathrm{i}\varepsilon)[(k+p)^2-\mathrm{i}\varepsilon]}.\end{aligned}\tag{5.7.18}$$

我们看到 $(p+q)_\sigma\Gamma_{\mu\nu\sigma}$ 在分成两项后, 虽然表观上看起来每项的发散度都增加了 1(即从线性发散到二次发散), 但在求迹后实际上仍是线性发散.

在进一步计算中就需要规制化. 前面已经提到维数规制化和 Pauli-Villars 规制化是怎样破坏手征对称性的, 现在我们来看看动量截断规制化如何也会导致同样的结果.

为此先通过 Wick 转动将动量转到欧几里得度规, 然后再对积分动量 k 作对称的截断 (即 k^2 积分限取作 0 到 Λ^2).

不难看出, 式 (5.7.18) 的两项都将等于零. 这是因为这两项都是二阶赝张量, 并且都只依赖于一个矢量 (第一项只依赖于 q, 第二项只依赖于 p). 如果积分不发散, 则立即可以得出这两项都要等于零, 因为从一个矢量做不出二阶赝张量. 在积分发散并引入截断的情况下, 作结论时要小心, 要看截断是不是对称的. 由于我们按惯例对积分变量 k 作了对称的截断, 没有由此引入特殊的方向, 因而上述等于零的结论仍然成立. 于是得

$$(p+q)_\sigma\Gamma_{\mu\nu\sigma}=0.\tag{5.7.19}$$

但这时 $q_\nu\Gamma_{\mu\nu\sigma}$ 和 $p_\mu\Gamma_{\mu\nu\sigma}$ 都将不为零, 我们先来考察 $q_\nu\Gamma_{\mu\nu\sigma}$. 由式 (5.7.16),

$$q_\nu\Gamma_{\mu\nu\sigma}=2\mathrm{i}g^3\mathrm{tr}\int\frac{\mathrm{d}^4k}{(2\pi)^4}\frac{\gamma_5\gamma_\mu(\gamma\cdot k)(\gamma\cdot q)(\gamma\cdot k-\gamma\cdot q)\gamma_\sigma(\gamma\cdot k+\gamma\cdot p)}{(k^2-\mathrm{i}\varepsilon)[(k-q)^2-\mathrm{i}\varepsilon][(k+p)^2-\mathrm{i}\varepsilon]},\tag{5.7.20}$$

仿前将 $\gamma\cdot q$ 表为 $\gamma\cdot k-(\gamma\cdot k-\gamma\cdot q)$, 使上式化成

$$\begin{aligned}q_\nu\Gamma_{\mu\nu\sigma}=&-2\mathrm{i}g^3\mathrm{tr}\int\frac{\mathrm{d}^4k}{(2\pi)^4}\frac{\gamma_5\gamma_\mu(\gamma\cdot k-\gamma\cdot q)\gamma_\sigma(\gamma\cdot k+\gamma\cdot p)}{[(k-q)^2-\mathrm{i}\varepsilon][(k+p)^2-\mathrm{i}\varepsilon]}\\&+2\mathrm{i}g^3\mathrm{tr}\int\frac{\mathrm{d}^4k}{(2\pi)^4}\frac{\gamma_5\gamma_\mu(\gamma\cdot k)\gamma_\sigma(\gamma\cdot k+\gamma\cdot p)}{(k^2-\mathrm{i}\varepsilon)[(k+p)^2-\mathrm{i}\varepsilon]}.\end{aligned}$$

在同前一样对 k 对称的截断下, 上式第二项为零, 但不能得出第一项为零, 因为它含有两个矢量 p 和 q.

为了计算 $q_\nu\Gamma_{\mu\nu\sigma}$ 的值, 我们将式 (5.7.20) 中的积分变量作平移, 即把积分变量取作

$$k'=k+p,$$

并按照通常的约定, 截断取为对积分变量 (现在是 k') 为对称的. 在这种约定下, 线性发散的积分在积分变量平移时将多出一个有限项.

式 (5.7.20) 是线性发散的, 平移后得出的有限项为 $\dfrac{1}{4\pi^2}g^3\varepsilon_{\mu\nu\sigma\tau}q_\nu p_\tau$, 于是有

$$\begin{aligned}q_\nu\Gamma_{\mu\nu\sigma}=&2\mathrm{i}g^3\mathrm{tr}\int\frac{\mathrm{d}^4k'}{(2\pi)^4}\frac{\gamma_5\gamma_\mu(\gamma\cdot k'-\gamma\cdot p)(\gamma\cdot q)(\gamma\cdot k'-\gamma\cdot p-\gamma\cdot q)\gamma_\sigma(\gamma\cdot k')}{[(k'-p)^2-\mathrm{i}\varepsilon][(k'-p-q)^2-\mathrm{i}\varepsilon](k'^2-\mathrm{i}\varepsilon)}\\&+\frac{g^3}{4\pi^2}\varepsilon_{\mu\nu\sigma\tau}q_\nu p_\tau.\end{aligned}\tag{5.7.21}$$

我们来说明确定附加的有限项的方法. 先将 $\Gamma_{\mu\nu\sigma}(p,q)$ 表成

$$\Gamma_{\mu\nu\sigma}(p,q)=\Gamma_{\mu\nu\sigma}(0,0)+[\Gamma_{\mu\nu\sigma}(p,q)-\Gamma_{\mu\nu\sigma}(0,0)].$$

第二项是对数发散的, 变量平移将不改变它的值, 因此只需求第一项 $\Gamma_{\mu\nu\sigma}(0,0)$ 平移后的改变值.

$$\Gamma_{\mu\nu\sigma}(0,0)=2\mathrm{i}g^3\mathrm{tr}\int\frac{\mathrm{d}^4k}{(2\pi)^4}\frac{\gamma_5\gamma_\mu(\gamma\cdot k)\gamma_\nu(\gamma\cdot k)\gamma_\sigma(\gamma\cdot k)}{(k^2-\mathrm{i}\varepsilon)^3},$$

作平移 $k=k'-p$ 后, 出现的附加项为①

$$2\mathrm{i}g^3p_\tau\int\frac{\mathrm{d}^4k'}{(2\pi)^4}\frac{\partial}{\partial k'_\tau}\frac{\mathrm{tr}[\gamma_5\gamma_\mu(\gamma\cdot k')\gamma_\nu(\gamma\cdot k')\gamma_\sigma(\gamma\cdot k')]}{(k'^2-\mathrm{i}\varepsilon)^3}.$$

① 从下面的推导可看出, 高次展开项结果为零.

其中, $\mathrm{tr}[\gamma_5\gamma_\mu(\gamma\cdot k')\gamma_\nu(\gamma\cdot k')\gamma_\sigma(\gamma\cdot k')]$ 的一般形式为 $a\varepsilon_{\mu\nu\sigma\rho}k'_\rho$, 通过 μ, ν, σ 的特殊取值 (如取为 1,2,3) 不难定出 $a=-4$. 于是上述附加项化为

$$-8\mathrm{i}g^3p_\tau\varepsilon_{\mu\nu\sigma\rho}\int\frac{\mathrm{d}^4k'}{(2\pi)^4}\frac{\partial}{\partial k'_\tau}\frac{k'_\rho}{(k'^2-\mathrm{i}\varepsilon)^2}.$$

经过 Wick 转动化到欧几里得度规后, 它可写成

$$8g^3p_\tau\varepsilon_{\mu\nu\sigma\rho}\delta_{\tau\rho}\int\frac{\mathrm{d}^4k'}{(2\pi)^4}\frac{1}{4}\frac{\partial}{\partial k'_\sigma}\frac{k'_\sigma}{(k'^2)^2}.$$

再利用高斯定理转化为面积分, 求出其值为 $\dfrac{1}{4\pi^2}g^3\varepsilon_{\mu\nu\sigma\tau}p_\tau$. 乘上 q_ν 得出式 (5.7.21) 中的有限项.

将 $\gamma\cdot q=(\gamma\cdot k'-\gamma\cdot p)-(\gamma\cdot k'-\gamma\cdot p-\gamma\cdot q)$ 代入式 (5.7.21) 右边, 即可同前一样将其中的积分项分为两项. 这两项各依赖一个矢量, 这样在积分变量取截断 $(0\leqslant k'^2\leqslant\Lambda^2)$ 后, 它们都分别为零, 于是就得

$$q_\nu\Gamma_{\mu\nu\sigma}=\frac{1}{4\pi^2}g^3\varepsilon_{\mu\nu\sigma\tau}q_\nu p_\tau. \tag{5.7.22}$$

用类似地方法可以求出

$$p_\mu\Gamma_{\mu\nu\sigma}=-\frac{1}{4\pi^2}g^3\varepsilon_{\mu\nu\sigma\tau}p_\mu q_\tau. \tag{5.7.23}$$

为什么在上面的计算中会出现 $(p+q)_\sigma\Gamma_{\mu\nu\sigma}$ 为零 (见式 (5.7.19)) 而 $q_\nu\Gamma_{\mu\nu\sigma}$ 和 $p_\mu\Gamma_{\mu\nu\sigma}$ 不为零, 从而破坏了三个顶点间的对称性?

造成这一结果的原因是, 在当初所取的 $\Gamma_{\mu\nu\sigma}$ 的表达式 (5.7.16) 中, 积分变量 k 是图 5.7.1 中与 "动量为 $-(p+q)$ 的外线" 相对的边线上的动量, 积分范围是 $k^2\leqslant\Lambda^2$ 的四维欧几里得空间的球. 如果一开始就取与 "动量为 q 的外线" 相对边线上的动量 k' 为积分变量, 即把 $\Gamma_{\mu\nu\sigma}$ 表成

$$\Gamma_{\mu\nu\sigma}=2\mathrm{i}g^3\mathrm{tr}\int\frac{\mathrm{d}k'}{(2\pi)^4}\frac{\gamma_5\gamma_\mu(\gamma\cdot k'-\gamma\cdot p)\gamma_\nu(\gamma\cdot k'-\gamma\cdot p-\gamma\cdot q)\gamma_\sigma(\gamma\cdot k')}{[(k'-p)^2-\mathrm{i}\varepsilon][(k'-p-q)^2-\mathrm{i}\varepsilon](k'^2-\mathrm{i}\varepsilon)} \tag{5.7.24}$$

并且积分范围是 $k'^2\leqslant\Lambda^2$ 的四维球体, 那么 $q_\nu\Gamma_{\mu\nu\sigma}$ 就只是式 (5.7.21) 右方的第一项, 结果将得出

$$q_\nu\Gamma_{\mu\nu\sigma}=0. \tag{5.7.25}$$

这时, $(p+q)_\sigma\Gamma_{\mu\nu\sigma}$ 和 $p_\mu\Gamma_{\mu\nu\sigma}$ 都将不为零.

类似地, 如果取图 5.7.1 中与 "动量为 p 的外线" 相对边线上的动量 k'' 为积分变量, 积分范围为 $k''^2\leqslant\Lambda^2$ 的四维球体, 那么就会得出 $p_\mu\Gamma_{\mu\nu\sigma}=0$, 而 $q_\nu\Gamma_{\mu\nu\sigma}$ 和 $(p+q)_\sigma\Gamma_{\mu\nu\sigma}$ 都不为零.

以上情况表明, 通过选择不同边线上的动量作为四维球体内的积分变量, 可使 (5.7.13)~(5.7.15) 中任一式成立, 但不能使三式同时成立. 这里也存在着对称关系, 但却是与式 (5.7.13)~(5.7.15) 不同的另外一种对称关系, 它是通过三组不同时成立的式子来显示三角对称的.

我们也可以选取适当的积分变量, 使 $\Gamma_{\mu\nu\sigma}(p,q,-p-q)$ 在 $(p,\mu),(q,\nu),(-p-q,\sigma)$ 轮换下保持不变. 这样的积分变量即为

$$\widetilde{k}=\frac{1}{3}(k+k'+k'')=k+\frac{1}{3}(p-q), \tag{5.7.26}$$

它对三个边线是对称的. 当以 $\widetilde{k}$ 为积分变量并将积分范围取成为 $\widetilde{k}^2\leqslant\Lambda^2$ 的四维球体时, 即得出

$$\begin{aligned}(p+q)_\sigma\Gamma_{\mu\nu\sigma}&=\frac{1}{6\pi^2}g^3\varepsilon_{\mu\nu\sigma\tau}p_\sigma q_\tau,\\ q_\nu\Gamma_{\mu\nu\sigma}&=\frac{1}{6\pi^2}g^3\varepsilon_{\mu\nu\sigma\tau}q_\nu p_\tau,\\ p_\mu\Gamma_{\mu\nu\sigma}&=-\frac{1}{6\pi^2}g^3\varepsilon_{\mu\nu\sigma\tau}p_\mu q_\tau.\end{aligned} \tag{5.7.27}$$

式 (5.7.27) 就是代替式 (5.7.13)~(5.7.15) 的对称式 (用一组同时成立式子来显示三角对称).

以上我们只计算了由 $\mathscr{L}_{基}$ 所贡献的单圈图的值, 尚未考虑由图 5.7.2 所示的抵消项. 可不可以通过抵消项的适当选择使式 (5.7.13)~(5.7.15) 同时成立? 回答仍然是"不可能". 因为这种抵消项的最一般形式就是 $\varepsilon_{\mu\nu\sigma\tau}(c_1p_\tau+c_2q_\tau)$. 不难得出, 无论 c_1 和 c_2 如何选择都不能使式 (5.7.13)~(5.7.15) 同时成立①如果我们要求重正化的 $\Gamma_{\mu\nu\sigma}$(即考虑了抵消项后的结果) 具有 (p,μ), (q,ν), $(-p-q,\sigma)$ 的轮换对称性, 那么 $(p+q)_\sigma\Gamma_{\mu\nu\sigma}$, $q_\nu\Gamma_{\mu\nu\sigma}$ 和 $p_\mu\Gamma_{\mu\nu\sigma}$ 仍旧由式 (5.7.27) 表示. 此式的右方就代表 $\Gamma_{\mu\nu\sigma}(x,y,z)$ 散度中的反常 (动量表象值)②, 此式本身有时称为 $\Gamma_{\mu\nu\sigma}$ 的"反常 Ward-Takahashi 恒等式".

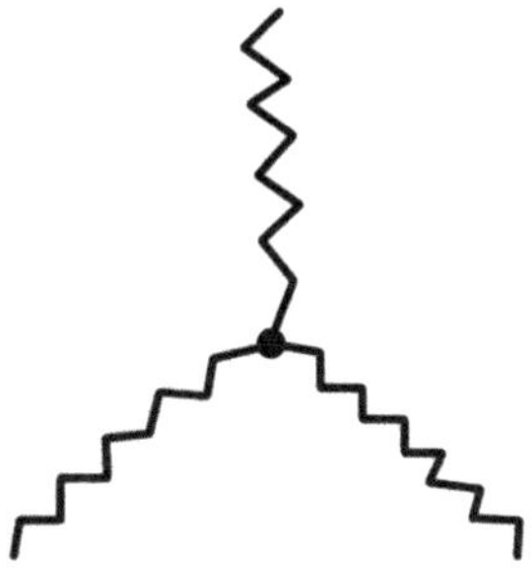

图 5.7.2

3. 反常消去的规范模型

反常既然是旋量粒子圈产生的, 一个规范理论中的总反常值就将与其中所包含的旋量粒子的种类 (按其变换性质来区分) 和数量有关. 通过适当选择一个理论模型中所包含的旋量粒子的种类和数量, 有可能使总的反常值为零. 一个最简单的例

① 但可使其中两个同时成立.

② 相应的轴矢流散度的反常为 $\partial_\mu j_{5\mu}=\dfrac{-\mathrm{i}}{48\pi^2}g^3\varepsilon_{\mu\nu\sigma\tau}F_{\mu\nu}F_{\sigma\tau}$.

子就是在上面讨论的模型中再补充一个旋量粒子 ψ', ψ' 所带的荷与 ψ 反号. 这时拉格朗日函数 (基本项) 为

$$\mathscr{L}_{基}=-\frac{1}{4}(\partial_\mu A_\nu-\partial_\nu A_\mu)^2-\overline{\psi}\gamma_\mu(\partial_\mu-\mathrm{i}gA_\mu\gamma_5)\psi-\overline{\psi}'\gamma_\mu(\partial_\mu+\mathrm{i}gA_\mu\gamma_5)\psi. \quad (5.7.28)$$

由于三角形反常与耦合常数的三次方成正比, ψ' 所贡献的反常与 ψ 所贡献的反常正好消去, 从而使 $\Gamma_{\mu\nu\sigma}$ 满足式 (5.7.13)~(5.7.15). 在此理论中旋量场的其他单圈图都不产生反常, 于是它将是不带反常的理论.

我们也可用另外的方式来说明此理论模型无反常. ψ' 与 ψ 的荷量子数反号, 因此它的变换式为①

$$\psi'(x)\to \mathrm{e}^{\mathrm{i}\gamma_5\theta(x)}\psi'(x). \quad (5.7.29)$$

与式 (5.7.7) 相应的分解式为

$$\begin{aligned}\psi'_{\mathrm{L}}(x)&\to \mathrm{e}^{\mathrm{i}\theta(x)}\psi'_{\mathrm{L}}(x),\\ \psi'_{\mathrm{R}}(x)&\to \mathrm{e}^{-\mathrm{i}\theta(x)}\psi'_{\mathrm{R}}(x).\end{aligned} \quad (5.7.30)$$

这样, 我们只要将 $\psi_L(x)$, $\psi_R(x)$, $\psi'_L(x)$, $\psi'_R(x)$ 四个分量重新配合成

$$\begin{aligned}\psi_1(x)&=\psi_{\mathrm{L}}(x)+\psi'_{\mathrm{R}}(x),\\ \psi_2(x)&=\psi'_{\mathrm{L}}(x)+\psi_{\mathrm{R}}(x),\end{aligned} \quad (5.7.31)$$

那么 $\psi_1(x)$ 和 $\psi_2(x)$ 的变换就都成为非手征的②,

$$\begin{aligned}\psi_1(x)&\to \mathrm{e}^{-\mathrm{i}\theta(x)}\psi_1(x),\\ \psi_2(x)&\to \mathrm{e}^{\mathrm{i}\theta(x)}\psi_2(x).\end{aligned} \quad (5.7.32)$$

再将

$$\gamma_5\psi=\psi_{\mathrm{L}}-\psi_{\mathrm{R}}$$

$$\gamma_5\psi'=\psi'_{\mathrm{L}}-\psi'_{\mathrm{R}}$$

代入 $\mathscr{L}_{基}$ 中, 并利用 $\overline{\psi}\gamma_\mu\psi$ 具有手征性不变③, 即可将式 (5.7.28) 化为

$$\mathscr{L}_{基}=-\frac{1}{4}(\partial_\mu A_\nu-\partial_\nu A_\mu)^2-\overline{\psi}_1\gamma_\mu(\partial_\mu-\mathrm{i}gA_\mu)\psi_1-\overline{\psi}_2\gamma_\mu(\partial_\mu+\mathrm{i}gA_\mu)\psi_2. \quad (5.7.33)$$

① $\psi(x)$ 的变换见式 (5.7.6).

② $\psi_{\mathrm{L}}(x)$ 和 $\psi_{\mathrm{R}}(x)$ 的变换见式 (5.7.7).

③ 参见式 (3.5.13).

这样, 整个理论中都不出现 γ_5, 自然不会有反常.

在手征性非阿贝尔规范理论的情况, 我们可将全部旋量粒子合起来用 ψ 表示 (ψ 一般按群的可约表示变换), 并将 ψ 与规范场的作用项写成

$$\mathrm{i}g\overline{\psi}\gamma_\mu T^\alpha \psi A_\mu^\alpha,$$

其中, T^α 含有 γ_5 矩阵 (从而左手和右手分量与规范场的耦合不同). 如果再在旋量空间中将 $\{T^\alpha, T^\beta\}T^\gamma$ 按 1 和 γ_5 分解

$$\{T^\alpha, T^\beta\}T^\gamma = Q_1^{\alpha\beta\gamma} + \gamma_5 Q_2^{\alpha\beta\gamma}, \tag{5.7.34}$$

其中, $Q_1^{\alpha\beta\gamma}$ 和 $Q_2^{\alpha\beta\gamma}$ 只是群空间中的矩阵, 则可证明三角形反常值与 $\mathrm{tr}Q_2^{\alpha\beta\gamma}$ 相联系:

$$(p+q)_\sigma \mathit{\Gamma}_{\mu\nu\sigma}^{\alpha\beta\gamma} = 常数\ (\mathrm{tr}Q_2^{\alpha\beta\gamma})\varepsilon_{\mu\nu\sigma\tau}p_\sigma q_\tau = 常数\ \mathrm{tr}(\gamma_5\{T^\alpha, T^\beta\}T^\gamma)\varepsilon_{\mu\nu\sigma\tau}p_\sigma q_\tau, \tag{5.7.35}$$

因 $\mathrm{tr}Q_2^{\alpha\beta\gamma}$ 就等于 $\dfrac{1}{4}\mathrm{tr}(\gamma_5\{T^\alpha, T^\beta\}T^\gamma)$. 对于 $q_\nu \mathit{\Gamma}_{\mu\nu\sigma}^{\alpha\beta\gamma}$ 和 $p_\mu \mathit{\Gamma}_{\mu\nu\sigma}^{\alpha\beta\gamma}$ 也有类似的表达式. 这样, 是否出现三角形反常就取决

$$A^{\alpha\beta\gamma} \equiv \mathrm{tr}(\gamma_5\{T^\alpha, T^\beta\}T^\gamma) \tag{5.7.36}$$

是否为零.

我们也可将 T^α 写成

$$T^\alpha = \frac{1}{2}(1+\gamma_5)\tau_{\mathrm{L}}^\alpha + \frac{1}{2}(1-\gamma_5)\tau_{\mathrm{R}}^\alpha, \tag{5.7.37}$$

其中, τ_{L}^α 和 τ_{R}^α 不再含 γ_5(τ_{L}^α 和 τ_{R}^α 分别代表 ψ_{L} 和 ψ_{R} 的群变换生成元). 不难求出

$$\{T^\alpha, T^\beta\}T^\gamma = \frac{1}{2}(1+\gamma_5)\{\tau_{\mathrm{L}}^\alpha, \tau_{\mathrm{L}}^\beta\}\tau_{\mathrm{L}}^\gamma + \frac{1}{2}(1-\gamma_5)\{\tau_{\mathrm{R}}^\alpha, \tau_{\mathrm{R}}^\beta\}\tau_{\mathrm{R}}^\gamma \tag{5.7.38}$$

即

$$Q_2^{\alpha\beta\gamma} = \frac{1}{2}(\{\tau_{\mathrm{L}}^\alpha, \tau_{\mathrm{L}}^\beta\}\tau_{\mathrm{L}}^\gamma - \{\tau_{\mathrm{R}}^\alpha, \tau_{\mathrm{R}}^\beta\}\tau_{\mathrm{R}}^\gamma). \tag{5.7.39}$$

于是三角形反常消去的条件即为

$$\mathrm{tr}(\{\tau_{\mathrm{L}}^\alpha, \tau_{\mathrm{L}}^\beta\}\tau_{\mathrm{L}}^\gamma) = \mathrm{tr}(\{\tau_{\mathrm{R}}^\alpha, \tau_{\mathrm{R}}^\beta\}\tau_{\mathrm{R}}^\gamma). \tag{5.7.40}$$

另外, 还可以证明, 当三角形反常被消去时, 更多角形中的反常也将消去. 这样式 (5.7.40) 就成为手征性规范理论完全无反常的条件.

我们看到, 消除反常是在于左手分量和右手分量 (如第三章所指出的, 在手征性规范理论中, 它们原本是不同的粒子) 对反常的贡献互相抵消.

一种显然使式 (5.7.40) 成立的情况是 $\tau_{\rm L}^{\alpha}$ 与 $\tau_{\rm R}^{\alpha}$ 之间为一幺正变换关系, 即

$$\tau_{\rm R}^{\alpha}=U\tau_{\rm L}^{\alpha}U^{-1}. \tag{5.7.41}$$

实际上, 在这种情况, 如重新定义 ψ' 为

$$\psi'=\psi_{\rm L}+U^{-1}\psi_{\rm R}, \tag{5.7.42}$$

则 ψ' 的变换即为

$$\psi(x)\to {\rm e}^{-{\rm i}\tau_{\rm L}^{\alpha}\lambda^{\alpha}(x)}\psi'(x). \tag{5.7.43}$$

相互作用项可改用 ψ' 表示出来:

$${\rm i}g\overline{\psi}\gamma_{\mu}T^{\alpha}\psi A_{\mu}^{\alpha}={\rm i}g\overline{\psi}'\gamma_{\mu}\tau_{\rm L}^{\alpha}\psi' A_{\mu}^{\alpha}. \tag{5.7.44}$$

这表明在改用 ψ' 后, γ_5 已完全从理论中消失, 就像前面所举的阿贝尔理论例子式 (5.7.33) 一样. 满足式 (5.7.41) 的理论模型通常称为类矢模型.

另一种显然无反常的情况是, $\psi_{\rm L}$ 和 $\psi_{\rm R}$ 都按群的实表示变换. 这时 ${\rm tr}(\{\tau_{\rm L}^{\alpha},\tau_{\rm L}^{\beta}\}\tau_{\rm L}^{\gamma})$ 和 ${\rm tr}(\{\tau_{\rm R}^{\alpha},\tau_{\rm R}^{\beta}\}\tau_{\rm R}^{\gamma})$ 分别为零. 一个表示称为实表示, 如果它和它的复共轭等价:

$$\tau^{\alpha}=-U(\tau^{\alpha})^{*}U^{-1}. \tag{5.7.45}$$

这时就有

$$\begin{aligned}{\rm tr}(\{\tau^{\alpha},\tau^{\beta}\}\tau^{\gamma})&=-{\rm tr}(\{(\tau^{\alpha})^{*},(\tau^{\beta})^{*}\}(\tau^{\gamma})^{*})\\&=-{\rm tr}(\{(\tau^{\alpha})^{T},(\tau^{\beta})^{T}\}(\tau^{\gamma})^{T})\\&=-{\rm tr}(\{\tau^{\alpha},\tau^{\beta}\}\tau^{\gamma}).\end{aligned} \tag{5.7.46}$$

从而 ${\rm tr}(\{\tau^{\alpha},\tau^{\beta}\}\tau^{\gamma})$ 为零.

前已指出, 对规范理论有害的反常是那些与规范场耦合的轴矢流所引起的反常. 如果一个轴矢流不与规范场相耦合, 那么它的散度的反常并不对规范理论引起不良后果.

Fujikawa 在 1979 年从泛函积分的角度对反常的出现进行了讨论 (Phys. Rev. Lett. **42**, 1195, 1979; Phys. Rev. D**21**, 2848, 1980). 他指出, 在存在规范场的情况, 定义旋量场的泛函积分测度 ${\rm D}(\psi){\rm D}(\overline{\psi})$ 时, ψ 和 $\overline{\psi}$ 不应该用通常的平面波来展开, 而应当用协变微商①$\mathscr{D}_{\mu}$ 与 γ_{μ} 的积 $(\gamma_{\mu}\mathscr{D}_{\mu})$ 的本征态来展开②, 其中 A_{μ} 为经典场即泛函积分中的变量, 并且 $\gamma_{\mu}\mathscr{D}_{\mu}$

① 关于 $\mathscr{D}_{\mu}$ 的定义见 (3.1.22) 和 (4.4.1) 等式

② 在量子场论中, 由于有紫外发散, 用不同的函数集合来展开, 结果可能会不同.

已通过 Wick 转动转化为厄米算符. 在这样的定义下, 作手征变换时 $D(\psi)D(\overline{\psi})$ 就不是不变量. 例如在阿贝尔手征变换

$$\psi(x) \to \mathrm{e}^{-\mathrm{i}\theta(x)}\gamma_5\psi(x)$$

下, 当 $\theta(x)$ 为无穷小量时, 雅可比行列式等于 $\mathrm{e}^{2\mathrm{i}\int \mathrm{d}^4x\theta(x)P(x)}$, 其中

$$P(x) = -\frac{1}{16\pi^2}\varepsilon_{\mu\nu\rho\sigma}F_{\mu\nu}F_{\rho\sigma}.$$

于是在变换后,

$$D(\psi)D(\overline{\psi}) \to D(\psi)D(\overline{\psi})\mathrm{e}^{2\mathrm{i}\int \mathrm{d}^4x\theta(x)P(x)}.$$

这样, 在轴矢流的散度 $\delta_\mu j_{5\mu}$ 中就会出现一个反常项.

从 Fujikawa 的理论看来, 手征反常是由于 γ_5 同协变算符 $\gamma_\mu\mathscr{D}_\mu$ 不对易, 从而 $D(\psi)D(\overline{\psi})$ 在手征规范变换下的“非不变性”所导致的. 在 Fujikawa 的工作发表后, 不少工作者对反常展开了研究, 一些有疑义的问题 (如计算值在有些情况下与微扰论不一致), 已陆续得到澄清, 反常与规范场的拓扑性质的联系也得到进一步的阐明.

第六章　重正化群方程和顶角函数的大动量渐近行为

随着高能实验的进展, 对顶角函数大动量渐近行为的研究在粒子物理中有了现实的意义. 通过 20 世纪 60 年代末和 70 年代许多研究者的工作, 取得了不少重要物理成果. 并发展出一些有效的理论方法. 在本章中, 我们将对重正化群方程和算符乘积的小距离 (或近光锥距离) 展开法进行介绍, 它们在高能过程的研究中有着重要的应用.

关于大动量行为与重正化性质间的关系, 早在 20 世纪 50 年代就受到注意, 主要的工作有 Stueckelberg & Peterman(1953), Gell-Mann & Low (1954), Bogoliubov & Shirkov (1955) 和 Ovsyannikov (1956) 等所作的研究. 到 20 世纪 70 年代, 由于 Wilson, Callan, Symanzik, ´t Hooft 和 Weinberg 的工作, 又有了重要的进展. 通过重正化群方程, 揭示出大动量渐近行为的某种普适特性, 并在此基础上引入了顶角函数的反常量纲以及跑动的耦合常数等概念. 另外, 在研究深度非弹性散射和高能 e^+e^- 湮没等过程时, 要涉及一些流算符乘积的矩阵元, 算符乘积展开是处理这种算符乘积中出现的奇异性的一种常用方法, 将它与重正化群方法结合起来, 就成为研究大动量情况下这些流乘积矩阵元性质的有效工具.

重正化群的研究并与统计物理相结合 (Wilson, 1973), 还导致了对临界现象认识的突破.

6.1　Gell-Mann-Low 函数与光子传播子大动量渐近行为

为了对重正化群方程的特点和效用作一初步说明, 我们将在本节中先来考察一个简单的情况, 即光子传播子的大动量行为.

1. 有效电荷与 Gell-Mann–Low 函数

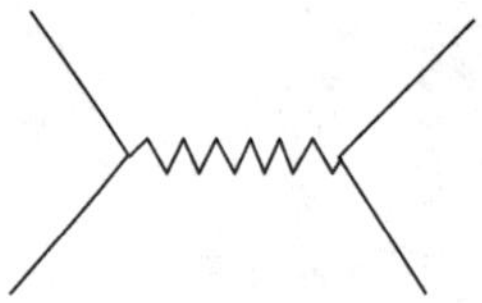

图 6.1.1

通常所说的一个带电粒子的电荷值是从低能实验测量出来的, 它度量 "大距离时带电粒子间" 的作用. 这里所谓的大距离是指比粒子的康普顿波长 $\frac{1}{m}$ 大得多的距离. 在高能散射中, 带电粒子间的最近距离可远比康普顿波长小, 从而相互作用可能与低能时的不相同. 我们将引入有效电荷来描述不同能量标度的作用强度. 为确定起见, 下面讨论电子的情况.

两个电子的小距离散射将伴随着大的动量转移. 这种动量转移是通过传递光子实现的, 转移的动量即为光子所带的动量 k, 它是一个类空矢量①, $k^2>0$. 大动量转移即指

$$k^2 \gg m^2$$

的情况, 其中的 m 为电子的质量. 我们将重正化的光子的完全传播子 $G_{\mu\nu}$ 乘上精细结构常数 (在下文中将称它为电荷参数)α,

$$\alpha=\frac{1}{137},$$

并将它写成②

$$\alpha G_{\mu\nu}=-\mathrm{i}\left(\delta_{\mu\nu}-\frac{k_\mu k_\nu}{k^2}\right)\frac{f(k^2,\alpha,m^2)}{k^2}-\mathrm{i}\alpha\frac{\xi}{k^2}\frac{k_\mu k_\nu}{k^2}. \tag{6.1.1}$$

按照通常的质壳重正化条件, 有

$$f(0,\alpha,m^2)=\alpha. \tag{6.1.2}$$

当 k^2 很大时, $f(k^2,\alpha,m^2)$ 可能与 α 有明显的偏离, 我们把它在 $k^2=\mu^2$ 的值 (μ 为一个大值, 并无其他的物理意义) 称为动量转移平方为 μ^2 时的有效电荷参数③α_μ,

$$\alpha_\mu=f(\mu^2,\alpha,m^2), \tag{6.1.3}$$

它将标志能量标度为 μ 的领域内的电磁作用强度. 由于 α_μ 定义在类空点 ($k^2=\mu^2>0$), 故从谱表示可知, 它已避开了传播子的极点和割线.

在能量标度为 μ 的区域, 微扰论可用 α_μ 来作展开, 这样可使高阶的修正变小.

我们从式 (6.1.3) 解出 α 用 α_μ 表示, 并将它代入 $f(k^2,\alpha,m^2)$ 中, 所得结果用 $F(k^2,\alpha_\mu,m^2,\mu^2)$ 表示, 即

$$f(k^2,\alpha,m^2)=F(k^2,\alpha_\mu,m^2,\mu^2). \tag{6.1.4}$$

这种做法相当于改变光子波函数重正化 (以及相应的电荷重正化) 的重正化点④：从原来的 $k^2=0$ 换到 $k^2=\mu^2$. 对于量子电动力学, $\alpha G_{\mu\nu}=\alpha_B G^{(B)}_{\mu\nu}$, 于是 $G^{(B)}_{\mu\nu}$ 可表

① 在质心系中立即可以看出. 而类空性在洛伦兹变换后是不变的.

② 如 5.5 第 1 小节所示, $G_{\mu\nu}$ 的四维纵向部分 (即式 (6.1.1) 右方第二项) 无高阶修正.

③ 式 (6.1.1) 右方第二项对 S 矩阵元无贡献, 因此只是该式中的第一项有物理效应.

④ 顶角重正化常数 Z_v 和电子波函数重正化常数 Z_ψ 仍在质壳点定义. 这样, 重正化电荷仍只与光子波函数重正化常数 Z_A 有关.

为

$$G_{\mu\nu}^{(B)} = -\mathrm{i}\left(\delta_{\mu\nu} - \frac{k_\mu k_\nu}{k^2}\right)\frac{1}{k^2}\left(\frac{1}{\alpha_B} f(k^2,\alpha,m^2)\right) - \mathrm{i}\frac{\xi_B}{k^2}\frac{k_\mu k_\nu}{k^2},$$

重正化点在 μ^2 处的"光子波函数重正化常数"即为 (参见式 (1.3.35))

$$Z_A(\mu^2) = \frac{1}{\alpha_B} f(\mu^2,\alpha,m^2), \tag{6.1.5}$$

而式 (6.1.3) 定义的 α_μ 就可表成

$$\alpha_\mu = \alpha_B Z_A(\mu^2). \tag{6.1.6}$$

函数 $f(k^2,\alpha,m^2)$ 即 $F(k^2,\alpha_\mu,m^2,\mu^2)$ 是量纲为 1 的, 因此它们对 k^2, μ^2 和 m^2 的依赖只能通过它们的比值来体现. 令

$$t = \frac{k^2}{m^2}, \qquad \nu = \frac{\mu^2}{m^2}, \tag{6.1.7}$$

则 $f(k^2,\alpha,m^2)$ 和 $F(k^2,\alpha_\mu,m^2\mu^2)$ 可以写成

$$f = f(t,\alpha), \qquad F = F(t,\alpha_\nu,\nu).$$

α_ν 即 α_μ, 只是脚标作了改写. 相应地, 式 (6.1.3) 可表示成

$$\alpha_\nu = f(\nu,\alpha). \tag{6.1.8}$$

下面来考察 f 或 F 在 $k^2 \gg m^2$ 亦即 $t \gg 1$ 时的行为. 我们可选取 $\mu^2 \gg m^2$, 即 $\nu \gg 1$. 这时 $\dfrac{m^2}{k^2}$ 和 $\dfrac{m^2}{\mu^2}$ 都很小, 因而一个自然的假设是, 函数 $F(k^2,\alpha_\mu,m,\mu^2)$ 近似等于 $F(k^2,\alpha_\mu,0,\mu^2)$, 后者即零质量带电粒子 QED 中的 F 函数, 我们记作 $F_0(k^2,\alpha_\mu,\mu^2)$,

$$F_0(k^2,\alpha_\mu,\mu^2) = F(k^2,\alpha_\mu,0,\mu^2). \tag{6.1.9}$$

从 QED 我们知道, 对于类空的重正化点 $\mu^2 > 0$, 函数 $F_0(k^2,\alpha_\mu,\mu^2)$ 是良好的 (不含红外发散).

对以上的假设, 可以应用"关于费恩曼振幅渐近行为"的 Weinberg 定理来论证. 但这种论证本身隐含着另一个假定, 即格林函数的渐近值就等于它的各阶微扰论的渐近值的和. 因此, 我们将不进行这一论证, 而只讨论在所提的假设下, 可以导出什么结果, 并期望这些结果在 $k^2 \gg m^2$, $\alpha\ln\dfrac{k^2}{m^2} \ll 1$ 的区域是有意义的.

对于 F_0 来说, 量纲为 1 的宗量只有 $\dfrac{k^2}{\mu^2}$ 和 α_ν 两个量, 因而可表示成 $F_0\left(\dfrac{k^2}{\mu^2},\alpha_\nu\right)$ 或 $F_0\left(\dfrac{t}{\nu},\alpha_\nu\right)$. 如果用 $F_{\mathrm{as}}(t,\alpha_\nu,\nu)$ 表示 $F(t,\alpha_\nu,\nu)$ 在 $t \gg 1$, $\nu \gg 1$ 时的渐近值, 则

上面所提的假设即为

$$F_{\rm as}(t,\alpha_\nu,\nu)=F_0\left(\frac{t}{\nu},\alpha_\nu\right).\tag{6.1.10}$$

按照式 (6.1.4) 和 (6.1.7) 下的说明, $F(t,\alpha_\nu,\nu)$ 就是 $f(t,\alpha)$, 因而式 (6.1.10) 也可写成

$$f_{\rm as}(t,\alpha)=F_0\left(\frac{t}{\nu},\alpha_\nu\right),\tag{6.1.11}$$

上式左方是质壳重正化的 f 函数的渐近形式, 而右方则是含可变重正化点 ν[①]的零质量旋量粒子 QED 中的函数 F_0. 将式 (6.1.11) 两侧对 $\ln t$ 作微商, 然后取右方中的 ν 等于 t, 即可得出我们所要推导的方程:

$$\frac{\partial}{\partial \ln t}f_{\rm as}(t,\alpha)=\psi(\alpha_t),\tag{6.1.12}$$

其中, ψ 是一个单变量的函数, 称为 Gell-Mann–Low 函数, 它的定义是

$$\psi(z)=\left.\frac{\partial F_0(y,z)}{\partial y}\right|_{y=1}.\tag{6.1.13}$$

式 (6.1.12) 给出了 $f_{\rm as}$ 随 t(或 k^2) 的变化率. 它就是最简单的重正化群方程. 这一名称的由来是因为它是通过变换重正化点 (表现在取 $y=1$ 即 $\nu=t$, 也就是使重正化点随着 t 变) 得出来的, 而重正化点的变换具有群变换的性质.

式 (6.1.12) 中的 t 满足 $t\gg 1$, 因此 ψ 中的 α_t 又可用 $f_{\rm as}$ 表示. 由式 (6.1.8), 有

$$\alpha_t=f_{\rm as}(t,\alpha).\tag{6.1.14}$$

式 (6.1.12) 将与式 (6.1.14) 联立起来求群.

2. 光子传播子任意阶微扰论中的领头项

从方程 (6.1.12) 和 (6.1.14) 应该能得出一些新的结果. 因为 $f_{\rm as}$ 本来是 t 和 α 的双变量函数, 而式 (6.1.12) 却告诉我们它对 $\ln t$ 作一次微商后却变成了一个单变量的函数[②]. 这就暗示出 $f_{\rm as}$ 对 t 的依赖与对 α 的依赖之间有着某种联系. 下面就来具体揭示这种联系.

式 (6.1.12) 可以写成

$$\frac{\partial}{\partial \ln t}f_{\rm as}(t,\alpha)=\left[\psi(\alpha_t)\frac{\rm d}{{\rm d}\alpha_t}\right]\alpha_t.\tag{6.1.15}$$

---

① 参见式 (6.1.5) 上一行及式 (6.1.7).

② 实际上这一结果已包含在式 (6.1.11) 中. 因为取 $\nu=t$, 该式即化为 $f_{\rm as}(t,\alpha)=F_0(1,\alpha_t)$.

将式 (6.1.12) 再对 $\ln t$ 作一次偏微商, 得

$$\frac{\partial^2}{\partial(\ln t)^2} f_{\mathrm{as}}(t,\alpha) = \frac{\partial \alpha_t}{\partial \ln t}\frac{\mathrm{d}\psi(\alpha_t)}{\mathrm{d}\alpha_t}.$$

但按照式 (6.1.14), α_t 即 $f_{\mathrm{as}}(t,\alpha)$, 于是 $\dfrac{\partial\alpha_t}{\partial\ln t} = \dfrac{\partial}{\partial \ln t} f_{\mathrm{as}}(t,\alpha)$ 就等于 $\psi(\alpha_t)$, 这样上式就化为

$$\frac{\partial^2}{\partial(\ln t)^2} f_{\mathrm{as}}(t,\alpha) = \psi(\alpha_t)\frac{\mathrm{d}\psi(\alpha_t)}{\mathrm{d}\alpha_t} = \left[\psi(\alpha_t)\frac{\mathrm{d}}{\mathrm{d}\alpha_t}\right]^2 \alpha_t. \tag{6.1.16}$$

重复此过程即得出

$$\frac{\partial^n}{\partial(\ln t)^n} f_{\mathrm{as}}(t,\alpha) = \left[\psi(\alpha_t)\frac{\mathrm{d}}{\mathrm{d}\alpha_t}\right]^n \alpha_t. \tag{6.1.17}$$

利用这一结果, 就可得到 f_{as} 对 $\ln t$ 的展开式. 取展开点为 $\ln t = \ln t_1$, $(t_1 \gg 1)$, 并用 α_1 表示 α_{t_1}, f_{as} 按 $\ln t - \ln t_1 = \ln\dfrac{t}{t_1}$ 的泰勒展式即为

$$f_{\mathrm{as}}(t,\alpha) = \sum_{n=0}^{\infty}\frac{1}{n!}\left(\ln\frac{t}{t_1}\right)^n \left[\psi(\alpha_1)\frac{\mathrm{d}}{\mathrm{d}\alpha_1}\right]^n \alpha_1. \tag{6.1.18}$$

如果我们把 f_{as} 看作 $\dfrac{t}{t_1}$ 和 α_1 的函数, 那么只要知道了单变量函数 $\psi(\alpha_1)$, f_{as} 对 $\dfrac{t}{t_1}$ 和 α_1 两个变量的依赖关系就都完全确定.

虽然我们实际上并不能求出 $\psi(\alpha_t)$ 的准确函数形式. 但下面将看到, 即使只知道从微扰论求出的低阶的 f_{as}, 利用式 (6.1.18) 也可导出重要的新结果.

例如, 微扰论给出准到 α^2 修正的 (即包括双圈图贡献的)$f_{\mathrm{as}}(t,\alpha)$ 为

$$f_{\mathrm{as}}(t,\alpha) = \frac{\alpha}{1-\dfrac{\alpha}{3\pi}\left(\ln t - \dfrac{5}{3}\right) - \dfrac{\alpha^2}{4\pi^2}(\ln t - c_2)} + o(\alpha^4), \tag{6.1.19}$$

其中, c_2 为一常数. 此式适用范围为 $t \gg 1$, $\alpha \ln t \ll 1$. 因为上式的分母 (它正比于光子的二点顶角 $\Gamma_{\mu\nu}$)① 包含对 $\alpha\ln t$ 的展开, 本来可出现 $\alpha^2(\ln t)^2$ 的项, 由于几个图的贡献相消而为零. 至于 $\alpha^3(\ln t)^2$ 的项, 它对 f_{as} 的贡献为 $o(\alpha^4)$, 因而略去.

从式 (6.1.19) 可以求出含 α_t 修正的 $\psi(\alpha_t)$, 为此将式 (6.1.19) 代入式 (6.1.12) 左方, 得出

$$\frac{\partial}{\partial \ln t} f_{\mathrm{as}}(t,\alpha) \approx \frac{1}{3\pi}\frac{\alpha^2}{\left[1-\dfrac{\alpha}{3\pi}\left(\ln t - \dfrac{5}{3}\right) - \dfrac{\alpha^2}{4\pi^2}(\ln t - c_2)\right]^2}$$

① $\Gamma_{\mu\nu} = -(k^2\delta_{\mu\nu} - k_\mu k_\nu)\alpha f^{-1}$.

$$+\frac{1}{4\pi^2}\frac{\alpha^3}{\left[1-\frac{\alpha}{3\pi}\left(\ln t-\frac{5}{3}\right)-\frac{\alpha^2}{4\pi^2}(\ln t-c_2)\right]^2}+o(\alpha^4\ln t). \tag{6.1.20}$$

下一步是要将上式右方表为 α_t 的函数. 注意到 $\alpha_t = f_{as}(t,\alpha)$, 于是再次利用式 (6.1.19), 就得到

$$\psi(\alpha_t)=\frac{1}{3\pi}\alpha_t^2+\frac{1}{4\pi^2}\alpha_t^3+o(\alpha_t^4). \tag{6.1.21}$$

值得指出的是, 式 (6.1.20) 中明写出的两项并不正好等于 $\frac{1}{3\pi}\alpha_t^2+\frac{1}{4\pi^2}\alpha_t^3$, 而是适当地补了高次项 (根据式 (6.1.20) 右方应为 α_t 的函数) 的结果.

将所求出的 $\psi(\alpha_t)$ 的近似表达式 (6.1.21) 代入式 (6.1.18), 即得出 f_{as} 在 $\ln t_1 (t_1 \gg 1)$ 处的展开式为

$$\begin{aligned}f_{as}(t,\alpha)=&\alpha_1+\left(\ln\frac{t}{t_1}\right)\left(\frac{1}{3\pi}\alpha_1^2+\frac{1}{4\pi^2}\alpha_1^3+o(\alpha_1^4)\right)\\&+\frac{1}{2}\left(\ln\frac{t}{t_1}\right)^2\left(\frac{2}{9\pi^2}\alpha_1^3+\frac{5}{12\pi^3}\alpha_1^4+o(\alpha_1^5)\right)\\&+\frac{1}{6}\left(\ln\frac{t}{t_1}\right)^3\left(\frac{2}{9\pi^3}\alpha_1^4+\frac{13}{18\pi^4}\alpha_1^5+o(\alpha_1^6)\right)\\&+\frac{1}{24}\left(\ln\frac{t}{t_1}\right)^4\left(\frac{8}{27\pi^4}\alpha_1^5+\frac{77}{12\pi^5}\alpha_1^6+o(\alpha_1^7)\right)+\cdots.\end{aligned} \tag{6.1.22}$$

为了表明近似的程度, 我们用 $o(\alpha_1^n)$ 的形式标出了所略去的项. 从式 (6.1.22) 可以看出, 虽然式 (6.1.18) 的原意是将 f_{as} 按 $\ln\frac{t}{t_1}$ 的幂次来作展开, 但实际上却是按 $\alpha_1\ln\frac{t}{t_1}$ 幂次的展开. 这样, 只要 $\alpha_1\ln\frac{t}{t_1}\ll 1$(注意, 不是 $\ln\frac{t}{t_1}\ll 1$), 展开中的后项就将比前项小.

我们也可以把式 (6.1.22) 按 α_1 的幂次重新排列, 这时在 α_1^n 的系数中, $\ln\frac{t}{t_1}$ 的最高幂次为 $n-1$. 展开的结果变为

$$\begin{aligned}f_{as}=&\alpha_1+\frac{\alpha_1^2}{\pi}\left(\frac{1}{3}\ln\frac{t}{t_1}\right)+\frac{\alpha_1^3}{\pi^2}\left[\frac{1}{9}\left(\ln\frac{t}{t_1}\right)^2+\frac{1}{4}\ln\frac{t}{t_1}\right]\\&+\frac{\alpha_1^4}{\pi^3}\left[\frac{1}{27}\left(\ln\frac{t}{t_1}\right)^3+\frac{5}{24}\left(\ln\frac{t}{t_1}\right)^2+o\left(\ln\frac{t}{t_1}\right)\right]\\&+\frac{\alpha_1^5}{\pi^4}\left[\frac{1}{81}\left(\ln\frac{t}{t_1}\right)^4+\frac{13}{108}\left(\ln\frac{t}{t_1}\right)^3+o\left(\ln\frac{t}{t_1}\right)^2\right]+\cdots.\end{aligned} \tag{6.1.23}$$

我们看到, f_{as} 作为 $\frac{t}{t_1}$ 和 α_1 的函数, 不仅得出了按 α_1 展开的前三项, 而且以后各

项中的前两个领头项[①]也都得出来了. 这就出现了一个奇妙的现象, 我们输入的式 (6.1.19) 是 f_{as} 准到 α^3 的结果, 给出的却是重正化点 t_1 处耦合常数 α_1 各阶微扰论的前两个领头项. 这就是重正化群方程的效用.

一般地说, 当 $\psi(\alpha_t)$ 的计算准到前 m 项时, f_{as} 按 α_1 的展开式, 各阶的前 m 个领头项都被确定. 换句话说, $\psi(\alpha_t)$ 按 α_t 的展开与 "f_{as} 的各阶微扰结果" 按 $\ln\dfrac{t}{t_1}$ 的展开之间有着某种对应关系.

对方程 (6.1.12) 和 (6.1.14) 的另外一种处理方式是, 先将两者联立起来化成

$$t\left(\frac{\partial\alpha_t}{\partial t}\right)_{\alpha}=\psi(\alpha_t).$$

于是有 (α 保持不变)

$$\frac{\mathrm{d}t}{t}=\frac{\mathrm{d}\alpha_t}{\psi(\alpha_t)},$$

积分即得

$$\ln\frac{t}{t_1}=\int_{\alpha_1}^{\alpha_t}\frac{\mathrm{d}z}{\psi(z)}. \tag{6.1.24}$$

将 $\psi(z)$ 的微扰近似式代入后, 右方积分可以积出, 再反解出 α_t(即 $f_{\mathrm{as}}(t,\alpha)$), 将它用 $\dfrac{t}{t_1}$ 和 α_1 表示出来, 这样得出的结果相当于把前一方法得出的无穷级数求了和.

如果用 $\psi(\alpha_t)$ 的两项式 (6.1.21) 代入, 积分后即得 (积分上限 α_t 已换成 f_{as}):

$$\frac{1}{f_{\mathrm{as}}}+\frac{3}{4\pi}\ln\frac{f_{\mathrm{as}}}{\dfrac{3}{4\pi}+f_{\mathrm{as}}}=\frac{1}{\alpha_1}+\frac{3}{4\pi}\ln\frac{\alpha_1}{\dfrac{3}{4\pi}+\alpha_1}-\frac{1}{3\pi}\ln\frac{t}{t_1}. \tag{6.1.25}$$

从此式反解出 f_{as} 即相当于将式 (6.1.22) 或 (6.1.23) 的级数求了和[②]. 比较简单的情况是 $\psi(\alpha_l)$ 只取一项, 即

$$\psi(\alpha_t)=\frac{1}{3\pi}\alpha_t^2,$$

代入式 (6.1.24) 后得出

$$f_{\mathrm{as}}(t,\alpha)=\frac{\alpha_1}{1-\dfrac{1}{3\pi}\alpha_1\ln(t/t_1)}. \tag{6.1.26}$$

它确实等于式 (6.1.23) 取第一领头项后求和的结果,

$$f_{\mathrm{as}}=\alpha_1+\frac{\alpha_1^2}{\pi}\left(\frac{1}{3}\ln\frac{t}{t_1}\right)+\frac{\alpha_1^3}{\pi^2}\left(\frac{1}{3}\ln\frac{t}{t_1}\right)^2+\frac{\alpha_1^4}{\pi^3}\left(\frac{1}{3}\ln\frac{t}{t_1}\right)^3+\cdots=\frac{\alpha_1}{1-\dfrac{\alpha_1}{3\pi}\ln\dfrac{t}{t_1}}.$$

---

① 当 $\ln\dfrac{t}{t_1}>1$ 时, $\ln\dfrac{t}{t_1}$ 的最高幂次项称为第一个领头项, 次高幂次的项称为第二领头项, 等等.

② 当然, 式 (6.1.25) 的反解是困难的.

从式 (6.1.26) 看，当 t 增加即距离减少时，有效电荷 $\alpha_t = f_{\mathrm{as}}(t,\alpha)$ 将增加，好像是真空极化对粒子电荷起了屏蔽作用，其效应与介质极化相似 (这一结果其实在式 (6.1.19) 中已经显示出来). 但 α_t 并不会在 $\ln\dfrac{t}{t_1} = \dfrac{3\pi}{\alpha_1}$ 处变成 ∞，因这已超出了式 (6.1.26) 的适用范围.

我们还可指出，甚至在对 $F_0\left(\dfrac{t}{\nu},\alpha_t\right)$ 没有什么具体知识，只知道它可展开为 α_ν 的幂级数的情况下，利用重正化群方程也可对 f_{as} 的高能行为得出一定的结果.

当 $t=\nu$ 时，$F_0\left(\dfrac{t}{\nu},\alpha_\nu\right)$ 即 $F_0(1,\alpha_\nu)$ 显然就等于 α_ν，对一般的 $\dfrac{t}{\nu}$，如设

$$F_0\left(\frac{t}{\nu},\alpha_\nu\right) = \alpha_\nu + g\left(\frac{t}{\nu}\right)\alpha_\nu^2 + o(\alpha_\nu^3), \tag{6.1.27}$$

其中，$g\left(\dfrac{t}{\nu}\right)$ 为某个 $\dfrac{t}{\nu}$ 的函数. 则代入式 (6.1.13) 中就得到

$$\psi(z) = g'(1)z^2 + o(z^3). \tag{6.1.28}$$

于是由式 (6.1.24)，

$$\ln\frac{t}{t_1} = \int_{\alpha_1}^{\alpha_t}\frac{\mathrm{d}z}{g'(1)z^2}(1+o(z)) = \frac{1}{g'(1)}\left(\frac{1}{\alpha_1}-\frac{1}{\alpha_t}\right) + o\left(\ln\frac{\alpha_t}{\alpha_1}\right).$$

上式可写成

$$\frac{1}{\alpha_t} = \frac{1}{\alpha_1} - g'(1)\ln\frac{t}{t_1} + o\left(\ln\frac{\alpha_t}{\alpha_1}\right). \tag{6.1.29}$$

式 (6.1.29) 表明 $\ln\dfrac{\alpha_t}{\alpha_1}$ 的最大项为 $-\ln\left(1-g'(1)\alpha_1\ln\dfrac{t}{t_1}\right) = g'(1)\alpha_1\ln\dfrac{t}{t_1}$. 代入式 (6.1.29) 右方第三项后，即得出

$$\frac{\alpha_1}{\alpha_t} = \alpha_1 f_{\mathrm{as}}^{-1} = 1 - g'(1)\alpha_1\ln\frac{t}{t_1} + o\left(\alpha_1^2\ln\frac{t}{t_1}\right). \tag{6.1.30}$$

函数 $\alpha_1 f^{-1}$ 与重正化点取在 t_1 处的光子的二点顶角函数 $\Gamma_{\mu\nu}$ 有下述关系：

$$\Gamma_{\mu\nu} = -(k^2\delta_{\mu\nu} - k_\mu k_\nu)\alpha_1 f^{-1}. \tag{6.1.31}$$

这样式 (6.1.30) 就告诉我们，在 $\alpha_1\ln\dfrac{k^2}{k_1^2} \ll 1$ 范围，$\Gamma_{\mu\nu}$ 的单圈图修正的大 k^2 行为 $\sim \alpha_1(k^2\delta_{\mu\nu} - k_\mu k_\nu)\ln\dfrac{k^2}{k_1^2}$，系数等于 $g'(1)$. 在双圈图修正中，各个图所贡献的 $\alpha_1^2\left(\ln\dfrac{k^2}{k_1^2}\right)^2$ 项互相消去，其大 k^2 行为只是 $\sim \alpha_1^2(k^2\delta_{\mu\nu} - k_\mu k_\nu)\ln\dfrac{k^2}{k_1^2}$. 而在微扰论中需要经过相当繁重的计算才能得出这一结果①.

① 例如见 Itzykson and Zuber. Quantum Field Theory, §8-4-4.

6.2 标度不变性和重正化对它的破坏

标度变换是指 $x \to \frac{1}{\kappa}x$ 的变换 ($\kappa > 0$, 或者说是 $p \to \kappa p$ 的变换), x 代表时空坐标. 如果一个拉格朗日函数不含质量项, 而且所有的耦合常数都是量纲为 1 的, 那么这种理论就不含任何带量纲的参量, 从而应当具有标度不变性 (具体意义见下文). 在拉格朗日函数含有质量项的情况 (耦合常数仍设是量纲为 1 的. 如果含有量纲幂次为正的耦合常数, 可把它归入质量参数之中), 当所有的动量都比质量参数大得多的时候, 结果也应当接近于上述量纲为 1 参数的理论 (或称零质量的理论). 这样, 从零质量理论的标度不变性似乎即可预言有质量理论的大动量渐近行为. 但实际上事情并不这样简单, 零质量理论的标度不变性只在经典场论中才成立. 在量子场论中, 由于要重正化, 标度不变性将受到破坏, 格林函数的大动量行为不能像上面所说的那样简单地导出, 需要利用重正化群方程来处理. 在本节中, 我们将说明重正化对标度不变性的破坏, 至于用重正化群方程来研究大动量的渐近行为将留到下节再讨论.

1. 标度变换和标度不变性

当我们谈论格林函数 (或顶角函数) 的大动量行为或小距离行为的时候, 首先需要对动量和距离建立一个物理的标准. 显然, 这个标准应当是包含在该理论之中的内在标准. 如果理论中有量纲的参量只是质量 $m_j (j = 1, 2, \cdots)$, 那么所谓大动量, 应指 p 相对于所有质量都大的情况 $\left(\frac{p}{m_j} \gg 1\right)$. 同样, "距离小" 应指 x 比所有粒子的康普顿波长都要小 $\left(x \ll \frac{1}{m_j}\right)$. 对于一个零质量的理论, 由于提不出这样的标准. 因此说动量和距离是大还是小, 就失去了内在的依据. 这样的理论应具有标度变换下的不变性. 下面就对这种不变性的意义作具体说明.

我们来考察 $x \to \frac{1}{\kappa}x$ 或 $p \to \kappa p$ 的变换, 其中 κ 为正数. 对于不含任何带量纲的参量的理论, 这种变换也等效于动量和距离本身没有变, 只是动量和距离的外在标度 (度量标准) 有了改变, 因此它被称作是标度变换.

用 $\chi(x)$ 表示任一场量, 在上述标度变换下, 定义它的变换为

$$\chi(x) \to \chi'(x) = \kappa^d \chi(\kappa x), \tag{6.2.1}$$

其中, d 为该场量的量纲幂次 (量纲的质量幂次). 对场量变换的这种定义可作如下的理解. 当长度的标度增大了 κ 倍时, 任一点的时空坐标值将减为原来值的 $1/\kappa$, 即 $x \to x' = \frac{1}{\kappa}x$. 在本书采取的单位制中, 长度标度的增大对应于质量标度的减小, 于

是量纲幂次为 d 的场量 χ, 其值将增大 κ^{d} 倍, 即 $\chi \to \chi' = \kappa^d\chi$. 这一关系是指同一物理点上的场值而言. 即变换后坐标为 x' 处 $\left(x' = \dfrac{1}{\kappa}x\right)$ 的 χ' 等于变换前坐标为 x 处的 χ 的 κ^d 倍. 用公式表示就是

$$\chi'(x') = \kappa^d\chi(x) = \kappa^d\chi(\kappa x').$$

如果将函数 χ' 的宗量仍记作 x, 即有 $\chi'(x) = \kappa^d\chi(\kappa x)$. 它就是式 (6.2.1) 中的给出的函数 $\chi'(x)$.

在考虑无穷小变换时, 可令 $\kappa = \mathrm{e}^{\varepsilon}$, ε 为无穷小量. 这时 χ 的增量为

$$\delta\chi \equiv \chi'(x) - \chi(x) = \mathrm{e}^{\varepsilon d}\chi(\mathrm{e}^{\varepsilon}x) - \chi(x) \cong (1+\varepsilon d)(\chi + \varepsilon x_\mu\partial_\mu\chi) - \chi = \varepsilon(d + x_\mu\partial_\mu)\chi. \tag{6.2.2}$$

对于一个不含 "带量纲参量" 的 $\mathscr{L}$, 例如

$$\mathscr{L} = -\frac{1}{2}(\partial_\mu\varphi)^2 - \frac{g}{4!}\varphi^4, \tag{6.2.3}$$

作用量 I 在标度变换下的确是保持不变的, 我们不难证实这一结论：首先

$$\delta I = \int \mathrm{d}^4x\delta\mathscr{L} = -\int \mathrm{d}^4x\left[(\partial_\mu\varphi)\partial_\mu(\delta\varphi) + \frac{1}{3!}g\varphi^3\delta\varphi\right], \tag{6.2.4}$$

将

$$\delta\varphi = \varepsilon(1 + x_\nu\partial_\mu)\varphi, \qquad \partial_\mu(\delta\varphi) = \varepsilon(2 + x_\nu\partial_\nu)\partial_\mu\varphi \tag{6.2.5}$$

代入式 (6.2.4), 即将该式化为

$$\delta I = \varepsilon\int(4 + x_\nu\partial_\nu)\mathscr{L}\mathrm{d}^4x. \tag{6.2.6}$$

其次来证明上式右方积分等于零. 对于任意 $\mathscr{L}$, 通过积分变量的变换都可得出

$$\int \mathrm{d}^4x\mathscr{L}(x) = \int k^4\mathrm{d}^4x\mathscr{L}(kx),$$

再将上式两侧对 k 微商然后令 $k = 1$ 就有

$$\int \mathrm{d}^4x(4 + x_\nu\partial_\nu)\mathscr{L}(x) = 0. \tag{6.2.7}$$

这样就证明了式 (6.2.3) 所对应的作用量在标度变换下的不变性,

$$\delta I = 0. \tag{6.2.8}$$

所有不带有量纲参量的作用量也都有此标度不变性, 而我们说一个理论具有标度不变性就是指式 (6.2.8) 成立的情况.

如果 $\mathscr{L}$ 中含有质量参量 m, 标度不变性就会受到明显破坏. 从物理上说, 这是因为 $\dfrac{1}{m}$ 提供了一个内在的长度标准. 我们以

$$\mathscr{L} = -\frac{1}{2}(\partial_\mu\varphi)^2 - \frac{1}{2}m^2\varphi^2 - \frac{1}{4!}g\varphi^4 \tag{6.2.9}$$

为例来作具体考察.

在无穷小标度变换下,

$$\begin{aligned}\delta I =& -\int \mathrm{d}^4x\left[(\partial_\mu\varphi)\partial_\mu(\delta\varphi) + m^2\varphi\delta\varphi + \frac{1}{3!}g\varphi^3\delta\varphi\right]\\ =&\,\varepsilon\int[(4 + x_\nu\partial_\nu)\mathscr{L} + m^2\varphi^2]\mathrm{d}^4x.\end{aligned}$$

在式 (6.2.6) 下面, 我们曾指出, 对于任意的 $\mathscr{L}$, 式 (6.2.7) 都成立, 因为该式是通过积分变量的变换导出的. 将式 (6.2.7) 代入上式后, 即化出

$$\delta I = \varepsilon\int m^2\varphi^2\mathrm{d}^4x. \tag{6.2.10}$$

此式表明, 质量项果然导致了标度不变性的破坏.

我们回到零质量理论, 考察标度不变性对生成泛函 Z 或 $\varGamma$ 提出怎样的限制性要求.

形式上, 从标度不变性可以推出相应的 Slavnov-Taylor 恒等式①, 为此, 我们将格林函数生成泛函 $Z[J]$ 写成

$$Z[J] = \frac{\displaystyle\int \mathrm{D}(\varphi)\mathrm{e}^{\mathrm{i}\int(\mathscr{L}+J\varphi)\mathrm{d}^4x}}{\displaystyle\int \mathrm{D}(\varphi)\mathrm{e}^{\mathrm{i}\int\mathscr{L}\mathrm{d}^4x}}. \tag{6.2.11}$$

当积分变量 φ 作标度变换

$$\varphi(x) \to \varphi'(x) = \kappa\varphi(\kappa x)$$

时, 分子和分母中出现的雅可比行列式互相消去. 再取 $\kappa = 1 + \varepsilon, \varepsilon$ 为无穷小量, 并利用 $I = \displaystyle\int \mathscr{L}\mathrm{d}^4x$ 的不变性即得出 Slavnov-Taylor 恒等式为

$$\int \mathrm{d}^4xJ(x)(x_\mu\partial_\mu + 1)\frac{\delta Z}{\delta J(x)} = 0. \tag{6.2.12}$$

① 虽然标度变换是一个整体变换 (κ 与 x 无关), 我们仍采用 Slavnov-Taylor 恒等式这一名称.

此恒等式也可用 $\Gamma[\varphi]$ 表示出来, 结果就是

$$\int \mathrm{d}^4x \frac{\delta\Gamma}{\delta\phi}(x_\mu\partial_\mu + 1)\phi(x) = 0. \tag{6.2.13}$$

将式 (6.2.13) 对 ϕ 作 n 次泛函微商,

$$\frac{\delta^n}{\delta\phi(x_n)\delta\phi(x_{n-1})\cdots\delta\phi(x_1)}$$

然后令 $\phi\equiv 0$, 就可化出 (通过分部积分并利用 $\partial_\mu\chi_\mu = 4$)n 点顶角函数所满足的 Ward-Takahashi 恒等式

$$\left(3n + \sum_{j=1}^{n} x_{j\mu}\partial_{j\mu}\right)\Gamma_n(x_1, x_2, \cdots, x_n) = 0, \tag{6.2.14}$$

其中

$$\partial_{j\mu} = \frac{\partial}{\partial x_{j\mu}}.$$

为了阐明此式的含意, 我们利用定义式

$$\begin{aligned}&\Gamma_n(x_1, x_2, \cdots, x_n)\\ =&\frac{1}{(2\pi)^{4n}}\int \mathrm{d}^4p_1\cdots\mathrm{d}^4p_n \mathrm{e}^{-\mathrm{i}(p_1x_1+\cdots+p_nx_n)}(2\pi)^4\delta^4(p_1+\cdots+p_n)\Gamma_n(p_1,\cdots,p_n).\end{aligned}$$

将上式转到动量空间, 同样通过分部积分以及 $\dfrac{\partial}{\partial p_\mu}p_\mu = 4$, 得出的结果即为

$$\left(n + \sum_{j=1}^{n} p_{j\mu}\frac{\partial}{\partial p_{j\mu}}\right)\delta^4(p_1+\cdots+p_n)\Gamma_n(p_1, p_2, \cdots, p_n) = 0.$$

再对 p_n 积分就化出 (注意, 下式中 j 的求和已改成从 1 到 $n-1, p_n$ 已不是独立变数)

$$\left(n - 4 + \sum_{j=1}^{n-1} p_{j\mu}\frac{\partial}{\partial p_{j\mu}}\right)\Gamma_n(p_1, p_2, \cdots, p_n) = 0, \tag{6.2.15}$$

其中, $p_n = -(p_1 + p_2 + \cdots + p_{n-1})$. 式 (6.2.15) 就是动量空间中 Γ_n 所满足的 Ward-Takahashi 恒等式. 它的内容其实很简单, 就等于普通的量纲分析. 因为 Γ_n 的量纲幂次为 $-n+4$(见下说明), 在零质量理论中它又不含其他带量纲的参量, 故可写成 $p^{4-n}f\left(\dfrac{p_1}{p}, \dfrac{p_2}{p}, \cdots, \dfrac{p_{n-1}}{p}\right)$, 其中 p 为 $p_j(j\leqslant n-1)$ 中任何一个量, p_n 已用 $-(p_1+\cdots+p_{n-1})$ 代替. 由于 $p_{j\mu}\dfrac{\partial}{\partial p_{j\mu}} = \dfrac{\partial}{\partial \ln p_{j\mu}}$, 而 $\dfrac{p_l}{p}$ 可写成 $\mathrm{e}^{\ln p_l - \ln p}$, 故

$\sum_{j=1}^{n-1} p_{j\mu}\frac{\partial}{\partial p_{j\mu}}$ 作用到 f 上将等于零. $\sum_{j=1}^{n-1} p_{j\mu}\frac{\partial}{\partial p_{j\mu}}$ 作用到 p^{4-n} 上结果则为 $(4-n)p^{4-n}$. 这样就得出了式 (6.2.15).

关于 $\Gamma_n(p_1,p_2,\cdots)$ 的量纲幂次：生成泛函 Γ 是量纲为 1 的, 从而 $\Gamma_n(x_1,x_2,\cdots)=\frac{\delta^n\Gamma}{\delta\phi(x_1)\cdots\delta\phi(x_n)}$ 的量纲幂次为$3n$ $\left(\text{注意, 作一次 } \frac{\delta}{\delta\phi} \text{ 不是使量纲幂次减少 1 而是增加 3, 因 } \frac{\delta\phi(x)}{\delta\phi(x')}=\delta^4(x-x')\right)$. 再从 $\Gamma_n(p)$ 与 $\Gamma_n(x)$ 间的变换关系即得出 $\Gamma_n(p)$ 的量纲幂次为 $4-n$.

我们也可以用更明显的方式说明式 (6.2.15) 与量纲分析等价. 令所有动量都协同的增长, 即令

$$p_{j\mu}=\kappa a_{j\mu},$$

κ 为一变量. 由于 $\Gamma_n(p)$ 中的独立变量为 $p_1,p_2,\cdots,p_{n-1}$, 从微商公式即得出

$$\begin{aligned}\kappa\frac{\mathrm{d}}{\mathrm{d}\kappa}\Gamma_n(p_1,p_2,\cdots)&=\kappa\sum_{j=1}^{n-1}\frac{\mathrm{d}p_{j\mu}}{\mathrm{d}\kappa}\frac{\partial}{\partial p_{j\mu}}\Gamma_n(p_1,p_2,\cdots)\\&=\sum_{j=1}^{n-1}p_{j\mu}\frac{\partial}{\partial p_{j\mu}}\Gamma_n(p_1,p_2,\cdots).\end{aligned}$$

代入式 (6.2.15) 得

$$\kappa\frac{\mathrm{d}}{\mathrm{d}\kappa}\Gamma_n(\kappa a_1,\kappa a_2,\cdots)=(4-n)\Gamma_n(\kappa a_1,\kappa a_2,\cdots).\tag{6.2.16}$$

由此解出

$$\ln\frac{\Gamma_n(\kappa a_1,a_2,\cdots)}{\Gamma_n(a_1,a_2,\cdots)}=(4-n)\ln\kappa,$$

即

$$\Gamma_n(\kappa a_1,\kappa a_2,\cdots)=\kappa^{4-n}\Gamma_n(a_1,a_2,\cdots).$$

此结果也可表作

$$\Gamma_n(\kappa p)=\kappa^{4-n}\Gamma_n(p).\tag{6.2.17}$$

它正是朴素的量纲分析所给出的结果.

在本节开始处, 我们已经指出, 上述的简单推论并不正确, 原因在于在以上的形式推导中没有考虑发散和进行重正化. 而重正化将使标度不变性受到破坏.

2. 重正化对标度不变性的破坏

定域场论由于出现紫外发散而要进行规制化, 无论是采用动量截断规制化、高阶协变导数规制化、Pauli-Villars 规制化还是维数规制化, 都要引入带量纲的参量. 这样, 原来不含带量纲参量的理论在规制化后其中就出现了带量纲的参量. 上述前面三种规制化中所引入的带量纲参量为截断 Λ(在 Pauli-Villars 规制化中, Λ 表示重粒子的质量). 虽然最后要令 $\Lambda\to\infty$, 在重正化的格林函数或顶角函数中 Λ 已不出现, 但代替它要引入重正化点 μ(它也具有质量量纲), 重正化参数如 Z_φ, g 就是通过这一重正化点的顶角函数或其微商来定义的.

我们可不可以在零动量处来定义重正化参数以避免引入带量纲的参量 μ? 回答是“不可以”, 因为在零质量的理论中, 顶角函数在零动量处有红外发散.

在上述第四种的维数规制化中, 引入的带量纲的参量就是 $g\mu^{2-\frac{s}{2}}$ 中的 μ(这里的 μ 也称为重正化点. 虽然它与上面所说的重正化点的意义并不一样, 但在重正化群方程中起着相同的作用, 因为在裸量一定时, μ 的取值改变, 重正化的 g 以及其他重正化参量的值也将随之改变). 从 5.4 节我们已经看到, 在维数 $s\to 4$ 后, 重正化的顶角中将含有 μ.

由于 μ 的出现, 重正化的顶角函数 $\Gamma_n(p_1,p_2,\cdots,\mu)$ 不再满足式 (6.2.17), 它应修改为

$$\Gamma_n(\kappa p,\mu)=\kappa^{4-n}\Gamma_n\left(p,\frac{1}{\kappa}\mu\right). \tag{6.2.18}$$

这是因为只当 Γ_n 所含的所有有量纲的量都按其量纲幂次 d 增加 k^d 倍时, 整个 Γ_n 才增加 k^{4-n} 倍.

我们实际感兴趣的是, 对选定的重正化点 μ, 当所有动量一致增长时 Γ_n 的变化, 即 $\Gamma_n(\kappa p,\mu)$ 与 $\Gamma_n(p,\mu)$ 之间的关系. 因此仅有式 (6.2.18) 是不够的, 还必须知道 $\Gamma_n\left(p,\frac{1}{\kappa}\mu\right)$ 与 $\Gamma_n(p,\mu)$ 之间的关系. 这就涉及当重正化点 μ 改变时 (p 不变), 顶角函数 $\Gamma_n(p,\mu)$ 如何变化. 于是 Γ_n 随动量的变化行为 (重正化点固定), 就同它对 μ 的依赖发生了联系. 研究重正化点改变时 Γ_n 的变化, 正是重正化群方程的内容.

对于有质量的理论, 如果我们在质壳上重正化 (以避免引入新的带量纲参量), 那么就有

$$\Gamma_n(\kappa p,m)=\kappa^{4-n}\Gamma\left(p,\frac{1}{\kappa}m\right). \tag{6.2.19}$$

在零质量极限存在的情况下, 当 κ 很大时, $\frac{1}{\kappa}m$ 可以略去, 即

$$\Gamma_n(\kappa p,m)\sim\kappa^{4-n}\Gamma_n(p,0),\quad \kappa\gg 1. \tag{6.2.20}$$

上式也就是朴素的量纲分析所得出的结果. 但实际上式 (6.2.20) 并不正确, 原因是在采用质壳重正化时, 零质量极限并不存在 (会出现红外发散).

为使零质量极限存在, 应放弃质壳重正化而引入重正化点 μ, 这时, 式 (6.2.19) 应修改为

$$\Gamma_n(\kappa p, m, \mu) = \kappa^{4-n}\Gamma_n\left(p, \frac{1}{\kappa}m, \frac{1}{\kappa}\mu\right). \tag{6.2.21}$$

在取极限之前, 如前面所述还要将右方 Γ_n 中的 $\dfrac{1}{\kappa}\mu$ 变回到 μ. 这里仍需要知道 Γ_n 随 μ 的依赖关系.

以上讨论表明, 重正化使得原来不含带量纲参量的理论含有一个带量纲的 μ(重正化点). μ 的引入是不可避免的, 因为不含带量纲参量的零质量理论除了有紫外发散外还有红外发散, 使得理论不能在零动量处重正化. 对于有质量的理论, 在研究大动量渐近行为时, 也要引入非质壳的重正化点 μ.

上述引入的 μ, 其大小又是可随意取定的 (从一个不含带量纲参量的 $\mathscr{L}$ 也不可能定出一个有确定大小的 μ). μ 的值既然可随意取, 那么 μ 值的改变应该不影响可观测的物理量的理论计算值. 这一点之所以能做到, 是因为当 μ 改变时, 重正化常数也将随之改变, 从而 μ 值改变直接引起的物理量理论值的变化, 将通过重正化常数改变所引起的变化而得到补偿.

6.3　质量无关的重正化和重正化群方程

实际的理论中通常都含有有质量的粒子, 因此我们将直接讨论 $m \neq 0$ 情况下的重正化群方程. 在本节中, 耦合常数仍都是量纲为 1 的常数, $\chi(x)$ 仍表示一般的场量.

Callan-Symanzik 方程有时也称作重正化群方程. 但本节所讨论的只是狭义的重正化群方程, 即通过改变重正化点所推出的方程, 不包括 Callan-Symanzik 方程在内. 后者应用于质壳或零动量点 (设 $m \neq 0$) 重正化方案下的顶角函数, 不含任意的重正化点 μ①.

1. 质量无关的重正化

在通常的 MOM 重正化方案中, Z_χ, Z_g 以及 m_B/m 都是通过在某个动量 (重正化点) 处的顶角函数来定义的, 因而与理论中所含的质量参数有关. 这时, 重正化群

① Callan-Symanzik 方程是利用重正化的下述基本性质 "从总拉格朗日函数 $\mathscr{L}(\chi_B, g_B, m_B)$ 出发, 经过规制化所计算出的 $\Gamma[\chi_B, g_B, m_B, \Lambda]$, 在 $\Lambda \to \infty$ 时化为 $\Gamma[\chi, g, m]$. 即 Γ 中引起发散的 Λ 都被吸收到重正化场量和其他参数中去", 通过考察在 Λ, g_B 和 χ_B 不变的条件下, Γ 对 m_B 的变化而推出来的.

方程处理起来比较复杂. 1973 年 ′t Hooft 和 Weinberg 采用了与质量无关的重正化, 简化了重正化群方程的求解. 我们以*标量场的自作用* $\left(\mathscr{L}=-\frac{1}{2}(\partial_\mu\varphi)^2-\frac{1}{2}m^2\varphi^2-\frac{1}{4!}g^2\varphi^4\right)$ 为例①, 对他们的方案进行说明.

′t Hooft 的方案就是维数规制化基础上的 MS 重正化. 在这种方案中, 当空间维数延拓到 s 时, g 的量纲幂次为 $\frac{1}{2}(s-4)=-\varepsilon/2$. 于是

$$\begin{aligned}\varphi&=Z_\varphi^{-1/2}\varphi_B,\\ m^2&=Z_m^{-2}m_B^2,\\ g&=Z_g^{-1}g_B\mu^{-\varepsilon/2},\end{aligned}\tag{6.3.1}$$

其中的 Z_φ, Z_m, Z_g 都将不依赖质量 m 而只是 g 的函数.

对于单圈图的重正化, 论证是比较简单的. 步骤如下: ① 因为我们所考虑的是可重正化理论, 极点的系数只能是外动量的有限次多项式, 而在费恩曼积分中, 质量与分母中的外动量组合在一起 (例如见式 (5.3.2)), 由此可得出极点系数至多是质量 m 的有限次多项式. 我们也可从 s 维空间中的基本积分公式 (例如式 (5.3.15)) 来得出这一结论. 此积分只当 $\frac{s}{2}+l-n$ 在 $s\to 4$ 时大于或等于零才含有极点, 该式右方的 $(a^2)^{\frac{s}{2}+l-n}$(m^2 就含在 a^2 中) 等于 $(a^2)^{2+l-n}\mathrm{e}^{-\frac{\varepsilon}{2}\ln a^2}\simeq(a^2)^{2+l-n}\left(1-\frac{\varepsilon}{2}\ln a^2\right)$. 因此极点系数正比于 $(a^2)^{2+l-n}$, 其幂次 $2+l-n$ 为正或零. ② 从极点系数中分出来的 Z_φ, Z_m, Z_V 等都是量纲为 1 的数, 如果它含有 m, 就只能是 $\left(\frac{m}{\mu}\right)$ 的幂次式. 但 μ 仅可能以对数形式出现, 因为费恩曼积分对 μ 的依赖来自 $g\mu^{\varepsilon/2}$. 这就表明, m 和 μ 都不可能出现在极点的系数中.

当 $\mathscr{L}$ 中含有几个质量 m_j 时, 质量也不可能以 m_j/m_l 的形式进入 Z_φ 和 Z_g, 因为通过参数化, 所有的 m_j^2 都线性地组合在一起. 这时 (6.3.1) 第二式应修改为

$$m_j^2=(Z_{m^2}^{-1})_{jl}m_{Bl}^2,$$

根据同样的理由, 矩阵 (Z_m^{-2}) 也与质量参数无关.

对于多圈图, 上述证明的方法失效, 因为单圈图有限项中所含的 $\ln\frac{m^2}{\mu^2}$, 可以出现在较低阶极点的系数中. 只当不同多圈图中出现的这类项互相消去, 才能得出各个重正化常数与质量无关. 这里不再详述, 读者可参见其他文献或专著.

关于 Z_φ 和 Z_g 不会含 $\ln\frac{m^2}{\mu^2}$, 可以通过下述的简单论证得出. 在应用维数规制化来计算极点项时, 对外动量并无限制, 可以取在欧几里得区. 于是规制化的 Γ_2 和 Γ_4 在取零质量极限时不会出现红外发散, 这样, Z_φ 和 Z_g 中就不能含有 $\ln\frac{m^2}{\mu^2}$ 因子.

---

① 这里把 φ^4 的耦合常数写成了 g^2, 故 g_B 的量纲幂次仍为 $\varepsilon/2$.

但对于 Z_m, 上述论据就不够了. Z_m 的质量无关性还要求 Γ_2 中的极点项对 m^2 的微商也不含红外发散. 例如, 当 Γ_2 含 $\left(m^2\ln\dfrac{m^2}{\mu^2}\right)\dfrac{1}{\varepsilon}$ 形式的项时, Γ_2 并无红外发散, 但 Z_m 的圈图中将含 $\ln\dfrac{m^2}{\mu^2}$, 只有各圈图中出现的这样的项互相消去, Z_m 才能与质量无关. 关于各个 Z 与质量无关的一般证明可参见 Collins 的讨论 (Nucl. Phys. B**80**, 341, 1974).

Weinberg 提出的是零质量 MOM 重正化方案[①]. 我们仍借用上面所引的标量场例子来说明其基本思想 (尽管 Weinberg 指出此方案不能应用于标量场). 设从总拉格朗日函数 $\mathscr{L}$ 出发, 经过截断规制化计算出生成泛函 $\Gamma[\varphi_B, g_B, m_B^2, \Lambda]$, 然后求出未重正化的二点和四点顶角函数 $\Gamma_2^{(B)}(p, g_B, m_B^2, \Lambda)$ 和 $\Gamma_4^{(B)}(p_j, g_B, m_B^2, \Lambda)$. 零质量 MOM 方案是用 $\Gamma_2^{(B)}$ 在 $p^2=\mu^2$, $m_B^2=0$ 处的微商值来定义 Z_φ 和 Z_m,

$$\begin{aligned}\left.\frac{\mathrm{d}\Gamma_2^{(B)}(p, g_B, m_B^2, \Lambda)}{\mathrm{d}(p^2)}\right|_{p^2=\mu^2, m_B^2=0} &= Z_\varphi^{-1},\\ \left.\frac{\mathrm{d}\Gamma_2^{(B)}(p, g_B m_B^2, \Lambda)}{\mathrm{d}(m_R^2)}\right|_{p^2=\mu^2, m_B^2=0} &= -Z_m^{-2}Z_\varphi^{-1}.\end{aligned} \tag{6.3.2}$$

在 $\mathscr{L}_{\text{int}}^{(B)}=-\dfrac{1}{4!}g_B\varphi_B^4$ 的情况, 我们采用 $\Gamma_4^{(B)}$ 在 $p_j^2=\mu^2$, $s=t=-\dfrac{4}{3}\mu^2$, $m_B^2=0$ 点的值来定义 g(或 Z_g),

$$\Gamma_4^{(B)}(p_j, g_B, m_B^2, \Lambda)|_{p_j^2=\mu^2, s=t=-\frac{4}{3}\mu^2, m_B^2=0}=-Z_\varphi^{-1}g=-Z_\varphi^{-2}Z_g^{-2}g_B, \tag{6.3.3}$$

然后定义重正化场量和重正化质量为

$$\begin{aligned}\varphi &= Z_\varphi^{-1/2}\varphi_B,\\ m^2 &= Z_m^{-2}m_B^2.\end{aligned} \tag{6.3.4}$$

如果按式 (6.3.2) 定义的 Z_m 存在, 而且当 $\Lambda\to\infty$ 时下式成立

$$\lim_{\Lambda\to\infty}\Gamma[\varphi_B, g_B, m_B^2, \Lambda]=\Gamma[\varphi, g, m^2, \Lambda], \tag{6.3.5}$$

即 Γ 中的发散都能吸收到上述定义的重正化常数 Z_φ, Z_g 和 Z_m 中去, 那就表示这种重正化方案能够成立 (注意, 这里讨论的对象并不是零质量的理论, 而只是用 $m_B^2=0$ 时的 $\Gamma_4^{(B)}$ 和 $\Gamma_2^{(B)}$ 的值或微商值来定义重正化常数).

Weinberg 在他的文章中, 对规范场与旋量场相互作用的情况下此种重正化方案的有效性, 进行了归纳法的论证. 对于有标量场的情况 (包括上面我们借用来说

① Phys. Rev. D 8, 3497, 1973.

明其基本思想的例子), 他指出这种方案并不能直接应用, 原因是, 对标量场, 自能图是平方发散, (6.3.4) 第二式将不成立. 代替它的是 $m^2 = m_B^2 + \delta m^2$, δm^2 中有正比于 Λ^2 的项①.

一些作者指出 (参见 Pascual & Tarrach, Nucl. Phys. B**174**, 123, 1980), 当把这种零质量重正化方案应用到非阿贝尔规范场时, 从各个顶角所定出顶角重正化常数将不满足等式

$$\frac{Z_3}{Z_A} = \frac{Z_3'}{Z_f} = \frac{Z_3''}{Z_\psi} = \frac{Z_4^{1/2}}{Z_A^{1/2}}.$$

为了保持这一等式, 使规范耦合常数具有统一的值, 只能从其中一个顶角按 Weinberg 方案直接计算顶角重正化常数, 然后通过上式来定义其他顶角的顶角重正化常数. 或者说, 我们只能通过一个顶角来定义 Z_g, 并用这个 Z_g 来构造所有有关的抵消项.

Weinberg 方案与 MS 方案相比, 优点是, 在 QCD 微扰计算中收敛性较好 (当 μ^2 取在所研究的能区范围内时), 即高阶的修正较小. 这是因为它比 MS 方案较为接近普通的 MOM 重正化方案. 缺点是, 重正化群方程中的 β 函数和 γ_m 函数 (定义见式 (6.3.9)) 的高阶值与规范参量 ξ 有关. 对此, 一些作者提出了修改的方案 (Espriu & Tarrach, Phys. Rev. D**25**, 1073, 1982; Valent, PAR-LPTHE, 82/08, 1982).

2. 重正化群方程

我们先按 't Hooft 的 MS 方案来推导重正化群方程. 将总拉格朗日函数分成 $\mathscr{L}_{基} + \delta\mathscr{L}$, 其中 $\delta\mathscr{L}$ 通过逐阶抵消极点项的办法来确定. 由此可以求出 Z_χ, Z_m 和 Z_g. 如前所述, 它们只是 g 的函数, 不含 m 和 μ. 但在用耦合常数表示时, 将通过 $g_B\mu^{-\varepsilon/2}$ 形式而含 μ. 从 $\mathscr{L}_{基} + \delta\mathscr{L}$ 计算出的重正化顶角函数 $\Gamma_n(p_j; g, m, \mu)$ 将不含极点 $\dfrac{1}{\varepsilon}$. 另外总拉格朗日函数也可表为 $\mathscr{L}(\chi_B, g_B, m_B)$, 从 $\mathscr{L}$ 通过维数规制化计算出的未重正化顶角函数为 $\Gamma_n^{(B)}\left(p_j; g_B, m_B, \dfrac{1}{\varepsilon}\right)$, 其中不含 μ. Γ_n 与 $\Gamma_n^{(B)}$ 的关系是

$$\Gamma_n(p_j; g, m, \mu) = Z_\Gamma\left(g_B\mu^{-\varepsilon/2}, \frac{1}{\varepsilon}\right)\Gamma_n^{(B)}\left(p_j; g_B, m_B, \frac{1}{\varepsilon}\right), \tag{6.3.6}$$

其中, Z_Γ 代表 Γ_n 的重正化常数, 即各个外线粒子波函数重正化常数平方根的积 (Z_Γ 的宗量为 g, 在换用 g_B 表示后, 即可写成上述形式). 另外, 上式应理解为 $\varepsilon \to 0$ 的极限.

---

① 这一问题或许并不严重, 可以规定正比于 Λ^2 的项为零 (维数规制化就没有这样的项). 重要的问题是按式 (6.3.2) 定义的 Z_m 要存在 $\left(\text{即 } \left.\dfrac{\mathrm{d}\Gamma_2^{(B)}}{\mathrm{d}m_B^2}\right|_{m_B^2=0, p^2=\mu^2} \text{无红外发散}\right)$, 而且式 (6.3.5) 成立. 对于标量场, $\left.\dfrac{\mathrm{d}\Gamma_2^{(B)}}{\mathrm{d}m_B^2}\right|_{p^2=\mu^2}$ 中含有 $\ln\dfrac{m_B^2}{\mu^2}$ 形式的项, 故 Z_m 是发散的 (Collins, Phys. Rev. D**10**, 1213, 1974). 附带指出: 上页结果只能说明极点项中不含 $\ln\dfrac{m_B^2}{\mu^2}$, 并没有说有限项中也不含它.

我们也可将式 (6.3.6) 写成

$$Z_{\Gamma}^{-1}\left(g_B\mu^{-\varepsilon/2},\frac{1}{\varepsilon}\right)\Gamma_n(p_j;g,m,\mu)=\Gamma_n^{(B)}\left(p_j;g_B,m_B,\frac{1}{\varepsilon}\right). \tag{6.3.7}$$

此式表明：Γ_n 在除以 Z_Γ 后再用裸参量 g_B, m_B 表示时, 就与重正化点 μ 的取值无关 (Γ_n 本身用裸参量表示时之所以仍与 μ 有关, 原因就在于外线粒子的波函数重正化与 μ 有关).

将式 (6.3.6) 两侧取对数, 然后在 p 以及 m_B, g_B, ε 不变的条件下对 $\ln\mu$ 作偏微商, 微商完后仍取 $\varepsilon\to 0$. m_B, g_B 不变也就是总 $\mathscr{L}$(即 $\mathscr{L}_{基}+\delta\mathscr{L}$) 保持不变. 这样当 μ 改变时, 重正化耦合常数 g 和重正化质量 m 要随之改变, 故得①

$$\begin{aligned}&\lim_{\varepsilon\to 0}\frac{1}{\Gamma_n}\left[\mu\left(\frac{\partial\Gamma^n}{\partial\mu}\right)_{p,m,g}+\left(\mu\frac{\partial g}{\partial\mu}\right)_{g_B,\varepsilon}\left(\frac{\partial\Gamma^n}{\partial g}\right)_{p,m,\mu}+\left(\mu\frac{\partial m}{\partial\mu}\right)_{m_B,g_B,\varepsilon}\left(\frac{\partial\Gamma_n}{\partial m}\right)_{p,g,\mu}\right]\\&=\lim_{\varepsilon\to 0}\mu\left(\frac{\partial\ln Z_\Gamma}{\partial\mu}\right)_{g_B,\varepsilon}.\end{aligned} \tag{6.3.8}$$

其中, $\dfrac{\partial}{\partial\ln\mu}$ 已写成 $\mu\dfrac{\partial}{\partial\mu}$. 下述三个函数在重正化群方程中具有重要意义, 它们的定义是

$$\begin{aligned}\beta&=\mu\lim_{\varepsilon\to 0}\left(\frac{\partial g}{\partial\mu}\right)_{g_B,\varepsilon},\\\gamma_m&=\frac{1}{m}\mu\lim_{\varepsilon\to 0}\left(\frac{\partial m}{\partial\mu}\right)_{m_b,g_B,\varepsilon}\\&=\mu\lim_{\varepsilon\to 0}\left(\frac{\partial\ln m}{\partial\mu}\right)_{m_B,g_B,\varepsilon},\\\gamma_\Gamma&==-\mu\lim_{\varepsilon\to 0}\left(\frac{\partial\ln Z_\Gamma}{\partial\mu}\right)_{g_B,\varepsilon}.\end{aligned} \tag{6.3.9}$$

下面将证明, 当 β, γ_m, γ_Γ 用重正化参量表示时, 此极限存在.

β 和 γ_m 也可像 γ_Γ 那样用重正化常数 Z_g 和 Z_m 表示出来,

$$\begin{aligned}\beta&=-g\mu\lim_{\varepsilon\to 0}\left(\frac{\partial\ln Z_g}{\partial\mu}\right)_{g_B,\varepsilon},\\\gamma_m&=-\mu\lim_{\varepsilon\to 0}\left(\frac{\partial\ln Z_m}{\partial\mu}\right)_{g_B,\varepsilon}.\end{aligned} \tag{6.3.10}$$

---

① $\left(\dfrac{\partial g}{\partial\mu}\right)_{m_B,g_B,\varepsilon}$ 在下式中写成了 $\left(\dfrac{\partial g}{\partial\mu}\right)_{g_B,\varepsilon}$. 这是由于 $g=Z_g^{-1}g_B\mu^{-\varepsilon/2}$, 而 Z_g 与质量无关. $\dfrac{\partial\ln Z_\Gamma}{\partial\mu}$ 的情况相同.

在下文中 γ_Γ 将称为 Γ_n 的反常量纲, γ_m 称为质量的反常量纲 (理由见下节第 2 小节). 在 MS 重正化中, 在用重正化参量表示时, 它们只是 g 的函数.

在引入 β, γ_m 和 γ_Γ 后, 式 (6.3.8) 就化为

$$\left(\mu\frac{\partial}{\partial\mu}+\beta\frac{\partial}{\partial g}+\gamma_m m\frac{\partial}{\partial m}+\gamma_\Gamma\right)\Gamma_n(p_j,g,m,\mu)=0. \tag{6.3.11}$$

这就是我们所讨论情况的重正化群方程①.

为了说明此方程的含意, 我们先设想 $Z_\Gamma=1$②. 这时从式 (6.3.7) 看出, Γ_n 在用裸参量表示时即与重正化点 μ 的取值无关. $Z_\Gamma=1$ 对应于 $\gamma_\Gamma=0$, 式 (6.3.11) 就化为 $\left(\mu\frac{\partial}{\partial\mu}+\beta\frac{\partial}{\partial g}+\gamma_m m\frac{\partial}{\partial m}\right)\Gamma_n=0$. 它的含意就是: μ 的变化所直接导致的 Γ_n 的改变, 将通过 g 和 m 的变化引起的间接改变而得到补偿, 也就是说这三项变化产生的总效果为零. 实际的 Γ_n 在用裸参量表示时与 μ 有关, 体现在式 (6.3.6) 右方的 Z_Γ 上. 这时式 (6.3.11) 的含意就是上述三项变化产生的效果并不完全相消, 而等于反常量纲 γ_Γ 乘上 Γ_n 的负值.

在对 β, γ_m 等作一般性的讨论之前, 我们先利用 5.4 节的结果来计算非阿贝尔规范理论中 β, γ_m, $\cdots$ 的单圈图的值, 以取得对它们的具体了解. 5.4 节给出的单圈图 Z_g 为

$$Z_g=1-\frac{g^2}{16\pi^2}\left(\frac{11}{6}C-\frac{2}{3}C_\psi\right)\frac{2}{\varepsilon}.$$

在准到 g_B^2 时它又可表为

$$Z_g=1-\frac{g_B^2\mu^{-\varepsilon}}{16\pi^2}\left(\frac{11}{6}C-\frac{2}{3}C_\psi\right)\frac{2}{\varepsilon}.$$

由此得③

$$\ln Z_g=-\frac{g_B^2\mu^{-\varepsilon}}{16\pi^2}\left(\frac{11}{6}C-\frac{2}{3}C_\psi\right)\frac{2}{\varepsilon},$$

---

① 如果重正化质量与裸质量关系是 $m_j=(Z_m^{-1})_{jk}m_{Bk}$, 即多个裸质量之间有混合. 则有 $\frac{\partial m_j}{\partial\mu}=\frac{\partial(Z_m^{-1})jk}{\partial\mu}m_{Bk}$, 两边乘以 $(Z_m^{-1})_{il}(Z_m)_{ij}$ 后即化为 $\frac{\partial m_i}{\partial\mu}=(Z_m^{-1})_{il}(Z_m)_{lj}\frac{\partial(Z_m^{-1})_{jk}}{\partial\mu}m_{Bk}=-(Z_m^{-1})_{il}\frac{\partial(Z_m)_{lj}}{\partial\mu}(Z_m^{-1})_{jk}m_{Bk}$.

若定义 $(\gamma_m)_{ij}=-\mu(Z_m^{-1})_{il}\frac{\delta(Z_m)_{lj}}{\partial\mu}$, 即得 $\mu\frac{\partial m_j}{\partial\mu}=(\gamma_m)_{ij}m_j$.

这时, 式 (6.3.11) 中的 $\gamma_m m\frac{\partial}{\partial m}$ 就应换为 $(\gamma_m)_{ij}m_j\frac{\partial}{\partial m_i}$

② 如果研究的对象不是 Γ_n 而是 $G_n\Gamma_n$, 就会出现这种情况, 参见式 (6.3.16). 因此这里的 Γ_n 也可看作是代表 $G_n\Gamma_n$.

③ 上式 Z_g 中第二项与耦合常数 g_B^2 成正比, 求对数时应作为小项, 换句话说, 我们将只保留 $\ln Z_g$ 中含耦合常数最低幂次的项.

于是有

$$\left(\mu\frac{\partial \ln Z_g}{\partial\mu}\right)_{g_B,\varepsilon}=\frac{g_B^2\mu^{-\varepsilon}}{8\pi^2}\left(\frac{11}{6}C-\frac{2}{3}C_\psi\right).$$

我们看到, $\ln Z_g$ 中的极点在作上述微商后被消去. 将上式右方再回过来用 g 表示 (即将其中的 g_B 用 g 表示出来), 则在准到 g^2 的近似下即为

$$\frac{g^2}{8\pi^2}\left(\frac{11}{6}C-\frac{2}{3}C_\psi\right).$$

由此得 β 的最低阶值就是

$$\beta(g)=-\frac{g^3}{8\pi^2}\left(\frac{11}{6}C-\frac{2}{3}C_\psi\right). \tag{6.3.12}$$

如前所述, 它是 g 的有限函数, 并与 m, μ 以及 ξ 无关.

5.4 节给出的旋量场质量重正化常数 Z_m 等于

$$Z_m=1-\frac{3}{16\pi^2}g^2\overline{C}_\psi\frac{2}{\varepsilon},$$

参见式 (5.4.32). 用同样的方法可求出最低阶的 γ_m 为

$$\gamma_m=-\frac{3g^2C_\psi}{8\pi^2}, \tag{6.3.13}$$

它也是 g 的有限函数, 并与 m, μ 和 ξ 无关.

对于规范场与旋量场的顶角, 重正化常数 Z_Γ 可表示 $Z_A^{1/2}$, $Z_\psi^{1/2}$ 幂次的乘积. 因此若定义

$$\begin{aligned}\gamma_A&=-\mu\left(\frac{\partial\ln Z_A^{-1/2}}{\partial\mu}\right)_{g_B,\varepsilon}=\frac{1}{2}\mu\left(\frac{\partial\ln Z_A}{\partial\mu}\right)_{g_B,\varepsilon},\\ \gamma_\psi&=-\mu\left(\frac{\partial\ln Z_\psi^{-1/2}}{\partial\mu}\right)_{g_B,\varepsilon}=\frac{1}{2}\mu\left(\frac{\partial\ln Z_\psi}{\partial\mu}\right)_{g_B,\varepsilon},\end{aligned} \tag{6.3.14}$$

则 γ_Γ 即为 $-\gamma_A$, $-\gamma_\psi$ 等因子的和. 利用 5.4 节的结果, 最低阶的 $\ln Z_A$ 和 $\ln Z_\psi$ 分别为

$$\ln Z_A=\frac{g^2}{16\pi^2}\left[\left(\frac{5}{3}-\frac{\xi-1}{2}\right)C-\frac{4}{3}C_\psi\right]\frac{2}{\varepsilon},$$

$$\ln Z_\psi=-\frac{g^2}{16\pi^2}\overline{C}_\psi\xi\frac{2}{\varepsilon},$$

于是即可求出

$$\begin{aligned}\gamma_A&=-\frac{g^2}{16\pi^2}\left[\left(\frac{5}{3}-\frac{\xi-1}{2}\right)C-\frac{4}{3}C_\psi\right],\\ \gamma_\psi&=\frac{g^2}{16\pi^2}\overline{C}_\psi\xi.\end{aligned} \tag{6.3.15}$$

它们分别称为规范场和旋量场的反常量纲, 其值仍与 m, μ 无关, 但同 ξ 有关.

下面我们来证明：当 β, γ_m, γ_Γ 等用重正化参量表示时, 将不含极点项, 从而 $\varepsilon\to 0$ 的极限存在. 仍以 φ^4 作用为例.

为此, 先将重正化群方程推广应用到量 $G_n\Gamma_n$. 由于

$$G_n\Gamma_n = G_n^{(B)}\Gamma_n^{(B)},$$

故它的重正化群方程即为

$$\left(\mu\frac{\partial}{\partial\mu}+\beta\frac{\partial}{\partial g}+\gamma_m m\frac{\partial}{\partial m}\right)(G_n\Gamma_n)=0. \tag{6.3.16}$$

取 $m=0$, 由于 β 与 m 无关, 故这样做不影响 β 的值. 由此得出

$$\beta=\frac{\mu\dfrac{\partial}{\partial\mu}(G_n\Gamma_n)_{m=0}}{\dfrac{\partial}{\partial g}(G_n\Gamma_n)_{m=0}}.$$

上式右方在用重正化参量表示时是不含极点的, 这就得出当 $\varepsilon\to 0$ 时, β 的极限存在. 由于 β 与 m 无关, 它也不能依赖 μ, 从而可表为

$$\beta=\beta(g), \tag{6.3.17}$$

即 β 是 g 的有限函数.

将此结果代回式 (6.3.16), 就可把 γ_m 表为

$$\gamma_m=-\frac{\left(\mu\dfrac{\partial}{\partial\mu}+\beta(g)\dfrac{\partial}{\partial g}\right)(G_n\Gamma_n)}{m\dfrac{\partial}{\partial m}(G_n\Gamma_n)}.$$

由此可知, 当 γ_m 用重正化参量 g 表示时, $\varepsilon\to 0$ 的极限也是存在的. 由于 Z_m 与质量无关, 它同样只是 g 的有限函数, 即

$$\gamma_m=\gamma_m(g). \tag{6.3.18}$$

最后, 将 $\beta(g)$ 和 $\gamma_m(g)$ 代入 Γ_n 满足的重正化方程 (6.3.11), 又可证明 γ_Γ 作为 g 的函数也是不含发散的, 亦即 $\varepsilon\to 0$ 时,

$$\gamma_\Gamma=\gamma_\Gamma(g). \tag{6.3.19}$$

如果采用 Weinberg 零质量重正化方案 (仍看前面所设的标量场的例子), 则 Z_Γ 是 g_B, μ 和 Λ 的函数, 并可表为

$$Z_\Gamma\left(g_B, \frac{\Lambda}{\mu}\right),$$

在这里 g_B 是量纲为 1 的. Γ_n 与 $\Gamma_n^{(B)}$ 的关系与式 (6.3.6) 相似,

$$\Gamma_n(p_j; g, m, \mu) = Z_\Gamma\left(g_B, \frac{\Lambda}{\mu}\right)\Gamma_n^{(B)}(p_j; g_B, m_B, \Lambda). \tag{6.3.20}$$

此式右侧也应理解为 $\Lambda\to\infty$ 时的极限.

同样将式 (6.3.20) 两侧都取对数, 然后在 (p, M_B, g_B, Λ) 不变的条件下对 $\ln\mu$ 作偏微商, 即可得出与式 (6.3.11) 完全一样的重正化群方程, 其中

$$\beta = \mu\left(\frac{\partial g}{\partial\mu}\right)_{g_B,\Lambda} = -g\mu\left(\frac{\partial \ln Z_g}{\partial\mu}\right)_{g_B,\Lambda},$$

$$\gamma_m = \frac{1}{m}\left(\mu\frac{\partial m}{\partial\mu}\right)_{g_B m_B,\Lambda} = -\mu\left(\frac{\partial \ln Z_m}{\partial\mu}\right)_{g_B,\Lambda},$$

$$\gamma_\Gamma = -\mu\left(\frac{\partial \ln Z_\Gamma}{\partial\mu}\right)_{g_B,\Lambda}.$$

在 Weinberg 方案成立的条件下, 同样可论证当 β, γ_m, γ_Γ 用 g 表示时, $\Lambda\to\infty$ 的极限存在, 并且只是 g 的函数①.

对于规范理论, Γ_n 还依赖所取的规范. 在用 ξ 规范时, 重正化群方程中将增加 $\alpha\dfrac{\partial}{\partial\xi}$ 的项. 对 ´t Hooft 方案, 由 $\xi_B = Z_A\xi$, 即得

$$\alpha = \mu\left(\frac{\partial\xi}{\partial\mu}\right)_{g_B,\xi_B,\varepsilon} = -\xi\mu\left(\frac{\partial \ln Z_A}{\partial\mu}\right)_{g_B,\xi_B,\varepsilon} = -2\xi\gamma_A, \tag{6.3.21}$$

与规范场的反常量纲γ_A 成正比. 这时重正化方程的形式为

$$\left(\mu\frac{\partial}{\partial\mu} + \beta\frac{\partial}{\partial g} + \gamma_m m\frac{\partial}{\partial m} + \alpha\frac{\partial}{\partial\xi} + \gamma_\Gamma\right)\Gamma_n(p, g, \xi, m, \mu) = 0. \tag{6.3.22}$$

如果取朗道规范, 根据式 (6.3.21) 将有

$$\alpha = 0,$$

① 关于 Weinberg 方案以及 MS 方案中 β 和 γ_m 两圈图的值可参见 Espriu & Tarrach 文 (Phys. Rev. D**25**. 1073, 1982) 及所引文献.

式 (6.3.22) 就化为原来的较简单的形式, 即式 (6.3.11). 另外要指出的是, 对于规范理论, 在 β, γ_m, γ_Γ 的定义中, 对 μ 微商还应增加保持 ξ_B 不变①.

β, γ_m, γ_Γ, α 等一般说来是 g 和 ξ 的函数. 但 Gaswell 和 Wilczek(Phys. Lett. 49 *B*, 291. 1974) 以及其他一些作者证明了, 在 't Hooft 的 MS 方案中, β 和 γ_m 仍然只是 g 的函数, 与 ξ 无关②. 这一结果在前面给出的 γ 和 γ_m 的单圈图近似值式 (6.3.12) 和 (6.3.13) 中已经显示出来.

根据 $\beta(g)$ 和 $\gamma_m(g)$ 的规范无关性, 我们不仅可以选择计算上比较方便的费恩曼规范来求出 $\beta(g)$ 和 $\gamma(g)$, 而且还能说明非阿贝尔规范场的一些重要性质 (如渐近自由性) 与规范的选择无关 (参见下节).

3. 有关 β, γ_m, γ_Γ 高阶值的讨论

在采用抵消项的方式来进行重正化的计算时, 得出的 Z_g, Z_m, Z_χ 等直接就是以重正化耦合常数 g 为宗量的函数. 在考虑了高阶图以后, 将出现高阶极点. 例如 Z_g, 在 MS 方案中可表为

$$Z_g = 1 + \sum_{l=1}^{\infty} \frac{A_l(g)}{\varepsilon^l}, \tag{6.3.23}$$

其中, $A_l(g)$ 又可展为 g 的幂级数 (幂次为正). 我们来证明, $\beta(g)$ 将由 $A_1(g)$ 完全确定, 而且 Z_g 中的其他系数 $A_2(g)$, $A_3(g)$, $\cdots$ 等也都由 $A_1(g)$ 确定. 为此, 我们先不令 $\varepsilon \to 0$(保留它为小量), 并定义

$$\beta(g,\varepsilon) = \mu \left(\frac{\partial g}{\partial \mu}\right)_{g_B,\varepsilon}. \tag{6.3.24}$$

将

$$g = g_B \mu^{-\varepsilon/2} Z_g^{-1}$$

代入式 (6.3.24), 并利用 Z_g 为 g 和 ε 的函数 (见式 (6.3.23)), 即得

$$\beta(g,\varepsilon) = -\frac{g}{Z_g}\mu\left(\frac{\partial Z_g}{\partial \mu}\right)_{g_B,\varepsilon} - \frac{\varepsilon}{2}g$$

$$= -\frac{g}{Z_g}\left(\frac{\partial Z_g}{\partial g}\right)_{\varepsilon}\beta(g,\varepsilon) - \frac{\varepsilon}{2}g.$$

---

① 关于 Weinberg 方案以及 MS 方案中, β 和 γ 的二圈图近似值, 可参见 Espriu and Tarrach 文 (Phys. Rev. D25, 1073, 1982).

② 参见 Gross 文, Methods in Field Theory, P.194. 此文还讨论了 β 和 γ_m 的其他重要性质, 参见 p. 177.

于是有

$$\beta(g,\varepsilon)=\frac{-\dfrac{\varepsilon}{2}g}{1+g\left(\dfrac{\partial \ln Z_g}{\partial g}\right)_\varepsilon}. \tag{6.3.25}$$

前面已经证明, $\beta(g,\varepsilon)$ 不含极点项当 $\varepsilon\to 0$ 时, 它趋于有限的极限(即 $\beta(g)$), 因此 $\beta(g,\varepsilon)$ 按 ε 的展开式中不能有 ε 的负幂次. 但是按照式 (6.3.23), $g\left(\dfrac{\partial \ln Z_g}{\partial g}\right)_\varepsilon$ 只有 ε 的负幂次①, 我们可将它表为

$$g\left(\frac{\partial \ln Z_g}{\partial g}\right)_\varepsilon=\sum_{l=1}^{\infty}\frac{B_l(g)}{\varepsilon^l}, \tag{6.3.26}$$

其中第一项系数可以容易地求出, 即

$$B_1(g)=g\frac{\mathrm{d}A_1(g)}{\mathrm{d}g}. \tag{6.3.27}$$

将式 (6.3.26) 代入式 (6.3.25), 并将分母作展开. 不难看出, 右方的非负幂次只有两项, 即 $-\dfrac{\varepsilon}{2}g+\dfrac{g}{2}B_1(g)$, 其余皆为负幂次, 根据前面所述的理由它们应当自行消去. 由此即得②

$$\beta(g,\varepsilon)=-\frac{\varepsilon}{2}g+\frac{g}{2}B_1(g)=-\frac{\varepsilon}{2}g+\frac{1}{2}g^2\frac{\mathrm{d}A_1(g)}{\mathrm{d}g}. \tag{6.3.28}$$

于是

$$\beta(g)=\lim_{\varepsilon\to 0}\beta(g,\varepsilon)=\frac{1}{2}g^2\frac{\mathrm{d}A_1(g)}{\mathrm{d}g}, \tag{6.3.29}$$

果然只由 $A_1(g)$ 决定. 从上式还可看出, $\beta(g)$ 含 g 的最低幂次至少为 g^2.

从负幂次项应当自行消去, 可以得出

$$\frac{1}{2}g^2\frac{\mathrm{d}A_{l+1}}{\mathrm{d}g}=\beta(g)\left(A_l+g\frac{\mathrm{d}A_l}{\mathrm{d}g}\right),\quad l\geqslant 1. \tag{6.3.30}$$

推导这一结果的比较方便的办法是: 先将式 (6.3.25) 写成

$$\beta(g,\varepsilon)\left[Z_g+g\left(\frac{\partial Z_g}{\partial g}\right)_\varepsilon\right]=-\frac{\varepsilon}{2}gZ_g,$$

---

① 在微扰论的架构下, 式 (6.3.23) 中的 $\sum\limits_{l=1}^{\infty}\dfrac{A_l(g)}{\varepsilon^l}$ 将看作小量, 因此, $\ln Z_g=\sum\limits_{l=1}^{\infty}\dfrac{A_g(g)}{\varepsilon^l}-\dfrac{1}{2}\left(\sum\limits_{l=1}^{\infty}\dfrac{A_g(g)}{\varepsilon^l}\right)^2+\cdots$.

②如果不习惯将极点项作为小量来展开, 可采用另外的处理: 即将式 (6.3.25) 先化成下面的式 (6.3.30b), 然后将 $\beta(g,\varepsilon)$ 写成 $\beta(g)+\varepsilon\beta_1(g)+\varepsilon^2\beta_2(g)+\cdots$, 并代入, 再比较系数.

然后将式 (6.3.23) 和 (6.3.28) 代入再通过逐项比较系数来完成.

式 (6.3.30) 是一个递推关系. 由于对所有的 l, $A_l(0) = 0$, 于是由式 (6.3.30), $A_{l+1}(g) = \int_0^g \frac{2\beta(g')}{g'^2}\left[A_l(g') + g'\frac{\mathrm{d}A_l(g')}{\mathrm{d}g'}\right]\mathrm{d}g'$, 知道 $A_l(g)$ 即可定出 $A_2(g)$, 然后可定出 $A_3(g), \cdots$. 这样, 不仅 $\beta(g)$ 由 Z_g 一阶极点上的留数 $A_1(g)$ 完全确定, 而且 Z_g 所有高阶极点上的系数 $A_l(g)(l>1)$ 也都由 $A_1(g)$ 确定. 因此在计算 Z_g 时, 重要的是计算它的一阶留数.

设 $A_1(g)$ 为 g^2 的幂级数

$$A_1(g) = a_1 g^2 + a_2 g^4 + \cdots, \tag{6.3.31}$$

则按式 (6.3.29), 得出 $\beta(g)$ 为

$$\beta(g) = a_1 g^3 + 2a_2 g^5 + \cdots. \tag{6.3.32}$$

有了 $\beta(g)$ 和 $A_1(g)$ 即可依次求出 $A_2(g), A_3(g), \cdots$, 结果为

$$A_2(g) = \frac{3}{2}a_1^2 g^4 + \frac{11}{3}a_1 a_2 g^6 + \cdots, \tag{6.3.33}$$

$$A_3(g) = \frac{15}{6}a_1^3 g^6 + \frac{61}{6}a_1^2 a_2 g^8 + \cdots, \tag{6.3.34}$$

$$\cdots.$$

以上结果表明 $A_l(g)$ 中 g 的最低幂次为 $2l$, 即 $\frac{1}{\varepsilon^l}$ 极点在 g^{2l} 阶的微扰论的 Z_g 结果中才开始出现. 或者说, 当我们求出 g^{2l} 阶的 Z_g 时, 其中只含从一阶到 l 阶的极点 $\frac{1}{\varepsilon}, \frac{1}{\varepsilon^2}, \cdots, \frac{1}{\varepsilon^l}$. 我们还看到, 高阶微扰论算出的 “$Z_g$ 中高阶极点” 与低阶微扰论算出的 “Z_g 中低阶极点” 之间有着某种联系. 例如, 从 g^2 阶微扰论计算出 Z_g 中 $\frac{1}{\varepsilon}$ 的系数 (即 $A_1(g)$ 中的第一项 $a_1 g^2$), 不仅决定了 g^4 阶微扰论中算出的 $\frac{1}{\varepsilon^2}$ 的系数 (即 $A_2(g)$ 中的第一项 $\frac{3}{2}a_1^2 g^4$), 而且决定了所有 g^{2l} 阶微扰论中 $\frac{1}{\varepsilon^l}$ 的系数 (A_l 中的第一项). 正是这种联系使重正化群方程能从低阶微扰论的结果计算出所有高阶微扰论中的领头项 (因为顶角函数 (未重正化) 中 $\frac{1}{\varepsilon}$ 幂次的系数与 $\ln\frac{k^2}{\mu^2}$ 幂次的系数之间有着一定的关联. 在 5.4 节的单圈图 $\Gamma_{\mu\nu}$ 中, 我们就曾见到过这种关联).

对 γ_m 可类似地处理. 在 MS 方案中, Z_m 可表示成

$$Z_m = 1 + \sum_{l=1}^{\infty}\frac{A'(g)}{\varepsilon^l}, \tag{6.3.35}$$

其中, A'_l 亦为 g 的正幂次级数. 定义

$$\gamma_m(g,\varepsilon) = -\mu\left(\frac{\partial \ln Z_m}{\partial \mu}\right)_{g_B,\varepsilon}, \tag{6.3.36}$$

同样 ε 未取极限 (保留为小量). 利用式 (6.3.24), 上式可表示成

$$\gamma_m(g,\varepsilon) = -\beta(g,\varepsilon)\left(\frac{\partial \ln Z_m}{\partial g}\right)_{\varepsilon}. \tag{6.3.37}$$

式 (6.3.37) 也可化为

$$\gamma_m(g,\varepsilon) Z_m\left(g,\frac{1}{\varepsilon}\right) + \beta(g,\varepsilon)\frac{\partial Z_m\left(g,\frac{1}{\varepsilon}\right)}{\partial g} = 0. \tag{6.3.38}$$

根据 $\dfrac{\partial \ln Z_m}{\partial g}$ 中只含 ε 的负幂次项而 $\gamma_m(g,\varepsilon)$ 又不能含 ε 的负幂次项, 即可从式 (6.3.37) 定出 $\gamma_m(g,\varepsilon)$ 只有一项:

$$\gamma_m(g,\varepsilon) = \frac{1}{2}g\frac{\mathrm{d}A'_1(g)}{\mathrm{d}g}, \tag{6.3.39}$$

因而 $\gamma_m(g)$ 也就是 $\gamma_m(g,\varepsilon)$,

$$\gamma_m(g) = \frac{1}{2}g\frac{\mathrm{d}A'_1(g)}{\mathrm{d}g}. \tag{6.3.40}$$

将式 (6.3.39) 和 (6.3.28) 代入式 (6.3.38) 还可得出

$$\frac{g}{2}\frac{\mathrm{d}A'_{l+1}(g)}{\mathrm{d}g} = \gamma_m(g)A'_l(g) + \beta(g)\frac{\mathrm{d}A'_l(g)}{\mathrm{d}g}, \tag{6.3.41}$$

A'_l 同样满足条件 $A'_l(0) = 0$. 这样, 只要知道 $A'_1(g)$ 即 Z_m 一阶极点上的留数即可确定 $\gamma_m(g)$, 再加上 $\beta(g)$ 即可确定 Z_m 中所有高阶极点上的系数 $A'_l(g)$, $l > 1$.

关于 γ_Γ 的讨论可同样进行, 这里就不再重复.

6.4　顶角函数的大动量渐近行为, 非阿贝尔规范作用的渐近自由性

近 20 年来, 有关轻子与核子的深度非弹性散射和 e^+e^- 湮没成强子的实验研究, 对进一步揭示强子结构和强作用特性起了重要的作用. 轻子 - 核子深度非弹性散射不仅使人们认识到强子是由更小的点状的粒子 (主要是旋量粒子) 所构成, 而

且这些点状粒子在同轻子散射时, 好像处于自由状态, 即它们之间几乎没有相互作用. 这些旋量粒子后来被确认为就是夸克子. e^+e^- 湮没的实验进一步证实, 至少到 10^{-16}cm, 夸克子都可作为点粒子. 并给出了有关夸克子的电荷和数目的知识, 为色量子数的存在提供了附加的证据. 这些结果对强作用理论的建立有着巨大的作用. 理论的研究表明, 夸克子间作用的渐近自由性, 对强作用理论模型加置了严格的限制, 它几乎排斥了除 QCD 以外的所有其他强作用模型. 在本节中, 我们将从重正化群方程出发, 对顶角函数的大动量渐近行为作一般性讨论, 并将阐明非阿贝尔规范作用所特有的渐近自由性质.

1. 顶角函数随动量的演化方程

在 6.2 节中我们已经指出, 单单从量纲分析不能得出顶角函数的大动量行为, 而必须与重正化群方程结合起来处理.

设 Γ_n 为任一重正化顶角函数, 我们来考察当其中所有动量 p_j 都增大 κ 倍时, Γ_n 的变化. $p_j \to \kappa p_j$ 后的 Γ_n 即为 $\Gamma_n(\kappa p; g, m, \mu)$. 在用重正化群方程来研究此问题时, κ 不需要取极限 $(\kappa \to \infty)$, 它可以是任何正数, 甚至可小于 1(即研究小动量行为).

设 Γ_n 的量纲幂次为 D. 在上一节中, 我们已从量纲分析得出 $\Gamma_n(\kappa p; g, m, \mu)$ 可表示为

$$\Gamma_n(\kappa p; g, m, \mu) = \kappa^D \Gamma_n\left(p; g, \frac{1}{\kappa}m, \frac{1}{\kappa}\mu\right), \tag{6.4.1}$$

其中包括重正化点的改变 $\left(\mu \to \dfrac{1}{\kappa}\mu\right)$. 但我们需要的是对于选定的重正化点 Γ_n 随 κ 的变化. 为此我们先把量纲分析用方程式表示出来, 以便将它与重正化群方程联立求解.

将 $\Gamma_n(\kappa p; g, m, \mu)$ 除以 μ^D, 其值即为量纲为 1 的量, 因而可表示成 $\dfrac{\kappa p}{\mu}$, $\dfrac{m}{\mu}$ 和 g 的函数, 记作 $f\left(\dfrac{\kappa p}{\mu}, \dfrac{m}{\mu}, g\right)$. 于是

$$\Gamma_n(\kappa p; g, m, \mu) = \mu^D f\left(\frac{\kappa p}{\mu}, \frac{m}{\mu}, g\right). \tag{6.4.2}$$

令

$$y_1 = \frac{\kappa p}{\mu}, \quad y_2 = \frac{m}{\mu}, \tag{6.4.3}$$

则有 (p 看作固定值)

$$\mu\frac{\partial}{\partial\mu}\Gamma_n(\kappa p;g,m,\mu)|_{m,k,g}$$
$$=D\mu^D f(y_1,y_2,g)-\mu^D\left[\left(\frac{\partial f}{\partial y_1}\right)_{y_2,g}\frac{\kappa p}{\mu}+\left(\frac{\partial f}{\partial y_2}\right)_{y_1,g}\frac{m}{\mu}\right]. \tag{6.4.4}$$

再利用

$$\frac{\partial}{\partial\kappa}f\left(\frac{\kappa p}{\mu},\frac{m}{\mu},g\right)\Bigg|_{m,\mu,g}=\left(\frac{\partial f}{\partial y_1}\right)_{y_2,g}\frac{p}{\mu},$$
$$\frac{\partial}{\partial m}f\left(\frac{\kappa p}{\mu},\frac{m}{\mu},g\right)\Bigg|_{k,\mu,g}=\left(\frac{\partial f}{\partial y_2}\right)_{y_1,g}\frac{1}{\mu},$$

即将式 (6.4.4) 化为

$$\left(\kappa\frac{\partial}{\partial k}+m\frac{\partial}{\partial m}+\mu\frac{\partial}{\partial\mu}-D\right)\Gamma_n(\kappa p;g,m,\mu)=0. \tag{6.4.5}$$

此式即为式 (6.2.16) 的推广, 它反映了式 (6.4.1) 所表示的 Γ_n 中动量的变化与 m 和 μ 的变化之间的关系.

为了从上式中消去对 μ 的微商, 我们可将重正化群方程 (6.3.11) 代入, 结果得

$$\left[\kappa\frac{\partial}{\partial k}-\beta(g)\frac{\partial}{\partial g}+(1-\gamma_m(g))m\frac{\partial}{\partial m}-D-\gamma_\Gamma(g)\right]\Gamma_n(\kappa p;g,m,\mu)=0. \tag{6.4.6}$$

这就是 Γ_n 的演化方程, 我们将从此式来研究 Γ_n 随 κ 的演化.

作为一个简单的例子, 先来考察 6.1 节中讨论的 $F_0(\kappa^2p^2,\alpha_\mu,\mu^2)$. 其中的 α_μ 为光子波函数重正化点取在 μ 时的耦合常数. F_0 为量纲为 1 的量, 其反常量纲也为零, 因从 $\alpha G_{\mu\nu}=\alpha_B G_{\mu\nu}^{(B)}$, 可得 $F_0=F_0^{(B)}(\kappa^2p^2,\alpha_R,\Lambda)$.

于是 F_0 具有简单的演化方程

$$\left[\kappa\frac{\partial}{\partial\kappa}-\beta(\alpha_\mu)\frac{\partial}{\partial\alpha_\mu}\right]F_0(\kappa^2p^2,\alpha_\mu,\mu^2)=0, \tag{6.4.7}$$

式 (6.4.6) 中的 g 已用 α_μ 代替, 因为式 (6.4.6) 中的 g 代表重正化点为 μ 处的耦合常数, 与这里的 α_μ 相当. $\beta(\alpha_\mu)$ 的定义是

$$\beta(\alpha_\mu)=\mu\left(\frac{\partial\alpha_\mu}{\partial\mu}\right)_{\alpha_B,\Lambda} \tag{6.4.8}$$

我们来推导它与 Gell-Mann–Low 函数 $\psi(\alpha_\mu)$ 的关系.

α_μ 也就是 6.1 节中的 α_ν 即 $f_{\rm as}(\nu,\alpha)$, 而在 Λ 固定时, α_B 不变也就是质壳处的 α 不变 $\left(因\ \alpha=Z_A\left(\alpha_B,\dfrac{\Lambda}{m_B}\right)\alpha_B, 其中\ m_B\ 为\ \text{QED}\ 中电子的裸质量. 在这里也是取定不变的\right)$,

于是得 (利用 $\nu=\mu^2/m^2$, 见式 (6.1.7)m 代表电子的物理质量, 这里取作质量单位, 其值是固定不变的)

$$\left(\mu\frac{\partial\alpha_\mu}{\partial\mu}\right)_{\alpha_B,\Lambda}=2\nu\left(\frac{\partial\alpha_\nu}{\partial\nu}\right)_\alpha=2\nu\left(\frac{\partial f_{\rm as}}{\partial\nu}\right)_\alpha=2\psi(\alpha_\nu),$$

即

$$\beta(\alpha_\mu)=2\psi(\alpha_\mu).\tag{6.4.9}$$

为了求解式 (6.4.7), 我们先将 F_0 写成 "两个量纲为 1 参量" 的函数 $F_0(z,\alpha_\mu)$, 其中

$$z=\frac{\kappa^2p^2}{\mu^2}.\tag{6.4.10}$$

由于 $\kappa\dfrac{\partial}{\partial\kappa}=2z\dfrac{\partial}{\partial z}$, 式 (6.4.7) 可写成

$$\left[2z\frac{\partial}{\partial z}-\beta(\alpha_\mu)\frac{\partial}{\partial\alpha_\mu}\right]F_0(z,\alpha_\mu)=0.\tag{6.4.11}$$

此式显示了 F_0"对其两个宗量的依赖" 之间的联系. 将 F_0 按 α_μ 的展式①

$$F_0(z,\alpha_\mu)=\alpha_\mu+\alpha_\mu^2s_1(z)+\alpha_\mu^3s_2(z)+\alpha_\mu^4s_3(z)+\cdots,\tag{6.4.12}$$

和

$$\beta(\alpha_\mu)=\frac{2}{3\pi}\alpha_\mu^2+\frac{1}{2\pi^2}\alpha^3\mu+\cdots,\tag{6.4.13}$$

代入式 (6.4.11), 再比较 α_μ^n 的系数, 即得出

$$\begin{aligned}&\frac{\partial s_1(z)}{\partial\ln z}=\frac{1}{3\pi},\\&\frac{\partial s_2(z)}{\partial\ln z}=\frac{2}{3\pi}s_1+\frac{1}{4\pi^2},\\&\frac{\partial s_3(z)}{\partial\ln z}=\frac{1}{\pi}s_2+\frac{1}{2\pi^2}s_1+o(1),\\&\cdots\end{aligned}\tag{6.4.14}$$

从 $F_0(1,\mu)=\alpha_\mu$, 可得 $s_n(z)$ 的边条件:

$$s_1(1)=s_2(1)=s_3(1)=\cdots=0,\tag{6.4.15}$$

---

① 关于展式第一项与 z 无关的问题, 参见式 (6.1.27) 上的说明.

于是由式 (6.4.14) 即可递推出 $s_1(z), s_2(z), s_3(z), \cdots$, 代入 F_0 后, 结果就是

$$\begin{aligned}F_0(\kappa^2p^2,\alpha_\mu,\mu^2) = &\alpha_\mu + \alpha_\mu^2\frac{1}{3\pi}\ln\frac{\kappa^2p^2}{\mu^2}\\ &+\alpha_\mu^3\left[\frac{1}{9\pi^2}\left(\ln\frac{\kappa^2p^2}{\mu^2}\right)^2+\frac{1}{4\pi^2}\ln\frac{\kappa^2p^2}{\mu^2}\right]\\ &+\alpha_\mu^4\left[\frac{1}{27\pi^3}\left(\ln\frac{\kappa^2p^2}{\mu^2}\right)^3+\frac{5}{24\pi^3}\left(\ln\frac{\kappa^2p^2}{\mu^2}\right)^2+o\left(\ln\frac{\kappa^2p^2}{\mu^2}\right)\right]+\cdots,\end{aligned} \tag{6.4.16}$$

与 6.1 节中求出的一致.

从以上推导我们看到, 由于 $z\dfrac{\partial}{\partial z}$ 作用到 $F_0(z,\alpha_\mu)$ 上不改变其中的 α_μ 幂次, 而 $\beta(\alpha_\mu)\dfrac{\partial}{\partial\alpha_\mu}$ 作用后要升高 α_μ 的幂次, 因此, 方程 (6.4.11) 得以把高阶微扰结果与低阶微扰结果关联起来, 形成递推的关系.

2. 顶角函数的大动量渐近行为

我们来考察演化方程的一般解. 为此, 先定义有效耦合常数 $g(\kappa)$ 和有效质量 $m(\kappa)$①, 它们也称作跑动耦合常数和跑动质量. 定义方程和边条件分别为

$$\kappa\frac{\mathrm{d}}{\mathrm{d}_\kappa}g(\kappa)=\beta(g(\kappa)),\quad g(1)=g, \tag{6.4.17}$$

和

$$\kappa\frac{\mathrm{d}}{\mathrm{d}_\kappa}m(\kappa)=m(\kappa)\gamma_m(g(\kappa)),\quad m(1)=m. \tag{6.4.18}$$

当 $\beta(g)$ 和 $\gamma_m(g)$ 的函数形式已知时, 从以上两式即可解出 $g(\kappa)$ 和 $m(\kappa)$. 例如, 在非阿贝尔规范场情况, $\beta(g)$ 的单圈图近似值为

$$\beta(g)=-ag^3,$$

仿照式 (6.1.24) 处的做法即可解出

$$g^2(\kappa)=\frac{g^2}{1+2ag^2\ln\kappa}. \tag{6.4.19}$$

当 $a>0$ 时, $g^2(\kappa)$ 随着 κ 变大而减小, 而当 $a<0$ 时, 则随 κ 变大而增加. 式 (6.4.18) 的一般解为

$$m(\kappa)=m\mathrm{e}^{\int_1^\kappa\gamma_m(g(\kappa'))\frac{\mathrm{d}k'}{k'}}=m\mathrm{e}^{\int_g^{g(k)}\frac{\gamma_m(g')}{\beta(g')}\mathrm{d}g'}. \tag{6.4.20}$$

① 从式 (6.4.17) 中的边条件可知, 解 $g(\kappa)$ 中还含参量 g, 同样, 式 (6.4.18) 的解 $m(\kappa)$ 还含参量 g 和 m. 式 (6.4.17) 和 (6.4.18) 中对 κ 微商时, g 和 m 都作为不变的参量.

在写后一等式时, 我们利用了式 (6.4.17). 式 (6.3.13) 给出的 γ_m 的单圈图近似值可写为

$$\gamma_m = -bg^2,$$

于是由式 (6.4.20) 求出

$$m(\kappa) = m\left[\frac{g(\kappa)}{g}\right]^{b/a} = m(1+2ag^2\ln\kappa)^{-b/2a} \tag{6.4.21}$$

上式中的 $g(\kappa)$ 已用式 (6.4.19) 代入. 从式 (6.4.21) 可以看出, 当 b 大于零时, $m(\kappa)$ 随着 κ 变大而减小, 当 b 小于零时, $m(\kappa)$ 随着 κ 变大而增加 (当然在式 (6.4.19) 和 (6.4.21) 的适用范围内).

有了 $g(\kappa)$ 和 $m(\kappa)$, 即可得出演化方程一般的解. 从微分方程论给出的结果为①

$$\varGamma_n(\kappa p; g, m, \mu) = \kappa^D f(\kappa)\varGamma_n\left(p; g(\kappa), \frac{1}{\kappa}m(\kappa), \mu\right), \tag{6.4.22}$$

其中, D 为 $\varGamma_n$ 的量纲幂次, $f(\kappa)$ 由下式定义

$$f(\kappa) = \mathrm{e}^{\int_1^\kappa \gamma_\varGamma(g(\kappa'))\frac{\mathrm{d}\kappa'}{\kappa'}} = \mathrm{e}^{\int_g^{g(\kappa)}\frac{\gamma_\varGamma(g')}{\beta(g')}\mathrm{d}g'}. \tag{6.4.23}$$

式 (6.4.22) 和 (6.4.23) 告诉我们, 当所有动量都增加 κ 倍时, $\varGamma_n$ 除了按其量纲幂次增长 (即乘上 κ^D) 外, 还附加地增长一个因子 $f(\kappa) = \mathrm{e}^{\int_1^\kappa \gamma_\varGamma \frac{\mathrm{d}\kappa'}{\kappa'}}$(下面将说明, 这就是 $\gamma_\varGamma$ 被称为 $\varGamma_n$ 的反常量纲的原因). 此外, $\varGamma_n$ 中的参量 g 和 m 要换成 $g(\kappa)$ 和 $\dfrac{1}{\kappa}m(\kappa)$. 如果 $\dfrac{1}{\kappa}m(\kappa)$ 变得很小可以略去, 那么 $\varGamma_n\left(p; g(\kappa), \dfrac{1}{\kappa}m(\kappa), \mu\right)$ 就接近于以 $g(\kappa)$ 为有效耦合常数的零质量理论的 $\varGamma_n(p; g(\kappa), 0, \mu)$.

下面, 我们对附加的增长因子 $f(\kappa)$ 作进一步的讨论. 假如 $\gamma_\varGamma(\kappa')$ 为一常数 (即不随 κ' 变化), 则 $f(\kappa)$ 就等于 $\kappa^{\gamma_\varGamma}$, 式 (6.4.22) 右方的增长因子就等于 $\kappa^{D+\gamma_\varGamma}$, 这样, $\varGamma_n$ 就好像有了一个附加的量纲 $\gamma_\varGamma$. 又如果 $\gamma_\varGamma(\kappa')$ 虽然不是常数, 但在 κ' 大时趋于一个非零常数 $\gamma_\varGamma^0$, 那么在大 κ 极限下, 除了一个缓变函数 (比幂函数变化慢) 外, 也有 $f(\kappa) \sim \kappa^{\gamma_\varGamma^0}$. 这就是 $\gamma_\varGamma$ 被称作反常量纲的原因.

式 (6.3.15) 给出的 γ_A 和 γ_ψ 都正比于 g^2, 因此, 在非阿贝尔规范场与旋量场作用的情况, 单圈图的 $\gamma_\varGamma$ 一般形式 (指不论其外线情况及 n 的数值) 为

$$\gamma_\varGamma = -b_\varGamma g^2.$$

① 对于规范理论, 式 (6.4.22) 中应补入规范参量, 即

$$\varGamma_n(\kappa p; g, \xi, m, \mu) = \kappa^D f(\kappa)\varGamma_n\left(p; g(\kappa), \xi(\kappa), \frac{1}{\kappa}m(\kappa), \mu\right),$$

其中, $\xi(\kappa)$ 满足方程 $k\dfrac{\mathrm{d}\xi(\kappa)}{\mathrm{d}\kappa} = \alpha(g(\kappa), \xi(\kappa))$, α 的表达式见式 (6.3.21).

再由 $\beta(g) = -ag^3$, 即可求出单圈图近似中

$$f(\kappa) = \left(\frac{g(\kappa)}{g}\right)^{b_\Gamma/a} = (1 + 2ag^2 \ln\kappa)^{-b_\Gamma/2a}. \tag{6.4.24}$$

同样, 当 $b_\Gamma > 0$ 时, $f(\kappa)$ 随 κ 变大而减小, 当 $b_\Gamma < 0$ 时, $f(\kappa)$ 随 κ 变大而增加.

其实我们不必通过求解微分方程就可得出解的表达式 (6.4.22) 和 (6.4.23). 这种通过直接分析而导出它们的方法, 还能使我们对结果的意义有更好的了解.

首先, 从量纲分析将 $\Gamma_n(\kappa p; g, m, \mu)$ 写成

$$\Gamma_n(\kappa p; g, m, \mu) = \mu^D f\left(\frac{\kappa p}{\mu}, \frac{m}{\mu}, g\right). \tag{6.4.25}$$

我们将通过变换重正化点 ($\mu \to \mu'$, $\mu' = \kappa\mu$) 来使上式 f 中第一个宗量回到 $\frac{p}{\mu}$. 在改变重正化点时, 将保持 g_B, m_B 不变 (因总 $\mathscr{L}$ 不变), ε 仍趋于零. 要注意的是, 在这种变换下, Γ_n 值要改变, 因式 (6.3.6) 右方中的 $\Gamma_n^{(B)}$ 不变而 $Z_\Gamma\left(g_B\mu^{-\varepsilon/2}, \frac{1}{\varepsilon}\right)$ 要改变, 另外, g 和 m 也有变化. 设重正化点 μ' 所对应的重正化耦合常数和质量分别为 g' 和 m', 则有

$$\Gamma_n(\kappa p; g, m, \mu) = \frac{Z_\Gamma\left(g_B\mu^{-\varepsilon/2}, \frac{1}{\varepsilon}\right)}{Z_\Gamma\left(g_B\mu'^{-\varepsilon/2}, \frac{1}{\varepsilon}\right)}\Gamma_n(\kappa p; g', m', \mu'). \tag{6.4.26}$$

对 $\Gamma_n(\kappa p; g', m', \mu')$ 应用式 (6.4.25), 得

$$\Gamma_n(\kappa p; g', m', \mu') = \mu'^D f\left(\frac{\kappa p}{\mu'}, \frac{m}{\mu'}, g'\right) = k^D \mu^D f\left(\frac{p}{\mu}, \frac{m'}{\kappa\mu}, g'\right),$$

而从量纲分析 (参见式 (6.4.25)), 右方的 $\mu^D f\left(\frac{p}{\mu}, \frac{m'}{\kappa\mu}, g'\right)$ 又可化成 $\Gamma_n\left(p; g', \frac{1}{\kappa}m', \mu\right)$. 于是, 若令

$$A(g_B, \kappa, \mu, \varepsilon) = \frac{Z_\Gamma\left(g_B\mu^{-\varepsilon/2}, \frac{1}{\varepsilon}\right)}{Z_\Gamma\left(g_B\kappa^{-\varepsilon/2}, \mu^{-\varepsilon/2}, \frac{1}{\varepsilon}\right)}, \tag{6.4.27}$$

即可将式 (6.4.26) 化为

$$\Gamma_n(\kappa p; g, m, \mu) = A(g_B, \kappa, \mu, \varepsilon)k^D \Gamma_n\left(p; g', \frac{1}{\kappa}m', \mu\right). \tag{6.4.28}$$

我们只要证明 g' 和 m' 就是式 (6.4.17) 和 (6.4.18) 所定义的 $g(\kappa)$ 和 $m(\kappa)$, 系数 A 就等于 $f(\kappa)$, 那么式 (6.4.28) 就化为式 (6.4.22).

先来证明 g' 就是 $g(\kappa)$：g' 为 $\mu'=\kappa\mu$ 时的耦合常数，当 g_B, m_B 不变 μ 也取定时，g' 只是 κ 的函数，$\dfrac{\mathrm{d}g'}{\mathrm{d}\kappa}$ 就是 $\lim\limits_{\varepsilon\to 0}\mu\left(\dfrac{\partial g'}{\partial\mu'}\right)_{g_B,\varepsilon}$，于是 $\kappa\dfrac{\mathrm{d}g'}{\mathrm{d}\kappa}$ 等于 $\lim\limits_{\varepsilon\to 0}\mu'\left(\dfrac{\partial g'}{\partial\mu'}\right)_{g_B,,\varepsilon}$，即

$$\kappa\frac{\mathrm{d}g'}{\mathrm{d}\kappa}=\beta(g'). \tag{6.4.29}$$

由于 g_B, m_B 和 μ 不变时，g 和 m 也不变，故此方程与式 (6.4.17) 相同. 再加上边条件也相同，因此 g' 就是 $g(\kappa)$.

同样，在 $\mu'=\kappa\mu$ 处的质量可表为

$$m'=Z_m^{-1}(g_B,\kappa\mu,\varepsilon)m_B,$$

我们来研究它作为 κ 函数的变化 (上式右方其余参量保持不变). m' 对 κ 的微商为

$$\begin{aligned}\frac{\mathrm{d}m'}{\mathrm{d}\kappa}&=-Z_m^{-2}(g_B,\mu',\varepsilon)\mu\left(\frac{\partial Z_m(g_B,\mu',\varepsilon)}{\partial\mu'}\right)_{g_B,\varepsilon m_B}\\&=-m'\mu\left(\frac{\partial\ln Z_m(g_B,\mu',\varepsilon)}{\partial\mu'}\right)_{g_B,\varepsilon.}\end{aligned}$$

于是，乘上 κ 并令 $\varepsilon\to 0$ 即得出

$$\kappa\frac{\mathrm{d}m'}{\mathrm{d}\kappa}=m'\gamma_m(g'). \tag{6.4.30}$$

此方程亦与式 (6.4.18) 相同，再加上边条件也相同，同样得出 m' 就是 $m(\kappa)$.

最后来考察式 (6.4.27) 中的 A. 先对式 (6.4.27) 两侧取对数：

$$\begin{aligned}\ln A&=\ln Z_\Gamma\left(g_B\mu^{-\varepsilon/2},\frac{1}{\varepsilon}\right)-\ln Z_\Gamma\left(g_B\kappa^{-\varepsilon/2}\mu^{-\varepsilon/2},\frac{1}{\varepsilon}\right)\\&=-\int_\mu^{\kappa\mu}\left(\frac{\partial\ln Z_\Gamma\left(g_B\mu'^{-\varepsilon/2},\dfrac{1}{\varepsilon}\right)}{\partial\mu'}\right)_{g_B,\varepsilon}\mathrm{d}\mu'\\&=\int_\mu^{\kappa\mu}\frac{1}{\mu'}\gamma_\Gamma(g')\mathrm{d}\mu'.\end{aligned}$$

在此式中 μ' 代表积分变量 (不是 $\kappa\mu$)，g' 为 μ' 点的耦合常数，ε 最后是趋于零的. 再令

$$\mu'=\kappa'\mu,$$

上式即化为

$$\ln A=\int_1^\kappa\frac{1}{\kappa'}\gamma_\Gamma(g(\kappa'))\mathrm{d}\kappa'.$$

于是

$$A = \mathrm{e}^{\int_1^\kappa \gamma_\Gamma(g(\kappa'))\frac{\mathrm{d}\kappa'}{\kappa'}} = f(\kappa). \tag{6.4.31}$$

这样, 不仅完成了式 (6.4.22) 的证明, 而且阐明了 $g(\kappa)$ 和 $m(\kappa)$ 的意义, 它们就是重正化点变成 $\kappa\mu(g_B, m_B$, 不变) 时的重正化耦合常数和重正化质量. $f(\kappa)$ 则代表重正化点变化时, Γ_n 的变化因子 A.

值得指出的是, 演化方程的解式 (6.4.22) 对任意 κ(正数) 都是成立的, 并不一定要 κ 为大值 (实际上 κ 还可取得小于 1). 这是重正化群方程与 Callan-Symanzik 方程相比的一个重要优点, 即不必取大 κ 极限就可求出解.

以上求出的解还告诉我们, 并非大动量时的 Γ_n 都可用零质量理论中的 Γ_n 来渐近表示. 这种表示需要一个条件, 那就是当 $\kappa \to \infty$ 时, $\gamma_m(\kappa)$ 的极限要小于 1. 因若 $\gamma_m(\kappa) \to \gamma_m^{(0)}$, 则由式 (6.4.20), 除缓变因子外,

$$m(\kappa) \to m\kappa^{\gamma_m^{(0)}},$$

于是当 $\gamma_m^{(0)} < 1$ 时, 才能得出

$$\frac{1}{\kappa}m(\kappa) \to 0.$$

这时大动量 Γ_n 就可渐近地表示为

$$\Gamma(\kappa p; g, m, \mu) \simeq \kappa^D f(\kappa)\Gamma_n(p; g(\kappa), 0, \mu). \tag{6.4.32}$$

如果 $g(\kappa) \to 0$, 那么上式就成为渐近自由的情况, 我们将在下一小节对此进行讨论.

3. 紫外稳定点和非阿贝尔规范作用的渐近自由性

我们将看到 $g(\kappa)$ 在 $\kappa \to \infty$ 时的行为, 同 $\beta(g)$ 的零点位置以及 β 在零点附近的行为有着密切的联系.

根据式 (6.4.17), 当 $\beta > 0$ 时, $g(\kappa)$ 将随着 κ 变大而增加, 而当 $\beta < 0$ 时, $g(\kappa)$ 将随着 κ 的变大而减少. 因此 $\beta(g)$ 的零点就起着划分区域的作用.

设 $\beta(g)$ 在 $g = g_0$ 时为零, 而且曲线 $\beta(g) - g$ 在 g_0 点自上而下地穿过横轴, 如图 6.4.1 所示. 在这种情况下, 若初始的耦合常数 (即 $\kappa = 1$ 时的值 $g(1)$) 比 g_0 小 (见图 6.4.1), 而且 $g(1)$ 与 g_0 这间没有其他零点, 那么 κ 变大时, $g(\kappa)$ 将增加并趋于 g_0. 它不会超过 g_0, 因当 $g(\kappa) > g_0$ 时, β 变成负值, $g(\kappa)$ 会随 κ 的变大而减小, 即 $g(\kappa)$ 不可能从 g_0 向右运动. 同样, 若 $g(1)$ 位于 g_0 右方 (比 g_0 大), 而且它们之间无其他零点, 那么随着 κ 的变大, $g(\kappa)$ 将不断减小, 最后亦趋于 g_0. 由于这个缘故 g_0 称为紫外吸引点 (或紫外稳定点).

另一种情况是 $\beta(g)$ 的曲线在 g_0 点自下而上地穿过横轴，如图 6.4.2 所示，这时若 $g(\kappa)$ 的初始值 $g(1)$ 位于 g_0 左侧 (即 $g(1) < g_0$)，则 $g(\kappa)$ 将随着 κ 变大而减小 (向左运动)，而当 $g(1)$ 位于 g_0 右侧时，随着 κ 变大 $g(\kappa)$ 将增加 (向右运动)，两者都是离开 g_0. 于是这样的 g_0 称作紫外排斥点，或红外稳定点.

在理论中含有不止一个耦合常数的情况，β 将是多元函数 $\beta(g_1, g_2, \cdots)$. 当 k 变大时，耦合常数的运动行为可能很复杂，此处不再详述.

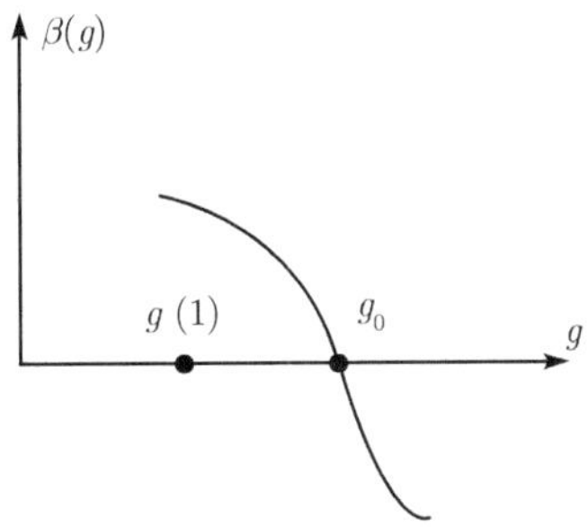

图 6.4.1

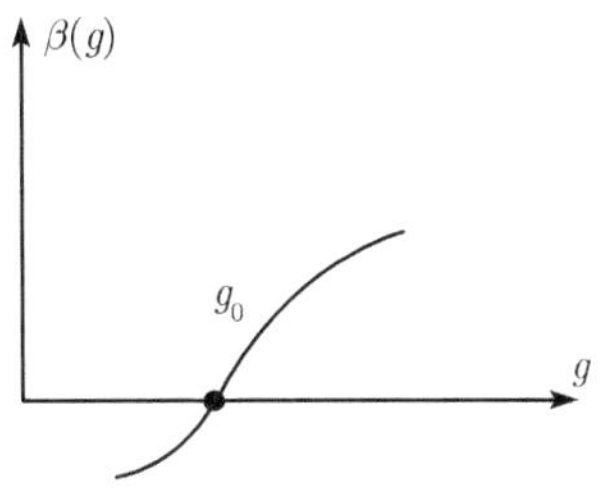

图 6.4.2

对于单耦合常数的理论，$g(\kappa)$ 在 κ 变大时或者趋于 ∞ 或者趋于最近的紫外吸引点. 在后一情况 $\gamma_m(g(\kappa))$ 和 $\gamma_\Gamma(g(\kappa))$，就分别趋于 $\gamma_m(g_0)$ 和 $\gamma_\Gamma(g_0)$. 当 $g_0 \neq 0$ 时它们就是前面所说的 $\gamma_m^{(0)}$ 和 $\gamma_\Gamma^{(0)}$.

当 $g = 0$ 时，$\beta(g)$ 总等于零，因此若曲线自上而下地穿过原点，那么原点将成为紫外稳定点，相应的理论即成为渐近自由的理论. 轻子-核子深度非弹性散射实验表明，强作用就是渐近自由的.

为了寻求 "$g = 0$ 为紫外稳定点" 的相互作用，研究者们对各种可重正化的相互作用进行了计算①. 对于旋量粒子的 QED，若用 g 表示 e，则有

$$\beta(g) = \frac{4}{3}\frac{g^3}{(4\pi)^2} + \frac{g^5}{(4\pi)^3} + \cdots, \tag{6.4.33}$$

标量粒子的 QED 的 $\beta(g)$ 为

$$\beta(g) = \frac{g^3}{48\pi^2} + \cdots. \tag{6.4.34}$$

对于 φ^4 理论，若作用项为 $\mathscr{L}_{\text{int}} = -\frac{g}{4!}\varphi^4$(注意与式 (6.3.1) 中系数不同)，则

$$\beta(g) = 3\frac{g^2}{(4\pi)^2} - \frac{17}{3}\frac{g^3}{(4\pi)^4} + \cdots. \tag{6.4.35}$$

① A. Zee(徐一鸿), Phys. Rev, D**7**. 3630, 1973; Gross & Wilczek. Phys. Rev. D**8**, 3633, 1973; Phys. Rev. Lett. **30**, 1343; 1973; Politzer, Phys. Rev. Lett. **30**. 1346, 1973; Coleman & Gross, Phys. Rev. Lett. **31**. 851, 1973.

对于非阿贝尔规范场与旋量场的相互作用①,

$$\beta(g) = -\frac{g^3}{(4\pi)^2}\left(\frac{11}{3}C - \frac{4}{3}C_\psi\right) + \frac{g^5}{(4\pi)^4}\left(-\frac{34}{3}C^2 + \frac{20}{3}CC_\psi + 4\overline{C}_\psi C_\psi\right) + \cdots \tag{6.4.36}$$

Yukawa 耦合的情况与 QED 相似.

在 $g=0$ 点附近, $\beta(g)$ 的图形如图 6.4.3 所示.

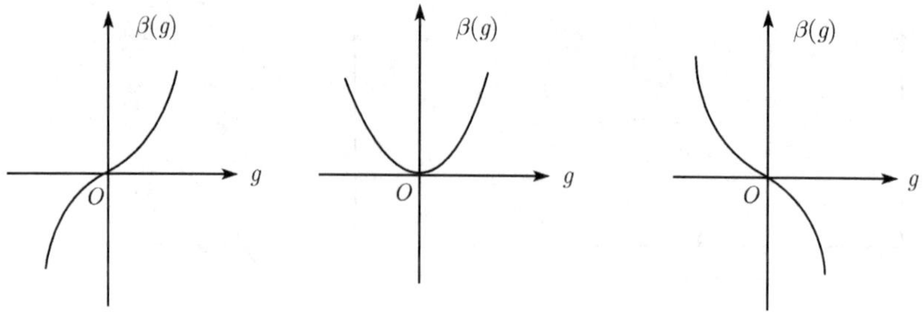

a) OED或Yukawa耦合　　b) φ^4耦合　　c) 非阿贝尔规范作用 (当$C > \frac{4}{11}C_\psi$ 时).

图 6.4.3

我们看到, QED 和 Yukawa 作用都不具有渐近自由性, 因为对这些理论来说, $g=0$ 点是红外稳定点而不是紫外稳定点. 对于 φ^4 作用, $g=0$ 点既非紫外稳定点也非红外稳定点. 当 $g<0$ 时, 随着 κ 变大将趋于零, 因而这种情况是渐近自由的. 但 $g<0$ 的 φ^4 作用存在严重的问题, 即它的基态不存在, 在第二章已从树图的有效势 $U_{\text{eff}}^{(0)}$ 说明了这一点. 更一般地来看, 从 Γ_n 的重正化群方程, 可得出有效势 U_{eff} 的重正化群方程, 并可由此求出当 $\phi \to \kappa\phi$ 时, $U_{\text{eff}}(\phi)$ 的变化. 其结果为②

$$U_{\text{eff}}(\kappa\phi; g, m, \mu) = \kappa^4 U_{\text{eff}}\left(\mathrm{e}^{-\int_1^\kappa \gamma_\phi \frac{\mathrm{d}\kappa'}{\kappa'}}\phi; g(\kappa), \frac{1}{\kappa}m(\kappa), \mu\right). \tag{6.4.37}$$

当 κ 大时, $g(\kappa)$ 绝对值很小, 上式右方可用树图值③代入. 由于 $g(\kappa)$ 仍保持为负, 其趋于零的速度又比 κ^{-4} 慢④, 故得出当 ϕ 大时有效势 U_{eff} 无下界.

只有非阿贝尔规范作用在 $C_\psi < \dfrac{11}{4}C$ 的情况下才具有渐近自由的性质. 此条件的物理含义是: 规范玻色子的反屏蔽效应超过了旋量粒子的屏蔽效应 (这里没有考

① 常数 C 与 C_4 由下式定义: $\mathrm{tr}L^\alpha L^\beta = C_{\alpha\gamma\delta}C_{\beta\gamma\delta} = C\delta_{\alpha\beta}, \mathrm{tr}\tau^\alpha\tau^\beta = C_4\delta_{\alpha\beta}$.

② 参见 Gross 的文章, Methods in Field Theory, p. 188.

③ 其值即为 $\frac{1}{4!}\kappa^4 g(\kappa)e^{-4\int_1^\kappa \gamma_\phi \frac{\mathrm{d}\kappa'}{\kappa'}}\phi^4$.

④ 这时, $g(\kappa) \simeq -\dfrac{|g|}{1+\frac{3}{16\pi}|g|\ln\kappa}$.

虑标量粒子与规范玻色子的耦合. 标量粒子起的也是屏蔽作用, 但比 "相同表示" 的旋量粒子要弱). Coleman 和 Gross 曾得出这样的结论: 在四维时空中, 任何可重正化的理论都不可能是渐近自由的, 除非它含有非阿贝尔规范场.

这样, 深度非弹性散射所揭示的强作用的渐近自由性, 对强作用的理论加置了一个十分严刻的限制, 并成为 QCD 理论的最重要的依据.

十分有意思的是, 渐近自由性使得强作用在大动量领域变成了微弱的作用, 从而有可能用微扰论来进行计算, 这就给了我们一个验证强作用理论正确性的机会. 至于阿贝尔规范场, 它的作用强度则随着 κ 变大而增加. 由于耦合常数的这种跑动效应, 才有可能建立大统一的理论.

下面, 我们来对非阿贝尔规范作用 (旋量场与规范场) 作进一步的讨论. 在 $C_\psi < \frac{11}{4}C$ 的情况下, κ 大时, $g(\kappa)$ 很小, 可以假设微扰论的最低阶值 (在大 "重正化点" 定义 g) 能够适用. 前面已经给出最低阶 $\beta(g)$, $\gamma_m(g)$ 和 γ_A 的值:

$$\begin{aligned}\beta(g) &= -ag^3, \quad \gamma_m(g) = -bg^2,\\ \gamma_A(g) &= -\left(b_A - \xi\frac{C}{32\pi^2}\right)g^2,\end{aligned} \tag{6.4.38}$$

其中

$$\begin{aligned}a &= \frac{1}{16\pi^2}\left(\frac{11}{3}C - \frac{4}{3}C_\psi\right), \quad b = \frac{3}{8\pi^2}\overline{C}_\psi,\\ b_A &= \frac{1}{16\pi^2}\left(\frac{13}{6}C - \frac{4}{3}C_\psi\right).\end{aligned} \tag{6.4.39}$$

$g(\kappa)$ 和 $m(\kappa)$ 也已通过方程式 (6.4.17) 和 (6.4.18) 解出, 结果如式 (6.4.19) 和 (6.4.21) 所示. 可以期望这一结果在 $g^2(\kappa)$ 保持比 1 小的范围内都能适用. 这样, κ 的范围就可一直延伸到 ∞(渐近自由). 当 $\ln\kappa$ 足够大时, 式 (6.4.19) 化为

$$g^2(\kappa) \simeq (2a\ln\kappa)^{-1}, \tag{6.4.40}$$

其中, a 由 (6.4.39) 第一式表示. 此式告诉我们, $g^2(\kappa)$ 最终变得与 g^2 无关, 只依赖于群参量 C 和旋量粒子所属表示的参量 C_ψ. g^2 值的大小只是影响式 (6.4.40) 适用的范围 $\left(2a\ln\kappa \gg \frac{1}{g^2}\right)$. 此外, 不论群和旋量粒子的具体情况如何, 只要 $a > 0$, $g^2(\kappa)$ 都以 $\ln\kappa$ 的 (-1) 幂次趋于零.

同样, 在 $\ln\kappa$ 足够大时,

$$m(\kappa) \simeq m(2ag^2\ln\kappa)^{-b/2a}. \tag{6.4.41}$$

因此对于渐近自由的情况 ($a > 0$), $m(\kappa)$ 也以 $\ln\kappa$ 的负幂次趋于零, 但幂次的值与群参量和旋量粒子的表示参量有关. $m(\kappa)$ 的这一行为就保证了大动量的顶角函数可用零质量理论的结果来渐近表示 (参见式 (6.4.23) 下的说明).

规范参量 ξ 随 κ 的变化与 $m(\kappa)$ 有些不同, 因为 α 等于 $-2\xi\gamma_A$ 而 γ_A 又是 ξ 的线性函数, 从而 α 将为 ξ 的二次式, 它有两个零点即 $\xi = 0$ 和 $\xi = \xi_0$,

$$\xi_0 = \frac{32\pi^2}{C} b_A = \frac{13}{3} - \frac{8}{3}\frac{C_\psi}{C}. \tag{6.4.42}$$

$\xi(\kappa)$ 的演化方程为

$$\kappa\frac{\mathrm{d}\xi(\kappa)}{\mathrm{d}\kappa} = \alpha(g(\kappa), \xi(\kappa)) = \frac{C}{16\pi^2}\xi(\kappa)[\xi_0 - \xi(\kappa)]g^2(\kappa). \tag{6.4.43}$$

由此可见, 当 $\xi_0 < 0$ 时, 原点为紫外吸引点, $\xi(\kappa)$ 随着 $\kappa \to \infty$ 趋于零; 当 $\xi_0 > 0$ 时, 原点变成紫外排斥点, 而 ξ_0 为紫外吸引点(曲线如图 6.4.4 所示), $\xi(\kappa) \to \xi_0$①. 在纯规范场情况, $C_\psi = 0$, ξ_0 变成 $\dfrac{13}{3}$, 与群的种类无关.

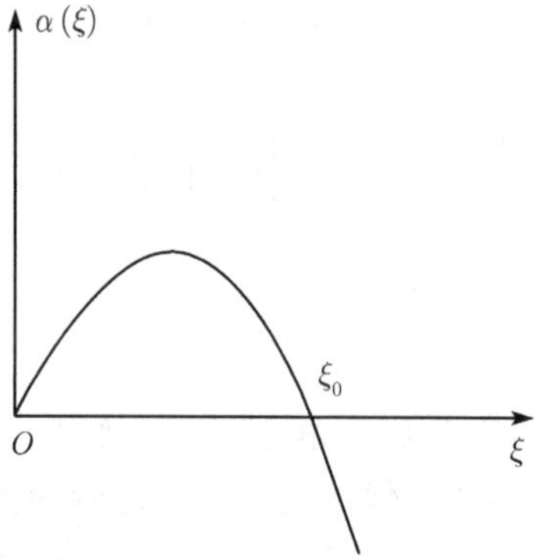

图 6.4.4　$\alpha(\xi) = -2\xi\gamma_A(\xi)$

$\xi(\kappa)$ 随 κ 的变化关系可由式 (6.4.43) 解出, 结果为

$$\xi(\kappa) = \frac{\xi_0\xi}{\xi + (\xi_0 - \xi)(1 + 2ag^2\ln\kappa)^{-b_A/a}}. \tag{6.4.44}$$

有了 $g(\kappa)$ 和 $\xi(\kappa)$, 顶角函数的附加增长因子即可求出. 在规范场情况,

$$f(\kappa) = \mathrm{e}^{\int_1^\kappa \gamma_\Gamma(g(\kappa'), \xi(\kappa'))\mathrm{d}\kappa'/\kappa'}. \tag{6.4.45}$$

① $\xi(1) = 0$ 的情况除外, 因若初始时的 ξ 为零, 则 κ 将恒为零.

式 (6.4.44) 也可写作

$$\xi(\kappa)=\frac{\xi_0\xi}{\xi+(\xi_0-\xi)\left(\dfrac{g^2(\kappa)}{g^2}\right)^{b_A/a}} \tag{6.4.46}$$

于是式 (6.4.45) 也可写成

$$f(k)=\mathrm{e}^{\int_g^{g(\kappa)}\frac{\gamma_\Gamma(g',\xi(g'))}{\beta(g')}\mathrm{d}g'}. \tag{6.4.47}$$

如果取朗道规范, $\xi(\kappa)$ 总为零, 结果就比较简单. 这时

$$\gamma_\Gamma=-b_\Gamma g^2,$$

其中, b_Γ 已不含 ξ. 相应的 $f(\kappa)$ 在 $\ln\kappa$ 大时即为

$$f(\kappa)\approx(2ag^2\ln\kappa)^{-b_\Gamma/2a}. \tag{6.4.48}$$

将此结果用到规范场的二点顶角函数 ($b_\Gamma=-2b_A$), 就得出 $\Gamma_{\mu\nu}(k)$ 的大动量行为 (其中 $k=\kappa p, p^2=\mu^2$):

$$\Gamma_{\mu\nu}(k)\approx-(k^2\delta_{\mu\nu}-k_\mu k_\nu)\left(ag^2\ln\frac{k^2}{\mu^2}\right)^{b_A/a}. \tag{6.4.49}$$

取逆后即可求出大 κ 时的传播子为

$$G_{\mu\nu}(\kappa)\approx-\mathrm{i}\left(\delta_{\mu\nu}-\frac{\kappa_\mu\kappa_\nu}{\kappa^2}\right)\frac{1}{\kappa^2}\left(ag^2\ln\frac{\kappa^2}{\mu^2}\right)^{-b_A/a}, \tag{6.4.50}$$

它与零阶值的表达式相比, 有一 “对数修正因子”.

以上讨论的是渐近自由的情况. 对于非渐近自由理论, 当 κ 大时, $g(\kappa)$ 可能变得很大, 使微扰论的结果失去意义, 因此我们不能得出 $g(\kappa)$, $m(\kappa)$ 和 $\Gamma_n(\kappa p)$ 等的大 κ 行为. 我们所能求的, 只是在 κ 不太大 ($\kappa\gg1$, $g^2\ln\kappa\ll1$) 的区域内它们随 κ 的变化.

在 QCD 中, 通常还用一个质量标度 Λ_c 来标志它的作用强度 (代替 μ 和该重正化点的 g), 它的定义是

$$\Lambda_c=\mu\mathrm{e}^{-\frac{1}{2ag^2}}. \tag{6.4.51}$$

将式 (6.4.51) 代入式 (6.4.19) 以消去 g^2, 即可将 $g^2(\kappa)$ 表为

$$g^2(\kappa)=\frac{1}{2a\ln\dfrac{\kappa\mu}{\Lambda_c}}. \tag{6.4.52}$$

换句话说, 对任意的重正化点 μ', 相应的耦合常数都可通过下式由 Λ_c 定出,

$$g^2(\mu') = \frac{1}{2a\ln\dfrac{\mu'}{\Lambda_c}}. \tag{6.4.53}$$

我们看到, Λ_c 是把 μ 和 g 结合到了一起. 当 g^2 从 0 变到 ∞ 时, 它将从 0 变到 μ.

大动量实验给出的 MS 方案中的 Λ_c 的值 (记作 Λ_{MS}) 约为 0.3 GeV, MOM 方案中的值 Λ_{MOM} 大约是 Λ_{MS} 的五六倍, 并与规范有关.

前已指出, 重正化群方程的解并不限于 $\kappa > 1$, κ 也可比 1 小. 当 $\kappa < 1$ 时, 式 (6.4.53) 中的 μ' 将小于 μ. 从表面上看, 当 μ' 降到 Λ_c 时, 式 (6.4.53) 将给出 $g^2(\kappa) = \infty$. 这个结论当然不会成立, 原因是当 $g^2(\kappa)$ 变得很大时, 式 (6.4.53) 已不适用. 尽管如此, 我们仍可把 Λ_c 看作是 g^2 变成大值的标度. 对于 QCD, 这就意味着当动量降到 1GeV 的量级时, 耦合常数将变成大值.

以上的计算是建立在下述假设上的, 即微扰论求出的 $\beta(g)$ 和各种 γ 按 g^2(或 g) 展开的级数, 在 g 小时有效, 至少是一种渐近展开. 从某些分析看来, 这一级数是发散的, 最好的可能也就是渐近展开, 也有可能 $g = 0$ 是 $\beta(g)$ 的本性奇点, 例如 $\beta(g) \sim$ 因子 e^{-a^2/g^2}. 如果出现这种情况, 上述基于微扰论所计算的结果当然不能成立, 对于渐近行为就需要另作讨论.

6.5 含复合算符的顶角函数的重正化, 算符乘积的展开 *

在电子–质子深度非弹性散射的过程中, 通过交换一个大动量的虚光子, 质子 p 转化为一族强子 X. 相应的费恩曼图如图 6.5.1 所示, 在此图中, 电磁作用只是最低阶的微扰 (强作用则未作任何近似). 图中右侧部分代表在强作用海森伯图像中的矩阵元 $\langle X|\hat{j}_\nu(x)|p\rangle$, $\hat{j}_\nu(x)$ 为强子的电流算符, 在 QCD 理论中也就是所有夸克子的电流算符.

实验中实际测量的是单举微分截面 (即只测量末态中电子的分布), 因此在理论计算时应对所有可能的 X 态求和. 这样就得出：单举微分截面与强作用矩阵元

$$\int \mathrm{d}^4x\mathrm{e}^{-\mathrm{i}kx}\langle p|\hat{j}_\mu(x)\hat{j}_\nu(0)|p\rangle$$

成正比, 其中 k 为虚光子的动量.

通过类似的考虑可以得出, 在 e^+e^- 湮没成强子的 (见图 6.5.2) 截面中, 涉及的强作用海森伯图像中的矩阵元为

$$\int \mathrm{d}^4\boldsymbol{x}\mathrm{e}^{-\mathrm{i}kx}\langle 0|\hat{j}_\mu(x)\hat{j}_\nu(0)|0\rangle.$$

以上两种都是电流算符乘积的矩阵元.

中微子与核子的深度非弹性散射过程

$$\nu + N \to l^- + X$$

(其中, l^- 代表 e^- 或 μ^-), 情况也相仿, 只是电流算符的乘积换成了弱流算符的乘积.

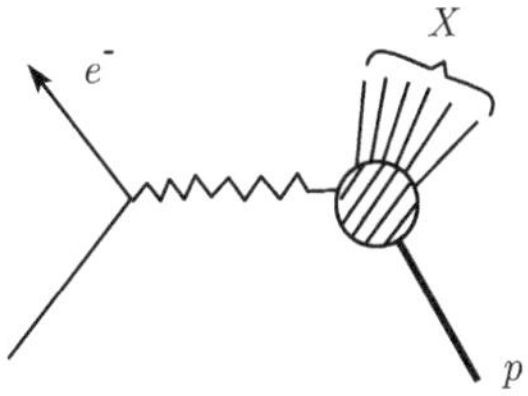

图 6.5.1

图 6.5.2

上述算符乘积中, 两个流算符间的时空距离为 x. 高能实验所探测的是 x 很小或 $x^2(=\boldsymbol{x}^2-t^2)$ 很小的情况, 前者如 e^+e^- 湮没过程, 后者如深度非弹性散射. 在量子场论里, 距离 x(或 x^2) 趋于零的两个算符, 其乘积常是奇异的. 这种奇异性甚至在自由场时就已出现, 并可通过简单的计算显示出来 (参见下文第一小节). 高能 e^+e^- 湮没过程和深度非弹性散射的结果就与这种奇异性有关系.

Wilson 首先提出①, 把小距离算符乘积展为一些非奇异的定域算符之和, 原算符乘积在 $x\to 0$ 时的奇异性则被归到展开系数中. 即

$$\hat{Q}(x)\hat{Q}'(0) \underset{x\approx 0}{\sim} \sum_n C_n(x)\hat{Q}_n\left(\frac{x}{2}\right).$$

其中, $\hat{Q}_n$ 为非奇异算符, 而 $C_n(x)$ 在 $x\to 0$ 时为奇异的. 此式称为 Wilson 展开, 符号 $\sim$ 的含意我们将在下文中说明.

Brandt 和 Preparata 以及 Frishman 把小距离展开推广到近光锥距离 $(x^2\simeq 0)$ 的展开. 这时 x 并非小量, 展开的形式为

$$\hat{Q}(x)\hat{Q}'(0) \underset{x^2\approx 0}{\sim} \sum_{nj} C_n^j(x)x_{\mu_1}x_{\mu_2}\cdots x_{\mu_j}\hat{Q}^{n,j}_{\mu_1\cdots\mu_j}\left(\frac{x}{2}\right),$$

① Wilson, Phys. Rev. **179**, 1499, 1969; D**3**, 1818, 1971.

同样, $\hat{Q}^{n,j}_{\mu_1,\cdots,\mu_j}$ 是非奇异的. Zimmerman 曾对以上展开的有效性进行了论证.

算符乘积展开是研究高能 e^+e^- 湮没和深度非弹性散射的有效工具, 我们还可将它与重正化群方程结合起来应用, 即通过重正化群方程来研究其中的展开系数.

在本节中我们先通过自由场的情况来说明距离 x 或 x^2 趋于零时算符乘积的奇异性. 然后再转到有相互作用情况的讨论. 有相互作用时, 不仅算符的运动变化与自由场不同, 而且需要重正化. 我们所考虑的算符 $\hat{Q}$ 和 $\hat{Q}'$ 一般为复合算符 (由若干场算符构成). 所以我们还将讨论含复合算符的顶角函数的重正化问题.

1. 自由场算符乘积的展开

我们先来看最简单的情况, 两个自由标量场算符的乘积 $\hat{\varphi}(x)\hat{\varphi}(y)$. 它们可写做

$$\hat{\varphi}(x)\hat{\varphi}(y) =: \hat{\varphi}(x)\hat{\varphi}(y) : +[\hat{\varphi}_{(+)}(x), \hat{\varphi}_{(-)}(y)], \tag{6.5.1}$$

其中, $\varphi^-_{(+)}$ 和 $\varphi^-_{(-)}$ 的定义可参见式 (1.1.17) 正规乘积 $: \hat{\varphi}(x)\hat{\varphi}(y) :$ 在 $x-y \to 0$ 或 $(x-y)^2 \to 0$ 时是非奇异的, 但对易子 $[\hat{\varphi}_{(+)}(x), \hat{\varphi}_{(-)}(y)]$ 却是奇异的, 它等于 $\mathrm{i}\Delta_+(x-y,m)$①. 在 $(x-y)^2 \simeq 0$(包括 $x-y \simeq 0$) 时, 其行为是

$$\mathrm{i}\Delta_+(x-y,m) \approx \frac{1}{4\pi^2}\left[\mathscr{P}\frac{1}{(x-y)^2} - \mathrm{i}\pi\varepsilon(x_0-y_0)\delta((x-y)^2)\right], \tag{6.5.2}$$

其中, $\varepsilon(t) = \dfrac{t}{|t|}$.

算符 $: \hat{\varphi}(x)\hat{\varphi}(y) :$ 既然是非奇异的, 在 $(x-y) \to 0$ 时就可近似成 $: \hat{\varphi}^2\left(\dfrac{x+y}{2}\right) :$, 而在 $(x-y)^2 \to 0$ 但 $x-y$ 非小量的情况, 则可展开为

$$\sum_j (x-y)_{\mu_1}(x-y)_{\mu_2}\cdots(x-y)_{\mu_j}\hat{Q}_{\mu_1\mu_2\cdots\mu_j}\left(\frac{x+y}{2}\right).$$

下面再来看电流算符的乘积. 以旋量粒子为例, 电流算符为

$$\hat{j}_\mu(x) = \mathrm{i}[: \overline{\psi}(x)\gamma_\mu\psi(x) :],$$

即 $\hat{j}_\mu$ 本身带有正规编序符号 (有时为了书写简便而未写出), 因此它是非奇异的定域算符. 但两个电流算符乘积在 $x-y \to 0$ 或 $(x-y)^2 \to 0$ 时仍将出现奇异性. 通过对易可将 $\hat{j}_\mu(x)\hat{j}_\nu(y)$ 表示为

$$\begin{aligned}\hat{j}_\mu(x)\hat{j}_\nu(y) =& -[: \hat{\overline{\psi}}(x)\gamma_\mu\hat{\psi}(x)\hat{\overline{\psi}}(y)\gamma_\nu\hat{\psi}(y) :] - \mathrm{i}[: \hat{\overline{\psi}}(x)\gamma_\mu S_+(x-y,M)\gamma_\nu\hat{\psi}(y) :] \\ &+ \mathrm{i}[: \hat{\overline{\psi}}(y)\gamma_\nu S_-(y-x,M)\gamma_\mu\hat{\psi}(x) :] + \mathrm{tr}[S_+(x-y,M)\gamma_\nu S_-(y-x,M)\gamma_\mu],\end{aligned} \tag{6.5.3}$$

① 关于 $\Delta_+(x,m)$, 可参见附录, 基本符号及公式, **5** i).

在 $(x-y)^2 \approx 0$ 时, 就最奇异的部分而言①,

$$-\mathrm{i}[:\hat{\bar{\psi}}(x)\gamma_\mu S_+(x-y,M)\gamma_\nu\hat{\psi}(y):] \approx -\frac{1}{2\pi^2}\frac{(x-y)_\sigma}{[(x-y)^2]^2}[:\hat{\bar{\psi}}(x)\gamma_\mu\gamma_\sigma\gamma_\nu\hat{\psi}(y):],$$

$$\mathrm{i}[:\hat{\bar{\psi}}(y)\gamma_\nu S_-(y-x,M)\gamma_\mu\hat{\psi}(x):] \approx \frac{1}{2\pi^2}\frac{(x-y)_\sigma}{[(x-y)^2]^2}[:\hat{\bar{\psi}}(y)\gamma_\nu\gamma_\sigma\gamma_\mu\hat{\psi}(x):],$$

$$\mathrm{tr}[S_+(x-y,M)\gamma_\nu S_-(x-y,M)\gamma_\mu] \approx \frac{1}{\pi^4}\frac{(x-y)^2\delta_{\mu\nu}-2(x-y)_\mu(x-y)_\nu}{[(x-y)^2]^4}. \tag{6.5.4}$$

在展式 (6.5.3) 中, 所有算符都是正规乘积, 已不带奇异性. 当 $x-y\simeq 0$ 时这些算符可直接化为定域算符, 当 $(x-y)^2\simeq 0$(但 $x-y$ 有限) 时, 可像前面一样作泰勒展开, 写成 $\sum_l l(x-y)_{\mu_1}\cdots(x-y)_{\mu_l}\hat{Q}^{(n)}_{\mu_1\cdots\mu_l}\left(\frac{x+y}{2}\right)$ 的形式. 上述展开的系数除第一项外都是奇异的, 其最奇异的部分与质量无关, 只是 $x-y$ 的函数.

通过以上例子我们看到, 两个定域算符尽管本身都不是奇异的, 但它们的乘积在 $x-y\to 0$ 或 $(x-y)^2\to 0$ 却可能出现奇异性. 在自由场情况, 通过对易和泰勒展开即可将两算符的乘积展为一系列定域的非奇异算符的和, 奇异性则归在展开系数中. 对小距离的展式

$$\hat{Q}(x)\hat{Q}'(y) \underset{x-y\approx 0}{\widetilde{\quad}} \sum_n C_n(x-y)\hat{Q}_n\left(\frac{x+y}{2}\right), \tag{6.5.5}$$

$C_n(x-y)$ 的奇异阶数由它的量纲幂次决定, 若设它的量纲幂次为 d_n, 则有

$$C_n(x-y) \underset{x-y\to 0}{\widetilde{\quad}} (x-y)^{-d_n}, \tag{6.5.6}$$

d_n 由下式确定:

$$d_n = d(Q)+d(Q')-d(O_n), \tag{6.5.7}$$

其中, $d(Q)$, $d(Q')$, $d(O_n)$ 分别为算符 $\hat{Q}$, $\hat{Q}'$ 和 $\hat{Q}_n$ 的量纲幂次. 于是, $\hat{O}_n$ 的量纲幂次愈低, 其系数的奇异性就愈高.

在 "近光锥距离" 即 $(x-y)^2\simeq 0$ 的情况, 展式可写做

$$\hat{Q}(x)\hat{Q}'(y) \underset{(x-y)^2\approx 0}{\widetilde{\quad}} \sum_{n,j} C_n^j(x-y)(x-y)_{\mu_1}\cdots(x-y)_{\mu_j}\hat{Q}^{n,j}_{\mu_1\cdots\mu_j}\left(\frac{x+y}{2}\right). \tag{6.5.8}$$

若定义算符 $\hat{O}^{n,j}_{\mu_1,\cdots,\mu_j}$ 的扭度 (twist)Δ 为

$$\Delta(O^{n,j}) = d(O^{n,j})-j, \tag{6.5.9}$$

① 我们将把 $p\dfrac{1}{x^2}-\mathrm{i}\pi\varepsilon(x_0)\delta(x^2)$ 简略写成 $\dfrac{1}{x^2}$.

则在 $d(Q)+d(Q')-\Delta(O^{n,j})$ 为偶数时, $C_n^j(x-y)$ 的奇异阶数就是 $d(Q)+d(Q')-\Delta(O^{n,j})$, 即

$$C_n^j(x-y)\sim[(x-y)^2]^{-\frac{d(Q)+d(Q')-\Delta(O^{n,j})}{2}}, \tag{6.5.10}$$

而在 $d(Q)+d(Q')-\Delta(O^{n,j})$ 为奇数时,

$$C_n^j(x-y)\sim(x-y)[(x-y)^2]^{-\frac{1}{2}[d(Q)+d(Q')-\Delta(O^{n,j})+1]}.$$

于是 $\hat{Q}^{n,j}$ 的扭度愈小, 其系数的奇异性就愈高.

2. 含复合算符的顶角函数的重正化

相互作用场与自由场的差别, 不仅在于算符随时间的变化规律不同, 还在于计算出来的格林函数需要重正化. 在上一章我们只讨论了普通的格林函数即由场算符编时乘积作成的格林函数的重正化. 现在我们要进一步考虑 "含复合算符" 的格林函数的重正化问题. 以标量场自作用情况 $\left(\mathscr{L}_{\rm int}=-\dfrac{g}{4!}\varphi^4\right)$ 为例, 定义含复合算符 $\hat{Q}_B(z)$ 的未重正化连接格林函数为

$$G_{n,Q}^{(B)}\left(z;x_1,\cdots,x_n;g_B,m_B,\frac{1}{\varepsilon}\right)=\langle 0|T\hat{Q}_B(z)\hat{\varphi}_B(x_1)\cdots\hat{\varphi}_B(x_n)|0\rangle_c, \tag{6.5.11}$$

脚标 c 表示其为连接的费恩曼图所贡献的部分 (参见式 (1.2.46) 下). 为了规制紫外发散, 我们已将时空维数延拓到 $4-\varepsilon$.

先看一个最简单的情况, 即

$$\hat{Q}_B(z)=\hat{\varphi}_B^2(z). \tag{6.5.12}$$

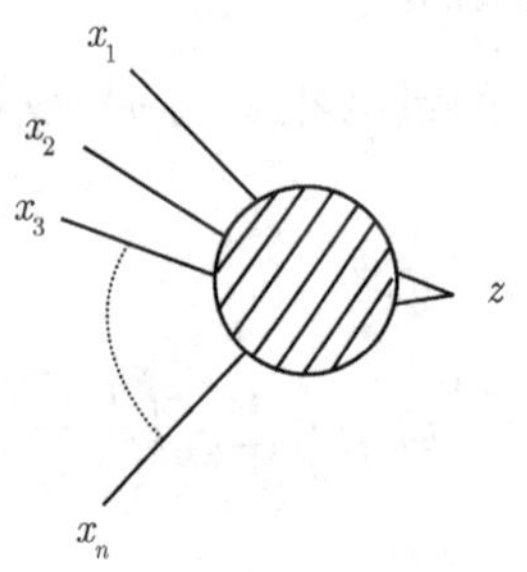

图 6.5.3

这时, $G_{n,Q}^{(B)}$ 所对应的费恩曼图形如图 6.5.3 所示. 不难看出此图形的费恩曼积分与 $G_{n+2}^{(B)}$ 是不一样的, 因而所含的发散不相同, 重正化自然也就不同.

对于 $G_{n+2}^{(B)}$, 在将其中裸参量 g_B 和 m_B 换用 g 和 m 表示后, 剩余的发散可通过外乘因子 $Z_\varphi^{-\frac{n}{2}-1}$ 消去. 而对于 $G_{n,Q}^{(B)}$, 用这样的外乘因子就不能消去剩余发散, 需要采用不同的外乘因子 $Z_Q^{-1}Z_\varphi^{-n/2}$(这只是对 $\hat{Q}_B$ 等于 $\hat{\varphi}_B^2$ 的情况而言, 当 $\hat{Q}_B$ 是量纲幂次更高的算符时, 剩余发散还不能这样简单地消去, 参见下文). 在采用维数规

制化的情况下, Z_Q 的宗量是 $g_B\mu^{-\varepsilon/2}$ 和 $\frac{1}{\varepsilon}$, 以上的意思就是：乘积

$$Z_Q^{-1}\left(g_B\mu^{-\varepsilon/2},\frac{1}{\varepsilon}\right)Z_\varphi^{-n/2}\left(g_B\mu^{-\varepsilon/2},\frac{1}{\varepsilon}\right)G_{n,Q}^{(B)}\left(z,x_j;g_B,m_B,\frac{1}{\varepsilon}\right)$$

在 $\frac{1}{\varepsilon}\to\infty$ 时可表为 g, m 以及重正化点 μ 的有限函数. 我们将称它为重正化的含复合算符 $\hat{Q}$ 的格林函数, 并用 $G_{n,Q}$ 表示, 即

$$\begin{aligned}&G_{n,Q}(z,x_j;g,m,\mu)\\&=\lim_{\varepsilon\to 0}Z_Q^{-1}\left(g_B\mathrm{e}^{-\varepsilon/2},\frac{1}{\varepsilon}\right)Z_\varphi^{-n/2}\left(g_B\mathrm{e}^{-\varepsilon/2},\frac{1}{\varepsilon}\right)G_{n,Q}^{(B)}\left(z,x_j;g_B,m_B,\frac{1}{\varepsilon}\right)\end{aligned}\tag{6.5.13}$$

注意, $G_{n,Q}$ 并不就等于 $\langle 0|T\hat{\varphi}^2(z)\hat{\varphi}(x_1)\cdots\hat{\psi}(x_n)|0\rangle_c$, 而是等于

$$Z_Q^{-1}Z_\varphi\langle 0|T\hat{\varphi}^2(z)\hat{\varphi}(x_1)\cdots\hat{\varphi}(x_n)|0\rangle_c.$$

如果我们去掉 $G_{n,Q}^{(B)}$ 的 n 条标量场的外线传播子 (完全的), 并只计算正规图形的贡献, 那么所得结果即为含复合算符 $\hat{Q}$ 的顶角函数 $\Gamma_{n,Q}^{(B)}\left(z,x;g_B,m_B,\frac{1}{\varepsilon}\right)$. 重正化可类似地进行, 结果即为

$$\Gamma_{n,Q}(z,x;g,m,\mu)=\lim_{\varepsilon\to 0}Z_Q^{-1}Z_\varphi^{n/2}\Gamma_{n,Q}^{(B)}\left(z,x;g_B,m_B,\frac{1}{\varepsilon}\right).\tag{6.5.14}$$

$\Gamma_{n,Q}$ 称为重正化的含 $\hat{Q}$ 的顶角函数.

为了说明如何确定 Z_Q, 我们引入一个量纲幂次为 2 的经典外场 $\xi(x)$ 来与 $\hat{\varphi}(x)$ 作用, 作用项为 $-\frac{1}{2}g'\xi(x)\hat{\varphi}^2(x)$, g' 为量纲为 1 的耦合常数. 于是

$$\hat{\mathscr{L}}_{\text{基}}=-\frac{1}{2}(\partial_\mu\hat{\varphi})^2-\frac{1}{2}m^2\hat{\varphi}^2-\frac{1}{4!}g\hat{\varphi}^4-\frac{1}{2}g'\xi\hat{\varphi}^2.\tag{6.5.15}$$

在格林函数只插入一个 $\hat{Q}$ 算符 ($\hat{\varphi}^2$) 的情况下, 只需对 $\xi-\varphi$ 的作用作一次微扰, 以引入一个 $\xi\varphi^2$ 的顶点. 对 φ^4 作用则不作任何近似.

我们先来寻找所有含 $\xi-\varphi$ 作用的一次微扰, 因而有一根 ξ 外线 (φ 的外线数不限) 的原始发散图. 不难看出, 除了蝌蚪图

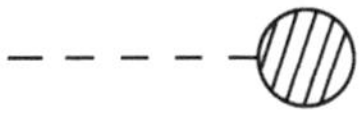

(虚线代表 ξ, 下图中的实线代表 φ) 以外, 原始发散的图只有一种, 即图 6.5.4 所示的三线图. 这种三线的正规图形的费恩曼积分是对数发散的, 因为它相当于将 φ 的

自能图中的一根内线传播子变成了二根内线传播子, 从而使表观发散度减少 2(φ 的自能图为二次发散). 我们也可从 ξ 的量纲幂次为 2, 由图形指数公式计算出其值为,

$$N = 4 - d_j E_j = 4 - 2 - 2 \times 1 = 0,$$

对应于对数发散.

为了抵消这一原始发散, 需要引入一个附加的抵消项

$$\delta \hat{\mathscr{L}}_\xi = -\frac{1}{2}(Z_V' - 1) g' \xi \hat{\varphi}^2, \tag{6.5.16}$$

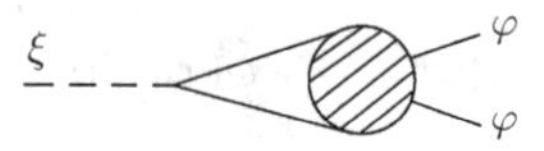

图 6.5.4

其中, Z_V' 可通过 MS 方案来确定①. 我们要研究的图形 6.5.3, 也就是对 g' 作一次微扰, 含一根 ξ 外线和 n 根 φ 外线传播子的图 6.5.5, 在去掉 ξ 外线和 g' 后的结果. 当图 6.5.5 含图 6.5.4 所示的子图时, 该子图所产生的发散可通过式 (6.5.16) 所示的抵消项 $\delta \mathscr{L}_\xi$ 消去. 这样即可求出重正化的 $G_{n,Q}(z, x_j; g, m, \mu)$.

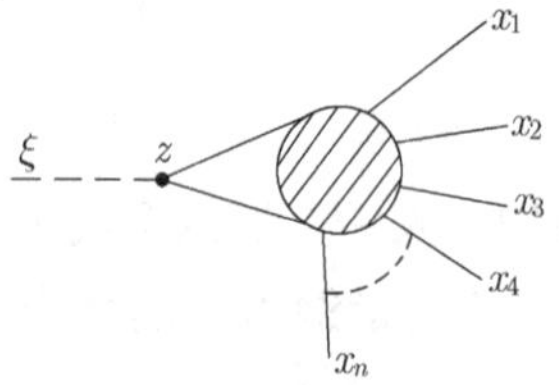

图 6.5.5

由于引入了附加抵消项 $\delta \mathscr{L}_\xi$, 故总拉格朗日函数 $\hat{\mathscr{L}} = \hat{\mathscr{L}}_{基} + \delta \hat{\mathscr{L}}$ 中, ξ 与 $\hat{\varphi}$ 的作用项即为

$$\hat{\mathscr{L}}_\xi = -\frac{1}{2} Z_V' g' \xi \hat{\varphi}^2 \equiv -\frac{1}{2} g_B' \xi_B \hat{\varphi}_B^2, \tag{6.5.17}$$

其中

$$g_B' = Z_V' Z_\varphi^{-1} g' = Z_g' g', \qquad \xi_B(x) = \xi(x). \tag{6.5.18}$$

在对 g' 只作一次微扰的情况下, 不出现 ξ 的自能图, 因此不需对 ξ 重正化.

① Z_V' 可表作 $1 + \sum_{j=1}^{\infty} \frac{A_l(g)}{\varepsilon^l}$ 的形式, 它与 g' 无关.

我们也可直接用总拉格朗日函数 $\hat{\mathscr{L}}(\varphi_B,\xi_B,g_B,g'_B,m_B)$ 来计算 $G^{(B)}_{n,Q}$. 同样对 $\xi_B-\varphi_B$ 作用只作一次微扰, 求出含 n 个裸标量场外线传播子和一根 ξ_B 外线的连接格林函数, 然后去掉 ξ_B 外线和 g'_B, 结果即为 $G^{(B)}_{n,Q}$. 这一计算与前面计算实际用的是同一拉格朗日函数, 算的都是含一根 ξ(也就是 ξ_B) 外线和 n 个标量外线传播子的连接格林函数, 并都正比于 g' 一次幂 (Z'_V 不含 g', 因而 $Z_{g'}$ 也不含 g', 参见式 (6.5.18)), 差别只在于：一个含的是重正化标量外线传播子, 一个含的是裸标量外线传播子, 一个分出 g', 另一个分出 g'_B(分出的 ξ 和 ξ_B 外线则是一样的). 于是即得

$$G^{(B)}_{n,Q}=Z_\varphi^{n/2}\frac{g'}{g'_b}G_{n,Q}=Z_\varphi^{n/2}Z_g'^{-1}G_{n,Q}. \tag{6.5.19}$$

将此式与式 (6.5.13) 相比. 我们看到该式中的 Z_Q 实际上就是 g' 重正化常数的倒数：

$$Z_Q=Z_g'^{-1}. \tag{6.5.20}$$

以上考虑的是最简单的情况, $\hat{Q}_B=\hat{\varphi}_B^2$. 若 $\hat{Q}_B$ 是量纲幂次较高的算符, 如

$$\hat{Q}_B=\hat{\varphi}_B^4, \tag{6.5.21}$$

那么重正化就不像上面那样简单. 仿前引入 ξ 与 $\hat{\varphi}$ 的作用 $-\frac{1}{4!}g'\xi(x)\hat{\varphi}^4(x)$, 这里的 ξ 量纲幂次取为零. 于是, 代替式 (6.5.15)

$$\mathscr{L}_{\text{基}}=-\frac{1}{2}(\partial_\mu\hat{\varphi})^2-\frac{1}{2}m^2\hat{\varphi}^2-\frac{1}{4!}g\hat{\varphi}^4-\frac{1}{4!}g'\xi\hat{\varphi}^4. \tag{6.5.22}$$

同样来考察所有含 g' 一次幂因而有一根 ξ 外线 (φ 的外线数不限) 的图. 除了蝌蚪图以外, 原始发散图只有图 6.5.6 所示的两种, 其中图 6.5.6(a) 为二次发散, 图 6.5.6(b) 为对数发散. 这从图形指数公式即可得出.

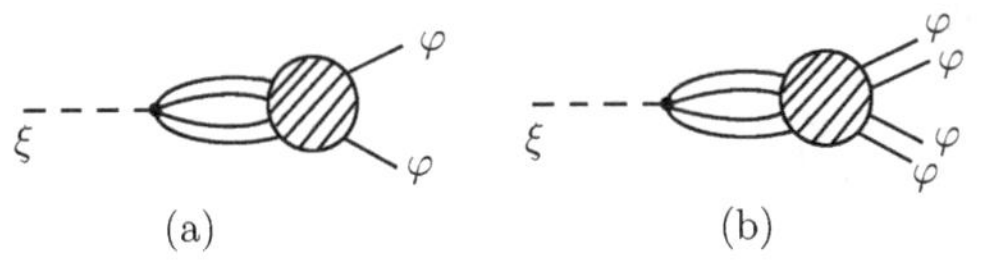

图 6.5.6

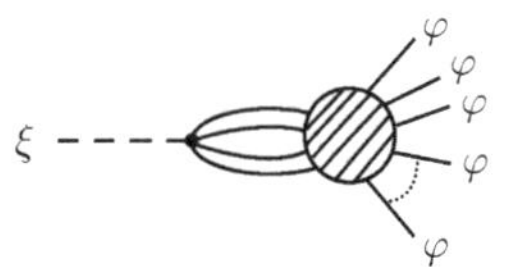

图 6.5.7

为了抵消这两类发散, 需要引入附加的抵消项为

$$\begin{aligned}\delta\mathscr{L}_\xi=&-\frac{1}{4!}(Z'_V-1)g'\xi\hat{\varphi}^4-\frac{1}{2}Z_1g'\xi(\partial_\mu\hat{\varphi})^2\\&-\frac{1}{2}Z_2g'\xi\hat{\varphi}\Box\hat{\varphi}-\frac{1}{2}Z_3Z_m^2g'm^2\xi\hat{\varphi}^2,\end{aligned} \tag{6.5.23}$$

其中, Z'_V 和 Z_j 都是量纲为 1 的系数, 并与 g' 无关.

当我们从 $\hat{\mathscr{L}}_{基}+\delta\hat{\mathscr{L}}$ 来计算含 g' 一次幂, 有一根 ξ 外线和 n 个 φ 外线传播子的连接费恩曼图 (如图 6.5.7) 时, 其中将包含图 6.5.6(a) 和 (b) 的发散子图. 这些子图的发散可通过附加抵消项 $\delta\hat{\mathscr{L}}_\xi$ 消去. 再从结果中去掉外线 ξ 和耦合常数 g', 即得出所要的重正化的连接格林函数 $G_{n,Q}(z,x_j;g,m,\mu)$, z 和 x_j 的位置与图 6.5.5 中的相同.

与前例类似, 我们再直接从总拉格朗日函数 $\hat{\mathscr{L}}(\varphi_B,\xi_B,g_B,g'_B,m_B)$ 来计算含 g'_B 一次幂, 有一根 ξ_B 外线和 n 个 φ_B 外线传播子的连接费恩曼图. 这时, $\hat{\mathscr{L}}=\hat{\mathscr{L}}_{基}+\delta\hat{\mathscr{L}}$ 中含 ξ 的部分为

$$\begin{aligned}\hat{\mathscr{L}}_\xi=&-\frac{1}{4!}g'_B\xi_B\hat{\varphi}_B^4-\frac{1}{2}\frac{Z_1Z_\varphi}{Z'_V}g'_B\xi_B(\partial_\mu\hat{\varphi}_B)^2\\&-\frac{1}{2}\frac{Z_2Z_\varphi}{Z'_V}g'_B\xi_B\hat{\varphi}_B\Box\hat{\varphi}_B-\frac{1}{2}\frac{Z_3Z_\varphi}{Z'_V}g'_B\xi_Bm_B^2\hat{\varphi}_B^2.\end{aligned}\tag{6.5.24}$$

$\xi_B(x)$ 仍等于 $\xi(x)$, 而

$$g'_B=Z'_VZ_\varphi^{-2}g'\equiv Z'_gg'.\tag{6.5.25}$$

于是含 g'_B 一次幂, 有一根外线 ξ_B 和 n 个 φ_B 外线传播子的连接格林函数在去掉 ξ_B 外线和 g'_B 后为

$$G_{n,Q}^{(B)}+\frac{Z_1Z_\varphi}{Z'_V}G_{n,Q_1}^{(B)}+\frac{Z_2Z_\varphi}{Z'_V}G_{n,Q_2}^{(B)}+\frac{Z_3Z_\varphi}{Z'_V}G_{n,Q_3}^{(B)}.\tag{6.5.26}$$

其中, 脚标 Q_1,Q_2,Q_3 分别与下述算符相关联:

$$\begin{aligned}\hat{Q}_1^{(B)}&=(\partial_\mu\hat{\varphi}_B)^2,\\\hat{Q}_2^{(B)}&=\hat{\varphi}_B\Box\hat{\varphi}_B,\\\hat{Q}_3^{(B)}&=m_B^2\hat{\varphi}_B^2,\end{aligned}\tag{6.5.27}$$

$G_{n,Q_j}^{(B)}$ 由下式表示

$$G_{n,Q_j}^{(B)}=\langle 0|T\hat{Q}_j^{(B)}(z)\hat{\varphi}_B(x_1)\cdots\hat{\varphi}_B(x_n)|0\rangle_c.\tag{6.5.28}$$

式 (6.5.26) 和 $G_{n,Q}$ 是从同一总拉格朗日函数计算的含一根 ξ(也就是 ξ_B) 外线和 n 个标量外线传播子的格林函数, 并都正比于 g' 的一次幂. 不同的仍只是: 一个含裸标量传播子, 另一个含重正化标量传播子, 一个分出 g'_B, 另一个分出 g'. 因此两者

只差因子 $Z_g' Z_\varphi^{-n/2}$, 即

$$
\begin{aligned}
G_{n,Q} &= Z_g' Z_\varphi^{-n/2}\left[G_{n,Q}^{(B)} + \frac{Z_1 Z_\varphi}{Z_V'} G_{n,Q_1}^{(B)} + \frac{Z_2 Z_\varphi}{Z_V'} G_{n,Q_2}^{(B)} + \frac{Z_3 Z_\varphi}{Z_V'} G_{n,Q_3}^{(B)}\right] \\
&= Z_\varphi^{-n/2}[Z_g' G_{n,Q}^{(B)} + Z_1 Z_\varphi^{-1} G_{n,Q_1}^{(B)} + Z_2 Z_\varphi^{-1} G_{n,Q_2}^{(B)} + Z_3 Z_\varphi^{-1} G_{n,Q_3}^{(B)}]
\end{aligned}
\tag{6.5.29}
$$

从上式我们看到, 在 $\hat{Q}$ 等于 $\hat{\varphi}^4$ 时, 重正化的 $G_{n,Q}$ 并不就是未重正化的 $G_{n,Q}^{(B)}$ 乘上因子 $Z_g' Z_\varphi^{-n/2}$, 还要加上 $G_{n,Q_j}^{(B)}$ 乘上相应的 $Z_j Z_\varphi^{-n/2-1}$. 这种情况称作 "含复合算符的格林函数" 在重正化时发生混合 (简称复合算符在重正化时发生混合).

重正化的含 $\hat{\varphi}^4$ 的顶角函数也有类似的表达式. 由式 (6.5.29) 可得

$$
\begin{aligned}
&\Gamma_{n,Q}(z, x_l; g, m, \mu) \\
&= Z_\varphi^{n/2}\left[Z_g' \Gamma_{n,Q}^{(B)}\left(z, x_l; g_B, m_B, \frac{1}{\varepsilon}\right) + \sum_{j=1}^{3} Z_\varphi^{-1} Z_j \Gamma_{n,Q_j}^{(B)}\left(z, x_l; g_B, m_B, \frac{1}{\varepsilon}\right)\right].
\end{aligned}
\tag{6.5.30}
$$

以上结果也可用正规化的复合定域算符来表述. 仿照 Zimmerman, 定义正规化的 $\hat{\varphi}^2(x)$ 和 $\hat{\varphi}^4(x)$ 为

$$
\begin{aligned}
N\hat{\varphi}^2(x) &= Z_g' Z_\varphi \hat{\varphi}^2(x) = Z_V' \hat{\varphi}^2(x), \\
N\hat{\varphi}^4(x) &= Z_g' Z_\varphi^2 \hat{\varphi}^4(x) + Z_1(\partial_\mu \hat{\varphi}(x))^2 \\
&\quad + Z_2(\hat{\varphi}(x)\Box\hat{\varphi}(x)) + Z_3 Z_m^2 m^2 \hat{\varphi}^2(x),
\end{aligned}
\tag{6.5.31}
$$

于是 G_{n,φ^2} 和 G_{n,φ^4} 可分别表成

$$
\begin{aligned}
G_{n,\varphi^2}(z, x_l; g, m, \mu) &= \langle 0|T(N\hat{\varphi}^2(z))\hat{\varphi}(x_1)\cdots\hat{\varphi}(x_n)|0\rangle_c, \\
G_{n,\varphi^4}(z, x_l; g, m, \mu) &= \langle 0|T(N\hat{\varphi}^4(z))\hat{\varphi}(x_1)\cdots\hat{\varphi}(x_n)|0\rangle_c.
\end{aligned}
\tag{6.5.32}
$$

此式表明, "正规化的复合定域算符 Q" 已是非奇异的定域算符, 将它插入到 $\hat{\varphi}$ 的编时乘积中, 其连接部分就是上述重正化的 $G_{n,Q}$.

从前面的讨论, 还可得出正规化复合算符的构成规则. 如果我们定义算符 $\hat{Q}$ 的内禀量纲幂次 $\widetilde{d}(Q)$ 为 $\hat{Q}$ 中所有场量量纲幂次和微商幂次之和 (例如, $(\partial_\mu\hat{\varphi})^2$, $(\hat{\varphi}\Box\hat{\varphi})$ 和 $m^2\hat{\varphi}^2$ 的约化量纲幂次分别为 4, 4 和 2), 那么复合定域算符 $\hat{Q}$ 的正规化算符 $N(\hat{Q})$, 将是量子数与 $\hat{Q}$ 相同① 并且内禀量纲幂次等于或小于 $\widetilde{d}(Q)$ 的各算符的线性组合 (这里不包括单位算符, 因为我们只考虑连接图形).

① 或者说洛伦兹变换性质与对称群变换性质与 $\hat{Q}$ 相同.

这样, $\widetilde{d}$ 较高的算符正规化后将含有 $\widetilde{d}$ 较低的算符, 而 $\widetilde{d}$ 较低的算符在正规化后不会含有 $\widetilde{d}$ 较高的算符. 造成这种不对称的原因, 也可从前面的讨论看出, 那就是: 在插入 $\hat{Q}$ 后, 图形的表观发散度将改变 $\widetilde{d}(Q)-4$(例如, $\Gamma_{n,Q}$ 的表观发散度将从 $4-n$ 变成 $\widetilde{d}(Q)-n$). 因此当 $\widetilde{d}(Q)$ 大时, 附加的原始发散图形多, 引入的附加抵消项中将包括 $\widetilde{d}$ 较小的复合算符; 而 $\widetilde{d}(Q)$ 小时, 附加的原始发散图形少, 因附加抵消项中不会含 $\widetilde{d}$ 较高的复合算符.

3. 含复合算符的顶角函数所满足的重正化群方程

从重正化的含复合算符的顶角函数 $\Gamma_{n,Q}$ 与某些未重正化的含复合算符的顶角函数之间的关系式即可求出 $\Gamma_{n,Q}$ 所满足的重正化群方程. 我们来看重正化时发生混合的情况 (无混合的情况可作为它的特例). 为书写方便, 先把式 (6.5.30) 更一般地写成

$$\Gamma_{n,Q_i}(g,m,\mu)=Z_\varphi^{n/2}Z_{ij}\Gamma^{(B)}_{n,Q_j}\left(g_B,m_B,\frac{1}{\varepsilon}\right), \tag{6.5.33}$$

j 为求和指标. 在上式中坐标变量 (z,x_l) 或动量变量 (q,p_l) 未明显写出, Z_{ij} 只当 $\widetilde{d}(Q_j)\leqslant\widetilde{d}(Q_i)$ 时才可能不为零.

从式 (6.5.33) 可以反解出 $\Gamma^{(B)}_{n,Q_i}$, 结果即为

$$\Gamma^{(B)}_{n,Q_i}\left(g_B,m_B,\frac{1}{\varepsilon}\right)=Z_\varphi^{n/2}(\boldsymbol{Z}^{-1})_{ij}\Gamma_{n,Q_j}(g,m,\mu). \tag{6.5.34}$$

同样 $(\boldsymbol{Z}^{-1})_{ij}$ 只当 $\widetilde{d}(Q_j)\leqslant\widetilde{d}(Q_i)$ 时才不为零.

对上式两侧作偏微商 $\mu\dfrac{\partial}{\partial\mu}\Big|_{g_B,m_B,\varepsilon}$$(z,x_l$ 或 q,p_l 也保持不变), 然后乘以 $Z_\varphi^{-n/2}Z_{ki}$ 并对 i 求和, 即可推导出下列方程 (结果中的指标 k 再换写成 i):

$$\left(\mu\frac{\partial}{\partial\mu}+\beta\frac{\partial}{\partial g}+\gamma_m m\frac{\partial}{\partial m}-n\gamma_\varphi\right)\Gamma_{n,Q_i}+\gamma_{ij}\Gamma_{n,Q_j}=0, \tag{6.5.35}$$

其中

$$\gamma_\varphi=\frac{1}{2}\mu\left(\frac{\partial\ln Z_\varphi}{\partial\mu}\right)_{g_B,\varepsilon}, \tag{6.5.36}$$

$$\gamma_{ij}=\mu\left[\boldsymbol{Z}\left(\frac{\partial\boldsymbol{Z}^{-1}}{\partial\mu}\right)_{g_B,\varepsilon}\right]_{ij}=-\mu\left[\left(\frac{\partial\boldsymbol{Z}}{\partial\mu}\right)_{g_B,\varepsilon}\boldsymbol{Z}^{-1}\right]_{ij}.$$

式 (6.5.35) 即为 $\Gamma_{n,Q}$ 所满足的重正化群联立方程. 由 γ_{ij} 作为矩阵元构成的矩阵, 称为数算符集合 $\hat{Q}_i$ 的反常量纲矩阵.

G_{n,Q_i} 满足的重正化群方程与式 (6.5.35) 的差别只是 $n\gamma_\varphi$ 项差一个符号, 即

$$\left(\mu\frac{\partial}{\partial\mu}+\beta\frac{\partial}{\partial g}+\gamma_m m\frac{\partial}{\partial m}+n\gamma_\varphi\right)G_{n,Q_i}+\gamma_{ij}G_{n,Q_j}=0. \tag{6.5.37}$$

在实际应用中, 一个很重要的情况是, 置入的算符为守恒的"流矢量"算符或能量动量张量算符. 我们来证明, 上述守恒算符的反常量纲为零. 以流算符为例, 令

$$G_{n,j_\mu}^{(B)} = \langle 0|T\hat{J}_\mu^{(B)}(x)\hat{\varphi}_{l_1}^{(B)}(z_1)\cdots\hat{\varphi}_{l_n}^{(B)}(z_n)|0\rangle_c, \tag{6.5.38}$$

它是 x 和 $z_1,\cdots,z_n$ 的函数. 将它对 x_μ 作偏微商, 则有

$$\begin{aligned}\partial_\mu G_{n,J_\mu}^{(B)} =&\langle 0|T(\partial_j\hat{J}_j^{(B)}(x))\hat{\varphi}_{l_1}^{(B)}(z_1)\cdots\hat{\varphi}_{l_n}^{(B)}(z_n)|0\rangle_c\\&-\partial_0\langle 0|T\hat{J}_0^{(B)}(x)\hat{\varphi}_{l_1}^{(B)}(z_1)\cdots\hat{\varphi}_{l_n}^{(B)}(z_n)|0\rangle_c,\end{aligned} \tag{6.5.39}$$

其中, ∂_μ 代表 $\dfrac{\partial}{\partial x_\mu}$. 注意, ∂_0 并不能直接移到编时符号T 之内, 因编时符号 T 可用 θ 函数表示, 上式中的 ∂_0 还要作用到 θ 函数上. 例如, $T\hat{J}(x)\hat{\varphi}(z)$ 可以写成

$$T\hat{J}(x)\hat{\varphi}(z) = \theta(x_0-z_0)\hat{J}(x)\hat{\varphi}(z) + \theta(z_0-x_0)\hat{\varphi}(z)\hat{J}(x),$$

于是有

$$\partial_0[T\hat{J}(x)\hat{\varphi}(z)] = T(\partial_0\hat{J}(x))\hat{\varphi}(z) + [\hat{J}(x),\hat{\varphi}(z)]\delta(x_0-z_0). \tag{6.5.40}$$

按此可得

$$\begin{aligned}&\partial_\mu\langle 0|T\hat{J}_\mu^{(B)}(x)\hat{\varphi}_{l_1}^{(B)}(z_1)\cdots\hat{\varphi}_{l_n}^{(B)}(z_n)|0\rangle_c = \langle 0|T(\partial_\mu\hat{J}_\mu^{(B)}(x))\hat{\varphi}_{l_1}^{(B)}(z_1)\cdots\hat{\varphi}_{l_n}^{(B)}(z_n)|0\rangle_c\\&+\sum_j\langle 0|T\hat{\varphi}_{l_1}^{(B)}(z_1)\cdots[\hat{J}_0^{(B)}(x),\hat{\varphi}_{l_j}^{(B)}(z_j)]\delta(x_0-z_{j0})\cdots\hat{\varphi}_{l_n}^{(B)}(z_n)|0\rangle_c.\end{aligned} \tag{6.5.41}$$

$\hat{J}_0^{(B)}$ 一般形式为

$$\hat{J}_0^{(B)} = -\mathrm{i}\hat{\pi}_j^{(B)}T_{jk}\hat{\varphi}_k^{(B)}, \tag{6.5.42}$$

因而

$$[\hat{J}_0^{(B)}(x),\hat{\varphi}_{l_j}^{(B)}(z_j)]\delta(x_0-z_{j0}) = -T_{l_jl_j'}\hat{\varphi}_{l_j'}^{(B)}(z_j)\delta^4(x-z_j). \tag{6.5.43}$$

在 $\hat{J}_\mu^{(B)}$ 满足守恒方程而且不出现反常的情况下[①], 即可化出

$$\partial_\mu G_{n,J_\mu}^{(B)} = -\sum_j T_{l_jl_{j'}}\langle 0|T\hat{\varphi}_{l_1}^{(B)}(z_1)\cdots\hat{\varphi}_{l_{j'}}^{(B)}(z_j)\cdots\hat{\varphi}_{l_n}^{(B)}(z_n)|0\rangle_c\delta^4(x-z_j). \tag{6.5.44}$$

由此得出

$$Z_\varphi^{-n/2}\partial_\mu G_{n,J_\mu}^{(B)} = -\sum_j T_{l_jl_{j'}}\langle 0|T\hat{\varphi}_{l_1}(z_1)\cdots\hat{\varphi}_{l_{j'}}(z_j)\cdots\hat{\varphi}_{l_n}(z_n)|0\rangle_c\delta^4(x-z_j). \tag{6.5.45}$$

---

① 关于反常, 参见 5.7 节.

上式右方所含的已是重正化的格林函数，这就表明 $\partial_\mu G_{n,J_\mu}^{(B)}$ 在用 g 和 m 表示后，剩余的发散可通过外乘因子 $Z_\varphi^{-n/2}$ 消去.

我们再来考察 $\hat{\mathscr{L}}$ 中含有破坏对称性的项的情况，这时 $\partial_\mu \hat{J}_\mu^{(B)}$ 将不为零. 令

$$\partial_\mu \hat{J}_\mu^{(B)} = \hat{D}^{(B)}.$$

若 $\hat{D}^{(B)}$ 的内禀量纲幂次小于 $\partial_\mu \hat{J}_\mu^{(B)}$ 的量纲幂次 (按式 (6.5.42)，$\partial_\mu \hat{J}_\mu^{(B)}$ 的量纲幂次为 4)，则 $\hat{D}^{(B)}$ 将含有外乘的质量因子. 这种情况通常称为 $\hat{J}_\mu^{(B)}$ 的守恒只受到软破坏. 为确定起见设 $\hat{D}^{(B)} = m_B \hat{\Delta}^{(B)}$，于是有

$$\partial_\mu \hat{J}_\mu^{(B)} = m_B \hat{\Delta}^{(B)}. \tag{6.5.46}$$

将此式代入式 (6.5.41) 右方第一项，即得出这种情况下的 $\partial_\mu G_{n,J_\mu}^{(B)}$ 为

$$\partial_\mu G_{n,J_\mu}^{(B)} = m_B G_{n,\Delta}^{(B)} - \sum_j T_{l_j l_{j'}} \langle 0|T\hat{\varphi}_{l_1}^{(B)}(z_1)\cdots\hat{\varphi}_{l_{j'}}^{(B)}(z_j)\cdots|0\rangle_c \delta^4(x-z_j).$$

右方第一项代表式 (6.5.46) 的贡献. 按照 $G_{n,Q}^{(B)}$ 与重正化的 $G_{n,Q}$ 之间的关系式 (6.5.13)①，上式可表示为

$$Z_J \partial_\mu G_{n,J_\mu} = Z_m Z_\Delta m G_{n,\Delta} - \sum_j T_{l_j l_{j'}} \langle 0|T\hat{\varphi}_{l_1}(z_1)\cdots\hat{\varphi}_{l_{j'}}(z_j)\cdots|0\rangle_c \delta^4(x-z_j), \tag{6.5.47}$$

Z_J 和 Z_Δ 为相应的重正化常数. 在 MS 重正化情况，上式中的 Z_J 与 m 无关，可以展作

$$Z_J = 1 + \sum_{l=1} \frac{A_l(g)}{\varepsilon^l},$$

于是通过取 m 为零，可从式 (6.5.47) 定出

$$A_l(g) = 0, \qquad l = 1, 2, \cdots,$$

因为式 (6.5.47) 中的 $\partial_\mu G_{n,J_\mu}$ 与该式右方的第二项在用重正化参量表示时都已不含发散. 这就得出

$$Z_J = 1, \tag{6.5.48}$$

即软破坏时，$\hat{J}_\mu$ 的反常量纲②仍然为零，

$$\gamma_J = -\mu \lim \frac{\partial \ln Z_J}{\partial \mu} = 0. \tag{6.5.49}$$

---

① 对于 $\hat{J}_\mu$，不需应用有混合的式 (6.5.29)，因不会有与 $\hat{J}_\mu$ 具有同样变换性质而 $\widetilde{d}$ 较小或相同的其他算符. 至于 $\hat{\Delta}$ 是否有混合，对证明式 (6.5.48) 并不重要.

② 关于反常量纲，参见 6.3 第 2 小节和 6.4 第 2 小节.

将式 (6.5.48) 代回式 (6.5.47), 在 $\hat{\Delta}$ 不混合的情况 (一般如此) 下, 还可得出 $Z_m Z_\Delta$ 等于 1, 因而

$$\gamma_\Delta = -\gamma_m. \tag{6.5.50}$$

4. 算符乘积的展开, 展开系数的重正化群方程

在有相互作用的情况下, 算符乘积的展开式仍可写成式 (6.5.5) 和 (6.5.8) 的形式, 但在这里, $\hat{Q}$, $\hat{Q}'$, $\hat{Q}_n$, $\hat{Q}^{n,j}_{\mu_1\cdots\mu_j}$ 等都是指正规化的定域算符 (参见式 (6.5.31)). 为了书写简便我们略去了符号 N. 另外, 求和将包括所有正规化定域算符 $\hat{Q}_n$ 或 $\hat{Q}^{n,j}_{\mu_1\cdots\mu_j}$, 仅受到守恒律或变换性质的限制; 系数 c_n 和 c^j_n 不仅是 $x-y$ 的函数还同 g, m 以及重正化点 μ 有关. 因此我们将小距离展式表为

$$\hat{Q}(x)\hat{Q}'(y) \underset{x-y\approx 0}{\widetilde{\quad}} \sum_n c_n(x-y,g,m,\mu)\hat{Q}_n\left(\frac{x+y}{2}\right), \tag{6.5.51}$$

其中, $\hat{Q}_n$ 的量纲幂次可以比 $\hat{Q}\hat{Q}'$ 的高.

对近光锥距离的展开, 亦可类似地表示.

Wilson 展开式 (6.5.51) 是一种弱意义下的展开. 即只当对物理态取矩阵元或与基本场算符作成格林函数时, 作为渐近展开成立. 例如

$$\begin{aligned}&\langle 0|T\hat{Q}(x)\hat{Q}'(y)\hat{\varphi}(z_1)\cdots\hat{\varphi}(z_N)|0\rangle_c\\ &\underset{x-y\approx 0}{\widetilde{\quad}}\sum_n c_n(x-y,g,m,\mu)\left\langle 0|T\hat{Q}_n\left(\frac{x+y}{2}\right)\hat{\varphi}(z_1)\cdots\hat{\varphi}(z_N)|0\right\rangle_c,\end{aligned} \tag{6.5.52}$$

作为渐近展开式是成立的, 但若其中含有其他的复合算符, 就需要作修改, 可能出现新的附加项.

Wilson 展开的有用性在于, 在它应用的范围内, 系数 $c_n(x-y,g,m,\mu)$ 是普适的.

对于可重正化的场论, 可以证明上述展开在任意有限阶的微扰论中都成立.

我们还可把重正化群方法与算符乘积展开结合起来. 利用系数的普适性, 通过像式 (6.5.52) 的等式, 来求出 $c_n(x-y,g,m,\mu)$ 所满足的重正化群方程.

式 (6.5.52) 左方为重正化的 $G_{N,Q,Q'}$, 右方为重正化的 G_{N,O_n} 的组合, 于是该式可写成

$$\begin{aligned}&G_{N,Q,Q'}(x,y;z_1,\cdots,z_N,g,m,\mu)\\ &\sim\sum_n c_n(x-y,g,m,\mu)G_{N,O_n}\left(\frac{x+y}{2};z_1,\cdots,z_N,g,m,\mu\right).\end{aligned} \tag{6.5.53}$$

将 $\left(\mu\frac{\partial}{\partial\mu}+\beta\frac{\partial}{\partial g}+\gamma_m m\frac{\partial}{\partial m}+N\gamma_\varphi\right)$ 作用到式 (6.5.53) 两侧, 利用 $G_{N,Q,Q'}$ 和 G_{N,O_n} 所满足的重正化群方程, 就可得出

$$\begin{aligned}&-(\gamma_Q+\gamma_{Q'})G_{N,Q,Q'}(x,y;z_1,\cdots z_N,g,m,\mu)\\&\sim\sum_n c_n(x-y,g,m,\mu)(-\gamma_{O_n})G_{N,O_n}\left(\frac{x+y}{2};z_1,\cdots z_N,g,m,\mu\right)\\&+\sum_n G_{N,O_n}\left(\frac{x+y}{2};z_1,\cdots z_N,g,m,\mu\right)\left(\mu\frac{\partial}{\partial\mu}+\beta\frac{\partial}{\partial g}+\gamma_m m\frac{\partial}{\partial m}\right)c_n(x-y,g,m,\mu).\end{aligned}\tag{6.5.54}$$

在这里, 为了简化, 我们假设了算符重正化时没有混合.

将式 (6.5.54) 左方的 $G_{N,O,O'}$ 用式 (6.5.53) 代入, 然后比较 G_{N,O_n} 的系数, 即得到 c_n 所满足的重正化群方程

$$\left(\mu\frac{\partial}{\partial\mu}+\beta\frac{\partial}{\partial g}+m\gamma_m\frac{\partial}{\partial m}+\gamma_Q+\gamma_{Q'}-\gamma_{O_n}\right)c_n(x-y,g,m,\mu)=0.\tag{6.5.55}$$

我们看到此方程与式 (6.5.52) 中所包括的基本场算符数目及其群指标无关.

不难将上述结果推广到算符重正化时发生混合的情况.

将式 (6.5.55) 与量纲分析联立起来, 可解出

$$\begin{aligned}&c_n\left(\frac{1}{\kappa}(x-y),g,m,\mu\right)\\&=\kappa^{d_n}\mathrm{e}^{\int_1^\kappa(\gamma_Q+\gamma_{Q'}-\gamma_{O_n})\mathrm{d}\kappa'}c_n\left(x-y,g(\kappa),\frac{1}{\kappa}m(\kappa),\mu\right).\end{aligned}\tag{6.5.56}$$

在渐近自由的情况下, 当 κ 大时, 上式化为

$$\begin{aligned}&c_n\left(\frac{1}{\kappa}(x-y),g,m,\mu\right)\\&=\kappa^{d_n}\mathrm{e}^{\int_1^\kappa(\gamma_Q+\gamma_{Q'}+\gamma_{O_n})\mathrm{d}\kappa'}c_n(x-y,0,0,\mu).\end{aligned}\tag{6.5.57}$$

与自由场的结果相比, 所作的修正就只是一个反常量纲因子.

对于近光锥距离的展开, 也可类似地处理. 本书就不再详述.

附录　基本符号及公式

1. 度规

洛伦兹指标μ 取 1, 2, 3, 4, 度规张量为 $\delta_{\mu\nu}$.

$A_\mu = (\boldsymbol{A}, A_4), \quad A_4 = \mathrm{i}A_0,$

$\partial_\mu = (\nabla, \partial_4), \quad \partial_4 = -\mathrm{i}\partial_0$, 其中 $\partial_\mu \equiv \dfrac{\partial}{\partial x_\mu}$.

$A \cdot B = A_\mu \delta_{\mu\nu} B_\nu = A_\mu B_\mu = \boldsymbol{A} \cdot \boldsymbol{B} + A_4 B_4 = \boldsymbol{A} \cdot \boldsymbol{B} - A_0 B_0.$

2. 狄拉克矩阵和泡利矩阵

$$\boldsymbol{\alpha} = \begin{pmatrix} 0 & \boldsymbol{\sigma} \\ \boldsymbol{\sigma} & 0 \end{pmatrix}, \quad \beta = \begin{pmatrix} 1 & 0 \\ 0 & -1 \end{pmatrix}$$

$$\sigma_1 = \begin{pmatrix} 0 & 1 \\ 1 & 0 \end{pmatrix}, \quad \sigma_2 = \begin{pmatrix} 0 & -\mathrm{i} \\ \mathrm{i} & 0 \end{pmatrix}, \quad \sigma_3 = \begin{pmatrix} 1 & 0 \\ 0 & -1 \end{pmatrix}$$

$$\boldsymbol{\gamma} = -\mathrm{i}\beta\boldsymbol{\alpha} = \begin{pmatrix} 0 & -\mathrm{i}\boldsymbol{\sigma} \\ \mathrm{i}\boldsymbol{\sigma} & 0 \end{pmatrix}, \qquad \gamma_4 = \beta = \begin{pmatrix} 1 & 0 \\ 0 & -1 \end{pmatrix}$$

$$\sigma_j\sigma_k + \sigma_k\sigma_j = 2\delta_{jk},$$

$$\gamma_\mu\gamma_\nu + \gamma_\nu\gamma_\mu = 2\delta_{\mu\nu},$$

$$\sigma_1\sigma_2 = \mathrm{i}\sigma_3, \quad \sigma_2\sigma_3 = \mathrm{i}\sigma_1, \quad \sigma_3\sigma_1 = \mathrm{i}\sigma_2,$$

$$\gamma_5 = \gamma_1\gamma_2\gamma_3\gamma_4 = \begin{pmatrix} 0 & -1 \\ -1 & 0 \end{pmatrix}.$$

3. 自由场拉格朗日函数及运动方程

实标量场　$\mathscr{L} = -\dfrac{1}{2}(\partial_\mu\varphi)(\partial_\mu\varphi) - \dfrac{1}{2}m^2\varphi^2,$

复标量场　$\mathscr{L} = -(\partial_\mu\varphi^*)(\partial_\mu\varphi) - m^2\varphi^*\varphi,$

旋 量 场　$\mathscr{L} = -\overline{\psi}\gamma_\mu\partial_\mu\psi - M\overline{\psi}\psi,$

矢 量 场　$\mathscr{L} = -\dfrac{1}{4}F_{\mu\nu}F_{\mu\nu} - \dfrac{1}{2}m^2A_\mu A_\mu,$

$$F_{\mu\nu} = \partial_\mu A_\nu - \partial_\nu A_\mu.$$

标量场方程　$(\Box - m^2)\varphi = 0,$

$\Box = \partial_\mu^2 = \nabla^2 - \partial_0^2.$

旋量场方程 $(\gamma_\mu \partial_\mu + M)\psi = 0$ 或 $(\mathrm{i}\hat{p}_\mu + M)\psi = 0$.
矢量场方程 $\partial_\mu F_{\mu\nu} - m^2 A_\nu = 0$ 或 $\Box A_\mu - m^2 A_\mu = 0,\ \partial_\mu A_\mu = 0$.

4. 场算符的平面波展开式 (不一定是自由场)

i) 标量场　对有限体积 $V, \boldsymbol{k}$ 取分立谱时 $(V = L^3)$

$$\hat{\varphi}(\boldsymbol{x}, t) = \sum_{\boldsymbol{k}} \frac{1}{\sqrt{2\omega V}} [\hat{c}_{\boldsymbol{k}}(t)\mathrm{e}^{\mathrm{i}\boldsymbol{k}\cdot\boldsymbol{x}} + \hat{d}^\dagger_{\boldsymbol{k}}(t)\mathrm{e}^{-\mathrm{i}\boldsymbol{k}\cdot\boldsymbol{x}}],$$

$$\hat{\pi}(\boldsymbol{x}, t) = -\mathrm{i}\sum_{\boldsymbol{k}} \sqrt{\frac{\omega}{2V}} [\hat{d}_{\boldsymbol{k}}(t)\mathrm{e}^{\mathrm{i}\boldsymbol{k}\cdot\boldsymbol{x}} - \hat{c}^\dagger_{\boldsymbol{k}}(t)\mathrm{e}^{-\mathrm{i}\boldsymbol{k}\cdot\boldsymbol{x}}],$$

其中

$$\omega \equiv \sqrt{\boldsymbol{k}^2 + m^2}, \quad \boldsymbol{k} = \frac{2\pi}{L}(n_1\boldsymbol{e}_1 + n_2\boldsymbol{e}_2 + n_3\boldsymbol{e}_3).$$

等时对易关系

$$[\hat{c}_{\boldsymbol{k}}(t), \hat{c}^\dagger_{\boldsymbol{k}'}(t)] = \delta_{\boldsymbol{k}\boldsymbol{k}'},$$

$$[\hat{d}_{\boldsymbol{k}}(t), \hat{d}^\dagger_{\boldsymbol{k}'}(t)] = \delta_{\boldsymbol{k}\boldsymbol{k}'}.$$

若单粒子态 (t 时刻) 通过 $|\boldsymbol{k}, t\rangle = \hat{c}^\dagger_{\boldsymbol{k}}(t)|0, t\rangle$ 来定义时 (其中 $|0, t\rangle$ 代表 t 时刻为裸真空的态), 则规制化条件即为

$$\langle \boldsymbol{k}', t|\boldsymbol{k}, t\rangle = \delta_{\boldsymbol{k}\boldsymbol{k}'}.$$

当体积 V 趋于无穷, $\boldsymbol{k}$ 取连续谱时

$$\hat{\varphi}(\boldsymbol{x}, t) = \int \mathrm{d}\widetilde{k} \frac{1}{(2\pi)^{3/2}} [\hat{c}(\boldsymbol{k}, t)\mathrm{e}^{-\mathrm{i}\boldsymbol{k}\cdot\boldsymbol{x}} + \hat{d}^\dagger(\boldsymbol{k}, t)\mathrm{e}^{-\mathrm{i}\boldsymbol{k}\cdot\boldsymbol{x}}],$$

$$\hat{\pi}(\boldsymbol{x}, t) = -\mathrm{i}\int \mathrm{d}\widetilde{k} \frac{\omega}{(2\pi)^{3/2}} [\hat{d}(\boldsymbol{k}, t)\mathrm{e}^{\mathrm{i}\boldsymbol{k}\cdot\boldsymbol{x}} - \hat{c}^\dagger(\boldsymbol{k}, t)\mathrm{e}^{-\mathrm{i}\boldsymbol{k}\cdot\boldsymbol{x}}],$$

$$\int \widetilde{\mathrm{d}k} \equiv \int \frac{\mathrm{d}^3 k}{2\omega} = \int \mathrm{d}^4 k \delta(k^2 + m^2)\theta(k_0).$$

对易关系

$$[\hat{c}(\boldsymbol{k}, t), \hat{c}^\dagger(\boldsymbol{k}', t)] = 2\omega\delta(\boldsymbol{k} - \boldsymbol{k}'),$$

$$[\hat{d}(\boldsymbol{k}, t), \hat{d}^\dagger(\boldsymbol{k}', t)] = 2\omega\delta(\boldsymbol{k} - \boldsymbol{k}').$$

若定义 $|\boldsymbol{k}, t\rangle = \hat{c}^\dagger(\boldsymbol{k}, t)|0, t\rangle$, 则单粒子态的规制化条件是

$$\langle \boldsymbol{k}', t|\boldsymbol{k}, t\rangle = 2\omega\delta(\boldsymbol{k} - \boldsymbol{k}').$$

ii) 旋量场 对有限体积 V, $\boldsymbol{p}$ 取分立谱

$$\hat{\psi}(x)=\sum_{r=\pm 1}\sum_{\boldsymbol{p}}\frac{1}{\sqrt{2EV}}[\hat{a}_{r,\boldsymbol{p}}(t)u_{r\cdot\boldsymbol{p}}(\boldsymbol{x})+\hat{b}^{\dagger}_{r,\boldsymbol{p}}(t)v_{r,\boldsymbol{p}}(\boldsymbol{x})],$$

$$E\equiv\sqrt{\boldsymbol{p}^2+M^2},$$

其中

$$u_{r,\boldsymbol{p}}(\boldsymbol{x})=u_r(\boldsymbol{p})\mathrm{e}^{\mathrm{i}\boldsymbol{p}\cdot\boldsymbol{x}},\quad v_{r,\boldsymbol{p}}(\boldsymbol{x})=v_r(\boldsymbol{p})\mathrm{e}^{-\mathrm{i}\boldsymbol{p}\cdot\boldsymbol{x}}$$

$$u_r(\boldsymbol{p})=\sqrt{E+M}\begin{pmatrix}\chi_r(\boldsymbol{p})\\ \dfrac{\boldsymbol{\sigma}\cdot\boldsymbol{p}}{E+M}\chi_r(\boldsymbol{p})\end{pmatrix},$$

$$v_r(\boldsymbol{p})=\sqrt{E+M}\begin{pmatrix}\dfrac{\boldsymbol{\sigma}\cdot\boldsymbol{p}}{E+M}\chi_{-r}(\boldsymbol{p})\\ \chi_{-r}(\boldsymbol{p})\end{pmatrix}$$

$\chi_r(\boldsymbol{p})$ 为泡利旋量, 令 $\boldsymbol{n}=\dfrac{\boldsymbol{p}}{|\boldsymbol{p}|}$, 则 $\chi_r(\boldsymbol{p})$ 为 $\boldsymbol{\sigma}\cdot\boldsymbol{n}$ 的本征态,

$$(\boldsymbol{\sigma}\cdot\boldsymbol{n})\chi_r(\boldsymbol{p})=r\chi_r(\boldsymbol{p}),\quad r=\pm 1.$$

若设 $\boldsymbol{p}$ 的方位角为 θ,φ, 则 $\chi_r(\boldsymbol{p})$ 的具体表达式为

$$\chi_{+1}=\begin{pmatrix}\cos\dfrac{\theta}{2}\mathrm{e}^{-\frac{\mathrm{i}}{2}\varphi}\\ \sin\dfrac{\theta}{2}\mathrm{e}^{\frac{\mathrm{i}}{2}\varphi}\end{pmatrix},\quad \chi_{-1}=\begin{pmatrix}-\sin\dfrac{\theta}{2}\mathrm{e}^{-\frac{\mathrm{i}}{2}\varphi}\\ \cos\dfrac{\theta}{2}\mathrm{e}^{\frac{\mathrm{i}}{2}\varphi}\end{pmatrix}.$$

$u_r(\boldsymbol{p})$ 和 $v_r(\boldsymbol{p})$ 的规制化条件为

$$\overline{u}_r(\boldsymbol{p})u_{r'}(\boldsymbol{p})=2M\delta_{rr'},$$
$$\overline{v}_r(\boldsymbol{p})v_{r'}(\boldsymbol{p})=-2M\delta_{rr'}.$$

$\hat{a}_{r,\boldsymbol{p}}(t)$ 等满足下述等时反对易关系

$$\{\hat{a}_{r\cdot\boldsymbol{p}}(t),\hat{a}^{\dagger}_{\boldsymbol{r}',\boldsymbol{p}'}(t)\}=\delta_{rr'}\delta_{\boldsymbol{p}\boldsymbol{p}'},$$

$$\{\hat{b}_{r\cdot\boldsymbol{p}}(t),\hat{b}^{\dagger}_{\boldsymbol{r}',\boldsymbol{p}'}(t)\}=\delta_{rr'}\delta_{\boldsymbol{p}\boldsymbol{p}'}.$$

单粒子态通过 $|(\boldsymbol{p},r),t\rangle=\hat{a}^{\dagger}_{r\cdot\boldsymbol{p}}(t)|0,t\rangle$ 来定义时, 满足规制化条件

$$\langle(\boldsymbol{p},\boldsymbol{r}'),t|(\boldsymbol{p},r),t\rangle=\delta_{rr'},\delta_{\boldsymbol{p}\boldsymbol{p}'}.$$

在$\boldsymbol{p}$取连续谱情况下, 同样有

$$\hat{\psi}(\boldsymbol{x},t)=\sum_{r=\pm1}\int \mathrm{d}\widetilde{p}\frac{1}{(2\pi)^{3/2}}[\hat{a}_r(\boldsymbol{p},t)u_{r,\boldsymbol{p}}(\boldsymbol{x})+\hat{b}_r^{\dagger}(\boldsymbol{p},t)v_{r,\boldsymbol{p}}(\boldsymbol{x})],$$

$$\{\hat{a}_r(\boldsymbol{p},t),\hat{a}_{r'}^{\dagger}(\boldsymbol{p}',t)\}=2E\delta_{rr'}\delta(\boldsymbol{p}-\boldsymbol{p}'),$$

$$\{\hat{b}_r(\boldsymbol{p},t),\hat{b}_{r'}^{\dagger}(\boldsymbol{p}',t)\}=2E\delta_{rr'}\delta(\boldsymbol{p}-\boldsymbol{p}').$$

若定义单粒子态 $|(\boldsymbol{p},r),t\rangle=\hat{a}_r^{\dagger}(\boldsymbol{p},t)|0,t\rangle$, 则有

$$\langle(\boldsymbol{p}',r'),t|(\boldsymbol{p},r),t\rangle=2E\delta_{rr'}\delta(\boldsymbol{p}-\boldsymbol{p}').$$

iii) 横 (实) 矢量场　对有限体积 V, $\boldsymbol{k}$ 取分立谱,

$$\boldsymbol{A}(\boldsymbol{x},t)=\sum_{s=1,2}\sum_{\boldsymbol{k}}\frac{1}{\sqrt{2\omega V}}\boldsymbol{e}^{s}(\boldsymbol{k})[\hat{\alpha}_{s,\boldsymbol{k}}(t)\mathrm{e}^{\mathrm{i}\boldsymbol{k}\cdot\boldsymbol{x}}+\hat{\alpha}_{s,\boldsymbol{k}}^{\dagger}(t)\mathrm{e}^{-\mathrm{i}\boldsymbol{k}\cdot\boldsymbol{x}}],$$

$$\boldsymbol{E}(\boldsymbol{x},t)=\sum_{s=1,2}\sum_{\boldsymbol{k}}\mathrm{i}\sqrt{\frac{\omega}{2V}}\boldsymbol{e}^{s}(\boldsymbol{k})[\hat{a}_{s,\boldsymbol{k}}(t)\mathrm{e}^{\mathrm{i}\boldsymbol{k}\cdot\boldsymbol{x}}-\hat{\alpha}_{s,\boldsymbol{k}}^{\dagger}(t)\mathrm{e}^{-\mathrm{i}\boldsymbol{k}\cdot\boldsymbol{x}}].$$

这里设 $\boldsymbol{A}$ 和 $\boldsymbol{E}$ 满足 $\nabla\cdot\boldsymbol{A}=\nabla\cdot\boldsymbol{E}=0$, $\boldsymbol{e}^{(s)}(\boldsymbol{k})$ 为单位矢量.

$$\boldsymbol{e}^{(s)}(\boldsymbol{k})\cdot\boldsymbol{e}^{(s')}(\boldsymbol{k})=\delta_{ss'},$$

$$\boldsymbol{e}^{(1)}(\boldsymbol{k})\cdot\boldsymbol{k}=\boldsymbol{e}^{(2)}(\boldsymbol{k})\cdot\boldsymbol{k}=0.$$

$\hat{\alpha}_{s,\boldsymbol{k}}(t)$ 满足下述对易关系

$$[\hat{\alpha}_{s,\boldsymbol{k}}(t),\hat{\alpha}_{s',\boldsymbol{k}'}^{\dagger}(t)]=\delta_{ss'}\delta_{\boldsymbol{k}\boldsymbol{k}'}.$$

在连续谱情况

$$\boldsymbol{A}(\boldsymbol{x},t)=\sum_{s=1,2}\int\mathrm{d}\widetilde{k}\frac{1}{(2\pi)^{3/2}}\boldsymbol{e}^{(s)}(\boldsymbol{k})[\hat{\alpha}_s(\boldsymbol{k},t)\mathrm{e}^{\mathrm{i}\boldsymbol{k}\cdot\boldsymbol{x}}+\hat{\alpha}_s^{\dagger}(\boldsymbol{k},t)\mathrm{e}^{-\mathrm{i}\boldsymbol{k}\cdot\boldsymbol{x}}],$$

$$\boldsymbol{E}(\boldsymbol{x},t)=\sum_{s=1,2}\int\mathrm{d}\widetilde{k}\frac{\mathrm{i}\omega}{(2\pi)^{3/2}}\boldsymbol{e}^{(s)}(\boldsymbol{k})[\hat{\alpha}_s(\boldsymbol{k},t)\mathrm{e}^{\mathrm{i}\boldsymbol{k}\cdot\boldsymbol{x}}-\hat{\alpha}_s^{\dagger}(\boldsymbol{k},t)\mathrm{e}^{-\mathrm{i}\boldsymbol{k}\cdot\boldsymbol{x}}].$$

$$\{\hat{\alpha_s}(\boldsymbol{k},t),\hat{\alpha}_{s'}^{\dagger}(\boldsymbol{k}',t)\}=2\omega\delta_{ss'}\delta(\boldsymbol{k}-\boldsymbol{k}').$$

5. 自由场传播子及其他不变函数

i) 标量场

$$\Delta_F(x-x') = \langle 0|T\hat{\varphi}(x)\hat{\varphi}^\dagger(x')|0\rangle,$$

$$\Delta_F(x) = \int \frac{\mathrm{d}^4k}{(2\pi)^4}\mathrm{e}^{\mathrm{i}kx}\Delta_F(k),$$

$$\Delta_F(k) = \frac{-\mathrm{i}}{k^2+m^2-\mathrm{i}\varepsilon},$$

$$(\Box - m^2)\Delta_F(x-x') = \mathrm{i}\delta^4(x-x'),$$

$$\mathrm{i}\Delta(x-x') = [\hat{\varphi}(x), \hat{\varphi}^+(x')],$$

$$\Delta(x) = \frac{-\mathrm{i}}{(2\pi)^3}\int \mathrm{d}^4k\varepsilon(k_0)\delta(k^2+m^2)\mathrm{e}^{\mathrm{i}kx}，\text{其中 } \varepsilon(k_0) = \frac{k_0}{|k_0|},$$

$\Delta_F(x)$ 和 $\Delta(x)$ 又可表为

$$\Delta_F(x) = \mathrm{i}\theta(x_0)\Delta_+(x) - \mathrm{i}\theta(-x_0)\Delta_-(x),$$

$$\Delta(x) = \Delta_+(x) + \Delta_-(x),$$

$$\begin{aligned}\Delta_+(x) &= \frac{-\mathrm{i}}{(2\pi)^3}\int \mathrm{d}^4k\theta(k_0)\delta(k^2+m^2)\mathrm{e}^{\mathrm{i}kx}\\ &= \frac{-\mathrm{i}}{(2\pi)^3}\int \frac{\mathrm{d}^3k}{2\omega}\mathrm{e}^{\mathrm{i}kx},\end{aligned}$$

$$\begin{aligned}\Delta_-(x) &= \frac{\mathrm{i}}{(2\pi)^3}\int \mathrm{d}^4k\theta(-k_0)\delta(k^2+m^2)\mathrm{e}^{\mathrm{i}kx}\\ &= \frac{\mathrm{i}}{(2\pi)^3}\int \frac{\mathrm{d}^3k}{2\omega}\mathrm{e}^{-\mathrm{i}kx},\end{aligned}$$

$$\partial_t\Delta(x)|_{t=0} = -\delta^3(\boldsymbol{x}).$$

推迟和超前格林函数

$$(\Box - m^2)\Delta_R(x-x') = -\delta^4(x-x'),$$

$$(\Box - m^2)\Delta_A(x-x') = -\delta^4(x-x'),$$

$$\Delta_R(x) = \int_{C_R}\frac{\mathrm{d}^4k}{(2\pi)^4}\mathrm{e}^{\mathrm{i}kx}\frac{1}{k^2+m^2} = -\theta(x_0)\Delta(x),$$

$$\Delta_A(x) = \int_{C_A}\frac{\mathrm{d}^4k}{(2\pi)^4}\mathrm{e}^{\mathrm{i}kx}\frac{1}{k^2+m^2} = \theta(-x_0)\Delta(x),$$

$$\Delta(x) = \Delta_A(x) - \Delta_R(x).$$

对实标量场,

$$\Delta_R(x-x') = \langle 0|T\hat{\varphi}(x)\hat{\varphi}(x')|0\rangle,$$
$$\mathrm{i}\Delta(x-x') = [\hat{\varphi}(x),\hat{\varphi}(x')].$$

ii) 旋量场

$$\begin{aligned}
S_F(x-x') &= \langle 0|T\hat{\psi}(x)\hat{\bar{\psi}}(x')|0\rangle,\\
S_F(x) &= (-\gamma_\mu\partial_\mu + M)\Delta_F(x),\\
&= \int \frac{\mathrm{d}^4p}{(2\pi)^4}\mathrm{e}^{\mathrm{i}px}S_F(p),\\
S_F(p) &= \mathrm{i}\frac{\mathrm{i}p\cdot\gamma - M}{p^2+M^2-\mathrm{i}\varepsilon} = \frac{-\mathrm{i}}{\mathrm{i}p\cdot\gamma + M},\\
(\gamma_\mu\partial_\mu + M)&S_F(x-x') = -\mathrm{i}\delta^4(x-x'),\\
\{\hat{\psi}_\alpha(x),&\hat{\bar{\psi}}_\beta(x')\} = \mathrm{i}S_{\alpha\beta}(x-x'),\\
S(x) &= (-\gamma_\mu\partial_\mu + M)\Delta(x)\\
&= \frac{\mathrm{i}}{(2\pi)^3}\int \mathrm{d}^4p\varepsilon(p_0)\delta(p^2+M^2)(\mathrm{i}p\cdot\gamma - M)\mathrm{e}^{\mathrm{i}px}.
\end{aligned}$$

类似地

$$\begin{aligned}
S_F(x) &= \mathrm{i}\theta(x_0)S_+(x) - \mathrm{i}\theta(-x_0)S_-(x),\\
S(x) &= S_+(x) + S_-(x),\\
S_\pm(x) &= (-\gamma_\mu\partial\mu + M)\Delta_\pm(x).
\end{aligned}$$

推迟和超前格林函数

$$(\gamma_\mu\partial_\mu + M)S_R(x-x') = \delta^4(x-x'),$$
$$(\gamma_\mu\partial_\mu + M)S_A(x-x') = \delta^4(x-x').$$

$$\begin{aligned}
S_R(x-x') &\equiv (-\gamma_\mu\partial_\mu + M)\Delta_R(x-x')\\
&= -\int_{C_R}\frac{\mathrm{d}^4p}{(2\pi)^4}\mathrm{e}^{\mathrm{i}px}\frac{\mathrm{i}p\cdot\gamma - M}{p^2+M^2},\\
S_A(x-x') &= (-\gamma_\mu\partial_\mu + M)\Delta_A(x-x')\\
&= -\int_{C_A}\frac{\mathrm{d}^4p}{(2\pi)^4}\mathrm{e}^{\mathrm{i}px}\frac{\mathrm{i}p\cdot\gamma - M}{p^2+M^2}.\\
S(x-x') &= S_A(x-x') - S_R(x-x').
\end{aligned}$$

以上给出的各个 S 函数与相应的 Δ 函数之间的关系当然是在两者中的质量相等 $(m=M)$ 的条件下才成立. 这些关系可统一地表示为

$$S(x-x')=(-\gamma_\mu\partial_\mu+M)\Delta(x-x').$$

6. 非阿贝尔规范变换

变换矩阵　$U(x)=\mathrm{e}^{-\mathrm{i}\lambda^\alpha(x)\tau^\alpha}$,

对易关系　$[\tau^\alpha,\tau^\beta]=\mathrm{i}c_{\alpha\beta\gamma}\tau^\gamma$,

雅可比恒等式　$c_{\alpha\beta\gamma}c_{\gamma\sigma\tau}+c_{\alpha\sigma\gamma}c_{\gamma\tau\beta}+c_{\alpha\tau\gamma}c_{\gamma\beta\sigma}=0$,

伴随表示生成元　$(L^\alpha)_{\beta\gamma}=-\mathrm{i}c_{\alpha\beta\gamma}$,

群度规张量　$g_{\alpha\beta}=c_{\alpha\gamma\delta}c_{\beta\delta\gamma}$,

协变微商　$\mathscr{D}_\mu=\partial_\mu-\mathrm{i}gA_\mu^\alpha\tau^\alpha$, 其中 A_μ^α 为非阿贝尔规范势.

势变换公式　$\boldsymbol{A}'_\mu(\boldsymbol{x})=U(\boldsymbol{x})\boldsymbol{A}_\mu(x)U^{-1}(x)-\dfrac{\mathrm{i}}{g}[\partial_\mu U(x)]U^{-1}(x)$,

其中 $\boldsymbol{A}_\mu=A_\mu^\alpha\tau^\alpha$.

$$\begin{aligned}\delta A_\mu^\alpha(x)&=c_{\alpha\beta\gamma}\delta\lambda^\beta(x)A_\mu^\gamma(x)-\frac{1}{g}\partial_\mu\delta\lambda^\alpha(x)\\&=-\frac{1}{g}\mathscr{D}_\mu^{\alpha\beta}\delta\lambda^\beta(x).\end{aligned}$$

场强张量

$$F_{\mu\nu}^\alpha=\partial_\mu A_\nu^\alpha-\partial_\nu A_\mu^\alpha+gc_{\alpha\beta\gamma}A_\mu^\beta A_\nu^\gamma,$$

$$\begin{aligned}\boldsymbol{F}_{\mu\nu}&=\mathscr{D}_\mu\boldsymbol{A}_\nu-\mathscr{D}_\nu\boldsymbol{A}_\mu\\&=\partial_\mu\boldsymbol{A}_\nu-\partial_\nu\boldsymbol{A}_\nu-\mathrm{i}g[\boldsymbol{A}_\mu,\boldsymbol{A}_\nu]\\&=\frac{\mathrm{i}}{g}[\mathscr{D}_\mu,\mathscr{D}_\nu],\end{aligned}$$

场强变换式

$$\boldsymbol{F}'_{\mu\nu}(x)=U(x)\boldsymbol{F}_{\mu\nu}(x)U^{-1}(x),$$

$$\begin{aligned}\delta F_{\mu\gamma}^\alpha&=c_{\alpha\beta\gamma}\delta\lambda^\beta F_{\mu\nu}^\gamma\\&\equiv-\mathrm{i}(L^\beta)_{\alpha\gamma}\delta\lambda^\beta F_{\mu\nu}^\gamma.\end{aligned}$$

7. 拉格朗日函数和经典规范场的运动方程

对于实标量场、旋量场和规范场

$$\begin{aligned}\mathscr{L}=&-\frac{1}{4}F_{\mu\nu}^\alpha F_{\mu\nu}^\alpha-\frac{1}{2}(\mathscr{D}_\mu\varphi)_j(\mathscr{D}_\mu\varphi)j\\&-\frac{1}{2}m^2\varphi^2-\overline{\psi}\gamma_\mu\mathscr{D}_\mu\psi-M\overline{\psi}\psi.\end{aligned}$$

对于复标量场、旋量场和规范场

$$\mathscr{L} = -\frac{1}{4}F^{\alpha}_{\mu\nu}F^{\alpha}_{\mu\nu} - (\mathscr{D}_\mu\varphi^*)_j(\mathscr{D}_\mu,\varphi)_j$$

$$-m^2\varphi^*\varphi - \overline{\psi}\gamma_\mu\mathscr{D}_\mu\psi - M\overline{\psi}\psi.$$

注意, $\mathscr{D}_\mu$ 中的生成元应按所作用对象来选取, 如

$$\mathscr{D}_\mu\varphi = (\partial_\mu - \mathrm{i}gA^\alpha_\mu t^\alpha)\varphi,$$

$$\mathscr{D}_\mu\varphi^* = (\partial_\mu - \mathrm{i}gA^\alpha_\mu \bar{t}^\alpha)\varphi^*,$$

其中, $\bar{t}$ 为 φ^* 所属表示 (φ 的逆步表示) 中的生成元,

$$(\bar{t}^\alpha)_{ij} = -(t^\alpha)^*_{ij}.$$

因此

$$\begin{aligned}
&-(\mathscr{D}_\mu\varphi^*)_j(\mathscr{D}_\mu\varphi)_j \\
=&-[(\partial_\mu - \mathrm{i}gA^\alpha_\mu\bar{t}^\alpha)\varphi^*]_j[(\partial_\mu - \mathrm{i}gA^\alpha_\mu t^\alpha)\varphi]_j \\
=&\,\varphi^*(\partial_\mu - \mathrm{i}gA^\alpha_\mu t^\alpha)^2\varphi.
\end{aligned}$$

经典规范场的运动方程

$$\partial_\nu F^\alpha_{\nu\mu} = -J^\alpha_\mu,$$

J^α_μ 为 Noether 流. 对实标量场、旋量场和规范场,

$$J^\alpha_\mu = \mathrm{i}g(\mathscr{D}_\mu\varphi)t^\alpha\varphi + \mathrm{i}g\overline{\psi}\gamma_\mu T^\alpha\psi + gc_{\alpha\beta\gamma}A^\beta_\nu F^\gamma_{\nu\mu},$$

若标量场为复场, 则它对 J^α_μ 的贡献为

$$J^\alpha_\mu = \mathrm{i}g(\mathscr{D}_\mu\varphi^*)t^\alpha\varphi - \mathrm{i}g\varphi^*t^\alpha(\mathscr{D}_\mu\varphi).$$

经典规范场的运动方程也可表为

$$(\delta_{\mu\nu}\Box - \partial_\mu\partial_\nu)A^\alpha_\mu = -\mathscr{G}^\alpha_\mu,$$

$$\mathscr{G}^\alpha_\mu = J^\alpha_\mu + gc_{\alpha\beta\gamma}\partial_\nu(A^\beta_\nu A^\gamma_\mu).$$

8. 规范场和标量场的正则动量

与 A_j^α 共轭的正则动量场为

$$\begin{aligned}\pi_j^\alpha &= -\mathrm{i}F_{j4}^\alpha = -E_j^\alpha \\ &= \partial_j A_0^\alpha + \partial_0 A_j^\alpha + g c_{\alpha\beta\gamma} A_j^\beta A_0^\gamma.\end{aligned}$$

与实标量场 φ 共轭的正则动量场为

$$\pi = \mathrm{i}\mathscr{D}_4\varphi = (\partial_0 + \mathrm{i}gt^\alpha A_0^\alpha)\varphi,$$

与复标量场 φ 共轭的正则动量场为

$$\pi = \mathrm{i}\mathscr{D}_4\varphi^* = (\partial_0 + \mathrm{i}g\bar{t}^\alpha A_0^\alpha)\varphi^*,$$

与 φ^* 共轭的正则动量场为

$$\pi^* = \mathrm{i}\mathscr{D}_4\varphi = (\partial_0 + \mathrm{i}gt^\alpha A_0^\alpha)\varphi.$$

9. 规范条件与补偿项

设规范条件为

$$R^\alpha(A(x)) = 0,$$

则补偿项为 $\mathrm{Det}\mathscr{M}^{\alpha\beta}(x,y)$, 其中

$$\mathscr{M}^{\alpha\beta}(x,y) = -g\frac{\delta R^\alpha(A(x))}{\delta\lambda^\beta(y)}.$$

10. ξ 规范

$$\mathscr{L}_{\mathrm{eff}} = -\frac{1}{4}F_{\mu\nu}^\alpha F_{\mu\nu}^\alpha - \frac{1}{2\xi}(\partial_\mu A_\mu^\alpha)^2 + \overline{f}^\alpha \mathscr{M}^{\alpha\beta} f^\beta,$$

其中

$$\mathscr{M}^{\alpha\beta} = \partial_\mu \mathscr{Q}_\mu^{\alpha\beta} = \delta_{\alpha\beta}\Box - g c_{\alpha\beta\gamma}(\partial_\mu A_\mu^\gamma) - g c_{\alpha\beta\gamma} A_\mu^\gamma \partial_\mu.$$

规范场的自由传播子为

$$D_{\mu\nu}^{\alpha\beta}(k,\xi) = -\mathrm{i}\delta_{\alpha\beta}\frac{1}{k^2}[\delta_{\mu\nu} + (\xi-1)\frac{k_\mu k_\nu}{k^2}],$$

$$D_{\mu\nu}^{\alpha\beta}(x-y,\xi) = \int \frac{\mathrm{d}^4k}{(2\pi)^4}\mathscr{Q}_{\mu\nu}^{\alpha\beta}(k,\xi)\mathrm{e}^{\mathrm{i}k(x-y)}.$$

F-P 虚粒子的自由传播子

$$\triangle^{\alpha\beta}(k) = -\mathrm{i}\delta_{\alpha\beta}\frac{1}{k^2},$$

$$\triangle^{\alpha\beta}(x-y) = \int \frac{\mathrm{d}^4k}{(2\pi)^4}\triangle^{\alpha\beta}(k)\mathrm{e}^{\mathrm{i}k(x-y)}.$$

索　引

X

Y

Z

其他

《现代物理基础丛书·典藏版》书目

1. 现代声学理论基础	马大猷　著
2. 物理学家用微分几何（第二版）	侯伯元　侯伯宇　著
3. 计算物理学	马文淦　编著
4. 相互作用的规范理论（第二版）	戴元本　著
5. 理论力学	张建树　等　编著
6. 微分几何入门与广义相对论（上册·第二版）	梁灿彬　周　彬　著
7. 微分几何入门与广义相对论（中册·第二版）	梁灿彬　周　彬　著
8. 微分几何入门与广义相对论（下册·第二版）	梁灿彬　周　彬　著
9. 辐射和光场的量子统计理论	曹昌祺　著
10. 实验物理中的概率和统计（第二版）	朱永生　著
11. 声学理论与工程应用	何　琳　等　编著
12. 高等原子分子物理学（第二版）	徐克尊　著
13. 大气声学（第二版）	杨训仁　陈　宇　著
14. 输运理论（第二版）	黄祖洽　丁鄂江　著
15. 量子统计力学（第二版）	张先蔚　编著
16. 凝聚态物理的格林函数理论	王怀玉　著
17. 激光光散射谱学	张明生　著
18. 量子非阿贝尔规范场论	曹昌祺　著
19. 狭义相对论（第二版）	刘　辽　等　编著
20. 经典黑洞和量子黑洞	王永久　著
21. 路径积分与量子物理导引	侯伯元　等　编著
22. 全息干涉计量——原理和方法	熊秉衡　李俊昌　编著
23. 实验数据多元统计分析	朱永生　编著
24. 工程电磁理论	张善杰　著
25. 经典电动力学	曹昌祺　著
26. 经典宇宙和量子宇宙	王永久　著
27. 高等结构动力学（第二版）	李东旭　编著
28. 粉末衍射法测定晶体结构（第二版·上、下册）	梁敬魁　编著
29. 量子计算与量子信息原理 ——第一卷：基本概念	Giuliano Benenti　等　著 王文阁　李保文　译

30. 近代晶体学（第二版）	张克从　著
31. 引力理论（上、下册）	王永久　著
32. 低温等离子体 ——等离子体的产生、工艺、问题及前景	B. M. 弗尔曼　И. M. 扎什京　编著 邱励俭　译
33. 量子物理新进展	梁九卿　韦联福　著
34. 电磁波理论	葛德彪　魏　兵　著
35. 激光光谱学 ——第1卷：基础理论	W. 戴姆特瑞德　著 姬　扬　译
36. 激光光谱学 ——第2卷：实验技术	W. 戴姆特瑞德　著 姬　扬　译
37. 量子光学导论（第二版）	谭维翰　著
38. 中子衍射技术及其应用	姜传海　杨传铮　编著
39. 凝聚态、电磁学和引力中的多值场论	H. 克莱纳特　著　姜　颖　译
40. 反常统计动力学导论	包景东　著
41. 实验数据分析（上册）	朱永生　著
42. 实验数据分析（下册）	朱永生　著
43. 有机固体物理	解士杰　等　著
44. 磁性物理	金汉民　著
45. 自旋电子学	翟宏如　等　编著
46. 同步辐射光源及其应用（上册）	麦振洪　等　著
47. 同步辐射光源及其应用（下册）	麦振洪　等　著
48. 高等量子力学	汪克林　著
49. 量子多体理论与运动模式动力学	王顺金　著
50. 薄膜生长（第二版）	吴自勤　等　著
51. 物理学中的数学方法	王怀玉　著
52. 物理学前沿——问题与基础	王顺金　著
53. 弯曲时空量子场论与量子宇宙学	刘　辽　黄超光　编著
54. 经典电动力学	张锡珍　张焕乔　著
55. 内应力衍射分析	姜传海　杨传铮　编著
56. 宇宙学基本原理	龚云贵　编著
57. B介子物理学	肖振军　著